EUL VERLAG

PRODUKTIONSWIRTSCHAFT UND INDUSTRIEBETRIEBSLEHRE

Herausgegeben von Prof. Dr. Jörg Schlüchtermann, Bayreuth

Band 17
Stefan Völkl
Zwischenbetriebliche Koordination von Losgrößen in Supply Chains
Lohmar – Köln 2006 ♦ 348 S. ♦ € 53,-
ISBN-13: 978-3-89936-539-9 ♦ ISBN-10: 3-89936-539-9

Band 18
Wolfgang Hacker
Funktionalstrategieformation
Lohmar – Köln 2007 ♦ 304 S. ♦ € 49,- ♦ ISBN 978-3-89936-631-0

Band 19
Ulf Merschmann
Die Beziehung zwischen Unsicherheit, Supply-Chain-Flexibilität und Erfolg – Eine empirische Untersuchung für das deutsche produzierende Gewerbe
Lohmar – Köln 2007 ♦ 244 S. ♦ € 46,- ♦ ISBN 978-3-89936-650-1

Band 20
Johannes Siebert
Modellierung komplementärer Interaktionen – Konzeption eines innovativen Ansatzes in der multiattributiven Nutzentheorie
Lohmar – Köln 2009 ♦ 244 S. ♦ € 56,- ♦ ISBN 978-3-89936-858-1

Band 21
Rainer-Johannes Wolf
Risikoorientiertes Netzwerkcontrolling – Bestimmung der Risikoposition von Unternehmensnetzwerken und Anpassung kooperationsspezifischer Controllinginstrumente an die Anforderungen des Risikomanagements
Lohmar – Köln 2010 ♦ 460 S. ♦ € 69,- ♦ ISBN 978-3-89936-888-8

JOSEF EUL VERLAG

Risikoorientiertes Netzwerkcontrolling

- Bestimmung der Risikoposition von Unternehmensnetzwerken und Anpassung kooperationsspezifischer Controllinginstrumente an die Anforderungen des Risikomanagements -

Dissertation
zur Erlangung des Grades eines Doktors der Wirtschaftswissenschaften
der Rechts- und Wirtschaftswissenschaftlichen Fakultät
der Universität Bayreuth

vorgelegt von
Dipl.-Kfm. Rainer-Johannes Wolf
aus Bayreuth

Dekan:	Prof. Dr. Jochen Sigloch
Erstgutachter:	Prof. Dr. Jörg Schlüchtermann
Zweitgutachter:	Prof. Dr. Heymo Böhler

Tag der mündlichen Prüfung:	9. April 2009

Reihe: Produktionswirtschaft und Industriebetriebslehre · Band 21
Herausgegeben von Prof. Dr. Jörg Schlüchtermann, Bayreuth

Dr. Rainer-Johannes Wolf

Risikoorientiertes Netzwerkcontrolling

Bestimmung der Risikoposition von Unternehmensnetzwerken und Anpassung kooperationsspezifischer Controllinginstrumente an die Anforderungen des Risikomanagements

Mit einem Geleitwort von Prof. Dr. Jörg Schlüchtermann,
Universität Bayreuth

EUL VERLAG

Bibliografische Information der Deutschen Nationalbibliothek

Die Deutsche Nationalbibliothek verzeichnet diese Publikation in der Deutschen Nationalbibliografie; detaillierte bibliografische Daten sind im Internet über <http://dnb.d-nb.de> abrufbar.

Dissertation, Universität Bayreuth, 2009

ISBN 978-3-89936-888-8
1. Auflage Februar 2010

JOSEF EUL VERLAG GmbH
Brandsberg 6
53797 Lohmar
Tel.: 0 22 05 / 90 10 6-6
Fax: 0 22 05 / 90 10 6-88
E-Mail: info@eul-verlag.de
http://www.eul-verlag.de

Bei der Herstellung unserer Bücher möchten wir die Umwelt schonen. Dieses Buch ist daher auf säurefreiem, 100% chlorfrei gebleichtem, alterungsbeständigem Papier nach DIN 6738 gedruckt.

Geleitwort

Die drei komplexen Bereiche Netzwerke, Controlling und Risikomanagement sind seit vielen Jahren Standardthemen in Literatur und Praxis. In gleicher Weise gibt es zu einigen Zweierkombinationen dieser drei Themen bereits eine intensive wissenschaftliche Auseinandersetzung: „Controlling in Netzwerken“ oder „Risikomanagement und Controlling“ sind gerade in jüngerer Zeit zwei vielbeachtete Themenkomplexe. Mit der vorliegenden Dissertationsschrift hat es sich der Autor nunmehr zum Ziel gesetzt, die Schnittmenge aller drei Themen auszuleuchten.

Die Entwicklungstendenzen Quasi-Internalisierung und Quasi-Externalisierung haben Netzwerke zu einem theoretisch wie praktisch ausgesprochen interessanten Phänomen gemacht. Ein wesentlicher Baustein des Managements von solchen kooperativen Strukturen ist naturgemäß das Controlling. Letzteres ist aber bei weiter ansteigender Dynamik ebenfalls ohne eine stringente Risikoorientierung nicht vorstellbar. Die von Herrn Wolf gewählte Thematik kann daher als praktisch hoch relevant und auch theoretisch interessant eingeordnet werden.

Unverzichtbarer erster Schritt der Untersuchung ist die Herleitung einer Systematik von Risiken, denen Unternehmensnetzwerke ausgesetzt sein können. Wesentlich ist in diesem Zusammenhang die Unterscheidung einer auftragsübergreifenden, quasi strategisch orientierten, und einer auftragsspezifischen, also tendenziell operativ ausgerichteten Ebene. Beide Ebenen weisen spezifische Risiken auf, die eigene Instrumente für ein risikoorientiertes Controlling erforderlich machen.

Im Mittelpunkt der Methodendiskussion auf auftragsübergreifender Ebene stehen die beiden Konzepte AHP (Analytic Hierarchy Process) für die Risikoanalyse und Balanced Scorecard für die Risikosteuerung und -kontrolle. Als Kernproblem der Risikoanalyse in Unternehmensnetzwerken stellt sich die unternehmensübergreifende Quantifizierung von Risiken heraus. Entsprechend wird anstelle einer exakten Quantifizierung auf das Konstrukt der relativen Risikoanalyse mit Hilfe des AHP zurückgegriffen. Für die Risikosteuerung und –kontrolle werden im Sinne eines multidimensionalen Ansatzes Möglichkeiten der Adaption des Balanced Scorecard-Konzepts aufgezeigt.

Auf auftragsspezifischer Ebene unterscheidet der Autor eine Initialisierungsphase und eine Realisierungsphase. Für beide Phasen werden spezifische Controllinginstrumente, beispielsweise risikoadjustierte Verrechnungspreise, hergeleitet.

Die gewählte Themenkombination ist trotz ihrer hohen Praxisrelevanz bislang in der wirtschaftswissenschaftlichen Literatur noch nicht näher beleuchtet worden. Es gelingt dem Verfasser in ausgesprochen kompetenter Weise, bestehende Ansätze zusammenzuführen und somit einen substanziellen Lösungsbeitrag für die Frage des risikoorientierten Netzwerkcontrolling zu liefern. Zudem werden sehr interessante methodische Modifikationen und damit wissenschaftliche Erweiterungen entwickelt. Es ist daher zu wünschen, dass die Schrift auf große Resonanz in Forschung und Praxis trifft.

Prof. Dr. Jörg Schlüchtermann

Vorwort

Unternehmensnetzwerke weisen im Vergleich zu stärker integrierten Organisationsformen spezifische Risiken auf, die sich sowohl aus der Zusammensetzung und Interaktion des Partnerpools als auch aus der unternehmensübergreifenden Leistungserstellung ergeben. Praktische Beispiele von gescheiterten Unternehmensnetzwerken belegen die Notwendigkeit eines systematischen Umgangs mit netzwerkspezifischen Risiken. Dennoch findet dieser Aspekt des Managements von Unternehmensnetzwerken in der wissenschaftlichen Diskussion bislang kaum Beachtung.

Die vorliegende Arbeit entstand während meiner Tätigkeit am Betriebswirtschaftlichen Forschungszentrum für Fragen der mittelständischen Wirtschaft e. V. an der Universität Bayreuth (BF/M). Zusammen mit meinem Kollegen Dr. Carl Frederik Loos betreute ich das Forschungsprojekt „Virtuelle Kooperationsnetzwerke und integrierte Baulogistik im Handwerk" (VIKOP/BAULOG), aus dem heraus sich auch die Themenstellung dieser Dissertationsschrift ergab. Gemäß dem Motto „You can't manage what you can't measure" sollen Möglichkeiten aufgezeigt werden, die Risikoposition eines Unternehmensnetzwerks zu quantifizieren und damit einem systematischen Risikomanagement zugänglich zu machen.

Am Gelingen dieser Arbeit waren zahlreiche Akteure beteiligt. Mein besonderer Dank gilt meinem Doktorvater Herrn Prof. Dr. Jörg Schlüchtermann für seine Diskussionsbereitschaft, seine konstruktiven Anregungen und seine durchgängige Begleitung. Ebenso danke ich Herrn Prof. Dr. Armin Heinzl für die intensive Zusammenarbeit und sein Engagement in VIKOP/BAULOG und darüber hinaus, wodurch er mir wesentliche Anregungen für diese Arbeit gegeben hat. Herrn Prof. Dr. Heymo Böhler gilt mein Dank für die engagierte Übernahme des Zweitgutachtens, wie auch Herrn Prof. Dr. Klaus Schäfer für die Übernahme des Vorsitzes des Prüfungsausschusses.

Gleichermaßen danke ich meinen Kollegen am BF/M für ihre Unterstützung. Besonders hervorzuheben sind Dr. Carl Frederik Loos für die stets konstruktive Zusammenarbeit in VIKOP/BAULOG, Dr. Gunar Tewes für die intensiven Diskussionen und wertvollen Denkanstöße, sowie Frau Elisabeth Schweizer und Frau Anni Hofmann für ihre engagierte Unterstützung. Zuguterletzt danke ich auch allen Kooperations- und Praxispartnern aus VIKOP/BAULOG für die gute Zusammenarbeit und die vielen praktischen Hinweise und Anregungen.

Unabdingbar für den Erfolg einer Promotion ist schließlich die Unterstützung aus dem familiären Umfeld. Mein besonderer Dank gilt meiner Frau Christina, die sämtliche Höhen und Tiefen dieser Arbeit mit mir durchlebt hat, mir jederzeit die erforderlichen Freiräume geschaffen hat und mir den nötigen Rückhalt gegeben hat. Ihr und unseren Kindern Rosa und Benno widme ich diese Arbeit.

Dr. Rainer Wolf

Inhaltsverzeichnis

Abbildungsverzeichnis

Tabellenverzeichnis

Abkürzungsverzeichnis

AHP	Analytic Hierarchy Process
Aufl.	Auflage
BCR	Balanced Chance and Risk Card
Balanced Scorecard	Balanced Scorecard
bspw.	beispielsweise
bzgl.	bezüglich
bzw.	beziehungsweise
CPM	Critical Path Method
d. h.	das heißt
DCF	Discounted Cash Flow
et al.	et allii
etc.	et cetera
EVA	Economic Value Added
evtl.	eventuell
F&E	Forschung und Entwicklung
f.	folgende [Seite]
ff.	folgende [Seiten]
ggf.	gegebenenfalls
ggü.	gegenüber
i. d. R.	in der Regel
i. e. S.	im engeren Sinne
i. S. v.	im Sinne von
i. w. S.	im weiteren Sinne
insb.	insbesondere
IuK	Information und Kommunikation
KonTraG	Gesetz zur Kontrolle und Transparenz im Unternehmensbereich
m. w. N.	mit weiteren Nachweisen

MVA	Market Value Added
NOPAT	Net Operating Profit After Taxes
OEM	Original Equipment Manufacturer
PERT	Program Evaluation and Review Technique
S.	Seite(n)
SGF	Strategisches Geschäftsfeld
sog.	so genannt
Sp.	Spalte(n)
TCO	Total Cost of Ownership
u. a.	und andere
u. ä.	und ähnliche
vgl.	vergleiche
vs.	versus
WACC	Weighted Average Cost of Capital
z. B.	zum Beispiel

1 Einleitung

Bildeten lange Zeit Unternehmen als in sich abgeschlossene Form der Koordination wirtschaftlichen Handelns den Schwerpunkt betriebswirtschaftlicher Forschungen, so werden spätestens seit den 1970er Jahren zwischenbetriebliche Kooperationen verstärkt fokussiert. In diesem Zuge wurde die strikte Trennung von Markt und Hierarchie als alternative Koordinationsformen ökonomischen Handelns mehr und mehr aufgelöst. Vielmehr werden auf einem Kontinuum zwischen diesen beiden Extrempunkten hybride Koordinationsformen angesiedelt. Hierunter sind kooperative zwischenbetriebliche Arrangements wie Joint Ventures, strategische Allianzen oder auch Unternehmensnetzwerke zu verstehen.

Hintergrund der Entstehung derartiger kooperativer Strukturen sind im Wesentlichen zwei Entwicklungstendenzen, die in der Literatur als Quasi-Externalisierung bzw. Quasi-Internalisierung bezeichnet werden.[1] So ist in Großunternehmen das Bestreben zu beobachten, anstelle der bis in die 1980er Jahre hinein dominanten Diversifikations- und Integrationsstrategien das eigene Geschäft stärker auf Kernkompetenzen zu fokussieren. In diesem Zuge werden häufig zentralistische Strukturen durch wirtschaftliche und rechtliche Verselbständigung von Unternehmensteilen aufgelöst.[2] Demgegenüber steht das Bemühen insbesondere kleiner und mittelgroßer Unternehmen, fehlende Wachstums- und Integrationsmöglichkeiten durch partnerschaftliche Intensivierung bislang anonymer Marktbeziehungen auszugleichen.[3]

Als komplexe multilaterale Ausprägung zwischenbetrieblicher Kooperationen werden seit Ende der 1980er Jahre insbesondere Unternehmensnetzwerke thematisiert.[4] Hierbei handelt es sich um langfristig angelegte Zusammenschlüsse von

---

1 Vgl. im Folgenden Bogaschewsky, R. (1995), S. 160; Sydow, J. (1995), S. 630; Beck, T. C. (1998), S. 23; Sydow, J. (2006b), S. 388 - 391; Sieber, P. (2006), S. 281 - 283.

2 Vgl. Wente, M. (2008),S. 227. Zum Begriff der Kernkompetenzen vgl. stellvertretend Wolfrum, B., Rasche, C. (1993), S. 66 - 68.

3 Vgl. Zanger, C. (2002), S. 427; Becker, T., Dammer, I. et al. (2004), S. 3 f.

4 Sydow konstatiert, dass in der Managementlehre und –praxis kaum ein Konzept im letzten Jahrzehnt soviel Furore gemacht hat wie das des Netzwerks. Vgl. Sydow, J. (2006a), S. 1. Castells geht sogar so weit, die Gesellschaft des 21. Jahrhunderts als „network society" zu bezeichnen, in der sich sämtliche relevanten Prozesse in Wirtschaft und Gesellschaft um die Organisationsform Netzwerk gruppieren. Vgl. Castells, M. (2000).

mindestens drei rechtlich und wirtschaftlich selbständigen Unternehmen, die in wechselnder Zusammensetzung gemeinsam Aufträge bearbeiten.[5]

Branchenabhängig sowie mit Fokussierung auf ausgewählte Regionen besitzen netzwerkartige Kooperationsstrukturen eine lange Tradition.[6] Auch die Managementforschung und Organisationstheorie haben sich bereits früh mit Unternehmensnetzwerken beschäftigt.[7] Nach anfänglichen Bemühungen um begriffliche und strukturelle Abgrenzung von anderen Organisationsformen lag der Fokus der Forschung zwischenzeitlich auf organisatorischen Implikationen und wettbewerbsstrategischen Potenzialen des Konzepts.[8] Neuere Forschungsschwerpunkte finden sich insbesondere in den Bereichen der Wirtschaftsinformatik und der Produktionswirtschaft.[9] Gleichwohl wurde über lange Zeit immer die Position des einzelnen, in einem Unternehmensnetzwerk engagierten Unternehmens eingenommen. Erst seit einigen Jahren besteht auch Interesse an der Thematik des Managements und des Controlling von Unternehmensnetzwerken.[10]

1.1 Problemstellung

Spätestens mit dem Inkrafttreten des Gesetzes zur Kontrolle und Transparenz im Unternehmensbereich (KonTraG) findet das Management von Risiken als traditionsreiches Gebiet der Betriebswirtschaftslehre in Forschung und Unternehmenspraxis mit Bezug auf Einzelunternehmen verstärkt Beachtung.[11] Für Unternehmensnetzwerke hingegen ist eine entsprechende Ausrichtung der Forschung bislang nur in Ansätzen erkennbar; vielmehr ist die Diskussion dominiert von chancenorientierten

5 Vgl. Hess, T. (1999a), S. 225.

6 Vgl. Sydow, J. (1991); Sydow, J. (1992b), S. 15 - 60.

7 Vgl. Sydow, J. (2006b), S. 423 - 425.

8 Vgl. stellvertretend für organisationstheoretische Untersuchungen Powell, W. W. (1990); Sydow, J. (1992b); Galbraith, J. R. (1998); Staber, U. (1999); Osterloh, M., Weibel, A. (2000); Picot, A., Reichwald, R., Wigand, R. T. (2003). Im Bereich der Strategieforschung vgl. stellvertretend Wurche, S. (1994); Scholz, C. (1997).

9 Vgl. im Bereich der Wirtschaftsinformatik stellvertretend Szyperski, N., Klein, S. (1993); Mertens, P. (1994); Rupprecht-Däullary, M. (1994); Faisst, W. (1998); Sieber, P. (1998); Zimmermann, F. O. (1999). Für produktionstheoretische Betrachtungen vgl. stellvertretend Pampel, J. (1993a); Bellmann, K. (1996); Männel, B. (1996); Wildemann, H. (1998); Eversheim, W., Schellberg, O., Terhaag, O. (2000).

10 Vgl. Wohlgemuth, O. (2002), S. 3.

11 Vgl. Wall, F. (2002a), S. 373.

Betrachtungen.[12] Bis zum heutigen Tage existieren nur vereinzelte Ausführungen zu netzwerkspezifischen Risiken und insbesondere deren Management. Dies ist umso erstaunlicher, als Unternehmensnetzwerke im Vergleich zu integrierten Organisationsstrukturen spezifische Risiken aufweisen.[13] Festzuhalten bleibt, dass durch das Engagement in einem Unternehmensnetzwerk zwar bestimmte Risiken gemindert oder vermieden werden können, gleichzeitig auf diesem Wege aber auch neue Risiken generiert werden.[14]

Bei genauerer Analyse der Literatur zum Risikomanagement in zwischenbetrieblichen Kooperationen treten – insbesondere aus der Innenperspektive eines Unternehmensnetzwerks – weitere Defizite zu Tage:

- Zumeist konzentrieren sich existierende Untersuchungen auf dyadische Problemstellungen. Dies schließt solche Risiken aus, die sich zusätzlich durch die in Unternehmensnetzwerken zu konstatierende Multilateralität der Kooperationsbeziehungen ergeben.
- Bislang existieren keine Untersuchungen, die Spezifika des Lebenszyklus oder der charakteristischen Organisationsstrukturen von Unternehmensnetzwerken berücksichtigen.
- Der Großteil entsprechender Untersuchungen konzentriert sich allein auf solche Risiken, die sich aus dem Verhalten einzelner Kooperationsteilnehmer ergeben. Das Management solcher Risiken, die sich aus der unternehmensübergreifenden Leistungserstellung ergeben, wird nur in Ausnahmefällen betrachtet.[15]
- Das systematische Beschaffen, Erfassen und Analysieren von risikorelevanten Informationen, in anderen Worten die Quantifizierung der individuellen Risikoposition eines Unternehmensnetzwerks im Sinne eines Controlling, wird in den bislang vorliegenden Betrachtungen durchgehend nicht thematisiert. Hieraus ergibt sich eine Lücke im Bereich der Vorbereitung und Fun-

12 Vgl. Grandori, A. (1999), S. 2. Hintergrund der Dominanz chancenorientierter Betrachtungen mag sein, dass der Wert kooperativer Beziehungen typischerweise vorwiegend durch Nutzen- und weniger durch Kostenaspekte determiniert ist. Vgl. Werani, T. (1999).

13 Auch wenn in der Literatur bislang keine Einigkeit darüber besteht, welche Risiken als netzwerkspezifisch zu bezeichnen sind, so ist deren Existenz unbestritten. Vgl. Seiter, M. (2006a), S. 27.

14 Vgl. Delerue, H. (2004), S. 546.

15 Dies soll nicht die Tatsache herabwürdigen, dass Netzwerke durch eine inhärente Instabilität aufgrund der Unsicherheit über das zukünftige Verhalten der Partner und das Fehlen einer höheren Autorität, die Konformität sicherstellt, charakterisiert sind, wodurch Firmen in einem Netzwerk mit Beziehungsrisiken konfrontiert sind. Vgl. Delerue, H. (2004), S. 546.

dierung zielsetzungsgerechter Entscheidungen, da ohne entsprechende Quantifizierung geeignete Maßnahmen weder ex ante identifiziert noch ex post hinsichtlich ihrer Wirkung evaluiert werden können.

- Schließlich erfolgt die Betrachtung typischerweise aus der Perspektive des einzelnen Partnerunternehmens, die Perspektive des gesamten Netzwerks wird nicht eingenommen.

Gemäß dem KonTraG hat in einer Aktiengesellschaft der Vorstand „[...] geeignete Maßnahmen zu treffen, insbesondere ein Überwachungssystem einzurichten, damit den Fortbestand gefährdende Entwicklungen früh erkannt werden.“[16] Adressaten des KonTraG sind hauptsächlich börsennotierte Aktiengesellschaften.[17] Unternehmensnetzwerke hingegen sind per se nicht vom KonTraG betroffen und somit nicht zur Implementierung eines Risikomanagementsystems verpflichtet.[18] In einer empirischen Erhebung kommt Peck zu dem Ergebnis, dass das Risikomanagement in Supply Chains dementsprechend bislang als unternehmensspezifische Aufgabe praktiziert wird.[19] Dennoch steht es den Partnerunternehmen frei, den Betrachtungswinkel des Risikomanagements über die Unternehmensgrenzen hinaus auszuweiten und interorganisatorische Ansätze zu entwickeln.[20] Jedoch stellt sich für derartige Ansätze die Frage nach der konkreten Ausgestaltung sowohl hinsichtlich der organisatorischen Verankerung als auch der anzuwendenden Methodik und geeigneter Instrumente. So ist aus organisatorischer Sicht beispielsweise zu prüfen, ob die entsprechenden Aufgaben einer eigenen, eigenständig aufgestellten Einheit bedürfen oder ob sie einer bestehenden organisatorischen Einheit des Netzwerks zugeordnet werden können.

Dabei besteht in der Literatur Einigkeit darüber, dass zwischen den Systemen des Risikomanagements und des Controlling enge Beziehungen vorhanden sind. So wird in der einschlägigen Literatur zum Risikomanagement das Controlling neben der Früherkennung und der internen Revision als wesentlicher Bestandteil eines Risikomanagementsystems definiert.[21] Umgekehrt wird konstatiert, dass ein leistungsfähiges Controllingsystem bereits wesentliche Teile des Risikomanagements erfülle.

---

16 § 91 Abs. 2 AktG.

17 Nach herrschender Meinung gilt das KonTraG aufgrund von Ausstrahlungswirkungen jedoch auch für andere (Kapital-)Gesellschaftsformen. Vgl. Wolf, K. (2003), S. 2.

18 Hiervon unbenommen ist die ggf. bestehende Verpflichtung der Kooperationspartner, das Netzwerkengagement im Rahmen ihres unternehmensinternen Risikomanagements abzubilden.

19 Vgl. Peck, H., Jüttner, U. (2002).

20 Vgl. Kajüter, P. (2003b), S. 323.

21 Vgl. stellvertretend Lück, W. (1998b), S. 9; Dörner, D., Doleczik, G. (2000), S. 199. Wolf, K. (2003), S. 70. Zum Verhältnis von Controlling, Interner Revision und Früherkennung vor dem Hintergrund der Corporate Governance-Diskussion vgl. Berens, W., Schmitting, W. (2003).

Falls erforderlich sei das Controlling um risikoorientierte Aspekte zu erweitern.[22] Diese Argumentation erscheint aus Sicht eines Unternehmensnetzwerks von besonderer Relevanz, da seit dem Ende der 1990er Jahre das Controlling von Unternehmensnetzwerken in den Fokus der Netzwerkforschung getreten ist.[23]

1.2 Zielsetzung und Gang der Untersuchung

Auf Basis der vorangegangenen Überlegungen besteht die Zielsetzung der vorliegenden Arbeit darin, Möglichkeiten der Integration von Risikoaspekten in das Controllingsystem eines Unternehmensnetzwerks aufzuzeigen. Die Betrachtung erfolgt durchgehend aus der Innensicht des Gesamtnetzwerks und nicht aus der Perspektive des einzelnen Partnerunternehmens. Vorrangig werden folgende Fragestellungen diskutiert:

(1) Welche Risiken existieren in Unternehmensnetzwerken, und nach welchen Kriterien können diese systematisiert und damit einem Risikomanagement zugänglich gemacht werden?

(2) Inwieweit sind bestehende Konzepte für ein Netzwerkcontrolling und Gestaltungsvorschläge für entsprechende Controllingsysteme geeignet, um diese Risiken transparent zu machen und zu beherrschen?

(3) Wie können Risiken, die durch bestehende Instrumente des Netzwerkcontrolling nicht beherrscht werden können, durch eine theoretisch fundierte und zugleich praktisch umsetzbare Neukonzeption oder Weiterentwicklung bestehender Controllinginstrumente einem systematischen Risikomanagement zugänglich gemacht werden? Fokus der Betrachtungen ist primär die Quantifizierung der Risikoposition eines Unternehmensnetzwerks. Das Ableiten konkreter Maßnahmen zur Beeinflussung dieser Risikoposition wird nur nachrangig thematisiert.

Zur Beantwortung dieser Fragen scheidet ein empirisch-induktives Vorgehen[24] aufgrund der fehlenden Hypothesen- und Datenbasis aus.[25] Die nachfolgenden

---

22 Vgl. Krystek, U. (1999); Horváth, P., Gleich, R. (2000). Vgl. grundlegend Braun, H. (1984).

23 Vgl. stellvertretend Scholz, C. (1995); Hippe, A. (1997); Schuh, G., Strack, J., Tockenbürger, L. (1998); Schweier, H., Stüllenberg, F. (2000); Jehle, E., Stüllenberg, F. (2001); Drews, H. (2001); Ries, A. (2001); Strack, J. (2001); Hess, T. (2002); Balke, N., Küpper, H. U. (2003); Wenninger-Zeman, K. (2003); Stüllenberg, F. (2005).

24 Vgl. Schweitzer, M. (2000), S. 70 - 72; Chmielewicz, K. (1994), S. 101 - 110.

Ausführungen zeichnen sich somit durch einen eher theoretisch-deduktiven Charakter aus. Es ist darauf hinzuweisen, dass die auf diesem Wege hergeleiteten Gestaltungsvorschläge einen idealtypischen Charakter besitzen und somit als Gestaltungshilfe zu verstehen sind. Für den konkreten Einsatz in der Praxis sind Modifikationen zur Anpassung an die vorhandenen Möglichkeiten, die zu erreichenden Ziele und die generellen Rahmenbedingungen vorzunehmen.

Wie in Abbildung 1 verdeutlicht gliedert sich die Arbeit in insgesamt sechs Kapitel. Das zweite Hauptkapitel thematisiert das Controlling in Unternehmensnetzwerken. Aufgrund der zu konstatierenden Vielfalt von Interpretationen des Netzwerkbegriffs und der noch nicht abgeschlossenen Konsolidierung in der Literatur erfolgt im ersten Unterkapitel die Herleitung einer für diese Arbeit anzuwendenden Definition. Hierzu werden Unternehmensnetzwerke als Ausprägung der zwischenbetrieblichen Kooperation dargestellt sowie für die weiteren Ausführungen relevante Charakteristika verdeutlicht. Schließlich werden theoretische Erklärungsansätze für die Entstehung von Unternehmensnetzwerken skizziert. Das zweite Unterkapitel ist dem Controlling gewidmet. Auch hier wird zunächst eine Definition des Controllingbegriffs hergeleitet, um anschließend etablierte Controllingkonzeptionen darzustellen. Zu klären ist zudem der Begriff des Controllingsystems, wobei besonderes Augenmerk auf den einzelnen Systemelementen liegt. Das Unterkapitel schließt mit einer Darstellung des wertorientierten Controlling als aktueller Entwicklungstendenz. Das dritte Unterkapitel geht auf den Stand der Forschung zum Controlling in Unternehmensnetzwerken ein und stellt relevante Ansätze synoptisch gegenüber. Auf Basis der hieraus gezogenen Schlussfolgerungen können in den nachfolgenden Kapiteln konkrete Gestaltungsvorschläge für ein risikoorientiertes Netzwerkcontrolling abgeleitet werden.

Das dritte Hauptkapitel dient der Konstruktion eines theoretischen Bezugsrahmens der späteren Gestaltungsvorschläge für ein risikoorientiertes Netzwerkcontrolling. Im ersten Unterkapitel werden zu diesem Zweck in der Literatur verwendete Definitio-

---

[25] Vgl. Strack, J. (2001), S. 11 f.; Hess, T. (2002), S. 3; Wohlgemuth, O. (2002), S. 7 f. Um die Problematik der fehlenden Datenbasis zu lösen hat Seiter unter Berufung auf eine Studie des Statistischen Bundesamts sämtliche Großunternehmen in Deutschland befragt. Hintergrund ist das Ergebnis besagter Studie, dass Unternehmen mit mehr als 250 Beschäftigten am häufigsten interorganisationale Kooperationsbeziehungen eingehen. Vgl. Statistisches Bundesamt (2004). Vgl. mit ähnlichen Ergebnissen Kaufmann, F., Kokalj, L., May-Strobl, E. (1990), S. 62 f.; Fieten, R., Friedrich, W., Lageman, B. (1997), S. 234 f.; Brussig, M., Dreher, C. (2001), S. 568. Mit diesem Vorgehen setzt Seiter jedoch jegliche Form zwischenbetrieblicher Kooperation mit einem Netzwerkengagement gleich. Zudem unterschlägt Seiter hiermit, dass Unternehmensnetzwerke gerade für kleine und mittelgroße Unternehmen im Zuge der bereits dargestellten Quasi-Internalisierung Chancen bieten, um etwa größenbedingte Nachteile auszugleichen. Eine trennscharfe und zugleich umfassende Erfassung von netzwerkartigen Kooperationen ist somit auf diesem Wege nicht möglich.

nen des Risikobegriffs vorgestellt, um anschließend die der vorliegenden Arbeit zugrunde liegende Interpretation abzuleiten. Anschließend werden Grundzüge des Risikomanagements dargestellt und das Verhältnis von Risikomanagement und Controlling verdeutlicht. Zuletzt werden hieraus resultierende erste Gedanken zum Risikomanagement in Unternehmensnetzwerken diskutiert. Das zweite Unterkapitel erarbeitet Ansatzpunkte zur Typologisierung von Risiken in Unternehmensnetzwerken. Zu diesem Zweck werden einschlägige theoretische Erklärungsmuster, gestaltungsorientierte Beiträge sowie empirische Erhebungen vorgestellt und bewertet. Auf Basis dieser Vorarbeiten wird im dritten Unterkapitel eine integrative Typologisierung von Risiken in Unternehmensnetzwerken erarbeitet. Die Ausführungen differenzieren Risiken sowohl nach verschiedenen Bezugsebenen innerhalb eines Unternehmensnetzwerks als auch nach Entstehungsort und Lebenszyklusphase. Ergebnis ist eine umfassende, generische Systematisierung. In Vorbereitung der nachfolgenden gestaltungsorientierten Ausführung diskutiert das vierte Unterkapitel schließlich Parameter der Integration des Risikomanagements in das Netzwerkcontrolling, indem risikoorientierte Ziele und Aufgaben des Netzwerkcontrolling ebenso wie Rahmenbedingungen des Risikomanagements in Unternehmensnetzwerken verdeutlicht werden.

Gemäß dem dieser Arbeit zugrunde liegenden Begriffsverständnis lassen sich in Unternehmensnetzwerken aus organisatorischer Sicht eine auftragsübergreifende und eine auftragsspezifische Ebene unterscheiden. Das vierte Hauptkapitel thematisiert Möglichkeiten einer Risikoorientierung im auftragsübergreifenden Controlling. Der sachlogischen Phasenfolge des Risikomanagementprozesses folgend geht das erste Unterkapitel auf den Bereich der Risikoanalyse ein. Als geeignetes Instrument wird der Analytic Hierarchy Process (AHP) identifiziert und diskutiert. Anschließend werden Anwendungspotenziale des AHP im Zuge eines risikoorientierten Partner-, Aktions- und Erfolgscontrolling aufgezeigt. Hierbei werden jeweils etablierte Instrumente dieser Controllingbereiche dargestellt, um hierauf aufbauend fundierte Aussagen über eine geeignete Ausgestaltung des AHP treffen zu können. Als Instrument der Risikosteuerung und –kontrolle wird im zweiten Unterkapitel die Balanced Scorecard diskutiert. Im Anschluss an eine Darstellung der Grundkonzeption der Balanced Scorecard nach Kaplan und Norton werden sowohl Ansätze zur Integration von Risikoaspekten als auch Ansätze zur Weiterentwicklung für den Einsatz in Unternehmensnetzwerken aufgezeigt. Beides wird anschließend in der Konzeption einer risikoorientierten Balanced Scorecard für Unternehmensnetzwerke zusammengeführt. Das dritte Unterkapitel schließlich stellt überblicksartig weitere

Controllinginstrumente zur Risikosteuerung und –kontrolle auf auftragsübergreifender Ebene dar.

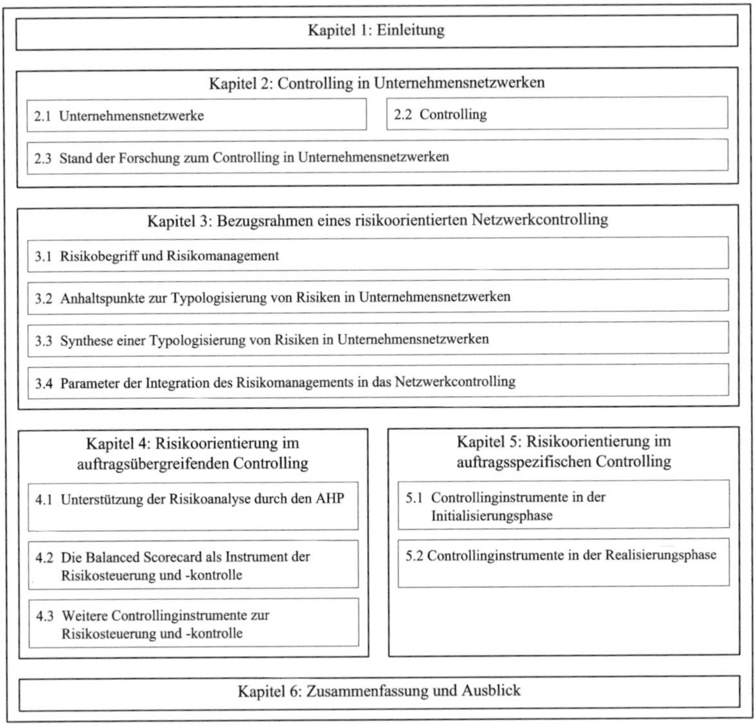

Abbildung 1: Aufbau der Arbeit

Das fünfte Hauptkapitel geht in logischer Konsequenz auf Möglichkeiten zur Risikoorientierung im auftragsspezifischen Controlling ein. Die Ausführungen gliedern sich hierbei nach der Prozessfolge der Auftragsabwicklung. Entsprechend geht das erste Unterkapitel auf die Initialisierungsphase ein. Entwickelt und diskutiert werden risikoorientierte Instrumente zur Unterstützung der Vergabe einzelner Teilaufträge und zur kooperativen Analyse des Auftragsrisikos. Darüber hinaus wird die Problematik der netzwerkinternen Leistungsverrechnung thematisiert, um risikoadjustierte Verrechnungspreise als Lösungsansatz darzustellen. Schließlich wird untersucht, inwieweit auch die Terminierung von Teilaufträgen unter Risikoaspekten durchzuführen ist. Das zweite Unterkapitel geht anschließend auf die Realisierungsphase und damit auf Möglichkeiten der Risikokontrolle ein.

Die Ausführungen schließen mit dem sechsten Hauptkapitel, das die zentralen Untersuchungsergebnisse zusammenfasst und würdigt, um in einem Ausblick weiterführende Aspekte zu umreißen.

2 Controlling in Unternehmensnetzwerken

Zielsetzung der vorliegenden Arbeit ist es, aufzuzeigen, wie das Controllingsystem eines Unternehmensnetzwerks risikoorientiert ausgerichtet werden kann. Hierzu ist es zunächst erforderlich, Grundzüge des Netzwerkcontrolling als Bezugspunkt der weiteren Ausführung darzustellen. Da die Begriffsbildung in der Literatur weder mit Bezug auf Unternehmensnetzwerke noch mit Bezug auf das Controlling als abgeschlossen anzusehen ist, werden zunächst Unternehmensnetzwerke als Untersuchungsgegenstand vorgestellt, um anschließend auf das Controlling einzugehen. Auf Basis dieser Vorüberlegungen schließt das Kapitel mit der Darstellung und Evaluation von Vorschlägen zum Netzwerkcontrolling in der Literatur.

2.1 Unternehmensnetzwerke

Als grundlegende und einzig alternative Mechanismen der Koordination wirtschaftlichen Handels wurden lange Zeit bezugnehmend auf Coase[26] Markt und Hierarchie gegenübergestellt.[27] Im Laufe der Zeit wurde diese strenge Abgrenzung und Polarität durch die Erwähnung von „cooperations"[28], „relational contracting"[29], „clans"[30], „federations"[31], „collectives"[32] u. a. mehr und mehr in Frage gestellt.[33] Vielmehr werden Markt und Hierarchie als Extrempunkte eines Kontinuums angesehen, in dessen Mitte hybride Koordinationsformen im Sinne von zwischenbetrieblichen

---

26 Vgl. Coase, R. H. (1937).

27 Vgl. Hess, T. (2002), S. 1.

28 Vgl. Richardson, G. B. (1972).

29 Vgl. MacNeil, I. R. (1978); Williamson, O. E. (1979).

30 Vgl. Ouchi, W. G. (1980).

31 Vgl. Deams, H. (1980).

32 Vgl. Butler, R. (1983).

33 Vgl. Siebert, H. (2006), S. 9 f. Als weitere Begrifflichkeiten finden sich in diesem Kontext beispielsweise „adhocracy" (vgl. Quinn, J., Mintzberg, H., James, R. (1988); Malone, T. W., Rockart, J. F. (1991)), „agile enterprise" (vgl. Nagel, R., Dove, R. (1991)), „atomisierte Organisation" (vgl. Ryf, B. (1993)), „borderless organization" (vgl. Rappaport, A. S., Halevi, S. (1991)), „cluster organization" (vgl. Applegate, L. M., Cash, J. I., Mills, D. Q. (1988); Mills, D. Q. (1991)), „modular corporation" (vgl. Ching, C. (1997)) und andere.

Kooperationen anzusiedeln sind.[34] Diese zeichnen sich durch eine Internalisierung marktlicher und eine Externalisierung hierarchischer Elemente aus.[35] Derartige Kooperationen treten in unterschiedlichen Varianten auf, von denen neben Joint Ventures und strategischen Allianzen seit den 1980er Jahren verstärkt Unternehmensnetzwerke diskutiert werden.[36] Bislang konnte sich noch kein einheitliches Verständnis dieser relativ neuen Organisationsform herausbilden, die betriebswirtschaftlichen Interpretationen des Begriffs sind entsprechend vielfältig, teilweise sogar widersprüchlich.[37] Die Vielfalt der empirisch beobachtbaren Erscheinungsformen betrieblicher Netzwerkarrangements, in Verbindung mit zahlreichen, jedoch noch nicht ausreichend entwickelten Theorien, führt zu einer inflationären und dennoch unterschiedlichen Verwendung von Begriffen.[38] Im Folgenden wird der Begriff des Unternehmensnetzwerks als Ausprägung zwischenbetrieblicher Kooperation abgegrenzt, um anschließend organisatorische Gestaltungsoptionen darzustellen.

2.1.1 Begriff des Unternehmensnetzwerks

Zwischenbetriebliche Kooperationen sind ein seit langem etabliertes Instrument zur arbeitsteiligen Leistungserstellung durch rechtlich selbständige Unternehmen. Auch die Betriebswirtschaftslehre hat sich vergleichsweise frühzeitig mit Interorganisationsbeziehungen beschäftigt.[39] Als Grundlage der Diskussion von Unternehmensnetzwerken als spezifischer Ausprägung interorganisationaler Bezie-

---

34 Riordan und Williamson betonen die Bedeutung intermediärer Strukturformen: „Hybrid modes are much more important than had hitherto been realized" (Riordan, M. H., Williamson, O. E. (1985), S. 376). In der Literatur wird zumeist die Ansicht vertreten, dass die Grenze von der Kooperation zur Hierarchie überschritten ist, sobald die Entscheidungsautonomie eines Transaktionspartners über Ein- und Austritt in die Kooperation nicht mehr gegeben ist. Vgl. Bidlingmaier, J. (1967), S. 356; Linn, N. (1989), S. 21 f.; Kaufmann, F. (1996), S. 27 f. Die Grenze zwischen Markt und Kooperation hingegen ist erreicht, wenn selbständige Unternehmen freiwillig und unter partieller Aufgabe ihrer wirtschaftlichen Selbständigkeit eine Zusammenarbeit vereinbaren, die über eine einfache und einmalige Aktivität hinausgeht. Vgl. Kraege, R. (1997), S. 51.

35 Vgl. Sydow, J. (1992b), S. 105.

36 Der Begriff des Netzwerks findet sich erstmals bei Richardson (Richardson, G. B. (1972), S. 883), die erste explizite Behandlung geht auf Jarillo und Ricart (Jarillo, J. C., Ricart, J. E. (1987); Jarillo, J. C. (1988)) zurück.

37 Vgl. Sydow, J. (1992b), S. 75; Meyer, M. (1995), S. 4; Rößl, D. (2000b); Hess, T. (2002), S. 7; Wohlgemuth, O. (2002), S. 11; Rößl, D., Fink, M., Kraus, S. (2007), S. 99.

38 Tatsächlich wird der Begriff „Netzwerk" auf so vielfältige Weise verwendet, dass nahezu jedes System, welches den Tatbestand der sozialen Verknüpfung von Menschen untereinander erfüllt, als Netzwerk bezeichnet werden kann. Vgl. Sydow, J. (1992b), S. 75.

39 Vgl. Grochla, E. (1959); Grochla, E. (1969); Grochla, E. (1972); Bidlingmaier, J. (1967); Knoblich, H. (1969); Gerth, E. (1971); Boettcher, E. (1972); Straube, M. (1972); Rühle von Lilienstern, H. (1972); Rühle von Lilienstern, H. (1979); Schwarz, P. (1979); Schubert, W., Küting, K. (1981); Strebel, H. (1983).

hungen wird daher im Folgenden eine Definition des übergeordneten Begriffs der zwischenbetrieblichen Kooperation vorangestellt.

2.1.1.1 Zwischenbetriebliche Kooperationen

Ganz allgemein wird unter Kooperationen in einem untechnischen, in der Alltagssprache gebräuchlichen Sinn jegliche Form der Zusammenarbeit von Institutionen und Personen verstanden.[40] In der betriebswirtschaftlichen Literatur wird der Begriff zumeist enger gefasst und steht für die Zusammenarbeit von Unternehmen oder Unternehmensteilen.[41] Derartige Kooperationen sind schon seit den 1970er Jahren Gegenstand intensiver betriebswirtschaftlicher Forschung auch im deutschsprachigen Raum. Als frühe Beiträge sind insbesondere die Arbeiten von Knoblich, Gerth, Boettcher und Straube zu nennen.[42] Gerade in jüngerer Zeit ist jedoch eine Renaissance dieses Themenbereichs zu verzeichnen.[43] So ist eine Zunahme kooperativer Arrangements in der Praxis festzustellen, was sich auch in einer Vielzahl von Veröffentlichungen und empirischen Studien zu diesem Thema widerspiegelt.[44]

Bezüglich des Kooperationsbegriffs ist jedoch bis zum heutigen Tage fehlender inhaltlicher Konsens zu konstatieren,[45] was die synoptische Darstellung in Abbildung 2 verdeutlicht.[46]

---

40 Vgl. Wohlgemuth, O. (2002), S. 11.

41 Vgl. Rotering, C. (1990), S. 38. Vgl. auch Bateson, P. (1988), S. 15.

42 Vgl. Knoblich, H. (1969); Gerth, E. (1971); Boettcher, E. (1972); Straube, M. (1972). Vgl. auch Grüb, A. (1958).

43 Vgl. Pampel, J. (1993a), S. 9 ff.; Wurche, S. (1994), S. 1. Vgl. auch Johnston, W. J., Lewin, J. E., Spekman, R. E. (1999), S. 259.

44 Vgl. Hergert, M., Morris, D. (1988). Vgl. zur Zunahme insbesondere strategischer Allianzen Doz, Y. L. (1992); Pekar, P., Allio, R. (1994), S. 57 f.; Hammes, W. (1995), S. 63 f. Gerybadze, A. (1995), S. 20 ff. gibt einen Überblick über empirische Resultate zur Zunahme kooperativer Aktivitäten. Zusätzlich zu der zunehmenden Häufigkeit zwischenbetrieblicher Kooperationen ist außerdem eine Wesensänderung festzustellen, indem die früher regelmäßig zu beobachtende taktische Ausrichtung der Kooperationen zugunsten einer stärker strategischen Orientierung zurücktritt. Vgl. Pampel, J. (1993a), S. 15.

45 Vgl. Morschett, D. (2003), S. 393; Picot, A., Reichwald, R., Wigand, R. T. (2003), S. 302.

46 In Ergänzung zu Abbildung 2 sei auf weitere Definitionen bei Blohm, H. (1980), Sp. 1112; Benisch, W. (1973), S. 67; Tröndle, D. (1987), S. 23; Vornhusen, K. (1994), S. 29 - 30; Schäper, C. (1996), S. 1 f. sowie Rößl, D. (2000a) verwiesen. Vergleichende Zusammenstellungen finden sich bei Gerth, E. (1971), S. 9 ff; Lode, R. (1974), S. 7 ff.; Stuke, G. W. (1974), S. 14 ff.; Salje, P. (1981), S. 1 ff.; Rotering, C. (1990), S. 38 ff.; Sandholzer, U. (1990), S. 12 - 19; Rupprecht-Däullary, M. (1994), S. 5 - 18.

Autor	Definition
Benisch[47]	„[…] die Zusammenlegung einzelner Unternehmensfunktionen zu dem Zweck, die Leistung der beteiligten Unternehmen zu steigern und dadurch deren Wettbewerbsfähigkeit zu verbessern."
Bidlingmaier[48]	„Zwischenbetriebliche Kooperation liegt immer dann vor, wenn zwei oder mehrere Unternehmungen aufgrund freiwilliger Abmachungen gewisse Aufgaben gemeinschaftlich erfüllen in der Erwartung, hierdurch einen – gegenüber dem jeweils individuellen Vorgehen – höheren Grad der Zielerreichung zu erreichen."
Knoblich[49]	„[…] vertraglich geregelte, freiwillige Zusammenarbeit relativ weniger rechtlich und wirtschaftlich selbständig bleibender Unternehmungen zwecks Ökonomisierung von unternehmerischen Teilaufgaben."
Gerth[50]	„[…] das Zusammenwirken von Betriebswirtschaften, bei welchem durch einzelbetriebliche Ausgliederung und kollektive Ausübung von Aufgaben die wirtschaftliche Situation der kooperierenden Wirtschaftseinheiten verbessert werden soll.
Grochla[51]	„Eine Unternehmensverbindung […], in der die Erfüllung gleichartiger, delegierter Teilaufgaben der Mitgliederunternehmungen koordiniert wird. Diese [die Mitgliedsunternehmen, Anm. des Verfassers] bleiben […] ökonomisch und rechtlich selbständig."
Servatius[52]	„[…] eine strategische Koalition zwischen verschiedenen Organisationen, […] die für einen begrenzten Zeitraum ein gemeinsames Ziel verfolgen, dabei aber durchaus in anderen Bereichen im Wettbewerb stehen."
Boehme[53]	„[…] die Zusammenarbeit zur gemeinsamen Erfüllung von Aufgaben im Interesse bestimmter Ziele zweier oder mehrerer Unternehmen."
Rotering[54]	„[…] auf stillschweigender oder vertraglicher Vereinbarung beruhende Zusammenarbeit zwischen rechtlich und wirtschaftlich selbständigen Unternehmen durch Funktionsabstimmung oder –ausgliederung und –übertragung auf einen Kooperationspartner."
Staudt, Kriegesmann, Behrendt[55]	„[…] die freiwillige Funktionskoordinierung oder –ausgliederung rechtlich und wirtschaftlich selbständiger Unternehmen."

Abbildung 2: Ausgewählte Definitionen des Kooperationsbegriffs

Vernachlässigt man Unterschiede im Detail, so finden sich in allen genannten Definitionen zwei konstituierende Merkmale wieder.[56] Zum einen werden Kooperationen

---

47 Vgl. Benisch, W. (1973), S. 67.

48 Vgl. Bidlingmaier, J. (1967), S. 358.

49 Vgl. Knoblich, H. (1969), S. 503. Der Begriff der Ökonomisierung leitet sich aus der unterstellten Zielsetzung einer Steigerung der Wirtschaftlichkeit der Kooperationsteilnehmer her und ist als aus dem ökonomischen Prinzip erwachsende wirtschaftliche Rationalisierung zu interpretieren. Vgl. Knoblich, H. (1969), S. 502, sowie die dort angegebene Literatur.

50 Vgl. Gerth, E. (1971), S. 17.

51 Vgl. Grochla, E. (1972), S. 3.

52 Vgl. Servatius, H.-G. (1985), S. 47.

53 Vgl. Boehme, J. (1986), S. 24.

54 Vgl. Rotering, C. (1990), S. 41. Vgl. auch Staudt, E. (1992), S. 3; Vornhusen, K. (1994), S. 29 f.; Blohm, H. (1980), Sp. 1112; Büchs, M. (1991); Heinzl, A., Sinß, M. (1993).

55 Vgl. Staudt, E., Kriegesmann, B., Behrendt, S. (1996), Sp. 922 - 923. Vgl. auch Staudt, E. (1992), S. 3.

zur Verfolgung eines gemeinsamen, leistungswirtschaftlichen Sachziels gegründet und betrieben.[57] Zwischen den beteiligten Unternehmen besteht eine Zweckbeziehung mit dem Ziel der Verknüpfung betrieblicher Funktionen durch Abstimmung oder Ausgliederung als Ergänzung zu einer regulären Marktbeziehung. Die Vereinbarung der einheitlichen Zweckorientierung erfolgt durch Absprachen oder formelle Regelungen. Zum anderen erfolgen Aufnahme und Durchführung der Zusammenarbeit durch mindestens zwei rechtlich[58] und – außerhalb des Aufgabengebiets der Kooperation – auch wirtschaftlich selbständige[59] Unternehmen.[60]

Dieses Verständnis des Kooperationsbegriffs erfasst zumindest implizit nur solche Verbindungen, die auf das Erstellen einer Marktleistung abstellen und die rechtliche Selbständigkeit der Partner unbedingt voraussetzen. Diese Form der Zusammenarbeit wird als zwischenbetrieblich bezeichnet.[61] Aus der Betrachtung ausgeschlossen bleiben somit einerseits innerbetriebliche Kooperationen, also Kooperationen zwischen verschiedenen Organisationseinheiten innerhalb einer Gesamtorganisation,[62] da insbesondere Konzernunternehmen nicht mehr wirtschaftlich selbständig sind.[63] Dies wird im Konzernrecht schon bei einer Beteiligung von 25 %, also von der Grenze der Sperrminorität an, angenommen.[64] Andererseits wird auch die überbetriebliche Kooperation aus dem Begriff ausgeschlossen, da sie eine Interes-

56 Vgl. Vornhusen, K. (1994), S. 27; Wöhe, G. (1990), S. 314; Kraege, R. (1997), S. 50 f. Weitere, in verschiedenen Definitionen enthaltene Kooperationsmerkmale, wie vertragliche Vereinbarung und geteilte Managementkontrolle (Hergert, M., Morris, D. (1988), S. 100), begrenzter zeitlicher Horizont (hierzu gibt es in der Literatur sehr heterogene Auffassungen, vgl. Müller-Stewens, G. (1993), Sp. 4064; Michel, U. (1994), S. 21), sowie alle normativ-präskriptiven Definitionselemente hinsichtlich der Kooperationsziele haben hingegen differenzierenden Charakter. Vgl. Kraege, R. (1997), S. 51.

57 Vgl. hierzu auch Pieper, J. (2000), S. 13.

58 Vgl. hierzu auch Kaufmann, F. (1996), S. 26 ff.; Balling, R. (1998), S. 15; Pieper, J. (2000), S. 13; Theurl, T. (2001), S. 73.

59 Vgl. hierzu auch Kaufmann, F. (1996), S. 26 ff.

60 Bezüglich des Begriffs der wirtschaftlichen Selbständigkeit bietet sich in Anlehnung an das deutsche Konzernrecht eine Interpretation als Fähigkeit zur unabhängigen Festlegung der Eckpfeiler der Geschäftspolitik an. Vgl. Theis, G. (1972), S. 196 - 222. Dies impliziert jedoch, dass eine Kooperation per se wiederum eine Einschränkung der wirtschaftlichen Selbständigkeit zur Folge haben kann. Genauer betrachtet ist somit die wirtschaftliche Selbständigkeit vor Beginn der Kooperation als konstituierendes Merkmal anzusehen. Vgl. Rüdiger, M. (1998), S. 26. Zur Kritik am Begriff der wirtschaftlichen Selbständigkeit an sich vgl. Sydow, J. (1992b), S. 79.

61 Vgl. Hess, T. (2002), S. 8.

62 Vgl. Endress, R. (1991); Zörgiebel, W. (1983), S. 102 f.; Pampel, J. (1993a), S. 9 f.; Lung, M. (2000), S. 95 ff.; Stuhldreier, F., Ellerkmann, F. (2000), S. 15.

63 Zur innerbetrieblichen Kooperation vgl. Schwarz, P. (1979), S. 88 f.; Zörgiebel, W. (1983), S. 102 f.; Endress, R. (1991), S. 74 ff.

64 Vgl. Vornhusen, K. (1994), S. 30 f.; ähnlich Hess, T. (2002), S. 9. Zu beachten sind hierbei jedoch graduelle Unterschiede, so dass sich mit zunehmender Selbständigkeit der Konzernunternehmen die innerbetriebliche Kooperation einer zwischenbetrieblichen angleicht. Vgl. Tröndle, D. (1987), S. 25. Zu einer ausführlichen Gegenüberstellung von Unternehmensnetzwerken und Konzernen vgl. Sydow, J. (2002).

senbündelung, etwa bei Handwerkskammern, bezweckt, aber nicht auf die Erbringung einer Marktleistung gerichtet ist.[65] Dem häufig zu findenden Merkmal der Freiwilligkeit zur Bestimmung einer Kooperation[66] kommt hingegen kein eigener Anwendungsbereich zu. Vielmehr entstehen zwischenbetriebliche Kooperationen immer auf freiwilliger Basis, da die betreffende Zusammenarbeit nicht von staatlicher Seite (wie etwa die Pflichtmitgliedschaft in Handwerkskammern oder Industrie- und Handelskammern) oder von der Leitung eines Konzerns angeordnet worden ist.[67]

Basierend auf den bisherigen Ausführungen kann zwischenbetriebliche Kooperation definiert werden als freiwillige Zusammenarbeit von mindestens zwei rechtlich und zumindest vor Eingehen der Kooperation auch wirtschaftlich selbständigen Unternehmen zum Erreichen gemeinsamer wirtschaftlicher Ziele, insbesondere der Erstellung marktfähiger Produkte oder Dienstleistungen,[68] durch Verknüpfung betrieblicher Funktionen.[69]

Die mit zwischenbetrieblichen Kooperationen verfolgten Ziele lassen sich zumeist auf Economies of Scale[70] sowie Economies of Scope[71] zurückführen und in innerbetriebliche Wirtschaftlichkeitsziele, im Wesentlichen Kosten-, Qualitäts-, Zeit- und Flexibilitätsziele, sowie Ziele auf gesamtunternehmerischer und unternehmensübergreifender Ebene, wie etwa die Verbesserung der Innovationsfähigkeit oder der Wettbewerbsposition oder auch Einflussnahme auf die Branchenstruktur, unterschei-

---

65 Vgl. Linn, N. (1988), S. 12-13.

66 Vgl. Knoblich, H. (1969), S. 500; Rupprecht-Däullary, M. (1994), S. 16 f.; von der Oelsnitz, D. (2003b), S. 516; Vornhusen, K. (1994), S. 30 und S. 33.

67 Vgl. Schäper, C. (1996), S. 2.

68 Vgl. Ulrich, H. (1984), S. 24.

69 Vgl. Hess, T. (1999a), S. 225.

70 Als Skaleneffekt definiert die betriebswirtschaftliche Produktionstheorie die Abhängigkeit der Produktionsmenge von der Menge der eingesetzten Produktionsfaktoren. Bei Vorliegen konstanter Skaleneffekte führt eine Steigerung der Einsatzfaktoren um einen gegebenen Faktor zu einer Steigerung der Produktionsmenge um den gleichen Faktor. Von negativen Skaleneffekten spricht man, wenn mit steigendem Einsatz von Produktionsfaktoren keine Ertragssteigerung um den gleichen Faktor möglich ist, die Grenzkosten also mit der Ausbringungsmenge steigen. Umgekehrt sinken bei positiven Skaleneffekten die Grenzkosten mit der Ausbringungsmenge. Der Begriff der Economies of Scale bezieht sich auf positive Skaleneffekte. Vgl. Silvestre, J. (1987), S. 80; Düttmann, B. (1989), S. 145 ff.

71 Economies of Scope oder auch Verbundeffekte können in diversifizierten Unternehmen auftreten, die auf verschiedenen Märkten tätig sind. Aufgrund von Synergieeffekten kann es günstiger sein, zwei unterschiedliche Produkte in einem Unternehmen herzustellen anstatt in zwei spezialisierten Unternehmen, so dass die Gesamtkostenfunktion zur gemeinschaftlichen Produktion beider Produkte unterhalb der Kurve verläuft, die sich bei Addition der einzelnen Kostenfunktionen ergeben würde (Subadditivität der Kostenfunktionen). Synergien können sich insbesondere in der Finanzierung, der Forschung und Entwicklung und in der Nutzung des dispositiven Faktors ergeben. Im Gegensatz zu Economies of Scale, die sich per definitionem immer auf die Produktion identischer bzw. homogener Güter beziehen, stellen Economies of Scope auf die Produktion heterogener Güter ab. Vgl. Arnold, V. (1985), S. 270; Ziegenbein, K. (2004), S. 221 - 231.

den.[72] Entsprechend nennt Ebert mit Bezug auf Unternehmenszusammenschlüsse als oberstes Ziel die Erzielung von Synergien. Diese Zielsetzung, unterschieden nach unternehmensbezogenen und marktbezogenen Synergiebereichen, verbindet Ebert mit einer am Produktionsprozess orientierten zweiten Dimension. Abbildung 3 verdeutlicht die resultierende Systematik.

Synergiebereich	Input-Synergie	Prozess-Synergie	Output-Synergie
Economies of Scale	- synergiebezogene Größendegressionseffekte im Vorfeld der Produktion	- synergiebezogene operative Größendegressionseffekte in der Produktion	- synergiebezogene Größendegressioneffekte bei der Marktbearbeitung/-abdeckung
Economies of Scope	- Know-how-Transfer im Vorfeld des Produktionprozesses	- Operativer und technologischer Know-how-Transfer	- Know-how-Transfer in der Marktbearbeitung/-abdeckung
Verbesserte Markt-positionierung	- synergiebezogene Verbesserung der wettbewerbsorientierten Ausgangssituation am Markt	- synergiebezogene Markteintrittsbarrieren durch operative Vorteile	- Marktmacht oder Erreichen einer kritischen Masse
Verbesserte Integration	- verbesserte synergie- und inputbezogene Kontrolle durch Integration	- synergiebezogene vertikale Kostenvorteile	- synergiebezogene Verbesserung der outputbezogenen Marktkontrolle

Abbildung 3: Synergieziele von Unternehmenszusammenschlüssen[73]

Die genannten Effekte können jedoch in jedwedem Zusammenschluss von Unternehmen verfolgt werden.[74] Vom Begriff der zwischenbetrieblichen Kooperation zu unterscheiden ist somit der Begriff der Konzentration. Während zwischenbetriebliche Kooperationen die Verfolgung eines Selbständigkeitsmotivs erlauben, sind Konzentrationen, die zumeist in der Form von Fusionen auftreten, von vornherein auf den Verlust der wirtschaftlichen Selbständigkeit zumindest eines Beteiligten ausgelegt.[75] Auch Kartelle, die regelmäßig zur Erlangung einer marktbeherrschenden Stellung gegründet werden,[76] sind von zwischenbetrieblichen Kooperationen zu trennen, da keine Verknüpfung betrieblicher Funktionen vorliegt.[77] Kartelle beruhen vielmehr

---

72 Vgl. Gerth, E. (1966), S. 11 ff.; Strebel, H. (1983), S. 60 f.; Powell, W. W. (1987), S. 71; Rotering, C. (1990), S. 79 ff.; Ring, P. S., van de Hen, A. H. (1992), S. 483; Bleeke, J., Ernst, D. (1993); Rupprecht-Däullary, M. (1994), S. 27 - 31; Bürgel, H. D. (1995), S. 121 f.; Franz, M. (1995), S. 77 ff.; Michel, U. (1996), S. 39; Schäper, C. (1996), S. 2; Saxton, T. (1997), S. 443; Beck, T. C. (1998), S. 75 f.; Pfirrmann, O., Hornschildt, K. (1999), S. 44 ff.; Barringer, B. R., Harrison, J. S. (2000), S. 385; Gulati, R., Nohria, N., Zaheer, A. (2000), S. 203; Block, B. (2001), S. 47 ff.; Bornheim, M., Stüllenberg, F. (2002), S. 285; Gretzinger, S., Matiaske, W., Weber, W. (2002), S. 22; Todeva, E., Knoke, D. (2002), S. 352; Zahn, E., Foschiani, S. (2002); Cousins, P. D., Spekman, R. (2003), S. 24; Draulans, J., deMan, A.-P., Volberda, H. W. (2003), S. 153; Morschett, D. (2003), S. 392; Kontos, G. (2004), S. 19; Pfohl, H. C., Boldt, O. et al. (2004), S. 151; Wente, M. (2008), S. 228 f.

73 Vgl. Ebert, M. (1998), S. 66.

74 Vgl. Schäper, C. (1996), S. 2.

75 Vgl. Lutz, V. (1993), S. 45 - 49; Fontanari, M. (1996), S. 36; Kraege, R. (1997), S. 51 - 53.

76 Vgl. Schubert, W., Küting, K. (1981), S. 142 - 143.

77 Vgl. Hess, T. (2002), S. 9.

auf Absprachen mit dem Ziel abgestimmten Verhaltens. Zudem ist faktisch eine jederzeitige Kündigung meist nicht möglich.[78]

2.1.1.2 Unternehmensnetzwerke als Ausprägung zwischenbetrieblicher Kooperation

Unterschiedliche Grundtypen zwischenbetrieblicher Kooperation lassen sich anhand der Merkmale „Art der Funktionsverknüpfung", „Befristung der Zusammenarbeit" sowie „Anzahl der einbezogenen Partner" voneinander abgrenzen.[79] Hinsichtlich der Funktionsverknüpfung können Funktionszusammenlegung und Funktionsabstimmung unterschieden werden.[80] Eine Funktionszusammenlegung im Sinne einer Poolung von Ressourcen[81] führt regelmäßig zu einem gemeinsamen Anfallen von Erlösen und Kosten, die während der Kooperation und nach Beendigung der Zusammenarbeit unter den Partnern auf Basis von Verhandlungen respektive Vereinbarungen verteilt werden müssen.[82] Man spricht daher bei Funktionszusammenlegung auch von redistributiven Kooperationen.[83] Hingegen werden auf Funktionsabstimmung beruhende Formen der Zusammenarbeit, die durch einen getrennten Anfall von Erlösen und Kosten charakterisiert sind, als reziproke Kooperationen bezeichnet.[84] Grundelement ist hierbei das Tauschphänomen.[85] Nach dem Merkmal der Befristung lassen sich zeitlich und/oder sachlich (auf ein bestimmtes oder auch mehrere bestimmte Vorhaben) begrenzte Formen der Kooperation von unbefristeten unterscheiden.[86] Nach der Anzahl der Kooperationspartner schließlich sind bilaterale Kooperationen zwischen zwei Partnern von multilateralen Kooperationen zwischen drei und mehr Partnern abzugrenzen.[87] Basierend auf den beschriebenen Merkmalen

---

78 Vgl. Wohlgemuth, O. (2002), S. 15.

79 Vgl. Hess, T. (1999a), S. 225; Hess, T. (2002), S. 9 f.

80 Vgl. Kraege, R. (1997), S. 67.

81 Zur Ressourcenpoolung als Zusammenlegen gleichartiger Ressourcen vgl. Kaluza, B., Blecker, T. (2000a), S. 555. Für eine alternative Definition als intensive Koordination der Ressourcen vgl. Liebhart, U. E. (2002), S. 251.

82 Vgl. Kraege, R. (1997), S. 67.

83 Vgl. Tröndle, D. (1987), S. 19 f.; Rotering, J. (1993), S. 53; Millarg, K. (1998), S. 25 - 26; Pieper, J. (2000), S. 14.

84 Vgl. Schuh, G., Millarg, K., Göransson, A. (1998), S. 26 - 27; Pieper, J. (2000), S. 14.

85 Vgl. Rotering, C. (1990), S. 54 - 56.

86 Vgl. Wurche, S. (1994), S. 135 - 144; Kraege, R. (1997), S. 67.

87 Vgl. Kraege, R. (1997), S. 66 - 67; Buse, H. P. (1997a), S. 460; Lutz, V. (1993), S. 55 - 56. Morschett hebt zudem trilaterale Kooperationen als eigenständige Merkmalsausprägung hervor, innerhalb derer erstmals Koalitionen und indirekte Verbindungen sowie asymmetrische Informations- und Machtbeziehungen auftreten können. Vgl. Morschett, D. (2003), S. 399 - 402.

finden sich mit strategischen Allianzen, Joint Ventures und Netzwerken in der Literatur im Wesentlichen drei Grundtypen zwischenbetrieblicher Kooperation.[88]

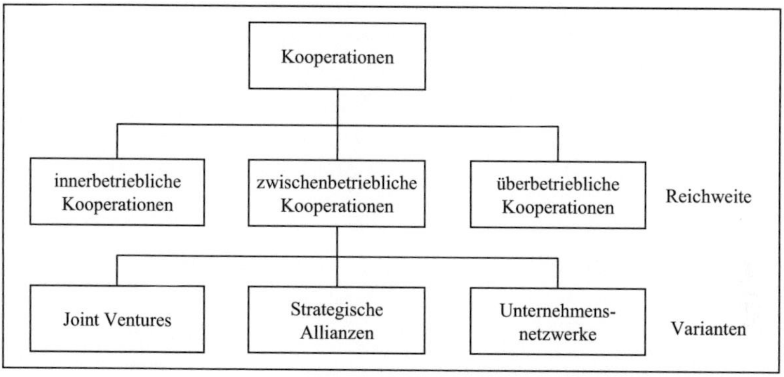

Abbildung 4: Formen zwischenbetrieblicher Kooperation[89]

Nach herrschender Meinung wird unter einem Joint Venture eine von mindestens zwei, selten jedoch mehr als vier Unternehmen gegründete bzw. erworbene und gelenkte Gemeinschaftsunternehmung verstanden.[90] Die zu bündelnden Aufgaben der Kooperationspartner werden auf dieses Unternehmen übertragen, so dass eine Funktionszusammenlegung vorliegt.[91] Joint Ventures sind zeitlich und sachlich unbegrenzt angelegt.[92]

---

88 Vgl. Hess, T. (1999a), S. 225; Kraege, R. (1997), S. 70 - 74; Höfer, S. (1997), S. 35 - 51. Eine weitergehende Gegenüberstellung der genannten Kooperationsformen findet sich als morphologischer Kasten bei Link, P. (2001), S. 64. Vgl. auch Merkle, M. (1999), S. 46 - 48, die zudem Arbeitsgemeinschaften und Franchise-Systeme anführt. Beide können jedoch in dem hier vertretenen Verständnis als Untertypen der Unternehmensnetzwerke angesehen werden. Teilweise findet sich in der Literatur als weiterer Grundtypus die projektbezogene Kooperation (vgl. Link, P. (2001), S. 63 f.; Dimmeler, D. (2002), S. 11 - 16; Günter, B. (1992), S. 799 - 801). Bei genauerer Betrachtung lassen sich die projektbezogene Kooperationen jedoch fallabhängig entweder den strategischen Allianzen oder den Unternehmensnetzwerken in Form von Projektnetzwerken zurechnen. Zur Abgrenzung von strategischen Allianzen führt Link beispielsweise lediglich an, dass die Verbindungen zwischen den Kooperationsteilnehmern flexibler gestaltet seien (vgl. Link, P. (2001), S. 64). Projektbezogene Kooperationen werden im Zuge der vorliegenden Ausführung daher nicht als eigener Grundtypus erachtet.

89 Vgl. Hess, T. (1999a), S. 226; Link, P. (2001), S. 57.

90 Vgl. Staudt, E. (1995), S. 720 - 721; Bronder, C., Pritzl, R. (1991), S. 27; Heyd, R. (1998), S. 908; Schmid, S. (2002), S. 670 - 671; Harrigan, K. R. (1986), S. 3 ff.; Contractor, F. J., Lorange, P. (1988b), S. 6 f. Bisweilen wird der Begriff des Joint Ventures gebraucht, obwohl keine Tochtergesellschaft gegründet wird. Somit ist dann zwischen contractual joint ventures (ohne Tochtergesellschaft) und equity joint ventures zu unterscheiden. Vgl. Kraege, R. (1997), S. 71 - 72; Morschett, D. (2003), S. 398.

91 Vgl. Lissmann, K. (1990); Weder, R. (1989).

92 Vgl. Hess, T. (1999a), S. 225.

Strategische Allianzen zeichnen sich durch die Begrenzung auf genau eine Aufgabe bzw. ein strategisches Geschäftsfeld aus und sind somit auf Zielerreichung und nicht auf Dauer angelegt.[93] Im Gegensatz zu Joint Ventures liegt somit eine sachliche und/oder zeitliche Befristung vor; mit dem Erreichen des Kooperationsziels wird die Zusammenarbeit beendet.[94] Bedingt durch den projekthaften Charakter ist die Zusammenarbeit meist rechtlich nur gering formalisiert und beruht auf einer Funktionsabstimmung.[95] Mit strategischen Allianzen werden oft auch interne Ziele ohne Marktbezug verfolgt.[96] Die Anzahl der Partner liegt zumeist unter fünf.[97] Strategische Allianzen finden sich insbesondere in den Bereichen F&E sowie Vertrieb.

Den dritten Grundtypus zwischenbetrieblicher Kooperationen stellen Unternehmensnetzwerke dar. Gleichwohl erscheint die Konsolidierung des Begriffsverständnisses für diesen Typus noch nicht abgeschlossen.[98] Übereinstimmung besteht dahingehend, dass in ein Unternehmensnetzwerk mindestens drei,[99] oftmals mehr als zehn bislang autonom agierende Unternehmen eingebunden sind,[100] dass diese ihre Individualziele zumindest teilweise dem Kollektivziel des Netzwerks unterordnen[101] und dass die Zusammenarbeit zeitlich und sachlich unbefristet erfolgt.[102] Die Anzahl der Beziehungsbündel zwischen den Kooperationspartnern darf dabei die Anzahl der Netz-

---

93 Vgl. Michel, U. (1996), S. 23; Schmid, S. (2002), S. 671.

94 Vgl. Lutz, V. (1993), S. 43.

95 Vgl. Wohlgemuth, O. (2002), S. 16 - 17.

96 Vgl. Strack, J. (2001), S. 51.

97 Vgl. Hess, T. (1999a), S. 225.

98 Vgl. Hess, T. (1999a), S. 225; Wohlgemuth, O. (2002), S. 17; Picot, A., Reichwald, R., Wigand, R. T. (2003), S. 316. Vgl. auch Balling, R. (1998); Köhler, H.-D. (1999). Eine Begriffssynopse findet sich bei Männel, B. (1996), S. 51 - 52. Zur Abgrenzung des Netzwerkbegriffs von anderen Formen der zwischenbetrieblichen Kooperation vgl. auch Contractor, F. J., Lorange, P. (1988b); Röhrle, B. (1994); Barringer, B. R., Harrison, J. S. (2000). Die Aktualität des Phänomens „Unternehmensnetzwerk“ kann auch empirisch belegt werden. Seiter kommt in einer Studie zu dem Ergebnis, dass etwa die Hälfte der von ihm untersuchten Unternehmensnetzwerke erst in den vergangenen fünf Jahren gegründet wurde. Nur etwa 11% der befragten Netzwerke waren älter als 25 Jahre. Vgl. Seiter, M. (2006a), S. 577. Hierin sollte auch die erst in den letzten Jahren intensivierte wissenschaftliche Diskussion begründet sein.

99 Nach Zentes, J., Swoboda, B., Morschett, D. (2003b), S. 21, sind trilaterale Verbindungen noch nicht als Netzwerke anzusehen. Sie verstehen darüber hinaus unter einem einfachen Netzwerk solche Kooperationen, die sternförmig bei einem der Partner zusammenlaufen. Wenn alle Partner miteinander in Kontakt treten können, liegt nach ihrer Terminologie ein komplexes Netzwerk vor. Vgl. Morschett, D. (2003), S. 399 ff.

100 Vgl. Hess, T. (1999a), S. 225; Semlinger, K. (1993), S. 347; Buse, H. P. (1997a), S. 464; Picot, A., Reichwald, R., Wigand, R. T. (2003), S. 316; Reiß, M. (1998), S. 225.

101 Vgl. Siebert, H. (2006), S. 9.

102 Vgl. Hess, T. (2002), S. 11. Entsprechend zeichnen sich Unternehmensnetzwerke nach Sydow durch „komplex-reziproke, eher kooperative denn kompetitive und relativ stabile Beziehungen zwischen rechtlich selbständigen, wirtschaftlich jedoch zumeist abhängigen Unternehmen“ (Sydow, J. (1992b), S. 82; ähnlich Miles, R. E., Snow, C. C. (1986), S. 64 - 65) aus.

werkteilnehmer nicht unterschreiten.[103] Rechtliche Grundlage der Zusammenarbeit sind formlose oder schriftliche Vereinbarungen.[104] Unternehmensnetzwerke basieren auf projektbezogener Funktionsabstimmung und verzichten typischerweise auf die Zusammenlegung von Ressourcen in einem gesellschaftsrechtlichen Rahmen.[105]

In der Literatur wird bisweilen als zusätzliches Abgrenzungskriterium zwischen den dargestellten Kooperationsformen die Kooperationsrichtung im Sinne der beteiligten Wirtschaftsstufen herangezogen.[106] Die Teilnehmer einer horizontalen Kooperation sind demnach in der gleichen Branche oder dem gleichen strategischen Geschäftsfeld auf der gleichen Marktstufe tätig.[107] Eine vertikale Kooperation hingegen besteht aus Unternehmen, die innerhalb einer Wertschöpfungskette in einem Vor- bzw. Nachlagerungsverhältnis stehen.[108] Stehen die Teilnehmer einer Kooperation schließlich weder in horizontaler noch in vertikaler Beziehung zueinander, so spricht man von konglomeraten, diagonalen oder auch lateralen Kooperationen.[109] Jedoch ist diesbezüglich festzustellen, dass lediglich für Strategische Allianzen eindeutige Aussagen möglich erscheinen. In seiner ursprünglichen Bedeutung meint der Begriff der Allianz, dass mehrere Parteien gemeinsam Aufgaben abwickeln, die sie grundsätzlich auch alleine und parallel durchführen könnten.[110] Entsprechend beziehen sich strategische Allianzen auf ein spezifisches Geschäftsfeld und können somit nur zwischen aktuellen oder potenziellen Wettbewerbern eingegangen werden.[111] Strategische Allianzen sind somit per se den horizontalen Kooperationen zuzurech-

---

103 Vgl. Seiter, M. (2006b), S. 576. Somit sind stern- und kettenförmige Kooperationen im Rahmen der vorliegenden Arbeit nicht als Unternehmensnetzwerke anzusehen.

104 Vgl. Chrobok, R. (1998).

105 Vgl. Chrobok, R. (1998); Wohlgemuth, O. (2002), S. 17.

106 Vgl. stellvertretend Rupprecht-Däullary, M. (1994), S. 20 f.; Schäper, C. (1996), S. 1; Heinzl, A., Sinß, M. (1993), S. 99 - 100; Wildemann, H. (1996), S. 13 - 14; Wildemann, H. (1998), S. 61 - 62; Drews, H. (2001), S. 49; Morschett, D. (2003), S. 402 f.; Stüllenberg, F. (2005), S. 30 f.

107 Vgl. Brütsch, D. (1999), S. 37; Helm, R., Janzer, T. M. (2000), S. 24; Sydow, J. (2001), S. 248. Durch die Situierung auf der gleichen Wertschöpfungsstufe können die beteiligten Partner in nicht zur Kooperation zählenden Bereichen Konkurrenten sein, so dass horizontale Kooperationen als ein Konstrukt der Kooperation im Wettbewerb anzusehen sind. Im angelsächsischen Sprachraum wird hierfür auch der Begriff „Coopetition“ verwendet. Vgl. Nalebuff, B. J., Brandenburger, A. M. (1996). Im Deutschen findet sich hierfür bisweilen die Bezeichnung als „kooperative Wettbewerbsbeziehungen“. Vgl. Dowling, M., Lechner, C., Bau, F. (1998); Dowling, M. (1999).

108 Vgl. Brütsch, D. (1999), S. 37; Helm, R., Janzer, T. M. (2000), S. 24; Sydow, J. (2001), S. 248.

109 Vgl. Helm, R., Janzer, T. M. (2000), S. 25; Sydow, J. (2001), S. 248. Neben dem Merkmal der Kooperationsrichtung finden sich in der Literatur bisweilen weitere Merkmale zur Systematisierung zwischenbetrieblicher Kooperation, wie etwa der Bereich der Zusammenarbeit, der Grad der vertraglichen Bindung, Additivität oder Komplementarität der Kompetenzen oder die räumlichen Ausbreitung. Vgl. Rupprecht-Däullary, M. (1994), S. 18 - 25.

110 Vgl. Wohlgemuth, O. (2002), S. 17.

111 Vgl. Rotering, C., Burger, C. (1994), S. 110; Kraege, R. (1997), S. 70 - 71.

nen.[112] Jedoch sind derart eindeutige Aussagen für Joint Ventures und Unternehmensnetzwerke nicht möglich, so dass das Merkmal der Kooperationsrichtung keine weitergehende Eingrenzung erlaubt.[113]

Im Zusammenhang mit Unternehmensnetzwerken ist auf eine spezielle organisatorische Besonderheit hinzuweisen, die die scheinbare Diskrepanz zwischen fehlender Befristung und Projektorientierung aufhebt. Anders als in Joint Ventures und Strategischen Allianzen können in Unternehmensnetzwerken zwei Ebenen der Zusammenarbeit unterschieden werden.[114] Auf der Beziehungsebene wird die Menge der einem Netzwerk grundsätzlich angehörenden Partner definiert. Die Beziehungen werden durch persönliche Kontakte, Absprachen und/oder schriftliche Regelungen konstituiert.[115] Die Beziehungsebene stellt somit einen abgegrenzten, unbefristeten Unternehmenspool dar, aus dem sich zur Abwicklung eines konkreten Auftrags ein geeignetes Team formiert. Die Menge der auftragsbeteiligten Unternehmen, auch als aktiviertes Netzwerk bezeichnet, stellt demgegenüber den Betrachtungsgegenstand der Leistungsebene dar. Zusätzlich zu den bestehenden Verbindungen der Beziehungsebene werden hier temporär und auftragsbezogen materielle und immaterielle Austauschbeziehungen zwischen den Partnern etabliert. Mit der Erfüllung des Auftrags löst

---

112 Teilweise wird in der Literatur der Begriff der strategischen Allianz synonym einer horizontalen Kooperation definiert. Vgl. Hammes, W. (1994), S. 16 - 31. Dem gegenüber findet sich in der Literatur stellenweise die Auffassung, dass strategische Allianzen auch als vertikale oder diagonale Kooperationen auftreten können. Vgl. Ringlstetter, M. J. (1995), S. 696; Michel, U. (1996), S. 26 - 27.

113 Vgl. Wohlgemuth, O. (2002), S. 18. Anders Bernecker, der Unternehmensnetzwerke als Form der Zusammenarbeit von Unternehmen unterschiedlicher Wertschöpfungsstufen begreift. Vgl. Bernecker, T. (2005), S. 90.

114 Vgl. Mertens, P., Faisst, W. (1995); Sydow, J. (1995), S. 630; Brütsch, D., Frigo-Mosca, F. (1996), S. 33; Weber, B. (1996), S. 140; Buse, H. P. (1997a), S. 468; Göransson, A., Schuh, G. (1997), S. 64 - 65; Beck, T. C. (1998), S. 17; Cescutti, M., Koch, E. et al. (1998), S. 223; Schuh, G., Millarg, K., Göransson, A. (1998), S. 28 - 31; Blecker, T. (1999), S. 31 - 34; Reiß, M. (2000), S. 220 - 221; Specht, D., Kahmann, J. (2000a), S. 10 ff.; Wohlgemuth, O. (2002), S. 18; Hess, T. (2002), S. 13; Hansmann, K.-W., Ringle, C. M. (2004), S. 1223 f.

115 Vgl. Wohlgemuth, O. (2002), S. 18.

sich das aktivierte Netzwerk auf.[116] Ein Partnerunternehmen des Netzwerks kann sich gleichzeitig in mehreren aktivierten Netzwerken engagieren.[117]

Die Trennung in Beziehungs- und Leistungsebene weist Parallelen zu der in der Managementlehre etablierten Unterscheidung zwischen strategischer und operativer Führung auf. Analog werden auf der Beziehungsebene Netzwerkpotenziale aufgebaut, deren effiziente Inanspruchnahme Aufgabe der Leistungsebene ist.[118]

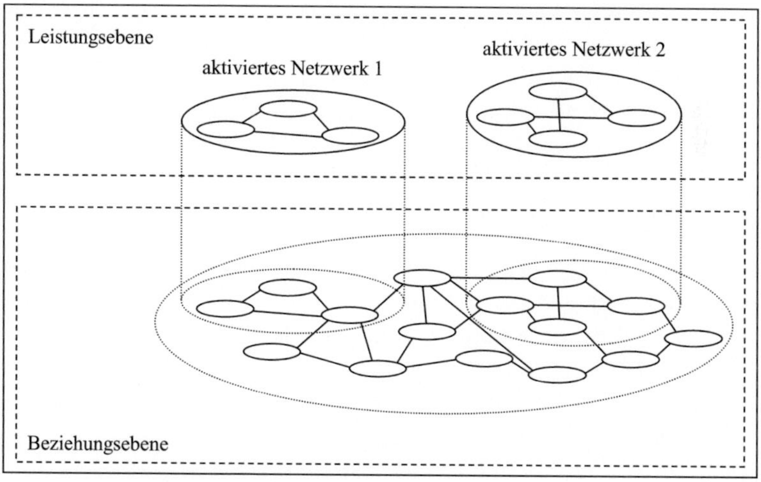

Abbildung 5: Zwei-Ebenen-Architektur eines Unternehmensnetzwerks[119]

In der Literatur werden mitunter zwei weitere Aspekte für die Begriffsbildung herangezogen. So ist seit Beginn der 1990er Jahre zu beobachten, dass Unternehmensnetzwerke sehr häufig IuK-Technologien zur Koordination der verteilten Leistungserstellung einsetzen. Neben Veränderungen der wirtschaftlichen Rahmen-

116 Auf der Beziehungsebene angesiedelt ist nach diesem Verständnis das Plattformmanagement, das sich wiederum in das Struktur- und das Verhaltensmanagement unterteilt. Auf der Leistungsebene hingegen findet sich das Produktionsmanagement, welches sich als Auftragsmanagement mit Kundenaufträgen und als Projektmanagement mit internen Aufträgen des Netzwerks befasst. Vgl. Wohlgemuth, O. (2002), S. 41.

117 Teilweise finden sich in der Literatur abweichende Bezeichnungen für die beiden Netzwerkebenen. So bezeichnet Ries die Beziehungsebene als „Virtuelles Netzwerk", die Leistungsebene hingegen als „Virtuelles Unternehmen". Vgl. Ries, A. (2001), S. 20 - 23. Reiß und Heimerl unterscheiden Netzwerke im engeren Sinne (Leistungsebene) und Netzwerke im weiteren Sinne (Beziehungsebene). Vgl. Reiß, M., Heimerl, S. (1998), S. 237. Theling und Loos schließlich führen die Begriffe der Struktur- und der Prozessebene ein. Vgl. Theling, T., Loos, P. (2005), S. 7 - 12. Ringle, Hansmann und Boysen sprechen im Zusammenhang mit der Beziehungsebene auch vom „Pool" oder der „Kooperationsplattform". Vgl. Ringle, C. M., Hansmann, K.-W., Boysen, N. (2005), S. 147.

118 Vgl. Wohlgemuth, O. (2002), S. 41.

119 Eigene Abbildung in Anlehnung an Weber, B. (1996), S. 140.

bedingungen, wie etwa der zunehmenden Globalisierung oder dem vielzitierten Marktwandel,[120] stellen vor allem Entwicklungstrends im Bereich der IuK-Technologien in jüngeren Jahren einen Treiber für die Entwicklung von Unternehmensnetzwerken dar.[121] Ihr Einsatz kann aber insbesondere im Hinblick auf traditionelle Netzwerkformen nicht als konstituierendes Merkmal angesehen werden.[122] Auch werden Unternehmensnetzwerke bisweilen als „best-of-everything"-Organisationen angesehen.[123] Die Partner in einem Netzwerk werden als Konglomerat handverlesener Unternehmen interpretiert, die in die Zusammenarbeit nur solche Leistungen einbringen, für die sie am Markt Alleinstellungsmerkmale besitzen.[124] Realiter ist diese Anforderung in voller Strenge jedoch kaum haltbar. Vielmehr nutzen Unternehmensnetzwerke die spezifische Kombination von Know-how sowie Sach- und Personalkapazitäten zur Differenzierung gegenüber Konkurrenten. Die Einzelleistungen selbst zeichnen sich jedoch häufig nicht durch eine besondere Wettbewerbsüberlegenheit oder Exklusivität aus.[125]

Abschließend sei noch auf die Abgrenzung des Begriffs des Unternehmensnetzwerks von der Supply Chain eingegangen. Bei einer Supply Chain handelt es sich um zwei oder mehrere Parteien, die durch einen Fluss von Gütern, Informationen und Finanzen verbunden sind.[126] Gleichwohl bilden die an einer Supply Chain beteiligten Unternehmen nicht zwangsläufig ein Unternehmensnetzwerk im Verständnis der vorliegenden Arbeit. Vielmehr ist eine Supply Chain nicht zwangsläufig ein zeitlich stabiles Gebilde, die Struktur ist eher willkürlich im Sinne einer Momentaufnahme.[127] So beschränkt sich der Leistungsaustausch insbesondere bei unspezifischen Gütern[128] oft auf einen einmaligen Kaufvertrag. Ein Netzwerk besteht letztlich nur in den Teilen der Supply Chain, in denen die Unternehmen eine über die marktliche Zusammenarbeit hinausgehende Zusammenarbeit betreiben, beispielsweise

120 Zum Marktwandel vom Verkäufer- zum Käufermarkt und den daraus resultierenden Entwicklungstendenzen vgl. Mentzel, K. (1997), S. 30 - 32; Adam, D., Johannville, U. (1998), S. 5 - 6; Picot, A., Reichwald, R., Wigand, R. T. (2003), S. 2 - 12.

121 Vgl. Klein, S. (1996), S. 22 - 27.

122 Vgl. Wohlgemuth, O. (2002), S. 19.

123 Vgl. Shermach, K. (1995), S. 5; Erkes, J. W., Kenny, K. B. et al. (1996), S. 34; Hoffmann, W., Hanebeck, C., Scheer, A.-W. (1996), S. 36; Merkle, M. (1999), S. 25 - 26; Kaluza, B., Blecker, T. (2000b), S. 139.

124 Vgl. Mews, M. (1997), S. 12 - 13; Wüthrich, H. A., Philipp, A. F. (1998), S. 40 - 41.

125 Vgl. Hess, T., Wohlgemuth, O., Schlembach, H. G. (2001), S. 20.

126 Vgl. Völkl, S. (2006), S. 11 m. w. N.

127 Vgl. Völkl, S. (2006), S. 15.

128 Zum Begriff der Spezifität siehe Abschnitt 2.1.3.1.

durch gemeinschaftliche Entwicklungen oder den Aufbau einer gemeinsamen Marke.[129]

2.1.2 Charakteristika von Unternehmensnetzwerken

Basierend auf der Einordnung von Unternehmensnetzwerken als Form der zwischenbetrieblichen Kooperation werden im Folgenden spezifische Charakteristika dieser Organisationsform diskutiert. Zu diesem Zweck werden Grundtypen von Unternehmensnetzwerken beschrieben, ein idealtypischer Lebenszyklus vorgestellt, organisatorische Merkmale verdeutlicht sowie rechtliche Rahmenbedingungen aufgezeigt.

2.1.2.1 Grundtypen von Unternehmensnetzwerken

Die vorgenommene Einordnung von Unternehmensnetzwerken als Ausprägung zwischenbetrieblicher Kooperation lässt ein breites Spektrum möglicher Erscheinungsformen offen.[130] In der einschlägigen Literatur findet sich in der Folge eine kaum noch überschaubare Fülle von Vorschlägen zur Klassifikation von Netzwerken.[131] Häufig finden sich folgende Kriterien, wobei sich die Auswahl am konkreten Untersuchungszweck orientiert:[132]

- Ziele der Zusammenarbeit
- involvierte Branchen
- Richtung der Zusammenarbeit
- geografische Ausbreitung
- Art der einbezogenen betrieblichen Funktionen
- Steuerungsform
- Stabilität
- Grad der Unterstützung durch IuK-Systeme

Auf Basis der bereits dargelegten Unterscheidung zwischen einer Ebene des Beziehungsnetzwerks und einer Leistungs- oder auch Wertschöpfungsebene erscheinen insbesondere die Merkmale der Steuerungsform und der Stabilität für eine Klassifi-

---

129 Vgl. Wildemann, H. (1997), S. 420 f.

130 Vgl. Sydow, J. (2006b), S. 284.

131 Vgl. Sydow, J. (2006b), S. 393 - 401; Wurche, S. (1994), S. 132 - 133; Klein, S. (1996), S. 126; Beck, T. C. (1998), S. 59 - 68; Becker, N. (1999), S. 141 - 143; Struthoff, R. (1999), S. 54.

132 Vgl. Becker, N. (1999). Vgl. auch Thielemann, F. (1996); Englert, J. (2000), S. 41 - 44; Dibbern, F. F. (2002), S. 103 – 106; Killich, S. (2004), S. 18 - 20.

kation netzwerkartiger Kooperationen geeignet.[133] Auf dieser Basis sind die Ausprägungen eines schwach oder stark formalisierten Beziehungsnetzwerks und einer wenig oder ausgeprägt dynamischen Konfiguration der Leistungsebene zu unterscheiden.[134] Auch aus Sicht des Managements bzw. der Führung und Führungsunterstützung und damit auch des Controlling sind diese beiden Merkmale von besonderer Bedeutung.[135]

Die Steuerungsform charakterisiert die grundlegenden Abstimmungsmechanismen des Netzwerks und stellt auf die Möglichkeit der Partner ab, Einfluss auf substanzielle Führungsentscheidungen im Netzwerk zu nehmen. Entsprechend ergibt sich eine Differenzierung in polyzentrisch und fokal gesteuerte Netzwerke.[136] Polyzentrische Netzwerke zeichnen sich dadurch aus, dass zwischen den Unternehmen relativ homogene gegenseitige Abhängigkeiten existieren und alle Partner das gleiche Gewicht bei den für die langfristige Entwicklung des Unternehmensnetzwerks wichtigen Entscheidungen haben.[137] Die Gestaltungskompetenz fällt nicht von vorneherein einzelnen Unternehmen zu.[138] Demgegenüber herrscht in fokalen Netzen anstelle des Horizontalprinzips der Koordination stärker das Vertikalprinzip der Anordnung vor, indem ein einziges oder wenige strategisch führende Unternehmen aufgrund der Größe, des Zugangs zu Absatzmärkten oder finanzieller Ressourcen das Kernelement darstellen.[139] Charakteristisch für fokale Netzwerke ist somit eine asymmetrische Verteilung der Einflussmöglichkeiten, die nichtfokalen Partner müssen sich den Entscheidungen des fokalen Unternehmens beugen.[140] Fokale Netzwerke finden sich häufig in Kooperationen zwischen Unternehmen aufeinander folgender Wertschöpfungsstufen, während polyzentrische Netzwerke häufig Kooperationen von Unternehmen der gleichen Wertschöpfungsstufe darstellen.[141]

Der Stabilitätsbegriff fokussiert im Kontext von Unternehmensnetzwerken die Leistungsebene, da die Relationen der Beziehungsebene per definitionem als stabil angenommen werden. Grundlegend für die Differenzierung ist der Begriff des Auftragstyps im Sinne einer Menge von Aufträgen, die qualitativ gleichartige Anfor-

---

133 Vgl. Sydow, J. (2006b), S. 393 - 395; Strack, J. (2001), S. 61. Eine andere Typologie findet sich etwa bei Otto, A. (2002), S. 226 - 229.

134 Vgl. Snow, C. C., Miles, R. E., Coleman, H. J. (1992), S. 13 ff.; Strack, J. (2001), S. 61.

135 Vgl. Wohlgemuth, O. (2002), S. 20; Hess, T. (2002), S. 14.

136 Vgl. Wildemann, H. (1997), S. 422 - 426. In der Literatur findet sich synonym das Begriffspaar heterarchisch und hierarchisch. Vgl. Weiß, E., Struthoff, R. (1998), S. 247 - 248; Sydow, J. (1992b), S. 103; Sydow, J. (2006b), S. 396.

137 Vgl. Wildemann, H. (1997), S. 425 - 426.

138 Vgl. Wohlgemuth, O. (2002), S. 20 - 21.

139 Vgl. Wildemann, H. (1997), S. 423 - 425; Bieber, D. (1992).

140 Vgl. Hess, T. (2002), S. 14.

141 Vgl. Hess, T., Schumann, M. (2000b), S. 413.

derungen an die zu erbringende Leistung stellen.[142] Ein Netzwerk wird in diesem Verständnis als stabil bezeichnet, wenn es Aufträge eines bestimmten Typs in identischer Konfiguration, also durch die gleichen Partnerunternehmen in gleicher Reihenfolge, mehrmals durchführt.[143] Hingegen wird in einem instabilen Netzwerk ein Auftragstyp nur einmal ausgeführt.[144] Synonym finden sich in der Literatur die Bezeichnungen „dynamisch"[145] oder auch „wandelbar"[146].

Auch wenn sowohl die Steuerungsform als auch die Stabilität realiter weniger als dychotome denn vielmehr als kontinuierliche Dimensionen zu interpretieren sind, so spannen sie dennoch eine Matrix auf, innerhalb derer sich mit Projektnetzwerken, Strategischen Netzwerken, Virtuellen Unternehmen und Verbundnetzwerken die in der Literatur am häufigsten genannten Formen von Netzwerken verankern lassen (vgl. Abbildung 6).[147]

Strategische Netzwerke werden von einem oder mehreren Unternehmen strategisch geführt und sind somit bezüglich der Steuerungsform als fokal einzustufen.[148] Zudem sind strategische Netzwerke durch tendenziell stabile Leistungsbeziehungen gekennzeichnet, es werden folglich mehrere Aufträge in der gleichen Konfiguration durch-

---

142 Vgl. Wohlgemuth, O. (2002), S. 21.

143 Vgl. Miles, R. E., Snow, C. C. (1986).

144 Vgl. Hess, T., Schumann, M. (2000b), S. 413. Sydow geht analog davon aus, dass in dynamischen Netzwerken über die Abwicklung eines einzelnen Auftrags hinaus latente Beziehungen weiterexistieren. Vgl. Sydow, J. (2006b), S. 398.

145 Vgl. Snow, C. C., Miles, R. E., Coleman, H. J. (1992); Snow, C. C., Thomas, J. B. (1993), S. 218 - 219.

146 Weber, J., Franken, M. et al. (1998), S. 26.

147 Vgl. Veil, T. (2001), S. 15 - 16; Hess, T. (2002), S. 15 - 17; Wohlgemuth, O. (2002), S. 21 - 23. Die angeführte Unterscheidung ist lediglich als Typologisierung anzusehen, so dass – anders als bei einer Klassifikation – keine eindeutigen Grenzen zwischen den Einzeltypen definiert werden können. Zur Unterscheidung von Typologien und Klassifikationen vgl. Schweitzer, M. (2000), S. 68 - 69. Die Einteilung basiert weitestgehend auf den Arbeiten von Sydow, der jedoch an Stelle der Verbundnetzwerke den Typus des regionalen Netzwerks aufführt. Vgl. Sydow, J. (2006b), S. 395 - 400. Es handelt sich hierbei um polyzentrische Netzwerke mittlerer Stabilität, die somit eine Mischform zwischen Verbundnetzwerken und virtuellen Unternehmen darstellen. Sie sind durch eine größere Bedeutung emergenter Strategien als in strategischen Netzwerken gekennzeichnet und werden unter Rückgriff auf regionale Kulturen und Institutionen gesteuert. Empirisch zeigt sich, dass gerade Netzwerke kleinerer und mittelgroßer Unternehmen häufig regional zentriert sind. Vgl. Knyphausen-Aufseß, D. z. (1999); Dörsam, P., Icks, A. (1997), S. 9 - 16. Anzumerken bleibt jedoch, dass regionale Netzwerke bezüglich Stabilität und Steuerungsform sehr heterogene Ausprägungen zeigen, die sich eher durch die übrigen vier Typen beschreiben lassen. Vgl. Wohlgemuth, O. (2002), S. 24. Zudem bezieht Sydow im Gegensatz zur hier vertretenen Ansicht das Kriterium der Beziehungsstabilität sowohl auf die Beziehungs- als auch auf die Leistungsebene, so dass in diesem Verständnis auch virtuelle Unternehmen eine tendenziell mittlere Stabilität aufweisen. Vgl. Sydow, J. (2006b), S. 396. Für eine andere Typologisierung vgl. Gassmann, O., Fuchs, M. (2001), S. 348.

148 Vgl. Jarillo, J. C. (1988); Jarillo, J. C. (1995); Sydow, J. (1992b); Sydow, J., Winand, U. (1998), S. 16; Maier, H. D. (2002), S. 29.

geführt.[149] Häufig handelt es sich um vertikale Kooperationen, in denen eine Kette oder Pyramide von Zulieferunternehmen um ein dominierendes Kernunternehmen gruppiert ist.[150] Fokaler Partner ist meist der Endprodukthersteller bzw. ein Handelsunternehmen, das über die notwendige Endkundennähe verfügt.[151] Beispiele strategischer Netzwerke finden sich vornehmlich im produzierenden Gewerbe, etwa in der Automobil- oder Textilindustrie, aber auch in der Telekommunikation oder der Biotechnologie. In jüngeren Jahren finden sich strategische Netzwerke auch verstärkt im Dienstleistungsbereich.[152]

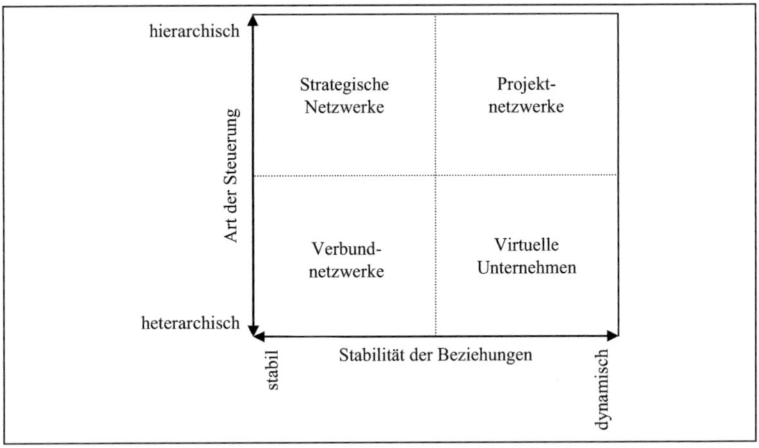

Abbildung 6: Typen von Unternehmensnetzwerken[153]

In gleicher Weise fokal gesteuert sind Projektnetzwerke, in denen ebenfalls ein einzelnes Unternehmen eine dominante Stellung einnimmt.[154] Im Gegensatz zu strategischen Netzwerken sind die Leistungsbeziehungen jedoch auf die Dauer eines Auftrags oder eines Projekts befristet, so dass Projektnetzwerke den dynamischen

149 Vgl. Hess, T. (2002), S. 15.

150 Vgl. Sydow, J. (2006b), S. 395 - 397.

151 Vgl. Buse, H. P. (1997b), S. 79.

152 Vgl. Sydow, J. (1992b); S. 19 ff.; Sydow, J., Windeler, A. et al. (1995); Sydow, J., Winand, U. (1998), S. 16.

153 Vgl. Sydow, J. (2006b), S. 396; Hess, T. (2002), S. 16.

154 Vgl. Sydow, J., Winand, U. (1998), S. 17. Sydow weist allerdings darauf hin, dass auch heterarchisch strukturierte Projektnetzwerke denkbar sind. Vgl. Sydow, J. (2006b), S. 398.

Netzwerken zuzurechnen sind.[155] Beispiele für Projektnetzwerke finden sich etwa in der Bauindustrie oder in der Filmproduktion.[156]

Erst zu Beginn der 1990er Jahre wurden virtuelle Unternehmen als weiterer Typ von Unternehmensnetzwerken identifiziert.[157] Anders als in strategischen Netzwerken und Projektnetzwerken sind virtuelle Unternehmen polyzentrisch aufgebaut, im Hinblick auf die Stabilität jedoch den Projektnetzwerken vergleichbar. Analog werden die latent vorhandenen Beziehungen zwischen den Kooperationspartnern auftragsabhängig aktiviert.[158] Charakteristisch für virtuelle Unternehmen ist zudem der massive Einsatz moderner IuK-Technologien, durch die eine Institutionalisierung zentraler Funktionen weitgehend obsolet wird.[159] Virtuelle Unternehmen finden sich vorrangig in der Informatik-, der Medien- und der Beratungsbranche.[160]

In der Literatur bislang kaum dokumentiert sind die Verbundnetzwerke. Diese zeichnen sich durch stabile Beziehungen aus, sind jedoch im Gegensatz zu strategischen Netzwerken als polyzentrisch zu charakterisieren.[161] Verbundnetzwerke werden zur Bearbeitung einer bestimmten, in der Regel längerfristigen Aufgabenstellung initiiert mit dem Ziel der Nutzung von Synergien.[162] Als Beispiele werden

---

155 Vgl. Hess, T. (2002), S. 15.

156 Vgl. Eccles, R. G. (1981); Jones, C. (1996); Sydow, J., Windeler, A. (1999); Ebers, M., Hermesch, M. et al. (2000); Windeler, A., Lutz, A., Wirth, C. (2000); Eigeldinger, A. (2001), S. 8 - 13; Loose, M., Schröder, S., Schünemann, G. (2001); Loose, A. (2001); Maier, H. D. (2002).

157 Vgl. Griese, J. (1992); Davidow, W. H., Malone, M. S. (1993); Bullinger, H.-J., Thaler, K. (1994); Mertens, P. (1994); Klein, S. (1994); Olbrich, T. (1994); Arnold, O., Faisst, W. et al. (1995); Behme, W. (1995); Bullinger, H.-J., Brettreich-Teichmann, W., Fröschle, H.-P. (1995); Grenier, R., Metes, G. (1995); Hoffmann, W., Hanebeck, C. (1995); Reiß, M., Beck, T. C. (1995); Goldman, S., Nagel, R. et al. (1996); Klein, S. (1996), S. 248 - 249; Mertens, P., Faisst, W. (1996); Scholz, C. (1996), S. 207 f.; Schräder, A. (1996); Sydow, J. (1996); Mertens, P., Faisst, W. (1997); Krystek, U., Redel, W., Reppegather, S. (1997b); Krystek, U., Redel, W., Reppegather, S. (1997a); Vogt Baatiche, G. (1997); Reichwald, R., Möslein, K. et al. (1998); Scherm, E., Süß, S. (2000b).

158 Vgl. Reiß, M. (1996b), S. 268. In der jüngeren Literatur findet sich mit sehr ähnlichen Eigenschaftsmerkmalen zuweilen der Typus des „operativen Netzwerks“ (vgl. Letmathe, P. (2001), S. 553 - 554). Intention ist es offensichtlich, einen begrifflichen Gegenpol zum „strategischen Netzwerk“ zu etablieren. Jedoch bringt eine Abgrenzung von Virtuellen Unternehmen keine praxistauglichen Kriterien hervor, so dass dieser Terminologie nicht gefolgt wird.

159 Vgl. Mertens, P., Faisst, W. (1996). Dass interorganisatorische Informationssysteme ein geeignetes Substitut für dispositive Integrationsprozesse darstellen und somit eine Bedingung für den Betrieb virtueller Unternehmen sind, wird jedoch angezweifelt. Vgl. Sydow, J. (1995), S. 631; Strack, J. (2001), S. 37 - 38.

160 Vgl. Mertens, P., Griese, J., Ehrenberg, D. (1998), S. 17 - 52; Hacker, T. (1999); Griese, J., Sieber, P. (1998); Sieber, P. (1998).

161 Vgl. Reinhart, G., Schliffenbacher, K. (2000), S. 15. Zum Problem der dezentralen Koordination insbesondere in logistischen Netzwerken als Ausprägung von Verbundnetzwerken vgl. Wagner, M. (2005).

162 Vgl. Schliffenbacher, K., Rudorfer, W., Reinhart, G. (1999); Schliffenbacher, K. (1999).

regelmäßig die Verkehrsverbünde in deutschen Ballungszentren sowie Kooperationen zwischen Luftverkehrsgesellschaften genannt.[163]

2.1.2.2 Lebenszyklus von Unternehmensnetzwerken

Ähnlich anderen Organisationsformen durchlaufen auch Unternehmensnetzwerke verschiedene Entwicklungsstufen, die sich als idealtypischer Lebenszyklus darstellen lassen. In der Literatur finden sich unterschiedliche Ansätze sowohl hinsichtlich der Anzahl der Phasen als auch der konkreten Phaseninhalte.[164] Zweckmäßig erscheint eine Unterscheidung in die Phasen der Netzwerkbildung, der Anbahnung und konzeptionellen Vorbereitung, des Betriebs und der Auflösung.[165]

Netzwerkbildung

In dieser ersten Phase der strategischen Grundsatzentscheidung wird zunächst eine Produkt-/Marktidee identifiziert, die im Netzwerk realisiert werden soll. Darauf aufbauend ist die strategische Ausrichtung sowie die Zielsetzung des Netzwerks im Sinne von Vision und Mission zu definieren. Bereits in dieser Phase sind Grundsatzentscheidungen über die Auswahl von Netzwerkpartnern (Selektion), die Zuordnung von Aufgaben im Netzwerk (Allokation), die Entwicklung und Durchsetzung von Regeln der Zusammenarbeit (Regulation) sowie die Planung, Ermittlung und Kontrolle des Netzwerkerfolgs (Evaluation) zu treffen.[166] Dabei tragen Selektion und Allokation zur Konfiguration, Regulation und Evaluation zur Koordination des

---

163 Vgl. Netzer, F. (1999).

164 Vgl. Tröndle, D. (1987), S. 85; Jagoda, F. (1990), S. 14; Bleicher, K., Hermann, R. (1991), S. 17; Frank, C. (1994), S. 306; Vornhusen, K. (1994), S. 92; Hart, M., Garone, S. J. (1994), S. 23; Schäper, C. (1996), S. 104 - 108; Kraege, R. (1997), S. 84 - 89; Faisst, W. (1998), S. 64 - 121; Spekman, R. E., Forbes, T. M. et al. (1998), S. 761; Das, T. K., Teng, B.-S. (1999), S. 56 - 60; Gill, C., Liestmann, V., Bleck, S. (1999), S. 263 - 267; Merkle, M. (1999), S. 48 - 60; Weber, J. (1999), S. 470; Zimmermann, F. O. (1999), S. 149; Gerpott, T. J., Böhm, S. (2000), S. 22 - 25; Ries, A. (2001), S. 42 - 50; Dimmeler, D. (2002), S. 23 - 29; Kahle, E., Bouncken, R. B. (2002), S. 401 – 407; Horváth, P. (2006), S. 857 - 860; Mack, O. (2003), S. 154 - 166. Für Joint Ventures vgl. Kogut, B. (1988a). Für synoptische Überblicke vgl. Kraege, R. (1997), S. 86; Zimmermann, F. O. (1999), S. 61; Schwerk, A. (2000), S. 231 - 243; Das, T. K., Teng, B.-S. (2002b), S. 728; Schmidt, A., Kiefer, C. (2003), S. 1268 – 1276; Zentes, J., Swoboda, B., Morschett, D. (2003a), S. 827 f.; Horváth, P., Cassack, I., Czichowsky, A. (2004), S. 21 - 24; Howaldt, J., Ellerkmann, F. (2004); Wente, M., Walther, J. (2007), S. 10; Wente, M. (2008), S. 229.

165 Vgl. im Folgenden Ries, A. (2001), S. 42 - 50; Horváth, P. (2006), S. 857 - 860.

166 Vgl. Sydow, J., Windeler, A. (1994), S. 2 - 8; Fritz, M. B., Manheim, M. L. (1998); Sydow, J. (2006b), S. 406 - 414; Deigendesch, T. (2004), S. 41.

Netzwerks bei.[167] Schließlich sind die funktionale Ausrichtung, der Aktionsraum sowie der Ressourcenbedarf und die Ressourcenverfügbarkeit zu planen.

Anbahnung und konzeptionelle Vorbereitung

In dieser Phase werden Selektion, Allokation, Regulation und Evaluation konkretisiert, folglich konkrete Netzwerkpartner identifiziert, bewertet und ausgewählt. Darüber hinaus wird das Netzwerk strukturiert und gestaltet, hierzu zählen auch die Errichtung einer geeigneten Infrastruktur, die Institutionalisierung von Netzwerkfunktionen sowie die endgültige Zuweisung von Aufgaben. Operative Modalitäten wie etwa die Projektvergabe sind zu reglementieren und das Auftreten der Partnerunternehmen gegenüber Kunden ist zu planen. Insgesamt ist die in Phase 1 festgelegte strategische Ausrichtung zu konkretisieren und in Aktivitäten zu transformieren. Zusammengefasst werden in dieser zweiten Phase die Strukturen der Beziehungsebene gestaltet und die Voraussetzungen für Aktivitäten auf der Leistungsebene geschaffen.

Betrieb

In der dritten Phase sind die Aktivitäten der Leistungsebene angesiedelt. Wie bereits verdeutlicht bilden sich aus dem Partnerpool durch den Zusammenschluss von mindestens zwei Netzwerkpartnern temporäre Kooperationen zur Bearbeitung von Projekten bzw. konkreten Aufträgen.[168] Diese aktivierten Netzwerke lösen sich nach Abschluss des Auftrags wieder in der Beziehungsebene auf.

Auflösung

Zwar sind Unternehmensnetzwerke laut Definition sachlich und zeitlich unbefristet angelegt, jedoch ist davon auszugehen, dass zu einem unbestimmten Zeitpunkt eine endgültige Trennung aller Partner erfolgen kann. Dies kann etwa durch eine veränderte Marktsituation, Konflikte zwischen den Partnern, den Wegfall nicht ersetzbarer Partner oder eine strategische Neuausrichtung der Partner notwendig werden.[169] In diesem Falle wird das komplette Netzwerk aufgelöst, sämtliche kooperativen Beziehungen beendet, gemeinsame Ressourcen verteilt sowie Netzwerkgremien aufgelöst.

---

167 Vgl. Deigendesch, T. (2004), S. 43 - 72.

168 Vgl. hierzu Kapitel 2.1.2.3 dieser Arbeit.

169 Zu Gründen für ein Scheitern von Kooperationen vgl. stellvertretend Miles, R. E., Snow, C. C. (1992).

2.1.2.3 Management von Unternehmensnetzwerken

Das Management von Unternehmensnetzwerken wird im Folgenden sowohl aus einer aufgabenorientierten Perspektive als auch hinsichtlich seiner Organisationsstruktur betrachtet.

Aufgaben des Netzwerkmanagements

Das Erstellen von Leistungen in arbeitsteiligen Organisationen erfordert neben ausführenden Aufgaben auch die Wahrnehmung von Führungsaufgaben.[170] Hierzu zählen im Verständnis des klassischen funktionalen Managementansatzes Planung, Organisation, Personaleinsatz, Personalführung und Kontrolle.[171] In der Literatur finden sich zwischenzeitlich erste Überlegungen zu einer aufgabenorientierten Analyse von Unternehmensnetzwerken. Wie bereits angeführt identifizieren Sydow und Windeler mit der Selektion, der Allokation, der Regulation und der Evaluation vier zentrale Aufgaben des Netzwerkmanagements. In diesem Verständnis werden folglich allein planungs-, kontroll- sowie organisationsbezogene Managementaufgaben betrachtet. Auf Fragen des Personaleinsatzes und der Personalführung wird nicht weiter eingegangen, da diese auf Beziehungen innerhalb und nicht zwischen den Partnerunternehmen abstellen.[172] Aus Sicht eines risikoorientierten Netzwerkcontrolling ist der Vorschlag von Sydow und Windeler jedoch zu erweitern, da eine Unterscheidung in eine auftragsbezogene und eine auftragsübergreifende Ebene allenfalls implizit und keinesfalls durchgängig erkennbar ist. Eine solche Unterscheidung ermöglicht es, die Komplexität des Managementprozesses signifikant zu reduzieren und in der Folge Führungsaufgaben in Unternehmensnetzwerken genauer zu identifizieren.[173]

Die Führungsaufgaben in einem Netzwerk beziehen sich auf ausführende Aufgaben. Diese orientieren sich wiederum an den Aufträgen, die ein Netzwerk akquiriert. Zur Abwicklung eines Auftrags wird ein spezifischer Prozess konfiguriert, der sich aus

---

170 Die Unternehmensführung ist ein auf das soziotechnische System „Unternehmung“ bezogener Teil des Managements. Die Begriffe der Unternehmensführung und des Managements können somit synonym verwendet werden. Vgl. Ulrich, P., Fluri, E. (1995), S. 13; Staehle, W. H. (1999), S. 71 - 73.

171 Vgl. Steinmann, H., Schreyögg, G. (2000), S. 6 - 10; Schweitzer, M. (2000). In der genannten Reihenfolge werden diese Aufgaben auch als Managementprozess in klassischen Unternehmen interpretiert. Vgl. Steinmann, H., Schreyögg, G. (2000), S. 9 m. w. N.

172 Vgl. Veil, T. (2001), S. 17 - 18.

173 Vgl. Veil, T. (2001), S. 18; Hess, T. (2002), S. 19 - 20. Für eine tabellarische Gegenüberstellung der Managementkomplexe auf auftragsübergreifender und auftragsbezogener Ebene vgl. Wohlgemuth, O. (2002), S. 42.

abgegrenzten Teilaufgaben zusammensetzt.[174] Die einzelnen Aufgaben werden von den Partnerunternehmen in eigener Verantwortung ausgeführt und sind über Leistungsverflechtungen miteinander verbunden. Hieraus ergibt sich die konkrete Ablauffolge des Prozesses.[175]

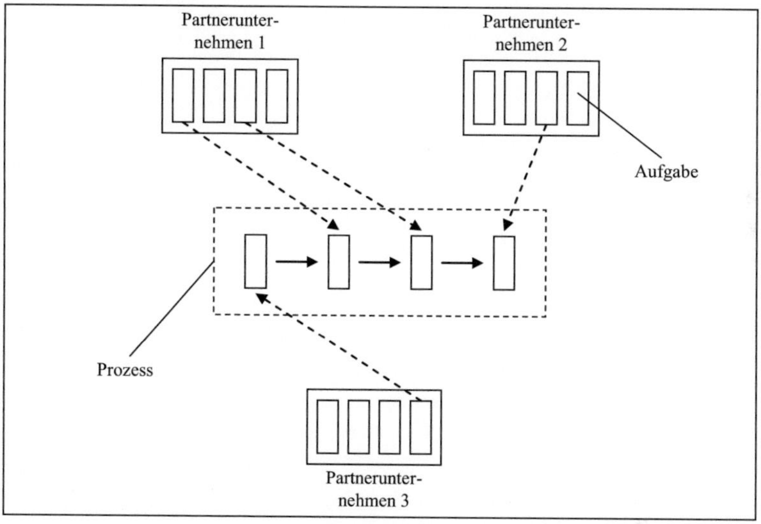

Abbildung 7: Auftragsspezifische Bildung eines Prozesses in Netzwerken[176]

Die in einem Netzwerk kooperierenden Unternehmen verfügen typischerweise nicht über identische, sondern vielmehr über sich ergänzende und überschneidende Kompetenzen und Fähigkeiten.[177] Da ein Auftrag regelmäßig nicht in vollem Umfang von einem einzigen Partnerunternehmen realisiert werden kann, arbeiten zu diesem Zweck häufig unterschiedliche Teams von Partnerunternehmen zusammen.[178] Hieraus folgt auch, dass nicht jedes Unternehmen des Netzwerkpools an jedem Auftrag beteiligt ist.[179]

Die ausführenden Aufgaben der Auftragsdurchführung werden durch vorbereitende, begleitende und nachbereitende auftragsbezogene Managementaufgaben ergänzt. In der Literatur werden unterschiedliche Klassifikationen dieser Aufgaben diskutiert,

---

174 Vgl. Arnold, O., Faisst, W. et al. (1995).
175 Vgl. Hess, T. (1996), S. 10 - 11; Gaitanides, M. (1983), S. 160 - 162.
176 Vgl. Hess, T. (1999a), S. 227.
177 Vgl. Hess, T., Schumann, M. (1999), S. 364.
178 Zu Problemstellungen eines unternehmensübergreifenden Projektmanagements vgl. Daum, A. (2001).
179 Vgl. Hess, T. (2002), S. 18.

die jedoch von der Grundanlage her weitestgehend übereinstimmen.[180] Demnach lassen sich vier typische Managementaufgaben auf auftragsbezogener Ebene unterscheiden:[181]

(1) Akquisition
In einem ersten Schritt sind Marktchancen zu identifizieren, die Leistungen des Netzwerks zu vermarkten und Aufträge zu akquirieren. Anschließend muss das Netzwerkmanagement entscheiden, ob ein Team zur Bearbeitung des Auftrags konfiguriert werden soll.[182] Entscheidungsgrundlage hierfür ist zum einen ein grober Abgleich der für die Bearbeitung des Auftrags benötigten mit den im Netzwerk vorhandenen Kapazitäten und Kompetenzen und zum anderen eine grobe Einschätzung des zu erwartenden monetären Erfolgs.[183]

(2) Aufbau und Konfiguration
Im Anschluss erfolgt die Konfiguration des Auftragsteams durch Vergabe der Teilaufträge. Hierzu ist zunächst der Auftrag genau zu spezifizieren. Als Voraussetzung einer arbeitsteiligen Auftragsabwicklung sind die auszuführenden Aufgaben zu analysieren und zu Teilaufträgen zusammenzufassen.[184] Diese sind Gegenstand netzwerkinterner Ausschreibungen und zugleich Basis der Leistungsvereinbarung mit den beteiligten Partnerunternehmen nach erfolgter Konfiguration.
Für den Fall, dass der Auftragspreis nicht durch den Kunden oder den Markt vorgegeben ist, ist zudem durch Aggregation der Preise der Teilaufträge eine

---

180 Vgl. im Folgenden Hoffmann, W., Scheer, A.-W., Hanebeck, C. (1995); Kraege, R. (1997), S. 88; Kocian, C., Corrèca, G. N., Scheer, A.-W. (1997); Millarg, K. (1998), S. 131 - 132; Schuh, G., Millarg, K., Göransson, A. (1998); S. 94; Zimmermann, F. O. (1999), S. 61; Letmathe, P. (2001), S. 559 - 565; Veil, T. (2001), S. 19; Hess, T. (2002), S. 19; Huber, C., Schoch, R., Plüss, A. (2002), S. 67.

181 Vgl. ähnlich Kocian, C., Corrèca, G. N., Scheer, A.-W. (1997), S. 61 - 63 sowie Kocian, C. (1999), S. 141 - 149, die die Phasen der „Instanzierung", „Grobplanung", „Partnerwahl", „Feinplanung", „Umsetzung" und „Auflösung" unterscheiden.

182 Die Konfiguration erfolgt typischerweise durch eine Vergabe der Teilaufträge im Ausschreibungsverfahren. Vgl. Veil, T. (2001), S. 19.

183 Vgl. Mertens, P., Griese, J., Ehrenberg, D. (1998), S. 94 - 95; Gerpott, T. J., Böhm, S. (2000), S. 22 - 23.

184 Die betriebswirtschaftliche Organisationslehre hat sich intensiv mit dem Abgrenzen von Teilaufgaben in klassischen Unternehmen beschäftigt. Zu diesem Zweck wurde durch Kosiol das Analyse-Synthese-Schema entwickelt, das hilft, den Prozess der Abgrenzung von Aufgaben analytisch zu durchdringen. Demnach wird die Gesamtaufgabe des Unternehmens, abgeleitet aus den Sachzielen, zunächst analytisch bis auf die Ebene von Elementaraufgaben zerlegt. Im Rahmen der anschließenden Synthese werden diese Elementaraufgaben schrittweise zu organisatorischen Einheiten zusammengefasst. Vgl. Kosiol, E. (1976).

Preisuntergrenze zu bestimmen, die auch als Grundlage für Preisverhandlungen mit dem Kunden dienen kann.[185]

(3) Auftragsabwicklung

Im Zuge der Auftragsabwicklung ist die Durchführung zu kontrollieren und ggf. die Auftragsplanung anzupassen. Ziel ist die Sicherstellung einer kunden- bzw. marktadäquaten Leistungserstellung. Zu diesem Zweck sind die im Rahmen der Teilauftragsvergabe mit den Partnerunternehmen vereinbarten Mengen-, Qualitäts-, Kosten- und Zeitziele zu überwachen und ggf. anzupassen.

(4) Auflösung

Sollten die realisierten Kosten oder Erlöse von den geplanten abweichen, so ist im Zuge der Auflösung des aktivierten Netzwerks das ungeplante Ergebnis auf die beteiligten Partnerunternehmen zu verteilen.

Diese Aufgaben fallen in dynamischen Netzwerken für jeden Auftrag erneut an. In stabilen Netzwerken hingegen erfolgen Akquisition und Konfiguration nur für jeden Auftragstyp, lediglich die Durchführungskontrolle und die Ergebnisverteilung sind für jeden einzelnen Auftrag durchzuführen.

Neben den auftragsbezogenen bestehen in einem Netzwerk auch auftragsübergreifende Managementaufgaben. Betrachtet man die auftragsbezogene Ebene eines Netzwerks als operativen Bestandteil, so werden hier Potenziale genutzt, die auf strategischer und damit auf auftragsübergreifender Ebene aufzubauen und zu gestalten sind.[186] Zu unterscheiden sind sach- und interaktionsbezogene Aufgaben.[187] Wichtigste sachorientierte Aufgabe ist die Planung und Konfiguration der Netzwerkinfrastruktur mittels abgestimmten strategischen Handelns innerhalb des durch festzulegende Netzwerkziele vorgegebenen Rahmens.[188] Gegenstand interaktionsorientierter Aufgaben ist demgegenüber die systematische Analyse und Gestaltung der Beziehungsstrukturen zwischen den Partnerunternehmen etwa durch Etablierung einer Netzwerkkultur.[189] Aus den dargestellten Aufgaben lassen sich als Teilbereiche des auftragsübergreifenden Netzwerkmanagements das Partnermanagement, das Aktionsmanagement, das Erfolgsmanagement sowie das Regelmanagement ableiten.

---

185 Vgl. Schuh, G., Millarg, K., Göransson, A. (1998), S. 120 - 127; Schuh, G., Strack, J., Tockenbürger, L. (1998), S. 23 - 26.

186 Vgl. Wall, F. (2000a), S. 129 - 130.

187 Vgl. Tröndle, D. (1987), S. 8.

188 Vgl. Gerpott, T. J., Böhm, S. (2000), S. 23.

189 Vgl. Sydow, J. (1992b).

Der Aufbau von Erfolgspotenzialen geschieht zum einen durch die Gestaltung des Partnerpools, um die Ressourcen des Netzwerks durch positive und negative Selektion bestmöglich zu strukturieren.[190] Anders als bei der auftragsbezogenen Allokation steht hierbei jedoch die langfristige Einbindung von Unternehmen in das Netzwerk im Vordergrund. Zum anderen beinhaltet das Aktionsmanagement die Planung und Kontrolle des Leistungsprogramms des Netzwerks sowie abgestimmte, auftragsübergreifende Aktionen zur Generierung zusätzlichen Nutzens für das Netzwerk. Beispielhaft können der Aufbau einer gemeinsamen Marke, die Ausbildung von Mitarbeitern oder der Auf- und Ausbau einer geeigneten Infrastruktur genannt werden.

Aufgabe des Erfolgsmanagements ist hingegen die Formulierung und Überprüfung langfristiger Ziele sowie die Ermittlung des Erfolgs des Netzwerks. Hierbei ist sowohl die Ebene des gesamten Netzwerks als auch die Ebene der einzelnen Partnerunternehmen zu betrachten.[191] So werden die Partnerunternehmen bestrebt sein, das Verhältnis ihres netzwerkbezogenen Nutzens zu ihren netzwerkbezogenen Kosten bestmöglich zu gestalten. Der Nutzen kann sich etwa in realisierten Teilauftragsgewinnen, hinzugewonnenen Kompetenzen oder auch Marktanteilen niederschlagen. Kosten können beispielsweise Jahresbeiträge, aber auch Opportunitätskosten aus alternativen Ressourcenverwendungsmöglichkeiten sein. Hinsichtlich der Ziele des Netzwerks als Ganzem dominieren in fokalen Netzwerken die Ziele des fokalen Partners, so dass sämtliche Aktionen auf die Maximierung des Nutzens des fokalen Partners ausgerichtet werden. In polyzentrischen Netzwerken hingegen ist der über alle Partner aggregierte Nutzen zu maximieren.[192]

Das Regelmanagement zeichnet sich im Gegensatz zu den drei oben beschriebenen planungs- und kontrollorientierten auftragsübergreifenden Führungsaufgaben durch einen grundlegenden organisatorischen Charakter aus.[193] Inhalt des Regelmanagements ist die Formulierung und Überprüfung von Regeln für die Auftragsabwicklung. Hierzu zählen beispielsweise Regeln zur Allokation von Teilaufträgen oder zur Kalkulation von Auftragspreisen.

Abbildung 8 fasst die Aufgaben des Netzwerkmanagements zusammen.

---

190 Vgl. Veil, T. (2001), S. 22.

191 Vgl. Merkle, M. (1999), S. 72; Hess, T., Wohlgemuth, O., Schlembach, H. G. (2001), S. 69.

192 Vgl. ähnlich mit Bezug auf das Netzwerkcontrolling Reiß, M., Bernecker, T. (2006), S. 15.

193 Vgl. Sydow, J., Windeler, A. (1994), S. 4 - 7; Specht, D., Kahmann, J. (2000b).

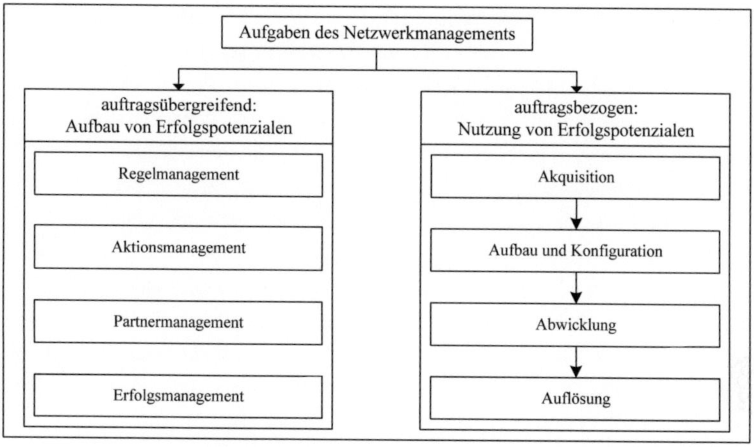

Abbildung 8: Aufgaben des Netzwerkmanagements

Instanzen des Netzwerkmanagements

Neben den dargestellten Aufgaben stellt sich auch die Frage nach der institutionellen Verankerung des Netzwerkmanagements in einer formalen Organisationsstruktur.[194] Die Institutionalisierung des Netzwerkmanagements in einer zentralen Führungsstelle wird in der Literatur heterogen diskutiert. Gegen eine Institutionalisierung wird angeführt, dass diese nicht dem Charakter der Temporalität und Flexibilität eines Netzwerks Rechnung trage.[195] Auch sei eine nicht-institutionalisierte Führung die kostengünstigere Variante.[196] Nach diesem Verständnis sollen sich Netzwerk weitestgehend selbst organisieren, so dass aufeinander abgestimmtes Handeln Ergebnis der Interaktion der einzelnen Partner ist.[197]

---

194 Der bedeutendste Beitrag zur Beschreibung der formalen Struktur einer Organisation geht auf Kieser und Kubicek zurück und verwendet die Merkmale Spezialisierung, Koordination, Konfiguration, Delegation und Formalisierung. Vgl. Kieser, A., Kubicek, H. (1992), S. 67 - 167. Ein Überblick über weitere entsprechende Ansätze findet sich bei Breilmann, U. (1994).

195 Vgl. Scherm, E., Süß, S. (2000a), S. 461; Kemmner, G. A., Gillessen, A. (2000), S. 11; Gerpott, T. J., Böhm, S. (2000), S. 17; Scholz, C. (1997), S. 331 - 332.

196 Vgl. Weibler, J., Deeg, J. (1998), S. 13.

197 Zur Selbstorganisation vgl. Probst, G. J. B. (1987); Probst, G. J. B. (1992).

Demgegenüber findet sich in der Literatur ebenfalls die Meinung, dass in Unternehmensnetzwerken eine zentralen Führungsinstanz einzurichten sei.[198] Hierfür spricht die Reduktion der Abstimmungskomplexität wie auch der Kommunikationsschnittstellen.[199] Aus diesem Grunde erscheint es auch zumindest fraglich, ob Selbstorganisation als schnellere und kostengünstigere Variante anzusehen ist.[200] Empirische Befunde lassen ebenfalls erkennen, dass in Unternehmensnetzwerken zentrale Instanzen zur Wahrnehmung der Führungsaufgaben eingerichtet werden.[201] In der Literatur finden sich hierfür unterschiedliche Rollenmodelle.[202] Einigkeit besteht weitestgehend in einer Fortführung der Unterscheidung zwischen auftragsbezogener und auftragsübergreifender Ebene. Im Folgenden werden – der Systematik von Hess folgend – mit dem Auftragsmanager, dem Steuerungsgremium und dem Netzwerkkoordinator drei idealtypische Rollen[203] mit Managementkompetenz unterschieden.[204]

Der Auftragsmanager nimmt die Führungsaufgaben auf auftragsbezogener Ebene im Sinne eines unternehmensübergreifenden Projektmanagements wahr.[205] Dabei übernimmt er die Koordination und das Risiko der dezentralen Leistungserstellung und dient als Ansprechpartner für den Kunden.[206] Seine Tätigkeit ist somit vergleichbar der eines Projektleiters in einer Einfluss-Projektorganisation.[207] Welcher Partner als Auftragskoordinator fungiert, kann über Regeln bestimmt werden. So kann etwa derjenige Partner die Auftragskoordination übernehmen, der den höchsten Kosten-

198 Vgl. Miles, R. E., Snow, C. C. (1984), S. 25 - 27; Szyperski, N., Klein, S. (1993), S. 194; Kanter, R. M. (1995); Mertens, P., Faisst, W. (1995), S. 162; Brütsch, D., Frigo-Mosca, F. (1996), S. 33; Frigo-Mosca, F., Brütsch, D., Tettamanti, S. (1996); Reiß, M. (1996a); Fischer, P. (1997), S. 17; Beck, T. C. (1998), S. 107; Kraege, R. (1997), S. 101; Mertens, P., Griese, J., Ehrenberg, D. (1998), S. 12 - 15; Gerpott, T. J., Böhm, S. (2000), S. 18 - 20. Eine derartige Instanz wird unter verschiedenen Begriffen diskutiert wie „Lenkungsausschuss" (vgl. Kraege, R. (1997), S. 101), „Leitungsteam" (vgl. Kabel, D., Stecher, U. et al. (1999)) oder „Lenkungsgremium" (vgl. Hess, T., Schumann, M. (2000a), S. 81).

199 Vgl. Veil, T. (2001), S. 25.

200 Vgl. Weibler, J., Deeg, J. (1998), S. 113 - 116.

201 Vgl. Veil, T. (2001), S. 25.

202 Vgl. Katzy, B., Schuh, G., Millarg, K. (1996), S. 31 ff.; Göransson, A., Schuh, G. (1997), S. 69 - 74; Schuh, G., Millarg, K., Göransson, A. (1998), S. 92 - 110; Millarg, K. (1998), S. 131 - 140; Veil, T. (2001), S. 25 - 27; Hess, T. (2002), S. 24 - 25.

203 Eine Rolle vereinigt aus der Sicht einer Person verschiedene Aktivitäten. Dies entspricht in der klassischen Terminologie der Organisationslehre einem Stellentyp. Vgl. Hess, T. (1996), S. 20.

204 Vgl. Hess, T. (2002), S. 24 - 25.

205 Vgl. Schuh, G., Millarg, K., Göransson, A. (1998), S. 104 - 108; Millarg, K. (1998), S. 136 - 138; Veil, T. (2001), S. 26 f.; Hess, T. (2002), S. 24.

206 Vgl. Millarg, K. (1998), S. 137.

207 Zu den Aufgaben eines Projektleiters vgl. Burghardt, M. (1999), S. 50 - 52. Zur Effizienz des Auftragsmanagers vgl. Beck, T. C. (1998), S. 107. Der Auftragsmanager in der hier vorgestellten Form entspricht in der Nomenklatur von Schuh, Millarg und Göransson einer Kombination von Auftragsmanager und Leistungsmanager. Vgl. Millarg, K. (1998), S. 130; Schuh, G., Millarg, K., Göransson, A. (1998), S. 93.

anteil am Auftrag oder das größte Garantierisiko trägt.[208] Auch können Leistungen spezialisierter, netzwerkexterner Anbieter bezogen werden.[209]

Die oben genannten Managementaufgaben auf auftragsübergreifender Ebene nimmt regelmäßig ein Steuerungsgremium wahr.[210] In fokalen Netzwerken wird das Steuerungsgremium typischerweise lediglich durch den oder die fokalen Partner repräsentiert, in polyzentrischen Netzwerken hingegen durch ausgewählte Vertreter aller beteiligten Unternehmen.[211] Das Steuerungsgremium wird durch den Netzwerkkoordinator bei der Erfüllung seiner Aufgaben unterstützt. Aufgaben des Netzwerkkoordinators sind beispielsweise die Vorbereitung von Entscheidungen des Steuerungsgremiums, das Entwickeln von Planungs- und Kontrollinstrumenten, die Akquisition neuer Partner oder auch die Vermarktung des Netzwerks.[212] Der Netzwerkkoordinator muss nicht zwingend Mitglied des Netzwerks sein, auch der Einsatz eines professionellen Anbieters von Koordinationsleistungen ist denkbar.[213] In der Literatur findet sich für den Netzwerkkoordinator in polyzentrischen Netzwerken auch die Bezeichnung als „Broker"[214], in fokalen Netzwerken wird er auch als „Leader"[215] bezeichnet.[216]

2.1.2.4 Rechtliche Rahmenbedingungen

In Unternehmensnetzwerken arbeiten rechtlich selbständige Unternehmen auftragsbezogen zusammen, um eine am Markt verwertbare Leistung zu erstellen. Gerade zur Bestimmung der Risikoposition eines Netzwerks stellt sich die Frage nach den Rechtsverhältnissen sowohl nach innen als auch nach außen.

---

208 Vgl. Veil, T. (2001), S. 26. Zu praktizierten Regeln eines Schweizer Netzwerks vgl. Meier, R. (2000), S. 21 - 22.

209 Vgl. Buxmann, P., König, W. (2000), S. 61 - 62.

210 Vgl. Wente, M. (2008), S. 230. In komplexeren Netzwerken kann das Steuerungsgremium durch spezialisierte Ausschüsse für einzelne Aufgabengebiete unterstützt werden. Vgl. Hess, T. (2002), S. 24.

211 Vgl. Veil, T. (2001), S. 25.

212 Für Funktionen und Typen des Netzwerkkoordinators vgl. Beck, T. C. (1998), S. 103 - 105.

213 Vgl. von Stengel, R. (1999), S. 132; Hess, T., Schumann, M. (2000a).

214 Vgl. Miles, R. E., Snow, C. C. (1986), S. 64 - 65.

215 Vgl. Snow, C. C., Miles, R. E., Coleman, H. J. (1992), S. 16; Mertens, P., Griese, J., Ehrenberg, D. (1998), S. 15.

216 Der Netzwerkkoordinator in der hier vorgestellten Form stellt in der Nomenklatur von Schuh, Millarg und Göransson eine Kombination von Broker und Netzwerk-Coach dar. Vgl. Millarg, K. (1998), S. 130; Schuh, G., Millarg, K., Göransson, A. (1998), S. 93. Die Autoren nennen als weitere Rollen den Auditor im Sinne eines internen und externen Revisors sowie innerhalb der Partnerunternehmen die In-/Outsourcing-Manager, deren Aufgabe die Koordination und Kommunikation mit Auftrags- und Leistungsmanager ist.

Zu unterscheiden sind hierbei – sofern die Partnerunternehmen keine weiterführenden Regelungen vereinbart haben – zwei grundlegende Konstellationen. Wird die Marktleistung über mehrere Wertschöpfungsstufen erstellt, so tritt typischerweise nur das Unternehmen der letzten Wertschöpfungsstufe als Produzent gegenüber dem Kunden auf und geht ein Rechtsverhältnis mit ihm ein. Nur im Innenverhältnis des Netzwerks entstehen Rechtsverhältnisse entsprechend der Leistungsverflechtungen.

Wird die Leistung hingegen von einer Gruppe von Unternehmen gemeinschaftlich erbracht, so bilden die am Auftrag beteiligten Unternehmen eine Gesellschaft bürgerlichen Rechts.[217] Diese BGB-Gesellschaft tritt gegenüber dem Kunden als Vertragspartner auf. Jeder Gesellschafter haftet persönlich und uneingeschränkt für alle Verbindlichkeiten, die im Zusammenhang mit der Gesellschaftstätigkeit entstehen. Somit kann jeder Gläubiger von jedem einzelnen Gesellschafter die Erbringung der geschuldeten Leistung in voller Höhe verlangen. Wird ein Gesellschafter in Anspruch genommen, so kann er Ausgleich von den übrigen Gesellschaftern verlangen.

Alternativ kann zwischen die beteiligten Unternehmen und den Kunden ein Generalunternehmer treten.[218] Dieser ist dann alleiniger Vertragspartner des Kunden und beauftragt seinerseits die am Auftrag beteiligten Unternehmen mit Teilleistungen. Somit übernimmt der Generalunternehmer bewusst das Gesamtrisiko. Als Generalunternehmer kann entweder ein Partnerunternehmen auftreten, oder es wird eine eigens zu diesem Zweck gegründete Kapitalgesellschaft eingesetzt. Letztere Variante bietet sich insbesondere für polyzentrische Netzwerke an, in denen der Auftragskoordinator mit jedem Auftrag wechseln kann.

Ergänzend zu den Gestaltungsmöglichkeiten auf der auftragsbezogenen Ebene besteht in Unternehmensnetzwerken ggf. auch auf auftragsübergreifender Ebene Regelungsbedarf zum einen in generellen Fragen der Zusammenarbeit und zum anderen in einzelnen Feldern der Zusammenarbeit. Gerade generelle Fragen der Zusammenarbeit werden häufig informell geregelt.[219] Ganz allgemein findet sich in Unternehmensnetzwerken ein tendenziell geringer Umfang detaillierter rechtlicher

---

217 Die Entstehung einer BGB-Gesellschaft ist an drei Bedingungen geknüpft. So muss zwischen zwei oder mehr Personen ein Vertrag vorliegen, der jedoch - solange er keine formbedürftigen Leistungsversprechen enthält – per se an keine Formerfordernisse gebunden ist und somit auch stillschweigend geschlossen werden kann. Dieser Vertrag enthält – vorrangig – einen gemeinsamen Zweck. Die Beteiligten verpflichten sich, den gemeinsamen Zweck gemeinsam zu verfolgen. Vgl. Endemann, T. (1999), S. 170 - 173; Kraft, A., Kreutz, P. (2000), S. 95 - 170. Zu Anforderungen an den Gesellschaftszweck vgl. Endemann, T. (1999), S. 166 m. w. N. Die genannten Bedingungen können schon durch gemeinsames schlüssiges Handeln gegenüber dem Auftraggeber erfüllt sein. Vgl. Ackermann, M. (1998); Kilian, W. (1997).

218 Vgl. Ackermann, M. (1998), S. 48.

219 Vgl. Hess, T. (2002), S. 30.

Regelungen.[220] Die Unternehmen sind in der Regel über relationale Verträge integriert.[221] Im Gegensatz zu konventionellen („neo-klassischen") Verträgen, die auf expliziten, möglichst exakt fixierten Vereinbarungen beruhen, werden diese Regelungen in relationalen Verträgen durch Vereinbarungen ergänzt.[222] Als relationaler Vertrag wird die Gesamtheit aller Normen bezeichnet, die zwischen den Partnern eines Netzwerks vereinbart wurden. Der Inhalt relationaler Verträge ist zu einem hohen Maße unbestimmt. Zur Erhaltung der Vertragsbeziehung werden auch nach Vertragsabschluss fortlaufende Verhandlungen geführt, in denen die Verträge an unvorhergesehene Ereignisse angepasst werden.[223] Um das Risiko opportunistischen Verhaltens reduzieren zu können, stellen relationale Verträge umfangreiche Anforderungen an Kontroll- und Anreizsysteme.[224]

2.1.3 Entstehung von Unternehmensnetzwerken

Der gegenwärtige Stand der Netzwerkdiskussion ist durch eine Vielfalt an Partialtheorien gekennzeichnet, die sich auf einzelne Theorieelemente konzentrieren. Dabei kann zwischen ökonomischen, politischen und politökonomischen Ansätzen sowie Interorganisationstheorien unterschieden werden.[225] Die verschiedenen theoretischen Gebilde stehen jedoch relativ unverbunden nebeneinander und greifen auf keine allgemein anerkannte theoretische Basis zurück.[226]

Zur Systematisierung des Phänomens der zwischenbetrieblichen Kooperation kann darüber hinaus zwischen kontingenztheoretischen und effizienztheoretischen Fragestellungen unterschieden werden.[227] Kontingenztheoretische Betrachtungen thematisieren Bedingungen und Faktoren, die das Auftreten von Kooperationen fördern und ihre Erscheinungsformen beeinflussen. Effizienztheoretische Fragestellungen analysieren hingegen Output-Input-Beziehungen innerhalb von Kooperationen sowie die Folgen der Kooperation für den Unternehmenserfolg.

---

220 Vgl. Klein, B., Crawford, R., Alchian, A. (1978); Sallaba, G. (1999), S. 237 - 238.

221 Im Sinne der Vertragstheorie handelt es sich hierbei um unvollständige Verträge. Vgl. Picot, A., Reichwald, R., Wigand, R. T. (2003), S. 42 - 45.

222 Vgl. Dietl, H. (1995), S. 570 - 573.

223 Vgl. MacNeil, I. R. (1978); MacNeil, I. R. (1980); Williamson, O. E. (1990b); Jones, C., Hesterly, W. S., Borgatti, S. P. (1997), S. 912; Merkle, M. (1999), S. 26; Picot, A., Schuller, S. (2001), S. 242 f.

224 Vgl. Hess, T. (2002), S. 30. Zu rechtlichen und sozialen Schutzmechanismen gegen Opportunismus vgl. Achrol, R. S., Gundlach, G. T. (1999).

225 Einen umfassenden Überblick liefert Sydow, J. (1992b), S. 127 - 235.

226 Vgl. Meyer, M. (1995), S. 149

227 Vgl. Schrader, S. (1993), S. 225 ff.

Schon im Rahmen einer betriebswirtschaftlichen Fundierung zwischenbetrieblicher Kooperation gilt es zu beachten, dass eine „theoretische Einfalt bei der Analyse eines derartig komplexen Phänomens“[228] zu vermeiden ist. Zur umfassenden theoretischen Fundierung des Phänomens zwischenbetrieblicher Kooperation bedarf es somit der Beachtung unterschiedlicher Ansätze, von denen im Folgenden die für die vorliegende Untersuchung relevanten vorgestellt werden. In der einschlägigen Literatur werden in diesem Zusammenhang insbesondere die Transaktionskostentheorie, die Spieltheorie sowie ressourcenorientierte Ansätze herangezogen.[229]

2.1.3.1 Transaktionskostentheorie

Die Transaktionskostentheorie basiert auf den Arbeiten von Coase[230] und Weiterentwicklungen von Williamson.[231] Sie ist neben der Theorie der Verfügungsrechte (Property-Rights-Theorie) und der Agency-Theorie als dritter Eckpfeiler der Neuen Institutionenökonomik[232] einzuordnen.[233] Die Neue Institutionenökonomik beschäftigt sich mit der Analyse der Struktur, der Verhaltenswirkungen, der Effizienz und des Wandels komplexer Organisationsformen im Sinne handlungskanalisierender Institutionen menschlichen Handelns.[234] Dabei werden Situationen mit asymmetri-

---

228 Sydow, J. (1992b), S. 130. Rüdiger kommt dabei zu dem Schluss, dass es aufgrund der Komplexität des Themengebiets nicht die eine Theorie der Kooperation geben kann. Vgl. Rüdiger, M. (1998), S. 27.

229 Vgl. Picot, A., Reichwald, R., Wigand, R. T. (2003), S. 290 - 301; Hungenberg, H. (1999), S. 11 - 19; Rüdiger, M. (1998). Zur Erklärung zwischenbetrieblicher Kooperation werden bisweilen auch weitere Theorien herangezogen. Vgl. hierzu insbesondere Sydow, J. (1992b), S. 168 - 235 sowie Schäper, C. (1996), S. 59 - 108.

230 Vgl. Coase, R. H. (1937).

231 Vgl. Williamson, O. E. (1985b). Im deutschsprachigen Raum wurde dieser Ansatz insbesondere von Picot bekannt gemacht. Vgl. Picot, A. (1982).

232 Die „Neue Institutionenökonomik“ unterscheidet sich von der neoklassischen Theorie insbesondere dadurch, dass Institutionen wie „Markt“ oder „Unternehmen“ nicht als Datum angenommen werden. Vielmehr wird mit Hilfe der bestehenden ökonomischen Theorie das Funktionieren dieser Institutionen analysiert und ihre Rolle bei der Koordination wirtschaftlicher Aktivitäten eruiert. Vgl. Coase, R. H. (1984), S. 230; Richter, R. (1990), S. 570 ff.; Richter, R. (1991), S. 395 ff.; Coase, R. H. (1998), S. 73. Für einen Überblick über die Ansätze der Neuen Institutionenökonomik vgl. Woratschek, H., Roth, S. (2003), S. 145 - 148. Die Neue Institutionenökonomik war ursprünglich der Mikroökonomie zuzurechnen und wird heute im betriebswirtschaftlichen Kontext vorrangig zur Erklärung der Entstehung von Unternehmen und zur Optimierung der Leistungstiefe verwendet. Vgl. Hess, T. (2002), S. 32.

233 Vgl. Rotering, J. (1993), S. 89. Meist werden die Transaktionskostentheorie und die Agency-Theorie als Weiterentwicklungen der Property-Rights-Theorie angesehen. Vgl. Williamson, O. E. (1990a). Die Theorie der Verfügungsrechte stellt eher ein allgemein gehaltenes, abstraktes Analyseraster dar, aus dem sich kaum pragmatische Handlungsempfehlungen ableiten lassen. Vgl. Ebers, M., Gotsch, W. (2002), S. 194.

234 Vgl. Erlei, M., Leschke, M., Sauerland, D. (1999), S. 42.

scher Informationsverteilung thematisiert,[235] in denen Kosten für die Informationsbeschaffung und –verarbeitung wie auch den Abschluss, die Überwachung und Durchsetzung von Verträgen anfallen.[236] Im Property-Rights-Ansatz wie auch der Principal-Agent-Theorie wird die Bedeutung von Anreizsystemen hervorgehoben und somit die Analyse der ex-ante-Seite des Vertrages fokussiert.[237]

Betrachtungsgegenstand transaktionskostentheoretischer Überlegungen sind Austauschbeziehungen, die in einer arbeitsteilig organisierten Wirtschaft zwischen den spezialisierten Individuen bestehen.[238] Im Mittelpunkt der Betrachtung steht nicht der Tausch von Gütern oder Dienstleistungen selbst, sondern die mit ihm verbundene Übertragung von Verfügungsrechten.[239] Diese Übertragung wird als Transaktion bezeichnet.[240] Kern der Transaktionskostentheorie ist der Vergleich der Kosten alternativer institutioneller Arrangements bzw. Organisationsformen von Transaktionen im Sinne der Abwicklung ökonomischer Aktivitäten.[241] Unter einem institutionellen Arrangement sind in diesem Zusammenhang alle institutionellen und organisatorischen Regelungen mit dem Ziel der Unterbindung opportunistischen Verhaltens zu verstehen.[242] Die Transaktionskostentheorie stellt in der Folge neben der Verteilung von Verfügungsrechten und der Ausgestaltung von Anreizsystemen auch auf

---

235 In Situationen asymmetrischer Information ist von zwei kooperierenden Partnern der eine vergleichsweise besser informiert als der andere. Hieraus resultieren Fragen nach dem Auftreten ökonomischer Nachteile, Fehlallokationen und Wohlfahrtsverlusten und der Eignung von Kooperationsdesign, Kontrakttypen und Organisationsformen der Zusammenarbeit für die Begrenzung dieser Wohlfahrtsverluste. Vgl. Spremann, K. (1990), S. 562.

236 Vgl. Woratschek, H., Roth, S. (2003), S. 146. In Abgrenzung zur neoklassischen Mikrotheorie unterstellt die Neue Institutionenökonomik, dass keine vollständigen Kontingenzverträge abgeschlossen werden können.

237 Vgl. Rotering, J. (1993), S. 89.

238 Vgl. Picot, A. (1982).

239 Vgl. Commons, J. R. (1931), S. 652; Michaelis, E. (1985), S. 77; Weimer, T. (1988), S. 76. Zum Begriff der Verfügungsrechte vgl. Furobotn, E. G., Pejovich, S. (1972), S. 1137. Gewöhnlich werden vier Arten von Verfügungsrechten unterschieden: das Recht, (a) die Ressource zu nutzen, (b) ihre Erträge einzubehalten, (c) ihre Form oder Substanz zu verändern und (d) diese Verfügungsrechte auf andere zu übertragen. Vgl. Alchian, A. A., Demsetz, H. (1972), S. 783. Mitunter werden auch Transaktion und Leistungsaustausch gleichgesetzt. Vgl. Williamson, O. E. (1985b), S. 1. Vgl. auch Ouchi, W. G. (1980), S. 130; Michaelis, E. (1985), S. 75; Jones, G. R., Hill, C. W. L. (1988), S. 160; de Pay, D. (1989), S. 13.

240 Vgl. Picot, A. (1991), S. 145 f.; Rüdiger, M. (1998), S. 33. Transaktionen werden auch als „Prozeß der Klärung, Vereinbarung und der Durchführung eines Leistungsaustauschs" bezeichnet. Rotering, J. (1993), S. 98. Vgl. ähnlich Picot, A. (1982), S. 269; Harders, J. (1983), S. 176. Andere Autoren stellen stärker auf den verfügungsrechtlichen Aspekt ab. Vgl. hierzu Gäfgen, G. (1984), S. 51; Michaelis, E. (1985), S. 77; Grothe, B. (1990), S. 37.

241 Vgl. Williamson, O. E. (1985b), S. 29; Williamson, O. E. (1989), S. 136. „The comparative institutional test is not whether internal organization experiences a bureaucratic of one sort or another but rather whether a differential cost can be shown to exist by organizing a task one way rather than another." Williamson, O. E. (1990c), S. 6. Vgl. auch Williamson, O. E. (1975), S. 2; Williamson, O. E., Ouchi, W. G. (1981b), S. 387 f.

242 Vgl. Williamson, O. E. (1990b).

die Bedeutung von Institutionen ab, um ex post Vertragsprobleme lösen zu können.[243]

Gemäß der Transaktionskostentheorie bewerten die an einem Austauschprozess beteiligten Individuen die Transaktionskosten alternativer Organisationsformen und organisieren die ökonomische Aktivität bei gleichen Produktionskosten so, dass die Transaktionskosten minimiert werden.[244] Transaktionskosten[245] bestehen dabei insbesondere aus:

(1) „Anbahnungskosten, z. B. Informationssuche und –beschaffung über potenzielle Transaktionspartner und deren Konditionen;

(2) Vereinbarungskosten, z. B. Intensität und zeitliche Ausdehnung von Verhandlungen, Vertragsformulierung und Einigung;

(3) Kontrollkosten, z. B. Sicherstellung der Einhaltung von Termin-, Qualitäts-, Mengen-, Preis- und evtl. Geheimhaltungsvereinbarungen;

(4) Anpassungskosten, z. B. Durchsetzung von Termin-, Qualitäts-, Mengen- und Preisänderungen aufgrund veränderter Bedingungen während der Laufzeit der Vereinbarung.“ [246]

Im Kern handelt es sich somit um Kosten, die bei der Koordination wirtschaftlicher Leistungsbeziehungen anfallen, so dass Transaktionskosten häufig mit Koordinationskosten gleichgesetzt werden.[247] Bezogen auf ihren Zweck fallen diese Kosten insbesondere für Informations- und Kommunikationsprozesse an.[248] Bei strenger Auslegung zählen neben monetären Größen auch Opportunitätskosten zu den Transaktionskosten.[249] Die optimale Organisationsform wird unter Zugrundelegung des Marginalprinzips allein durch die resultierenden Transaktionskosten bestimmt.[250] Dieses Vorgehen impliziert, dass die Produktionstechnologie und damit auch die Produktionskosten und -leistungen gegenüber einer Veränderung der Organisations-

---

243 Vgl. Williamson, O. E. (1985a), S. 190 ff.

244 Vgl. Sydow, J. (1992b), S. 130, in Anlehnung an Williamson.

245 Zusammen mit den Kosten der Koordination und der Motivation zählen die Transaktionskosten zu den Kosten des Produktionsfaktors “Organisation”. Vgl. Picot, A. (1982), S. 270.

246 Picot, A. (1982), S. 270. In der Literatur finden sich auch abweichende Systematiken. So unterscheidet Albach insgesamt sieben Transaktionsphasen bzw. Kostenkategorien. Vgl. Albach, H. (1988), S. 1160.

247 Vgl. Kappich, L. (1989), S. 91.

248 Vgl. Picot, A., Dietl, H. (1990), S. 178.

249 Vgl. Kaas, K. P., Fischer, M. (1993), S. 688. Stellenweise werden Transaktionskosten insgesamt als Opportunitätskosten interpretiert. Vgl. Kirchner, C., Picot, A. (1987), S. 64.

250 Vgl. Sydow, J. (1992b), S. 131; Reichwald, R. (2004), Sp. 1001.

form invariabel sein müssen.[251] Zudem muss zwischen den Akteuren in einer Wirtschaft effizienzorientierter Wettbewerb stattfinden.[252] In der Folge entscheiden sich Unternehmen dann für eine Kooperation, wenn diese gegenüber den Alternativen Markt und Hierarchie transaktionskostengünstiger ist.[253]

Die Ermittlung der Transaktionskosten erfolgt auf der Basis von vier Grundannahmen:[254]

(1) Menschen zeichnen sich durch begrenzte Rationalität aus (bounded rationality). Diese entsteht durch limitierte Informationsverarbeitungskapazität und kommunikative Probleme. In der Folge existieren keine perfekten Kontrakte.

(2) Individuen neigen zu opportunistischem Verhalten, indem sie im Rahmen gegebener Spielräume eigene Interessen verfolgen (opportunism).[255]

(3) Transaktionen unterscheiden sich in Bezug auf die mit dem Austausch verbundene Komplexität und Unsicherheit.[256]

(4) Die Anzahl der potenziellen Transaktionspartner (small numbers) und der zwischen ihnen bestehende Wettbewerb bzw. die resultierende Marktmacht der Teilnehmer beeinflussen die Höhe der Transaktionskosten.

Als bedeutsamster Einflussfaktor auf die Höhe der Transaktionskosten wird üblicherweise die Spezifität angesehen, die in dem dargestellten Analyserahmen implizit im Problem der kleinen Zahlen enthalten ist.[257] Diese ist umso höher, je größer der Wertverlust ist, der entsteht, wenn die zur Aufgabenerfüllung erforderlichen Ressourcen anderweitig eingesetzt werden.[258] Insbesondere verwendungszweckspezifische Investitionen in Standorte, Sach- und Humankapital, partnerspezifische Sach-

---

251 Vgl. Sydow, J. (1992b), S. 131.

252 Vgl. Picot, A. (1982), S. 271.

253 Vgl. Ouchi, W. G. (1980), S. 140.

254 Vgl. Williamson, O. E. (1975), S. 40; Sydow, J. (1992b), S. 131; Rotering, J. (1993), S. 105; Langerfeldt, M. (2002), S. 653.

255 Opportunistisches Handeln schließt auch und gerade das Zurückhalten oder Verfälschen von Informationen zur Schaffung von Informationsasymmetrien ein. Bei Abstraktion von opportunistischem Handeln kann jedes Verhalten problemlos durch allgemeine oder spezifische Regeln gesteuert werden. Vgl. Williamson, O. E. (1985b), S. 47.

256 Vgl. Picot, A. (1982), S. 272; Williamson, O. E. (1985b), S. 57.

257 Vgl. Williamson, O. E. (1985b), S. 52 - 63; Kogut, B. (1988b), S. 320; Perry, M. K. (1989), S. 212 ff.; Rotering, J. (1993), S. 116 f.; Beck, T. C. (1998), S. 116 f. Mit der Standortspezifität, der Kapitalgutspezifität, der Humankapitalspezifität, der Sondergutspezifität sowie der Einführung eines Markennamens unterscheidet Williamson fünf Arten transaktionsspezifischer Investitionen. Vgl. Williamson, O. E. (1989), S. 143.

258 Vgl. Williamson, O. E. (1985b), S. 55; Lohtia, R., Brooks, C. M., Krapfel, R. E. (1994), S. 265; Brown, J. R., Dev, C. S., Lee, D.-J. (2000), S. 53.

werte und Reputation bedingen die Spezifität.[259] Dies begründet eine besondere Abhängigkeit zwischen den Transaktionspartnern, die auch als lock-in-Effekt bezeichnet wird.[260]

Darüber hinaus werden als weitere wichtige Einflussfaktoren für die Höhe der Transaktionskosten der Grad der Unsicherheit der Transaktion, die strategische Relevanz der Transaktion, die Bestimmbarkeit des Wertes von Transaktionsobjekten, die Häufigkeit der Transaktion, die Transaktionsatmosphäre sowie die Verfügbarkeit von Know-how und Kapital genannt.[261] Der Grad der Unsicherheit der Transaktion drückt sich in der Anzahl und dem Ausmaß der Aufgabenänderungen – induziert durch Komplexität und Dynamik der Umwelt sowie Verhaltensunsicherheit der Akteure – aus.[262] Mit zunehmender strategischer Relevanz gewinnt vor dem Hintergrund opportunistischen Verhaltens der Aufbau von Sicherungs- und Kontrollsystemen etwa zur Verhinderung unautorisierten Know-how-Abflusses an Dritte an Bedeutung.[263] Je schwieriger der Wert eines Transaktionsobjekts zu bestimmen ist, desto größer ist die Gefahr opportunistischen Verhaltens. Als Beispiel hierfür werden häufig Informationen genannt, deren Wert für den Käufer oft erst nach dem Erwerb ersichtlich wird (Informationsparadoxon).[264] Mit zunehmender Häufigkeit einer Transaktion reduzieren sich die Transaktionskosten durch Fixkostendegression, Lerneffekte und Spezialisierungsvorteile.[265] Die Transaktionsatmosphäre beinhaltet die soziokulturellen, rechtlichen, technischen und wirtschaftsstrukturellen Rahmenbedingungen.[266] Diese haben „in einer gegebenen Situation Einfluss auf die Transaktionskosten verschiedener Koordinations- und Motivationsinstrumente."[267, 268] Die Verfügbarkeit von Know-how und Kapital determiniert die Entscheidungsfreiheit des

---

259 Vgl. Sydow, J. (1992b), S. 132.

260 Vgl. Beck, T. C. (1998), S. 116 f.; Ebers, M., Gotsch, W. (2002), S. 228.

261 Vgl. Hess, T. (2002), S. 33. Vgl. ähnlich Rotering, J. (1993), S. 105 ff.

262 Die Umweltunsicherheit kann als Produkt aus Umweltdynamik (Häufigkeit, Stärke, Regelhaftigkeit von Änderungen) und Umweltkomplexität (Zahl und Vielfalt von Umweltfaktoren) angesehen werden. Vgl. de Pay, D. (1989), S. 16; Rotering, J. (1993), S. 114.

263 Vgl. Beck, T. C. (1998), S. 117. Die strategische Bedeutung der Transaktion stellt eine Erweiterung des Williamson'schen Modells der Transaktionskostendeterminanten dar. Vgl. Picot, A. (1991); Baur, C. (1990), S. 65 und 81 f.; Gerhardt, T., Nippa, M., Picot, A. (1992). Vgl. vor dem Hintergrund der Leistungstiefengestaltung Spekman, R. E., Strauss, D. (1986).

264 Vgl. Schäper, C. (1996), S. 64.

265 Vgl. Picot, A. (1982), S. 272; Ebers, M., Gotsch, W. (2002), S. 230; Beck, T. C. (1998), S. 118.

266 Vgl. Sydow, J. (1992b), S. 131. Synonym findet sich der Begriff der „Infrastrukturbedingungen". Vgl. Beck, T. C. (1998), S. 118. Zum Einfluss der Informations- und Kommunikationstechnologie auf die Transaktionskosten im Rahmen der Kooperationsanbahnung vgl. Reichwald, R., Wagner, M. (2004).

267 Picot, A., Dietl, H., Franck, E. (2002), S. 73.

268 Exemplarisch sei auf die transaktionskostensenkende Wirkung moderner Informations- und Kommunikationstechnologien (vgl. hierzu Picot, A. (1993), S. 733) oder die Bedeutung des Vertrauens wie auch des Vertragsrechts (vgl. hierzu Ouchi, W. G. (1980), S. 136 f.), das Transaktionskosten sowohl senken als auch erhöhen kann, verwiesen.

Unternehmens. So kann es einem Unternehmen bei entsprechenden Defiziten unmöglich sein, bestimmte Leistungen selbst zu erbringen. Abbildung 9 fasst die Determinanten der Transaktionskosten zusammen.

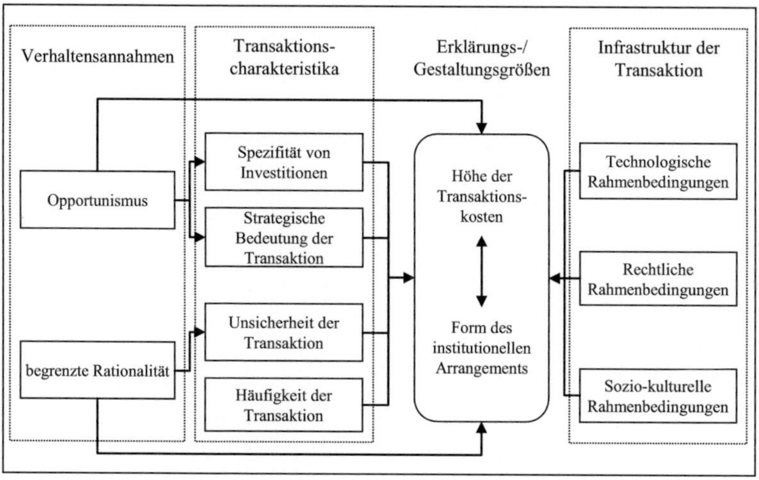

Abbildung 9: Grundmodell der Transaktionskostentheorie[269]

Mit Bezug auf Unternehmensnetzwerke lassen sich derzeit zwei Anwendungsstufen des Transaktionskostenansatzes unterscheiden. Die Kontingenzanalyse beantwortet die Frage, unter welchen Bedingungen sich Unternehmensnetzwerke als Organisationsform aus Kostensicht anbieten. [270] Die Effizienzanalyse hingegen beschäftigt sich mit Maßnahmen, um Netzwerke hinsichtlich der Transaktionskosten effizienter gestalten zu können, [271] so dass hier die Transaktionscharakteristika selbst als Entscheidungsvariable angesehen werden.[272]

Die Transaktionskostentheorie unterscheidet im Rahmen der Kontingenzanalyse Markt und Hierarchie als diametrale Pole eines Kontinuums möglicher institutionel-

[269] In Anlehnung an Rotering, J. (1993), S. 107. Ähnlich Beck, T. C. (1998), S. 115.
[270] Vgl. Pfaffmann, E. (1996), S. 648.
[271] Vgl. Jarillo, J. C. (1988), S. 33 f.
[272] Vgl. Meckl, R. (1993), S. 173 - 179; Linde, F. (1997), S. 87; Wohlgemuth, O. (2002), S. 52. Die Effizienzanalyse stellt keinen originären Bestandteil der Transaktionskostentheorie nach Williamson dar. Jedoch wird in der Mehrzahl der neueren Untersuchungen – oft implizit – die Prämisse exogen vorgegebener Transaktionen aufgeben, um etwa die Gestaltung von Arbeitsverhältnissen, die Auswahl von Internationalisierungsstrategien oder die interne Organisationsgestaltung untersuchen zu können. Zum Anwendungsspektrum der Transaktionskostentheorie vgl. Picot, A. (1991), S. 149 - 150.

ler Arrangements.[273] Zwischen diesen Extrema liegen hybride Formen wie langfristige Lieferbeziehungen oder Kooperationen als dritter Typus.[274] Jeder dieser drei Grundtypen wird durch einen Koordinationsmechanismus charakterisiert. Im Markt ist dies der Preis, in der Hierarchie die Anordnung, in hybriden Formen sowohl Preis als auch Anordnung. Darüber hinaus unterscheiden sich diese Grundformen institutioneller Arrangements durch ihren Formalisierungsgrad, der in Märkten relativ gering und in Hierarchien relativ hoch ist.[275]

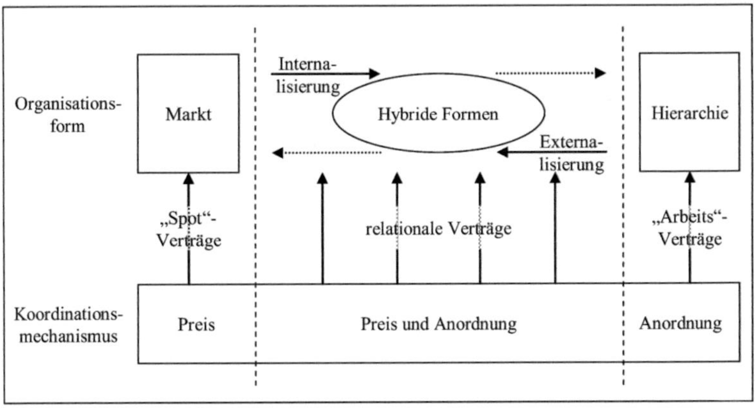

Abbildung 10: Organisationsformen ökonomischer Aktivitäten[276]

Die Transaktionskostentheorie thematisiert den Zusammenhang zwischen den oben genannten Einflussfaktoren auf die Höhe der Transaktionskosten und unterschiedlichen institutionellen Arrangements. Am weitesten verbreitet sind Aussagen zum Zusammenhang zwischen dem Grad der Spezifität s und der Höhe der Transaktionskosten in Märkten, Hierarchien und hybriden Formen. Die Kostenverläufe der drei Arrangements unterscheiden sich in der Höhe der fixen Kosten und im Verlauf der variablen Kosten.[277] Hierbei wird angenommen, dass sich marktliche Arrangements

273 Synonym finden sich in der Literatur auch die Bezeichnungen „Governance Structures“, „Austauschorganisation“, „Vertragsmuster“, „Koordinationsregime“, „Kontrollstrukturen“ oder „Koordinationssystem“.

274 Zur Interpretation von Konzernen als hybride Organisationsform vgl. Kasperzak, R. (2000).

275 Eine tabellarische Gegenüberstellung der Grundtypen institutioneller Arrangements findet sich bei Williamson, O. E. (1991a), S. 281.

276 Eigene Darstellung in Anlehnung an Sydow, J. (1992b), S. 104; Löser, B. (2000), S. 51.

277 Vgl. Williamson, O. E. (1991a), S. 283.

durch vergleichsweise geringe fixe Transaktionskosten auszeichnen.[278] Jedoch steigen die variablen Transaktionskosten mit zunehmender Spezifität in Märkten stärker als in hierarchischen Arrangements.[279] Hybride Organisationsformen nehmen eine Mittelstellung ein.

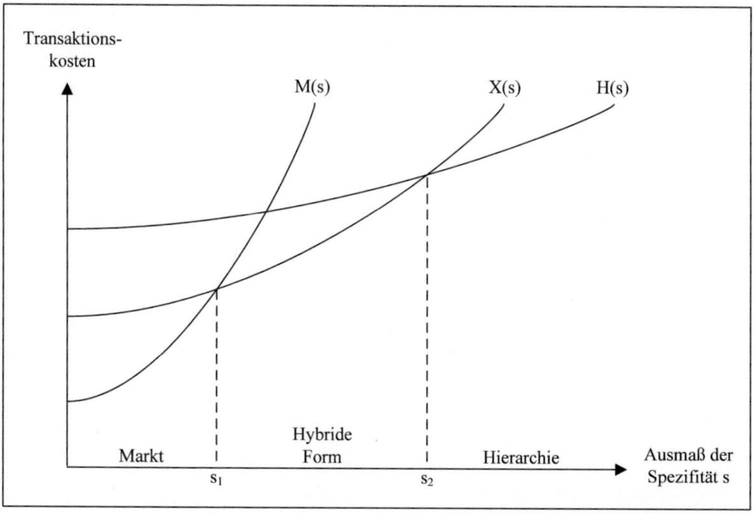

Abbildung 11: Transaktionskostenverläufe bei unterschiedlichen institutionellen Arrangements[280]

Hieraus folgt, dass unspezifische Transaktionen ($0 < s \leq s_1$) über Märkte und spezifische Transaktionen ($s \geq s_2$) über Hierarchien abgewickelt werden sollten. Bei mittlerer Spezifität ($s_1 < s < s_2$) empfehlen sich hingegen hybride Formen.[281] Bei zusätzlich mindestens hoher Unsicherheit empfiehlt die Transaktionskostentheorie Kooperationen als spezielle Form hybrider Arrangements,[282] bei sehr hoher Unsicherheit em-

278 Grund hierfür sind die in Hierarchien anfallenden fixen Kosten für Kontrolle und Sanktionen. Mit zunehmender Spezifität steigen diese Kosten nur wenig an, da die eingerichteten Kontrollsysteme und Sanktionsmechanismen opportunistisches Verhalten bereits stark begrenzen und zusätzliche Maßnahmen nur in geringem Maße erforderlich sind. Zur Erklärung der Kosten der hierarchischen Koordination kann auf die Principal-Agent-Theorie zurückgegriffen werden. Vgl. Dibbern, F. F. (2002), S. 75.

279 Bei geringer Spezifität können Alternativensuche und Auswahl günstig bewältigt werden. Jedoch werden mit zunehmender Spezifität die Marktmechanismen schrittweise außer Kraft gesetzt. Um den resultierenden Spielraum für Opportunismus einzuschränken, sind sehr hohe Transaktionskosten erforderlich. Vgl. Hess, T. (2002), S. 34; Williamson, O. E. (1991a), S. 282.

280 Vgl. Williamson, O. E. (1991a), S. 284.

281 Vgl. Beck, T. C. (1998), S. 122 f.; Zimmermann, F. O. (1999), S. 118 f.; Picot, A., Reichwald, R., Wigand, R. T. (2003), S. 294 f.

282 Vgl. Ouchi, W. G. (1980); Jarillo, J. C. (1988).

pfehlen sich insbesondere Unternehmensnetzwerke.[283] Hintergrund ist unter der Prämisse der potenziell nur kurzen Lebensdauer spezifischer Investitionen das Streben nach einer Risikoteilung sowie das Erfordernis der Schaffung reaktionsschneller Organisationsstrukturen.[284] Somit kann es sinnvoll sein, zu einem bestimmten Zeitpunkt gegenüber der Hierarchie höhere Transaktionskosten zur Wahrung von Risikobegrenzung und Flexibilität hinzunehmen.[285]

Trotz ihrer weiten Verbreitung in der Literatur ist die Transaktionskostentheorie nicht unumstritten.[286] Konsistenz und Wertfreiheit der Theorie werden nicht angezweifelt. Hingegen werden häufig unzureichende Präzision durch Tendenzaussagen, nur geringe Möglichkeiten zur Messung von Transaktionskosten[287] und damit zur Überprüfung der Aussagen sowie teils einschränkende Annahmen kritisiert. Im Hinblick auf die Annahmen werden insbesondere die Voraussetzung der Konstanz der Produktionskosten bei Veränderung der Transaktionskosten, die Vernachlässigung von Machtaspekten, die restriktiven Annahmen bezüglich des Verhaltens der Akteure und der implizit unterstellten Strategie der Kostenführerschaft sowie der ungenaue Kostenbegriff bemängelt. Darüber hinaus werden andere, empirisch ermittelbare Motive der Kooperationsbildung,[288] wie z. B. die Risikoteilung, nicht berücksichtigt. Schließlich ist erst in wenigen Fällen der Nachweis gelungen, dass das jeweilige institutionelle Arrangement tatsächlich die relativ niedrigsten Transaktionskosten realisiert.[289] Unabhängig von dieser methodischen Kritik beschränkt sich der Erklärungsbeitrag der Transaktionskostentheorie auf Hinweise, unter welchen Bedingungen Kooperationen als hybride Form zwischen Markt und Hierarchie

---

283 Vgl. Picot, A., Reichwald, R., Wigand, R. T. (2003), S. 295. Die Verschärfung des Wettbewerbs, die Individualisierung der Nachfrage sowie der Einsatz moderner Informations- und Kommunikationstechnologien führen zu mittlerer Spezifität verbunden mit sehr hoher Unsicherheit und fördern damit netzwerkartige Kooperationen. Vgl. Bauer, S., Stickel, E. (1998); Ebers, M. (1994); Picot, A., Reichwald, R. (1994). Ähnlich konstatieren Wolter, Wolf und Freund, dass mit steigender Unsicherheit, Spezifität und Transaktionshäufigkeit hierarchienähere Strukturen an Attraktivität gewinnen. Vgl. Wolter, H. J., Wolff, K., Freund, W. (1998), S. 22 - 24. Die Autoren weisen darauf hin, dass mit höherer Unsicherheit des Umfelds die Informationsbeschaffung aufwendiger wird und immer wieder Anpassungen an veränderte Rahmenbedingungen erforderlich werden können, wohingegen bei häufiger Abwicklung die interne Leistungserbringung mittelfristig günstiger wird als die marktliche Koordination. Vgl. auch Picot, A., Dietl, H. (1990), S. 178 - 184. Für ein Totalmodell aus Unsicherheit und Häufigkeit einer Transaktion sowie Höhe der transaktionsspezifischen Investitionen und den hieraus resultierenden effizienten Koordinationssystemen vgl. Williamson, O. E. (1985b), S. 79. Für transaktionskosteneffiziente Netzwerktypen in Abhängigkeit von Unsicherheit und Spezifität sowie von strategischer Bedeutung und Internalisierungsbarrieren vgl. Beck, T. C. (1998), S. 122 - 130.

284 Vgl. Picot, A., Reichwald, R., Wigand, R. T. (2003), S. 295.

285 Vgl. Zimmermann, F. O. (1999), S. 119.

286 Vgl. Rüdiger, M. (1998), S. 33 - 35; Sydow, J. (1992b), S. 129 - 168; Rotering, J. (1993), S. 139 - 147; Männel, B. (1996), S. 83 - 84.

287 Vgl. Knyphausen-Aufseß, D. z. (1997).

288 Vgl. Pfohl, H. C., Buse, H. P. (1998).

289 Vgl. Clemens, R. (1988); Heide, J. B., John, G. (1990); Kieser, A. (1988).

sinnvoll sind. Die Frage nach der adäquaten Form der Kooperation wird hingegen nicht beantwortet.[290]

Aus der Perspektive eines risikoorientierten Netzwerkcontrolling ergeben sich aus der Transaktionskostentheorie Rückschlüsse auf die Gestaltung des Partnerpools hinsichtlich der Anzahl der Partner, der Anforderungen an die Partner und der Ausgestaltung von Kontrollmechanismen und relationalen Verträgen. So ist etwa mit zunehmender Zahl der Netzwerkpartner ein progressiver Anstieg der Vereinbarungskosten anzunehmen. Dieser ergibt sich aus zunehmend unterschiedlichen Kooperationszielen, Managementstilen und Unternehmenskulturen der Netzwerkpartner. Um das hieraus resultierende Risiko opportunistischer Verhaltensweisen und damit insbesondere Kontrollkosten gering halten zu können, ergibt sich beispielsweise die Forderung, partnerspezifische Kooperationsziele oder auch Unternehmenskulturen im Zuge der Partnerauswahl explizit zu integrieren.

Generell kann opportunistisches Verhalten durch Kontroll- und Sicherungsmechanismen, aber auch wechselseitige Abhängigkeiten der Partner unterbunden werden. Aus transaktionskostentheoretischer Sicht ist ein Optimum aus Kosten der Sicherung und dem potenziellen Schaden opportunistischen Verhaltens anzustreben. Um die entsprechenden Transaktionskosten gering halten zu können, wird häufig der Aufbau von Vertrauen zwischen den Kooperationspartnern gefordert.[291] Dieser ist durch das risikoorientierte Netzwerkcontrolling einem systematischen Management zugänglich zu machen.

2.1.3.2 Spieltheorie

Die durch John von Neumann und Oskar Morgenstern begründete Spieltheorie[292] zählt zu den Entscheidungstheorien und steht in engem Zusammenhang zu wettbewerbstheoretischen Überlegungen.[293] Sie beschäftigt sich mit rationalem Entscheidungsverhalten von Akteuren in unsicheren Entscheidungssituationen, deren Ergeb-

---

290 Vgl. Sydow, J. (1992b), S. 299; Männel, B. (1996), S. 83 - 84.

291 Vgl. Pieper, J. (2000), S. 205.

292 Zu den Grundlagen vgl. insbesondere Gabisch, G. (1999), S. 1137 ff.; Magin, V., Schunk, H. a. H., Fürst, R. (2003), S. 121 ff. Zur Entstehung der Spieltheorie vgl. im Überblick Höfer, S. (1997), S. 112 - 117.

293 Vgl. Swoboda, B. (2003), S. 45. Spieltheoretische Methoden werden in unterschiedlichen wissenschaftlichen Gebieten eingesetzt. Vgl. im Überblick Aumann, R. J. (1987). In den Wirtschaftswissenschaften findet die Spieltheorie vornehmlich in der Volkswirtschaftslehre Anwendung (vgl. Selten, R. (1990)), gelegentlich – etwa in der Entscheidungstheorie (vgl. Henn, R. (1958); Jüttler, H. (1966); McDonald, J. (1977); Wengler, F. (1989)), der Standortplanung (Gunzenhäuser, R. (1965)) oder im Beschaffungsmanagement (vgl. Habenicht, W. (1980)) – auch in der Betriebswirtschaftslehre. Vgl. Höfer, S. (1997), S. 116.

nis für jeden Betroffenen – synonym Spieler – von den eigenen Entscheidungen und von denen der anderen Betroffenen abhängt.[294] Die Spieler sind sich dieser Entscheidungsinterdependenz bewusst und gehen davon aus, dass dies auch für ihre Mitspieler zutrifft.[295] Die Spieler handeln bewusst und verfolgen eigene Interessen zielgerichtet.[296] Grundannahme ist, dass jeder einzelne Spieler seine Entscheidung in Unkenntnis des Verhaltens der anderen trifft.[297] Dabei verhalten sich die Spieler rational und intelligent. Rational verhält sich, wer bei seinen Entscheidungen nutzenmaximierend agiert;[298] Intelligenz impliziert, dass jeder Beteiligte sich der Rationalität der anderen Spieler bewusst ist.[299]

Ziel spieltheoretischer Überlegungen ist es, reale Konfliktsituation in einem Modell abzubilden und darauf aufbauend Methoden zu entwickeln, die helfen, den Konflikt zu lösen.[300] Ein derartiges Modell wird als strategisches oder auch einfach als Spiel bezeichnet.[301] Ein Spiel umfasst folgende Elemente:[302]

- die beteiligten Spieler
- die den Spielern zur Verfügung stehenden Züge – synonym Handlungsmöglichkeiten – oder Strategien im Sinne einer Zusammenfassung von Zügen
- die aus den Entscheidungskombinationen aller Spieler resultierenden Konsequenzen bzw. Auszahlungen
- die Spielregeln im Sinne der Anzahl und Reihenfolge der erlaubten Züge, der Informationsstruktur des Spiels (Umfang der den einzelnen Spieler zur Verfügung stehenden Informationen sowie die zugehörigen Zeitpunkte) sowie den Auszahlungsmodalitäten

294 Vgl. im Überblick von Neumann, J., Morgenstern, O. (1961); Holler, M. J., Illing, G. (1993); Höfer, S. (1997), S. 112; Gabisch, G. (1999); Langerfeldt, M. (2001), S. 1619; Swoboda, B. (2003), S. 45; Crasselt, N., Gassen, J. (2004), S. 634.

295 Vgl. Rasmusen, E. (1989).

296 Vgl. Jost, P.-J. (2001c), S. 11.

297 Vgl. Hess, T. (2002), S. 39.

298 Zur Problematik der Rationalitätsprämisse vgl. Simon, H. A. (1981); Küpper, W., Ortmann, G. (1988); Hodgson, G. M. (1988). Mit Bezug auf die Spieltheorie vgl. Reber, G. (1979).

299 Vgl. Magin, V., Schunk, H. a. H., Fürst, R. (2003), S. 124. Die Spieltheorie ist somit „[…] in besonderem Maße geeignet, soziale Beziehungen zu analysieren, die zugleich durch Konflikt und Kooperation gekennzeichnet sind; durch Konflikt, weil die beteiligten Person ihr eigenes Interesse verfolgen, und durch Kooperation, weil sich die gleichen Personen in einer Situation befinden, in der […] die Ergebnisse ihres Handelns wechselseitig voneinander abhängig sind, sodass sich gegenseitige Rücksichtnahme lohnt." Vgl. Güth, W. (1974), S. IX.

300 Vgl. Luce, R. D., Raiffa, H. (1957), S. 2; Rüdiger, M. (1998), S. 35.

301 Vgl. Nash, J. F. (1951), S. 128; Wentzel, J. S. (1964), S. 5.

302 Vgl. Szyperski, N., Winand, U. (1975). Vgl. auch Wentzel, J. S. (1964), S. 5 ff.; Winand, U. (1978), S. 44 ff.; Manteuffel, K., Stumpe, D. (1990), S. 7 ff.; Holler, M. J., Illing, G. (1993), S. 33 ff.

Spiele lassen sich nach der Anzahl der beteiligten Spieler, der Beschaffenheit der Auszahlungssumme des gesamten Spiels, der Wiederholbarkeit der Spielsituation sowie der Möglichkeit der Kommunikation zwischen den Spielern unterscheiden.[303] Hinsichtlich der Auszahlungssumme kann zwischen Konstantsummen- und Nichtkonstantsummenspielen unterschieden werden. Im Gegensatz zu Nichtkonstantsummenspielen steht bei Konstantsummenspielen die Gesamtsumme der Auszahlungen bei Spielbeginn fest. Im Sonderfall des Nullsummenspiels und zwei beteiligten Spielern ist der Gewinn des einen Spielers gleich dem Verlust des anderen Spielers.[304]

Mittlerweile liegt eine Vielzahl von Lösungsmethoden für Spiele in Abhängigkeit der Ausgestaltung der Regeln vor. Können die Spieler nicht kommunizieren, so kommen insbesondere die Maximin-Regel oder das Nash-Gleichgewicht in Betracht.[305] Bei Maximin[306] ermittelt ein Spieler für jede denkbare Situation für jede eigene Handlungsoption den Mindestgewinn und wählt dann den Zug, der diesen Wert maximiert. Der Spieler maximiert somit sein minimales Ergebnis.[307] Basis des Nash-Gleichgewichts ist das Prinzip der besten Antwort.[308] Der Spieler antizipiert die Entscheidungen der anderen Spieler und ermittelt für diese, mit welcher eigenen Handlungsoption er dann die höchste Auszahlung erreicht.[309] Die Handlungen der Spieler sind voneinander abhängig. Das Nash-Gleichgewicht ist erreicht, wenn kein Spieler mehr einen Anreiz hat, von seiner Wahl abzuweichen.[310] Können sich die Spieler hingegen austauschen und in der Folge auch Verträge abschließen, so spricht man von kooperativen Spielen. Hier kommen Koalitionsbildung oder Verhandlungskonzepte zum Tragen.[311]

---

303 Vgl. Szyperski, N., Winand, U. (1975). Vgl. mit weiteren Unterscheidungsmerkmalen Brinkmann, G. (1997), S. 229 ff.

304 Vgl. Höfer, S. (1997), S. 142 f.

305 Vgl. Höfer, S. (1997), S. 150 - 157.

306 Die Maximin-Regel wurde von von Neumann und Morgenstern für streng kompetitive Konflikte entwickelt, die durch einen vollständigen Interessengegensatz der Entscheidungsträger gekennzeichnet sind. Vgl. von Neumann, J., Morgenstern, O. (1961), S. 153 ff.

307 Vgl. Holler, M. J., Illing, G. (1993), S. 58 - 59.

308 Vgl. Nash, J. F. (1951), S. 290; van Damme, E. (1983), S. 118 f.; Friedman, J. W. (1991), S. 37; Rieck, C. (1993), S. 25; Illing, G. (1995), S. 510.

309 Vgl. Holler, M. J., Illing, G. (1993), S. 60.

310 Vgl. Nash, J. F. (1951). Vgl. auch Jost, P.-J. (2001b), S. 49 - 51.

311 Vgl. Höfer, S. (1997), S. 165 - 171.

Spieltheoretisch fundierte Hinweise zur Entstehung zwischenbetrieblicher Kooperation gibt insbesondere das Gefangenendilemma.[312] Hierbei handelt es sich um ein Zwei-Personen-, Nicht-Nullsummen-, nicht-kooperatives und einmaliges Spiel.[313] In der Grundstruktur des Spiels gibt es nur zwei Spieler (A und B) und nur zwei Strategien, nämlich Kooperation und Nicht-Kooperation (Defektion). Dann sind vier Spielergebnisse möglich: allseitige Kooperation, Defektion von Spieler A bei Kooperation von Spieler B; Kooperation von Spieler A bei Defektion von Spieler B und wechselseitige Defektion. Dabei zeigt sich, dass es für jeden Spieler unabhängig vom Verhalten der anderen besser ist zu defektieren, dass aber beidseitige Defektion ungünstiger ist als Kooperation.[314] Die individuelle und die kollektive Rationalität weichen voneinander ab.[315] Üblicherweise wird das Gefangenendilemma wie folgt beschrieben:[316]

Zwei Straftäter werden von der Polizei festgenommen und getrennt voneinander verhört. Gestehen beide, so werden sie jeweils zu zehn Jahren Haft verurteilt. Leugnen sie beide, so reichen die Beweise nur zu einer Verurteilung von zwei Jahren Haft. Gesteht einer und leugnet der andere, wird der erste aufgrund der Kronzeugenregelung freigesprochen, während der andere als verstockter Verbrecher zu zwanzig Jahren Gefängnis verurteilt wird. Beide Spieler haben daher für den Fall einer Festnahme verabredet, zu leugnen. Allerdings stellt sich für jeden der beiden Spieler die Entscheidungssituation so dar, dass Gestehen, also Defektieren, günstiger ist als Kooperieren. Aus Sicht des A bedeutet das: Gesteht er, während B sich an die Verabredung hält, kommt er sofort frei. Bricht auch B die Verabredung, kommen sie beide für 10 Jahre ins Gefängnis. Sollte er sich aber an die Verabredung halten und leugnen, während B gesteht, muss er für 20 Jahre ins Gefängnis. Die Alternativen können wie folgt dargestellt werden:

---

312 Vgl. Sydow, J. (1992b), S. 170 f.; Gabisch, G. (1999); Lohmann, C. (2000), S. 28 - 50; Langerfeldt, M. (2003). Gemäß Swoboda, B. (2003), S. 46 m. w. N. ähneln verbindlich vereinbarte Kooperationen eher einem Spiel vom Typ „Hirschjagd". Vgl. Coleman, A. M., Stirk, J. A. (1998), S. 284 ff.; Bergstrom, T. C. (2002), S. 69 f. Da dieses Beispiel jedoch deutlich weniger plastisch als das des Gefangenendilemmas ist, wird es nur selten zur Erklärung zwischenbetrieblicher Kooperation herangezogen. Zur Erklärung kooperativer Arrangements mit Hilfe der Spieltheorie vgl. auch Harms, V. (1973); Axelrod, R. (1984); von Hippel, E. (1987); Jarillo, J. C., Ricart, J. E. (1987); Nielsen, R. P. (1988); Cichon, W., Hinterhuber, H. H. (1989); Dollinger, M. J. (1990); Rotering, C. (1990); Schauenberg, B. (1991); Rüdiger, M. (1998). In der Literatur finden sich weitere Ansätze zur spieltheoretischen Erklärung von Kooperation. Zu nennen sind insbesondere die kooperative Nash-Lösung (vgl. Nash, J. F. (1950)) sowie das Rubinstein-Verhandlungsspiel (vgl. Höfer, S. (1997), S. 190 - 207). Vgl. für eine Übersichtsdarstellung Rüdiger, M. (1998), S. 36 - 39.

313 Vgl. Rüdiger, M. (1998), S. 35.

314 Vgl. Swoboda, B. (2003), S. 46 m. w. N.

315 Vgl. Gabisch, G. (1999), S. 1138; bereits unabhängig vom Gefangenendilemma die Darstellung bei Magin, V., Schunk, H. a. H., Fürst, R. (2003), S. 125 ff.

316 Vgl. Gabisch, G. (1999), S. 1137 f.

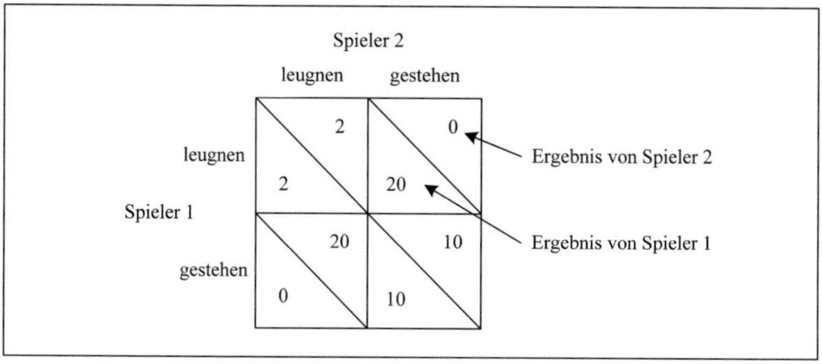

Abbildung 12: Beispiel des Gefangenendilemmas[317]

Der Maximin-Strategie folgend ergibt sich somit für Einmalspiele, bei denen eine Defektion nicht sanktioniert werden kann, eine Tendenz zu beiderseitigem Defektieren. Denn hierdurch vermeidet der Spieler das Risiko des schlechtest-möglichen Ergebnisses, nämlich wenn er kooperiert, der andere aber defektiert.[318] Dieses Verhalten führt jedoch für beide Spieler zu schlechteren Ergebnissen, als wenn sie miteinander kooperiert hätten.[319]

Anders stellt sich die Situation hingegen bei einer unendlichen Anzahl von Spielen dar bzw. wenn eine Begrenzung existiert, diese den Spielern aber nicht bekannt ist. Eine netzwerktypische langfristige Kooperation ist am ehesten mit einem solchen unendlichen Spiel zu vergleichen.[320] Nach verschiedenen Untersuchungen ist hierbei die erfolgreichste Strategie die sog. tit-for-tat-Strategie.[321] Diese Strategie ist gekennzeichnet durch Freundlichkeit, Provozierbarkeit und Nachsicht: Ein Spieler, der dieser Strategie folgt, beginnt mit kooperativem Verhalten. In der nächsten Runde verhält er sich so, wie es sein Mitspieler in der vorangegangenen Runde getan hat, defektiert also, wenn der andere in der vorangegangenen Runde defektiert hat. Hat sich der andere nach vorangegangener Defektion wieder kooperativ gezeigt, so

317 In Anlehnung an Gabisch, G. (1999), S. 1138.

318 Vgl. Dibbern, F. F. (2002), S. 77.

319 Gleiches gilt auch für den Fall, dass mehrere Spiele gespielt werden, die Anzahl der Spiele aber begrenzt ist und diese Begrenzung den Spielern bekannt ist. Denn in diesem Fall ist die Defektion im letzten Spiel vorteilhaft, da keine Sanktion mehr droht. Da aber alle Spieler im letzten Spiel defektieren werden, wird bereits im vorletzten Spiel defektiert, denn im letzten Spiel ist die Sanktion ohnehin zwingend. Da auch dies bekannt ist, wird im vorangegangenen Spiel ebenfalls defektiert; diese sog. Rückwärtsinduktion führt dazu, dass bereits im ersten Spiel defektiert wird. Vgl. Gabisch, G. (1999), S. 1140.

320 Vgl. Hess, T. (2002), S. 41; Dibbern, F. F. (2002), S. 78.

321 Vgl. Axelrod, zitiert nach Gabisch, G. (1999), S. 1140 f.; Magin, V., Schunk, H. a. H., Fürst, R. (2003), S. 129 f.; ebenso Rüdiger, M. (1998), S. 36.

kooperiert auch der Spieler nach der tit-for-tat-Strategie erneut.[322] Die Strategie ist vom Mitspieler einfach zu durchschauen und somit verständlich.[323] Sie kann langfristige Kooperationen auslösen und stabilisieren.[324] Im Ergebnis zahlt sich Kooperation aus, aber bei defektivem Verhalten wird nicht um jeden Preis kooperiert, sondern Vergeltung geübt, ohne nachtragend zu sein.[325]

Der Erklärungsbeitrag des Gefangenendilemmas zur Entstehung zwischenbetrieblicher Kooperation ist jedoch insbesondere aufgrund des stark eingeschränkten Allgemeinheitsgrads kritisch zu hinterfragen.[326] So vernachlässigt die Spieltheorie Macht- und Einflussstrukturen zwischen den Beteiligten und geht von rationalem und intelligentem Verhalten aus.[327] Sie unterstellt symmetrische Beziehungen hinsichtlich der Rangordnungen sowie die Kenntnis der Struktur des Spiels. Beim Informationstransfer ist realiter die Kenntnis der Ergebnisse aufgrund des Informationsparadoxons unwahrscheinlich.[328] Auch sind keine Mischstrategien vorgesehen. Zudem kann schon die Identifikation des Spiels etwa bei zeitlich weit auseinander fallenden Kooperationsbeiträgen problembehaftet sein. Zudem verzichtet sie völlig auf eine Kostenbetrachtung.[329] Die Aussagen spieltheoretischer Modelle sind trotz der mathematischen Formulierung keineswegs präzise. Vielmehr können sie sowohl Kooperation als auch Nicht-Kooperation erklären, nicht jedoch die Entstehung einzelner Kooperationsformen. Zusammenfassend gib die Spieltheorie lediglich Hinweise auf rationale Kooperationsstrategien.

Aus Sicht eines risikoorientierten Netzwerkcontrolling kann die Spieltheorie bei zeitlich begrenzten Kooperationen Hinweise auf Möglichkeiten und Wahrscheinlichkeit opportunistischen Verhaltens geben.[330] Eng hiermit verbunden ist die abzuleitende Forderung nach wirkungsvollen Sanktionierungsmechanismen, wie sie die tit-for-tat-Strategie nahe legt. Ebenso ergibt sich die Forderung, das neu aufgenommenen Netzwerkpartnern gewährte Vertrauen durch eine Beobachtung des Verhaltens sowohl innerhalb als auch außerhalb des Netzwerks zu rechtfertigen. Entsprechend sollte sich auch die Größe der an ein Partnerunternehmen vergebenen Aufträge daran orientieren, inwieweit sich das Partnerunternehmen bewährt hat. Der

322 Vgl. Gabisch, G. (1999), S. 1140 f.
323 Vgl. Magin, V., Schunk, H. a. H., Fürst, R. (2003), S. 130, die daher die Verständlichkeit als weitere Eigenschaft der Strategie bezeichnen.
324 Vgl. Magin, V., Schunk, H. a. H., Fürst, R. (2003), S. 130.
325 So Gabisch, G. (1999), S. 1141; ähnlich auch Magin, V., Schunk, H. a. H., Fürst, R. (2003), S. 130.
326 Vgl. Rüdiger, M. (1998), S. 36.
327 Vgl. Sydow, J. (1992b), S. 171.
328 Zum Informationsparadoxon vgl. Arrow, K. J. (1971), S. 152; Keck, O. (1987), S. 139.
329 Vgl. Schäper, C. (1996), S. 78 f.
330 Vgl. Binmore, K. (1992), S. 360 - 361.

Aufbau von Vertrauen ist auch aus spieltheoretischer Sicht durch das risikoorientierte Netzwerkcontrolling in geeigneter Weise zu unterstützen.

2.1.3.3 Ressourcenorientierte Erklärungsansätze

Ressourcenorientierte Ansätze verstehen das Unternehmen als ein Bündel von Ressourcen,[331] wobei der Begriff der Ressource weit und von den einzelnen Autoren in Teilen unterschiedlich verstanden wird.[332] In weitgehender Übereinstimmung werden alle materiellen und immateriellen Güter, Systeme und Prozesse als Ressourcen verstanden.[333] Gebräuchlich ist eine Unterscheidung in physische bzw. tangible Ressourcen (z. B. Maschinen, Rohstoffe), intangible Ressourcen (z. B. Know-how, Firmenruf), finanzielle Ressourcen (z. B. Eigenkapital, Liquidität) und organisationale Ressourcen (z. B. Managementsysteme, Unternehmenskultur).[334] Mit dem Resource-Based-View und dem Resource-Dependance-Ansatz sind zwei Ansätze zu unterscheiden, die begrifflich eng zusammenhängen und teilweise auch synonym benutzt werden.[335]

Der Resource-Dependance-Ansatz verdichtet den System-Umwelt-Bezug des Unternehmens auf die Abhängigkeit von externen Ressourcen als zentrales Problem, so dass zwangsläufig enge Austauschbeziehungen mit anderen Unternehmen bestehen.[336] Seine Grundannahmen[337] sind, dass Organisationen sich knappen Ressourcen ausgesetzt sehen, diese Ressourcen aber im Wege des Austausches von anderen Organisationen erhalten können.[338] Die Ressourcenabhängigkeit ist die Ursache für die begrenzte Autonomie von Organisationen. Zur weitestmöglichen Erhaltung ihrer Autonomie versuchen Organisationen diejenige Form der Interaktion zu finden, die den geringstmöglichen Autonomie- und Machtverlust bedeutet. Außerdem wollen sie Strategien entwickeln, um das Verhalten der Organisationen, von denen sie abhängig sind, zu kontrollieren oder zumindest vorhersehbar zu machen. Vermeidung, Ausnutzung und Entwicklung von Abhängigkeiten sind hiernach zentrale Triebkräfte der

---

331 Vgl. Rasche, C., Wolfrum, B. (1994).

332 Vgl. Hess, T. (2002), S. 36 m. w. N.; zu Begriff und Arten von Ressourcen vgl. auch Bamberger, I., Wrona, T. (1996), S. 132 ff. Für eine synoptische Darstellung von Ressourcenverständnissen vgl. Freiling, J. (2001), S. 14.

333 Vgl. Hofer, C., Schendel, D. (1978), S. 145; Grant, R. (1991), S. 119; von der Oelsnitz, D. (2003a), S. 187.

334 Vgl. Kontos, G. (2004), S. 47.

335 Vgl. insbesondere Swoboda, B. (2003), S. 52 f.

336 Vgl. Rüdiger, M. (1998), S. 39; ähnlich Papenheim-Trockhorn, H. (1995), S. 17.

337 Angelehnt an Schäper, C. (1996), S. 72, und Sydow, J. (1992b), S. 196, jeweils unter Verweis auf van Gils, M. R. (1984).

338 Vgl. Swoboda, B. (2003), S. 53.

Entstehung von Interorganisationsbeziehungen.[339] Diese werden aber im Vergleich zur Integration der Aktivitäten nur als zweitbeste Lösung erachtet.[340] Kritisiert wird am Resource-Dependance-Ansatz wie schon bei der Spieltheorie, dass er einen rational handelnden Unternehmer voraussetzt und subjektive Einflussfaktoren nicht berücksichtigt. Auch vernachlässigt er Transaktionskosten.[341]

Der Resource-Based-View[342] stellt eine Verbindung zwischen den Ressourcen eines Unternehmens und seiner Wettbewerbsposition her. Erfolgspotenziale und in der Folge nachhaltige Wettbewerbsvorteile und somit überdurchschnittliche Renditen von Unternehmen entstammen demnach nicht oder nur begrenzt imitierbaren, transferierbaren und substituierbaren Ressourcen mit geringer Abnutzung und der Fähigkeit zur Nutzenstiftung am Markt.[343] Der langfristige Erfolg eines Unternehmens ergibt sich demzufolge aus der Ausstattung mit einzigartigen Ressourcen und deren Kombination.[344]

Ressourcenorientierte Erklärungsansätze entstammen dem Bereich des strategischen Managements, in dem die wissenschaftliche Diskussion von zwei unterschiedlichen Paradigmen geprägt ist. Der Market-Based-View, der der Industrieökonomik zuzurechnen ist, formuliert im Kern die Marktstruktur-Marktverhalten-Marktergebnis-Hypothese (Structure-Conduct-Performance).[345] Ein Unternehmen kann in diesem Verständnis nur dann erfolgreich sein, wenn es seine Wettbewerbsstrategie an unternehmensexternen Faktoren wie beispielsweise Branchencharakteristika ausrichtet.[346] Der Resource-Based-View sieht den unternehmerischen Erfolg hingegen als Reflexion der im Unternehmen vorhandenen Potenziale sowie strukturellen und kulturellen Gegebenheiten, so dass auch von einer Resources-Conduct-Performance-Hypothese gesprochen wird.[347]

339 Vgl. Sydow, J. (1992b), S. 197; Swoboda, B. (2003), S. 53; Schäper, C. (1996), S. 73, der aber darauf hinweist, dass der empirische Beleg noch nicht erbracht ist.

340 Vgl. Schäper, C. (1996), S. 72; ähnlich Papenheim-Trockhorn, H. (1995), S. 22 f.

341 Vgl. Schäper, C. (1996), S. 72 - 74; Swoboda, B. (2003), S. 53.

342 Vgl. grundlegend Penrose, E. (1959); Wernerfelt, B. (1984). Vgl. auch Rasche, C., Wolfrum, B. (1994); Freiling, J. (2001).

343 Vgl. Rasche, C., Wolfrum, B. (1994), S. 503 - 507; Rüdiger, M. (1998), S. 40. Hierdurch grenzt er sich insbesondere vom sog. marktorientierten Ansatz ab, nach dem der Erfolg eines Unternehmens durch seine Stellung auf dem Produktmarkt bestimmt wird. Vgl. Hungenberg, H. (1999), S. 15 - 17.

344 Vgl. Kontos, G. (2004), S. 48.

345 Vgl. Bain, J. (1956); Porter, M. E. (1985).

346 Vgl. Porter, M. E. (1980).

347 Vgl. Rasche, C., Wolfrum, B. (1994), S. 502.

Hierauf aufbauend entwickelten Prahalad und Hamel die Theorie der Kernkompetenzen.[348] Unter Kernkompetenzen sind alle wesentlichen technischen, technologischen, vertrieblichen und organisatorischen Fähigkeiten eines Unternehmens zu verstehen, die Zugang zu einer Vielzahl von Märkten eröffnen, einen signifikanten Beitrag zur Befriedigung der Endkundenbedürfnisse leisten und von Wettbewerbern nur schwer zu imitieren sind.[349] Entsprechend sollte sich ein Unternehmen auf die Vorhaltung und Pflege seiner Kernkompetenzen beschränken und alle anderen Leistungen über den Markt oder Kooperationen beziehen, um langfristig überdurchschnittlichen Erfolg zu haben.[350]

Aus Sicht der ressourcenorientierten Ansätze stellen Kooperationen eine Möglichkeit dar, um Zugang zu wettbewerbsrelevanten Ressourcen zu erhalten.[351] Zur Bewertung von Kooperationsstrategien lässt der Resource-Based-View verglichen mit dem Resource-Dependance-Ansatz die Einbringung weiterer Aspekte in die Bewertung zu.[352] Anders als beim Resource-Dependance-Ansatz geht es dabei nicht so sehr um Kontrolle nur extern vorhandener Ressourcen, sondern um den Aufbau, die Erhaltung und die gemeinsame Nutzung von Ressourcen.[353] In der Folge können unter den kernkompetenzorientierten Ansätzen zur Erklärung zwischenbetrieblicher Kooperation eine individuelle und eine kollektive Perspektive unterschieden werden.[354] Die individuelle Perspektive versteht zwischenbetriebliche Kooperationen als zeitlich befristete Nutzung nicht bzw. nur schwer transferierbarer Kompetenzen. Ziel eines Netzwerkengagements muss folglich sein, Kernkompetenzen der Kooperationspartner temporär zu nutzen und darauf aufbauend eigene Kernkompetenzen aufzubauen. Kooperationen sind nach diesem Verständnis immer lerninduziert[355] und temporär und aus Sicht eines Kooperationspartners nur dann sinnvoll, wenn die eigenen Kernkompetenzen eine höhere Weiterentwicklungsrate aufweisen als die der Kooperationspartner.[356] Aus kollektiver Sicht hingegen konzentriert sich jeder Kooperationspartner auf seine Kernkompetenzbereiche und ergänzt diese durch komplemen-

---

348 Vgl. Prahalad, C. K., Hamel, G. (1990). Für eine Synopse des Kernkompetenzbegriffs in der ressourcenorientierten Literatur vgl. Freiling, J. (2001), S. 23.

349 Vgl. Prahalad, C. K., Hamel, G. (1990), S. 83 f. Ähnlich definieren Handlbauer et al. Kernkompetenzen als „systematisch gebündelte Kombinationen aus verschiedenen Technologien und Produktionsfertigkeiten, die einem Unternehmen als Grundlage für die Entwicklung einer Vielzahl von Produktlinien dienen." (Handlbauer, G., Hinterhuber, H. H., Matzler, K. (1998), S. 911).

350 Vgl. Hess, T. (2002), S. 37.

351 Vgl. Rüdiger, M. (1998), S. 40; Bamberger, I., Wrona, T. (1996), S. 142.

352 Vgl. Rüdiger, M. (1998), S. 40.

353 Vgl. Hungenberg, H. (1999), S. 17 f.

354 Vgl. im Folgenden Mildenberger, U. (1998), S. 63 - 77.

355 Vgl. Hamel, G., Doz, Y. L., Prahalad, C. K. (1989), S. 88; Amit, R., Schoemaker, P. J. H. (1992), S. 17.

356 Vgl. Hamel, G. (1991), S. 87 ff.; Hess, T. (2002), S. 38.

täre Kernkompetenzen der Kooperationspartner.[357] Diese so verbundenen Kernkompetenzen werden in einem unternehmensübergreifenden Prozess zusammengeführt, so dass eine Leistung entsteht, die das einzelne Unternehmen alleine nicht hätte erstellen können.[358] Für den Inhaber der Ressource kann eine Kooperation somit beispielsweise vorteilhaft sein, wenn er diese auf einer breiteren Basis im Wettbewerb zum Tragen bringen kann.

Kernkompetenzorientierte Erklärungsansätze stehen inhaltlich insbesondere durch ihre Einseitigkeit im Sinne der alleinigen Fokussierung von Ressourcen bei gleichzeitiger Vernachlässigung der Märkte, durch die retrospektive Orientierung aufgrund der Rückführung der Ressourcen auf die Vergangenheit sowie durch die unzureichende Thematisierung der Alternativen Markt und Kooperation in der Kritik.[359] Auch beschränkt sich der Erklärungsbeitrag auf Hinweise, unter welchen Bedingungen Kooperationen sinnvoll sind, differenzierte Aussagen zu einzelnen Ausprägungen von Kooperationen finden sich hingegen nicht.[360]

Aus Sicht eines risikoorientierten Netzwerkcontrolling ergibt sich aus den ressourcenorientierten Ansätzen die Herausforderung, die Kernkompetenzen der einzelnen Partner in geeigneter Weise zu schützen, um die Dauerhaftigkeit des Kooperationsarrangements nicht zu gefährden. Dies kann insbesondere durch eine adäquate Gestaltung des Partnerpools sowie einen systematischen Aufbau von Vertrauen erfolgen.[361]

2.2 Controlling

Die Entstehung des Controlling nahm ihren Anfang gegen Ende des 19. Jahrhunderts in US-amerikanischen Privatunternehmen.[362] Einen Aufschwung erfuhr das Control-

357 Vgl. Hess, T. (2002), S. 37; vgl. zur Theorie der Kernkompetenzen auch Picot, A., Reichwald, R., Wigand, R. T. (2003), S. 291 ff.

358 Vgl. Hess, T. (2002), S. 38.

359 Vgl. van Well, B. (1996); Leonhard-Barton, D. (1992).

360 Vgl. Hess, T. (2002), S. 38.

361 Davon unberührt ist die Notwendigkeit auf der Ebene der einzelnen Partnerunternehmen, ein kernkompetenz- bzw. wissensbezogenes Risikomanagement im Hinblick auf das Netzwerkarrangement einzurichten. Vgl. hierzu Dimmeler, D. (2002). Vgl. auch Link, P. (1999); Link, P. (2001); Link, P., Marxt, C. (2004).

362 Vgl. Jackson, J. H. (1949), S. 9; Gaydoul, P. (1980), S. 6; Küpper, H. U. (2005), S. 1. Im Bereich der staatlichen Verwaltung lässt sich der Begriff und die Idee des Controlling bis ins Mittelalter zurückverfolgen. Vgl. Matschke, M. J., Kolf, J. (1980), S. 601. Einzelne Arbeitsgebiete des Controlling finden sich bereits in der Antike. Vgl. Batzner, L. (1963), S. 175; Kröckel, H. G. (1965), S. 7; Horváth, P. (1978a), S. 129.

ling dort nach der Weltwirtschaftskrise.[363] Deutlich später fand das Controlling zu Beginn der 70er Jahre auch in Deutschland verstärkt Bedeutung[364] und hat sich in der Unternehmenspraxis in Deutschland zwischenzeitlich fest etabliert.[365] Im wissenschaftlichen Bereich hingegen ist das Controlling im deutschsprachigen Raum bislang nicht durchgängig als eigenständige Disziplin der Betriebswirtschaftslehre akzeptiert.[366] Dies dürfte zumindest teilweise darin begründet sein, dass – trotz zeitweiliger Ansätze zur Konsensbildung[367] und mittlerweile intensiver wissenschaftlicher Auseinandersetzung mit dem Themengebiet[368] – weiterhin eine fehlende Übereinstimmung in grundlegenden Fragen des Controlling zu konstatieren ist.[369] Im Folgenden ist somit zunächst eine Begriffsabgrenzung und Definition abzuleiten. Darauf aufbauend werden die im deutschsprachigen Raum etablierten Controllingkonzeptionen vorgestellt ebenso wie ihre Umsetzung in Controllingsystemen.

2.2.1 Der Controllingbegriff

„To control" steht in der englischsprachigen Managementliteratur nicht allein für Aspekte der Kontrolle, sondern vielmehr für das Lenken, Regeln und Steuern von Prozessen im Sinne eines „having things under control". „Controlling" hat im angloamerikanischen Sprachgebrauch keine institutionelle oder funktionelle Bedeutung,

---

363 Vgl. Küpper, H. U. (2005), S. 1.

364 Vgl. Weber, J., Schäffer, U. (2006), S. 7 f.

365 So verfügten 1990 bereits über 70 % aller deutschen Unternehmen über fest eingerichtete Controllerstellen. Vgl. Küpper, H. U., Winckler, B., Zhang, S. (1990), S. 439. Vgl. auch Binder, C., Schäffer, U. (2005), S. 604.

366 So verfügen nicht alle betriebswirtschaftlichen Bereiche deutscher Universitäten über speziell ausgerichtete Lehr- und Forschungseinrichtungen für das Controlling. Vgl. Hahn, D. (1997), S. 32. Auch die Frage nach der Stellung des Controlling innerhalb der Betriebswirtschaftslehre erscheint bis dato noch nicht abschließend geklärt. Diese Fragestellung wird bei Küpper, H. U. (2005), S. 3 - 7, explizit thematisiert. Demnach sei es möglich, dass „Controlling als eine moderne Bezeichnung für bekannte Aufgabenbereiche", als „Oberbegriff für mehrere Gebiete" der Betriebswirtschaftslehre oder dass „mit dem Controlling ein relativ neuer Problembereich" erkennbar wird. Nur in letzterem Sinne könne bei entsprechender theoretischer Fundierung eine eigenständige betriebswirtschaftliche Teildisziplin erwachsen. Schließlich stellt Brockhoff fest, dass derzeit in einigen Büchern zur Allgemeinen Betriebswirtschaftslehre der Controllingbegriff völlig fehlt. Vgl. Brockhoff, K. (2002), S. 449; Brockhoff, K. (2003), S. 33.

367 Vgl. Küpper, H. U., Weber, J., Zünd, A. (1990).

368 Vgl. stellvertretend Küpper, H. U. (2005), S. 1 - 7; Weber, J., Schäffer, U. (2006), S. 14 - 16; Picot, A., Reichwald, R., Wigand, R. T. (2003), S. 529 ff.; Liedtke, U. (1991), S. 1; Küpper, H. U., Weber, J., Zünd, A. (1990), S. 282.

369 Vgl. Schneider, D. (1991); Weber, J. (1991). Dabei findet sich in der Literatur eine Vielzahl praxisorientierter Abhandlungen zum Thema, die jedoch häufig auf Basis fallstudienartiger Betrachtungen einen kritisch zu bewertenden Generalisierungsanspruch erheben. Demgegenüber existiert mittlerweile ein beachtlicher Fundus theoriegeleiteter Arbeiten, die häufig jedoch normativ sind, ohne die Begründung der jeweiligen Definition nachvollziehbar zu machen. Vgl. Weber, J., Schäffer, U. (2001b), S. 26. Ein ausführlicher Überblick über die historische Entwicklung des Controllingbegriffs und die im Zeitablauf erheblichen Wandlungen des Controllingverständnisses findet sich bei Horváth, P. (2006), S. 23 - 64.

sondern steht vielmehr für die letzte Phase des Führungsprozesses.[370] Im deutschsprachigen Raum hat das Controlling – wie bereits ausgeführt – eine im Vergleich zu den Vereinigten Staaten noch junge Tradition. Mit dem Begriff des „Controlling“ werden teilweise stark unterschiedliche Vorstellungsinhalte verbunden.[371] Entsprechend ist in der einschlägigen Literatur eine „fast unüberschaubare Variationsbreite an Definitionsvorschlägen“[372] zu finden.[373]

Übereinstimmend wird die zentrale Funktion des Controlling in einer Unterstützung sowohl der strategischen als auch der operativen Unternehmensführung durch Bereitstellung entscheidungsrelevanter Informationen gesehen.[374] Die Notwendigkeit einer derartigen Unterstützung ergibt sich, um trotz zunehmender Komplexität der Unternehmensumwelt und Unternehmensinnenwelt dennoch die Koordinations-, Reaktions- und Adaptionsfähigkeit des Unternehmens zu sichern[375] und Kommunikations- und Informationsprobleme – insbesondere bei der Führung von zunehmend diversifi-

---

370 Controlling als Institution wird in den Vereinigten Staaten als Controllership bezeichnet, Controller Functions steht für Controlling als Funktion. Vgl. Weber, J. (1990), S 10.

371 So konstatiert Preißler: „Jeder hat seine eigene Vorstellung darüber, was Controlling bedeutet, oder bedeuten soll, nur jeder meint etwas anderes.“ Vgl. Preißler, P. (1985), S. 10. Küpper, Weber und Zünd konstatieren das Fehlen von „Generally Accepted Controlling Principles“. Vgl. Küpper, H. U., Weber, J., Zünd, A. (1990), S. 282. Einen Überblick über Definitionen des Controllingbegriffs gibt Weber, J., Schäffer, U. (2006), S. 16 - 24.

372 Vgl. Buchner, M. (1981), S. 9. Die dargestellte Komplexität und Differenziertheit des Controllingbegriffs bestätigen zahlreiche empirische Studien. Einen Überblick über verschiedene Unternehmensbefragungen gibt Horváth, P. (2006), S. 28 - 39 sowie 44 - 59. Weber und Kosmider hingegen haben hierfür Stellenanzeigen für Controller und Controlling-ähnliche Stellen aus den Jahren 1949 - 1989 analysiert. Vgl. Weber, J., Kosmider, A. (1991). Für eine Erhebung und Analyse des Controllingverständnisses in kleinen und mittleren Unternehmen vgl. Rautenstrauch, T., Müller, C. (2005). Für eine Übersicht der Begriffsdiskussion vgl. Zenz, A. (1999), S. 7 ff. Bedingt durch die Vielzahl an Definitionen, Interpretationen und Ansätzen ist bis dato auch kein einheitliches Theoriegebäude zu erkennen. Vgl. Strack, J. (2001), S. 72. In der Literatur werden dennoch regelmäßig die Principal-Agent-Theorie sowie die Systemtheorie bzw. die Kybernetik als theoretische Grundlage des Controlling herangezogen. Vgl. Weber, J., Schäffer, U. (2000), S. 110 f.; Küpper, H. U. (2005), S. 54 - 80. Auf beide Theorien wird in Kapitel 3.2.2 dieser Arbeit näher eingegangen. Vereinzelt werden auch die Kontrolltheorie und das Delegationswertprinzip zur theoretischen Fundierung des Controlling herangezogen. Das Instrumentarium der Kontrolltheorie zielt auf die Steuerung dynamischer Systeme ab und ermöglicht es im betriebswirtschaftlichen Kontext, eine Folge von Einzelentscheidungen auf ein Gesamtziel hin zu optimieren. Der Fokus liegt auf der Koordination zeitlicher Interdependenzen. Vgl. Luhmer, A. (1993), Sp. 2261 ff. Das Delegationswertprinzip liefert Hinweise auf die Zweckmäßigkeit einer Delegation von Entscheidungen und thematisiert insbesondere Fragen der adäquaten Ausgestaltung von Anreizsystemen. Vgl. Laux, H., Liermann, F. (1990); Homburg, C. (2001), S. 61 - 63.

373 Weber spricht in diesem Zusammenhang von einem vorparadigmatischen Stadium des Controlling. Vgl. Weber, J. (1999), S. 465. Zum Begriff des vorparadigmatischen Stadiums vgl. Kuhn, T. S. (1976), S. 25 ff. Für eine Darstellung des Controllingbegriffs als „deutscher Sonderweg“ vgl. Schwarz, R. (2002), S. 10 - 12.

374 Vgl. Ziener, M. (1985), S. 36; Küpper, H. U., Weber, J., Zünd, A. (1990), S. 283; Schildbach, T. (1992), S. 22; Reichmann, T. (1995), S. 6; Schweitzer, M., Friedl, B. (1992), S. 141 ff.; Ossadnik, W. (1998), S. 11 ff.; Weber, J., Schäffer, U. (2001b), S. 27 – 29; Franz, K.-P., Kajüter, P. (2002), S. 124 f.

375 Vgl. Schweitzer, M., Friedl, B. (1992), S. 144.

zierten, oftmals geografisch weit verzweigten Unternehmensstrukturen – zu überwinden.[376] Zur Erfüllung dieser Ziele hat das Controlling „Informationen über erwartete beziehungsweise bereits eingetretene Umweltveränderungen und ihre Wirkungen auf die Zielerreichung sowie Kontrollinformationen bereitzustellen" ebenso wie Methoden (Instrumente, Modelle, Denkmuster u. ä.) und Techniken für arbeitsteilig ablaufende Planungs- und Kontrollprozesse.[377] Dabei wird dem Controlling eine umso wichtigere Rolle zugesprochen, je komplexer und dynamischer sich das relevante Umfeld darstellt und je höher der Koordinations- und Motivationsbedarf ist.[378]

Insbesondere hinsichtlich einer weiteren Konkretisierung der Führungsunterstützungsfunktion und einer allgemeingültigen Definition des Controllingbegriffs existiert jedoch bislang in der Literatur keine Einigkeit.[379] Die vielfach kontrovers geführte Diskussion über das Controlling liegt nicht zuletzt darin begründet, dass der Begriff eine funktionale, eine instrumentale wie auch eine institutionale Dimension aufweist.[380] Funktional bezeichnet Controlling bestimmte Aufgaben oder Tätigkeiten, die das Controlling zum Erreichen der definierten Ziele auszuführen hat. Hierzu zählen in einer weiten Begriffsfassung die „Beschaffung, Aufbereitung und Analyse von Daten zur Vorbereitung zielsetzungsgerechter Entscheidungen".[381] In instrumentaler Hinsicht umfasst Controlling Methoden und Modelle zur Erfüllung der Controllingaufgaben. Die organisatorische Struktur und Gestaltung, innerhalb derer die Controllingaufgaben erfüllt werden, wird schließlich durch die institutionale Dimension beschrieben.[382] Insbesondere in den Inhalten der funktionalen und der instru-

---

376 Vgl. Horváth, P. (2006), S. 3 - 11; Stein, C. W. (1998), S. 5.

377 Vgl. Schweitzer, M., Friedl, B. (1992), S. 144 f.; Strack, J. (2001), S. 68; Steinle, C., Bruch, H. (2003), S. 23 f.; Ziegenbein, K. (2004), S. 23.

378 Vgl. Schmidt, R. (1995), S. 12 f. Hieraus lässt sich für Unternehmensnetzwerke eine besonders wichtige Rolle des Controlling ableiten. Vgl. Wenninger-Zeman, K. (2003), S. 17.

379 Vgl. auch mit weiterführenden Definitionen des Controllingbegriffs Heigl, A. (1989), S. 3; Küpper, H. U., Weber, J., Zünd, A. (1990), S. 283 f.; Baum, H. G., Coenenberg, A. G., Günther, T. (1992), S. 3 ff.; Dellmann, K. (1992), S. 138; Rieper, B., Witte, T., Berens, W. (1996), S. V; Janzen, H. (1998), S. 6 - 24; Wall, F. (2000c), S. 295 - 304; Weber, J., Schäffer, U. (2000), S. 109 - 118; Hahn, D., Hungenberg, H. (2001), S. 278; Pietsch, G., Scherm, E. (2001), S. 307 f.; Berens, W., Bertelsmann, R. (2002), Sp. 280 - 288; Peemöller, V. H. (2005), S. 32 - 36; Horváth, P. (2006), S. 18 - 20; Reichmann, T. (2006), S. 1 - 3; Weber, J., Schäffer, U. (2006), S. 17 f. Ein Überblick über Controllingbegriffe in der Literatur findet sich etwa bei Friedl, B. (2003), S. 1 f.

380 Vgl. Küpper, H. U., Weber, J., Zünd, A. (1990), S. 282; Wall, F. (1999), S. 64.

381 Rieper, B., Witte, T., Berens, W. (1996), S. V. Vgl. ähnlich Heigl, A. (1989), S. 3. Vgl. weiterführend Berens, W., Bertelsmann, R. (2002), Sp. 280 - 288 sowie Berens, W., Schmitting, W. (2003), S. 356 - 358.

382 Vgl. Schweitzer, M., Friedl, B. (1992), S. 142 ff.; Ulrich, H. (1985), S. 15.

mentalen Komponente liegen die Differenzen zwischen den unterschiedlichen Controlling-Auffassungen begründet.[383]

2.2.2 Die „klassischen" Controllingkonzeptionen

Zwischenzeitlich können im deutschsprachigen Raum basierend auf der Klassifizierung von Schweitzer und Friedl[384] mit der informationsorientierten, der planungs- und kontrollorientierten sowie der führungssystembezogenen im wesentlichen drei Grundkonzeptionen des Controlling unterschieden werden.[385] Erst in jüngster Zeit wurden diese Konzeptionen durch den integrativen Ansatz von Weber und Schäffer ergänzt und erweitert.[386]

Unter einer Controllingkonzeption ist eine Grundausrichtung des Controllingverständnisses zu verstehen, die Aussagen über die funktionale, instrumentale und institutionale Gestaltung des Controlling umfasst und primär daran ausgerichtet ist, welchem Sachziel das Controlling dient.[387] Dementsprechend betrachten Schweitzer und Friedl eine weitere, zielbezogene Komponente der Controllingkonzeptionen und unterscheiden zwischen direkten und indirekten Controlling-Zielen. Direkte Ziele des Controlling sind Ziele bezüglich der in einer spezifischen Controllingkonzeption unterstellten Controllingfunktionen.[388] Während diesbezüglich allen Controllingkonzeptionen das Informationsziel im Sinne einer Versorgung der Unternehmensführung mit entscheidungsrelevanten Informationen zugrunde liegt, wird in einer Reihe von Controllingansätzen zudem ein Koordinationsziel[389] als zweites direktes

---

383 Vgl. Schweitzer, M., Friedl, B. (1992), S. 144.

384 Vgl. Schweitzer, M., Friedl, B. (1992).

385 In der Literatur finden sich weitere Ansätze zur Systematisierung des Controllingbegriffs. So unterscheiden Schmidt und Buchner rechnungswesenbezogene, informationssystembezogene und führungssystembezogene Ansätze. Vgl. Buchner, M. (1981), S. 34 ff.; Schmidt, A. (1986), S. 5 ff. Strobel hingegen identifiziert mit dem kostenorientierten Controlling, dem Budget-Controlling, dem Finanz-Controlling und dem Aufsichts- bzw. Top-Controlling vier Entwicklungsstufen des Controlling. Vgl. Strobel, W. (1979), S. 36 ff. Henzler orientiert sich an der Controlling-Praxis und unterscheidet den historisch-buchhaltungsorientierten, den zukunfts- und aktionsorientierten sowie den managementsystemorientierten Controller. Vgl. Henzler, H. (1974), S. 60 ff. Schließlich sieht Zünd in der Umwelt eine maßgebende Bestimmungsgröße des Controlling und damit den Controller in Abhängigkeit von der konkreten Umwelt als Registrator, Navigator oder Innovator. Vgl. Zünd, A. (1979), S. 17 ff.; Zünd, A. (1985), S. 32.

386 Vgl. Weber, J., Schäffer, U. (1999b), Weber, J., Schäffer, U. (2001b).

387 Vgl. Schweitzer, M., Friedl, B. (1992), S. 142.

388 Vgl. Pfohl, H. C., Stölzle, W. (1997), S. 33.

389 Unter Koordination ist das Abstimmen einzelner Entscheidungen und Aktivitäten auf ein übergeordnetes Ziel hin zu verstehen. Vgl. Kraus, H. (1990), S. 125.

Controlling-Ziel postuliert.[390] Dieses bezieht sich jedoch nicht auf die Koordination von Realisationshandlungen, sondern vielmehr auf Führungshandlungen im Sinne einer Metakoordination. Einige Controllingkonzeptionen betrachten lediglich die Abstimmung zwischen planungs-, kontroll- und informationsorientierten Führungshandlungen, während andere Ansätze alle Führungshandlungen einbeziehen. Abbildung 13 gibt einen ersten Überblick über die genannten Konzeptionen.

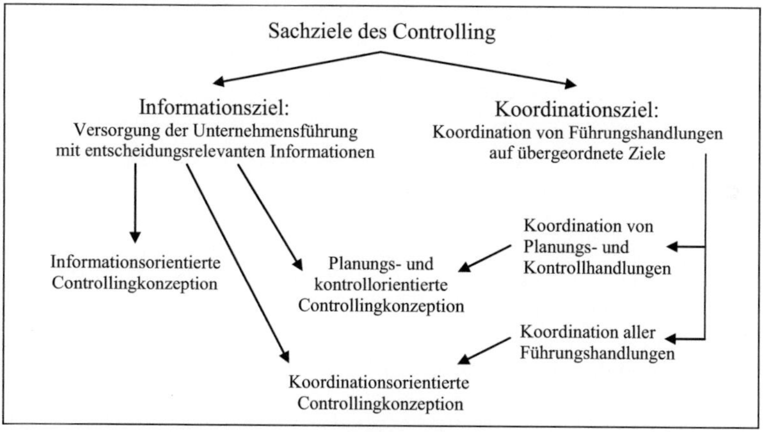

Abbildung 13: Klassifikation von Controllingkonzeptionen nach Schweitzer und Friedl[391]

Indirekte Ziele des Controlling sind als Präzisierung der Ziele des zu unterstützenden Managements anzusehen.[392] Somit wird das Informationsziel durch die indirekten Ziele im Hinblick auf die bereitzustellenden Informationen konkretisiert. Analog wird bei Verfolgung des Koordinationsziels durch die indirekten Ziele festgelegt, auf welche Ziele die Führungshandlungen abzustimmen sind.[393] Nach dem Umfang der einzubeziehenden indirekten Ziele unterscheiden Schweitzer und Friedl eingeschränkte, nur das Erfolgsziel einschließende,[394] sowie uneingeschränkte, das gesamte Zielsystem der Unternehmung betrachtende[395] Konzeptionen.

---

390 Vgl. Schweitzer, M., Friedl, B. (1992), S. 144 - 147. Vgl. auch Pfohl, H. C., Stölzle, W. (1997), S. 34 – 36; Möller, K. (2002), S. 98 f.; Pietsch, G., Scherm, E. (2002), S. 191 - 195; Hofmann, C., Homburg, C. (2004), S. 564.

391 Vgl. Wall, F. (1999), S. 66.

392 Vgl. Pfohl, H. C., Stölzle, W. (1997), S. 31; Hess, T. (2002), S. 50.

393 Vgl. Schweitzer, M., Friedl, B. (1992), S. 146 f.

394 Als Vertreter eingeschränkter Controlling-Auffassungen sind insbesondere Reichmann (vgl. Reichmann, T. (2006)) und Hahn (vgl. Hahn, D. (1991)) zu nennen.

395 Hierzu zählen etwa die Konzeptionen von Baumgartner (vgl. Baumgartner, B. (1980)), Horváth (vgl. Horváth, P. (2006)) oder auch Küpper (vgl. Küpper, H. U. (2005)).

2.2.2.1 Informationsorientierte Konzeption

Ausgangspunkt der Controlling-Entwicklung in Deutschland und zugleich engste Begriffsauffassung ist eine rein informationsbezogene Grundsicht des Controlling. Diese konzentriert sich in funktionaler Hinsicht auf die Abstimmung von Informationserzeugung und -bereitstellung mit dem Informationsbedarf der Führung.[396] Diese Ergänzungsleistung bezieht Reichmann auf das Erfolgsziel,[397] wohingegen Müller das gesamte Zielsystem einbezieht.[398] Innerhalb dieser Konzeption zählen zu den vornehmlichen Aufgaben des Controllers die Informationsbeschaffung, Informationsaufbereitung, Datenanalyse, Beurteilung und Kontrolle.[399] Zentraler Bezugspunkt ist das interne Rechnungswesen, besonderes Augenmerk liegt dabei auf der inhaltlichen, prozessualen und strukturellen DV-technischen Umsetzung.[400]

Diese Sichtweise des Controlling dominierte in Deutschland bis in die 70er Jahre hinein und findet ihre Entsprechung in der konzeptionellen Entwicklung einer „entscheidungsorientierten Kostenrechnung“.[401]

2.2.2.2 Planungs- und kontrollorientierte Konzeption

Die planungs- und kontrollorientierte Konzeption wurde gegen Ende der 70er Jahre maßgeblich von Horváth und Hahn entwickelt und sieht das Controlling als unter-

---

396 Vgl. Müller, W. (1974), S. 683 f., 686 ff.

397 Vgl. Reichmann, T. (2006); Reichmann, T. (1985). Vereinzelt wird Reichmanns Auffassung, insbesondere basierend auf den Ausführungen von Pfohl und Zettelmeyer (vgl. Pfohl, H. C., Zettelmeyer, B. (1987)), als eigene, gewinnzielorientierte Konzeption interpretiert (vgl. Küpper, H. U. (2005), S. 15 - 17; Stein, C. W. (1998), S. 6 ff.; Liedtke, U. (1991), S. 10 ff.; Hohberger, S. (2001), S. 20 f.; Wenninger-Zeman, K. (2003), S. 19 f.). Diese fokussiert die Ausrichtung der unternehmerischen Aktivitäten auf die Sicherstellung der Gewinnerreichung als Funktion des Controlling. Aufgabe des Controlling sei demnach sicherzustellen, dass die einzelnen Entscheidungsträger und Unternehmensbereiche gemeinsam als oberstes Ziel den finanziellen Gesamterfolg des Unternehmens verfolgen. Dabei werden allein quantitative Größen betrachtet, eine Integration qualitativer Ziele unterbleibt. Der Gewinn ist dabei Ausgangsgröße der Planung und somit ist auch die Kontrolle auf dieses Ziel hin ausgerichtet. Die gewinnzielorientierte Konzeption fokussiert insbesondere die Führungsbereiche Planung, Kontrolle und Informationssystem (vgl. Pfohl, H. C., Zettelmeyer, B. (1987), S. 149). Das Erfordernis einer Integration des Informationssystems ergibt sich dabei aus den Informationsbedarfen von Planung und Kontrolle. Gegen die gewinnzielorientierten Konzeption ist kritisch einzuwenden, dass das Gewinnziel in vielen Unternehmen ohnehin für Planung, Kontrolle und Informationssystem bestimmend ist, so dass die Notwendigkeit eines weiteren Führungssystems zu hinterfragen ist. Gleiches gilt für eine alleinige Ausrichtung am Erfolgsziel, da in praxi zumeist mehrere bzw. auch andere Ziele angestrebt werden.

398 Vgl. Müller, W. (1974).

399 Vgl. Reichmann, T. (2006), S. 4. Vgl. Heigl, A. (1989), S. 3.

400 Vgl. Mertens, P. (1984).

401 Vgl. Weber, J., Schäffer, U. (2001b), S. 158.

stützendes System der Unternehmensführung.[402] Planung und Kontrolle werden als zentrale Führungsaufgaben angesehen, die wegen ihrer Komplexität besonderer Unterstützung bedürfen und ergebnisorientiert aufeinander abzustimmen sind.[403] Im Mittelpunkt der planungs- und kontrollorientierten Konzeption steht daher neben den Aufgaben des informationsorientierten Ansatzes die Koordination innerhalb der Planung sowie die Koordination von Planungs-, Kontroll- und Informationssystem.[404] Planung und Kontrolle werden anders als im informationsorientierten Ansatz nicht nur als Phasen im Entscheidungsprozess gesehen, sondern als eigenständige Problembereiche, die in funktionaler, instrumentaler und institutionaler Hinsicht zu gestalten sind.[405] Horváth definiert Controlling entsprechend als „dasjenige Subsystem der Führung, das Planung und Kontrolle systembildend und systemkoppelnd ergebniszielorientiert koordiniert und so die Adaption und Koordination des Gesamtsystems unterstützt."[406] Systembildende Koordination beinhaltet die Gestaltung aufeinander abgestimmter formaler Systeme. Ziel ist die Schaffung einer Gebilde- und Prozessstruktur, die eine Anpassung an erwartete zukünftige Ereignisse ermöglicht. Horváth bezeichnet das Planungs- und Kontrollsystem als „konkretes Ergebnis dieser systembildenden Koordination."[407] Systemkoppelnde Koordination hingegen besteht aus Koordinationsaktivitäten, die „im Rahmen der gegebenen Systemstruktur zur Problemlösung dienen sowie als Reaktion auf 'Störungen' stattfinden und in einer Aufrechterhaltung sowie Anpassung der Informationsverbindungen zwischen Teilsystemen bestehen."[408]

Der Bezugspunkt dieser Konzeption liegt somit neben dem Rechnungswesen insbesondere auch in der Unternehmensplanung.[409]

---

402 Vgl. Horváth, P. (2006); Horváth, P. (1978b); Hahn, D., Hungenberg, H. (2001); Hahn, D. (1974). Während Horváth alle Unternehmensziele einbezieht, beschränkt Hahn sich auf Erfolgsziele. Vgl. Schweitzer, M., Friedl, B. (1992), S. 144. Als weitere Vertreter der planungs- und kontrollorientierten Konzeption sind insbesondere Dellmann und Baumgartner zu nennen. Vgl. Dellmann, K. (1992); Baumgartner, B. (1980).

403 Vgl. Horváth, P. (2006), S. 137 f.

404 Vgl. Hess, T. (2002), S. 45.

405 Vgl. Wall, F. (1999), S. 70.

406 Horváth, P. (2006), S. 134. Nach Horváths Verständnis bedeutet Koordination „im Grunde [...] die Diskrepanz zwischen Informationsbedarf und vorhandenen Informationen (Informationsdefizit) zu verkleinern. Das Informationsdefizit der an Planung und Kontrolle Beteiligten birgt Risiko, d. h. Verlustgefahr, in sich. Man kann also sagen, dass Koordination risikovermindernd wirkt, indem sie das Informationsdefizit mindert." Horváth, P. (2006), S. 112. Vgl. auch Müller, W., Seifert, W. G. (1978). In ähnlicher Form findet sich die Unterscheidung in systembildende und systemkoppelnde Koordination bereits bei Tuominen, R. (1969), S. 208 f. sowie S. 222 und Uphus, P. (1972), S. 41.

407 Horváth, P. (2006), S. 109.

408 Horváth, P. (2006), S. 110.

409 Vgl. Hess, T. (2002), S. 45.

2.2.2.3 Koordinationsorientierte Konzeption

Die Entwicklung der koordinationsorientierten Konzeption[410] wurde vorrangig von Küpper gegen Ende der 80er Jahre vorangetrieben.[411] Der Ansatz sieht analog zu Horváth die Koordination als Kernfunktion des Controlling, fasst das Koordinationsproblem jedoch weiter und bezieht die Führungssubsysteme Organisation und Personalführung mit ein.[412] Somit avanciert die Koordination des Führungsgesamtsystems zum grundlegenden Charakteristikum des Controlling, die „Controllingfunktion besteht im Kern in der Koordination des Führungsgesamtsystems zur Sicherstellung einer zielgerichteten Lenkung."[413]

Im Verständnis der koordinationsorientierten Konzeption besteht das Führungssystem somit grundsätzlich aus den Teilsystemen Planung, Kontrolle, Information, Personalführung und Organisation.[414] Mit der gedanklichen Trennung der Führung und ihrem Ausbau geht eine Verselbständigung dieser Teilsysteme einher. Dadurch werden Interdependenzen getrennt, wodurch der erwähnte Koordinationsbedarf im Führungssystem entsteht. Die Koordinationsfunktion des Controlling bezieht sich somit auf die Sicherung und Verbesserung des Führungssystems, nicht aber auf die Lenkung des Leistungs- bzw. Ausführungssystems. Controlling ist somit als elementares Instrument der Unternehmensführung anzusehen.[415] Die geschilderten Zusammenhänge fasst Abbildung 14 zusammen.

---

410 In der Literatur wird dieser Ansatz auch als führungssystemorientierte (vgl. Wall, F. (1999), S. 73 ff.) oder als managementsystemorientierte (vgl. Hess, T. (2002), S. 45) Konzeption bezeichnet.

411 Vgl. Küpper, H. U. (1988); Küpper, H. U. (2005), S. 25 - 27. Als weitere Vertreter der koordinationsorientierten Konzeption sind insbesondere Schmidt (vgl. Schmidt, A. (1986)), Zünd (vgl. Küpper, H. U., Weber, J., Zünd, A. (1990), S. 281 ff.) und bis Mitte der 90er Jahre auch Weber (vgl. Weber, J. (1992)) zu nennen.

412 Vgl. Küpper, H. U. (2005), S. 27. Vgl. auch Küpper, H. U., Weber, J., Zünd, A. (1990), S. 284; Wall, F. (1999), S. 73 f.; Hess, T. (2002), S. 45.

413 Küpper, H. U., Weber, J., Zünd, A. (1990), S. 283.

414 Vgl. Küpper, H. U. (2005), S. 30. Im Bereich der Personalführung bestehen zentrale Aufgabe des Controlling in der Gestaltung adäquater Anreizsysteme, der Personalentwicklung sowie dem Führungsstil. Im Bereich der Organisation unterstützt das Controlling den Auf- und Ausbau von Organisationsstrukturen, welche die Abstimmung von Planungs-, Kontroll- und Informationsaufgaben ermöglichen. Eine klare Abgrenzung zwischen Organisation und Controlling erweist sich jedoch als schwierig, da beide koordinierende Aufgaben wahrzunehmen haben. Jedoch unterscheidet sich das Bezugsobjekt. Controlling bezieht sich auf das Führungsgesamtsystem, wohingegen die Organisation Aufgaben und deren zeitliche und räumliche Anordnung sowie Weisungs- und Entscheidungsbefugnisse fokussiert. Controlling hat darüber hinaus insbesondere eine Koordination zwischen Aufbau- und Ablauforganisation zu leisten Vgl. Küpper, H. U. (2005), S. 38.

415 Vgl. Küpper, H. U. (2005), S. 30 - 32.

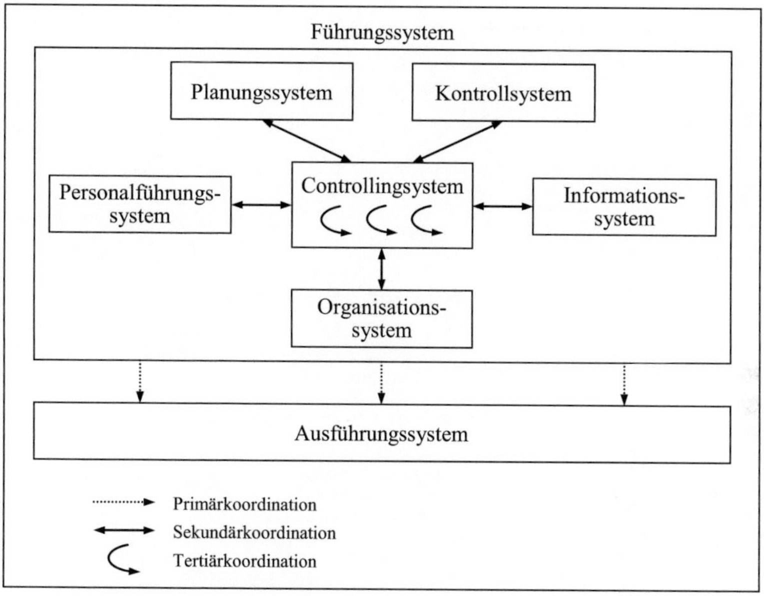

Abbildung 14: Koordinationsorientierte Controllingkonzeption nach Küpper[416]

Von den bislang genannten Konzeptionen stellt der koordinationsorientierte Ansatz die umfassendste dar und schließt die anderen Sichtweisen ein.[417] Entsprechend liegen Bezugspunkte dieses Ansatzes sowohl im Rechnungswesen und der Unternehmensplanung, aber darüber hinaus auch in der Managementlehre.[418]

2.2.2.4 Gegenüberstellung und kritische Würdigung

Die vorgestellte Abgrenzung von Controllingkonzeptionen basiert auf den dargestellten spezifischen direkten Zielen des Controlling[419] als differenzierendem Merkmal.[420] Erweitert man den Betrachtungshorizont zusätzlich um indirekte Ziele des Controlling im Sinne der für das Controlling relevanten Ziele aus dem Zielsystem

---

416 Vgl. Küpper, H. U. (2005), S. 30.

417 Vgl. Wenninger-Zeman, K. (2003), S. 23; Hess, T. (2002), S. 45.

418 Vgl. Hess, T. (2002), S. 46.

419 Neben dem Informationsziel und dem Koordinationsziel finden sich in der Literatur bisweilen weitere direkte Ziele, wie etwa die Entlastung der Unternehmensführung. Entweder lassen sich diese jedoch auf das Informations- oder das Koordinationsziel zurückführen, oder sie sind als Grundlage einer Controllingkonzeption ungeeignet und erlauben keine Abgrenzung von Aufgaben und Instrumenten. Vgl. Schweitzer, M., Friedl, B. (1992), S. 146; Amshoff, B. (1993), S. 173.

420 Vgl. Schweitzer, M., Friedl, B. (1992), S. 147 - 153; Amshoff, B. (1993), S. 149 - 202.

des Unternehmens, so können erfolgszielorientierte von zielsystemorientierten Konzeptionen abgegrenzt werden. Abbildung 15 gibt einen Überblick über die wichtigsten Controllingkonzeptionen sowohl nach direkten als auch indirekten Zielen und nennt ausgewählte Vertreter.[421]

indirekte Controlling-Ziele / direkte Controlling-Ziele	Erfolgsziel	weitere wirtschaftliche und andere Ziele
informationsorientiertes Koordinationsziel	eingeschränkt informationsorientiert [Reichmann (1990)]	uneingeschränkt informationsorientiert [Müller (1974)]
planungs- und steuerungsorientiertes Koordinationsziel	eingeschränkt planungs- und steuerungsorientiert [Hahn (1991)]	uneingeschränkt planungs- und steuerungsorientiert [Baumgartner (1980)] [Horváth (1990)]
führungssystem-orientiertes Koordinationsziel	uneingeschränkt führungssystemorientiert [Küpper (1987)] [Weber (1991)]	

Abbildung 15: Reichweite klassischer Controllingkonzeptionen[422]

Alle vorgestellten Konzeptionen wurden und werden vielfach kritisiert, wobei übergreifend die theoretische Fundierung der Konzeptionen immer wieder in Frage gestellt wird.[423] Insbesondere die beiden erstgenannten Ansätze sind eher als Resultat empirisch-induktiver Arbeit anzusehen und theoretisch-deduktiv wenig abgesichert.[424] So wird an der informationsorientierten Konzeption kritisiert, dass das behandelte Problemfeld „Allokation von Informationen" in Unternehmen seit jeher besteht. Damit stellt sich die Frage, ob die informationsorientierte Konzeption eine Weiterentwicklung des traditionellen Rechnungswesens darstellt.[425] Für die planungs- und kontrollorientierte Konzeption hingegen stellt sich die Frage, inwieweit sich die unterschiedlichen Koordinationsformen tatsächlich ausschließlich auf die

421 Eine ausführliche Gegenüberstellung der genannten Konzeptionen findet sich auch bei Wall, F. (1999), S. 78 f.

422 In Anlehnung an Schweitzer, M., Friedl, B. (1992), S. 148, sowie Hess, T. (2002), S. 47.

423 Vgl. stellvertretend Schildbach, T. (1992); Küpper, H. U. (1988); Zenz, A. (1998); Weber, J., Schäffer, U. (2006), S. 18 - 24.

424 Vgl. Hess, T. (2002), S. 46.

425 Vgl. Sachenbacher, H. (2000), S. 21.

Bereiche der Planung, Kontrolle und Information beschränken lassen.[426] So erscheint ohne ein Zusammenwirken mit der Organisation der Unternehmung eine systembildende Koordination nicht oder allenfalls teilweise umsetzbar.[427]

Jedoch steht auch die koordinationsorientierte Konzeption, die als der theoretisch am stärksten fundierte Ansatz anzusehen ist,[428] immer wieder in der Kritik und kann somit nicht als allgemein akzeptiert gelten.[429] Insbesondere die Koordinationsfunktion als Kern des Controlling wird regelmäßig angezweifelt. So ermöglicht die weite und wenig abgrenzbare Konzeption als Metaführung der Führungsteilsysteme keine eindeutige Abgrenzung der Controllingfunktion; zudem wird das Controlling zu einer „Führung der Führung" stilisiert. Auch korrespondieren diese „Metaführung" und die Koordination des gesamten Führungssystems nur bedingt mit der Praxis. Ebenso ist der Systemansatz als Analyserahmen nicht unumstritten. So wird der koordinationsorientierten Konzeption das Fehlen einer Systemidee vorgeworfen, ebenso sei die Abgrenzung der Führungsteilsysteme weitgehend willkürlich. Infolgedessen seien die Führungsteilsysteme eher als Handlungsklassen zu interpretieren. Schließlich wird kritisiert, dass je nach Controllingauffassung unterschiedliche Einschränkungen des koordinationsorientierten Ansatzes zur Bestimmung der Controlleraufgaben erfolgen.[430]

Mit Blick auf die betriebliche Praxis schließlich ist festzustellen, dass Controlling nicht als klar definiertes Konzept anzusehen ist.[431] Zwar werden in vielen Untersuchungen die Unterstützung bei operativer Planung und Kontrolle, die Analyse von Abweichungen sowie das Erarbeiten von Vorschlägen zur Gegensteuerung als zentrale Aufgaben des Controlling ermittelt,[432] jedoch legen Analysen von Stellenbeschreibungen[433] und Stellenprofilen[434] nahe, dass – auch wenn eine Entwicklung weg von einer engen, informationsorientierten Sichtweise erkennbar ist[435] – die Heterogenität der theoretischen Konzepte sich in der Praxis fortsetzt.

---

426 Vgl. Lange, C., Schaefer, S. (2003), S. 400.

427 Vgl. Friedl, B. (2003), S. 165.

428 Vgl. u. a. Küpper, H. U., Weber, J., Zünd, A. (1990); Weber, J., Schäffer, U. (2006); Eschenbach, R., Niedermayr, R. (1995); Zenz, A. (1998); Weber, J., Schäffer, U. (1999b), S. 732.

429 Vgl. stellvertretend Schneider, D. (1991), S. 765 - 772; Schildbach, T. (1992), S. 24; Müller, A. (1996b); Schäffer, U. (1996); Weber, J., Schäffer, U. (2000); Wall, F. (2000c).

430 Vgl. Irrek, W. (2002), S. 46.

431 Vgl. die Diskussion bei Zenz, A. (1998), S. 38 ff., sowie die dort angegebene Literatur.

432 Vgl. im Überblick Horváth, P. (2006), S. 44 - 64.

433 Vgl. Weber, J., Kosmider, A. (1991); Weber, J., Schäffer, U. (1998b).

434 Vgl. Amshoff, B. (1993), S. 328 - 341.

435 Vgl. Weber, J. (1992), S. 179 f.

Im Verständnis der bislang vorgestellten Controllingkonzeptionen ist der Einsatzbereich der Führungsteilsysteme durchgängig auf die unternehmensinterne Koordination von Entscheidungen begrenzt. Die Konzeptionen unterstellen zumindest implizit, dass sich eine unternehmensübergreifende Koordination über den Markt vollzieht und bieten kaum Lösungsansätze für die in Unternehmensnetzwerken vorhandenen Sach- und Verhaltensinterdependenzen.[436] Zudem kann mit der Gestaltung von Informations-, Planungs- und Kontrollsystemen nur der Informations- und Koordinationsbedarf regelmäßig zu treffender Entscheidungen gedeckt werden, da nur diese bei der Systemgestaltung berücksichtigt werden können. Bei hoher Umweltdynamik, die als Grund für die Bildung von Unternehmensnetzwerken immer wieder konstatiert wird,[437] sind zunehmend Entscheidungen wichtig, die erstmalig zu treffen, innovativ und nicht vorhersehbar sind. Es stellt sich somit die Frage, wie der Informations- und Koordinationsbedarf dieser Entscheidungen durch die Koordination eines Führungssystems gedeckt werden kann, in dem diese Entscheidungen nicht berücksichtigt sind.[438] Die Koordination von Führungsteilsystemen ist für die unternehmensübergreifende Koordination von Entscheidungen in Unternehmensnetzwerken somit ein nur begrenzt geeigneter Lösungsansatz.[439]

2.2.3 Controlling als Rationalitätssicherung der Führung

Die dargestellte Kritik an den klassischen Controllingkonzeptionen wurde gegen Ende der 90er Jahre von Weber und Schäffer aufgegriffen und führte zur Entwicklung einer integrativen Konzeption, in der die Sicherstellung einer angemessenen

---

436 Sachinterdependenzen bestehen etwa bei Entscheidungen über einen gemeinsamen Leistungserstellungsprozess (z. B. Produktionsmengen, Lieferzeiten, Maßnahmen zur Qualitätssicherung) oder über die Auftragsannahme. Verhaltensinterdependenzen ergeben sich dadurch, dass die Netzwerkunternehmen primär eigene Ziele verfolgen und zudem über Informationsvor- und -nachteile gegenüber den Partnern verfügen. Vgl. Friedl, B. (2003), S. 175.

437 Vgl. Wenninger-Zeman, K. (2003), S. 17.

438 Vgl. Friedl, B. (2003), S. 174.

439 Vgl. Friedl, B. (2003), S. 174 f.

Rationalität der Führung als originäre Aufgabe des Controlling angesehen wird.[440] Unter Rationalität verstehen Weber und Schäffer dabei die Zweckrationalität im Sinne des ökonomischen Prinzips,[441] die sich letztendlich in der rationalen Begründbarkeit von Handeln, stets bezogen auf eine Handlungsträgermehrheit, niederschlägt.[442] Nach Weber und Schäffer dient jeder – insbesondere auch die hier vorgestellten – Controllingbegriff schlussendlich der Funktion der Rationalitätssicherung. „Grund für die Vielgestaltigkeit der Begriffsauffassungen ist die Kontextabhängigkeit der Sicherstellungsfunktion. Ihre Wahrnehmung führt bei unterschiedlichen Ausgangssituationen und Rationalitätsengpässen zu ganz unterschiedlichen Ausprägungen des Controlling."[443]

Der Ansatz von Weber und Schäffer basiert dabei auf dem Führungsmodell des „handelnden Akteurs", welcher - mit der Führung betraut - sowohl eigene Ziele (Wollen) verfolgt, als auch über notwendige kognitive Fähigkeiten (Können) verfügt. Da beide Eigenschaften des Akteurs jedoch begrenzt sind, können durch Wollens- bzw. Könnensdefizite Rationalitätsdefizite entstehen, welche im Kontext ökonomischen Handelns zu Ergebniseinbußen führen.[444] Derartige Rationalitätsverluste zu reduzieren erweist sich somit dann als effizient, wenn die mit der Reduktion verbundenen Kosten geringer sind als die erzielte Reduzierung des Rationalitätsverlustes.[445] Das Konzept fußt auf einer streng prozessorientierten Betrachtung der Führung, die – wie in Abbildung 16 verdeutlicht – in die Phasen der Willensbildung, der Willensdurchsetzung, der Ausführung und der Kontrolle untergliedert wird.

---

440 Vgl. Weber, J., Schäffer, U. (2006), S. 41. Vgl. auch Weber, J., Schäffer, U. (1999a); Weber, J., Schäffer, U. (1999b); Weber, J., Schäffer, U. (1999c); Weber, J., Schäffer, U. (2001b); Schäffer, U., Weber, J. (2002). Vgl. auch Dyckhoff, H., Ahn, H. (2001). Die Rationalitätssicherungsfunktion des Controlling findet sich auch bei anderen Autoren. So stellt Schmidt das Ziel der Sicherung rationalen Verhaltens der Unternehmensführung direkt neben das Koordinationsziel. Vgl. Schmidt, A. (1986), S. 55 ff. Harbert unterscheidet vier derivative Zielsetzungen des Controlling, zu denen neben der Entlastung der Unternehmensführung, der Spezialisierung sowie der Sicherung von Integration und Koordination auch die Sicherung rationaler Entscheidungen zählt. Vgl. Harbert, L. (1982), S. 237 ff. Schildbach hingegen bezeichnet des Controlling als rationales, delegierbares Element der Unternehmensführung. Vgl. Schildbach, T. (1992), S. 22 - 24. Die explizite Benennung der Rationalitätssicherung als übergeordnetes Ziel des Controlling findet sich hingegen erstmalig bei Weber und Schäffer. Zum Erfordernis der Rationalität der Unternehmensführung im Allgemeinen vgl. stellvertretend Gutenberg, E. (1988); Heinen, E. (1970); Kirsch, W. (1991).

441 Die Zweckrationalität, verstanden im Sinne Max Webers, bemisst sich somit an der effizienten Mittelverwendung bei gegebenen Zwecken. Vgl. Weber, M. (1980), S. 12 f. Vgl. auch Weber, J., Schäffer, U. (1999b), S. 734.

442 Vgl. Weber, J., Schäffer, U. (1999b), S. 734. Aus der Forderung nach einer Begründung durch die Handlungsträgermehrheit ergibt sich, dass nicht die Sicherung einer absoluten Rationalität angestrebt wird. Vgl. Friedl, B. (2003), S. 176.

443 Vgl. Weber, J., Schäffer, U. (1999b), S. 743.

444 Vgl. Weber, J., Schäffer, U. (2001b), S. 152 - 157.

445 Vgl. Weber, J. (1999), S. 466.

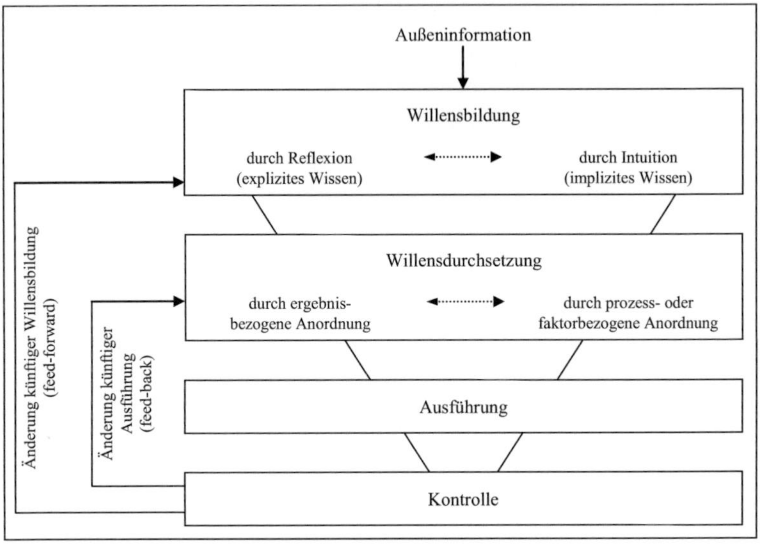

Abbildung 16: Idealtypischer Führungsprozess nach Weber[446]

Hierauf aufbauend arbeiten Weber und Schäffer vier Tätigkeitsschwerpunkte des Controlling heraus:[447]

(1) Im Rahmen der Willensbildung besteht die Aufgabe des Controlling in der Auswahl und Anwendung des richtigen Verfahrens der Willensbildung bzw. der optimalen Methodenkombination. Neueren Erkenntnissen der Philosophie und Psychologie folgend sind hierbei intuitive und reflexive Methoden zu kombinieren.[448]

(2) Die zweite Aufgabe des Controlling besteht in der bedarfsgerechten Bereitstellung des für die Willensbildung bzw. die hierfür herangezogene Methodik notwendigen externen und internen Wissens in Abhängigkeit von der gewählten Methode der Willensbildung. Hierzu zählt neben Methoden- insbesondere auch Faktenwissen.

(3) Als dritte Aufgabe hat das Controlling die Rationalität in Durchsetzung und Kontrolle im Sinne der richtigen Verarbeitung der Durchsetzungs- und Reali-

446 In Anlehnung an Weber, J., Schäffer, U. (1999b), S. 735.

447 Vgl. im Folgenden Weber, J., Schäffer, U. (1999b).

448 Vgl. Weber, J., Schäffer, U. (2001a), S. 76. Demnach sind Reflexion, verstanden als bewusster und der Beobachtung zugänglicher Denkprozess, und Intuition untrennbar verbundene, komplementäre Prozesse der menschlichen Erkenntnisfähigkeit. Vgl. im Überblick Schäffer, U. (1996), S. 95 ff.

sationserfahrungen sicherzustellen. Der Fokus liegt auf dem regelkreisförmigen Zusammenhang von Planung, Abbildung und Kontrolle, um hieraus die notwendigen Schlussfolgerungen für das weitere Vorgehen ableiten zu können. Hierzu sind neben der Durchführung von Abweichungsanalysen auch die der Planung zugrunde liegenden Prämissen zu hinterfragen.

(4) Schließlich hat das Controlling die Rationalität im Zusammenwirken mit anderen Führungshandlungen sicherzustellen. Insbesondere in der Verbindung von Planung, Informationsversorgung und Kontrolle liegt vielfach ein zentraler Engpass rationaler Unternehmensführung. Je stärker das Unternehmen Veränderungen ausgesetzt ist, umso stärker muss zudem die Rationalität in Personalführung und Organisation sichergestellt werden.

Der Schwerpunkt des Controlling innerhalb dieser vier Felder ist engpassorientiert festzulegen. Die Führung im Allgemeinen und das Controlling als Unterstützung im Besonderen haben sich in Analogie zum Ausgleichsgesetz der Planung[449] auf die für die Zielerreichung entscheidenden Bereiche zu fokussieren.[450] Kontextabhängig muss das Controlling somit für ein angemessenes Zusammenspiel von reflexiver und intuitiver Planung sorgen und das Planungs- und Kontrollsystem situationsadäquat gestalten.[451] Auf dieser Basis – insbesondere der in diesem Ansatz erstmals explizit herausgearbeiteten Kontextabhängigkeit des Controlling[452] – gelingt es Weber und Schäffer, sowohl die drei oben genannten Controllingkonzeptionen als auch deren Evolution zu erklären.[453] Auch länderspezifische Unterschiede in der Definition des Controllingbegriffs können nachvollzogen werden,[454] gleiches gilt für die unterschiedlichen Interpretationen des Controllingbegriffs[455] in der Praxis. Durch die Integration von Reflexion und Intuition kommt der Ansatz zudem der zunehmenden Forderung nach einer Integration weicher Faktoren nach.[456] Schließlich basiert diese Konzeption auf dem Modell eines Führungsprozesses, ohne den Fokus allein

449 Vgl. Gutenberg, E. (1983), S. 164.

450 Vgl. Weber, J., Schäffer, U. (1999b), S. 740 ff. Vgl. auch Bauer, M. (2003), S. 121.

451 Vgl. Wall, F. (1999), S. 81 f. Im Gegensatz zu den übrigen genannten Controllingkonzeptionen liegt der rationalitätsorientierten Konzeption folglich kein fest umrissener Problemlösungsansatz zugrunde. Vgl. Friedl, B. (2003), S. 176.

452 Erste Hinweise auf die Kontextabhängigkeit finden sich bei Küpper, H. U., Weber, J., Zünd, A. (1990), S. 286 f.

453 Vgl. Friedl, B. (2003), S. 177; Irrek, W. (2002), S. 48.

454 Vgl. Weber, J., Schäffer, U. (1999b), S. 740 - 742.

455 So konstatiert Anthony: „In practice, people with the title of controller have functions that are, at one extreme, little more than bookkeeping and, at the other extreme, de facto general management." Anthony, R. N. (1965), S. 28.

456 Vgl. stellvertretend Berg, P. (2000); Horváth, P. (2006); Fischer, M. (1996); Schockenhoff, J. (1998).

auf Planung und Kontrolle zu verengen.[457] Mit der Identifikation von Rationalitätsdefiziten der Führung wird dem Controlling schließlich gegenüber anderen Konzeptionen ein weiterer Aufgabenbereich zugeordnet.[458] Da derartige Rationalitätsdefizite und die daraus resultierenden möglichen Führungsfehler zugleich eine spezifische Risikoursache darstellen, zeichnet sich die rationalitätsorientierte Controllingkonzeption durch einen besonders deutlichen Bezug zu dem noch vorzustellenden Risikomanagement aus.[459]

Gleichwohl sieht sich die rationalitätsorientierte Konzeption mit Kritik konfrontiert. Anknüpfungspunkt ist vor allem der von Weber und Schäffer zugrunde gelegte Rationalitätsbegriff, der sich an das Rationalitätsverständnis von Habermas[460] anlehnt,[461] und bei dem das Zustandekommen der politischen Rechtfertigung durch eine Handlungsträgermehrheit insbesondere bei Vorliegen von Interessendivergenzen und kognitiven Begrenzungen unklar ist.[462] Auch bleibe durch die in diesem Rationalitätsbegriff enthaltenen Subjektivitäten der gefundene Controllingbegriff inhaltsleer.[463] Zudem sei Rationalität dem wissenschaftlichen Streben an sich inhärent, und in Verbindung mit der häufig vorzufinden Abgrenzung der Betriebswirtschaftslehre unter Bezugnahme auf den Begriff „Wirtschaften“ als rationales Verfügen über knappe Mittel sei es kaum verwunderlich, dass in sämtlichen Controllingkonzeptionen Rationalitätsengpässe zu finden sind.[464] Da die Rationalitätssicherung auch als Ziel der übrigen Führungsteilsysteme anzusehen ist, ebenso wie sie auch in anderen Wissenschaftsbereichen vorzufinden ist, sei schließlich die Integrationswirkung im Hinblick auf das Controlling nicht trennscharf.[465]

Die rationalitätsorientierte Konzeption stellt die bislang umfassendste Controllingkonzeption dar und beinhaltet die übrigen Konzeptionen in Form spezifischer Rationalitätsengpässe. Aufgrund dieser Offenheit, die Weber und Schäffer darin resümieren, dass „der bisherige Streit um 'die' richtige Controllingdefinition weitgehend ein Scheingefecht“[466] darstelle, sowie der Kritik an rein koordinationsorientierten Controllingkonzeptionen in Bezug auf Unternehmensnetzwerke,[467] soll sie als

---

457 Vgl. Hess, T. (2002), S. 49.
458 Vgl. Weber, J., Schäffer, U., Langenbach, W. (2001).
459 Vgl. Götze, U., Glaser, K., Hinkel, D. (2001), S. 119.
460 Vgl. Habermas, J. (1981a); Habermas, J. (1981b).
461 Vgl. Weber, J., Schäffer, U., Langenbach, W. (2001).
462 Vgl. Irrek, W. (2002), S. 47.
463 Vgl. Irrek, W. (2002), S. 48.
464 Vgl. Pietsch, G., Scherm, E. (2000), S. 400 f.
465 Vgl. Pietsch, G., Scherm, E. (2000), S. 401.
466 Weber, J., Schäffer, U. (1999b), S. 731.
467 Siehe Abschnitt 2.2.2.4.

Grundlage der folgenden Betrachtungen herangezogen werden.[468] Dies gilt umso stärker, als im Kontext von Unternehmensnetzwerken in Abhängigkeit von der spezifischen Netzwerkkonfiguration, der Steuerungsart oder auch der Lebenszyklusphase unterschiedliche Rationalitätsengpässe zu erwarten sind.[469] Da sich hieraus wiederum differierende Risikopositionen ergeben, erscheint eine engpassorientierte Konzeption am ehesten geeignet, um ein umfassendes risikoorientiertes Netzwerkcontrolling zu fundieren.[470]

2.2.4 Controllingsysteme

Die Konkretisierung einer allgemeinen oder speziellen Controllingkonzeption erfolgt innerhalb eines Controllingsystems.[471] Zwar existieren in der Literatur teils unterschiedliche Vorschläge zu den Bestandteilen eines Controllingsystems[472], jedoch können – unter Vernachlässigung terminologischer Abweichungen und weiterer marginaler Differenzen – in Analogie zu den bereits diskutierten Dimensionen einer Controllingkonzeption Ziele (zielbezogene Dimension), Aufgaben (funktionale Dimension), Instrumente (instrumentale Dimension) und Organisation (institutionale Dimension) als Elemente identifiziert werden.[473] In einem Controllingsystem wird somit festgelegt, welche Aufgabenstellungen von welchen Aufgabenträgern zu analysieren sind und welche betriebswirtschaftlichen Instrumente und DV-technischen Werkzeuge verwendet werden.[474] Eine präzise Festlegung von Controllingaufgaben kann vor diesem Hintergrund als Voraussetzung sowohl einer sinnvollen Struktur- und Prozessausgestaltung des Controlling in Form der Controllinginstitution als auch einer Auswahl geeigneter Controllinginstrumente angesehen werden.[475]

---

468 Zur Diskussion der rationalitätsorientierten Controllingkonzeption vor dem Hintergrund von Unternehmenskooperationen im Allgemeinen und Unternehmensnetzwerken im Besonderen vgl. Weber, J. (1999), S. 469 - 472. Zur Anwendung im Kontext von Supply Chains vgl. Otto, A. (2002), S. 41 – 87.

469 Zu Beispielen von Rationalitätsengpässen im Kontext von Unternehmensnetzwerken vgl. Weber, J. (1999), S, 469 - 472.

470 Zum Risikomanagement vor dem Hintergrund der rationalitätsorientierten Controlling-Konzeption vgl. Liekweg, A. (2003).

471 Reichmann, T. (2006), S. 13; Horváth, P., Gleich, R. (2000), S. 103.

472 Vgl. im Überblick Pfohl, H. C., Stölzle, W. (1997), S. 31 - 34.

473 Vgl. Amshoff, B. (1993), S. 248 - 303; Pfohl, H. C., Stölzle, W. (1997), S. 31 - 33 sowie S. 127 - 131; Horváth, P. (2006), S. 132 - 134; Strack, J. (2001), S. 75; Wenninger-Zeman, K. (2003), S. 17 f.

474 Vgl. Horváth, P. (2006), S. 94 f.; Pfohl, H. C., Stölzle, W. (1997), S. 31 - 33 sowie S. 127 - 131. Horváth unterscheidet in diesem Zusammenhang Instrumente in ideele und reale bzw. technische Hilfsmittel. Als ideele Hilfsmittel werden in diesem Verständnis Methoden (Techniken und Verfahren) und Modelle bezeichnet, als technische Hilfsmittel vornehmlich EDV-Softwarelösungen. Vgl. Horváth, P. (2006), S. 134.

475 Vgl. Strack, J. (2001), S. 75.

Der Formulierung konkreter Aufgaben vorgelagert ist die Definition spezifischer Controllingfunktionen. Als primäre Funktionen sind die Informationsfunktion[476] und die Koordinationsfunktion anzusehen. Aus der in den koordinationsorientierten Konzeptionen postulierten primären Controllingfunktion der Koordination des Führungsgesamtsystems[477] können als sekundäre Funktionen die Anpassungs- und Innovationsfunktion, die Zielausrichtungsfunktion sowie die Motivationsfunktion abgeleitet werden.[478] Inhalt der Anpassungs- und Innovationsfunktion ist die „Koordination der Unternehmensführung mit ihrer Umwelt".[479] Hierzu zählt die Beobachtung des Marktgeschehens ebenso wie die Entwicklung und Implementierung geeigneter Reaktionsmaßnahmen.[480] Die Sicherstellung der Abstimmung von allen am Wertschöpfungsprozess Beteiligten hinsichtlich des Zielsystems der Unternehmung bildet den Schwerpunkt der Zielausrichtungsfunktion.[481] Aus den Interdependenzen von Organisation, Informationssystem, Planung und Kontrolle lassen sich als Bestandteil des Personalführungssystems schließlich Grundlagen und Ausprägungen von Anreizsystemen ableiten, worauf die Motivationsfunktion des Controlling fußt.[482]

Controllingaufgaben umfassen alle Aktivitäten zur Realisierung der Controlling-Ziele und beziehen sich direkt auf die Controllingfunktionen.[483] Durch die Beschreibung des anzustrebenden Zustands sowie die Definition einer Ablauffolge verfeinern sie die Controllingziele und konkretisieren die Controllingfunktionen.[484] In Analogie zu den operativen und strategischen Zielsetzungen der Unternehmung lassen sich

---

476 Die Informationsfunktion wird als „Koordination zwischen Planung, Kontrolle und Informationsversorgung" in koordinationsorientierten Ansätzen auch als sekundäre Funktion interpretiert. Vgl. Küpper, H. U., Weber, J., Zünd, A. (1990), S. 283 f. Vgl. auch Koch, H. D. (1997), S. 306. Küpper beschreibt die Informationsfunktion sogar lediglich als Teil der sekundären Servicefunktion. Vgl. Küpper, H. U. (2005), S. 34 f. Jedoch sind Informationen sowohl als Grundlage von Planung und Kontrolle als auch als Ausgangspunkt von Führungsentscheidungen anzusehen (vgl. Schildbach, T. (1999), S. 71 f.), so dass zumindest Küppers Einordnung die Informationsfunktion unterbewerten dürfte.

477 Vgl. Küpper, H. U., Weber, J., Zünd, A. (1990), S. 283.

478 Vgl. Küpper, H. U. (2005), S. 32 - 35; Weber, J., Schäffer, U. (2000), S. 11 ff.

479 Küpper, H. U. (2005), S. 33.

480 Vgl. Horváth, P. (2006), S. 134 f.

481 Vgl. Küpper, H. U. (2005), S. 33 f.

482 Vgl. Wenninger-Zeman, K. (2003), S. 24.

483 Im konkreten Anwendungsfall ist eine Unterscheidung zwischen Zielen und Aufgaben des Controlling oftmals schwierig, da sich spezifische Abgrenzungskriterien nicht allgemeingültig festlegen lassen. Somit besteht das auch von der normalen Aufgabenzerlegung her bekannte Problem der Abgrenzung von Aggregationsniveaus. Vgl. Hess, T. (2002), S. 51.

484 Vgl. Pfohl, H. C., Stölzle, W. (1997), S. 36; Hess, T., Schumann, M. (2002), S. 50.

operative und strategische[485] Controllingaufgaben unterscheiden.[486] Innerhalb eines operativen, erfolgsorientierten Controlling[487] wird mit detaillierten, spezifischen Zielvorgaben für einen begrenzten Zeithorizont gearbeitet, das Unternehmensumfeld wird als exogen gegeben angesehen.[488] Im strategischen, erfolgspotenzialorientierten Controlling hingegen wird mit generellen Zielformulierungen eher qualitativer Art gearbeitet; das Unternehmensumfeld wird explizit in Frage gestellt und problematisiert.[489] Durch die Unterstützung der Führung bei Strategieentwicklung und -vollzug tritt der planerische Aspekt des Controlling in den Vordergrund.[490] Nach Maßgabe der Form der Koordination und Informationsversorgung lassen sich Aufgaben zudem in prozessunterstützende und systemgestaltende Aufgaben unterscheiden.[491] Bei prozessunterstützenden Aufgaben sprechen die Führungs- bzw. Managementsubsysteme die Realisationshandlungen der Leistungsebene an, wohingegen die systemgestaltenden Aufgaben die Ausdifferenzierung der Managementsubsysteme beinhalten.[492]

Eine konkrete Abfolge von Schritten, die zur Erreichung der definierten Aufgaben und damit auch der zugrunde liegenden Controlling-Ziele zu unternehmen sind, wird schließlich durch Instrumente beschrieben. Unter Controllinginstrumenten sind somit „alle methodischen Hilfsmittel, die zur Erfüllung von Controllingaufgaben herangezogen werden können“[493] zu verstehen.[494] Folgt man der Unterscheidung der

---

485 Der Begriff des „Strategischen Controlling“ entstand gegen Ende der 1970er Jahre und wurde wohl erstmalig von Mann verwendet. Vgl. Mann, R. (1976); Mann, R. (1978); Mann, R. (1979); Mann, R. (1983); Mann, R. (1990). Vgl. auch Horváth, P. (1981); Naumann, C. (1982); Böcker, F. (1985); Coenenberg, A. G., Baum, H. G. (1987); Serfling, K. (1992). Die Frage, ob sich das Controlling überhaupt mit strategischen Zielsetzungen auseinandersetzen sollte, wurde in der Literatur zeitweilig kontrovers diskutiert. Vgl. Pfohl, H. C., Zettelmeyer, B. (1987).

486 Vgl. Horváth, P., Gleich, R. (2000), S. 104; Strack, J. (2001), S. 75.

487 Vgl. Kraus, H. (1990), S. 123 f.

488 Vgl. Küpper, H. U., Weber, J., Zünd, A. (1990), S. 284 f.; Pfohl, H. C., Stölzle, W. (1997), S. 30.

489 Vgl. Küpper, H. U., Weber, J., Zünd, A. (1990),S. 285.

490 Vgl. Strack, J. (2001), S. 76.

491 Vgl. Schweitzer, M., Friedl, B. (1992), S. 154 - 157. Eine Untergliederung der Koordinationsfunktion in systembildende und systemkoppelnde Aufgaben hingegen, wie sie etwa von Horváth vertreten wird (vgl. Horváth, P., Gleich, R. (2000), S. 104), dient zwar der Strukturierung, vermittelt jedoch keine ausreichende Aussage über die Inhalte der Controllingaufgaben und deren Differenzierung. Vgl. Pfohl, H. C., Stölzle, W. (1997), S. 38.

492 Vgl. Pfohl, H. C., Stölzle, W. (1997), S. 38.

493 Horváth, P. (1993), Sp. 670.

koordinationsorientierten Konzeption in Koordination innerhalb und Koordination zwischen den Führungsteilsystemen der Unternehmung, so können isolierte und übergreifende Teilsysteme unterschieden werden.[495] Isolierte Koordinationsinstrumente greifen auf Variablen lediglich eines Führungsteilsystems zurück.[496] Übergreifende Koordinationsinstrumente hingegen verbinden Variablen mehrerer Führungsteilsysteme und können somit keinem spezifischen Führungsteilsystem zugeordnet werden.[497] Der Einsatz von Controllinginstrumenten kann durch DV-gestützte Werkzeuge im Sinne von IuK-Systemen unterstützt werden. Diese werden in einigen Veröffentlichungen als weiteres, eigenständiges Element von Controllingsystemen angesehen.[498] Das Spektrum an Controlling-Werkzeugen reicht von der einfachen Verwaltung von Datenbeständen bis hin zu Algorithmen zur Lösung komplexer Optimierungsaufgaben.[499]

Aus organisationaler Sicht schließlich ist in einem Controllingsystem festzulegen, welche organisatorischen Einheiten bzw. Stellen für die Wahrnehmung von Controllingaufgaben verantwortlich sind und wie diese Stellen in eine spezifische Organisationsstruktur mit ihren sämtlichen Dimensionen einzubinden sind.[500] Bei diesen Aufgabenträgern kann es sich um spezialisierte Einheiten in Form von Controlling-

---

494 Die Abgrenzung zwischen Führungsinstrumenten und Controllinginstrumenten ist in der Literatur teilweise strittig. Dies gipfelt in der Fragestellung, ob Controllinginstrumente nicht typischerweise „alter Wein in neuen Schläuchen" seien. Am Beispiel der Kosten- und Leistungsrechnung, die oftmals als typisches Controllinginstrument dargestellt wird, wirft Küpper die Frage auf, inwieweit Controlling etwas anderes als ein führungsorientiertes Rechnungswesen sei und fordert eine Beschränkung allein auf Koordinationsinstrumente. Die Mehrzahl der isolierten Instrumente sei hingegen für die Steuerung des Leistungssystems per se entwickelt worden und diene nur in mittelbarer Funktion dem Controlling. Vgl. Küpper, H. U. (2005), S. 39 f. Vgl. auch Stahl, H. W. (1999); Legenhausen, C. (1998), S. 24 ff. Schäffer und Steiners hingegen definieren Controllinginstrumente allein vom Nutzungszweck ausgehend, so dass ein Instrument nicht qua status nascendi als Controllinginstrument einzuordnen ist. Vielmehr zeichnet ein Controllinginstrument die Nutzung mit dem Ziel der Informationsversorgung, der Koordination oder der Sicherstellung rationaler Führung aus. Dementsprechend kann das Controlling sowohl auf etablierte Instrumente der Betriebswirtschaftslehre und anderer Disziplinen zurückgreifen als auch darüber hinaus eigene Instrumente entwickeln. Vgl. Schäffer, U., Steiners, D. (2005), S. 118 f.

495 Vgl. Küpper, H. U. (2005), S. 40.

496 Vgl. Küpper, H. U. (2005), S. 41 - 43.

497 Küpper bezeichnet übergreifende Controllinginstrumente im Gegensatz zu isolierten Instrumenten auch als „originäre und charakteristische Controllinginstrumente, [da mit ihnen (Anm. d. Verf.)] eine Koordination der Führung und daher eine umfassende Steuerung der Unternehmung erreicht" werde (Küpper, H. U. (2005), S. 40). Vgl auch Hofmann, C. (2001), S. 5 ff.

498 Vgl. Amshoff, B. (1993), S. 248 - 303; Steinle, C., Kirschbaum, J., Kirschbaum, V. (1994), S. 17; Hess, T., Schumann, M. (2002), S. 51. Horváth unterscheidet analog in ideelle Instrumente (Techniken, Verfahren und Modelle) und technische Instrumente (EDV-Softwarelösungen). Vgl. Horváth, P., Gleich, R. (2000), S. 106.

499 Vgl. Hess, T. (2002), S. 51.

500 Vgl. Hahn, D. (1993), S. 467; Wenninger-Zeman, K. (2003), S. 18.

Abteilungen, um das Management oder auch um andere Einheiten wie etwa das Rechnungswesen handeln.[501]

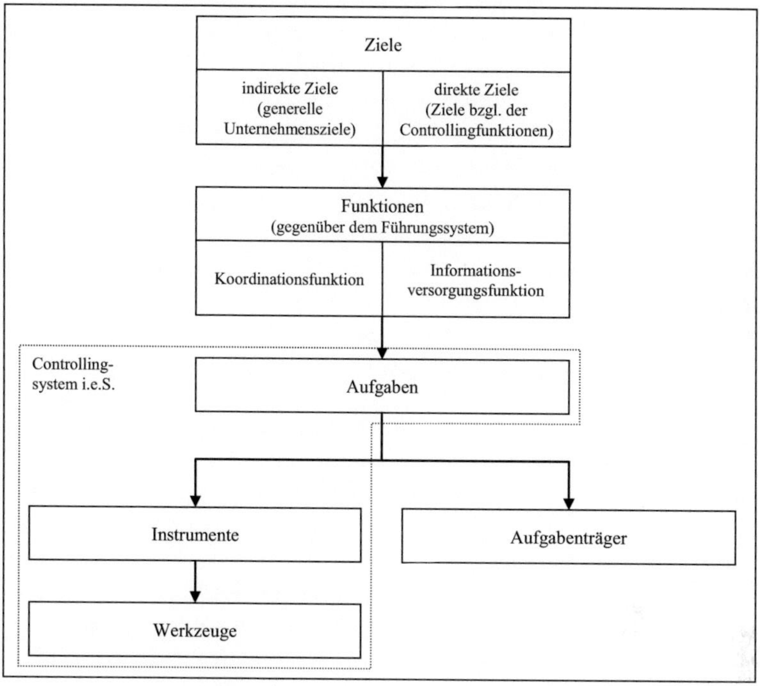

Abbildung 17: Bestandteile eines Controllingsystems[502]

Die nachfolgenden Ausführungen fokussieren Ziele und Aufgaben eines risikoorientierten Netzwerkcontrolling, um darauf aufbauend auf einer konzeptionellen Ebene geeignete Instrumente zu entwickeln. Aus konzeptioneller Sicht werden auf diesem Wege die zentralen Bestandteile eines Controllingsystems diskutiert.[503] Die Umsetzung der Instrumente in DV-Tools sowie organisatorische Aspekte sollen nicht weiter betrachtet werden.

501 Vgl. Hess, T. (2002), S. 50.
502 Eigene Abbildung in Anlehnung an Pfohl, H. C., Stölzle, W. (1997), S. 33; Hess, T. (2002), S. 51.
503 Vgl. Pfohl, H. C., Stölzle, W. (1997), S. 31 – 33.

2.2.5 Wertorientiertes Controlling

In Wissenschaft und Praxis wurde eine kaum noch überschaubare Zahl von Controllinginstrumenten entwickelt. Eine zentrale Rolle nehmen dabei Instrumente ein, die im Schwerpunkt der Informationsversorgung[504] zuzurechnen sind, wobei Kostenrechnung, Investitionsrechnung und Kennzahlensysteme von besonderer Bedeutung sind.[505] Mit der zunehmenden Relevanz des Konzerns als Organisationsform und der Annäherung von internem und externem Rechnungswesen[506] hat in den letzten Jahren zudem auch das externe Rechnungswesen an Bedeutung für das Controlling gewonnen.[507] Standen in den vergangenen Jahren beispielsweise das Konzern- und Beteiligungscontrolling,[508] das Target Costing,[509] das Prozesscontrolling[510] oder auch das Performance Measurement[511] im Mittelpunkt der Controlling-Diskussion, so ist mit Bezug auf die aktuelle Diskussion und mit Bezug auf Unternehmensnetzwerke insbesondere das wertorientierte Controlling zu nennen.[512]

Die Grundgedanken der wertorientierten Unternehmensführung und des Shareholder-Value-Ansatzes[513] gehen zurück auf die Arbeiten Rappaports aus dem Jahre 1986.[514] Oberstes Ziel der wertorientierten Unternehmensführung ist es, den Wert des Unternehmens für die Anteilseigner im Sinne der ihnen zufließenden Zahlungen zu maximieren.[515] Bei dem Shareholder-Value handelt es sich um den Barwert der zukünftigen und den Eigentümern zustehenden freien Zahlungsüberschüsse (Cash Flows).[516] Auch wenn die Grundlagen der wertorientierten Unternehmensführung schon lange zuvor im Rahmen der Unternehmensbewertung und der Investitionsrechnung disku-

---

504 Sämtliche Instrumente der Informationsversorgung lassen sich für Planungs- und Kontrollzwecke verwenden. Darüber hinaus wurde in den 1970er und 1980er Jahren im Bereich der Planung eine Vielzahl originärer Instrumente entwickelt. Für einen an den Phasen eines idealtypischen Planungsprozesses orientierten Überblick siehe Wall, F. (1999), S. 138 - 139. Im Bereich der Kontrolle ist das Spektrum originärer Instrumente vergleichsweise enger gefasst, hingewiesen sei in diesem Zusammenhang auf Verfahren zur Prämissenkontrolle, zur ABC-Analyse oder auch zum Zeit- und Branchenvergleich. Vgl. Wall, F. (1999), S. 198 - 222.

505 Vgl. Amshoff, B. (1993), S. 325; Hahn, D. (1997), S. 41 - 46. Für Darstellungen entsprechender, weitestgehend standardisierter und weit verbreiteter Instrumente vgl. stellvertretend im Überblick Schweitzer, M., Küpper, H. U. (2003); Perridon, L., Steiner, M. (1997); Reichmann, T. (2006); Bausch, A., Kaufmann, L. (2000).

506 Vgl. Reiners, F. (2001).

507 Vgl. Hess, T. (2002), S. 52.

508 Vgl. Kleinschnittger, U. (1993).

509 Vgl. Seidenschwarz, W. (1993); Horváth, P. (2001).

510 Vgl. Brede, H. (1998); Horváth, P. (2001).

511 Vgl. Klingebiel, N. (1997), Gleich, R. (2001); Günther, T., Grüning, M. (2001).

512 Vgl. Horváth, P. (1998); Horváth, P. (2006); Weber, J. (1999); Hahn, D. (1998).

513 Wertorientierte Unternehmenssteuerung und Shareholder Value-Ansatz sind Synonyme. Vgl. Bärtl, O. (2001), S. 15.

514 Vgl. Rappaport, A. (1986).

515 Vgl. Rappaport, A. (1986), S. 1; Bischoff, J. (1994), S. 4; Busse von Colbe, W. (1997), S. 272 f.

516 Vgl. Rappaport, A. (1986), S. 50 f.; Günther, T. (1997), S. 97.

tiert und eingesetzt wurden, so ist dieses Konzept bis Mitte der 1980er Jahre nicht zur Steuerung einzelner Unternehmensteile oder ganzer Unternehmen angewendet worden.[517]

Das Shareholder-Value-Konzept ist breit angelegt und umfasst eine ganze Reihe unterschiedlicher Ansätze.[518] Während zunächst der Einsatz zur externen Beurteilung dominierte, so wird die wertorientierte Betrachtung in den letzten Jahren auch auf das Controlling übertragen. Zu den wichtigsten Anwendungsfeldern im Controlling zählen die Unterstützung der Strategieplanung durch die Quantifizierung von Strategien sowie die strategische Kontrolle. Übergreifend stellt sich die Frage nach der Bestimmung des Unternehmenswerts bzw. nach der Ermittlung wertorientierter Kennzahlen.[519] Zumeist basierend auf dem Grundkonzept Rappaports wurden zu diesem Zweck zahlreiche Vorschläge in Wissenschaft und Unternehmenspraxis entwickelt. Sie unterscheiden sich vor allem im Hinblick auf die Herkunft der Datenbasis (Cash Flows oder Gewinngrößen) sowie den Inhalt der Kennzahl (Rentabilitätskennzahl oder absoluter Wertbeitrag).

Die Mehrzahl der Shareholder-Value-Konzepte basiert auf der DCF-Methodik und damit auf einer Kapitalwertmethode.[520] Demnach entspricht der Shareholder-Value dem Barwert der zum Kapitalkostensatz diskontierten und den Anteilseignern des Unternehmens zustehenden frei entnehmbaren Zahlungsüberschüsse (Free Cash Flows[521]).[522] Die Kapitalkosten setzen sich aus den Kosten für das Eigenkapital und das Fremdkapital, die entsprechend der Kapitalstruktur zu gewichten sind, zusammen und werden entsprechend als Weighted Average Cost of Capital (WACC) bezeichnet. Die Eigenkapitalkosten entsprechen den Renditeerwartungen des Investors und werden mit dem Capital Asset Pricing-Model angenähert. Die Fremdkapitalkosten

---

517 Vgl. Busse von Colbe, W. (1997), S. 274; Volkart, R. (1998), S. 31.

518 Vgl. zusammenfassend Spremann, K. (1996), S. 462. Demnach beinhaltet der Shareholder-Value-Ansatz die normative Aussage, dass das Management den Wert des Eigenkapitals zu maximieren hat. Vgl. Schüler, A. (1997), S. 1; Volkart, R. (1998), S. 27; Franke, G., Hax, H. (2004), S. 4 f. Auch bietet er eine Methode zur Beurteilung der Vorteilhaftigkeit unternehmerischer Maßnahmen, speziell im Rahmen der Investitionsrechnung. Vgl. Busse von Colbe, W. (1997), S. 273; Drukarczyk, J. (1997), S. 218; Copeland, T., Koller, T., Murrin, J. (2000), S. 64. Darüber hinaus können die Verfahren der kapitalmarktorientierten, dynamischen Investitionsrechnung auch zur Bewertung von ganzen Unternehmen oder einzelner Unternehmensteile angewandt werden. Vgl. Rappaport, A. (1983), S. 141; Copeland, T., Koller, T., Murrin, J. (2000), S. 64. Schließlich lässt sich die Performance des Unternehmens oder einzelner Unternehmensteile messen. Vgl. Rappaport, A. (1999), S. 209.

519 Vgl. Ewert, R., Wagenhofer, A. (2000), S. 4.

520 Vgl. stellvertretend Rappaport, A. (1986), S. 50 ff.

521 Die freien Cash-Flows stellen „jenes Zahlungspotential, das zur Deckung der Ansprüche von Gläubigern und Eigentümern verwendet werden kann" dar. Günther, T. (1997), S. 105.

522 Vgl. Rappaport, A. (1986); Günther, T. (1997), S. 97.

werden durch Rückgriff auf die vertraglich fixierten Kapitalkosten ermittelt. Die Berechnung des Shareholder Value erfolgt nach folgender Formel:[523]

$$Shareholder\ Value = \sum_{t=1}^{n} \frac{Free\ Cash\ Flow_t}{(1+WACC)^t}$$

Neben den DCF-basierten Verfahren hat das Konzept des Economic Value Added[524] zwischenzeitlich weite Verbreitung gefunden.[525] Es handelt sich hierbei um eine Variante des schon seit längerem bekannten Konzepts des Residualgewinns.[526] Ausgangspunkt ist die Überlegung, dass nur dann Unternehmenswert geschaffen werden kann, wenn ein über die Kapitalkosten hinausgehender Gewinn erwirtschaftet wird. Entsprechend ergibt sich der EVA als Differenz des Net Operating Profit after Taxes (NOPAT) und den kalkulatorischen Kapitalkosten auf das zu Periodenbeginn[527] gebundene Kapital berechnet als Buchwert des Sachanlage- und des Umlaufvermögens abzüglich der nominalen Verbindlichkeiten. Die „Capital-Charge"-Formel des EVA lautet:[528]

$$EVA = NOPAT - (Kapitalkostensatz \cdot Investiertes\ Kapital)$$

Durch Umstellung erhält man die „Value-Spread"-Formel:

$$EVA = (Vermögensrendite - Kapitalkostensatz) \cdot Investiertes\ Kapital$$

Beide Verfahren verfügen über spezifische Vor- und Nachteile.[529] Nur die DCF-basierten Verfahren erfüllen in letzter Konsequenz die Anforderungen an eine kapitaltheoretisch orientierte Vermögensermittlung. Jedoch ist die Ermittlung von Zahlungsreihen und Kapitalkostensätzen mit hohen Kosten und hoher Unsicherheit verbunden, so dass DCF-Verfahren regelmäßig im Rahmen der Strategieplanung und weniger als Instrument kontinuierlicher Kontrolle eingesetzt werden. Zu diesem Zweck kommen vielmehr EVA-basierte Verfahren zum Einsatz. Deren Vorteil liegt

---

523 Vgl. Drukarczyk, J. (2001), S. 207

524 Der EVA wurde von der amerikanischen Unternehmensberatung Stern Stewart & Co. entwickelt und ist ein eingetragenes Warenzeichen. Vgl. Stewart, B. (1991).

525 Verschiedene empirische Erhebungen weisen den EVA als die am weitesten verbreitete wertorientierte Kennzahl in DAX, MADX und TecDAX-Unternehmen aus. Vgl. stellvertretend Afra, S., Aders, C. (2000); Aders, C., Hebertinger, M. (2003); Homburg, C., Toksal, A., Gödde, D. (2004).

526 Vgl. Hostettler, S. (1998), S. 38; Küting, K., Eidel, U. (1999), S. 830.

527 Bei starken Schwankungen des eingesetzten Kapitals kann alternativ der Periodendurchschnitt herangezogen werden. Vgl. Böcking, H.-J., Nowak, K. (1999), S. 284.

528 Vgl. Stewart, B. (1991), S. 136 f.; Hostettler, S. (1998), S. 45 f.

529 Vgl. im Folgenden Hoffmann, W., Wüest, G. (1998); Pfaff, D., Bärtl, O. (1999); Ballwieser, W. (2000).

in der Anbindung an bilanzielle Größen, wobei eine derartige Approximation mit signifikanten Ungenauigkeiten behaftet ist. Auch wird der Ansatz der wertorientierten Unternehmensführung vielfach grundlegend kritisiert.[530] Angeführt werden zumeist die alleinige Fokussierung auf die Anteilseigner als Anspruchsgruppe, die unvollständige Betrachtung des Vermögens (etwa durch Vernachlässigung des Goodwill), die Unsicherheiten bei der Bestimmung von Kapitalkostensätzen wie auch das Risiko einer zu engen Kopplung an den Kapitalmarkt mit seinen kurzfristigen Schwankungen.

	Wertbeitrag	**Rentabilität**
Gewinn	Economic Value Added (EVA)	Return on Investment (ROI) Return on Capital Employed (ROCE)
Cash Flow	Discounted Cash Flow (DCF) Cash Value Added (CVA)	Cash Flow Return on Investment (CFROI)

Abbildung 18: Systematisierung ausgewählter wertorientierter Kennzahlen[531]

Ungeachtet der genannten Kritikpunkte findet die wertorientierte Unternehmensführung und damit auch das wertorientierte Controlling in der Literatur wie auch der unternehmerischen Praxis derzeit starke Beachtung. Eine Übertragung des Konzepts in den Kontext von Unternehmensnetzwerken wird insbesondere im Bereich des Erfolgsmanagements gefordert. Auch wird beispielsweise eine Anwendung der auf dem DCF-Gedanken beruhenden Wertsteigerungsanalyse zur Bewertung von Netzwerken vorgeschlagen.[532]

---

530 Vgl. Knorren, N., Weber, J. (1997); Ballwieser, W. (2000).

531 Eigene Darstellung in Anlehnung an Ewert, R., Wagenhofer, A. (2000), S. 7. In der Literatur bestehen unterschiedliche Auffassungen darüber, welche Verfahren tatsächliche als wertorientierte Kennzahlen einzuordnen sind. Konzepte wie der ROI, der ROE oder der ROCE gehören nach allgemeinem Verständnis nicht zu den Shareholder Value-Kennzahlen im eigentlichen Sinne, da sie isolierte Renditeziffern darstellen und keine Kapitalkosten einbeziehen. Vgl. Aders, C., Hebertinger, M. (2003), S. 13. Lorson zählt zu den Shareholder Value-Verfahren lediglich die DCF-Verfahren, den EVA und den CFROI. Vgl. Lorson, P. (2004), S. 119. Vgl. auch Weber, J., Bramsemann, U. et al. (2002), S. 8; Perridon, L., Steiner, M. (2004), S. 16.

532 Vgl. Michel, U. (1996); Thiemann, J. (2004).

2.3 Stand der Forschung zum Controlling in Unternehmensnetzwerken

Wie dargestellt sind Unternehmensnetzwerke und Controlling zwei Bereiche der betriebswirtschaftlichen Forschung, die schon seit Längerem intensiv bearbeitet werden. Gleichwohl sind in der Literatur bislang zum Netzwerkcontrolling nur wenige Ansätze beschrieben. Die Beiträge greifen teilweise unterschiedliche Untersuchungsaspekte auf und beziehen sich häufig nur auf bestimmte Elemente eines Controllingsystems (z. B. Instrumente), auf bestimmte Netzwerktypen (z. B. Virtuelle Unternehmen) oder auf bestimmte Branchen (z. B. Logistiknetzwerke).[533] Dabei unterscheiden sich die vorliegenden Ansätze sowohl in den zugrunde liegenden Controllingkonzeptionen als auch in der konkreten Ausgestaltung der Controllingsysteme.

2.3.1 Synopse bestehender Ansätze

Um den Stand der Forschung zu verdeutlichen, werden im Folgenden die Ansätze von Hippe, Kraege, Ries und insbesondere Hess eingehend dargestellt. Die Beschreibungen gehen einheitlich zunächst auf die unterstellten Rahmenbedingungen sowie anschließend auf die Elemente der diskutierten Controllingsysteme ein. Weitere Ansätze von Scholz, Sachenbacher, Strack und Wenninger-Zeman werden knapp erläutert, um ein umfassendes Bild des Standes der Forschung zu vermitteln.[534]

2.3.1.1 Der Ansatz von Hippe

Hippe[535] beschreibt Netzwerkcontrolling als Unterstützungsfunktion der Unternehmens- und Netzwerkleitung. Den Fokus seiner als theoretisch-induktiv einzuordnenden Arbeit legt er auf strategische Netzwerke, da seiner Auffassung nach Stabilität und Ordnung der Netzwerkbeziehungen für ein Controllingsystem zur Unterstützung des Netzwerkmanagements unbedingt erforderlich sind. Diese Voraussetzungen sieht Hippe in instabilen und polyzentrischen Netzwerken nicht gegeben. Die Ausgangs-

---

533 Vgl. Hess, T. (2002), S. 66; Wenninger-Zeman, K. (2003), S. 7 - 9; Strack, J. (2001), S. 5 f.; Drews, H. (2001), S. 4 ff.

534 Als weitere themenspezifische Beiträge können beispielsweise Albe, F. (1996), Eickhoff, M. (1998), Schweier, H., Stüllenberg, F. (2000) Lange, C., Schaefer, S., Daldrup, H. (2001) oder auch Reuter, B. (2004) genannt werden. Weitere themenverwandte Beiträge finden sich beispielsweise bei Eichenseher, E. (1997); Wall, F. (2000b); Sachenbacher, C. (2000); Wall, F. (2002b).

535 Vgl. im Folgenden Hippe, A. (1997). Vgl. auch Hippe, A. (1996).

basis für die Untersuchung von Unternehmensnetzwerken bildet der Netzwerkansatz. Dieser kann unter den Systemansatz subsumiert werden, legt seinen Schwerpunkt jedoch auf die Ausgestaltung der Interdependenzen bzw. der Interaktionen zwischen den Elementen eines Systems. Die Interaktionsbeziehungen in Netzwerken sind nach Hippe durch Kooperation und Konkurrenz gekennzeichnet, die wiederum die gesamten informationellen, transformationellen und sozialen Austauschprozesse und die durch sie hervorgerufenen Interdependenzen prägen.

Hippe unterscheidet bei der Analyse der beschriebenen Interdependenzen in strategischen Netzwerken zwischen der Mikroebene der Partnerunternehmen und der Makroebene des Gesamtnetzwerks. Auf der Makroebene nimmt Hippe zudem sowohl eine interne als auch eine externe Sichtweise ein. Als Kernaufgabe des Netzwerkcontrollings wird die bedarfsgerechte Informationsbeschaffung und -bereitstellung bezogen auf die Netzwerkziele und die korrespondierenden Entscheidungsprobleme unter Berücksichtigung der Ziele der Mikroebene abgeleitet.[536] Als Funktion des Netzwerkcontrolling sieht Hippe die systembildende und systemkoppelnde Koordination und Integration von Makro- und Mikroebene bezüglich der individuellen strategischen Ziele und Aktivitäten an. Im Rahmen der systembildenden Koordination obliegt dem Netzwerkcontrolling die Gestaltung von Planungs- und Kontrollsystemen, Informations- und Steuerungssystemen, Koordinationsorganen sowie Instrumentarien zur Abbildung von Strategien und Zielen. Hieraus leitet Hippe als zentrale Controllingaufgaben der Makroebene die Koordination bzgl. der Schaffung von Systemschnittstellen, der Kompatibilität beim Datenaustausch und der Ausrichtung der Systeme der Mikroebene auf die netzwerkbezogenen Wertschöpfungsprozesse ab.[537]

Hippe unterscheidet zur Strukturierung hinsichtlich ihrer Funktionen und Ziele informationsgenerierende, informationsstrukturierende und informationsflussorientierte Instrumente des Netzwerkcontrolling (vgl. Abbildung 19). Jedes Instrument sollte dabei Unternehmensgrenzen überschreiten und den Fortgang kollektiver Strategien abbilden können, zwischen Teilsystemen verschiedener Ebenen und Partner kompatibel sein, individuelle Informationen schützen und zurückhalten sowie flexibel bei organisationaler Veränderung sein. Hippe beschränkt sich bei seinen Ausführungen zu Controllinginstrumenten auf eine eher allgemein gehaltene Diskussion. Genauere Beschreibungen bis hin zu detaillierten Konzeptionen finden sich in seinen Ausführungen nicht.

---

[536] Vgl. Hess, T. (2002), S. 71.

[537] Vgl. Wenninger-Zeman, K. (2003), S. 7; Hess, T. (2002), S. 70 – 74.

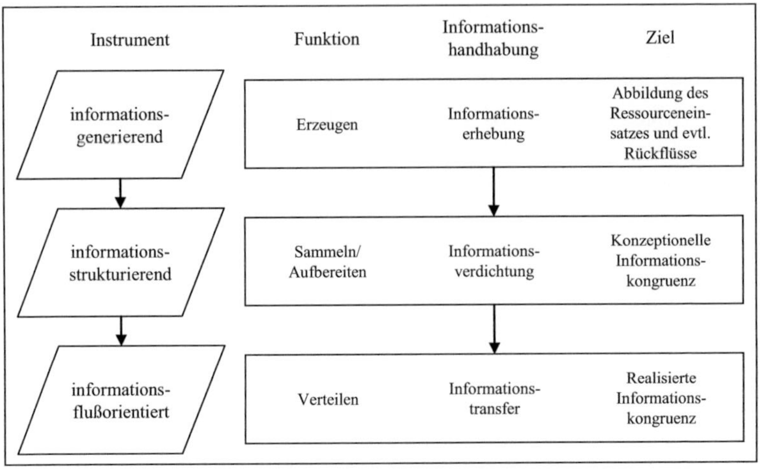

Abbildung 19: Instrumentenebenen im strategischen Netzwerkcontrolling nach Hippe[538]

Als informationsgenerierende Instrumente schlägt Hippe beispielsweise Kompetenzportfolios und lebenszyklusorientierte Instrumente vor, führt diese jedoch nicht weiter aus. Zur Messung der Strategieumsetzung wird die Ableitung von Meilensteinen anhand dualer Indikatoren empfohlen. Diese sollen kurzfristige und langfristige Ziele beispielsweise mittels simultaner Betrachtung kurzfristiger Rentabilitäten und langfristiger Wertsteigerungskennzahlen integrieren. Alternativ kann ein Indikator herangezogen werden, der beides berücksichtigt. Hierfür empfiehlt Hippe einen in einen strategischen und einen operativen Teil zerlegten Cash Flow. In den operativen Cash Flow gehen ausschließlich Ein- und Auszahlungselemente ein, die in unmittelbarem Zusammenhang mit laufenden Aktivitäten stehen. Der strategische Cash Flow beinhaltet hingegen solche Mittel, deren Verwendung zum Aufbau und der langfristigen Sicherung von Wettbewerbsposition und Kompetenzen des Netzwerks dient. Das duale Konzept erweiternd wird anschließend das Instrument des Cooperative Scoreboard und damit eine der ersten Adaptionen der Balanced Scorecard für Unternehmensnetzwerke vorgestellt. Dem Ursprungskonzept von Kaplan und Norton folgend postuliert Hippe verschiedene, durch Ursache-Wirkungsbeziehungen verknüpfte Perspektiven, innerhalb derer finanzielle Kennzahlen um nichtfinanzielle Kennzahlen erweitert werden sollen. Darüber hinaus sind strategische Zielsetzungen auf die operative Ebene herunterzubrechen. Bei intensiven Neztwerkbeziehungen empfiehlt Hippe das Einrichten eines virtuellen Rechnungswesens. Dieses soll bei räumlicher und zeitlicher Verteilung sämtliche im Netzwerk anfallenden Geld- und

538 Vgl. Hippe, A. (1997), S. 218.

Leistungsströme abbilden und überwachen. Schließlich diskutiert Hippe Einsatzmöglichkeiten des Shareholder-Value-Ansatzes in strategischen Netzwerken.

Auf informationsstrukturierender Ebene steht das Berichtswesen im Vordergrund der Betrachtungen. Dieses soll auf Basis kongruenter Informationen die netzwerkinternen Entscheidungsträger bei der Steuerung unter strategischen Gesichtspunkten unterstützen und hierfür Dokumentations-, Analyse- und Kontrollfunktionen übernehmen.

2.3.1.2 Der Ansatz von Kraege

Das Ziel Kraeges ebenfalls theoretisch-deduktiver Arbeit[539] ist die Erstellung einer theoriebasierten und zugleich handlungsorientierten Controllingkonzeption für strategische Unternehmenskooperationen aus wert- und potenzialorientierter Sichtweise. Auch werden konkrete Empfehlungen von Controllinginstrumenten in den einzelnen Phasen des Kooperationsmanagements von der Initiierung bis zur Auflösung erarbeitet. Den theoretischen Bezugsrahmen der Ausführungen bildet das strategische Management.

Kraege sieht strategische Kooperationen als Zusammenarbeit wirtschaftlich und rechtlich selbständiger Unternehmen, die durch explizite Vereinbarungen über einfache und einmalige Transaktionen hinausgeht. Aus elementaren Merkmalen, wie z. B. Zeithorizont und Rechtsstruktur, leitet Kraege die drei Grundtypen der strategischen Allianzen, der Joint-Ventures und der strategischen Wertschöpfungspartnerschaften ab. [540] Hierbei handelt es sich lediglich bei strategischen Wertschöpfungspartnerschaften um Unternehmensnetzwerke, so dass Kraeges Ausführungen sehr weit gefasst und nicht speziell auf Unternehmensnetzwerke ausgerichtet sind.

Dem Grundgedanken der wertorientierten Unternehmensführung folgend orientiert sich Kraege am Shareholder-Value-Ansatz, erweitert diesen jedoch um eine potenzialorientierte Sichtweise, um neben der Beurteilung von finanzwirtschaftlich orientierten Strategien der Nutzung bestehender Erfolgspotenziale auch die Planung und Bewertung von Strategien zum Aufbau von Erfolgspotenzialen und Kernkompetenzen[541] zu unterstützen. Diese können in einer längerfristigen Betrachtung zur Unternehmensentwicklung genutzt werden. Durch ein wert- und potenzialorientiertes strategisches Management will Kraege neben den kurzfristigen auch die langfristigen

---

539 Vgl. im Folgenden Kraege, R. (1997); Steinle, C., Kraege, R. (1998).
540 Vgl. Kraege, R. (1997), S. 69 f.
541 Zum Begriff der Kernkompetenz vgl. Rasche, C. (1993).

Wirkungen einer Kooperation auf die Ziele der Stakeholder herausstellen und ein zukunftsorientiertes Controllingverständnis schaffen. Diese Zusammenhänge werden in Abbildung 20 hervorgehoben.

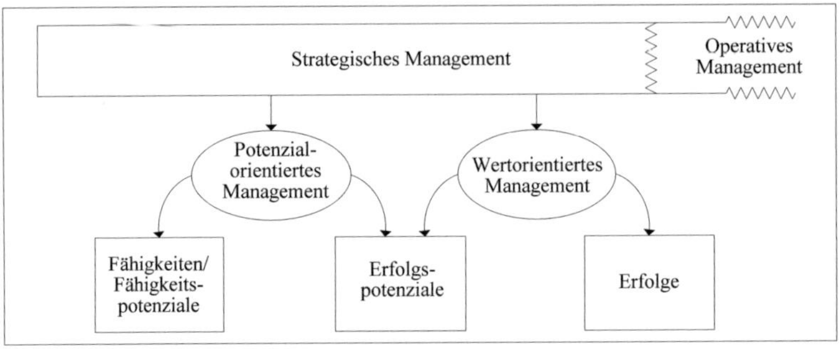

Abbildung 20: Wert- und potenzialorientiertes Management nach Kraege[542]

Kraege betrachtet das Controlling als unterstützende Funktion und Institution der Führung einer strategischen Unternehmenskooperation im Sinne einer koordinationsorientierten Begriffsauffassung. Sämtliche Controllingaktivitäten sind antizipativ-proaktiv auszurichten und haben sich an den Wert- und Potenzialzielen als Steuerungsgrößen zu orientieren.[543] Die Ausgestaltung des Kooperationscontrolling bestimmt sich aus der Zielsetzung, die mit der Kooperation verfolgt wird. Liegt der Fokus auf einer erweiterten Nutzung bestehender Fähigkeiten, so bilden die wertorientierte Planung, Steuerung und Kontrolle den Schwerpunkt. Ist hingegen der Erwerb neuer Kernkompetenzen intendiert, so dominiert das potenzialorientierte Kooperationsmanagement.

Das Ziel des Controlling liegt nach Kraeges Verständnis in der qualitativen und quantitativen Unterstützung und Koordination des Managements strategischer Vorhaben sowohl auf der Ebene der Kooperationspartner als auch der gesamten Kooperation. Das Kooperationscontrolling ist an den Wert- und Potenzialzielen der Partnerunternehmen auszurichten und hat eine entsprechende Kooperationsplanung und -steuerung sowie eine ausreichende Informationsbasis sicherzustellen. Darüber hinaus obliegt dem Kooperationscontrolling die regelmäßige Kooperationsüberprüfung und –kontrolle sowie die Entwicklung und Anwendung geeigneter wert- und potenzialorientierter Instrumente.

542 Vgl. Kraege, R. (1997), S. 45.
543 Vgl. Steinle, C., Kraege, R. (1998), S. 413.

In diesem Kontext hat das Controlling weitreichende Einzelaufgaben zu übernehmen. Um diese zeitlich und sachlich zu strukturieren und zu spezifizieren, legt Kraege ein phasenorientiertes Managementverständnis in Analogie zum Projektmanagement zugrunde. Kraege unterscheidet fünf aufeinander folgende Phasen, zwischen denen Vor- und Rückkopplungsschritte bestehen können. In der Kooperationsvorphase, bestehend aus Strategischer Initiierung, Partnersuche und -bewertung sowie Kooperationsentscheidung und -einrichtung, stehen vor allem grundsätzliche Entscheidungen im Mittelpunkt der Betrachtung, während in der Phase der Kooperationsdurchführung die strategische Kontrolle stattfindet. In der letzten Phase, der Weiterentwicklung bzw. Auflösung, liegt der Schwerpunkt in der Rückauflösung, Endabrechnung und Dokumentation. Innerhalb dieser Makro-Phasen finden jeweils „Mikromanagement-Zyklen" statt. Der Kooperationsprozess ist in Abbildung 21 grafisch dargestellt.

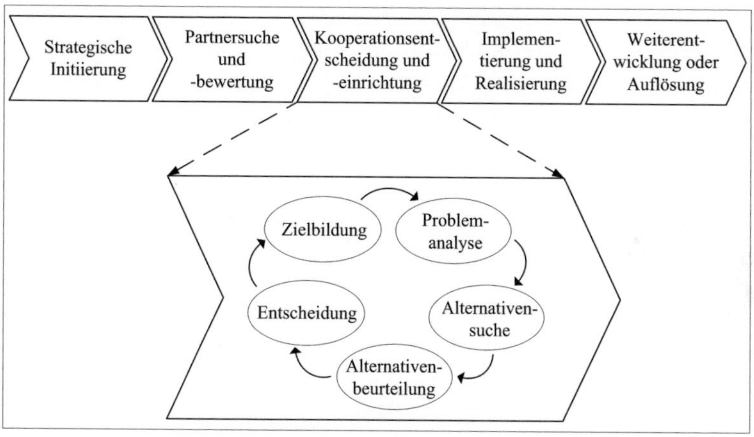

Abbildung 21: Phasen einer strategischen Kooperation in Anlehnung an Kraege[544]

Strategische Initiierung

In der Phase der Initiierung müssen sowohl die unternehmens- und kooperationsrelevanten als auch die zukünftig benötigten Erfolgspotenziale und Fähigkeiten identifiziert werden. Dies unterstützt zum einen die Prüfung der Notwendigkeit einer Kooperation und zum anderen die Suche nach potenziellen Kooperationspartnern und dient gleichzeitig einer Profilierung gegenüber interessanten und interessierten Partnern. Durch eine systematische Ressourcen- und Strukturbedarfsanalyse lassen

544 Vgl. Kraege, R. (1997), S. 88.

sich die essenziellen Zielgrößen und Anforderungen an die Kooperationspartner ableiten. Das Controlling hat hierbei die Aufgabe der Informationsbereitstellung, der methodentechnischen Unterstützung sowie der Projektsteuerung. Dazu stehen eine Reihe von Methoden und Instrumenten wie Portfolio-Konzepte und Konkurrenzanalysen zur Verfügung. Diese werden ergänzt durch potenzialorientierte Methoden und Verfahren wie die Stärken-/Schwächen-Analyse oder Fähigkeitsmatrizen. Neben der Identifizierung von Kooperationsnotwendigkeiten und potenzieller Kooperationsfelder liegt besonderes Augenmerk auf dem Schutz der unternehmenseigenen Kernkompetenzen.

Bei der Bestimmung der Kooperationsziele und -strategien hat das Controlling sicherzustellen, dass diese konform zu den Wert- und Potenzialzielen des Unternehmens sind, die relevanten Prämissen dokumentiert und die Strategiefestlegung, Ausgangssituation und Kooperationspolitik berücksichtigt werden. Portfolio-Analysen, insbesondere das Kompetenzenportfolio in Ergänzung zur Fähigkeitsmatrix, unterstützen die Zielfestlegung, Prämissenportfolios die Bewertung von alternativen Kooperationsstrategien. In der Grobbeurteilung der relativen Vorteilhaftigkeit der Kooperation werden die strategischen Handlungsalternativen gegenübergestellt. Zur ganzheitlichen Beurteilung bietet sich eine kooperationsbezogene Lebenszyklusbetrachtung an, da hier möglichst weitgehend, vom periodenbezogenen Denken abstrahierend, sämtliche Wirkungen über den Kooperationsverlauf einbezogen werden.

Zur Abschätzung der monetären Wirkungen schlägt Kraege Discounted Cash Flows vor. Um gleichermaßen wert- und potenzialorientierte Ziele verfolgen zu können, wird ein zweistufiges Verfahren angeraten, bei dem sowohl die direkt messbaren monetären Kooperationsauswirkungen als auch die qualitativ schätzbaren Potenzialeffekte ermittelt werden. Hierfür bieten sich Nutzwertanalysen und Scoring-Methoden, zur strategischen Risikobewertung Vulnerabilitätsmatrizen sowie die Szenario-Technik an.

Partnersuche und -bewertung

Die Phase der Partnersuche und -bewertung kann inhaltlich in zwei Bereiche aufgeteilt werden. Nach dem Komplementaritätskriterium muss das Partnerunternehmen ressourcen- und strukturbezogene Anforderungen erfüllen. So muss die Kooperationsmanagementfähigkeit hinsichtlich finanzwirtschaftlicher Ressourcen und Managementkapazitäten geprüft werden. Das Controlling nimmt das Planungsmanagement wahr und unterstützt bei der Suche und Bewertung durch Instrumente zur Partnerbewertung, wie z. B. Profildarstellungen. Kraege hebt an dieser Stelle die Bedeutung der Stärken-/Schwächen-Analyse des eigenen Unternehmens in Verbindung mit der Analyse der Ressourcen- und Potenzialanforderungen der Kooperation hervor. Die hierbei aufgedeckten Ressourcenlücken und -überhänge bilden die Basiskriterien ab.

Der Kompatibilitätsanalyse zur Messung des „Partner-Fit“ bezogen auf Ziele und Strategien, Strukturen und Kulturen kommt eine besondere Bedeutung zu, da sie Aussagen über potenzielle Reibungsverluste und Konflikte während der gesamten Kooperationsdauer ermöglichen kann. Da die Kriterienkataloge in der Literatur hinsichtlich Gewichtung und Messung meist nicht operational sind, empfiehlt Kraege im Rahmen der kompatibilitätsbezogenen Analyse, die Kriterienauswahl am Kooperationsziel auszurichten. Hierfür eignen sich etwa Analyseinstrumente wie die Dokumentenanalyse, Gesprächsbeobachtungen und Firmenbesichtigungen.

Kooperationsentscheidung und -einrichtung

In dieser Phase wird die endgültige Kooperationsentscheidung getroffen und die Kooperationsgestaltung geplant und festgelegt. Das Controlling unterstützt, koordiniert und überwacht die Erstellung der Kooperationsbegründung und eines „Strategic Plan“. Der wachsenden Eigendynamik von Kooperationsprozessen kann mit der Einrichtung und Überwachung eines detaillierten Projektplans sowie dem Setzen von Planungs- und Dokumentationsstandards begegnet werden.

Das Controlling hat die finanziellen Wirkungen der Kooperation möglichst vollständig aufzuzeigen und eine konkrete Kosten-Nutzen-Kalkulation mit dem Ziel der Ermittlung des Netto-Kooperationserfolges aufzustellen. Hierzu bieten sich Cash Flow-Rechnungen, Deckungsbeitragsrechnungen oder auch Umsatzprognosen an. Für die potenzialorientierte Kooperationsbeurteilung ist eine Überführung qualitativer Kriterien in den Kooperationswert aufgrund eines Transparenzverlustes nicht erstrebenswert. Um geschäftsfeldübergreifende Potenzialwirkungen zu analysieren, schlägt Kraege die Wertschöpfungskette, eine integrierte Wertschöpfungs-/Kundennutzen-Matrix und die bereits erwähnte Fähigkeitsmatrix vor. Eine bedeutende Controllingaufgabe in dieser Phase ist die Unterstützung des Risikomanagements. Für die Risikobewertung können Kennzahlen, wie bspw. angefallene Kooperationskosten oder entgangener Kooperationsgewinn, sowie Risikochecklisten verwendet werden. Typische Kooperationsrisiken sind neben politischen, ökonomischen, sozialen und technischen Risiken z. B. Know-how-Transfer, Verlust der Selbständigkeit, Integrationsprozessrisiken oder ein frühzeitiger Abbruch der Kooperation.

In der eigentlichen Verhandlungsführung ist das Management durch Rechnungen und Analysen des Controlling zu unterstützen. Wichtig ist die Abschätzung des Kooperationsnutzens durch die Bereitstellung von geeigneten Indikatoren und Informationen. Um die Kooperationsrente adäquat aufteilen zu können, muss der Gesamtnutzen dekomponiert werden. Dies kann bspw. durch Preis- und Kostenkalkulationen ermittelt und mittels Verrechnungspreisen festgelegt werden.

Implementierung und Realisierung

Zur Unterstützung des gemeinschaftlichen Kooperationsmanagements hat das Controlling bei der Einrichtung kooperationsspezifischer, ziel- und stabilitätsfördernder Managementsysteme mitzuwirken. Von großer Bedeutung sind hierbei Anreiz- und Entlohnungssysteme und die Einrichtung von Informations- und Berichtssystemen für die Gestaltung der Informationsbeziehungen. Sachlich-technische Vorbereitungsmaßnahmen zur Kooperationsdurchführung unterstützt das Controlling durch betriebswirtschaftliche Kalkulationen und lebenszyklusbezogene Planungs- und Kontrollrechnungen, die den Instrumenten des strategischen Projektmanagements ähnlich sind.

Die Planung und Kontrolle der Sachziele und Strategiedeterminanten und der eigentlichen Kooperationsdurchführung wird durch eine strukturierte Planung ermöglicht, die sich an strategischen Meilensteinen und Budgets orientiert und an lebenszyklusorientierten Kosten-, Finanz- und Liquiditätsrechungen ausrichtet. Regelmäßig durchgeführte Strategieaudits und Prämissenkontrollen dienen der strategischen Kontrolle in der organisatorischen Umsetzung.

Weiterentwicklung oder Auflösung

Sind die gesetzten Kooperationsziele erreicht oder ist eine Strategieänderung oder Strategiemodifikation nötig, werden Bewertungs-, Analyse- und Verhandlungsschritte des Umstrukurierungs- oder Auflösungsprozesses notwendig. Dem Controlling der Partnerunternehmen obliegen hierbei die Beurteilung der Kooperationsattraktivität und die Bewertung alternativer Entwicklungsstrategien. Entscheidungsbäume, Strategielandkarten und Netzwerkdiagramme können Entscheidungsprozesse bzgl. der Auflösungs-, Beendigungs-, oder Weiterführungsalternativen strukturieren und vereinfachen. Zur Vorbereitung der Desinvestitions- und Verteilungsprozesse dienen Analysen der Zielabweichung und des Kooperationserfolgs. Um Lernprozesse zu unterstützen und die kooperationsbezogenen Erfolgsfaktoren zu bestimmen, werden in einem Abschlussbericht die Erfahrungen der Kooperation systematisch erfasst.

2.3.1.3 Der Ansatz von Ries

Erkenntnisobjekt der theoretisch-deduktiven Arbeit von Ries[545] ist das Controlling in Virtuellen Netzwerken. Über die Erstellung eines theoretischen Konzepts hinaus werden instrumentelle und organisatorische Aspekte diskutiert. Unter einem virtuellen Netzwerk versteht Ries im Sinne der hier vertretenen Nomenklatur die Beziehungsebene eines Virtuellen Unternehmens. Als Virtuelles Unternehmen definiert Ries hingegen die Leistungsebene einer entsprechenden Kooperation. Wesentliches Charakteristikum Virtueller Netzwerke ist demnach ihre Temporalität und damit ein spezifischer Lebenszyklus mit den Phasen der strategischen Grundsatzentscheidung, der Anbahnung und konzeptionellen Vorbereitung, des Betriebs und der Auflösung. Allein in der Betriebsphase werden durch Zusammenschluss einzelner Partner des Virtuellen Netzwerks Virtuelle Unternehmen gegründet. Ries beschränkt sich somit in seinen Betrachtungen auf einen dynamischen, heterarchisch gesteuerten Typus von Unternehmensnetzwerken. Stabile und fokale gesteuerte Netzwerke werden nicht betrachtet.

Controlling interpretiert Ries in enger Anlehnung an die planungs- und kontrollorientierte Konzeption und betont die Funktion der zielorientierten Führungsunterstützung und Vorbereitung von Managemententscheidungen durch Beschaffung, Verarbeitung und Präsentation von Informationen. Um das Controlling Virtueller Netzwerke und Unternehmen theoretisch zu fundieren, stützt sich Ries auf die Transaktionskosten- und die Principal-Agent-Theorie. Als Ziel des Controlling in Virtuellen Netzwerken nennt Ries allgemein die Koordination von Planung, Kontrolle und Informationsversorgung sowie die Erhaltung der Reaktions-, Adaptions- und Koordinationsfähigkeit. Für eine Betrachtung von Aufgaben und Instrumenten hält Ries eine differenzierte Betrachtung der einzelnen Phasen des Lebenszyklus für erforderlich.

In der Phase der strategischen Grundsatzentscheidung hat das Controlling den Initiator eines Virtuellen Netzwerks bei der Identifikation einer Marktchance für die Entwicklung eines Virtuellen Unternehmens zu unterstützen. Wurde eine entsprechende Marktchance erkannt, so sind unterschiedliche Kooperationsmodelle auf ihre Eignung zu untersuchen und ggf. muss die strategische Ausrichtung des Virtuellen Netzwerks definiert werden. Hierbei hat das Controlling als strategischer Berater unterschiedliche Szenarien aufzuzeigen und die strategischen Dimensionen gemein-

---

545 Vgl. im Folgenden Ries, A. (2001).

sam mit der Unternehmensleitung zu bestimmen. Instrumente des Controlling in dieser Phase sind beispielsweise Kompetenz-Portfolios oder Nutzwertanalysen.

In der Phase der Anbahnung und konzeptionellen Vorbereitung hat das Controlling zunächst Informationen für die Akquisition von Partnern bereitzustellen. Als Instrument zur Partnerbewertung schlägt Ries eine Qualifikationsüberprüfung im Rahmen einer Due Diligence sowie standardisierte Checklisten vor. Die Due Diligence für Unternehmensnetzwerke umfasst in diesem Verständnis die Untersuchung des Kompetenz-Fits, des Vertrauens-Fits, des Kultur-Fits, des Strategie-Fits, des Struktur-Fits sowie des Finanz-Fits. Als Instrument der Due Diligence nennt Ries Stärken-/Schwächen-Profile. Nachfolgend ist der Aufbau der Netzwerkarchitektur im Sinne von Kooperationsvereinbarungen zu unterstützen. Das Controlling hat hierbei die Definition einer Organisationsstruktur wie auch von Netzwerkfunktionen zu unterstützen. Darüber hinaus sind Schnittstellen zu identifizieren, zu gestalten und zu kontrollieren. Auch sind Vergabemodalitäten für die Teilnahme an Virtuellen Unternehmen zu konzipieren. Schließlich ist ein Verrechnungspreissystem zu gestalten. Hierfür empfiehlt Ries feststehende, an Grenzkosten angelehnte Verrechnungspreise, um die Controllingfunktionen der Entscheidungsunterstützung und der Verhaltenssteuerung bestmöglich erfüllen zu können.

Während der Betriebsphase konzentriert sich das Netzwerkcontrolling auf die Steuerung und Kontrolle, um einen reibungslosen Betrieb zu ermöglichen. Im Rahmen der strategischen Kontrolle sind kontinuierlich die strategische Ausrichtung (Planfortschrittskontrolle), die Netzwerkarchitektur und die Qualifikation der Partner (Prämissenkontrolle) zu überwachen. Als Instrumente hierfür nennt Ries beispielsweise Abweichungsanalysen. Darüber hinaus wird dem Ressourcenmanagement eine übergeordnete Bedeutung zugesprochen und zu diesem Zweck das Instrument der Ressourcenlandkarte vorgestellt. Das Controlling in den temporären Virtuellen Unternehmen ist laut Ries dem klassischen Projektcontrolling vergleichbar. Aufgaben sind hierbei die Projektinitiierung, das operative Projektcontrolling, die Dokumentation, das Risikocontrolling sowie die Leistungsabrechnung. Als Controllinginstrumente nennt Ries in diesem Zusammenhang die etablierten Instrumente des klassischen Projektmanagements wie etwa Projektstrukturpläne. Dem Risikocontrolling kommen die Aufgaben des operativen Risikomanagementprozesses im Sinne von Identifikation, Analyse, Bewertung und Handhabung zu. Netzwerkspezifische Instrumente eines Risikocontrolling werden nicht entwickelt.

In der Auflösungsphase schließlich kommt dem Controlling die Aufgabe zu, die Netzwerkstrukturen unter Berücksichtigung offener Positionen aufzulösen.

2.3.1.4 Der Ansatz von Hess

Der Schwerpunkt der theoretisch-deduktiv angelegten Arbeit von Hess[546] liegt auf der Entwicklung von Instrumenten und DV-gestützten Werkzeugen für das Netzwerkcontrolling aus einer Innensicht des Netzwerks. Die Untersuchung thematisiert sowohl stabile als auch dynamische sowie fokale wie auch polyzentrische Netzwerke, was mit der generell fehlenden zeitlichen und sachlichen Begrenzung als definitorischem Merkmal begründet wird. Hess folgt in seinen Ausführungen der Differenzierung in eine auftragsbezogene und eine auftragsübergreifende Ebene in Netzwerken und konzentriert sich im Weiteren auf die Betriebsphase eines Netzwerks, da seiner Auffassung nach Bildung und Auflösung aufgrund der unbefristeten Anlage von untergeordneter Bedeutung sind.[547] Zur Erklärung der Entstehung von Unternehmensnetzwerken werden die Transaktionskostentheorie, der ressourcenorientierte Erklärungsansatz sowie die Spieltheorie herangezogen.

Hess sieht das Controlling als Führungsunterstützungsfunktion und stützt sich in seinen Ausführungen auf die integrative Controllingkonzeption von Weber und Schäffer. Dabei unterscheidet er zwischen direkten und indirekten Zielen des Netzwerkcontrolling. Als direktes Ziel definiert Hess die Unterstützung des Netzwerkmanagements durch Sicherstellung der Rationalität. Hinsichtlich der indirekten Ziele ist zwischen fokalen Netzwerken, die auf die Maximierung des Nutzens des fokalen Partners angelegt sind, und polyzentrischen Netzwerken, die die Maximierung des Nutzens aller Partner anstreben, zu differenzieren.[548]

Die ausführenden Aufgaben erfolgen auf auftragsbezogener Ebene in unternehmensübergreifenden Prozessen, deren Teilprozesse innerhalb einer Ablauffolge von den Partnerunternehmen ausgeführt werden. Neben den ausführenden Aufgaben leitet Hess auftragsspezifische und auftragsübergreifende dispositive Aufgaben ab. Zu letzteren gehören das Partner-, das Aktions- und das Erfolgsmanagement. Hierauf aufbauend werden die rationalitätssichernden Aufgaben des Netzwerkcontrolling definiert.

Auf auftragsbezogener Ebene steht die marktadäquate Abwicklung eines Auftrags im Vordergrund, um mittel- bis langfristig die Nutzenmaximierung eines polyzentri-

546 Vgl. im Folgenden Hess, T. (2002). Vgl. auch Hess, T. (1999a); Hess, T., Veil, T. (1999); Hess, T., Schumann, M. (1999); Hess, T. (2000); Hess, T., Schumann, M. (2000b); Hess, T., Schumann, M. (2000a); Hess, T. (2001); Hess, T., Wohlgemuth, O., Schlembach, H. G. (2001); Hess, T., Schumann, M. (2002); Wohlgemuth, O., Hess, T. (2003); Hess, T., Wittenberg, S. (2005).

547 Vgl. Hess, T. (2002), S. 21.

548 Vgl. Hess, T. (2002), S. 144. Vgl. auch Hess, T. (2001), S. 94.

schen Netzwerks bzw. des fokalen Partners sicherstellen zu können. Durch den direkten Bezug zum Auftrag lässt sich ein geschlossener Prozess betrachten, bei dem die Potenzialnutzung des Netzwerks im Vordergrund steht. Zu diesem Managementprozess der Planung, Abbildung und Kontrolle kommen die netzwerkspezifischen Aufgaben der Preisfestlegung sowie der Vergabe der Teilaufträge hinzu. Die rationalitätssichernde Aufgabe des Controlling sieht Hess hierbei insbesondere in der Vertretung der netzwerkbezogenen Zielsetzungen gegenüber den individuellen Zielen der Partnerunternehmen.[549]

Hess weist in diesem Zusammenhang auf einen Unterschied zwischen stabilen und instabilen Konfigurationen hin. So ist bei instabilen Konfigurationen wie virtuellen Unternehmen und Projektnetzwerken der gesamte auftragsbezogene Zyklus für jeden einzelnen Auftrag vollständig abzuarbeiten. Gemäß dem kybernetischen Regelkreis können hierin wiederum Zyklen enthalten sein. In stabilen Konfigurationen wie strategischen Netzwerken und Verbundnetzwerken hingegen erfolgt die Initialisierung, die aus den ersten drei Teilschritten besteht, in der Regel nur einmal, wohingegen die Realisierung, die aus den beiden letzten Schritten besteht, für jedes Exemplar eines Auftragstyps wiederholt zu durchlaufen ist.[550]

Auf auftragsübergreifender Ebene stehen die Vorbereitung des auftragsbezogenen Handelns und somit der Aufbau von Potenzialen im Vordergrund. Die Managementaufgaben Erfolgs-, Aktions- und Partnermanagement sind vom Controlling zu unterstützen.[551] Innerhalb dieser Aufgaben ist jeweils der Planungs-Abbildungs-Kontroll-Zyklus zu durchlaufen. Seine rationalitätssichernde Aufgabe kann das Controlling hier durch die Bereitstellung geeigneter Instrumente etwa zur Bewertung potenzieller Partnerunternehmen, aber auch durch die Organisation des eigentlichen Managementprozesses, gerecht werden. In der Systematik von Horváth lässt sich auf dieser Ebene folglich auch zwischen systembildenden und systemkoppelnden Aufgaben unterscheiden. Der Zusammenhang zwischen beiden Ebenen ist zusammenfassend in Abbildung 22 dargestellt.

Für jeden der dargestellten Aufgabenbereiche leitet Hess spezifische Controllinginstrumente her. Als Ansatzpunkte hierfür bezieht er sich zum einen auf die Theorie des Controlling und hierbei insbesondere auf die Principal-Agent-Theorie und die Systemtheorie.[552] Zum anderen untersucht Hess Controllingsysteme für strukturver-

---

549 Vgl. Hess, T. (2002), S. 144 f. Vgl. auch Hess, T., Schumann, M. (2000b), S. 414 – 428; Hess, T., Wittenberg, S. (2005), S. 54 – 57.

550 Vgl. Hess, T. (2002), S. 145.

551 Vgl. Hess, T. (2002), S. 146.

552 Vgl. Hess, T. (2002), S. 93 – 108. Vgl. auch Hess, T., Schumann, M. (2002).

wandte Organisationsformen auf ihr Transferpotenzial. Als relevant werden das Konzerncontrolling, das Projektcontrolling, das Prozesscontrolling, das Beschaffungscontrolling sowie das Controlling für selbstabstimmende Gruppen identifiziert.[553]

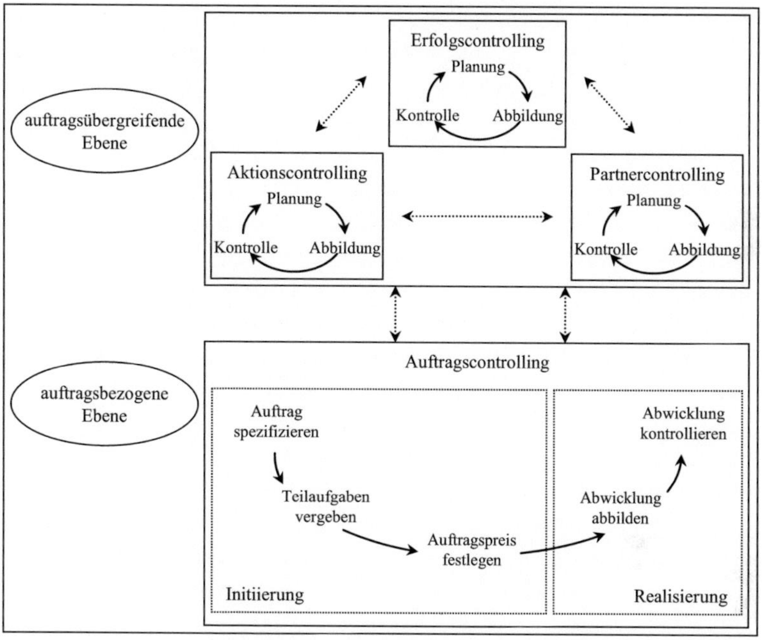

Abbildung 22: Controllingaufgaben in Unternehmensnetzwerken in Anlehnung an Hess[554]

Auf auftragsbezogener Ebene erfolgt im Rahmen der Spezifizierung des Auftrags Abgrenzung von Teilaufgaben nach dem Analyse-Synthese-Schema von Kosiol.[555] Zur Minimierung des Abstimmungs- und Überwachungsbedarfs ist die Anzahl der Teilaufträge möglichst gering zu halten. Die Aufgabenzerlegung kann sich an Funktionen und Objekten orientieren und sollte anschließend auf Vollständigkeit geprüft werden. Umfang und Bearbeitungszeiten sollten hinsichtlich der Teilaufgaben nicht zu stark voneinander abweichen. Aus der Organisationsform heraus lassen sich

553 Vgl. Hess, T. (2002), S. 109 - 143. Vgl. auch Hess, T. (2000).

554 Vgl. Hess, T., Wittenberg, S. (2005), S. 54. Vgl. auch Hess, T. (2001), S. 94 sowie S. 145. In ähnlicher Weise untergliedern Schweier und Jehle das Netzwerkcontrolling in Prozesscontrolling, Ressourcencontrolling und Erfolgscontrolling. Vgl. Schweier, H., Jehle, E. (1999).

555 Vgl. Kosiol, E. (1976), S. 42 ff. zur Analyse, S. 76 ff. zur Synthese.

netzwerkspezifische Aufgaben der Anbahnung, Vorbereitung und Koordination der Auftragsabwicklung sowie die Risikoverteilung ableiten.[556]

Da ein Unternehmensnetzwerk über keinerlei eigene Ressourcen verfügt, müssen die Aufgaben intern zur Realisierung an die Netzwerkteilnehmer vergeben werden.[557] Für die interne Vergabe von Teilaufgaben sind zentrale und dezentrale Planungsansätze zu unterscheiden. Bei zentralen Planungsansätzen erfolgt die auftragsbezogene Planung durch das Netzwerk, vertreten durch den Auftragskoordinator. Hierfür schlägt Hess Optimierungskalküle im Sinne von Simultan- oder Sukzessivplanungsmodellen, die auf Termin- und Kapazitätsplanungsmodellen basieren, sowie ein Matching nach zentral hinterlegten Merkmalen bezüglich Kompetenzen, Kapazitäten und sonstigen Anforderungen vor. Allen Ansätzen der zentralen Planung gemein ist jedoch, dass insbesondere die Informationsanforderungen über operative Details, aber auch die Existenz eines eindeutigen Bewertungsmaßstabs sowie das erforderliche hohe Maß an Entscheidungszentralisation in den meisten Fällen als prohibitiv einzuschätzen sind. Im Bereich der dezentralen Planungsansätze hingegen schlägt Hess in Abhängigkeit von der Anzahl an Nachfragern und Anbietern sowie der Standardisierung der Leistung freie Verhandlungen (1:1 bis 1:n, kaum standardisierte Leistungen), Auktionen (1:n) und Börsen (m:n, homogene Leistungen) vor und verweist darauf, dass in praxi häufig Kombinationen zentraler und dezentraler Planungsansätze Anwendung finden. Bei der Vergabe von Teilaufgaben ist ebenfalls festzulegen, zu welchen Preisen die Leistungen netzwerkintern abzurechnen sind. Da eine freie Preisbildung nicht Erfolg versprechend ist, empfiehlt Hess einen regulierenden Eingriff durch das Aufstellen von Regeln zur Bildung von Verrechnungspreisen. Die Preisbildung kann sich dabei am Marktpreis oder an den Kosten orientieren. Parameter für Kosten sind der zeitliche Bezug, der Umfang der einzubeziehenden Kosten und Gewinnansprüche. Eine Alternative dazu ist die Offenlegung der Kalkulationen gegenüber den Netzwerkpartnern.[558]

Sowohl bei internen als auch bei externen Aufträgen fallen Kosten an, die über Erlöse zu tragen sind. Es muss hierfür ein Auftragspreis festgelegt werden, bei dem die Ermittlung der Selbstkosten grundlegend ist. Zur Festlegung des Auftragspreises

---

556 Vgl. Hess, T. (2002), S. 152 – 158. Vgl. auch Hess, T., Schumann, M. (2000b), S. 414 f.

557 Vgl. Hess, T. (2002), S. 158. Vgl. auch Hess, T., Schumann, M. (2000b), S. 413; Hess, T. (2001), S. 93. Hess verwendet den Begriff der Ressource in diesem Zusammenhang mit ausschließlichem Bezug auf den Produktions- bzw. Auftragsabwicklungsprozess. Vgl. für eine ähnliche Sichtweise Grant, R. (1991), S. 118 f. Zur Vielfalt der Definitionen des Ressourcenbegriffs siehe Abschnitt 2.1.3.3. An anderer Stelle verwendet Hess den Ressourcenbegriff jedoch breiter, so etwa im Zusammenhang mit kollektiven Investitionen im Aktionsmanagement. Vgl. Hess, T. (2002), S. 249 - 258.

558 Vgl. Hess, T. (2002), S. 158 – 182. Vgl. auch Hess, T., Schumann, M. (2000b), S. 416 – 419.

erarbeitet Hess zunächst eine Grundstruktur eines aufgabendifferenzierten Kalkulationsverfahrens für Netzwerke und diskutiert in diesem Zuge insbesondere den Umfang der zu verrechnenden Kosten. Zur Bestimmung der relevanten Kosten ist hierbei zwischen Netzwerk- und Unternehmensebene, Einzel- und Gemeinkosten sowie variablen und fixen Kosten zu unterscheiden. Probleme bei einer Kalkulation im Unternehmensnetzwerk können die heterogenen Kalkulationsgrundlagen der Partnerunternehmen sein, die sich unterschiedlich auf die Kalkulationsergebnisse auf Netzwerkebene auswirken. Als Instrumente nennt Hess beispielsweise eine primärkostenorientierte Additionskalkulation, um mehrfache Leistungsverrechnungen bei vorliegenden Leistungsverflechtungen zu vermeiden.[559]

In der Phase der Abbildung Auftragsabwicklung hat das Netzwerkcontrolling die Aufgabe, den Auftragskoordinator mit relevanten Informationen zu versorgen. Hinsichtlich der Teilaufgaben und Leistungen sind die in der Planung definierten Attribute und Qualitätskennzahlen sowie die Kosten bisher erstellter Leistungen und die Fertigstellungstermine bereitzustellen. Haben Störgrößen Einfluss auf die zukünftige Abwicklung, können sie ebenfalls wertvolle Informationen darstellen. Gleichzeitig sind die beteiligten Unternehmen zu bewerten.[560]

In der Phase der Kontrolle werden die Informationen über den Stand der Abwicklung mit denen der Planung zusammengeführt, um Abweichungen frühzeitig zu erkennen. Dabei wird bzgl. der verschiedenen Planungsebenen zwischen den Grundformen der Realisations-, Planfortschritts- und Prämissenkontrollen unterschieden. Die Planfortschrittskontrolle ist auf auftragsbezogener Ebene das zentrale Konzept, da bei Planabweichungen nur hier eine Planungsmodifikation möglich ist. Mit Hilfe der Realisationskontrolle lassen sich ungeplante Gewinne und Verluste auf Netzwerkebene verteilen. Die Prämissenkontrolle spielt auf der auftragsbezogenen Ebene keine Rolle. Bei der Kontrolle von Netzwerken sind vor allem die Soll-Ist- und die Soll-Wird-Vergleiche von besonderer Bedeutung. Soll-Ist-Vergleiche werden eingesetzt, um den Status der Abwicklung und Kosten- und Terminabweichungen festzustellen. Zur Visualisierung der Terminabweichung kann bspw. auf Gantt-Diagramme zurückgegriffen werden. Zur Untersuchung von Kostenabweichungen steht eine Reihe von kumulativen Abweichungsanalysen zur Verfügung. Soll-Wird-Vergleiche sind hingegen schwieriger durchzuführen, stellen aber ein wichtiges Instrument dar, um Abweichungsentwicklungen zu erkennen und Gegenmaßnahmen anzustoßen. Hier sind aufgrund hoher Kosten in der Häufigkeit der Vergleiche Kompromisse einzuge-

559 Vgl. Hess, T. (2002), S. 182 – 200. Vgl. auch Hess, T., Schumann, M. (2000b), S. 419 - 425.

560 Vgl. Hess, T. (2002), S, 200 - 203. Vgl. auch Hess, T., Schumann, M. (2000b), S. 425 f.

hen. Als Instrument dieser Phase schlägt Hess beispielhaft Termintrendanalysen vor.[561]

Auf der auftragsübergreifenden Ebene hat das Controlling das Erfolgs-, Aktions- und Partnermanagement zu unterstützen. Um den Erfolg eines Netzwerks zu ermitteln, lässt sich zwischen den Ebenen des Netzwerks und der Partnerunternehmen unterscheiden. Da sich die Ziele der Partnerunternehmen häufig nicht monetär beschreiben lassen, eignen sich die klassischen, kalkulatorischen und wertorientierten Verfahren kaum. Hier kann die nutzwertorientierte Betrachtung weiterhelfen. Dabei müssen im ersten Schritt die Ziele und deren relative Gewichtung im Rahmen eines Zielkatalogs in Kennzahlen ermittelt werden. Im zweiten Schritt erfolgt die Bewertung der Zielerreichungsgrade. Auf Netzwerkebene hingegen existiert nur bedingt ein Zielsystem, vielmehr ist von einem Katalog einzelner Ziele auszugehen. Als Instrument der Erfolgsermittlung passt Hess im Wesentlichen die Nutzwertanalyse an die Erfordernisse von Unternehmensnetzwerken an.[562]

Auf der Ebene des Aktionsmanagements hat das Controlling die Abstimmung von Aktivitäten zu unterstützen. Dies beinhaltet die Identifizierung sowie die Analyse der Kooperationsfelder, die Vorbereitung der Umsetzung sowie die Sammlung und Abstimmung der realisierten Aktivitäten. Um Kooperationsfelder identifizieren zu können, müssen diese abgegrenzt und bewertet werden. Für die Abgrenzung kann analog zu strategischen Geschäftsfeldern (SGF) in klassischen Unternehmen vorgegangen werden. Zu diesem Zweck bietet sich eine Reihe von Kriterien wie bspw. Produkte oder Märkte an. Die anschließende Bewertung der Kooperationsfelder erfolgt anhand von Portfolio-Analysen. Zur Erstellung einer Portfolio-Analyse sind drei Schritte vorgesehen. Zuerst werden die Planungsobjekte und Bewertungskriterien festgelegt und im zweiten Schritt ein Ist-Portfolio erstellt. Auf Grundlage des gewonnenen Portfolios kann eine strategische Richtung ermittelt werden. Die Analyse der einzelnen Aktivitäten erfolgt im Rahmen der Wertschöpfungskette von Porter. Ziel ist das Erkennen der eigenen Position im Wettbewerb. Hess schlägt zur Analyse von Kooperationsfeldern ein fünfstufiges Vorgehen vor. Dabei kommen u. a. Prozess- und Ressourcenanalysen, Stärken-Schwächen-Analysen und Nutzwertanalysen zum Einsatz. Schließlich müssen die Aktivitäten koordiniert werden. Eine Abstimmung wird als kollektive Investition bezeichnet, da der Rückfluss vom kollektiven Handeln abhängig ist. Sie werden zum Aufbau von Ressourcen sowohl auf Netzwerk- als auch Partnerebene benötigt. Die Höhe der Investitionen hängt

561 Vgl. Hess, T. (2002), S. 203 – 214. Vgl. auch Hess, T., Schumann, M. (2000b), S. 426- 428.

562 Vgl. Hess, T. (2002), S. 214 – 232. Vgl. auch Wohlgemuth, O., Hess, T. (1999); Hess, T., Wohlgemuth, O., Schlembach, H. G. (2001).

dabei maßgeblich vom aufgebauten Vertrauen und der Dauer der Beziehung ab. Zur Absicherung und Risikoreduktion kollektiver Maßnahmen können spezifische Koordinationsorgane und Kompensationsmaßnahmen eingesetzt werden. Die Abstimmung der Unternehmen erfolgt dabei über spezifische Verpflichtungen. Um kooperationsfeldbezogene Ziele zu formulieren und zu konkretisieren schlägt Hess den Einsatz einer für das Netzwerk modifizierten Balanced Scorecard vor.[563]

Netzwerke entwickeln sich durch die Aufnahme neuer Kooperationspartner weiter. Vorteile ergeben sich bspw. durch das Erschließen neuer Kooperationsfelder, der Erweiterung des Kundenkreises oder auch durch den Abbau interner Monopole. Das Controlling hat hierbei die Aufgabe, die Aufnahmeentscheidung vorzubereiten und die Aktualität der entsprechenden Daten sicherzustellen. Dazu müssen die Bewertungskategorien festgelegt werden, die in den Umfang und die Wettbewerbsfähigkeit der einzubringenden Leistung eingeteilt werden können. Die bereits genannten Vorteile beziehen sich auf den Umfang der Leistung. Das Leistungsvermögen und die Leistungsbereitschaft des Partners bedingen hingegen die Wettbewerbsfähigkeit. Analog dazu müssen auch die entstehenden Zusatzkosten, insbesondere hinsichtlich der Kompatibilität, bewertet werden. Neben der wirtschaftlichen Situation des Partners ist ebenfalls der Fit hinsichtlich der grundsätzlichen Ausrichtung, der Organisationskultur und der IuK-Infrastruktur von Bedeutung.

Zur Bewertung sind vor allem qualitative Verfahren geeignet. Hess schlägt Checklisten, Profilanalysen und Nutzwertanalysen als Instrumente vor. Bei Checklisten werden für die Kriterien Mindestanforderungen definiert und geprüft. Für Profilanalysen werden diese Kriterien differenzierter dargestellt, was jedoch einen höheren Aufwand zur Folge hat. Wurde ein Partner aufgenommen, so ist im Verlauf der Kooperation die Erfüllung der zugrunde gelegten Prämissen der Aufnahmeentscheidung sicherzustellen. Dazu können Prämissenkontrollen und Audits angewendet werden.[564]

2.3.1.5 Weitere Ansätze im Überblick

Die wohl frühesten Beiträge zum Controlling virtueller Unternehmen stammen von Scholz[565], der sich mit dem Themenfeld insbesondere aus organisationaler Sicht beschäftigt. Der Schwerpunkt seiner Betrachtung liegt in der Abstimmung der Partner- und Netzwerkziele, in der Auswahl geeigneter Partner sowie in der Vertei-

---

563 Vgl. Hess, T. (2002), S. 232 - 259.
564 Vgl. Hess, T. (2002), S. 259 – 274.
565 Vgl. Scholz, C. (1995), S. 183 ff.; Scholz, C. (1997), S. 373 ff.

lung der Gewinne. Grundlegendes Steuerungsinstrument ist dabei die Unternehmenskultur im Sinne eines Werte- und Normensystems als implizites Controlling-Paradigma. Er sieht die Controllingaufgaben vor allem in der Sicherstellung des Marktbezugs, des Virtualisierungsprozesses und der Tauglichkeit des Virtuellen Unternehmens. Als Controllinginstrumente im Sinne eines expliziten Paradigmas nennt Scholz das Target Costing, diskutiert Möglichkeiten der Gemeinkostenverteilung, etwa durch Einführung einer Prozesskostenrechnung, und stellt Überlegungen zur Schaffung einer externen Koordinationsstelle an.

Drews[566] stellt auf Instrumente des Kooperationscontrolling ab und passt auf theoretisch-deduktivem Wege etablierte Controllinginstrumente an die Anforderungen des Managements von Unternehmenskooperationen an. In seinem Verständnis von Controlling lehnt sich Drews an das planungs- und kontrollorientierte Begriffsverständnis an und interpretiert den Kooperationsbegriff umfassend. Das Kooperationscontrolling hat in Kooperationen Aufgaben der Planung, Kontrolle und Informationsversorgung, controllingsystembildende und –nutzende Aufgaben sowie kooperationsgestaltungs- und kooperationslenkungsbezogene Aufgaben wahrzunehmen. In diesem Umfeld geht Drews zunächst auf Anwendungsmöglichkeiten der Kostenrechnung ein und entwickelt die Prozesskostenrechnung zu einer Kooperationsaktivitätskostenrechnung weiter. In ähnlicher Weise wird aus der Investitionsrechnung eine Kooperationswertrechnung abgeleitet. Darüber hinaus werden Kennzahlensysteme und Berichtssysteme auf ihre Anwendungspotenziale in Unternehmenskooperationen untersucht.

Strack[567] behandelt das Controlling virtueller Unternehmen mit dem Fokus der Ausgestaltung und Institutionalisierung des Controllingsystems. In seinem Controllingverständnis bezieht sich Strack direkt auf Horváth. Als direktes Controlling-Ziel nennt Strack entsprechend die Unterstützung des Netzwerkmanagements zur Stärkung von Handlungs-, Adaptions- und Anpassungsfähigkeit des Gesamtsystems. Die indirekten Ziele sieht Strack hingegen stark von den Einzelzielen der Partnerunternehmen determiniert. In diesem Rahmen definiert Strack drei kontextbezogene Bausteine eines Controllingmodells für virtuelle Unternehmen. Im Rahmen des Kontingenzcontrolling thematisiert das Kontingenzmodul die Exzellenz und Synergetik der Kompetenzen. Ein Marktmodul überwacht externe Faktoren und ein Beziehungsmodul beschäftigt sich mit Erfolgs- und Risikocontrolling. Instrumente des Kontingenzcontrolling sind Portfolioanalyse, Profilanalysen oder auch Nutzwert-

566 Vgl. Drews, H. (2001).
567 Vgl. Strack, J. (2001). Vgl. auch Schuh, G., Strack, J., Tockenbürger, L. (1998).

analysen. Das Anbahnungscontrolling beinhaltet ein Marktmodul, um die Marktkonformität der Leistung sicherzustellen, ein Ressourcenmodul zur Schaffung von Transparenz über Ressourcen und Kosten sowie ein Optionsmodul zur Berücksichtigung strategischer Chancen. Als Instrumente des Anbahnungscontrolling nennt Strack retrograde und progressive Kalkulation, mehrstufige Deckungsbeitragsrechnung und Methoden der Investitionsrechnung. Der dritte Baustein ist das Schnittstellencontrolling, das die Reduktion, Redimensionierung, Standardisierung und Überbrückung von Schnittstellen zwischen den Partnerunternehmen zur Aufgabe hat.

Wenninger-Zeman[568] betrachtet die Frage, welchen Beitrag das Controlling zur Bewältigung des Organisationsproblems in Unternehmensnetzwerken leisten kann. Ziel ist die Grundlagenentwicklung für ein Controlling-Konzept, das das Koordinations- und Motivationsproblem durch Schaffung von Transparenz, Bereitstellung von Informationen und Partizipation bewältigen kann. Die Ausführungen basieren auf der koordinationsorientierten Controllingkonzeption nach Küpper, eine Einschränkung auf einen bestimmten Netzwerktypus erfolgt nicht. Als Anforderungen an die Controllingfunktion in Unternehmensnetzwerken leitet Wenninger-Zeman Entscheidungsverbundenheit, Operationalität, Manipulationsresistenz sowie Vergleichbarkeit her. Auf dem organisationstheoretischen Analysemodell von Wolff aufbauend differenzieren die Ausführungen in die Analyseebenen der Organisation und der Person und nehmen eine zweistufige Betrachtung des Organisationsproblems in Koordinations- und Motivationsproblem vor. Auf der Ebene der Organisation diskutiert Wenninger-Zeman für Koordinationsprobleme Verrechnungs- und Lenkungspreise, für Motivationsprobleme die Balanced Scorecard. Auf der Ebene der Person werden kaufmännische Schulungen der Mitarbeiter empfohlen, um Koordinationsproblemen zu begegnen, wohingegen Anreizsysteme bei Motivationsproblemen Anwendung finden sollen.

2.3.2 Schlussfolgerungen zum Stand der Forschung

Die bisherigen Ausführungen haben gezeigt, dass die Mehrzahl der vorgestellten Ansätze sich auf Untertypen der Kooperationsform des Unternehmensnetzwerks konzentriert. Allein Hess, Drews und Wenninger-Zeman nehmen in dieser Hinsicht keine Einschränkungen vor. Kraege hingegen betrachtet einen Netzwerktypus und zwei weitere Formen der zwischenbetrieblichen Kooperation, konzentriert sich jedoch im Wesentlichen auf dyadische Problemstellungen.

---

568 Vgl. Wenninger-Zeman, K. (2003).

Um das Erkenntnisobjekt der Unternehmensnetzwerke zu strukturieren, orientieren sich die dargestellten Ansätze meist entweder am Lebenszyklus eines Netzwerks oder auf die Betrachtungsebenen der Beziehungen und der Leistungen und leiten aus diesen Strukturierungen spezifische Gestaltungsempfehlungen ab. Zu einem großen Teil fokussieren die Untersuchungen dabei Ziele und Aufgaben des Netzwerkcontrolling, verzichten jedoch auf der Ebene der Controllinginstrumente auf eine tiefer greifende Ausdifferenzierung. Teilweise kommen die Ausführungen wenig über eine bloße Nennung und knappe Umschreibung hinaus, zudem unterbleibt regelmäßig das Hinterfragen sowohl von Effizienz als auch Effektivität einzelner Instrumente.

Eine Ausnahme stellt in diesem Zusammenhang die Konzeption von Hess dar. So gelingt es Hess auf etablierten ökonomischen Theorien wie auch existierenden Ansätzen aus strukturverwandten Organisationsformen aufbauend ein geschlossenes Controllingkonzept zu errichten. Hierbei integriert Hess operative wie auch strategische Problemstellungen und widmet sich insbesondere der konkreten Ausgestaltung von Instrumenten und Werkzeugen des Netzwerkcontrolling. Jedoch unterbleibt eine Differenzierung in Lebenszyklusphasen.

Eine Synopse der eingehend untersuchten Ansätze findet sich in Abbildung 23.

Im Hinblick auf die Integration von Risikoaspekten ist zu konstatieren, dass sämtliche vorgestellten Konzeptionen diese Problematik allenfalls am Rande ansprechen. Allein Ries geht explizit auf ein Risikocontrolling ein, kommt in seinen Ausführungen jedoch nicht über eine allgemeine Darstellung eines Risikomanagementprozesses hinaus und versäumt es, netzwerkspezifische Anforderungen und Anpassungsbedarfe zu integrieren. Darüber hinaus finden sich keine konkreten Gestaltungsempfehlungen.[569] Kraege hingegen geht lediglich innerhalb der Phase der Kooperationsentscheidung und –einrichtung auf eine Unterstützungsfunktion des Controlling für das Risikomanagement ein, verzichtet jedoch ebenfalls auf weitere Konkretisierungen und beschränkt sich auf eine nicht weiter fundierte Nennung ausgewählter Instrumente.[570] Hess gibt einen Hinweis auf Risiken, etwa im Zuge von Investitionen, und gibt relativ pauschale Handlungsempfehlungen, wie die Möglichkeit zur Einforderung und Hinterlegung eines Pfands.[571] Hippe schließlich verzichtet auf eine Integration von Risikoaspekten. Allen einschlägigen Ansätzen gemein ist, dass auf eine genauere Analyse der Risikoposition eines Unternehmensnetzwerks

---

569 Vgl. Ries, A. (2001), S. 239 - 244.
570 Vgl. Kraege, R. (1997), S. 172 f.
571 Vgl. Hess, T. (2002), S. 249 - 253.

verzichtet wird und in der Folge keine fundierten Aussagen zur Integration von Risikoaspekten in die jeweiligen Controllingkonzepte abgeleitet werden können.

	Hippe (1997)	**Kraege (1997)**	**Ries (2001)**	**Hess (2002)**
Untersuchungs-objekt	- Strategisches Netzwerk	- Strategische Wertschöpfungs-partnerschaft - Strategische Allianzen - Joint-Ventures	- Virtuelle Netzwerke	- Unternehmens-netzwerke
Controlling-verständnis	- planungs- und kontrollorientierte Konzeption	- planungs- und kontrollorientierte Konzeption	- planungs- und kontrollorientierte Konzeption	- Rationalitätsorientierte Konzeption
Ziele des Controlling	- Identifikation und Aufbau zukünftiger Erfolgspotenziale	- Wert- und Potenzial-orientierung der Kooperationsstrategie	- Erhaltung der Reaktions-, Adaptions- und Koordinations-fähigkeit	- Direkt : Rationalitätssicherung - Indirekt: Maximierung des Nutzens
Aufgaben des Controlling	- Generierung, Strukturierung und Übertragung strategiebezogener Informationen	- Unterstützung der Lebenszyklusphasen der Kooperation	- Identifizieren der Marktchance - Informationsbereitst. für Partnerauswahl - Gestaltung Verrech-nungspreissystem - Unterstützung des Projektmanagements	- auftragsbezogen: Marktadäquate Auftragsabwicklung - auftragsübergreifend: Aufbau von Potenzialen
Instrumente des Controlling	- Shareholder-Value-Ansatz** - Scoreboard** - Virtuelles Rechnungswesen** - Berichtswesen** - Deckungsbeitrags-rechnungen* - Kennzahlen (-systeme)*	- Fähigkeiten-Matrix*** - Kompetenz-Portfolios** - Szenario-Analysen** - Cash Flow-Kennzahlen** - Berichtswesen** - Kosten-, Finanz- und Liquiditätsrechnungen* - sachzielorientierte Resourcenplanung und -kontrolle*	- Due Diligence** - Verrechnungspreis-system** - Projektcontrolling** - Risikocontrolling** - Leistungsabrechnung**	- auftragsbezogen: - Netzwerkinterne Verrechnungspreise** - Matching Verfahren** - Auktionen** - auftragsübergreifend: - Nutzwertanalysen** - Portfolioanalysen** - Balanced Scorcard** - Profilanalysen***
Werkzeuge des Controlling	(nicht spezifiziert)	(nicht spezifiziert)	(nicht spezifiziert)	- OLAP-Datenbanken - Metasprache XML - Multiagentensystem

*vorgeschlagen, **diskutiert, ***beschrieben

Abbildung 23: Synopse bestehender Ansätze zum Netzwerkcontrolling[572]

Mit Blick auf den Stand der Forschung ist somit zu konstatieren, dass die Integration von Risiken in das Netzwerkcontrolling bislang noch nicht näher thematisiert wurde. Dabei scheint die Konzeption von Hess aufgrund ihrer Fundierung und ihres umfassenden Anspruchs am ehesten als Grundlage eines risikoorientierten Netzwerkcontrolling geeignet. Jedoch erscheint eine zusätzliche Differenzierung nach Lebenszyklusphasen in diesen Kontext erforderlich, da sich – wie noch zu zeigen sein wird – in den unterschiedlichen Lebenszyklusphasen jeweils spezifische Risikopositionen für ein Unternehmensnetzwerk ergeben.

---

572 Eigene Abbildung in Erweiterung von Hess, T. (2002), S. 91.

Im Folgenden wird als Grundlage der weiteren Ausführungen zunächst ein Bezugsrahmen hergeleitet, der mit der Systematisierung von Risiken in Unternehmensnetzwerken konkrete Ansatzpunkte zur Entwicklung risikoorientierter Controllinginstrumente bietet.

3 Bezugsrahmen eines risikoorientierten Netzwerkcontrolling

Nach einer ersten Euphorie im Hinblick auf Unternehmensnetzwerke Mitte der 1990er Jahre werden zwischenzeitlich nicht mehr nur die Chancen dieser Organisationsform gesehen.[573] Vielmehr werden verstärkt auch spezifische Probleme und Risiken von Netzwerkstrukturen diskutiert.[574] Im Folgenden wird als Grundlage der weiteren Untersuchung ein theoretischer Bezugsrahmen[575] für ein risikoorientiertes Netzwerkcontrolling erarbeitet. Zu diesem Zweck werden zunächst die Begriffe des Risikos und des Risikomanagements definiert, um hierauf aufbauend eine Typologisierung der in Unternehmensnetzwerken relevanten Risiken zu erarbeiten. Das Kapitel schließt mit ersten Überlegungen zur Integration risikoorientierter Aspekte in das Controllingsystem eines Unternehmensnetzwerks.

3.1 Risikobegriff und Risikomanagement

Zentrales Element des Risikomanagements ist der Begriff des Risikos. Die Ursprünge dieses Terminus reichen zurück in die lateinische, arabische und griechische Sprache.[576] In allen Sprachen wird der Begriff in seiner ursprünglichen Bedeutung mit einem Wagnis oder einer Gefahr, aber auch mit dem Schicksal in Verbindung gebracht.[577] Wenngleich die Begriffe Risiko, Gefahr und Wagnis umgangssprachlich häufig synonym verwendet werden, so bestehen in der wissenschaftlichen Termino-

573 Vgl. Bernecker, T., Präuer, A. (2006), S. 28.

574 Vgl. stellvertretend Bernecker, T., Präuer, A. (2006); Das, T. K., Teng, B.-S. (1996); Lorth, M. (2000); Boutellier, R., Girschik, S. (2001); Harland, C., Brenchley, R., Walker, H. (2003); Chopra, S., Sodhi, M. S. (2004).

575 Theoretische Bezugsrahmen können als Vorstufe von Modellen bzw. Theorien angesehen werden. Neben Begriffen, von denen vermutet wird, dass sie Bestandteile von Theorien werden könnten, enthalten sie allgemeine Gesetzeshypothesen, in denen tendenzielle Zusammenhänge angedeutet werden. Zweck theoretischer Bezugsrahmen ist es, „... das Denken über komplexe reale Systeme zu ordnen und exploratorische Beobachtungen zu leiten." (Kirsch, W. (1971), S. 241).

576 Vgl. Dimmeler, D. (2002), S. 64.

577 Vgl. Schnorrenberg, U., Göbels, G. (1997), S. 3.

logie erhebliche konzeptionelle Unterschiede. Darüber hinaus sind die einzelnen Begriffe in verschiedenen Fachdisziplinen oft abweichend belegt.[578] Nicht zuletzt aufgrund des interdisziplinären Charakters der Betriebswirtschaftslehre und ihrer vielfältigen Anwendungsprobleme finden sich auch innerhalb der entsprechenden Fachliteratur verschiedene Definitionen von Risiko und verwandten Begriffen.[579] Im Folgenden werden die Begriffe des Risikos und des Risikomanagements definiert und darauf aufbauend der Risikobezug von Unternehmensnetzwerken hergeleitet.

3.1.1 Der Risiko-Begriff

In der Literatur finden sich im Wesentlichen zwei unterschiedliche Orientierungen in den Definitionen des Risikobegriffs. So wird einerseits zur Klärung des Risikobegriffs auf den Informationsstand und damit auf die Ursache des Risikos abgestellt, andererseits erfolgt die Definition auch von der ökonomischen Wirkung her. Folglich hat sich eine Unterscheidung in ursachen- und wirkungsbezogene Risikodefinitionen etabliert, wobei sich innerhalb beider Gruppen wiederum verschiedene Erklärungsansätze identifizieren lassen, die aus der Forschungsorientierung der jeweiligen Autoren resultieren.[580]

3.1.1.1 Ursachenbezogene Definition

Ursachenbezogene Definitionen knüpfen an Entscheidungen an und stellen somit die Risikoursache, charakterisiert durch einen speziellen Informationszustand bzw. ein Informationsdefizit, in den Vordergrund.[581] Dieser Informationsstand ist durch das Vorhandensein einer Wahrscheinlichkeitsverteilung für das Eintreten künftiger

---

578 Vgl. Dimmeler, D. (2002), S. 64.

579 Vgl. Wolf, K. (2003), S. 37; Hänggi, R. (1996), S. 58; Luhmann, N. (1990), S. 4; Karten, W. (1993), Sp. 3825; Schorcht, H., Brösel, G. (2005), S. 7.

580 Vgl. Braun, H. (1984), S. 22; Fürer, G. (1990), S. 23; Uekermann, H. (1993), S. 24; Fasse, F.-W. (1995), S. 45 - 51; Schulte, M. (1997), S. 11; Burger, A., Buchhard, A. (2002), S. 1; Wall, F. (2002a), S. 382 f.; Wolf, K. (2003), S. 37. Eckert hingegen unterscheidet formale und umgangssprachliche Definitionen. Vgl. Eckert, D. (1985), S. 34. Meinecke wiederum differenziert in verteilungs- und zielorientierte Definitionen. Vgl. Meinecke, H. (1997), S. 23. Imboden gruppiert die Definitionen in extensive, entscheidungsbezogene und informationsorientierte Varianten. Vgl. Imboden, C. (1983), S. 40 - 49. Brühwiler sieht eine betriebswirtschaftliche, mathematische und ingenieurwissenschaftliche Interpretation. Vgl. Brühwiler, B. (1994), S. 20 - 21. Schließlich unterscheidet Hermann neben entscheidungs- und informationsorientierten auch zielorientierte Risikodefinitionen. Vgl. Hermann, D. C. (1996), S. 7. Vgl. auch Philipp, F. (1967), S. 35 ff.; Schuy, A. (1989), S. 13 ff.

581 Vgl. Braun, H. (1984), S. 24; Härterich, S. (1987), S. 13; Tümpen, M. M. (1987), S. 7; Fürer, G. (1990), S. 42; Bühler, A. (1995), S. 3 - 4; Schulte, M. (1997), S. 11.

Ereignisse gekennzeichnet.[582] Ursachenbezogene Definitionen beziehen sich folglich auf die einer Entscheidungssituation immanente Unsicherheit darüber, in welchem Ausmaß Handlungsalternativen und deren Folgen erkannt und korrekt eingeschätzt werden.[583] Innerhalb dieser kausalen Auslegung lassen sich drei Strömungen erkennen:[584]

- Risiko im Sinne der Entscheidungstheorie liegt vor, wenn objektive oder subjektive[585] Wahrscheinlichkeiten für das Eintreten möglicher Umweltzustände bekannt sind.[586] Das Risikoausmaß bestimmt sich nach der Fähigkeit, Handlungsalternativen zu antizipieren.[587] Der Auswahlvorgang zwischen den verschiedenen unternehmerischen Handlungsalternativen und die mit einer Entscheidung verbundene Wirkungsfolge wird allein auf den Entscheidungsträger und somit auf das Grundproblem der beschränkten Rationalität zurückgeführt.[588]
- Der verhaltenswissenschaftliche Ansatz führt als Risikoursache das kognitive Risikoverhalten des Entscheidungsträgers an.[589] Von besonderer Bedeutung ist die individuelle Risikobereitschaft, so dass eine risikofreudige, eine risikoneutrale sowie ein risikoaverse Einstellung unterschieden werden.[590]
- Nach der Informationstheorie bedingt die Unvollkommenheit der Information das Risiko. Zu unterscheiden sind die Zustände der Unvollständigkeit (keine erschöpfende Informationsgrundlage), der Unbestimmtheit (zu geringer Informationsgehalt) und der Unsicherheit (kein vollständiges Abbild der Realität).[591] Im Vergleich zu den bislang skizzierten Begriffsauffassungen wird bei

582 Vgl. Karten, W. (1972), S. 152; Karten, W. (1978), S. 310. Ähnlich Helten, der das Risiko als „Informationsdefizit über die finale Bestimmtheit" deutet und zur Quantifizierung Verteilungskurven vorschlägt. Vgl. Helten, E. (1994), S. 21. Vgl. auch Imboden, C. (1983), S. 41 m. w. N.

583 Vgl. Schneider, D. (2001), S. 181.

584 Vgl. Fasse, F.-W. (1995), S. 45 - 51; Schorcht, H., Brösel, G. (2005), S. 7 f.

585 Vgl. Pfohl, H. C. (1977), S. 23 ff.

586 Diese Definition geht auf Knight zurück. Vgl. Knight, F. H. (1964), S. 233 ff. Vgl. auch Bamberg, G., Coenenberg, A. G. (2000), S. 19. Bezüglich der Entscheidungssituation kann zwischen Sicherheit, Risiko (Ungewissheit bei bekannter Wahrscheinlichkeitsverteilung) und Unsicherheit (Ungewissheit bei unbekannter Wahrscheinlichkeitsverteilung) unterschieden werden. Vgl. Kirsch, W. (1977), S. 29.

587 Vgl. Kratzheller, J. B. (1997), S. 12.

588 Vgl. Schorcht, H., Brösel, G. (2005), S. 7.

589 Vgl. Braun, H. (1984), S. 33; Fasse, F.-W. (1995), S. 51.

590 Risikofreudige Personen ziehen eine unsichere Alternative aufgrund potenzieller Chancen einer sicheren und ansonsten vergleichbaren Möglichkeit ohne Chance vor. Vgl. Adam, D. (1996), S. 250 - 252; Bitz, M. (1981), S. 99; Bamberg, G., Coenenberg, A. G. (1996), S. 80 - 83; Perridon, L., Steiner, M. (2004), S. 111 - 113.

591 Vgl. Mensch, G. (1991), S. 45; Helten, E. (1994), S. 21.

dieser Definition kein Bezug zu den möglichen Wirkungen von Risiken hergestellt.[592]

Im Hinblick auf die beiden erstgenannten Definitionen ist der unterstellte Zusammenhang von Risiken und Entscheidungen zu kritisieren. Zwar bedingen Entscheidungen fast durchgehend das Eingehen von Risiken; jedoch können Risiken unabhängig von Entscheidungen auftreten. Zu nennen sind etwa externe Entwicklungen, die sich der Einflussnahme durch das Unternehmen entziehen.[593] Eine derartige Verbindung von Entscheidung und Risiko ist in der Informationstheorie nicht gegeben, so dass sich auch kein Bezug zwischen Risikoursache und Risikowirkung ableiten lässt.[594]

3.1.1.2 Wirkungsbezogene Definition

Wirkungsbezogene Definitionen charakterisieren die Wirkung des Risikos als eine Folge von (Fehl-)Entscheidungen.[595] Das Risiko umschreibt hierbei die Möglichkeit der ökonomischen Zielverfehlung.[596] Dieses finale Risikoverständnis setzt somit die Existenz von Zielen, die als Referenzwert dienen, voraus.[597] Es geht von der Analyse der Folgen des Risikos aus und zieht hieraus Rückschlüsse auf mögliche Ursachen.[598] Der Risikoeintritt ist gleichermaßen Folge der unvollständigen Prognostizierbarkeit der Wirkung eigener und fremder unternehmerischer Entscheidungen wie auch der Evolution von Markt und Umwelt.[599] Häufig wird die Zielabweichung in einer Schadens- oder Verlustgefahr konkretisiert.[600] Hierbei ist zwischen reinen, nur eine Schadensgefahr und keine Erfolgschance implizierenden,

---

592 Vgl. Hermann, D. C. (1996), S. 12; Schorcht, H., Brösel, G. (2005), S. 7.

593 Vgl. Wolf, K. (2003), S. 38. Vgl. auch Braun, H. (1984), S. 25; Hermann, D. C. (1996), S. 10.

594 Vgl. Hermann, D. C. (1996), S. 12.

595 Vgl. Imboden, C. (1983), S. 41; Mikus, B. (2001), S. 5 m. w. N. Der einseitig wirkungsbezogene Bezug, der keine konkreten Hinweise auf den Entstehungszusammenhang von Risiken gibt, sowie der wertende Bezug des Risikos im Rahmen der wirkungsbezogenen Definition werden in der Literatur mitunter kritisch eingeschätzt. Vgl. Häberle, S. G. (1979), S. 25 f.; Haller, M. (1986b); Schuy, A. (1989), S. 17 f.; Hermann, D. C. (1996), S. 9.

596 Vgl. Braun, H. (1984), S. 22 f. m. w. N. Kupsch, P. U. (1973), S. 28 f.; Streitferdt, L. (1973), S. 6 f.; Mag, W. (1981), S. 479; Haller, M. (1986b), S. 18; Koch, H. D. (1989), Sp. 2062.

597 Vgl. Fürer, G. (1990), S. 43.

598 Vgl. Kupsch, P. U. (1973), S. 28; Rogler, S. (2002), S. 7.

599 Vgl. Diederichs, M. (2004b), S. 7 f.

600 Vgl. Kupsch, P. U. (1973), S. 26; Brühwiler, B. (1994), S. 4. Auch das KonTraG berücksichtigt nur die Verlustgefahr. Zum Risikoverständnis des KonTraG vgl. Wall, F. (2001a), S. 211. Zur Kritik am Risikoverständnis des KonTraG vgl. Wall, F. (2002a), S. 384. Zu den gesetzlichen Regelungen des KonTraG vgl. Picot, G. (2001).

und spekulativen, neben Gefahren auch Chancen[601] umfassenden, Risiken zu differenzieren.[602] Letztere werden auch als Risiken unternehmerischen Handelns bezeichnet.

3.1.1.3 Ableitung einer arbeitsspezifischen Risikodefinition

Aufbauend auf den dargestellten Interpretationen des Risikobegriffs stellt sich die Frage nach einer geeigneten Risikodefinition für die vorliegende Untersuchung. Diese muss den Umfang des vertretenen Risikobegriffs und damit die Risikowirkungen sowie die Ursachen von Risiken umreißen.

Umfang des Risikobegriffs

Hinsichtlich des Umfangs des Risikobegriffs ist festzulegen, inwieweit reine und/oder spekulative Risiken betrachtet werden sollen. Mit Bezug auf spekulative Risiken stellt sich zudem die Frage, ob lediglich Gefahren oder auch Chancen einbezogen werden sollen.

Im Mittelpunkt der Betrachtung von Risiken steht zunächst zweifelsohne die Gefahr, dass der angestrebte Erfolg nicht realisiert wird.[603] Somit liegt es nahe, den Begriff des Risikos in einer engen Sicht nur für die negative Abweichung von subjektiven Zielvorstellungen zu verwenden, und hierbei sowohl reine Risiken als auch Gefahren im Sinne spekulativer Risiken zu betrachten.[604]

Da jedoch Unternehmenserfolg nur realisiert werden kann, wenn ein bestimmtes Maß an Risiken akzeptiert wird,[605] ist die Chance, dass sich eine Entscheidung, eine Handlung oder ein Ereignis positiv auf den Erfolg auswirkt, als dem Risiko unmittelbar gegenüberstehende Gewinnmöglichkeit zu betrachten.[606] Chancen und Risiken sind dem unternehmerischen Handeln immanent,[607] so dass in einer weiten Sicht der Risikobegriff auch Chancen im Sinne positiver Abweichungen beinhaltet.[608] Jedoch

---

601 Als Chance wird üblicherweise eine potenzielle positive Abweichung bezeichnet. Vgl. Neubürger, K. W. (1980), S. 38; Neubürger, K. W. (1981), S. 450; Farny, D. (1989), Sp. 1751; Neubürger, K. W. (1989), S. 29; Broll, U., Milde, H. (1999), S. 516.

602 Vgl. Braun, H. (1984), S. 23; Karten, W. (1993), Sp. 3829; Kless, T. (1998), S. 93; Epstein, R. (1999), S. 46; Fröhling, O. (2000), S. 63; Hölscher, R. (2000b), S. 300.

603 Vgl. Blankenburg, J. (1975), S. 2851.

604 Vgl. Lück, W. (1998a), S. 1925.

605 Vgl. Schorcht, H., Brösel, G. (2005), S. 12.

606 Gleichwohl erfahren Chancen und Risiken separate Erwähnung. Vgl. Kupsch, P. (1971), S. 15; Hornung, K. (1998), S. 278.

607 Vgl. Haller, M. (1986b), S. 8 - 11; Pollanz, M. (1999), S. 394.

608 Dem engen Risikobegriff liegt somit ein asymmetrisches, dem weiten Risikobegriff ein symmetrisches Risikoverständnis zugrunde. Vgl. Burger, A., Buchhard, A. (2002), S. 3 f.

erscheint eine Berücksichtigung von Chancen im Risikobegriff nicht zweckmäßig, da damit eine Überschneidung des Risikomanagements mit dem Ertragsmanagement begründet würde. Vielmehr ist die Chance als Gewinnmöglichkeit zu verstehen, die dem Risiko diametral gegenübersteht.[609] Der Umfang des in der vorliegenden Arbeit vertretenen Risikobegriffs ist in Abbildung 24 verdeutlicht.

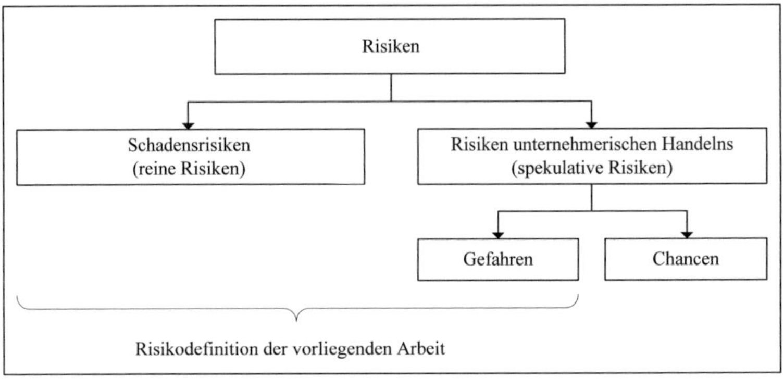

Abbildung 24: Risikodefinition[610]

Risikoursachen

Risiko entsteht erst durch die Möglichkeit, dass subjektive Erwartungen nicht erfüllt werden.[611] Somit ist Risiko immer auch mit subjektiven Zielsetzungen verbunden.[612] Dabei können Risiken zweierlei Ursachen haben. Zum einen können sie durch den Entscheidungsprozess induziert sein. Ursache ist entweder die Unsicherheit des Handelnden hinsichtlich der Entscheidungsprämissen oder die Unvollständigkeit, Unbestimmtheit oder Unsicherheit der Information. Zum anderen können Risiken ohne Bezug zu Entscheidungen existieren, sondern sich vielmehr aus der Interaktion mit der Unternehmensumwelt ergeben. Diese birgt eine Vielzahl nicht beeinflussbarer Risikopotenziale. Die Existenz einer Handlungsalternative bzw. einer Entschei-

609 Vgl. Kupsch, P. (1971), S. 15; Hornung, K. (1998), S. 278.

610 In Anlehnung an Schorcht, H. (2004), S. 29.

611 In anderen Worten wird die wertneutrale Unsicherheitssituation erst durch die subjektive Zielsetzung zum Risiko. Vgl. Helten, E. (1979), S. 73, der diesen Zusammenhang wie folgt verdeutlicht: Durch das Werfen eines Würfels erwächst weder eine Gefahr noch eine Chance. Erst wenn diese Situation mit einem Glückspiel verbunden ist, erfolgt im Rahmen des Würfelns eine Wertung, die sich als Risiko darstellt. Vgl. auch Wälchi, H. (1975), S. 40; Naegeli, P. (1978), S. 21; Neubürger, K. W. (1980), S. 38; Streitferdt, L. (1973), S. 7 f.

612 Vgl. Streitferdt, L. (1973), S. 7 f.

dungssituation ist für das Entstehen einer Risikosituation nicht zwingend erforderlich.[613]

Risikodefinition der vorliegenden Arbeit

Eine rein wirkungsbezogene Definition, wie sie beispielsweise das KonTraG nahelegt,[614] kann ohne eine Berücksichtigung der Risikoursachen keine Grundlage für ein effizientes und effektives Risikomanagement sein.[615] Im Gegenzug ist jedoch gleichermaßen festzuhalten, dass zur Beschreibung einer Risikosituation die Existenz einer Wahrscheinlichkeitsverteilung für potenzielle Ergebnisse von verschiedenen Handlungsmöglichkeiten[616] nicht ausreichend ist.[617] Eine vollständige Risikodefinition muss letztlich aus einer informatorischen, ursachenbezogenen wie auch einer wertenden, wirkungsbezogenen Komponente bestehen.[618]

Im Zuge der vorliegenden Untersuchung seien Risiken daher definiert als zukünftige Entwicklungen und Ereignisse, die eine Nicht-Erreichung der Ziele auf Unternehmens- oder Netzwerkebene bewirken können. Risiken resultieren aus der Unsicherheit der Entscheidungsprämissen und/oder der Unvollkommenheit von Informationen.[619]

3.1.1.4 Systematisierung von Risiken

Um die Komplexität der Risikostruktur zu vermindern, finden sich in der Literatur verschiedene Kategorisierungsvorschläge.[620] Ziel ist es, die Handhabbarkeit von Risiken zu unterstützen und die Transparenz insbesondere in komplexen Organisationsstrukturen zu erhöhen.[621] Die älteste Differenzierung erfolgt in versicherbare und nicht versicherbare Risiken und erklärt sich durch die historische Herkunft des „Risk Management" aus dem betrieblichen Versicherungsmanagement.[622] Als

---

613 Vgl. Wälchi, H. (1975), S. 40. Zwar können Risiken unabhängig von Entscheidungssituationen auftreten, jedoch ist andererseits das Risiko fast sämtlichen unternehmerischen Entscheidungen immanent. Vgl. Krelle, W. (1957), S. 633; Krieg, W. (1978), S. 533; Naegeli, P. (1978), S. 21.

614 Vgl. Wolf, K. (2003), S. 39.

615 Vgl. Fürer, G. (1990), S. 43; Schulte, M. (1997), S. 12.

616 Vgl. hierzu Karten, W. (1972), S. 152.

617 Vgl. Braun, H. (1984), S. 25.

618 Vgl. Braun, H. (1984), S. 26 f.; Helten, E. (1979), S. 73.

619 Vgl. Wolf, K. (2003), S. 40.

620 Vgl. Mikus, B. (2001), S. 7 - 9; Schorcht, H. (2004), S. 23.

621 Vgl. Wolf, K., Runzheimer, B. (2003), S. 41.

622 Als versicherbare Risiken werden einerseits die auf dem Markt für Versicherungsleistungen gehandelte sowie andererseits die theoretisch versicherbaren – also für den Ausgleich im Kollektiv geeigneten – Risiken bezeichnet. Vgl. Mugler, J. (1979), S. 60; Braun, H. (1984), S. 29.

weitere, für die vorliegende Untersuchung relevante Systematisierungsansätze finden sich in der einschlägigen Literatur:

- Strategische vs. operative Risiken
  Strategische Risiken beeinträchtigen die Realisierung von langfristigen, globalen Zielen und stellen eine Gefahr für das Unternehmen als Ganzes dar.[623] Sie leiten sich aus Fehlern der strategischen Unternehmensführung ab. Die strategische Unternehmensführung stellt auf „Entwicklungen, die sich durch Chancen und Risiken als ‚Erfolgspotentiale' beschreiben lassen",[624] ab. Erfolgspotenziale wiederum sind nachhaltige Vorsteuergrößen des operativen Erfolgs.[625] Operative Risiken beziehen sich hingegen auf kurzfristige Ziele und Entscheidungen in einzelnen Teilbereichen des Unternehmens.[626]

- Interne vs. externe Risiken
  Interne bzw. externe Risiken liegen vor, wenn die Risikoursachen vorwiegend im Unternehmen selbst bzw. in seiner Umwelt vorzufinden sind.[627] Interne Risiken liegen somit im unmittelbaren Einflussbereich der Unternehmung, wohingegen externe Risiken durch unerwartete externe Entwicklungen auftreten, so dass Unternehmen nur reaktiv Einfluss nehmen können.[628] Externe Risiken sind damit schwierig zu handhaben.[629]

- Strukturelle vs. prozessuale Risiken
  Strukturelle und prozessuale Risikogruppierungen zielen darauf ab, die Ortung eines Risikos zu erleichtern und beziehen sich auf den zuständigen Verantwortungs- und Kompetenzbereich, in den das Gefahrenpotenzial fällt.[630] Unter strukturellen Aspekten ist der Auswirkungsort der Risiken zu verste-

623 Vgl. Mikus, B. (2001), S. 7 f.

624 Horváth, P. (2006), S. 234. Vgl. auch Gälweiler, A. (1990), S. 28; Peemöller, V. H. (2005), S. 115 f.

625 Vgl. Jenner, T. (1998), S. 147; Macharzina, K., Wolf, J. (2005), S. 263 f.; Welge, M. K., Al-Laham, A. (2003), S. 121.

626 Vgl. Farny, D. (1996), Sp. 1802; Kupsch, P. (1995), S. 531.

627 Vgl. Kupsch, P. (1995), S. 533; Philipp, F. (1967), S. 32. Ähnlich findet sich häufig die Unterscheidung in betriebliche und Umweltrisiken, innerbetriebliche und außerbetriebliche oder auch endogene und exogene Risiken. Vgl. Philipp, F. (1967), S. 32; Kupsch, P. (1995), S. 533; Mikus, B. (2001), S. 8; Wolf, K. (2003), S. 42. Haller hingegen unterscheidet Aktionsrisiken und Bedingungsrisiken. Erstere umfassen Störprozesse, die zu einer Gefährdung der Unternehmensziele führen, wohingegen letztere die Zielerreichung durch eine Verletzung von Randbedingungen gefährden. Vgl. Haller, M. (1978), S. 485; Haller, M. (1986b), S. 18; Schinle, M. (1987), S. 90; Gutmannsthal-Krizantis, H. (1994), S. 219. Zu weiteren Abgrenzungen verschiedener Arten von Störgrößen bzw. Risikoursachen vgl. Koreimann, D. (1964), S. 98 ff.; Härterich, S. (1987), S. 117 f.

628 Vgl. Burger, A., Buchhard, A. (2002), S. 3.

629 Reichert, A. (2000), S. 424; Reichmann, T., Form, S. (2000), S. 192.

630 Vgl. Wolf, K. (2003), S. 43.

hen. Dies kann etwa auf das Firmenkonstrukt und damit auf Einzelgesellschaften, Regionen etc. oder aber auf die Aufbauorganisation eines einzelnen Unternehmens und damit beispielsweise auf einzelne Abteilungen wie Einkauf, Produktion, Vertrieb etc. abstellen. Im Kontext von Unternehmensnetzwerken kann etwa die Ebene des gesamten Netzwerks oder auch ein einzelnes Partnerunternehmen betroffen sein. Der prozessuale Aspekt stellt auf Risiken ab, die entlang der Wertkette[631] auftreten können.[632] Hierbei sind primäre und unterstützende Tätigkeiten zu unterscheiden.[633] Um Wettbewerbsvorteile zu erreichen, muss das Unternehmen insbesondere in den primären Aktivitäten einen über der Konkurrenz liegenden Mehrwert aus Sicht des Kunden erreichen.[634] Primäre Aktivitäten sollten somit auch der Hauptansatzpunkt des Risikomanagements sein.[635]

Einen Überblick über die genannten und weitere gebräuchliche Systematisierungen gibt Abbildung 25.

Unterscheidungsmerkmale	**Risikoarten**
Problemtyp	Strategisches und operatives Risiko
Art des Verlustes	Finanzielles, güterwirtschaftliches Risiko sowie Informationsrisiko
Ort der Wirkung	Singuläres und kumulatives Risiko
Betriebsfunktion	Beschaffungs-, Produktions-, Absatz- und Finanzierungsrisiko
Handlungsphase	Planungs-, Realisations- und Kontrollrisiko
Handlungsrang	Leistungs- und Ausführungsrisiko
Unternehmensbezug	interne und externe Risiken
Verdichtungsgrad	Einzel- und Gesamtrisiko (aggregiertes Risiko)
Versicherbarkeit	Versicherbares und nicht versicherbares Risiko
Wirkungsweise	Schlagendes und schleichendes Risiko

Abbildung 25: Risikoarten[636]

---

631 Zum Konzept der Wertkette vgl. Porter, M. E. (2000).

632 Für eine Darstellung von Unternehmensrisiken mit Hilfe der Wertkette vgl. KPMG (1998), S. 5 f.

633 Vgl. Welge, M. K., Al-Laham, A. (2003), S. 240 - 242.

634 Vgl. Hoffmann, W., Klien, W., Unger, M. (1996), S. 256 - 263; Kreikebaum, H. (1997), S. 136 - 138; Hahn, D., Hungenberg, H. (2001), S. 321 - 323.

635 Vgl. Wolf, K. (2003), S. 43. Ähnlich findet sich in der Literatur die Unterscheidung in Kern- und Randrisiken. Vgl. Pollanz, M. (2000), S. 163; Gleißner, W. (2000), S. 1628.

636 In Anlehnung an Kupsch, P. (1995), S. 532. Eine andere Übersicht findet sich bei Schorcht, H. (2004), S. 311 ff.

3.1.2 Risikomanagement

Bislang herrscht in der Literatur keine Einigkeit über den Begriff des Risikomanagements.[637] Allgemein kann jedoch festgehalten werden, dass aufgrund der zunehmenden Komplexität und steigenden Dynamik der Umwelt das Erkennen, Bemessen und Bewältigen von Risiken zunehmend schwieriger geworden ist und in Folge dessen der Aspekt des Umgangs mit dem Risiko in den Vordergrund des Risikomanagements tritt.[638] Dies macht ebenfalls eine entsprechende Berücksichtigung im Ertragsmanagement erforderlich.[639]

3.1.2.1 Definition und Abgrenzung

Dem Risikomanagement kommt als Teil der Unternehmensführung eine Sicherungsfunktion hinsichtlich der Überschüsse aus der Leistungserstellung und –verwertung zu.[640] In Abhängigkeit von der zugrunde liegenden Risikoauffassung lassen sich das Risikomanagement i. e. S. und das Risikomanagement i. w. S. unterscheiden. Während das Risikomanagement i. e. S. lediglich die reinen Risiken betrachtet, berücksichtigt das Risikomanagement i. w. S. auch die spekulativen Risiken und ist als risikobewusste Unternehmensführung, die bei der Gestaltung der unternehmerischen Aktivitäten systematisch die damit verbundenen Risiken berücksichtigt und mit geeigneten Maßnahmen bewältigen will,[641] zu verstehen.[642]

Nach der historischen Entwicklung differenziert die Literatur in Risk Management und Risikomanagement. Risk Management geht ursprünglich auf die Bemühungen amerikanischer Großunternehmen seit Beginn der 1950er Jahre zurück, durch Koordination von Versicherungsverträgen ein einheitliches Versicherungsniveau sowie eine optimierte Versicherungsprämie zu erreichen.[643] Risk Management beschränkt

---

637 Vgl. Heilmann, W.-R. (1989), S. 142; Burger, A., Buchhard, A. (2002), S. 9.

638 Vgl. Schorcht, H., Brösel, G. (2005), S. 13.

639 Vgl. Haller, M. (1986b), S. 8. Innerhalb der Unternehmensführung, deren Funktion in Entscheidungen über die Generierung von Überschüssen aus der Erstellung und Verwertung von Leistungen zu sehen ist, ergänzen sich Ertrags- und Risikomanagement als entgegengesetzte Bestandteile. Vgl. Baetge, J., Jerschensky, A. (1999), S. 171 f.

640 Vgl. Braun, H. (1984), S. 45.

641 Vgl. Haller, M. (1986b), S. 10; Hahn, D. (1987), S. 139; Mensch, G. (1991), S. 18.

642 Vgl. Karten, W. (1978), S. 308; Hoffmann, K. (1985), S. 11; Hahn, D. (1987), S. 138 f.; Kupsch, P. (1995), S. 534 ff. Vertreter des Risikomanagements i. e. S. sind beispielsweise Mugler, J. (1979) oder Imboden, C. (1983). Schuy, A. (1989), Mensch, G. (1991) oder auch Hermann, D. C. (1996) hingegen zählen zu den Vertretern des Risikomanagements i. w. S.

643 Vgl. Karten, W. (1978), S. 308 f.; Wolf, K. (2003), S. 45.

sich auf reine Risiken[644] und entspricht damit im Wesentlichen dem Risikomanagement i. e. S.[645] In diesem Kontext wird der Begriff des Risikomanagements üblicherweise als Risikomanagement i. w. S. interpretiert und darauf hingewiesen, dass dieses seine Wurzeln in der langfristigen Unternehmensplanung hat und ein integrativer Bestandteil der Unternehmensführung ist.[646]

Schließlich findet sich in der Literatur häufig eine Unterscheidung in ein spezielles und ein generelles Risikomanagement.[647] Das spezielle Risikomanagement beschränkt sich auf Risiken, die vorwiegend der operativen Entscheidungsebene zuzuordnen sind, und betrachtet lediglich reine Einzelrisiken. Somit entspricht es im Wesentlichen dem Risikomanagement i. e. S. bzw. dem Risk Management. Die Einschränkung des Betrachtungsgegenstands wird im generellen Risikomanagement aufgehoben. Zudem wird der zeitliche Bezugsrahmen erweitert und das Risikomanagement stärker prospektiv bzw. strategisch ausgerichtet. Das generelle Risikomanagement umfasst sämtliche Institutionen, Prozesse und Instrumente, die eine zielgerichtete Risikolage des Unternehmens bewirken und somit der Risikoproblemlösung dienen.[648] Das generelle Risikomanagement kann somit den Ansätzen des Risikomanagements i. w. S. zugerechnet werden.[649]

Während die bisher erörterten Differenzierungen letztlich allesamt zu der Abgrenzung von Risikomanagement i. e. S. und Risikomanagement i. w. S. führen, nehmen Sauerwein und Thurner in ihrer Systematisierung eine Abgrenzung zwischen einem traditionellen und einem systemorientierten Managementansatz vor.[650] Die Differenzierung erfolgt hier – wie aus Tabelle 1 ersichtlich – nicht mehr allein anhand der Art des betrachteten Risikos, sondern darüber hinaus auch anhand der Art der Behandlung und des Umgangs mit Risiken sowie der organisatorischen Einbettung des Risikomanagements im Unternehmen.[651]

---

644 Vgl. Seifert, W. G. (1981), S. 746; Mensch, G. (1991), S. 8 - 10; Brühwiler, B. (1994), S. 2; Fasse, F.-W. (1995), S. 61 - 64.

645 Vgl. Wolf, K. (2003), S. 45; Schorcht, H., Brösel, G. (2005), S. 13 f..

646 Vgl. Hahn, D. (1987), S. 138; Härterich, S. (1987), S. 32 - 34; Fürer, G. (1990), S. 59 - 62; Bühler, A. (1995), S. 5 - 8; Sauerwein, E., Thurner, M. (1998), S. 25. Für detaillierte Gegenüberstellungen sei auf die Darstellungen bei Wolf, K. (2003), S. 45, sowie Schorcht, H., Brösel, G. (2005), S. 14, verwiesen.

647 Vgl. Haller, M. (1986a), S. 121 ff.; Hahn, D. (1987), S. 137 ff; Krystek, U. (1999), S. 147 ff.; Mikus, B. (2001), S. 10 f.; Picot, A., Schuller, S. (2001), S. 237.

648 Vgl. Fasse, F.-W. (1995), S. 61.

649 Vgl. Wolf, K. (2003), S. 45; Schorcht, H., Brösel, G. (2005), S. 14.

650 Zum Systemansatz siehe Abschnitt 3.2.2.1.

651 Vgl. Sauerwein, E., Thurner, M. (1998), S. 24 f.

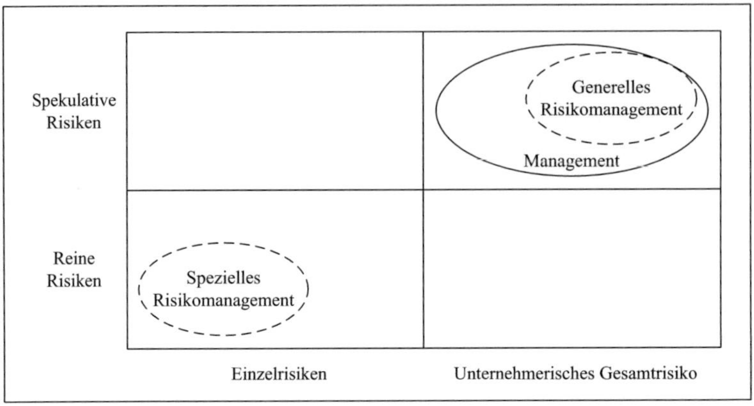

Abbildung 26: Risikoarten und Risikomanagement-Konzepte[652]

Eine ähnliche Unterscheidung, jedoch mit einem höheren Detaillierungsgrad, nehmen Hoeve und Schweizer aufbauend auf den Arbeiten von Deloach[653] vor.[654] Dabei steht dem einfachen Risikomanagement das integrierte Risikomanagement als umfassendste und konsequenteste Form gegenüber. Dieses zeichnet sich durch einen Paradigmenwechsel hinsichtlich Zielsetzung, Umfang, Instrumenten und Organisation aus und ist in sämtliche Unternehmensebenen und –prozesse integriert. Anders als das einfache ist das integrierte Risikomanagement umfassend, prozessorientiert, proaktiv, kontinuierlich und wertorientiert ausgerichtet.[655]

Zusammenfassend soll Risikomanagement im Folgenden als das Steuern und Regeln der bereits bestehenden und zukünftig entstehenden Risiken eines Unternehmens verstanden werden, so dass der Wert des Unternehmens durch Verringerung der Risiken bei gleichen Ertragschancen gesteigert wird.[656] Die weiteren Ausführungen erfolgen somit auf der Basis des systemorientierten Risikomanagementansatzes und im Einklang mit dem integrierten Risikomanagementgedanken. Gemäß der gewählten Definition des Risikobegriffs konzentriert sich das Risikomanagement dabei allerdings auf reine Risiken sowie die negative Seite des spekulativen Risikos.

652 In Anlehnung an Macharzina, K., Wolf, J. (2005), S. 655. Macharzina verwendet jedoch die Bezeichnungen traditionelles und strategisches Risk-Management anstelle von spezielles und generelles Risikomanagement sowie strategische Management anstelle von Management.

653 Vgl. Deloach, J. W. (2000).

654 Vgl. Hoeve, P., Schweizer, M. (2001), S. 108.

655 Eine weiterführende Übersicht über existierende Risikomanagementkonzeptionen findet sich bei Mensch, G. (1991), S. 8 ff.

656 Vgl. Baetge, J., Jerschensky, A. (1999), S. 171.

Merkmal	Traditioneller Risikomanagementansatz	Systemorientierter Risikomanagementansatz
Art des betrachteten Risikos	verengte Sichtweise des Risikobegriffs	erweiterte Sichtweise, negative Auswirkungen von Risiken wie auch die Möglichkeit positiver Abweichungen werden betrachtet
Art der Behandlung und Umgang mit Risiken	Risikomanagement als begleitende Führungsfunktion zur Unterstützung der Sicherung von Unternehmenszielen	Gewährleistung einer ganzheitlichen Sicht des Risikomanagements
Organisatorische Einbettung des Risikomanagements	Versuch der Risikovermeidung auf operativer Ebene	integraler Bestandteil der Unternehmensführung mit strategischem Charakter[657]

Tabelle 1: Systematisierung des Risikomanagements nach Sauerwein und Thurner[658]

3.1.2.2 Ziele und Aufgaben

Kardinales Oberziel einer Unternehmung ist die Sicherung der Existenz unter Beachtung des finanzwirtschaftlichen Gleichgewichts. Alle weiteren Ziele, wie beispielsweise die Verzinsung des eingesetzten Kapitals, und somit auch die Ziele des Risikomanagements, leiten sich hieraus ab.[659] Wichtigstes Ziel des Risikomanagements muss hierbei die Gewährleistung der Erreichung der Unternehmensziele mittels integrativer, retro- und prospektiver Risikobetrachtung in unternehmerischen Entscheidungen sein.[660] Eine generelle Vermeidung bzw. Eliminierung aller Risiken kann jedoch nicht zielführend sein, da hiermit auch die Vermeidung von Ertragschancen einherginge.[661] Vielmehr müssen Risiken eingegangen werden, um langfristig Erfolgspotenziale aufzubauen und zu sichern, die ihrerseits Grundlage des Unternehmenserfolgs sind. Somit bestehen Wechselwirkungen zwischen den Entscheidungen des Risiko- und des Ertragsmanagements.[662]

Im Vordergrund der Bemühungen stehen somit die Beherrschung von Risiken und damit einhergehend das Erreichen und Sichern einer – gemessen an den Präferenzen

---

657 Die Erweiterung des Betrachtungsrahmens des Risikomanagements auf den strategischen Bereich findet sich erstmals bei Seifert. Vgl. Seifert, W. G. (1981), S. 746 ff. Vgl. auch Haller, M. (1986a), S. 117 ff.

658 Eigene Darstellung in Anlehnung an Schorcht, H., Brösel, G. (2005), S. 15.

659 Vgl. Krieg, W. (1978), S. 535; Braun, H. (1979), S. 12. Hermann, D. C. (1996), S. 39; Schorcht, H., Brösel, G. (2005), S. 16. Adam unterscheidet hierzu mit Fristigkeit, Unternehmensstruktur und hierarchischer Ebene drei Strukturierungsansätze. Vgl. Adam, D. (1996), S. 113 - 122.

660 Vgl. Mensch, G. (1991), S. 64.

661 Vgl. Kimmig, J. M. (2001), S. 38; Burger, A., Buchhard, A. (2002), S. 10.

662 Vgl. Kromschröder, B., Lück, W. (1998), S. 1575.

der Unternehmensführung – risikooptimalen Unternehmensposition.[663] Hierfür ist durch partielle Risikostreuung im Sinne der Portfolioselektion ein ausgeglichenes Risikoportfolio des Unternehmens anzustreben, so dass die resultierende Risikolage nicht existenzgefährdend und Risikotragfähigkeit gegeben ist.[664]

Als weiteres Ziel des Risikomanagements wird regelmäßig die Minimierung der Risikokosten als Kosten der Schadensbeseitigung genannt. Das entsprechende Kosten-Nutzen-Kalkül definiert sich durch die Differenz zwischen der Höhe materieller und immaterieller Schäden und Kosten zu ihrer Abwehr.[665] Das Risikobewusstsein der Mitarbeiter bestimmt als holistisches Element maßgeblich die Effektivität des Risikomanagements.[666] Art und Weise des Risikoumgangs und der Risikokommunikation determinieren die Risikokultur eines Unternehmens.[667]

Zur Verwirklichung der genannten Zielsetzungen besteht die allgemeine Aufgabe des Risikomanagements in der Einbindung der Risikokomponente in die Verfolgung der Unternehmensziele auf allen Führungsebenen. Hierzu ist einerseits das Risikobewusstsein der Mitarbeiter zu stärken, so dass relevante Störpotenziale bei allen Führungsaktivitäten vorausschauend identifiziert und beurteilt werden.[668] Einzelentscheidungen sind im Hinblick auf ihre Konsequenzen für das unternehmerische Gesamtrisiko – ggf. durch Austausch von Einzelrisiken – so zu steuern, dass die Sicherheit des Unternehmens erhöht wird.[669] Auch die Bewusstmachung des unspezifizierten Risikophänomens im Rahmen des Ertragsmanagements zählt zu den

---

663 Vgl. Burger, A., Buchhard, A. (2002), S. 10; Schorcht, H., Brösel, G. (2005), S. 16. Aus theoretischer Sicht wäre zur Bestimmung der optimalen Risikoposition die Kenntnis der Bernoulli-Nutzenfunktion des Unternehmens erforderlich. So würde beispielsweise bei extremer Risikoscheu die optimale Risikoposition durch eine Minimierung des eingegangenen Risikos erreicht. Gleichwohl ist die Bernoulli-Nutzenfunktion schon bei Individuen nur sehr schwer zu bestimmen, so dass eine mathematisch fundierte Optimierung realiter bereits an der Operationalisierung einer Zielfunktion scheitert. In der Praxis behilft man sich daher beispielsweise im Bereich der Finanzwirtschaft mit einer Begrenzung des maximalen Risikos durch Limitvorgaben und risikoadjustierte Steuerungsgrößen. Anstelle einer optimalen Risikoposition spricht man daher auch von einer unternehmenszielkonformen Risikoposition. Vgl. Oehler, A., Unser, M. (2002), S. 30. Vgl. auch Hölscher, R. (2000a), S. 306.

664 Vgl. Albach, H. (1979), S. 713; Braun, H. (1984), S. 48; Hermann, D. C. (1996), S. 38 f. Risikotragfähigkeit ist als Fähigkeit des Unternehmens zu verstehen, Verluste aus eingetretenen Gefahren zu tragen, ohne insolvent zu werden. Die Risikotragfähigkeit steht in engem Zusammenhang mit dem Risikodeckungspotenzial. Vgl. Schorcht, H. (2004), S. 173 f.

665 Vgl. Wolf, K. (2003), S. 49.

666 Vgl. Kupsch, P. (1995), S. 533.

667 Vgl. KPMG (1998), S. 8, die die Risiko- und Kontrollkultur als Voraussetzung einer verantwortungsvollen Risikobewältigung bezeichnen. Vgl. auch Wittmann, E. (1999), S. 142. Für eine Systematisierung von Risikomanagementstilen und zugrunde liegender Ausprägungen der Risikokultur vgl. KPMG (1998), S. 9.

668 Vgl. Haller, M. (1986b), S. 9; Hahn, D. (1987), S. 139; Mensch, G. (1991), S. 18 sowie S. 60.

669 Vgl. Mensch, G. (1991), S. 66 ff.; Fasse, F.-W. (1995), S. 75 - 81.

Aufgaben des Risikomanagements.[670] Insgesamt münden die genannten Aufgaben in der Entwicklung einer risikobewussten Unternehmensphilosophie. Erst durch diese Verbreitung eines erhöhten allgemeinen Risikobewusstseins im Unternehmen werden die Voraussetzungen für die Erfüllung der Risikomanagementziele geschaffen.[671]

Darüber hinaus hat das Risikomanagement die Aufgabe der Implementierung von organisatorischen Maßnahmen, Methoden und Systemen zur Erkennung, Bewertung, Klassifikation, Steuerung und Kontrolle von Risiken. Diese Systeme sollen Informationen zur Verfügung stellen und auswerten, die zur Vorbereitung von Einzelentscheidungen sowie deren Abstimmung erforderlich sind. Hierzu zählt auch die Bereitstellung und kontinuierliche Weiterentwicklung von Instrumenten und Verfahren zur Einbeziehung der Unsicherheit.[672] Diese Aufgaben spiegeln sich in einem sich kontinuierlich wiederholenden Risikomanagementprozess wider.

Entsprechend ihrer Ausrichtung lassen sich zudem strategische und operative Aufgaben des Risikomanagements unterscheiden. Die strategischen Aufgaben stellen auf die Analyse und Bewertung strategischer Risiken unter Berücksichtigung der komplexen, unsicheren Problemsituation, der Vielzahl möglicher Einfluss- und Handlungsfaktoren sowie des hohen Grades informatorischer Unvollkommenheit ab.[673]Als strategische Risiken sind Risiken aus dem Bereich der Unternehmensentwicklung und der Unternehmenspolitik anzusehen.[674] Das Risikomanagement hat Strategien zur Risikohandhabung unter Berücksichtigung der Erfolgswirkungen und der Risikotragfähigkeit zu entwerfen, die die funktionalen, institutionalen und instrumentellen Prämissen des Risikomanagementsystems vorgeben.[675] Ein wirkungsvolles strategisches Risikomanagement bildet somit durch die Bereitstellung von Strukturen und Zielvorgaben die Grundvoraussetzung für ein effektives operatives Risikomanagement.[676]

Aufgabe des operativen Risikomanagements ist die Gestaltung einer gegebenen Risikosituation durch Koordination von risikobehafteten Einzelentscheidungen zu

---

670 Vgl. Schorcht, H., Brösel, G. (2005), S. 17.

671 Vgl. Braun, H. (1984), S. 58; Kupsch, P. (1995), S. 533.

672 Vgl. Haller, M. (1986b), S. 9; Mensch, G. (1991), S. 66 ff.

673 Vgl. Schorcht, H., Brösel, G. (2005), S. 18.

674 Vgl. Liebl, F. (2001), S. 504.

675 Vgl. Wolf, K. (2003), S. 52 - 55. Vgl. auch Kless, T. (1998), S. 94; Baetge, J., Jerschensky, A. (1999), S. 171; Lück, W. (1998a), S. 1926; Lück, W. (2000), S. 1475; Bitz, H. (2000), S. 19; Behre, W., Nöcker, G. (2000), S. 531.

676 Vgl. Hölscher, R. (2000b), S.306. Empirische Untersuchungen konstatieren jedoch, dass die Bedeutung des strategischen Risikomanagements bislang unterschätzt wird. Vgl. Hölscher, R. (2000a), S. 450 f.

einem akzeptablen Gesamtrisiko.[677] Das operative Risikomanagement bezieht sich auf die unmittelbare Erfolgserzielung unter Beachtung der hierfür einzugehenden Risiken. Somit stehen dem Risiko der konkreten Situation Erfolg und Liquidität als Steuerungsgrößen diametral gegenüber.[678]

3.1.2.3 Der Risikomanagementprozess

Die Umsetzung des Risikomanagements erfolgt im Risikomanagementprozess.[679] Dieser umfasst alle Aktivitäten zum systematischen Umgang mit Risiken und untergliedert sich typischerweise in die Phasen der Risikoanalyse, der Risikoplanung und -steuerung sowie der Risikoüberwachung.[680] Abbildung 27 gibt einen Überblick über das Grundkonzept des Risikomanagementprozesses.

Ziel der Risikoanalyse ist die umfassende, einheitliche und systematische Identifikation und Bewertung aller relevanten internen und externen sowie aktuellen und potenziellen Risiken.[681] Die Identifikation knüpft an die Unternehmensziele und die daraus ableitbaren Subziele an[682] und nimmt im Risikomanagementprozess eine Sonderstellung ein, da sie die Untersuchungsobjekte und damit zugleich die Effektivität der nachfolgenden Phasen festlegt.[683] Darüber hinaus erfolgt eine Untersuchung der Ursachen und Wirkungen von Risiken, die Ursache-Wirkungsbeziehungen, Wechselwirkungen zwischen Risikofaktoren[684] und aggregierte Wirkungen einschließen sollte.[685] Die Identifikation kann progressiv, also von der Risikoursache

---

677 Vgl. Kupsch, P. (1995), S. 533.

678 Vgl. Schorcht, H., Brösel, G. (2005), S. 18.

679 Vgl. Hänggi, R. (1996), S. 105; Schnorrenberg, U., Göbels, G. (1997); KPMG (1998), S. 16; Sauerwein, E., Thurner, M. (1998); Gleich, R., Kogler, S. (1999), S. 11; Ertl, M. (2000), S. 5 f.; Mikus, B. (2001), S. 13; Reichmann, T. (2006), S. 626 f.; Wall, F. (2001a), S. 213 f.; Rogler, S. (2002), S. 21 ff.; Wolf, K. (2003), S. 51; Wolf, K. (2004), S. 186 - 193.

680 Bislang hat sich in der Literatur kein einheitliches Phasenkonzept für den Risikomanagementprozess etablieren können. Die Unterschiede liegen zumeist in einer unterschiedlichen Bezeichnung, Detaillierung oder auch Anordnung der Phasen, wohingegen inhaltlich weitestgehend Konsens besteht. Vgl. Wolf, K. (2003), S. 51. Beispielsweise findet sich eine stellenweise weitere Untergliederung der Analysephase, so dass eine zusätzliche Phase der Risikoidentifikation unterschieden wird. Vgl. KPMG (1998), S. 16 ff.; Kromschröder, B., Lück, W. (1998), S. 1574; Lück, W. (1998a), S. 1926; Füser, K., Gleißner, W., Meier, G. (1999), S. 753 - 757; Hornung, K., Reichmann, T., Diederichs, M. (1999), S. 319 ff.; Mikus, B. (1999), S. 88; Wall, F. (2001a), S. 213; Knuppertz, T., Ahlrichs, F. (2007), S. 493 - 498.

681 Vgl. Mugler, J. (1979), S. 82; Hornung, K., Reichmann, T., Diederichs, M. (1999), S. 320. Aufgrund ihrer Bedeutung wird die Identifikation in der Literatur auch als eine der Risikoanalyse vorgelagerte eigenständige Phase angesehen. Vgl. Härterich, S. (1987), S. 40; Farny, D. (1979), S. 31; Seifert, W. G. (1981), S. 747; Biermann, B. (1998), S. 5; Wolf, K., Runzheimer, B. (2003), S. 32.

682 Vgl. KPMG (1998), S. 18.

683 Vgl. Mikus, B. (2001), S. 13 f.

684 Vgl. Burger, A., Buchhard, A. (2002), S. 5.

685 Vgl. Füser, K., Gleißner, W., Meier, G. (1999), S. 755 ff.

ausgehend hin zu den Sicherheitszielen, oder retrograd, also ausgehend von den Zielen durch Analyse risikointensiver Objekte, erfolgen.[686]

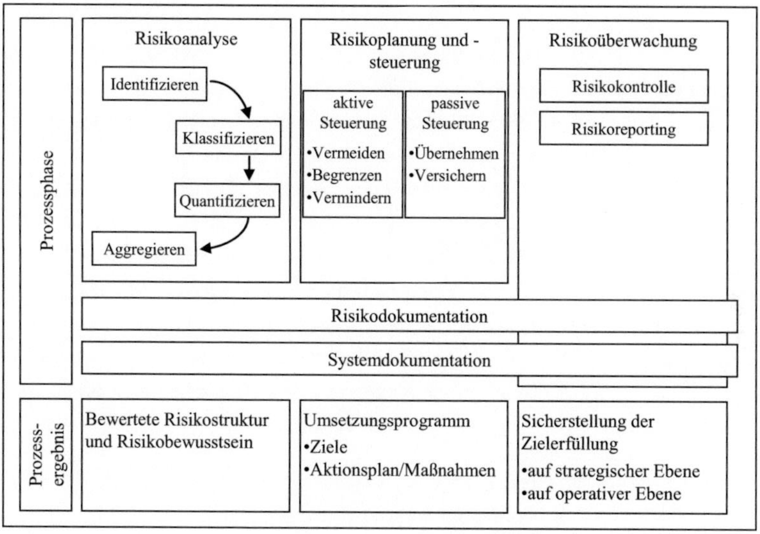

Abbildung 27: Risikomanagementprozess[687]

Anschließend werden die identifizierten Risikoursachen und Risiken anhand ihrer Eintrittswahrscheinlichkeit und des zu erwartenden Ausmaßes der negativen Zielabweichung bewertet und nach ihrer Relevanz geordnet, um Anhaltspunkte für die Risikosteuerung ableiten zu können.[688] Das Risikoausmaß, auch als Risk-Exposure bezeichnet,[689] wird durch die interdependenten Komponenten Vorhersehbarkeit, Schadenshöhe und Häufigkeit bestimmt.[690] Vorhersehbarkeit meint die Prognostizierbarkeit des Auftretens eines Ereignisses sowie die Wahrscheinlichkeitsverteilung eines angestrebten Gesamtrisikos.[691] Die materielle Schadenshöhe steht für das eigentliche Risiko, indem ein realisierter Schaden eine Minderung des Unterneh-

---

686 Vgl. Imboden, C. (1983), S. 102 - 104; Fürer, G. (1990), S. 65; Fasse, F.-W. (1995), S. 210; Haindl, A. (1996), S. 29 - 35; Hermann, D. C. (1996), S. 41 - 42.

687 In Anlehnung an Horváth, P., Gleich, R. (2000), S. 109; Wolf, K. (2003), S. 51.

688 Vgl. Vanini, U. (2006).

689 Vgl. Scharpf, P., Luz, G. (1996), S. 99.

690 Vgl. Wolf, K. (2003), S. 57. Zum Verhältnis der drei Komponenten zueinander vgl. Fürer, G. (1990), S. 66.

691 Vgl. Fasse, F.-W. (1995), S. 214. Zu unterscheiden sind objektiv und subjektiv zu ermittelnde Wahrscheinlichkeiten. Objektive Wahrscheinlichkeiten verkörpern den Grenzwert der relativen Häufigkeit. Vgl. Bosch, H. (1993), S. 55 - 56. Subjektive Wahrscheinlichkeiten stellen hingegen keine nachprüfbaren Wahrscheinlichkeiten dar, sondern lediglich „eine psychologische Einschätzung der Situation." Adam, D. (1997), S. 317.

menswerts bzw. des Eigenkapitals mit sich bringt.[692] Die Häufigkeit schließlich bemisst das Auftreten einer Risikoart pro Zeiteinheit im Sinne einer Eintrittswahrscheinlichkeit.[693]

Anzumerken ist, dass eine Quantifizierung der Risikoposition in der Praxis nur bedingt möglich ist. Insbesondere eine präzise Quantifizierung des Schadensausmaßes ist aufgrund mangelnden Wissens über zukünftige Entwicklungen regelmäßig kaum möglich. Hinzu kommt, dass sich Risiken auch auf schwer zu messende Größen wie Reputation, Status und Vertrauen beziehen.[694] Auch eine mathematisch exakte Messung der Eintrittswahrscheinlichkeit erscheint allenfalls über die Hilfsgröße der Eintrittshäufigkeit möglich, und auch dies nur bei nicht zu selten eintretenden Risiken. Da sich in der Praxis zumeist keine ausreichende Anzahl von Beobachtungen gleicher oder ähnlicher Ereignisse findet, ist die Voraussetzung für die Ermittlung objektiver bzw. empirischer Wahrscheinlichkeiten regelmäßig nicht gegeben. In der Konsequenz muss auf subjektive und damit meist motivational und kognitiv verzerrte Einschätzungen ausgewichen werden.[695]

Im Rahmen der Risikoplanung und -steuerung werden Steuerungsmaßnahmen ausgewählt, um die als relevant bewerteten Risiken zu senken. Zentrale Frage hierbei ist, in welchem Ausmaß diese Risiken gesenkt werden sollen. Hintergrund ist die bereits beschriebene Problematik, dass jede Risikosenkung Kosten verursacht und einen Verlust an Erfolgspotenzialen impliziert. Somit ist eine vollständige Vermeidung von Risiken nicht zielführend,[696] vielmehr ist ein Abgleich mit den Risikopräferenzen des Unternehmens erforderlich. Maßnahmen zur Risikosteuerung lassen sich in ursachen- und wirkungsbezogene Maßnahmen unterscheiden.[697] Ursachenbezogene oder auch aktive Maßnahmen, zu denen die Risikovermeidung, die Risikoverminderung und die Risikobegrenzung zu zählen sind, stellen auf die

---

692 Vgl. Haindl, A. (1996), S. 66. Auch für die Schadenshöhe sind objektive und subjektive Einschätzungen zu unterscheiden. Vgl. Brühwiler, B. (1983), S. 258.

693 Vgl. Fürer, G. (1990), S. 66.

694 Vgl. Freidank, C.-C. (2000), S. 360. Vgl. auch Burger, A., Buchhard, A. (2002). Diederichs stellt nach intensiver Durchsicht der verfügbaren Risikobeurteilungsinstrumente ebenfalls fest, dass das Schadensausmaß nur bedingt messbar ist: „Abschließend bleibt zu konstatieren, dass die dargestellten Risikobeurteilungsinstrumente nur bedingt [...] die Risikosituation messbar machen können." Diederichs, M. (2004b), S. 187. Auch für Reichmann „erscheint eine exakte Bewertung durch präzise Bestimmung der Risikointensität (d. h. eine rein monetäre Auswirkung) [...] für die Mehrzahl der identifizierten Risiken kaum möglich." Reichmann, T. (2006), S. 631 f.

695 Vgl. Diederichs, M. (2004b), S. 142.

696 Vgl. Kupsch, P. (1995), S. 537; Karten, W. (1993), Sp. 3832; Weber, J., Weißenberger, B. E., Liekweg, A. (1999), S. 34.

697 Vgl. Mikus, B. (2001), S. 17; Rogler, S. (2002), S. 22 - 29; Diederichs, M. (2004b), S. 188 f.

Eintrittswahrscheinlichkeit von Risiken ab.[698] Zu den ursachenbezogenen Maßnahmen zählen auch Informationsgewinnungsaktivitäten, die genauere Aussagen zu den möglichen Umweltzuständen und Risikoursachen erlauben und damit die Unsicherheit des Planenden verringern.[699] Wirkungsbezogene oder auch passive Maßnahmen hingegen adressieren das Schadensausmaß.[700] Zu nennen sind die Risikobegrenzung, die Risikoüberwälzung, die Risikoteilung und die Risikoübernahme.[701] Abbildung 28 veranschaulicht die genannten Steuerungsmaßnahmen.

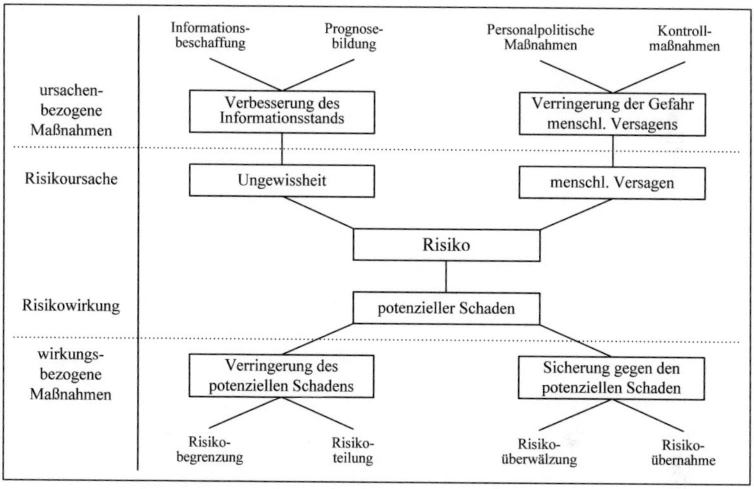

Abbildung 28: Ursachen- und wirkungsbezogene Risikohandhabung[702]

Ziel der Risikoüberwachung ist es, kontinuierlich die Risikosituation der geplanten Ausprägung gegenüberzustellen und somit den Fortschritt der geplanten Maßnahmen sowie die Erreichung der Risikoziele zu kontrollieren.[703] Im Mittelpunkt der Risikoüberwachung steht somit die kontinuierliche operative Kontrolle der Wirksamkeit der Risikosteuerungsmaßnahmen sowie die Erfassung der Risikoveränderungen im

698 Vgl. Fasse, F.-W. (1995), S. 306; Kühlmann, K. (1996), S. 8 ff.; Wolf, K., Runzheimer, B. (2003), S. 90 - 93.

699 Vgl. Philipp, F. (1967), S. 70; Härterich, S. (1987), S. 38. Seifert fasst die Informationsverbesserung als eigene Instrumentengruppe neben ursachen- und wirkungsbezogenen Instrumenten auf. Vgl. Seifert, W. G. (1981), S. 1754.

700 Vgl. Fasse, F.-W. (1995), S. 314.

701 Vgl. Philipp, F. (1967), S. 74 ff.; Kupsch, P. (1975), S. 154 ff.; Müller, W. (1979), S. 71 ff.; Mag, W. (1981), S. 491 f.; Braun, H. (1984), S. 106 ff.; Farny, D. (1989), Sp. 1754 ff.; Fasse, F.-W. (1995), S. 90; Kupsch, P. (1995), S. 537 ff.; Mikus, B. (2001), S. 17 - 18; Wolf, K., Runzheimer, B. (2003), S. 93 - 96.

702 Vgl. Philipp, F. (1967), S. 71.

703 Vgl. KPMG (1998), S. 25; Hornung, K., Reichmann, T., Diederichs, M. (1999), S. 321; Horváth, P., Gleich, R. (2000), S. 108; Reichmann, T. (2006), S. 638; Wall, F. (2001a), S. 214.

Zeitablauf.[704] In Abhängigkeit von den Ergebnissen entsprechender Soll-Ist-Vergleiche und Abweichungsanalysen ist – etwa bei Überschreitung von Limitvorgaben – die Risikostrategie zu überarbeiten, so dass der idealtypische Kreislauf des Risikomanagements wieder beginnt.[705]

Wesentlicher Bestandteil der Risikoüberwachung, aber auch der Risikoanalyse und Risikoplanung und –steuerung ist die Risikodokumentation im Rahmen eines regelmäßigen, empfängerorientierten Berichtswesens.[706] Hierzu zählt auch, dass bei Abweichungen ermittelt und dokumentiert wird, ob und wie die Führungskräfte reagiert haben.[707] Um die Nachvollziehbarkeit des Risikomanagements auch für Dritte zu gewährleisten, ist schließlich zu dokumentieren, wie der entsprechende Prozess funktioniert.[708] Dies erfolgt im Rahmen der Systemdokumentation.[709]

3.1.2.4 Zum Verhältnis von Risikomanagement und Controlling

Das Verhältnis von Risikomanagement und Controlling wird in der Literatur kontrovers diskutiert. Dabei findet sich die Meinung, dass das Controlling ein Teilsystem des Risikomanagementsystems sei,[710] ebenso wie die Auffassung, dass ein leistungsfähiges Controllingsystem bereits wesentliche Teile des gesetzlich geforderten Risikomanagements wahrnehme[711] und das Risikomanagement vollständig dem Controlling zuzuschreiben sei.[712]

Die erstgenannte Position basiert auf den allgemeinen Begründungen zum KonTraG sowie aus der Gesetzesformulierung im § 91 Abs. 2 KonTraG. [713] Aus diesen geht hervor, dass der Gesetzgeber als Bestandteile i. S. v. Subsystemen eines Risikomanagementsystems ein internes Überwachungssystem, ein Frühwarnsystem sowie ein Controllingsystem als notwendig erachte.[714] Gleichwohl dürfte die Möglichkeit,

---

704 Vgl. KPMG (1998), S. 25.

705 Vgl. Wall, F. (2001a), S. 214.

706 Vgl. Horváth, P. (2006), S. 752; Wolf, K., Runzheimer, B. (2003), S. 150.

707 Vgl. Horváth, P., Gleich, R. (2000), S. 120.

708 Vgl. Kromschröder, B., Lück, W. (1998), S. 1576.

709 Vgl. Horváth, P., Gleich, R. (2000), S. 108.

710 Vgl. stellvertretend Lück, W. (1998a), S. 1929; Lück, W. (1998b), S. 9.

711 Vgl. Gleich, R., Kogler, S. (1999), S. 10.

712 Vgl. stellvertretend Braun, H. (1984), S. 286 - 290; Hummel, T. R. (1995), S. 94; Horváth, P. (1998), S. 124 und S. 164.

713 Im Hinblick auf Unternehmensnetzwerke dürfte letztgenannter Einwand von geringer Bedeutung sein, da durch die Funktionsverknüpfung der beteiligten Unternehmen nicht zwangsläufig eine juristische Person entsteht und somit allenfalls die einzelnen am Netzwerk beteiligten Unternehmen zum Aufbau eines Risikomanagementsystems verpflichtet sind.

714 Vgl. Lück, W. (1998b), S. 8; Horváth, P., Gleich, R. (2000), S. 101.

eine eigene Stabstelle „Risikomanagement" einzurichten, realiter sehr großen Unternehmen vorbehalten sein.[715]

Will man im Unternehmen keine neue Institution etablieren, so existieren für den Aufbau und die Implementierung eines Risikomanagementsystems auf der Ebene der Teilsysteme zahlreiche funktionale und institutionelle Anknüpfungspunkte.[716] Bereits bestehende Institutionen können durch Ausbau dahingehend genutzt werden, dass die vom Gesetzgeber vorgeschlagene Ausgestaltung des Risikomanagementsystems realisiert werden kann.[717] Besonders das Controlling wird als wichtige Basisfunktion angesehen und kann sowohl institutionell als auch instrumentell die entsprechenden Aufgaben wahrnehmen.[718] Ein Ansatz hierzu ist der Ausbau hin zu einem risikoorientierten Controlling.[719] Neben der Ergebniszielorientierung müsste ein solches Controlling auch Risikoaspekte bei der Planung, Steuerung und Kontrolle in den Vordergrund stellen. Dies fordert auch die rationalitätsorientierte Controllingkonzeption durch die Zielsetzung, Rationalitätsdefizite der Unternehmensführung zu vermindern.[720] Die hiermit einhergehende Zielsetzung des Vermeidens von Führungsfehlern als spezifischer Risikoursache hebt einen deutlichen Bezug des Controlling zum Risikomanagement hervor.[721]

Dieser Auffassung folgend sind Risiken als Objekte des Controlling anzusehen und werden geplant, bewertet und in ihrer Auswirkung kontrolliert bzw. entsprechend den Managementvorgaben eingedämmt oder bewusst getragen.[722] Speziell im strategischen Controlling finden sich einige Instrumente, wie etwa die SWOT-Analyse oder die Szenariotechnik, die explizit Risikoaspekte berücksichtigen.[723] Ansätze einer explizit risikoorientierten Planung, Steuerung und Kontrolle finden sich in der Literatur unter dem Stichwort eines „generellen Risikomanagements" bzw. eines „generellen Risikocontrollings".[724]

Empfohlen wird darüber hinaus eine Weiterentwicklung zu einem speziellen Risikocontrolling, das in der Lage ist, Risiken zu identifizieren, zu messen, zu analysieren,

---

715 Vgl. Schneider, T. (1999), S. 113.

716 Vgl. Horváth, P., Gleich, R. (2000), S. 101.

717 Vgl. Krystek, U. (1999), S. 146; Fuchs, J. (1999), S. 36.

718 Vgl. Krystek, U. (1999), S. 146.

719 Vgl. Krystek, U. (1999), S. 146.

720 Vgl. Weber, J. (1999), S. 466. Vgl. auch Götze, U., Glaser, K., Hinkel, D. (2001), S. 119.

721 Vgl. Götze, U., Glaser, K., Hinkel, D. (2001), S. 119 f. Vgl. auch Fiege, S. (2006), S. 77.

722 Gleich und Kogler stellen entsprechend fest, dass der Risikomanagementprozess keine Neuerung für das Controlling darstellt, sondern vielmehr das KonTraG eine Fokussierung auf Risiken als Steuerungsobjekt des Controlling und die Einbindung von Risiken in den Regelkreislauf induziert. Vgl. Gleich, R., Kogler, S. (1999), S. 15.

723 Vgl. Horváth, P., Gleich, R. (2000), S. 102.

724 Vgl. Hahn, D. (1987), S. 137 ff.; Hahn, D., Krystek, U. (1997), S. 3279 ff.

zu bewerten, zu steuern und zu kontrollieren, in anderen Worten, das den Risikomanagementprozess integriert.[725] Eine derartige Einbindung des Risikomanagements in das Controlling erfordert eine Anpassung der klassischen Ausgestaltung des Controllingsystems an die zusätzlichen risikobezogenen Aufgaben.[726] Dies impliziert eine Ergänzung der steuerungsrelevanten Informationssysteme um die zur Sicherstellung der einzelnen Phasen des Risikomanagements notwendigen Informationen. Analoge Überlegungen und Modifikationen sind in den Planungs- und Budgetierungssystemen erforderlich.[727] Darüber hinaus ist – sofern erforderlich – das vorhandene Controlling- und Risikomanagement-Instrumentarium sinnvoll zu ergänzen.[728] Hierbei zeigt sich, dass viele der im Risikomanagement mittlerweile etablierten Instrumente (Value at Risk, Risk Map etc.) zwar keine klassischen Controllinginstrumente darstellen, dass aber andererseits Instrumente des operativen und strategischen Controlling durchaus im Rahmen des Risikomanagements nutzbringend eingesetzt werden können.[729]

Somit liegt eine funktionale und organisatorische Verankerung des Risikomanagements im Controlling nahe.[730] Hinzu kommt, dass das Controlling i. d. R. den Planungsprozess begleitet hat und die Plausibilität hinterfragt hat, so dass es über ausreichendes Know-how verfügt, um die Risikoeinschätzung und –steuerung zu beurteilen.[731] Das Controlling sollte die Unternehmensleitung in Aufbau und Anwendung des Risikomanagementsystems unterstützen. Gleiches gilt für die Schnittstellengestaltung zwischen dem Controlling und den weiteren Subsystemen des Risikomanagements, der Früherkennung und Prämissenkontrolle sowie der internen Überwachung.

3.2 Anhaltspunkte zur Typologisierung von Risiken in Unternehmensnetzwerken

Zwar ist die Existenz kooperationsspezifischer Risiken in der Literatur unumstritten, jedoch besteht bislang kein Konsens, welche Risiken als kooperationsspezifisch

725 Vgl. Krystek, U. (1999), S. 147.
726 Vgl. Horváth, P., Gleich, R. (2000), S. 109.
727 Vgl. Wolf, K., Runzheimer, B. (2003), S. 97 ff.
728 Vgl. Horváth, P., Gleich, R. (2000), S. 109.
729 Vgl. Horváth, P., Gleich, R. (2000), S. 109.
730 Vgl. Horváth, P., Gleich, R. (2000), S. 110.
731 Vgl. Vogler, M., Gundert, M. (1998), S. 2379.

anzusehen sind.[732] Zumeist werden diese Risiken über die bei den Partnerunternehmen entstehenden Produktions-, Gemein- und Opportunitätskosten erfasst und gesteuert. Hinzu treten die Transaktionskosten des Leistungsaustauschs zwischen den Netzwerkunternehmen. In der Folge werden kooperationsspezifische Risiken oft pauschal unter dem Begriff des Kostenrisikos diskutiert.[733] Jedoch bleibt festzuhalten, dass netzwerkspezifische Risiken in erster Linie nicht durch den Verlauf von Zahlungsströmen begründet werden, sondern vielmehr ihren Ursprung in den zugrunde liegenden Organisationsstrukturen und -prozessen haben. Für ein unternehmensübergreifendes Risikomanagement im Unternehmensnetzwerk ergeben sich aus diesem spezifischen Kontext folgende Besonderheiten:[734]

- Neben dem Einzelunternehmen existiert eine zweite Handlungsebene, die eine umfassendere Perspektive für das Risikomanagement eröffnet.
- Zwischen den einzelnen Unternehmen und dem Netzwerk bestehen hinsichtlich der Risiken Informationsasymmetrien.
- Die Netzwerkpartner unterscheiden sich typischerweise hinsichtlich ihrer Risikobereitschaft und –tragfähigkeit.
- Unternehmensnetzwerke besitzen keine eigenen Ressourcen und können somit selbst kein Risiko tragen.
- Die Netzwerkpartner agieren weitestgehend autonom, ein übergeordnetes Weisungsrecht existiert zumindest formal nicht.

Auch sind kooperationsspezifische Risiken auf die Entstehung einer Kooperation zurückzuführen. Hierfür existieren mit der Quasi-Internalisierung und der Quasi-Externalisierung prinzipiell zwei Wege.[735] Im Zuge einer Quasi-Internalisierung werden Marktbeziehungen in eine Kooperation überführt, indem die Interaktion nunmehr über einzelne, genau spezifizierte Transaktionen hinausgeht.[736] Demgegenüber gliedert ein Unternehmen im Falle einer Quasi-Externalisierung bislang hierarchisch koordinierte Funktionen an ein anderes Unternehmen aus, ohne dass hieraus eine Marktbeziehung, sondern vielmehr eine Kooperation zwischen beiden entsteht.

---

732 Vgl. Seiter, M. (2006a), S. 27. Für eine Erhebung häufig im Zusammenhang mit Kooperationen genannter Risiken vgl. Bullinger, H.-J., Ohlhausen, P., Hoffmann, M. (1997), S. 50; Littig, P. (1999), S. 59; Voß, W. (2002), S. 436 – 445. Für eine Kategorisierung von Risiken in Supply Chains vgl. stellvertretend Norrman, A., Lindroth, R. (2004); Paulsson, U. (2004), S. 83 f. Vgl. Ritchie, B., Brindley, C. (2004).

733 Vgl. Bernecker, T., Präuer, A. (2006), S. 28.

734 Vgl. Hess, T. (2001), S. 93; Kajüter, P. (2003a), S. 111.

735 Vgl. Bradach, J. L., Eccles, R. G. (1989), S. 111 m. w. N.; Sydow, J. (2006b), S. 388 f.

736 Vgl. Sydow, J. (1992b), S. 390; Zaheer, A., Venkatraman, N. (1995), S. 376.

Sowohl Quasi-Internalisierung als auch Quasi-Externalisierung erlauben dysfunktionale Verhaltensweisen.[737] Im Zuge einer Quasi-Internalisierung werden die bislang präzise spezifizierbaren Markttransaktionen in komplexe Transaktionsbündel einer Kooperation umgewandelt. Hingegen wird durch eine Quasi-Externalisierung der Koordinationsmechanismus der Anweisung teilweise oder vollständig aufgegeben, so dass größere Verhaltensautonomie entsteht.[738] Sydow nennt in der Folge mindestens drei grundlegende Risiken eines Netzwerkengagements: die nur partielle Systembeherrschung, den Kompetenzverlust sowie die Abhängigkeit.[739]

3.2.1 Definition relevanter Analysebereiche

Zur Konstruktion eines theoretischen Bezugsrahmens für ein risikoorientiertes Controlling in Unternehmensnetzwerken finden sich in der bestehenden Literatur bereits wichtige Anhaltspunkte.[740] Beiträge zur wissenschaftlichen Auseinandersetzung mit industriellen Netzwerken finden sich in der anglo-amerikanischen Literatur im Bereich der Interorganisationstheorien bereits in den frühen 1960er Jahren.[741] Mitte der 1980er Jahre wurde die Organisation von Unternehmensnetzwerken in der westlichen Wahrnehmung als zentrales Prinzip des japanischen Produktionsmodells identifiziert und führte zu einer Intensivierung der Diskussion.[742] Im deutschen Sprachraum wurde das Thema vornehmlich durch die Arbeiten von Sydow zu Beginn der 1990er Jahre etabliert.[743] In der Folge findet sich bis zum heutigen Tage eine intensive Diskussion von Netzwerken in nahezu allen betriebswirtschaftlichen Teildisziplinen, wobei als Schwerpunkte neben der Organisationswissenschaft die strategische Managementlehre sowie die Wirtschaftsinformatik zu nennen sind.

Im Zuge einer Strukturierung lässt sich die betriebswirtschaftliche Netzwerkforschung grob in zwei Gruppen unterscheiden.[744] Deskriptiv orientierte Untersuchungen konzentrieren sich im weitesten Sinne auf die Beschreibung und Erklärung von Netzwerken, insbesondere charakteristischer Organisationsmerkmale und theoreti-

---

737 Vgl. Vanini, U. (2007).

738 Vgl. Pedell, B. (2004), S. 7.

739 Vgl. Sydow, J. (1995), S. 633.

740 Vgl. im Folgenden auch Wohlgemuth, O. (2002), S. 45 f.

741 Vgl. Pohlmann, M., Apelt, M. et al. (1995), S. 7; Weber, B. (1996), S. 109.

742 Als wegweisende Arbeiten sind insbesondere Miles, R. E., Snow, C. C. (1986) und Thorelli, H. B. (1986) zu nennen.

743 Als frühe Veröffentlichungen sind insbesondere Sydow, J. (1991), Sydow, J. (1992b) sowie Sydow, J. (1992a) zu nennen.

744 Vgl. Corsten, H. (2000), S. 2.

scher Ansätze zur Erforschung der Entstehung.[745] Präskriptiv orientierte Untersuchungen bilden einen Schwerpunkt der jüngeren Netzwerkforschung und beschäftigen sich im Kern mit Gestaltungsaspekten des Managements von Unternehmensnetzwerken. Überwiegend nehmen die entsprechenden Veröffentlichungen die Perspektive des Einzelunternehmens ein und beschränken sich auf spezielle Netzwerktypen oder Funktionslehren.[746] Das Spektrum der Themenstellungen reicht von der Diskussion einzelner Detailprobleme bis hin zu Gestaltungsempfehlungen für alle Lebenszyklusphasen eines Netzwerks.

Für die Konstruktion eines theoretischen Bezugsrahmens für ein risikoorientiertes Netzwerkcontrolling sind folglich präskriptive Untersuchungen von besonderer Relevanz. Bezogen auf die Forschungsmethodik sind hierbei empirische und theoretische Arbeiten zu unterscheiden. Die theoretischen Abhandlungen lassen sich nach dem zugrunde liegenden Wissenschaftsziel weiter differenzieren. Theoriegetriebene Beiträge fokussieren die modelltheoretisch fundierte Ermittlung und Beschreibung von Ursache-Wirkungszusammenhängen, wohingegen gestaltungsorientierte Beiträge diese Ursache-Wirkungszusammenhänge in Ziel-Mittel-Zusammenhänge transformieren.[747]

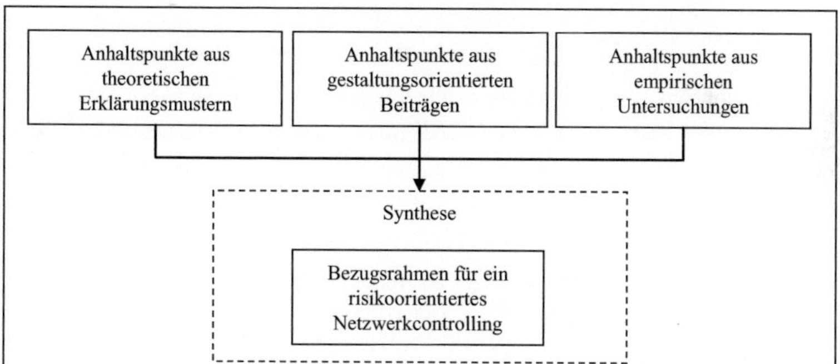

Abbildung 29: Synthese des theoretischen Bezugsrahmens

Für die Synthese eines Bezugsrahmens für ein risikoorientiertes Netzwerkcontrolling ergibt sich hieraus, dass Anhaltspunkte aus theoretischen Erklärungsmustern, aus

745 Hierbei wird insbesondere versucht zu erklären, unter welchen Bedingungen Netzwerke eine vorziehenswürdige Alternative zu den Koordinationsoptionen Markt und Hierarchie darstellen. Auch wird in diesem Zusammenhang diskutiert, ob Netzwerke lediglich eine hybride Form zwischen Markt und Hierarchie oder aber eine eigenständige Organisationsvariante darstellen. Vgl. hierzu stellvertretend Krebs, M., Rock, R. (1994).

746 Für eine Zusammenstellung von Publikationen nach Funktionslehren vgl. Sydow, J. (2006b), S. 425 - 431.

747 Vgl. Chmielewicz, K. (1982), S. 448.

gestaltungsorientierten Beiträgen und aus empirischen Untersuchungen zu berücksichtigen sind.

3.2.2 Ansatzpunkte aus theoretischen Erklärungsmustern

Die Vielfalt ökonomischer, politökonomischer und weiterer Theorieansätze, die potenziell Hinweise für den Risikobezug von Unternehmensnetzwerken geben können, lässt eine Totalanalyse nicht sinnvoll erscheinen. Vielmehr werden im Folgenden die mutmaßlich relevantesten Ansätze vorgestellt.

3.2.2.1 Systemtheorie und Kybernetik

Grundzüge der Systemtheorie

Die Systemtheorie[748] beschäftigt sich mit der Strukturierung von Systemen.[749] Unter einem System ist „eine geordnete Gesamtheit von Elementen, zwischen denen irgendwelche Beziehungen bestehen oder hergestellt werden können“,[750] zu verstehen. Dabei unterscheidet die Systemtheorie verschiedene Systemebenen: Systeme sind eingebettet in Um- oder Übersysteme und lassen sich zerlegen in Subsysteme, Teilsysteme und Elemente. Als Systemelemente werden diejenigen Teile eines Systems betrachtet, die sich auf der untersten, in einem bestimmten Zusammenhang noch interessierenden Systemebene befinden und daher nicht weiter aufgegliedert werden. Zusammen mit den Systemelementen bilden die Beziehungen die Systemstruktur.[751] Die zeitliche Folge von Aktivitäten der Systemelemente bezeichnet man als Prozess. Die System- und Prozessstrukturen eines Systems werden im Zuge der Systemanalyse ermittelt und können im Rahmen der Systemgestaltung bewusst beeinflusst und gestaltet werden.[752]

748 Die ursprünglich in den Natur- und Ingenieurwissenschaften zur Untersuchung komplexer Strukturen und Gebilde entwickelte allgemeine Systemtheorie geht in Form einer Theorie der Selbstregulierungsfähigkeit offener biologischer Systeme ursprünglich zurück auf Bertalanffy (vgl. von Bertalanffy, L. (1953)) und wurde durch Verallgemeinerung zur Allgemeinen Systemtheorie weiterentwickelt (vgl. von Bertalanffy, L. (1979)). Durch das systemische Begriffsverständnis wurde in der allgemeinen Systemtheorie ein interdisziplinärer Bezugsrahmen geschaffen, der übergreifend zu mehreren Realwissenschaften anwendbar ist.

749 Vgl. Baetge, J. (1974), S. 11.

750 Ulrich, H. (1970), S. 105. Vgl. auch Krieger, D. J. (1996), S. 12; Macharzina, K. (1993), S. 58; Beer, S. (1967), S. 24 f.; Flechtner, H. J. (1966); S. 353; von Bertalanffy, L. (1972), S. 32.

751 Vgl. Ulrich, H. (1970), S. 105 - 111; Marr, R., Schuh, S. (1984), S. 984.

752 Vgl. Schiemenz, B. (1993).

Neben dem faktortheoretischen Ansatz Gutenbergs und dem entscheidungsorientierten Ansatz Heinens hat sich der systemtheoretische Ansatz als drittes Paradigma der Betriebswirtschaftslehre etabliert.[753] Die Systemtheorie wird herangezogen, um die Abläufe inner- und außerhalb insbesondere größerer Unternehmen zu analysieren.[754] Unternehmen stellen in diesem Verständnis offene,[755] dynamische,[756] zweckorientierte und produktive sozio-technische[757] Systeme dar.[758] Zentrales Merkmal eines Unternehmens ist die Verflechtung mit der ökonomischen und gesellschaftlichen Umwelt.[759] Die Unternehmensumwelt selbst wird durch den ihr innewohnenden Grad der Komplexität als „Fähigkeit eines Systems, in einer gegebenen Zeitspanne eine große Zahl von verschiedenen Zuständen annehmen zu können,“[760] charakteri-

---

753 Vgl. Ulrich, H., Hill, W. (1979), S. 170. Obwohl in der Literatur häufig von dem Systemansatz die Rede ist, handelt es sich eigentlich um eine Vielzahl verschiedener Ansätze. Vgl. Drews, H. (2001), S. 19. Es finden sich entsprechend auch unterschiedliche Klassifikationen, wobei eine trennscharfe Abgrenzung verschiedener Systemansätze aufgrund der bestehenden Gemeinsamkeiten nicht möglich ist. Zu den bekanntesten Klassifizierungen zählen die von Müller-Merbach, der introspektive, konstruktive, extrospektive und kontemplative Ansätze unterscheidet (vgl. Müller-Merbach, H. (1992)) sowie die von Wollnik, der eine materialistische und eine phänomenalistische Systemtheorie unterscheidet (vgl. Wollnik, M. (1978)). Den Systemansätzen zugrunde liegt die Idee eines systemorientierten Denkens, das durch die Merkmale (1) ganzheitliches Denken in offenen Systemen, (2) analytisches und synthetisches Denken, (3) Denken in kreisförmigen Prozessen, (4) Denken in Strukturen und informationsverarbeitenden Prozessen und interdisziplinäres Denken geprägt ist. Vgl. Ulrich, H. (1984), S. 52; Probst, G. J. B. (1987), S. 26 - 42; Ulrich, H., Probst, G. J. B. (1995).

754 Vgl. Neidhardt, F. (1980), Sp. 2077.

755 Offene Systeme verfügen neben internen auch über externe Interaktionsbeziehungen zum umgebenden System. Vgl. Gleissner, U. (1994), S. 105; Macharzina, K. (1993), S. 60 f.; Ferstl, O. K., Sinz, E. J. (2001), S. 16.

756 Vgl. Grochla, E. (1976), S. 557 f. Dynamische Systeme verändern im Zeitablauf ihre Struktur oder aber die Elemente verändern aufgrund von Umwelteinflüssen ihre Eigenschaften. Als Maß der Dynamik wird die Reaktionsgeschwindigkeit eines Systems herangezogen. Schwaninger konstatiert allgemein eine zunehmende Dynamik in Unternehmen. Vgl. Schwaninger, M. (1994), S. 16.

757 Im Gegensatz zu rein technischen oder auch biologischen Systemen beschränken sich soziale Systeme nicht auf eine materielle und funktionelle Ebene, sondern werden durch Änderungen auf einer geistig-sinnhaftigen Ebene begleitet. Soziale Systeme zeichnen sich nicht durch empirisch erfahrbare Systemgrenzen aus, vielmehr wird eine Mitgliedschaft durch die Übernahme formalisierter Rollen konstituiert. Vgl. Luhmann, N. (1984), S. 16. Bedingt durch das zur Leistungserstellung notwendige Zusammenwirken von Menschen und Maschinen sind Unternehmen als „sozio-technische“ Systeme zu charakterisieren. Derartige durch Überlagerung zweier Systemtypen gebildete Systeme bergen ein weitaus größeres Konfliktpotenzial als reine Systeme. Vgl. Mörsdorf, M. (1998), S. 15.

758 Vgl. Ulrich, H. (1970), S. 111 ff. sowie S. 153 ff.; Ulrich, H. (1984), S. 21 - 30; Neidhardt, F. (1980), Sp. 2083, ; Stünzner, L. (1996), S. 40 f. Hahn, D., Hungenberg, H. (2001), S. 8; Horváth, P. (2006), S. 83 - 85; Reichwald, R., Erben, R. F. (2005), S. 168.

759 Vgl. Malik, F. (2002); Bleicher, K. (2004). Sozioökonomische Systeme weisen einen vergleichsweise hohen Anteil interdependenter und nichtlinearer Beziehungen auf. Vgl. Gutenberg, E. (1989), S. 155.

760 Ulrich, H., Probst, G. J. B. (1995), S. 58; Schwaninger, M. (1994), S. 18. Komplexität impliziert eine unvollständige Beschreibbarkeit sowie eine geringe Voraussagbarkeit und ist das Produkt von Kompliziertheit und Dynamik. Als Messgröße der Komplexität wird regelmäßig die Varietät, die kombinatorisch die Anzahl der unterschiedlichen Zustände eines Systems quantifiziert, herangezogen. Vgl. Beer, S. (1979), S. 32; Malik, F. (1992), S. 198.

siert. Die überlebensnotwendige interne Komplexität – auch als Binnenkomplexität bezeichnet – zwischen System und Systemelementen ergibt sich als Reaktion auf die externe Komplexität.[761] Daher ist nach systemtheoretischem Verständnis Ziel des Managements, ein Unternehmen so in gekoppelte Teilsysteme zu zerlegen, dass es zwar die Komplexität der gegebenen Umwelt adäquat verarbeiten kann, trotzdem aber sein Handeln am übergeordneten Zweck orientiert.[762] Hierfür stehen mit der Varietät flexibilisierende wie auch mit der Redundanz stabilisierende Instrumente zur Verfügung. Erstere, wie etwa die Zerlegung in autonome Teilsysteme, erhöhen die Möglichkeiten zur Verarbeitung von Komplexität, letztere, wie etwa der Verzicht auf Zerlegung oder Autonomie, reduzieren sie.

Die Kybernetik als Teilgebiet der allgemeinen Systemtheorie[763] beschäftigt sich mit der Gestaltung und Lenkung dynamischer Systeme.[764] Gestalten bezieht sich auf das Schaffen eines institutionalen Rahmens, der es ermöglicht, ein Unternehmen entsprechend seines Zwecks als Ganzes auszurichten. Lenken bedeutet, ein System so unter Kontrolle zu halten, dass es den jeweilig gewünschten Zustand annimmt.[765] Als Grundprinzipien der Lenkung dienen die Regelung als Feedback- und die Steuerung als Feedforward-Koppelung.[766]

	Regelung	**Steuerung**
Wirkungsprinzip	Feedback-Koppelung	Feedforward-Koppelung
Ausrichtung	vergangenheitsbezogen	zukunftsbezogen
Zeitpunkt des Eingriffs	nach Störungswirkung	vor Störungswirkung
Wirkung des Eintritts	Störungsbeseitigung	Störungsabwehr
Vorgehen	Soll-Ist-Vergleich	Soll-Wird-Vergleich

Tabelle 2: Gegenüberstellung von Regelung und Steuerung[767]

---

761 Ashby spricht in diesem Zusammenhang vom „law of requisite variety: only variety absorbs variety." Vgl. Ashby, W. R. (1970), S. 207. Vgl. auch Bosetzky, H. (1976), S. 200; Luhmann, N. (1980), Sp. 1064 f.; Kirsch, W., Mayer, G. (1976), S. 127 ff.

762 Vgl. Hess, T., Schumann, M. (2002), S. 104.

763 So unterteilt Baetge die Systemtheorie in eine Theorie statischer Systeme sowie eine Theorie dynamischer Systeme. Letztere wiederum besteht aus der Informations- und der Regelungstheorie. Vgl. Baetge, J. (1974), S. 11.

764 Vgl. Baetge, J. (1974), S. 1; Flechtner, H. J. (1966); Schiemenz, B. (1993); Marr, R., Schuh, S. (1984), S. 983; Drews, H. (2001), S. 19.

765 Vgl. Müller, A. (1996a), S. 41.

766 Mitunter findet sich in der Literatur die Adaption als weitere Form der Lenkung. Vgl. Baetge, J. (1974), S. 11; Weisser, L. (1998), S. 98.

767 In Anlehnung an Siegwart, H., Menzl, I. (1978), S. 62; Hippe, A. (1997), S. 101; Müller, A. (1996a), S. 45; Strack, J. (2001), S. 73.

Zentrales Element der Kybernetik ist das Konzept des Regelkreises.[768] In einem Regelkreis stellen die Prozesse des Leistungssystems die sog. Regelstrecke dar. Für diese Regelstrecke werden innerhalb des Planungsprozesses Führungsgrößen als Zielvorgaben bestimmt und im Zuge der Regelung in konkrete Anweisungen transformiert. Zusammen mit diesen Anweisungen wirken eventuelle Störgrößen auf die Regelstrecke ein. In Form von Soll-Ist-Vergleichen werden die Zielvorgaben im Rahmen der Kontrolle den Regelgrößen gegenübergestellt. Die ermittelten Abweichungen bestimmen die Stellgrößen der Regelung, um die Regelstrecke entsprechend der Planung zu beeinflussen. Liegt die Abweichung außerhalb eines Toleranzbereichs, so sind über die Planung neue Führungsgrößen festzulegen. In Ergänzung zur vergangenheitsorientierten Regelung wird durch die Steuerung versucht, durch eine Vorwärtskoppelung zukünftigen Störungseinflüssen vorzugreifen.[769] Potenzielle Auswirkungen von Störgrößen werden prognostiziert und in Wirdgrößen abgebildet.

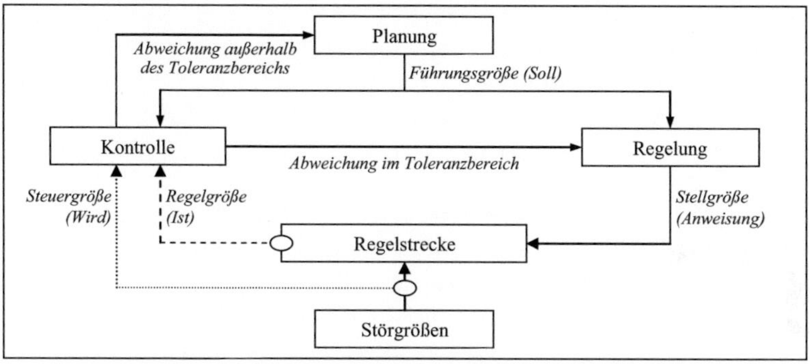

Abbildung 30: Regelkreis als Grundkonzept kybernetischer Systeme[770]

Nach der Zuordnung der Planungsfunktion lassen sich Kybernetik erster und zweiter Ordnung unterscheiden.[771] Bei Kybernetik erster Ordnung liegt die Planungsfunktion im Sinne eines Fremdmanagements beim hierarchisch übergeordneten System,

768 Vgl. Marr, R., Schuh, S. (1984), S. 985. Neben dem Denken in Regelkreisen umfasst kybernetisches Denken auch das Denken in Modellen, Denken im Rahmen von Information und Kommunikation, Denken im Rahmen von Komplexitätsbewältigung sowie Denken in Ordnungsprozessen. Vgl. Probst, G. J. B. (1981), S. 41.

769 Die Erfassung von Störgrößen erfordert Früherkennungsindikatoren, die analog dem Vorgehen der SWOT-Analyse vorhandene und potenzielle Chancen und Risiken der Unternehmensumwelt wie auch Stärken und Schwächen des Unternehmens selbst einbeziehen müssen. Vgl. Pfohl, H. C., Stölzle, W. (1997), S. 14. Auch das Konzept der schwachen Signale mit den Basisaktivitäten Scanning und Monitoring sowie die strategische Suchfeldanalyse können Hilfestellung geben. Vgl. Ansoff, H. I. (1976), S. 129 ff.; Krystek, U., Müller-Stewens, G. (1990), S. 350.

770 Vgl. Becker, W. (1990), S. 303; Pfohl, H. C., Stölzle, W. (1997), S. 14; Hess, T., Schumann, M. (2002), S. 167; Strack, J. (2001), S. 71.

771 Vgl. Schwaninger, M. (1994); Weisser, L. (1998).

während sie bei Kybernetik zweiter Ordnung als Eigenmanagement Teil des untergeordneten Systems ist.[772] Bei Eigenmanagement erfolgt die Kopplung mit dem übergeordneten System indirekt über Ziele anstelle von direkten, konkreten Vorgaben. Die Kybernetik empfiehlt für autonome Teilsysteme mit eigener Identität einen Schwerpunkt auf dem Eigenmanagement, für weniger autonome Teilsysteme ohne eigene Identität eine Betonung des Fremdmanagements.[773]

Netzwerke aus Sicht der Systemtheorie

Im Sinne der Systemtheorie lässt sich ein Unternehmensnetzwerk als Subsystem U des volkswirtschaftlichen Gesamtsystems V modellieren.[774] Dieses Subsystem konstituiert sich über spezifische Beziehungen zwischen seinen Elementen i, den beteiligten Unternehmen. Durch die Beschränkung der Verhaltensunsicherheit bewirken diese Beziehungen eine Reduktion der Binnenkomplexität. Jedes für einen Auftrag j gebildete aktivierte Netzwerk stellt ein Subsystem A(j) in U dar, das aus mindestens zwei Elementen besteht. Ein Element i kann an mehreren, einem oder auch keinem Subsystem mitwirken. Aufgrund der Vorstrukturierung der Liefer- und Leistungsbeziehungen zwischen den Elementen i in Form von Plänen ist die Komplexität des Teilsystems A(j) geringer als die Komplexität in U.

Das System U stellt aus kybernetischer Sicht ein autonomes System mit eigener Identität dar, in dem jeder Partner zwar das Systemverhalten im Sinne seiner individuellen Ziele zu beeinflussen versucht, aber das Ergebnis aufgrund der Einflussnahme der anderen Partner allenfalls partiell steuern kann.[775] Somit empfiehlt sich für das System U ein Eigenmanagement inklusive eigenständiger Planungsfunktion. Vorrangige Aufgabe ist es, die divergierenden Ziele der in das System U einbezogenen Unternehmen auftragsübergreifend zu planen und zu kontrollieren. Die Subsysteme A(j) sind dem System U untergeordnet. Aufgrund der wechselnden Konfigurationen können anstelle konkreter Ziele durch das System U jedoch allenfalls Regeln, etwa für die Vergabe von Teilaufträgen, vorgegeben werden.[776] Jedes Subsystem A(j) ist somit teilautonom und benötigt eine eigene Planungsfunktion zur Formulierung konkreter Auftragsziele und Maßnahmen. Innerhalb eines System A(j) lassen sich schließlich die Kooperationsbereiche der beteiligten Unternehmen als einzelbe-

---

772 Vgl. Zimmermann, F. O. (1999), S. 15.

773 Vgl. Hess, T., Schumann, M. (2002), S. 167; Wohlgemuth, O. (2002), S. 69.

774 Vgl. Wohlgemuth, O. (2002), S. 69. Vgl. im Folgenden auch Zimmermann, F. O. (1999), S. 127 - 136 sowie Hess, T., Schumann, M. (2002). Zu Grundsatzfragen der Koppelung eigenständiger Systeme vgl. Kirsch, W. (2001), S. 438 - 441. Zur Frage der Grenzziehung zwischen Netzwerk und Umwelt vgl. Ortmann, G., Sydow, J. (1999).

775 Vgl. Mildenberger, U. (1998).

776 Vgl. Zimmermann, F. O. (1999), S. 103 - 105.

triebliche Produktionssysteme P(i) modellieren. Auch diese Subsysteme sind teilautonom, da sie die Abwicklung eines an sie vergebenen Teilauftrags selbst steuern. Die Gesamtauftragssteuerung muss jedoch bei dem System A(j) verbleiben, um eine abgestimmte Leistungserstellung sicherzustellen.[777] Die Verknüpfung dieser beiden Regelkreissteuerungen erfolgt über den Mechanismus der Kontextsteuerung.[778]

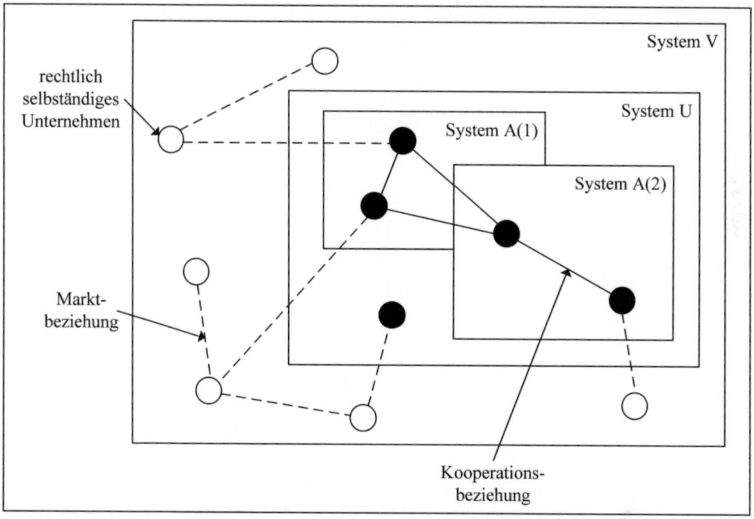

Abbildung 31: Netzwerke aus systemtheoretischer Sicht[779]

Erklärungsbeitrag der Systemtheorie

Im Kontext des Netzwerkcontrolling haben Systemtheorie und Kybernetik vorwiegend eine strukturierende Funktion.[780] Als zentrales Gestaltungsproblem der Modellierung von Unternehmensnetzwerken kann hierbei die Reduktion einer hohen Anfangsvarietät erachtet werden. Aus kybernetischer Sicht sind hierfür auftragsübergreifend als auch auftragsbezogen eigenständige Managementsysteme einzurichten, die über das Prinzip der Kontextsteuerung miteinander gekoppelt sind.[781] Dabei ist festzuhalten, dass sich die Leistungspotenziale eines Netzwerks nur dann erschließen

777 Vgl. Eversheim, W., Schellberg, O., Terhaag, O. (2000), S. 50 f.
778 Vgl. Wohlgemuth, O. (2002), S. 71.
779 Quelle: Hess, T., Schumann, M. (2002), S. 169, modifiziert nach Wohlgemuth, O. (2002), S. 70.
780 Vgl. Weber, J., Schäffer, U. (2000), S. 110 f.
781 Vgl. Wohlgemuth, O. (2002), S. 71.

lassen, wenn von einem übergeordneten Standpunkt aus das gesamte Beziehungsgeflecht und nicht nur einzelne Partner betrachtet werden.[782]

Für den Risikobezug von Unternehmensnetzwerken lassen sich hieraus erste Schlussfolgerungen ableiten. So kann als Ursache für eine bestimmte Risikoposition eines Unternehmensnetzwerks die Komplexität sowohl seines Umfelds als auch des Netzwerks selbst angesehen werden.[783] Dabei weist ein Netzwerk im Vergleich zu einer marktlichen Koordination eine höhere Komplexität auf. Dies lässt sich aus der Feststellung ableiten, dass ein System grundsätzlich mehr als die Summe seiner Elemente umfasst und dadurch andere und zusätzliche Eigenschaften aufweist, die nur dem System, nicht aber seinen Elementen zuzurechnen sind.[784] Da die Komplexität eines Systems mit der Anzahl seiner Elemente und der zwischen diesen Elementen bestehenden Beziehungen zunimmt, kann des weiteren gefolgert werden, dass die Definition der zulässigen Netzwerkgröße unter risikoorientierten Gesichtpunkten erfolgen muss. Hieraus ergeben sich Ansatzpunkte für die Definition von Controllingaufgaben im Rahmen des Partnermanagements. Zugleich ergibt sich hieraus mit Blick auf die Risikoposition eines Netzwerks die Anforderung an ein risikoorientiertes Netzwerkcontrolling, die Stabilität des Netzwerks in geeigneter Weise abzubilden, um den Aufbau von Erfolgspotenzialen zu ermöglichen.[785] Andererseits ist sicherzustellen, dass das Netzwerk die Komplexität der Umwelt verarbeiten kann. Der Aufbau geeigneter Strukturen und Steuerungsmechanismen im Sinne verschiedener Regelkreise ist durch das Controlling zu unterstützen.[786]

Die kybernetische Modellierung von Unternehmensnetzwerken betont darüber hinaus – wie bereits dargestellt – die horizontale wie auch vertikale Verknüpfung der einzelnen Regelkreise über den Mechanismus der Kontextsteuerung. Da gleichzeitig die aktivierten Netzwerke wie auch die Partnerunternehmen als teilautonome Systeme anzusehen sind, lassen sich aus dieser Modellierung Rückschlüsse auf die Risikoposition eines Netzwerks aus struktureller Sicht ziehen. Da die Koordination im Wesentlichen über Regeln erfolgt, lassen sich hieraus Controllingaufgaben im Rahmen des Regelmanagements ableiten. Dies gilt umso stärker, als die Modellarchitektur eine syntaktische und semantische Kompatibilität zwischen den Regelkreisebenen unterstellt. Diese soll eine reibungslose Übersetzung der auf Netzwerk-

---

782 Vgl. Männel, B. (1996), S. 73.

783 Vgl. Reichwald, R., Erben, R. F. (2005), S. 167.

784 Vgl. Schiemenz, B. (1993), Sp. 4137.

785 Zur Forderung nach Stabilität von Netzwerkstrukturen vgl. Bernecker, T., Präuer, A. (2006), S. 32.

786 Vgl. Bernecker, T., Präuer, A. (2006), S. 35, die als Gestaltungsfelder des Risikomanagements in Zuliefernetzwerken die Konfiguration, Aufgabenverteilung und Koordination identifizieren.

ebene festgelegten Führungsgrößen in Stellgrößen auf Unternehmensebene sowie eine Rückverdichtung der einzelbetrieblichen Kontrollinformationen ermöglichen. Die Tatsache, dass sich diese Idealvorstellung realiter nur schwer aufrechterhalten lassen wird, verdeutlicht die mit der technischen Integration der Partnerunternehmen verbundenen Risiken. Auch hieraus lassen sich Ansatzpunkte für Controllingaufgaben im Rahmen des Regelmanagements, aber auch im Rahmen des Aktionsmanagements ableiten.

3.2.2.2 Principal-Agent-Theorie

Grundzüge der Principal-Agent-Theorie

Asymmetrische Informationsverteilung[787] und Interessenskonflikte sind die Grundelemente der Principal-Agent-Theorie.[788] Die Principal-Agent-Theorie beschreibt die arbeitsteilige Beziehung zwischen einem Auftraggeber (Principal) und einem Auftragnehmer (Agent).[789] Eine Agency-Beziehung entsteht durch einen Vertrag, mit dem der Prinzipal zur Realisierung seiner Interessen dem Agenten Entscheidungsbefugnisse überträgt.[790] Eine derartige Beziehung weist folgende Charakteristika auf:[791]

- Der Prinzipal überträgt dem Agenten die zur Aufgabenerfüllung erforderlichen Entscheidungs- und Ausführungsbefugnisse.[792]
- Das Handeln des Agenten bestimmt die Höhe des erzielten Ergebnisses und somit die Wohlfahrt beider Parteien.
- Der Agent erhält für seine Tätigkeit eine Belohnung, das verbleibende Ergebnis fällt an den Prinzipal.

787 Vgl. grundlegend Spremann, K. (1990).

788 Vgl. Spence, M., Zeckhauser, R. J. (1971); Ross, S. A. (1973); Jensen, M. C., Meckling, W. H. (1976); Holmström, B. (1979); Fama, E. F. (1980). Die Principal-Agent-Theorie geht auf Ross zurück. Vgl. Ross, S. A. (1973). Für einen geschichtlichen Überblick vgl. Eisenhardt, K. M. (1989), S. 58 f.

789 Vgl. Elschen, R. (1991a), S. 1004; Ebers, M., Gotsch, W. (2002); Göbel, E. (2002), S. 98; Picot, A., Dietl, H., Franck, E. (2002), S. 82 - 90;Picot, A., Reichwald, R., Wigand, R. T. (2003), S. 82 - 90.

790 Jensen, M. C., Meckling, W. H. (1976), S. 308; Eisenhardt, K. M. (1989), S. 58; Ebers, M., Gotsch, W. (2002), S. 209; Göbel, E. (2002), S. 98 f. Der Vertragsbegriff ist kompatibel mit dem bereits verwendeten Begriff des relationalen Vertrags. Vgl. Bergen, M., Dutta, S., Walker, O. C. (1992), S. 2. Der Geltungsbereich der Theorie ist somit sehr breit. Vgl. Jost, P.-J. (2001a), S. 12. Pratt und Zeckhauser unterstellen sogar, dass eine Principal-Agent-Beziehung vorliegt, sobald ein Individuum von den Handlungen eines anderen abhängt. Vgl. Pratt, J. W., Zeckhauser, R. J. (1985), S. 2.

791 Vgl. Kah, A. (1994), S. 16 - 18. Vgl. auch Pratt, J. W., Zeckhauser, R. J. (1985), S. 2; Picot, A., Reichwald, R., Wigand, R. T. (2003), S. 55.

792 Principal-Agent-Beziehungen sind somit nicht mit hierarchischen Beziehungen gleichzusetzen.

- Der zugrunde liegende Vertrag beinhaltet sowohl die vom Agenten zu erbringende Arbeitsleistung als auch die Form der Entlohnung.

Principal-Agent-Beziehungen existieren in den verschiedensten Formen und Bereichen, etwa zwischen den Vorgesetzten und den Mitarbeitern innerhalb eines Unternehmens, zwischen Vorstand und Aufsichtsrat einer Aktiengesellschaft, zwischen Kreditgeber und Kreditnehmer oder zwischen Mandant und Rechtsanwalt. Eine Person ist häufig in mehrere derartige Beziehungen involviert, sowohl als Agent als auch als Prinzipal.[793] Auch Wirtschaftsunternehmen können in diesem Zusammenhang als ein Geflecht von Verträgen („nexus for a set of contracting relationships") interpretiert werden.[794]

Dem Basismodell der Principal-Agent-Theorie liegen unterschiedliche Zielsetzungen zwischen Prinzipal und Agenten zugrunde,[795] da beide Seiten danach streben, ihren eigenen Nutzen zu maximieren.[796] Darüber hinaus wird beiden Parteien zweckrationales Verhalten im Sinne der Bernoulli-Nutzentheorie[797] unterstellt.[798] Die spezifischen Nutzenfunktionen der Akteure können ein breites Spektrum von monetären und nichtmonetären Zielen abdecken. Bei Auswahlentscheidungen schließt der Lösungsraum opportunistische Praktiken wie etwa eine verzerrte Darstellung des eigenen Verhaltens oder die an eigenen Interessen orientierte Auslegung von Verträgen ein.[799] Des Weiteren geht die Principal-Agent-Theorie davon aus, dass sich der Prinzipal risikoneutral verhält, der Agent sich jedoch risikoscheu zeigt.[800]

Aufbauend auf diesen Annahmen wird zwischen einer Welt mit vollständigen Informationen und einer Welt begrenzter Rationalität aufgrund asymmetrischer Informationsverteilung unterschieden. Bei vollkommener Information kann der Prinzipal das Verhalten des Agenten beobachten und bewerten. Ein Verhalten des Agenten, das nicht im Sinne des Prinzipals ist, kann somit leicht festgestellt und unterbunden werden. In der Realität ist allerdings eine vollkommene Informationsverteilung

793 Vgl. Wohlgemuth, O. (2002), S. 59.

794 Vgl. Jensen, M. C., Meckling, W. H. (1976), S. 310; Picot, A., Reichwald, R., Wigand, R. T. (2003), S. 56.

795 Vgl. Elschen, R. (1991a), S. 1004; Woratschek, H., Roth, S. (2003), S. 152.

796 Vgl. Ebers, M., Gotsch, W. (2002), S. 204 - 206; Jensen, M. C., Meckling, W. H. (1976), S. 308.

797 Siehe zur Bernoulli-Nutzentheorie stellvertretend Adam, D. (1996), S. 241 ff.

798 Vgl. Woratschek, H., Roth, S. (2003), S. 152.

799 Vgl. Spremann, K. (1988), S. 615. Vgl. auch Hess, T. (2002), S. 95.

800 Vgl. Elschen, R. (1991a), S. 1007. Hintergrund dieser Annahme ist, dass der Prinzipal das Risiko seines Investments diversifizieren kann, während dies für das Humankapital des Agenten nicht möglich ist und dieser so einem weitaus höheren Risiko ausgesetzt ist. Vgl. Stelter, D. (1999), S. 28. Zur Problematik von Anreizsteuerung und Risikoteilung vgl. Hagenloch, T. (2005).

unrealistisch. Vielmehr ist davon auszugehen, dass der Agent gegenüber dem Prinzipal einen Informationsvorsprung besitzt oder bestimmte Informationen leichter oder kostengünstiger erhält, so dass sich hieraus Spielraum für opportunistisches Verhalten ergibt.[801] Dieser Spielraum erweitert sich zusätzlich, da der Prinzipal zum Zeitpunkt des Vertragsabschlusses nicht alle zukünftigen Handlungsoptionen des Agenten antizipieren kann, so dass der Vertrag zwangsläufig unvollständig ist.[802]

Opportunistisches Verhalten und begrenzte Rationalität äußern sich in vier unterschiedlichen Varianten asymmetrischer Informationsverteilung:[803]

(1) Das Problem der „Hidden Characteristics“ tritt vor Abschluss des Vertrages zwischen Prinzipal und Agent auf. Da der Prinzipal im Voraus die Qualifikationen und Eigenschaften eines Agent nicht kennt,[804] besteht die Gefahr, dass ein Agent mit unterdurchschnittlichen Eigenschaften und Qualifikationen diese bewusst verbirgt, um sich besser darzustellen.[805] Es besteht die Gefahr, dass der Prinzipal einen ungeeigneten Agenten auswählt (Adverse Selection).[806]

(2) Im Fall der „Hidden Information“ besitzt der Agent Informationen im Rahmen der Entscheidungssituation, über die der Prinzipal nicht verfügt.[807] Das Problem der Hidden Information ist, dass der Prinzipal zwar das Verhalten des Agenten beobachten, jedoch nicht beurteilen kann, da er den Umweltzustand, auf welchem die Entscheidungen des Agenten beruhen und von dem abhängt, wie sich der Agent absprachegemäß verhalten sollte, nicht kennt.[808]

(3) Eng verwandt mit dem Problem der Hidden Information ist das Problem der „Hidden Action“. Hierbei ist der Arbeitseinsatz des Agenten für den Prinzipal nicht beobachtbar. Da auch externe Umwelteinflüsse auf das Arbeitsergebnis einwirken, kann der Prinzipal hieraus keine Rückschlüsse auf den Arbeitseinsatz des Agenten ziehen. [809] Dieser könnte schlechte Ergebnisse immer mit dem Eintreten ungünstiger Umweltzustände rechtfertigen.[810] Eine Trennung zwischen Entscheidungs- und Verhaltensrisiko ist für den Prinzipal nicht mehr

801 Vgl. Elschen, R. (1991a), S. 1004; Wagner, R. (1994), S. 19.
802 Vgl. Sydow, J. (1992b), S. 172.
803 Vgl. Picot, A., Dietl, H., Franck, E. (2002), S. 84-86; Ebers, M., Gotsch, W. (2002), S. 207 - 208; Spremann, K. (1990); Hess, T. (1999b), S. 1505; Breid, V. (1995), S. 823 - 825.
804 Vgl. Bülow, S. (1995), S. 59.
805 Vgl. Eisenhardt, K. M. (1989), S. 61.
806 Vgl. Spremann, K. (1990), S. 574 f.
807 Vgl. Arrow, K. J. (1985), S. 38.
808 Vgl. Witt, P. (2001), S. 87.
809 Vgl. Witt, P. (2001), S. 87.
810 Vgl. Laux, H. (1990), S. 14.

möglich. Somit besteht die Gefahr, dass sich der Agent auf Kosten des Prinzipals opportunistisch verhält und eigene Zielvorstellungen verfolgt (Moral Hazard).[811] Dem Agenten bietet sich die Möglichkeit, seinen Arbeitseinsatz zu mindern (Shirking) oder Konsum am Arbeitsplatz zu betreiben (Consumption on the job).[812]

(4) Das Problem der „Hidden Intention" tritt ebenso wie Hidden Action nach Vertragsabschluss auf und bezeichnet die Gefahr für den Prinzipal, in Abhängigkeit vom Agenten zu geraten. Dies könnte der Agent ausnutzen, um sich einen Vorteil zu verschaffen (Hold Up).[813]

Zur Reduktion dieser Gefahren empfiehlt die Principal-Agent-Theorie verschiedene Standardlösungen.[814] Um die Gefahr einer Adverse Selection zu reduzieren, empfiehlt die Agentur-Theorie mit Signaling und Screening zwei Instrumente auf der Basis von Planungs-, Informations- und Kontrollsystemen.[815] Signaling umfasst sämtliche Aktivitäten des Agenten, um den Prinzipal von seinen Qualitätseigenschaften zu überzeugen, Screening hingegen Aktivitäten des Prinzipals, um sich zusätzliche Informationen über den potenziellen Agenten zu beschaffen.[816] Zur Bewältigung des Moral Hazard dient das Monitoring, also die Überwachung des Agenten.[817] In Abhängigkeit von der Beobachtbarkeit des Agenten durch den Prinzipal und die Beeinflussbarkeit der Arbeitsergebnisse durch den Agenten ergeben sich die in Abbildung 32 dargestellten Ausprägungen.[818]

Auch das Einrichten von Anreizsystemen kann eine Interessenangleichung zwischen Prinzipal und Agent unterstützen und somit dem Moral Hazard entgegenwirken.[819] Zur Beherrschung der Hold Up-Problematik schließlich wird eine Interessenangleichung durch die Begründung von Eigentum an einmaligen und entziehbaren Res-

---

811 Vgl. Ross, S. A. (1973), S. 134; Holmström, B. (1979), S. 74; Elschen, R. (1991b), S. 210; Spremann, K. (1990), S. 571 f.

812 Vgl. Fama, E. F. (1980), S. 296.

813 Zum Begriff des Hold Up vgl. Spremann, K. (1990), S. 568 – 570, sowie die dort angegebene Literatur.

814 Vgl. im Überblick Picot, A., Dietl, H., Franck, E. (2002), S. 87 - 91.

815 Vgl. Kaas, K.-P. (1990); Kaas, K.-P. (1991); Roth, S. (2001b); Roth, S. (2001a); Picot, A., Dietl, H., Franck, E. (2002), S. 87-89; Picot, A., Reichwald, R., Wigand, R. T. (2003), S. 57 f. Als weiteres Instrument findet sich stellenweise der Aufbau von Reputation. Reputation entsteht letztlich durch wiederholtes Signaling, das zum Aufbau von Vertrauen führt. Vgl. Albach, H. (1980).

816 Vgl. Hess, T. (1999b), S. 1508.

817 Vgl. Picot, A. (1989); Spremann, K. (1988); Ouchi, W. G. (1977).

818 Vgl. Picot, A. (1989); Hess, T. (1999b), S. 1506 f.

819 Vgl. Spremann, K. (1990), S. 581-583. Zum Begriff des betrieblichen Anreizsystems vgl. Wild, J. (1973), S. 47; Becker, F. G. (1990), S. 8; Kossbiel, H. (1994), S. 77; Guthof, P. (1995), S. 18; Winter, S. (1996), S. 16; Ackermann, K.-F. (1974), S. 156.

sourcen nahe gelegt. Beispiele hierfür können der Abschluss langfristiger Liefer- und Leistungsverträge oder die Stellung von Sicherheiten sein.[820]

		Beeinflussbarkeit durch Agent: hoch	Beeinflussbarkeit durch Agent: gering
Beobachtbarkeit durch Prinzipal	gut möglich	Informationen zum Vorgehen	Informationen zum Vorgehen mit Fokus auf technischem Prozess und Input
	schlecht möglich	Informationen zum Ergebnis, ergänzt durch Ergebnisoffenlegung ggü. dem Markt	Informationen zum Ergebnis mit Fokus auf technischen Daten

Abbildung 32: Varianten des Monitoring[821]

Die Agencytheorie wird im Rahmen der positiven Analyse zur empirisch-qualitativen Untersuchung und Erklärung komplexer betrieblicher Principal-Agent-Probleme, im Rahmen der normativen Analyse zur optimalen Gestaltung von betrieblichen Kontroll- und Anreizsystemen herangezogen.[822] Als Effizienzkriterium zur Beurteilung institutioneller Arrangements werden die Agenturkosten verwendet.[823] Agenturkosten stellen die in Kosten ausgedrückte Differenz zwischen einer Leistungserstellung durch den Agenten bei vollständiger Information und einer Leistungserstellung durch den Agenten bei Informationsasymmetrie dar und setzen sich aus den Überwachungs- und Kontrollkosten des Prinzipals, den Signalisierungs- und Garantiekosten des Agenten sowie dem residualen Wohlfahrtsverlust zusammen.[824] Zwischen diesen drei Komponenten besteht eine Trade-Off-Beziehung. Abbildung 33 fasst die bisherigen Ausführungen zur Principal-Agent-Theorie zusammen.

820 Vgl. Spremann, K. (1990), S. 580 f.; Picot, A., Reichwald, R., Wigand, R. T. (2003), S. 59.
821 In Anlehnung an Hess, T. (1999b), S. 1507; Hess, T., Schumann, M. (1999), S. 360.
822 Vgl. Laux, H. (1990); Elschen, R. (1991a), S. 1006; Breid, V. (1995), S. 821 f.; Ebers, M., Gotsch, W. (2002), S. 209; Picot, A., Reichwald, R., Wigand, R. T. (2003), S. 56.
823 Vgl. Günther, T. (2003), S. 339 f.
824 Vgl. Jensen, M. C., Meckling, W. H. (1976), S. 308; Picot, A., Reichwald, R., Wigand, R. T. (2003), S. 56.

Informationsasymmetrie / Unterscheidungskriterien	Hidden Characteristics	Hidden Information / Hidden Action	Hidden Intention
Informationsproblem des Prinzipal	Qualitätseigenschaften der Leistungen des Vertragspartners unbekannt	Anstrengung des Vertragspartner nicht beobachtbar bzw. nicht beurteilbar	Absichten des Vertragspartners unbekannt
Problemursache oder wesentliche Einflussgröße	Verbergbarkeit von Eigenschaften	Überwachungsmöglichkeiten und -kosten	Ressourcenabhängigkeit
Verhaltensspielraum des Agenten	Vor Vertragsabschluß	Nach Vertragsabschluß	Nach Vertragsabschluß
Problem	Adverse Selection	Moral Hazard	Hold Up
Art der Problembewältigung	- Beseitigung der Informationsasymmetrie - Signalling/Screening - Self-Selection - Interessenangleichung	- Interessenangleichung - Reduzieren der Informationsasymmetrie (Monitoring)	- Interessenangleichung

Abbildung 33: Probleme und Gestaltungsempfehlungen der Principal-Agent-Theorie[825]

Netzwerke aus Sicht der Principal-Agent-Theorie

In Unternehmensnetzwerken können grundlegend zwei verschiedene Arten von Agency-Beziehungen modelliert werden. Vertikale Agency-Beziehungen bestehen beispielsweise zwischen einem Netzwerk-Steuerungsgremium und dem von ihm eingesetzten Auftragskoordinator sowie zwischen dem Auftragskoordinator und den ausführenden Unternehmen.[826] Vertikale Agency-Beziehungen existieren somit immer nur auftragsbezogen oder auftragstypbezogen.[827] Horizontale Agency-Beziehungen reflektieren die Kooperationsbeziehungen selbst. Kooperationsbeziehungen stellen bei genauerer Betrachtung üblicherweise Tauschverträge dar, in denen die beteiligten Unternehmen gleichzeitig als Prinzipal und Agent auftreten.[828] Hierbei kann zwischen auftragsübergreifenden und auftragsbezogenen Agency-Beziehungen unterschieden werden.

---

825 Vgl. Breid, V. (1995), S. 824; Schöb, O. (1998), S. 94; Picot, A., Dietl, H., Franck, E. (2002), S. 92; Picot, A., Reichwald, R., Wigand, R. T. (2003), S. 59; Küpper, H. U. (2005), S. 68.

826 Vgl. Seiter, M. (2006a), S. 76. Vgl. für fokale und polyzentrische Netzwerke Hess, T., Schumann, M. (1999), S. 359 f.

827 Vgl. Hess, T. (2002), S. 99.

828 Vgl. Schrader, S. (1993), S. 240 - 242; Beck, T. C. (1998), S. 40; Woratschek, H., Roth, S. (2003), S. 154.

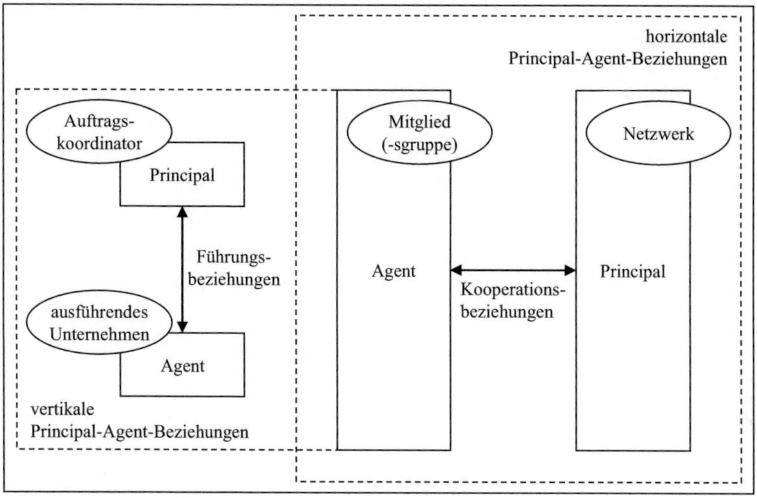

Abbildung 34: Principal-Agent-Beziehungen in Netzwerken

Erklärungsbeitrag der Principal-Agent-Theorie

Analysiert man horizontale Agency-Probleme[829] aus der Sicht des Unternehmensnetzwerks, so können für die entsprechenden Beziehungen folgende spezifische Risiken identifiziert werden:[830]

(1) Im Sinne der Adverse Selection besteht die Gefahr mangelnder Fähigkeiten des Partnermanagements, geringer Produkt- oder Dienstleistungsqualität, unzureichender Fertigungskapazitäten oder geringer finanzieller Solidität von Partnerunternehmen.

(2) Im Sinne des Moral Hazard besteht die Gefahr eines geringen Anstrengungsniveaus in Entwicklungs- und Fertigungsprozessen, überhöhter Gewinnzuschläge oder nur vager Terminzusagen zur Bevorzugung möglicher Fremdaufträge.

---

829 Es ist darauf hinzuweisen, dass insbesondere horizontale Agency-Beziehungen reziprok sein können. Vgl. zu dieser Problemstellung Reid, J. D. J. (1973) und Rubin, P. H. (1978), die sich mit beiderseitigem Moral Hazard beschäftigen. In der jüngeren Literatur sind Bhattacharyya, S., Lafontaine, F. (1995) zur optimalen Vertragsgestaltung bei double-sided Moral Hazard, Casamatta, C. (2003) zum Moral Hazard in Venture Capital Situationen, Fink, A. (2002) sowie Block, Z., MacMillan, I. C. (1993) zum Moral Hazard bei Corporate Ventures und Wall, F. (2003) zur Agency-Problematik bei drei Parteien zu nennen.

830 Vgl. im Folgenden Stölzle, W. (1999), S. 65; Pieper, J. (2000), S. 168 - 177; Wohlgemuth, O. (2002), S. 63 f.

(3) Im Sinne des Hold Up besteht die Gefahr der Weitergabe von Spezialwissen anderer Kooperationspartner, eines Lieferstops oder einer Lieferverzögerung sowie des Entzugs der Kooperationsbereitschaft.

Anzumerken bleibt, dass die getätigten Aussagen von der Prämisse einer gegebenen, stabilen und konsistenten Nutzenfunktion ausgehen, welche sich für das Netzwerk als Prinzipal nur begrenzt aufrechterhalten lässt. Hierfür wäre letztlich erforderlich, dass die Ziele der Partnerunternehmen vorab bekannt sind, in komplementärer oder zumindest neutraler Beziehung zueinander stehen und im Zeitablauf unverändert bleiben.[831] Aus diesem Grunde werden Unternehmensnetzwerke oft als Systeme miteinander verwobener Agency-Beziehungen interpretiert.[832]

In vertikalen Principal-Agent-Beziehungen existierende Risiken können am Beispiel unternehmensübergreifender IT-Investitionen verdeutlicht werden.[833] Hierbei können drei unterschiedliche Rollen identifiziert werden:[834]

- Nutznießer: Jeder Netzwerkpartner, der am unternehmensübergreifenden Informationssystem teilnimmt, um daraus Nutzen zu ziehen, gilt als Nutznießer. Nutznießern müssen hieraus nicht zwangsläufig Kosten entstehen, etwa wenn ein Partner derart großen Nutzen aus dem System zieht, dass er sich bereit erklärt, die Kosten allein zu tragen.
- Investor: Nutznießer, denen für die Systemnutzung Kosten entstehen, werden als Investoren bezeichnet. Im Gegenzug für die Kostenübernahme haben sie das Recht, Einfluss auf die Systemgestaltung zu nehmen und halten die meisten Verfügungsrechte.[835]
- Lieferant: Das Unternehmen, das das System implementiert und betreibt, wird als Lieferant bezeichnet. Lieferant können alle Investoren, eine kleine Gruppe von Investoren oder Netzwerkexterne sein.

Aufbauend auf diesen Rollen lassen sich drei Agency-Beziehungen identifizieren (vgl. Abbildung 35).

831 Vgl. Wohlgemuth, O. (2002), S. 64.

832 Vgl. Woratschek, H., Roth, S. (2003), S. 154. Vgl. kritisch Sydow, J. (1992b), S. 161 und S. 173.

833 Vgl. im Folgenden Hirnle, C. (2005); Hirnle, C. (2006).

834 Ähnlich Gaugler, T. (2000), S. 76, der die Rollen des Initiators bzw. Betreibers sowie des Adoptors bzw. Anwenders unterscheidet.

835 Vgl. Han, K., Kauffman, R. J., Nault, B. R. (2004), S. 113.

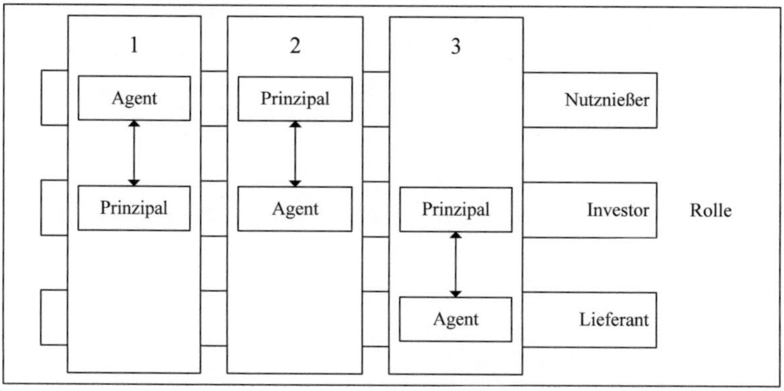

Abbildung 35: Agency-Beziehungen bei gemeinsamen IT-Investitionen[836]

Die erste Agency-Beziehung bringt zum Ausdruck, dass Investoren durch das Informationssystem sunk costs entstehen. Zur Wahrung ihres Einsatzes sind sie darauf angewiesen, dass die Nutznießer das System tatsächlich nutzen. Hierfür muss der Investor ein System erstellen (lassen), das die Nutznießer akzeptieren, woraus sich die zweite Agency-Beziehung ableitet. Schließlich beauftragt der Investor einen (netzwerkinternen oder netzwerkexternen) Lieferanten mit der Bereitstellung des Systems und bezahlt die Leistungserstellung.

In jeder der genannten Agency-Beziehungen besteht das Risiko opportunistischer Verhaltensweisen. Als Ausprägung des Moral Hazard gilt beispielsweise die Free Rider-Problematik bei gemeinsam getätigten Investitionen, wenn ein Netzwerkpartner nicht die vollen auf ihn entfallenden Kosten tragen will.[837] Spielraum für opportunistisches Verhalten ergibt sich hierbei, wenn ein Nutznießer seinen Nutzen bewusst niedriger deklariert, um seine Beiträge zu senken, oder wenn ein Nutznießer sich weigert, Beiträge zu zahlen, und die übrigen Netzwerkpartner ihn nicht ausschließen können, ohne ihren eigenen Nutzen signifikant zu reduzieren. Auch kann ein netzwerkinterner Lieferant unter Umständen seine Anstrengungen bei der Gestaltung des Informationssystems reduzieren, ohne dass die anderen Investoren die niedrigere Qualität ihm direkt zuschreiben können. Beliefert der Lieferant keine anderen Unternehmen mit IT-Leistungen, so hat er auch keine negativen Reputationseffekte zu erwarten. Auch hierbei handelt es sich um eine Form des Moral

[836] In Anlehnung an Hirnle, C. (2005), S. 10; Hirnle, C. (2006), S. 74.

[837] Zur Free Rider-Problematik vgl. Holmström, B. (1982), mit Bezug auf Netzwerke Rokkan, A. I., Buvik, A. (2003).

Hazard. Hold Up-Risiken entstehen durch die Spezifität der IT-Investition[838] in Verbindung mit den sunk costs der Investoren, die unabhängig von der späteren, von der Partizipation aller Netzwerkpartner abhängigen Nutzenstiftung anfallen. Es entsteht ein Abhängigkeitsverhältnis.[839]

Dehnt man den Betrachtungsfokus über die Grenzen des Netzwerks hinaus aus, so ergeben sich weitere Principal-Agent-Beziehungen, etwa zwischen dem externen Auftraggeber und dem Auftragskoordinator.[840] Diese bestehen jedoch unabhängig von der Existenz des Netzwerks und finden somit im Folgenden keine weitere Beachtung.

Zusammenfassend stellt die Agency-Theorie asymmetrische Information und die daraus resultierenden Spielräume für opportunistisches Verhalten als Risikofaktor heraus. Für die Ausgestaltung eines risikoorientierten Netzwerkcontrolling ergeben sich hieraus im Wesentlichen zwei Ansatzpunkte. Stellt man auf die Problembereiche hidden intentions und hidden actions ab, so ist die Erfüllung der Leistungspflicht der Netzwerkpartner abzubilden.[841] In anderen Worten ist sicherzustellen, dass die Partnerunternehmen die Leistungen der anderen Partner beurteilen können, um ggf. geeignete Sanktionen einleiten zu können. Zudem kann hieraus aber auch die Forderung nach einer systematischen Unterstützung des Aufbaus von Vertrauen hergeleitet werden.[842] Stellt man hingegen auf den Problembereich der hidden characteristics ab, so ist im Rahmen eines risikoorientierten Netzwerkcontrolling sicherzustellen, dass die Netzwerkpartner die Eigenschaften der anderen Partner beurteilen können.[843] Schließlich ergeben sich aus der Agencytheorie mit dem Monitoring, dem Signalling, dem Screening sowie der Interessenangleichung vier Ansatzpunkte zur Risikosteuerung und Risikokontrolle.

3.2.2.3 Sozialwissenschaftliche Erklärungsansätze

Neben ökonomischen Ansätzen werden in der Literatur zur Erklärung von Unternehmensnetzwerken vielfach auch Theorien herangezogen, die sich anderen Wissen-

---

838 Zum Zusammenhang von Investitionshöhe, Spezifität und Risikoposition bei Investitionen in Netzwerken vgl. Ojala, M., Hallikas, J. (2003); Ojala, M., Hallikas, J. (2006), S. 208.

839 Vgl. zu einer eingehenderen Analyse in Abhängigkeit von der Anzahl investierender Netzwerkpartner und der internen oder externen Erfüllung der Lieferantenrolle Hirnle, C. (2006), S. 69 - 99.

840 Vgl. Hess, T. (2002), S. 99.

841 Vgl. Seiter, M. (2006a), S. 77.

842 Vgl. Hess, T. (2002), S. 103.

843 Vgl. Seiter, M. (2006a), S. 78.

schaftsdisziplinen zurechnen lassen.[844] Neben der ganz allgemein zu stellenden Forderung, dass bei der Untersuchung realer Phänomene weder eine extrem ökonomische noch eine extrem soziologische Position eingenommen werden sollte,[845] liegt ein derartiges Vorgehen nahe, da soziale Interaktionen ein wesentliches Element in Netzwerkbeziehungen darstellen.[846] Zudem findet sich in der Literatur im Zusammenhang mit zwischenbetrieblichen Kooperationen der Verweis auf Risiken, die sich aus dem Verhalten der Kooperationspartner ableiten.[847] Zur Erklärung dieser Risiken kann eine Vielzahl von Theorien herangezogen werden.[848]

Equity-Theorie

Zentrales Konstrukt der Equity-Theorie[849] ist Gerechtigkeit im Sinne distributiver Gerechtigkeit.[850] Die Equity-Theorie thematisiert das Verhalten von Personen, die einer Situation ausgesetzt sind, die sie als ungerecht empfinden, wobei der Fokus meist auf ökonomischen Austauschbeziehungen liegt. Die Partner empfinden eine Beziehung dann als gerecht, wenn das Verhältnis von Leistung und Nutzen – beide können immaterieller oder materieller Natur sein – bei jedem Partner des Austauschs gleich ist. Kommen die Partner im Zuge fortlaufender Prüfung zu dem Schluss, dass diese Bedingung nicht erfüllt ist, so versuchen sie, die (subjektive) Gerechtigkeit wieder herzustellen. Dies kann durch Änderung der Nutzen- und Leistungsniveaus, durch eine Verzerrung der Wahrnehmung derselben sowie durch Austritt aus der Beziehung erfolgen.[851] Die Änderung der Nutzen- und Leistungsniveaus kann durch Forderung nach Kompensation oder Vergeltungsmaßnahmen erfolgen. Zu kognitiv verzerrter Wahrnehmung neigen vorrangig Partner, die durch eine Ungerechtigkeit im Vorteil sind, indem sie Nutzen und Leistungen sowohl von sich selbst als auch der Partner so wahrnehmen, dass Gerechtigkeit vorliegt.[852] Die Anwendbarkeit dieser

---

844 So unterscheidet Sydow ökonomische, politische, politökonomische und interorganisationstheoretische Ansätze. Vgl. Sydow, J. (1992b).

845 Vgl. Granovetter, M. (1985).

846 Netzwerkbeziehungen haben eine rechtliche, eine ökonomische und eine persönliche Dimension. Vgl. Schäper, C. (1996), S. 103. Oft wird beispielsweise die Bedeutung gegenseitigen Vertrauens in der Literatur betont. Vgl. Sullivan, J., Peterson, R. B. et al. (1981), S. 805 f.; Sullivan, J., Peterson, R. B. (1982), S. 30; Kaufmann, F. (1993); Sydow, J. (1996); Das, T. K., Teng, B.-S. (2001c); Büssing, A., Moranz, C. (2003); Büssing, A., Moranz, C. (2004).

847 Vgl. Ouchi, W. G. (1980), S. 130 m. w. N.; Das, T. K., Teng, B.-S. (1996), S. 830; Hwang, P., Burgers, W. P. (1997), S. 102 m. w. N.

848 Vgl. im Folgenden Seiter, M. (2006a), S. 60 - 89.

849 Die Equity-Theorie geht zurück auf die Arbeiten von Adams und Walster. Vgl. Adams, J. S. (1965); Walster, E. G., Walster, W., Berscheid, E. (1973).

850 Distributive Gerechtigkeit liegt vor, wenn jeder Partner ein gleiches Verhältnis aus eingebrachter Leistung und erzieltem Nutzen aufweist (Beitragsproportionalität). Vgl. Greenberg, J. (1990), S. 400. Für weitere Gerechtkeitskonzeptionalisierungen vgl. Wiswede, G. (2004), S. 196.

851 Vgl. Wiswede, G. (2004), S. 144.

852 Vgl. Wiswede, G. (2004), S. 144.

Handlungsalternativen hängt insbesondere von der Position des jeweiligen Partners ab. Prämissen der Equity-Theorie sind allseitiges Streben nach Nutzenmaximierung, Festlegung der Normen für die gerechte Verteilung durch die Gruppe, mit dem Ausmaß von Ungerechtigkeit zunehmende Spannungszustände der Partner sowie allseitiges und mit dem Ausmaß von Ungerechtigkeit zunehmendes Streben nach Wiederherstellung der Gerechtigkeit.[853]

Die Equity-Theorie erlaubt Rückschlüsse auf mögliche Reaktionen der Netzwerkpartner bei subjektiv empfundener Ungerechtigkeit, etwa die Gefahr opportunistischen Verhaltens oder des Austritts aus der Kooperation, und liefert eine Erklärung für die zugehörige subjektive Wahrnehmung.[854] Beispielsweise können die Machtverteilung im Netzwerk, der Verteilungsmechanismus für Erlöse oder auch das Verhalten anderer Partner von einem Partnerunternehmen als ungerecht empfunden werden und zu einer der geschilderten Reaktionen führen.

Theorie sozialer Dilemmata

Die Theorie sozialer Dilemmata[855] thematisiert soziale Interaktion in Gruppen, wobei die Partner sowohl gemeinsame als auch gegensätzliche Interessen verfolgen (mixed-motive-Situationen).[856] Dabei stellt kooperatives Verhalten kurzfristig ein individuelles Suboptimum der einzelnen Partner dar, optimiert aber das Ergebnis des Kollektivs.[857] Somit stellt sich die Frage, wie unkooperatives Verhalten Einzelner verhindert werden kann.

Zur Verdeutlichung von mixed-motive-Situationen findet sich in der Literatur das Kollektivgut-Dilemma. Als Beispiel führen Zeng und Chen[858] eine Kooperation von sechs Partnern an, bei der jeder Partner zehn Geldeinheiten einbringen soll, wobei die Kooperation pro eingebrachter Einheit jeweils eine weitere Einheit erwirtschaften kann. Jedoch entscheiden die Partner autonom, wie viele Einheiten sie einbringen wollen. Die Höhe der Einbringung kann durch die Partner nicht beobachtet werden. Hierbei lässt sich zeigen, dass sich bei allseitiger Kooperation alle Partner besser stellen, jedoch der Gewinn des einzelnen Partners mit der Höhe der von ihm eingebrachten Einheiten fällt.

853 Vgl. Walster, E. G., Walster, W., Berscheid, E. (1973).

854 Vgl. Seiter, M. (2006a), S. 64.

855 Die Theorie der sozialen Dilemmata wird auch als Free-Rider-Theory bezeichnet (vgl. Albanese, R., van Fleet, D. D. (1985), S. 244) und ist der nicht-kooperativen Spieltheorie zuzurechnen. Vgl. Fromen, B. (2004), S. 67.

856 Vgl. Athenstaedt, U., Freudenthaler, H. H., Mikula, G. (2002), S. 74.

857 Vgl. Ostrom, E. (1998), S. 1; Wiswede, G. (2004), S. 385.

858 Vgl. Zeng, M., Chen, X.-P. (2003), S. 590.

Zu diesem Zweck berechnet sich der Ressourcenbestand R_{end} des Partners A nach Auflösung des Netzwerks in Abhängigkeit von der Anzahl C der von Partner A eingebrachten Ressourcen und der Anzahl MC der durchschnittlich von den anderen Partnern eingebrachten Ressourcen nach folgender Formel:

$$R_{end} = (10 - C) + 2\,(5\,MC + C) / 6$$

Tabelle 3 gibt einen Überblick über die Ergebnisse R_{end} in Abhängigkeit von C und MC.

		MC					
		0	1	2	3	…	10
C	0	10,00	11,67	13,33	15,00	…	26,67
	1	9,33	11,00	12,67	14,33	…	26,00
	2	8,67	10,33	12,00	13,67	…	25,33
	3	8,00	9,67	11,33	13,00	…	24,67
	…	…	…	…	…	…	…
	10	3,33	5,00	6,67	8,33	…	20,00

Tabelle 3: Ergebnismatrix eines Unternehmensnetzwerks mit sechs Partnern[859]

Für die Risikoposition von Unternehmensnetzwerken bietet die Theorie sozialer Dilemmata zwei Erklärungsbeiträge. So wird zum einen mit zunehmender Anzahl von Partnern die Prüfung der Kooperationsbeiträge der Einzelnen schwieriger, gleichermaßen erfordert eine kollektive Bestrafung unkooperativen Verhaltens zunehmenden Koordinationsaufwand. Mit zunehmender Partneranzahl steigt somit das Risiko unkooperativen bzw. opportunistischen Verhaltens.[860] Zum anderen steigt mit zunehmender Kommunikationsgüte[861] die Häufigkeit des kooperativen Verhaltens der Partner.[862] Hintergrund ist, dass die Partner hierdurch die Struktur des Dilemmas immer besser erkennen und ihr Verhalten zur gemeinsamen Optimierung abstimmen können.[863]

---

859 Vgl. Zeng, M., Chen, X.-P. (2003), S. 590.

860 Vgl. Fox, J., Guyer, M. (1977); gegensätzlich Marwell, G., Ames, R. E. (1979).

861 Kommunikationsgüte ist definiert als Güte des formellen und informellen Informationsaustauschs zwischen den Partnern im Unternehmensnetzwerk. Vgl. Mohr, J., Nevin, J. R. (1990); Mohr, J. J., Fisher, R. J., Nevin, J. R. (1996).

862 Vgl. Anderson, J. C., Narus, J. A. (1990).

863 Vgl. Seiter, M. (2006a), S. 68.

Weitere sozialwissenschaftliche Ansätze

Als weitere sozialwissenschaftliche Ansätze finden sich in der Literatur beispielsweise die Austauschtheorie,[864] die Konflikttheorie,[865] die Koalitionstheorie[866] wie auch die Kommunikationstheorie.[867] Für die vorliegende Arbeit leisten diese Theorien jedoch keinen nennenswerten Erklärungsbeitrag, so dass auf eine Darstellung verzichtet wird.

3.2.3 Ansatzpunkte aus gestaltungsorientierten Beiträgen

Neben den dargestellten Ansatzpunkten aus theoretischen Erklärungsmustern finden sich in der Literatur zwischenzeitlich vereinzelte Beiträge zum Risikomanagement in Unternehmensnetzwerken, aus denen weitere Hinweise für die Ausgestaltung eines risikoorientierten Netzwerkcontrolling gewonnen werden können. Untersuchungsobjekt sind jedoch fast durchgängig Zuliefernetzwerke im Sinne hierarchisch-pyramidaler strategischer Netzwerke. Die nachfolgenden Ausführungen zielen darauf ab, einen kompakten Überblick zum aktuellen Stand der Forschung zu geben. Bezogen auf den hier verfolgten Untersuchungszweck wurden die Beiträge von Hallikas et al., Das und Teng, Bernecker und Präuer sowie von Seiter als relevant eingestuft. Für jeden dieser Beiträge wird der betrachtete Netzwerktypus sowie der Risikobegriff verdeutlicht, um anschließend die wesentlichen Aussagen zusammenzufassen und den Erklärungsbeitrag für die vorliegende Arbeit abzuleiten. Über die nachfolgend dargestellten Beiträge hinaus finden sich in der Literatur weitere Beiträge[868] zum Risikobezug von Unternehmensnetzwerken und dem zugehörigen Risikomanagement, die jedoch für die vorliegende Untersuchung keine substanziellen Erkenntnisse beisteuern. Auf eine Darstellung wird somit verzichtet.

---

864 Vgl. Levine, S., White, P. E. (1961), S. 588; Marrett, C. B. (1971); Jacobs, D. (1974); White, P. E., Levine, S., Vlasak, G. J. (1975); Cook, K. S. (1977). Zum Erklärungsbeitrag der Austauschtheorie zur Entstehung kooperativer Beziehungen vgl. Sydow, J. (1992b), S. 193 - 196.

865 Vgl. Berkel, K. (1984).

866 Vgl. Otto, A. (2002), S. 240 m. w. N.; Wiswede, G. (2004), S. 101.

867 Vgl. Shannon, C. E., Weaver, W. (1949).

868 Vgl. Dimmeler, D. (2002); Harland, C., Brenchley, R., Walker, H. (2003); Jones, C., Hesterly, W. S. et al. (1998); Link, P. (2001); Link, P., Marxt, C. (2004), Reichwald, R., Erben, R. F. (2005); Ries, A. (2001), S. 239 - 244; Zeng, M., Chen, X.-P. (2003). Darüber hinaus finden sich Beiträge, die Risiken im Kontext bilateraler Beziehungen untersuchen. Vgl. stellvertretend Parkhe, A. (1993); Amason, A. C., Sapienza, H. J. (1997); Olk, P., Young, C. (1997); Böhme, A. (1999); Kale, P., Singh, H., Perlmutter, H. (2000); Gierl, H. (2004).

3.2.3.1 Der Ansatz von Das und Teng

Das und Teng fokussieren in ihren Arbeiten das Risikomanagement in strategischen Allianzen.[869] Die Autoren unterscheiden relationale Risiken und Leistungsrisiken.[870] Relationale Risiken sind definiert als die Wahrscheinlichkeit und die Konsequenz nicht zufrieden stellender Kooperation. Sie entstehen durch die Gefahr opportunistischen Verhaltens durch die Kooperationspartner.[871] Hintergrund können einseitige oder analog zu Adams Gerechtigkeitstheorie als ungleich wahrgenommene Nutzenpotenziale[872] und nicht offengelegte Ziele der Netzwerkpartner sein. Leistungsrisiken hingegen stellen die Wahrscheinlichkeit und Konsequenz dar, dass Ziele der Kooperation trotz zufrieden stellender Kooperation nicht erreicht werden. Beispiele hierfür sind Nachfrageschwankungen, Gesetzesänderungen oder auch fehlende Kompetenz der Kooperationspartner.[873] Unternehmen versuchen folglich, durch ein Netzwerkengagement Leistungsrisiken zu minimieren, nehmen hierfür aber gleichzeitig relationale Risiken in Kauf. Die Autoren leiten auf dieser Risikoklassifikation aufbauend Konsequenzen für die Strukturierung der Allianz ab, insbesondere wird auf die Frage der Intensität der Kapitalverflechtung abgestellt. So wird beispielsweise bei Dominanz relationaler Risiken empfohlen, die Kooperation durch beiderseitige Einbringung von Eigenkapital zu festigen.[874]

Eine weitere Differenzierung von Risiken erfolgt durch die Betrachtung der in eine Kooperation eingebrachten Ressourcen mit den Ausprägungen „Wissen“ und „Gü-

869 Vgl. im Folgenden Das, T. K., Boje, D. M. (1993); Das, T. K., Teng, B.-S. (1996); Das, T. K., Teng, B.-S. (1998b); Das, T. K., Teng, B.-S. (1998a); Das, T. K., Teng, B.-S. (1999); Das, T. K., Teng, B.-S. (2000a); Das, T. K., Teng, B.-S. (2000b); Das, T. K., Teng, B.-S. (2001a); Das, T. K., Teng, B.-S. (2001b); Das, T. K., Teng, B.-S. (2001c); Das, T. K., Rahman, N. (2001); Das, T. K., Rahman, N. (2002); Das, T. K., Teng, B.-S. (2002a); Das, T. K., Teng, B.-S. (2003). Der Begriff der Strategischen Allianz wird von den Autoren sehr weit verwendet und inkludiert jegliche Form zwischenbetrieblicher Kooperation.

870 Eine ähnliche Einteilung findet sich bei Ring, P. S., van de Hen, A. H. (1992). Das und Teng betonen zudem die Unterscheidung zwischen objektivem Risiko und wahrgenommenem Risiko. Vgl. Das, T. K., Teng, B.-S. (2001a). So reduziert Vertrauen in Allianzen allein das wahrgenommene Risiko, das objektive Risiko kann durch ein Übermaß an Vertrauen sogar zunehmen. Vgl. Das, T. K., Teng, B.-S. (2001c), S. 254. Zum Begriff des wahrgenommenen Risikos vgl. Dowling, G. R. (1986); Fischhoff, B. (1985).

871 Zu opportunistischem Verhalten aus Sicht der Principal-Agent-Theorie siehe Abschnitt 3.2.2.2.

872 Khanna et al. nennen Nutzenpotenziale, die nur für einen Kooperationspartner existieren, „private benefits“ im Gegensatz zu „common benefits“. Vgl. Khanna, T., Gulati, R., Nohria, N. (1998).

873 Im Gegensatz zu relationalen Risiken, die nur in Kooperationen auftreten, können Leistungsrisiken somit auch in anderen Organisationsformen auftreten. Vgl. Das, T. K., Teng, B.-S. (2001c), S. 253.

874 Vgl. Das, T. K., Teng, B.-S. (1996); Das, T. K., Teng, B.-S. (2001a).

ter".[875] Innerhalb der resultierenden vier Kombinationsmöglichkeiten von dominantem Risiko und eingebrachten Ressourcen leiten die Autoren vier Orientierungsrichtungen in Allianzen ab.

- Bei Vorherrschen relationaler Risiken und Einbringung materieller Ressourcen wird als Zielsetzung die Kontrolle des Ressourceneinsatzes empfohlen. Hierzu können Verträge, die die Details der Ressourcennutzung regeln, herangezogen werden, auch gegenseitige Beteiligungen und ein enges Monitoring durch das Management werden als geeignete Maßnahmen vorgeschlagen.
- Bei Dominanz von Leistungsrisiken und primär materiellem Engagement ist auf die Sicherung ausreichender Flexibilität abzustellen. Zum einen soll die Reaktionsfähigkeit auf Umweltveränderungen sichergestellt werden, zum anderen soll aber auch die Intensität der Kooperation jederzeit gestaltbar sein. Neben der Wahl einer wenig verpflichtenden Kooperationsform ohne gegenseitige Beteiligungen impliziert dies auch die Vorbereitung und Sicherung von Austrittsmöglichkeiten.
- Werden hingegen vorrangig immaterielle Ressourcen in eine Kooperation eingebracht, so gebietet eine Dominanz relationaler Risiken als Zielsetzung, das eigene Know-how zu sichern und zu schützen. Zu diesem Zweck sind Barrieren aufzubauen, etwa indem innerhalb der Kooperation die Aufgabengebiete der einzelnen Partner weitestmöglich separiert werden oder indem Mitarbeiter und Kooperationspartner auf die Schützenswürdigkeit des Wissens aufmerksam gemacht werden.
- Wird primär Wissen in die Kooperation eingebracht und herrschen gleichzeitig Leistungsrisiken vor, so ist die Produktivität des Wissens zu fokussieren. Als Hauptrisikofaktoren gelten inkompatible Abläufe und Strukturen der Kooperationspartner sowie die Unfähigkeit, Wissen zu absorbieren und umzusetzen.

In Ergänzung der dargestellten Risikoklassifikation gehen Das und Teng auf den Lebenszyklus von strategischen Allianzen ein und leiten phasenspezifische Risiken ab.

---

[875] Im Wesentlichen zielt die Unterscheidung analog dem Resource-Based-View auf materielle vs. immaterielle bzw. tangible vs. intangible Ressourcen ab. Vgl. Hall, R. (1992); Hall, R. (1993); Rasche, C., Wolfrum, B. (1994); Wolfrum, B., Rasche, C. (1993).

- In der Phase der Partnerauswahl bestehen Risiken insbesondere im Bestehen oder Nicht-Bestehen eines „fit“ zwischen den potenziellen Partnern sowohl auf der Ebene der Ressourcen als auch auf der Ebene der strategischen Ausrichtung. Bei negativer Bewertung ist auf die Bildung der Allianz zu verzichten.
- In der Phase der Strukturierung der Allianz ist die Beibehaltung der Flexibilität risikobehaftet. Ziel ist eine Balance zwischen struktureller Flexibilität und Rigidität. Die Autoren weisen in diesem Zusammenhang darauf hin, dass ein zu hoher Flexibilitätsgrad nachteilig sein kann, da Rigidität oft mit intensiveren und festeren Verknüpfungen einhergeht. Hieraus kann andererseits jedoch die Gefahr opportunistischen Verhaltens entstehen. Kann eine entsprechende Balance nicht gefunden werden, so besteht das Risiko nicht zufrieden stellender Leistung der Kooperation.
- In der Betriebsphase bestehen Risiken im Management der Zusammenarbeit. Erforderlich ist ein Gleichgewicht zwischen Kooperation und Konkurrenz zwischen den Kooperationspartnern. Ist die Kooperationsintensität zu niedrig, so besteht die Gefahr, dass die Kooperationspartner eigene Interessen über die der Allianz stellen. Im umgekehrten Falle fehlt ein wettbewerbliches Element, das die Leistungsfähigkeit der Kooperation sicherstellen soll.
- In der Phase der Evaluation schließlich sind zukunftsbezogene Planungen risikobehaftet. Grundsätzlich weisen die Autoren darauf hin, dass bislang kein „generally accepted measure of alliance performance“[876] vorliegt und somit eine separate Bewertung des Anteils der Kooperation an der Erreichung der Unternehmensziele erforderlich ist. Angeraten wird ein Gleichgewicht zwischen kurzfristigen und langfristigen Planungsinhalten. Werden kurzfristige Maßstäbe priorisiert, so besteht die Gefahr, dass die Allianz Transitcharakter erhält und nur durch finanzielle Kennzahlen bewertet wird. Eine Bewertung anhand langfristiger Maßstäbe hingegen gibt der Allianz einen semipermanenten Charakter und fokussiert die Gesamtsituation unter Vernachlässigung finanzieller Aspekte.

Die Arbeiten von Das und Teng zeichnen sich durch einen Theorieeklektizismus aus. Insbesondere werden die Principal-Agent-Theorie, die Transaktionskostentheorie, die Austauschtheorie sowie die Gerechtigkeitstheorie herangezogen. Die Ausführungen fokussieren Entstehungsgründe und Ausprägungen von Risiken in Unterneh-

[876] Das, T. K., Teng, B.-S. (1999), S. 59.

mensnetzwerken sowie deren Wahrnehmung. Die Autoren gehen etwa davon aus, dass die Risikowahrnehmung und damit letzten Endes das Verhalten der Partner durch Vertrauen, Möglichkeiten der Einflussnahme, gegenseitige Abhängigkeiten, Asymmetrien zwischen den Partnern oder die Intensität und Verteilung von F&E-Maßnahmen beeinflusst wird.

Als Richtlinien für den Umgang mit der spezifischen Risikosituation in Allianzen empfehlen Das und Teng eine Betonung des Schutzes eigener primärer Ressourcen, Kontrollausübung durch Verträge, Beteiligungen oder organisatorische Maßnahmen, die Wahrung der Flexibilität durch kurzlaufende Verträge und Austrittsklauseln, eine Begrenzung des preisgegebenen Know-hows durch separierte Aufgabengebiete und Sensibilisierung der Mitarbeiter sowie die Sicherung der Produktivitätszugewinne.

Für die Konstruktion eines theoretischen Bezugsrahmens geben die Arbeiten von Das und Teng wertvolle Hinweise. Die Unterscheidung in relationale Risiken und Leistungsrisiken entspricht der Trennung in eine Beziehungs- und eine Leistungsebene in Unternehmensnetzwerken. Darüber hinaus finden sich Hinweise auf netzwerkspezifische Zielsetzungen des Risikomanagements sowie lebenszyklusphasenspezifische Ausprägungen der Risikoposition. Schließlich betonen die Autoren die Abhängigkeit der Risikoposition von der Art der eingebrachten Ressourcen. Allerdings unterbleibt eine Einordnung in einen übergeordneten Risikomanagementprozess. Auch finden sich allenfalls implizit Verbindungen zu den dieser Arbeit zugrunde liegenden Managementkomplexen in Unternehmensnetzwerken.

3.2.3.2 Der Ansatz von Hallikas et al.

Hallikas und verschiedene Koautoren[877] untersuchen das Risikomanagement vornehmlich in Zuliefernetzwerken, also hierarchisch-pyramidalen strategischen Netzwerken mit einem OEM als fokalem Unternehmen. Die Entstehung von Unternehmensnetzwerken wird auf Basis der Transaktionskostentheorie, vorrangig der Veröffentlichungen von Teece,[878] erklärt. Risiko wird als Verlustgefahr bzw. als Gefahr ungewollter Konsequenzen interpretiert und auf Unsicherheitssituationen zurückgeführt. Als Risikoquellen identifizieren die Autoren aufbauend auf transak-

---

[877] Vgl. im Folgenden Hallikas, J., Karvonen, I. et al. (2004). Vgl. auch Hallikas, J., Karvonen, I. et al. (2002); Hallikas, J., Virolainen, V., Tuominen, M. (2002a); Hallikas, J., Virolainen, V., Tuominen, M. (2002b); Ojala, M., Hallikas, J. (2003); Hallikas, J., Virolainen, V. (2004).

[878] Vgl. Teece, D. J. (1986); Teece, D. J. (1988).

tionskostentheoretischen Überlegungen,[879] Hold Up aufgrund der Spezifität, Ineffizienzen auf Märkten für Kompetenzen, die Anwendbarkeit neuen Wissens sowie Unterschiede in den Planungshorizonten der Partner.[880] Hallikas et al. gehen davon aus, dass eine Zunahme zwischenbetrieblicher Kooperation in einem Produktionsnetzwerk zu einem Risikotransfer zwischen den Partnerunternehmen führt, wodurch manche Risiken zunehmen und andere abnehmen. Insgesamt werden mit der Kundennachfrage, der Lieferfähigkeit auch von Subunternehmern, dem Preis- und Kostenmanagement sowie Schwächen bei Ressourcen, Entwicklung und Flexibilität vier Kategorien von Risiken identifiziert. Eine Begründung dieser Klassifikation unterbleibt.

Hierauf aufbauend entwickeln Hallikas et al. einen Risikomanagementprozess für Unternehmensnetzwerke, der in Anlehnung an die Vorschläge für Einzelunternehmen aus den Phasen der Identifikation, der Bewertung, der Steuerung und der Überwachung besteht. Im Zuge der Risikoidentifikation weisen die Autoren auf die Notwendigkeit hin, dass insbesondere die Abhängigkeiten zwischen den Partnerunternehmen und der Informationsfluss als kritische Faktoren in Netzwerken Beachtung finden müssen. Als Instrument wird in der Folge eine Liste generischer Risiken aufbauend auf den vier identifizierten Risikokategorien vorgeschlagen, die sich darüber hinaus in Risiken interner und interorganisationaler Prozesse untergliedert. Zu Zwecken der Risikobewertung schlagen Hallikas et al. die etablierte Zweiteilung in Eintrittswahrscheinlichkeit und Schadensausmaß vor. In beiden Bereichen soll eine Bewertung anhand von 5er-Skalen[881] erfolgen, anschließend werden beide Ausprägungen multiplikativ zu einer Gesamteinschätzung eines Risikos verknüpft. Zur Visualisierung sind die identifizierten und bewerteten Risiken anschließend in einem an die Risk-Map[882] angelehnten Risikodiagramm mit den Achsen Eintrittswahrscheinlichkeiten und Schadensausmaß abzutragen.

Die hieraus abzuleitenden Maßnahmen der Risikosteuerung untergliedern Hallikas et al. in Anlehnung an das Risikomanagement in Einzelunternehmen und ergänzen diese um den Risikotransfer zwischen den Partnerunternehmen, der zielführend sein kann, wenn ein Partner mit einem spezifischen Risiko besser umgehend kann als ein anderer. Ziel dieser Phase ist es somit, eine optimale Aufteilung und Balance der Risiken im gesamten Netzwerk zu finden. Konkrete Instrumente hierfür werden

[879] Herangezogen werden Teece, D. J. (1988), Williamson, O. E. (1991b) und Kyläheiko, K. (1995).

[880] Vgl. Hallikas, J., Virolainen, V. (2004), S. 48.

[881] Abweichend findet sich der Vorschlag von 4er-Skalen in Hallikas, J., Virolainen, V., Tuominen, M. (2002a), S. 53.

[882] Siehe Abschnitt 5.1.2.

jedoch nicht hergeleitet. Um das Risiko opportunistischer Verhaltensweisen gering zu halten, schlagen Hallikas et al. vor, die Anzahl der Transaktionen im Netzwerk gering zu halten. Auch hierbei unterbleibt jedoch eine Konkretisierung des Vorschlags.[883] Schließlich fordern die Autoren eine kontinuierliche Risikoüberwachung.

Diese Forderung nach Kontinuität wird auch für den gesamten Risikomanagementprozess erhoben, wenngleich als Zeitpunkte der Risikobewertung zusätzlich beispielsweise Veränderungen der Umwelt, der Eintritt eines Risikos, Vorschläge der Partner, Veränderungen der Partnerstruktur oder der Beginn eines großen Projekts genannt werden. Aus der Perspektive der organisatorischen Verankerung schlagen Hallikas et al. vor, Identifikation, Bewertung und Steuerung sowohl auf der Ebene der Partnerunternehmen als auch auf der Ebene des gesamten Netzwerks zu etablieren. Insbesondere die Überwachung hat jedoch gemeinschaftlich zu erfolgen. Grundlage für das Risikomanagement in Unternehmensnetzwerken muss folglich auch eine gemeinsame strategische Ausrichtung der Partnerunternehmen sein.

Insgesamt betrachtet finden sich in den Ausführungen von Hallikas et al. nur wenige Inhalte, die nicht bereits in der Literatur zum Risikomanagement in Einzelunternehmen diskutiert werden. Der Beitrag der Autoren ist somit im Wesentlichen auf eine Sensibilisierung für das Thema zu reduzieren. Insbesondere lassen die Ausführungen eine Fundierung der zugrunde gelegten Risikoklassifizierung sowie Hypothesen über die Wirkungsweisen von Netzwerkrisiken vermissen. Für die Konstruktion eines theoretischen Bezugsrahmens verbleiben im Wesentlichen zwei Beiträge: zum einen die Forderung nach Bildung größtmöglicher Teilaufträge, um Koordinationsrisiken gering zu halten, zum anderen der Hinweis darauf, dass das Risiko opportunistischen Verhaltens zunimmt, wenn die Partner verschieden hohe kooperationsspezifische Investitionen getätigt haben.[884] Darüber hinaus kann der Hinweis entnommen werden, dass der Risikomanagementprozess in Unternehmensnetzwerken in seiner grundsätzlichen Struktur analog zu dem in Einzelunternehmen gestaltet werden kann.

---

883 Für die Zerlegung eines Auftrags in Teilaufträge ließe sich hieraus die Forderung nach möglichst großen Arbeitspaketen ableiten. Ähnlich weist Veil darauf hin, dass die Anzahl der Teilaufträge Konsequenzen für den Aufwand der Auftragskoordination hat. Vgl. Veil, T. (2001), S. 90. Vgl. für die Automobilbranche Traudt, H. G. (1997), S. 318. Vgl. auch Corsten, H., Gössinger, R. (1999), S. 20 ff.

884 Vgl. Hallikas, J., Virolainen, V. (2004), S. 54 - 57.

3.2.3.3 Der Ansatz von Bernecker und Präuer

Dem Risikomanagement in Zuliefernetzwerken ist ein Beitrag von Bernecker und Präuer gewidmet.[885] Aufbauend auf einem kausalen Risikoverständnis unterscheiden die Autoren in Anlehnung an Das und Teng Performanzrisiken und relationale Risiken. Zur weiteren Differenzierung wird auf den Zeithorizont zurückgegriffen, so dass sich eine Unterteilung in strategische, also langfristig wirkende, und operative, also kurzfristig wirkende, sowie ex ante- und ex post-Risiken ergibt. Strategische Risiken beziehen sich in diesem Verständnis auf Unsicherheiten beim Aufbau und der langfristigen Entwicklung von Netzwerken, operative Risiken hingegen beziehen sich auf den einzelnen Beschaffungsvorgang. Die Unterscheidung in ex ante- und ex post-Risiken bezieht sich in Analogie zur Agency-Theorie auf den Zeitpunkt des Vertragsschlusses.

Hierauf aufbauend unterscheiden Bernecker und Präuer vier Kategorien von Risiken in Zuliefernetzwerken.

- Setup-Risiken beziehen sich auf die Anbahnung von Partnerschaften. Sie wirken innerhalb eines langfristigen Zeithorizonts und treten vor Vertragsabschluss auf. Beispiele sind fehlende Auswahlalternativen, die zunehmende Internationalisierung oder auch der Wandel von rechtlichen, wirtschaftlichen und sozialen Rahmenbedingungen.
- Partnering-Risiken wirken ebenfalls langfristig, beziehen sich aber auf den Zeitraum nach Vertragsabschluss und lassen sich daher über die zugrundeliegende Vertragsstruktur erfassen. Beispiele sind der Abfluss von Know-how, fehlende Stabilität der Netzwerkbeziehungen oder auch multilaterale Strukturen und die daraus häufig resultierenden Asymmetrien.
- Bei Anbahnungsrisiken handelt es sich um ex ante-Risiken, jedoch innerhalb eines konfigurierten Netzwerks und unter Bezug auf die Anbahnung konkreter Transaktionen, also innerhalb eines kurzfristigen Zeithorizonts. Hierzu zählen Bedarfsrisiken hinsichtlich Menge, Ort, Termin und Qualität, die sich bei fehlenden oder unzureichenden Absprachen ergeben können. Weitere Beispiele sind Preisrisiken insbesondere bei innovativen Produkten, Kapazitätsrisiken oder auch Finanzierungsrisiken.
- Operative Risiken, die ex post wirken, bezeichnen die Autoren schließlich als Abwicklungsrisiken. Diese können sich auf die Performanz von Zulieferpart-

885 Vgl. im Folgenden Bernecker, T., Präuer, A. (2006).

nerschaften negativ auswirken. Hierzu zählen, ähnlich den Anbahnungsrisiken, Liefer- und Qualitätsrisiken, aber auch kurzfristige finanzielle Engpässe.

Auf dieser Klassifizierung aufbauend leiten Bernecker und Präuer mit der Konfiguration der Netzwerkstruktur, der Aufgabenverteilung innerhalb der Struktur sowie der Koordination von Aufgaben und Mitgliedern spezifische Gestaltungsfelder des Risikomanagements in Zuliefernetzwerken ab.

- Im Rahmen der Konfiguration, die den strategischen Aufgabenstellungen zuzurechnen ist, zählen zu den Gestaltungsfeldern des Risikomanagements insbesondere die Bestimmung der Netzwerkstruktur und der Netzwerkakteure, aber auch die Festlegung der Rollen innerhalb des Netzwerks, für die als Instrument das Wertnetz vorgestellt wird.[886]
- Das zweite Gestaltungsfeld ist die Verteilung der anfallenden Aufgaben auf die Netzwerkakteure. Hierbei stellen die Autoren auf die auftragsspezifische Konfiguration ab, für die aus dem strategisch aufgebauten Pool die für ein konkretes Vorhaben am besten geeigneten Lieferanten ausgewählt werden. Entsprechende Risiken resultieren jedoch im Wesentlichen aus dem Beziehungsmanagement auf auftragsübergreifender Ebene, etwa der Kontaktpflege oder der Bereitstellung von Infrastrukturen.
- Die Netzwerkkoordination im Sinne der zur Abstimmung von Netzwerkakteuren und Prozessen erforderlichen Koordinationsmaßnahmen schließlich stellt den dritten Bestandteil eines risikogerechten Netzwerkmanagements dar. Planung und Controlling bilden die formale Koordinationsbasis durch Richtlinien und Standards. Innerhalb der Netzwerkstruktur wird empfohlen, operativen Risiken durch dezentrale Koordination zu begegnen, strategischen Risiken hingegen durch zentrale Koordination. Wesentlicher Anteil am Erfolg des Risikomanagements kommt dem Einsatz von Informations- und Kommunikationsinstrumenten zu. Im Zuge des Partnermanagements sind Stärken der Zulieferer gezielt weiterzuentwickeln, zudem ist opportunistisches Verhalten im Zuge der Vertragsgestaltung zu verhindern. Schließlich kommt auch der Entwicklung einer Netzwerkkultur zur Risikosteuerung Bedeutung zu.

---

[886] Vgl. Brandenburger, A., Nalebuff, B. (1996), S. 17 ff.; Schmidtchen, D. (2003), S. 70 ff.; Miklis, M. (2004). Das Wertnetz ähnelt dem Konzept der Five Forces nach Porter. Vgl. Porter, M. E. (1980). Zur Risikoanalyse werden kundenspezifische und lieferantentypische sowie konkurrentenseitige und Komplementoren-Risiken unterschieden. Die fünfte Kategorie stellen die OEM-spezifischen Risiken dar.

Als weiteren Forschungsbedarf konstatieren Bernecker und Präuer die Untersuchung der zwischen Konfiguration, Aufgabenverteilung und Koordination bestehenden Schnittstellen. Darüber hinaus sei zu untersuchen, wie die grundsätzliche Abstimmung der Gestaltungsfelder des Netzwerkmanagements bereits in die Phase der Risikoidentifikation verlagert werden könne, um bereits dem Auftreten von Risiken frühzeitig und proaktiv begegnen zu können.

Für die vorliegende Arbeit geben Bernecker und Präuer Hinweise auf Möglichkeiten der Klassifizierung von Risiken in Unternehmensnetzwerken. Jedoch versäumen die Autoren, die beiden vorgestellten Klassifizierungen von Risiken – einerseits in Leistungs- und Beziehungsrisiken, andererseits in strategische und operative sowie ex-ante- und ex-post-Risiken – miteinander in Beziehung zu setzen. Die diskutierten Gestaltungsfelder des Risikomanagements in Zuliefernetzwerken zeigen in weiten Teilen Parallelen zu den bereits vorgestellten allgemeinen Managementaufgaben in Unternehmensnetzwerken.

3.2.3.4 Der Ansatz von Seiter

Seiter thematisiert das Management kooperationsspezifischer Risiken in Unternehmensnetzwerken.[887] Eine Einschränkung auf einen bestimmten Netzwerktypus oder eine bestimmte Branche unterbleibt. Vielmehr versteht der Autor unter einem Unternehmensnetzwerk eine „auf freiwilliger Basis entstandene Kooperation mindestens dreier Unternehmen, die dadurch in ihrer unternehmerischen Autonomie partiell eingeschränkt sind.“[888] Nach Seiter kann ein Unternehmensnetzwerk zeitlich befristet wie auch unbefristet angelegt sein.[889] Eine Unterscheidung in eine auftragsspezifische und eine auftragsübergreifende Ebene unterbleibt, vielmehr werden die Lebenszyklusphasen der (Re-)Formierung, des Betriebs sowie der Auflösung unterschieden.[890]

Den Ausführungen liegt ein wirkungsbezogenes, nur Verlustgefahren umfassendes Risikoverständnis zugrunde. Seiter betrachtet ausschließlich Risiken, die erst durch eine Kooperation entstehen. Unter diesen werden Verhaltensrisiken fokussiert, also das Risiko, dass sich Kooperationspartner absichtlich anders verhalten, als dies explizit oder implizit vereinbart wurde. Hierzu zählt der Autor konfliktäres wie auch opportunistisches Verhalten sowie der Austritt von Partnern.

887 Vgl. im Folgenden Seiter, M. (2006a); Seiter, M. (2006b).
888 Seiter, M. (2006a), S. 21.
889 Vgl. Seiter, M. (2006a), S. 19.
890 Implizit beschränken sich die Ausführungen auf die Betriebsphase.

Auf dieser Basis erstellt Seiter ein theoriebasiertes Erklärungsmodell. Zu diesem Zweck werden die Equity-Theorie[891], die Theorie sozialer Dilemmata[892], ausgewählte Konflikt-Theorien[893], die Principal-Agent-Theorie[894], die Austausch-Theorie[895], ausgewählte Koalitionstheorien[896] sowie verschiedene Ansätze der Kommunikationstheorie[897] jeweils in ihren Hauptaussagen dargestellt und zu einem Erklärungsmodell zusammengefügt. Mit Hilfe dieses Modells soll ein Ansatzpunkt gefunden werden, um kooperationsspezifische Risiken in Unternehmensnetzwerken zu beherrschen. Diesen Ansatzpunkt sieht der Autor in der Eintrittswahrscheinlichkeit der drei zuvor definierten kooperationsspezifischen Risikoarten und definiert für jede Risikoart ein eigenes Partialmodell. In diesen Partialmodellen werden Hypothesen über den Zusammenhang zwischen dem Eintreten einer Risikoart und dem Vorhandensein verschiedener, aus der theoretischen Basis abgeleiteter, Konstrukte hergestellt.[898] Im Rahmen einer standardisierten empirischen Erhebung werden diese Hypothesen empirisch überprüft und in weiten Teilen bestätigt.

Hierauf aufbauend leitet Seiter Gestaltungsempfehlungen für das Management kooperationsspezifischer Risiken ab. Diese orientieren sich an den Phasen des klassischen Risikomanagementprozesses. Für die Risikoanalyse wird ein Scoring-Modell zur Bewertung der Eintrittswahrscheinlichkeit konstruiert.[899] Hinsichtlich der Phase der Risikosteuerung wird die Auswahl konkreter Steuerungsmaßnahmen auf Basis des Erklärungsmodells verdeutlicht. Vorgeschlagen werden Maßnahmen im Rahmen der Partnerselektion sowie die Einrichtung unternehmensübergreifender Kostenrechnungs- und Berichtssysteme zur Schaffung von Transparenz. Schließlich werden für die Risikoüberwachung Frühwarnindikatoren abgeleitet.

---

891 Die Equity-Theorie geht zurück auf Adams und Walster. Vgl. Adams, J. S. (1965); Walster, E. G., Walster, W., Berscheid, E. (1973). Siehe Abschnitt 3.2.2.3.

892 Vgl. Dawes, R. M. (1980).

893 Hierzu zählen die Theorien von Dahrendorf, von Coser und von Turner. Vgl. Dahrendorf, R. (1958); Coser, L. A. (1956); Turner, J. H. (2001).

894 Siehe Abschnitt 3.2.2.2.

895 Vgl. Thibaut, J. W., Kelley, H. H. (1959).

896 Vgl. Gamson, W. A. (1961); Schneider, H.-D. (1985).

897 Der Autor geht insbesondere auf die mathematische Kommunikationstheorie ein. Vgl. Shannon, C. E., Weaver, W. (1949). Zudem wird die Theorie der Kommunikationsstruktur thematisiert.

898 Zu diesen Konstrukten zählen Ressourcenähnlichkeit, Partneranzahl, Interdependenz, Identifizierbarkeit, Dependenz, Transparenz, Koalitionsbildung, Kommunikationsgüte und Zufriedenheit. Vgl. Seiter, M. (2006a), S. 92.

899 Seiter postuliert, dass die Risikoanalyse bereits in der Aufbauphase eines Unternehmensnetzwerks und vor der Betriebsphase durchzuführen ist. Dies wird dadurch begründet, dass die Risikoanalyse vor Eintritt eines Risikos erfolgen muss, um eine Risikosteuerung zu ermöglichen. Seiter impliziert hiermit, dass die von ihm untersuchte Risikoklasse der Verhaltensrisiken allein im Aufbau eines Netzwerks determiniert wird. Vgl. Seiter, M. (2006b), S. 577.

Der wesentliche Beitrag Seiters ist in der Erstellung der Wirkungszusammenhänge in Sinne der Partialmodelle zu sehen. Einschränkungen erfahren die Ausführungen durch die enge Fokussierung auf Verhaltensrisiken. Auch der Verzicht auf die Ableitung spezifischer Anforderungen und organisatorischer Besonderheiten von Unternehmensnetzwerken legt zumindest für die Gestaltungsempfehlungen weitere Untersuchungen nahe. Zumindest fraglich erscheint auch die These Seiters, nach der kooperationsspezifische Risiken primär in der Formierungsphase eines Netzwerks zu bewerten sind. Dies impliziert eine weitgehende Starrheit der Netzwerkkonfiguration in den nachfolgenden Lebenszyklusphasen. Nichtsdestotrotz gibt Seiter für die vorliegende Untersuchung wertvolle Hinweise auf die Wirkungszusammenhänge zwischen kooperationsspezifischen Risiken und ihren Einflussfaktoren.

3.2.3.5 Synopse und Bewertung

In Abbildung 36 findet sich eine Synopse der vier untersuchten Ansätze. Auf dieser Basis sowie aufbauend auf den oben beschriebenen Details kann ein Fazit zum Stand der Forschung zum Risikomanagement in Unternehmensnetzwerken gezogen werden. Dabei fällt zunächst auf, dass der Risikobegriff durchgängig im Sinne reiner Risiken Verwendung findet. Darüber hinaus ist eine starke Heterogenität der theoretischen Ausgangsbasen zu konstatieren, wobei die Transaktionskostentheorie und die Agencytheorie am häufigsten herangezogen werden.

Stellt man die analysierten Vorschläge den in Kapitel 2.1.2 herausgearbeiteten Spezifika der Organisationsform „Unternehmensnetzwerk" gegenüber, so offenbaren sich eine Reihe offener Fragestellungen. Auffällig ist zunächst, dass keiner der betrachteten Ansätze eine Unterscheidung in eine Beziehungs- und Leistungsebene vornimmt. Zwar findet sich bei Das und Teng sowie Bernecker und Präuer eine Unterscheidung in relationale Risiken und Leistungsrisiken, jedoch wird diese nicht mit den korrespondierenden Netzwerkebenen in Verbindung gebracht.

Auch eine Untergliederung nach Lebenszyklusphasen findet sich nur bei Das und Teng sowie Seiter. Erstere jedoch betrachten keinen Risikomanagementprozess. Demgegenüber kommt Seiter durch die Fokussierung auf Verhaltensrisiken lediglich zu Aussagen, die nicht auf andere Netzwerkrisiken übertragbar sind. Desweiteren betrachtet keiner der Ansätze die prozessualen Rahmenbedingungen auf auftragsbezogener Ebene, allenfalls Bernecker und Präuer lassen hierzu erste Ansätze erkennen. Zu guter Letzt stellt keiner der Ansätze eine Verbindung zu etablierten Ansätzen des Netzwerkcontrolling her. Querverbindungen und Synergien zwischen diesen beiden Funktionsbereichen wurden bislang nicht betrachtet.

	Das, Teng	Hallikas et al.	Bernecker, Präuer	Seiter
Untersuchungs-objekt	- zwischenbetriebliche Kooperationen	- hierarchisch-pyramidale strategische Netzwerke	- hierarchisch-pyramidale Zuliefernetzwerke	- Unternehmens-netzwerke
Risiko-verständnis	- reines Risiko	- reines Risiko	- reines Risiko	- reines Risiko
Theoretische Fundierung	- Agencytheorie - Transaktionskosten-theorie - Austauschtheorie - Equitytheorie	- Transaktionskosten-theorie	- Transaktionskosten-theorie - Team-Lebenszyklus - Agencytheorie	- Equity-Theorie - Theorie soz. Dilemmata - Konflikttheorie - Agencytheorie - Austauschtheorie - Koalitionstheorie - Kommunikationstheorie
Risiko-klassifizierung	- Beziehungs- und Leistungsrisiken - Einbringung materieller und immaterieller Ressourcen - Lebenszyklusphasen	- n.n.	- Beziehungs- und Leistungsrisiken - strategische und operative Risiken - ex ante und ex post	- Verhaltensrisiken und übrige kooperations-spezifische Risiken
Identifizierte Risiken	- fehlender Partnerfit - Flexibilitätsverlust - Opportunismus - fehlender Wettbewerb - Planung der Zukunft	- Kundennachfrage - Kundenbelieferung - Kosten- und Preis-management - Schwächen bei Ressour-cen, Entwicklung und Flexibilität	- Setup-Risiken (fehlende Auswahlalternativen…) - Partnering-Risiken (Know-how-Abfluss, Instabilität…) - Anbahnungsrisiken (Bedarf, Preis, Kapazi-tät, Finanzierung…) - Abwicklungsrisiken (Lieferrisiken, Qualität…)	- Opportunismus - konfliktäres Verhalten - Austritt
Anhaltspunkte für das Risiko-management in Netzwerken	- Zielsetzungen des Risikomanagements in Netzwerken	- Generelle Übertragbar-keit des Risikomanage-mentprozesses auf Netzwerke	- Konfiguration - Aufgabenverteilung - Koordination	- Wirkungszusammen-hänge für Verhaltens-risiken - Vorschläge für Risikomanagement-prozess

Abbildung 36: Synopse zu gestaltungsorientierten Beiträgen

3.2.4 Ansatzpunkte aus empirischen Erhebungen

Die bisherigen Analysen erfolgten – mit Ausnahme der Arbeit von Seiter – ausschließlich aus einer theoretisch-konzeptionellen Perspektive. Dem werden im Folgenden empirische Beobachtungen gegenübergestellt. Die Untersuchung erfolgt auf der Basis von Sekundärdaten aus dem vorhandenen Material der empirischen Netzwerkforschung. Dabei ist festzuhalten, dass das Themengebiet der Risiken in Unternehmensnetzwerken nur äußerst sporadisch Gegenstand empirischer Untersuchungen ist. Als relevante Studien konnten die Untersuchungen von Delerue, Rokkan und Buvik sowie von John identifiziert werden. Eine weitere empirische Erhebung ist Teil des Beitrags von Seiter, der bereits in Abschnitt 3.2.3.4 vorgestellt wurde.

Jede der genannten Studien wird im Folgenden hinsichtlich ihres Hintergrundes und ihrer Zielsetzung, des Erhebungsdesigns sowie der wesentlichen Erkenntnisse dargestellt.

3.2.4.1 Die Untersuchung von Delerue

Der Zusammenhang zwischen der Wahrnehmung von Beziehungsrisiken und der Ausprägung mehrerer Kontextfaktoren steht im Mittelpunkt der Untersuchung von Delerue.[900] Die Erhebung konzentriert sich auf in Europa angesiedelte Kooperationen im Bereich der Biotechnologie. Delerue sieht relationale Risiken als multidimensionales Konstrukt, das intersubjektiv unterschiedlich wahrgenommen werden kann. In Anlehnung an Koenig und Van Wilk werden vier Charakteristika zwischenbetrieblicher Kooperationen unterstellt:[901]

(1) Die Partnerunternehmen behalten ihre Identität, auch wenn sie ihre wirtschaftliche Selbstständigkeit teilweise aufgeben.

(2) Kooperation impliziert das Teilen von materiellen und immateriellen Assets.

(3) Jedes Partnerunternehmen hat nur unvollständige Informationen über den Wert der Beiträge der übrigen Partner.

(4) Die Kontrolle der Kooperation wird teilweise auf die Partner delegiert.

Die ersten beiden Punkte resultieren in einer interdependenten Beziehung zwischen den Partnerunternehmen, welche ein hohes Maß an Harmonie und Flexibilität erfordert. Hierzu zählt die Durchdringung zwischenbetrieblicher Barrieren. Ebenfalls sind besondere Managementtechniken, die sich von denen in Einzelunternehmen unterscheiden, erforderlich. Die Punkte 3 und 4 hingegen betonen die Informationsasymmetrie und deren Bedeutung im Kontext verteilter Ressourcen und Kontrolle. Hieraus resultieren Unsicherheit und Zweifel hinsichtlich der möglichen Verhaltensweisen der Partner.

Vor diesem Hintergrund unterscheidet Delerue Risiken, die aus der Kooperation selbst resultieren, und solche, die sich aus dem Partnerverhalten ergeben. Kooperationsrisiken sind zurückzuführen auf eine Koexistenz hierarchischer und heterarchischer Koordination, die in (i) einer Unfähigkeit zum Aufbau angemessener Flexibilität, (ii) Abhängigkeit und Machtasymmetrie, (iii) dem Abfluss von Know-how

[900] Vgl. im Folgenden Delerue, H. (2004).
[901] Vgl. Koenig, C., Van Wilk, G. (1992).

sowie (iv) konfliktärem Verhalten resultieren kann. Verhaltensrisiken hingegen sind das Resultat von Informationsasymmetrien und drücken sich durch die Wahrscheinlichkeit und (v) Möglichkeit opportunistischen Verhaltens aus. Darüber hinaus zählen (vi) Übergriffe sowie (vii) ausbleibende Aneignung von Kompetenzen zu den Verhaltensrisiken. Über diese beiden Risikoklassen hinaus existiert (viii) das Risiko der Defektion.

Aufbauend auf den Vorarbeiten von Sitkin und Pablo,[902] Das und Teng,[903] Tyler und Steensma,[904] Nooteboom et al.,[905] Kale et al.[906] sowie Ring und van de Ven[907] leitet Delerue anschließend drei situative Einflussfaktoren der Wahrnehmung relationaler Risiken ab: die Höhe des relationalen Kapitals, die Struktur der Beziehung sowie den Grad der Asymmetrie zwischen den Partnern. Relationales Kapital resultiert aus der Anzahl früherer kooperativer Beziehungen zwischen den Kooperationspartnern und umfasst gegenseitiges Vertrauen, Respekt und Freundschaft.[908] Der Grad der Partnerasymmetrie ergibt sich aus Unterschieden hinsichtlich Unternehmensgröße und hieraus abgeleitet Organisationsstruktur, Unternehmenskultur, Werten und Normen. Die Struktur einer Kooperation schließlich lässt sich sowohl an ihrer Führung als auch an ihrer kapitalmäßigen Verflechtung festmachen.

Hieraus leitet Delerue drei Hypothesen ab:

(1) Mit zunehmendem relationalem Kapital nimmt das wahrgenommene relationale Risiko ab.

(2) Mit zunehmender Partnerasymmetrie nimmt das wahrgenommene relationale Risiko zu.

(3) Das wahrgenommene relationale Risiko ist unabhängig von den Führungsstrukturen einer Kooperation.

902 Vgl. Sitkin, S., Pablo, A. (1992).

903 Vgl. insbesondere Das, T. K., Teng, B.-S. (1996); Das, T. K., Teng, B.-S. (1998b); Das, T. K., Teng, B.-S. (2001a); Das, T. K., Teng, B.-S. (2001c).

904 Vgl. Tyler, B. B., Steensma, H. K. (1998).

905 Vgl. Nooteboom, B. (1996); Nooteboom, B., Berger, H., Noorderhaven, N. G. (1997).

906 Vgl. Kale, P., Singh, H., Perlmutter, H. (2000).

907 Vgl. Ring, P. S., van de Hen, A. H. (1992).

908 Vgl. Gulati, R. (1995); Das, T. K., Teng, B.-S. (2001a). Vgl. auch Giddens, A. (1990); McAllister, D. (1995); Ring, P. S. (1996).

In Rahmen der empirischen Überprüfung[909] konnte die erste Hypothese bestätigt werden, wohingegen die zweite Hypothese nicht bestätigt werden konnte. Die dritte Hypothese konnte für fast alle untersuchten relationalen Risiken bestätigt werden, lediglich das Risiko ausbleibender Kompetenzaneignung wurde in Kooperationen mit Kapitalverflechtung als geringer erachtet.

Für die vorliegende Untersuchung ergeben sich aus der Untersuchung von Delerue mehrere Anhaltspunkte. So wird eine Klassifizierung relationaler Risiken vorgenommen. Des Weiteren sind Beziehungsrisiken als multidimensionales Konstrukt zu betrachten. Dabei können verschiedene Einflussfaktoren unterschiedliche Wichtigkeiten aufweisen. Die Höhe der Wahrnehmung relationaler Risiken wird im Wesentlichen nur durch die Höhe des Beziehungskapitals determiniert. Schließlich lassen sich Zielsetzungen für die Partnerauswahl ableiten sowie die Zielsetzung möglichst stabiler Beziehungen. Einschränkend ist anzumerken, dass Delerue lediglich dyadische Beziehungen untersucht. Dies schränkt insbesondere die Aussagekraft der Erkenntnisse zur Führungsstruktur ein.

3.2.4.2 Die Untersuchung von Rokkan und Buvik

Rokkan und Buvik haben opportunistisches Verhalten in Distributionsnetzwerken untersucht, wobei der Fokus auf opportunistischen Verhaltensweisen der nicht-fokalen Unternehmen liegt.[910] Opportunistisches Verhalten wird in diesem Zusammenhang verstanden als eine Situation, in der ein Unternehmen die Vorteile der Kooperationsteilnahme genießt, ohne die hierfür entstehenden Kosten und Aufwendungen tragen zu wollen.[911] Die nicht-fokalen Unternehmen kommen ihren Versprechungen oder Verpflichtungen nicht nach, wobei das fokale Unternehmen hierüber keine Informationen erhält. Der Beitrag von Rokkan und Buvik stellt die erste empirische Untersuchung dar, die über dyadische Problemstellungen und vertikale Kooperationen hinausgeht.[912]

Rokkan und Buvik identifizieren drei allgemeine Determinanten opportunistischen Verhaltens. Im Zuge der Vertragsgestaltung unterscheiden die Autoren verhaltens-

---

909 Hierzu wurden im Anschluss an eine explorative Vorstudie und einen Pretest insgesamt 750 Fragebögen an kleine und mittelgroße europäische Biotechnologieunternehmen versandt. Die Rücklaufquote betrug 31 %. Im Fragebogen wurden die genannten Kooperationsrisiken sowie die genannten situativen Einflussfaktoren über jeweils zwei bis sechs Items auf fünfstufigen Likertskalen abgefragt. Die Items wiederum wurden im Zuge explorativer Interviews oder durch Sekundärforschung erarbeitet. Vgl. Delerue, H. (2004), S. 550.

910 Vgl. im Folgenden Rokkan, A. I., Buvik, A. (2003).

911 Vgl. hierzu auch Albanese, R., van Fleet, D. D. (1985).

912 Für eine Übersicht entsprechender Studien vgl. Rokkan, A. I., Buvik, A. (2003), S. 248.

basierte und ergebnisorientierte Verträge. In ersterem Fall wird der Agent danach entlohnt, inwieweit er durch sein Verhalten die Interessen des Prinzipals wahrt. In letzterem Fall hingegen bemisst sich die Entlohnung des Agenten danach, inwieweit das Ergebnis seines Handelns den Interessen des Prinzipals entspricht. Die Attraktivität dieser beiden Alternativen ist abhängig davon, in welchem Ausmaß Zielkonflikte vorliegen. Mit Bezug auf Eisenhardt[913] wird unterstellt, dass bei nur geringen Zielkonflikten verhaltensorientierte Verträge vorzuziehen sind, da ein Risikotransfer vom Prinzipal zum Agenten kostengünstig möglich ist. Dritte Determinante ist die Informationsasymmetrie. Bei nur geringer Ausprägung ist eine relativ niedrige Wahrscheinlichkeit opportunistischen Verhaltens anzunehmen. Zudem ist die Wahl eines geeigneten Monitoring-Systems abhängig von der Schwierigkeit der Beobachtung des Agenten.

Vor diesem Hintergrund untersuchen Rokkan und Buvik den Zusammenhang zwischen opportunistischem Verhalten und drei Variablen, die mit den oben genannten Determinanten in Verbindung stehen und formulieren entsprechende Hypothesen.

(1) In einem Distributionsnetzwerk besteht eine positive Verbindung zwischen der Anzahl der Netzwerkpartner und dem Auftreten opportunistischer Verhaltensweisen.

(2) In einem Distributionsnetzwerk besteht eine positive Verbindung zwischen der Höhe existierender Zielkonflikte und dem Auftreten opportunistischer Verhaltensweisen.

(3) In einem Distributionsnetzwerk besteht eine positive/negative Verbindung zwischen Monitoring und dem Auftreten opportunistischer Verhaltensweisen.[914]

Im Rahmen der empirischen Überprüfung[915] wurden die Hypothesen 1 und 2 bestätigt, wohingegen die dritte Hypothese in ihrer negativen Formulierung bestätigt werden konnte.

---

913 Vgl. Eisenhardt, K. M. (1989).

914 Diese Hypothese wird in beiden Richtungen formuliert. Ein negativer Zusammenhang lässt sich dadurch erklären, dass mit zunehmenden Monitoring-Anstrengungen Informationsasymmetrien abgebaut werden können. Gleichzeitig kann ein allzu intensives Monitoring Gegenmaßnahmen des Agenten induzieren und zudem Misstrauen signalisieren, das wiederum den Agenten dazu bringen kann, die Kooperation niedriger einzuschätzen. Vgl. John, G. (1984); Murry, J. P., Heide, J. B. (1998).

Für die vorliegende Untersuchung ergeben sich aus diesen Ergebnissen weitere Aufschlüsse über die Risikoposition von Netzwerken. Darüber hinaus kann geschlossen werden, dass der Partnerselektion insbesondere in quantitativer Hinsicht besonderes Augenmerk zukommen sollte.[916] Ziel sollte sein, die Größe des Netzwerks nicht über das unbedingt erforderliche Ausmaß hinaus zu vergrößern. Zugleich legen die Ergebnisse nahe, der Einrichtung von netzwerkinternen Kontrollsystemen ausreichende Aufmerksamkeit zukommen zu lassen. Schließlich ist das Verhältnis der Ziele der Netzwerkpartner zu beachten, so dass die Höhe potenzieller Zielkonflikte minimiert wird.

3.2.4.3 Synopse und Bewertung

Eine synoptische Gegenüberstellung der vorgestellten Studien findet sich in Abbildung 37. Hieraus wird deutlich, dass empirische Erhebungen zu Risiken in Netzwerken bislang ausschließlich relationale Risiken betrachtet haben. Den vorgestellten Erhebungen diente die Agency-Theorie als theoretische Fundierung. Der Vollständigkeit halber ist darauf hinzuweisen, dass die Erhebung von Seiter, die dieser im Rahmen seiner Arbeiten durchgeführt hat, eklektisch fundiert ist und somit auf weiteren Theorien aufbaut.[917] Wie schon im Rahmen der Diskussion gestaltungsorientierter Beiträge in Abschnitt 3.2.3 zeigt sich auch hier, dass die Autoren wesentliche organisatorische Charakteristika von Unternehmensnetzwerken nicht betrachten. In beiden Fällen kann dies jedoch auf das jeweilige Untersuchungsobjekt zurückgeführt werden, da bei genauerer Betrachtung das Merkmal der gemeinschaftlichen Leistungserstellung nicht erfüllt ist, also im Sinne der dieser Arbeit zugrunde liegenden Begriffdefinition keine Unternehmensnetzwerke, sondern alternative Formen zwischenbetrieblicher Kooperation betrachtet wurden. Dies impliziert auch, dass wiederum prozessuale Rahmenbedingungen auf auftragsbezogener Ebene nicht Gegenstand der Untersuchungen waren.

---

915 Es wurden insgesamt 127 Distributionsnetzwerke in Norwegen und Schweden mittels eines standardisierten Fragebogens befragt. Die Rücklaufquote lag bei 55 %. Abgefragt wurden die Variablen „Anteil nicht loyaler bzw. eingeschränkt loyaler Partner“, „Gruppengröße“, „Zielkonflikt“, „Monitoring“ und „geographische Ausdehnung“. Während die beiden erstgenannten Variablen direkt abgefragt wurden, wurden Zielkonflikt und Monitoring mit Hilfe von zwei bzw. vier Items auf siebenstufigen Likertskalen abgefragt. Die Items wurden auf der Basis explorativer Interviews entwickelt. Die geographische Ausdehnung wurde in drei Klassen abgefragt. Vgl. Rokkan, A. I., Buvik, A. (2003), S. 251 ff.

916 Dies deckt sich auch mit Aussagen der Gruppentheorie, die unter anderem konstatiert, dass in großen Gruppen ein einzelnes Gruppenmitglied die Kosten opportunistischen Verhaltens leichter auf die übrigen Mitglieder überwälzen kann. Vgl. Olson, M. (1965); Albanese, R., van Fleet, D. D. (1985).

917 Siehe Abschnitt 3.2.3.4.

	Delerue	Rokkan und Buvik
Untersuchungs-objekt	- dyadische Kooperationen - Wahrnehmung relationaler Risiken	- fokale Netzwerke (Distributionsnetzwerke) - opportunistisches Verhalten nicht-fokaler Partner
Risikoverständnis	- reines Risiko	- reines Risiko
Theoretische Fundierung	- n.n. (implizit Agencytheorie)	- Agencytheorie
Risiko-klassifizierung	- relationale Risiken als multidimensionales Konstrukt - Kooperationsrisiken vs. Verhaltensrisiken	- n.n.
wesentliche Ergebnisse	- wahrgenommenes relationales Risiko nimmt mit zunehmendem relationalem Kapital ab - wahrgenommenes relationales Risiko nimmt nicht mit zunehmender Partnerasymmetrie zu	- positive Relation zwischen der Anzahl der Partner und dem Auftreten von Opportunismus - positive Relation zwischen Zielkonflikten und Opportunismus - negative Relation zwischen Monitoringintensität und Opportunismus

Abbildung 37: Synopse zu empirischen Untersuchungen

3.3 Synthese einer Typologisierung von Risiken in Unternehmensnetzwerken

Die bisherigen Ausführungen haben verdeutlicht, dass die auf ein Unternehmensnetzwerk einwirkenden Risiken äußerst vielfältiger Natur sind und dass zwischen den einzelnen Risiken komplexe Ursache-Wirkungsbeziehungen bestehen.[918] Grundsätzlich lässt sich feststellen, dass die Risiken eines Unternehmensnetzwerks nicht gleich sind mit der Summe der Risiken der beteiligten Unternehmen. So können einige unternehmensbezogene Risiken für das gesamte Netzwerk irrelevant sein, zugleich aber durch die Kooperation neue Risiken entstehen.[919] Im Folgenden werden daher Risiken in Unternehmensnetzwerken klassifiziert und systematisiert, um einen umfassenden Bezugsrahmen für ein risikoorientiertes Netzwerkcontrolling zu schaffen.

Wie bereits dargelegt wird gemeinhin zwischen einem kausalen bzw. ursachenbezogenen Risikobegriff wie auch einem finalen bzw. wirkungsbezogenen Risikobegriff unterschieden.[920] Auch wenn für eine weitergehende Typologisierung von Risiken in

---

918 Vgl. Kajüter, P. (2003a), S. 111. Zur Komplexität als Bestimmungsfaktor der Risikoposition von Unternehmensnetzwerken vgl. Reichwald, R., Erben, R. F. (2005), S. 167 - 170.

919 Vgl. mit Bezug auf Supply Chains Kajüter, P. (2003a), S. 112.

920 Siehe Kapitel 3.1.1.

Unternehmensnetzwerken oft der finale Risikobegriff zugrunde gelegt wird,[921] so erfordert die risikogerechte Gestaltung von komplexen Strukturmodellen, wie sie Kooperationen im Allgemeinen und Netzwerke im Besonderen darstellen, zugleich eine Betrachtung der strukturellen Ursachen von Risiken und somit einen Rückgriff auf das kausale Risikoverständnis.[922] Beide Sichtweisen bieten somit wertvolle Hinweise auf die Risikoposition von Unternehmensnetzwerken und werden daher im Folgenden auf ihre Implikationen für ein risikoorientiertes Netzwerkcontrolling hin untersucht.

3.3.1 Zur Anwendbarkeit des finalen Risikoverständnisses im Kontext von Unternehmensnetzwerken

Zentraler Definiens eines wirkungsbezogenen Risikoverständnisses ist der Begriff des Ziels, dessen Bedeutung im Kontext von Unternehmensnetzwerken einer eingehenden Betrachtung zu unterziehen ist.[923] Originäre Träger von Zielen sind natürliche Personen. Diese Aussage bleibt bestehen, auch wenn sich mehrere Personen zu einem Unternehmen zusammenschließen. Damit das Unternehmen dauerhaft Bestand hat, müssen die darin agierenden Personen ihre Ziele koordinieren, so dass die Summe der Handlungen der Personen die Ziele aller bestmöglich realisiert.[924] Ist auf diesem Wege die Zielerreichung einer Person nicht im gewünschten Ausmaß realisierbar, so wird diese Person das Unternehmen verlassen, sobald sich eine Alternative mit höherem Zielerreichungsgrad bietet. Ein Unternehmen muss sich somit zwangsläufig die Ziele der in ihm agierenden Personen zu Eigen machen. Welche Ziele in diesem Kontext dominant sind, ist von den jeweiligen Einflussmöglichkeiten der beteiligten Personen abhängig.

Überträgt man diese Argumentation auf Unternehmensnetzwerke, so entspricht dies der Übertragung auf eine höhere Aggregationsstufe. Die Ziele des Netzwerks sind abhängig von den Zielen der beteiligten Unternehmen sowie deren Einflussmöglichkeiten.[925] Die Unternehmen tragen zur Erreichung dieser Ziele nur solange bei, wie dadurch auch ihre eigenen Ziele gefördert werden.[926] Somit ist eine Differenzierung zwischen den Zielen, die ein Unternehmen mit seinem Engagement im Netzwerk

921 Vgl. Kajüter, P. (2003a), S. 112; Chopra, S., Sodhi, M. S. (2004), S. 54 ff.; Seiter, M. (2006a), S. 25.
922 Vgl. Bernecker, T., Präuer, A. (2006), S. 29.
923 Vgl. im Folgenden Seiter, M. (2006a), S. 25 f.
924 Vgl. Ouchi, W. G. (1980), S. 130.
925 Vgl. Millarg, K. (1998), S. 21.
926 Vgl. Hess, T. (2002), S. 219.

verfolgt, und den Zielen des Netzwerks erforderlich.[927] Solche Ziele eines Unternehmensnetzwerks, die alle Partner gleichermaßen anstreben und die somit nach außen hin als originäre Ziele des Netzwerks ersichtlich werden, werden auch als Netzwerkziele im engeren Sinne bezeichnet.[928] Auf formaler Ebene lässt sich als generisches Ziel eines Netzwerks zudem die Realisierung einer Win-Win-Situation für alle Beteiligten formulieren.[929] Demgegenüber umfassen Netzwerkziele im weiteren Sinne zudem Ziele, die nicht von allen Partnern mit dem Engagement im Unternehmensnetzwerk verfolgt werden.[930] Tabelle 4 fasst im Zusammenhang mit zwischenbetrieblichen Kooperationen häufig genannte Ziele zusammen.

Ziele der Partner	Ausprägungen der Ziele
Zeitvorteile/Flexibilität	– Kurze Entwicklungszeiten – Schnelle Vermarktung – Reaktionsfähigkeit/-schnelligkeit
Know-how-Vorteile	– Zugang zu Technologien – Erwerb von Wissen – Qualitätsverbesserung
Kostenreduktion	– Reduktion von Produktionskosten – Reduktion von Transaktionskosten
Risikoteilung	– Geringeres Finanzierungsrisiko – Geringeres Produktrisiko
Marktzugang	– Eintritt in neue Märkte – Überwindung von Protektionismus
Ressourcenvorteile	– Ressourcenzugang – Ressourcenteilung – Ressourcenverwertung
Wettbewerbsbeeinflussung	– Aufbau von Markteintrittsbarrieren – Reduzierung der Wettbewerbsintensität – Bündelung der Wettbewerbskräfte

Tabelle 4: Ziele der Teilnahme an Unternehmensnetzwerken[931]

Insgesamt betrachtet stellt sich die Frage, ob und ggf. wie aus den individuellen Zielen der Partnerunternehmen unter Berücksichtigung der Machtverhältnisse ein Zielsystem für ein Unternehmensnetzwerk abgeleitet werden kann, das dann wiederum als Basis einer finalen Risikobetrachtung herangezogen werden kann. Die

927 Vgl. Hess, T. (2002), S. 215. Zu möglichen Zielen, die Unternehmen mit einem Engagement in einem Netzwerk verfolgen, siehe Abschnitt 2.1.1.1.

928 Vgl. Seiter, M. (2006a), S. 26.

929 Vgl. Kontos, G. (2004), S. 5 sowie S. 19. Vgl. ähnlich Schneider, D. J. G. (1972), S. 95.

930 Vgl. Seiter, M. (2006a), S. 27.

931 Quelle: Seiter, M. (2006a), S. 26.

Existenz eines solchen Zielsystems ist vom Grad der Interdependenzen zwischen den Kooperationspartnern bestimmt.[932] Zu unterscheiden sind hoch interdependente oder auch redistributive von schwach interdependenten oder auch reziproken Kooperationen.[933] Kennzeichen einer redistributiven Kooperation ist, dass die Partnerunternehmen ein gemeinsames Ziel verfolgen, indem Ressourcen verschiedener Teilnehmer zusammengelegt werden. Der gemeinsame Ertrag wird nach Beendigung oder aber bereits während der Kooperation unter den Partnern aufgeteilt. Hieraus kann zwingend eine Übereinstimmung der zu verfolgenden Netzwerkziele abgeleitet werden. Reziproke Kooperationen hingegen basieren auf dem Tauschphänomen. Um allen Partnern die Herstellung des Endprodukts zu ermöglichen, werden Teilergebnisse wechselseitig miteinander ausgetauscht.[934] Die Partnerunternehmen können hierbei von unterschiedlichen Zielen geleitet sein, gemeinsam ist nur das Streben, dass keiner Seite ein Nachteil aus dem Tausch entsteht.[935]

Innerhalb der dargelegten Unterscheidung zählen Unternehmensnetzwerke zu den redistributiven Kooperationen, so dass hieraus die Existenz eines gemeinsamen Zielsystems gefolgert werden könnte. Innerhalb des Prozesses der Erstellung eines solchen Zielsystems müssten sich die Partner über ihre netzwerkbezogenen Ziele klar werden und diese deutlich formulieren.[936] Zu bedenken ist in diesem Zusammenhang jedoch die Autonomie der Partnerunternehmen, so dass selbst bei Existenz eines „offiziellen" Zielsystems nicht sichergestellt ist, dass dieses jegliche Einzelentscheidungen der Partnerunternehmen dominiert.[937] Hintergrund ist, dass gerade in fokalen Netzwerken die Partnerunternehmen ihre Individualinteressen oftmals nicht offenlegen können oder wollen.[938] Zudem bedingt die Existenz eines gemeinsamen Zielsys-

---

932 Vgl. Tröndle, D. (1987), S. 18 - 23; Millarg, K. (1998), S. 25 - 27. Der Interdependenzbegriff meint in diesem Zusammenhang, dass "sich die Verfügungsansprüche der Kooperationsparteien bei ein und demselben Gut (z. B. Finanzmittel, Fertigungskapazitäten, Marktpotenziale etc.) überschneiden" (Reiß, M. (1990), S. 15).

933 Vgl. Reiß, M. (1990), S. 15; Tröndle, D. (1987), S. 18 ff.; Rotering, J. (1993), S. 53 ff.

934 Reziproke Kooperationen lassen weiter unterschieden in Absprachenkooperationen, in denen bloße Abstimmungen bzw. reine Vereinbarungen zwischen den Partnern getroffen werden, und in Austauschkooperationen, in denen informatorische oder physische Güter ausgetauscht werden. Vgl. Tröndle, D. (1987), S. 28; Rupprecht-Däullary, M. (1994), S. 21 f.; Weber, B. (1996), S. 129.

935 Kanter schließt aus einer empirischen Analyse, dass „Kooperationen, die von beiden Partnern für erfolgreich gehalten werden, [...] stärker auf Zusammenarbeit [...] als auf reinem Austausch [...]" beruhen (Kanter, R. M. (1995), S. 34). Kogut sieht den Grund für stabilere Strukturen bei redistributiven Kooperationen mit schwer teilbarem Ertrag (etwa spezifisches Wissen) in einer geringeren Abwanderungswahrscheinlichkeit der Partner, sofern das Verteilungsproblem gelöst werden kann. Vgl. Kogut, B. (1989), S. 188.

936 Vgl. Fontanari, M. (1996), S. 158; Hippe, A. (1997), S. 192; Kabel, D., Stecher, U. et al. (1999), S. 62; Wildemann, H. (2000), S. 230.

937 Vgl. Hess, T. (2002), S. 220.

938 Vgl. Obring, K. (1992), S. 107; Beck, T. C. (1998), S. 76.

tems nicht Einigkeit über die Relation zwischen gemeinsamen Netzwerkzielen und Zielen für das Netzwerk, so dass durchaus unterschiedliche Vorstellungen über die einzuschlagenden Strategien bestehen können. Schließlich ist zu konstatieren, dass eine Reihe erfolgreicher Unternehmensnetzwerke nicht über ein einheitliches Zielsystem verfügen.[939]

Zusammengefasst kann die Existenz eines gemeinsamen Zielsystems auf Netzwerkebene allenfalls bedingt vorausgesetzt werden.[940] Dies impliziert, dass ggf. ein Katalog an gemeinsamen Zielen existiert, der sich zur grundsätzlichen Beurteilung des Erfolgs eines Netzwerks eignet, jedoch keine Fundierung von Einzelentscheidungen ermöglicht.[941] Gleichwohl erfährt hierdurch eine finale Betrachtung der Risikoposition von Unternehmensnetzwerken keine wesentliche Einschränkung, da hierfür die Existenz eines Zielkatalogs, nicht aber die genaue Festlegung der Maßnahmen zur Zielerreichung Voraussetzung ist.

3.3.2 Risikokategorisierung nach Netzwerkebenen

Stellt man auf die strukturellen Ursachen von Risiken in Unternehmensnetzwerken ab, so liegt es nahe, relationale Risiken und Leistungsrisiken voneinander zu unterscheiden.[942] Hierin spiegelt sich gleichzeitig die gedankliche Trennung in eine Beziehungs- und eine Leistungsebene wider.[943] Hintergrund ist, dass ein wesentliches Charakteristikum von Unternehmensnetzwerken in Abgrenzung zu anderen strategischen Optionen das Vertrauen auf die Kooperation der Partner ist.[944] Aufgrund der nur teilweise übereinstimmenden Individualziele der Netzwerkpartner kann diese Kooperation jedoch nicht ohne weiteres als gegeben betrachtet werden.[945] Der Erfolg einer zwischenbetrieblichen Zusammenarbeit ist somit abhängig von gut funktionierenden Beziehungen zwischen den Partnern.[946] Gleichzeitig existieren mit dem Aufbau von Beziehungen und Leistungszielen zwei voneinander unabhängige Erwägungen für die Teilnahme an einer Kooperation. Der Begriff des Beziehungsrisikos oder auch relationalen Risikos stellt in diesem Zusammenhang darauf ab, ob die Erreichung der Kooperationsziele aufgrund mangelnder Kooperation der Partner

939 Vgl. Veil, T., Hess, T. (1998).

940 Vgl. Das, T. K., Teng, B.-S. (2001a), S. 8.

941 Vgl. Hess, T. (2002), S. 220.

942 Vgl. Das, T. K., Teng, B.-S. (1996). Siehe auch 3.2.3.1.

943 Siehe Abschnitt 2.1.1.2.

944 Vgl. Das, T. K., Teng, B.-S. (1996), S. 830.

945 Vgl. Ouchi, W. G. (1980), S. 130.

946 Parkhe weist in diesem Zusammenhang darauf hin, dass Kooperationen oftmals durch eine inhärente Instabilität aufgrund der Unsicherheit hinsichtlich des zukünftigen Verhaltens der Partner charakterisiert sind. Vgl. Parkhe, A. (1993), S. 794.

gefährdet ist. Der Begriff des Leistungsrisikos hingegen meint, ob die Erreichung der Kooperationsziele aufgrund externer Einflussfaktoren gefährdet ist, obwohl sich alle Partner im Sinne der gemeinsamen Ziele einsetzen. Diese beiden Risikokategorien sind konzeptionell voneinander unabhängig, da sie ihre Ursache in unterschiedlichen Bereichen haben: zum einen in der Kooperation selbst und zum anderen im wettbewerblichen Umfeld.

3.3.2.1 Relationale Risiken

Relationale Risiken entstehen aus der Beziehung zu anderen Unternehmen[947] und werden im Allgemeinen als Wahrscheinlichkeit und Auswirkung nicht zufrieden stellender Kooperation[948] oder als Wahrscheinlichkeit und Auswirkung opportunistischen Verhaltens definiert.[949] Gemäß der hier vertretenen Interpretation des Netzwerkbegriffs handelt es sich um Risiken, die der Beziehungsebene eines Netzwerks entspringen.[950] Mit anderen Worten ist hiermit das Risiko unzureichenden Aufbaus von Erfolgspotenzialen angesprochen. Derartige Risiken gehen somit über opportunistisches Verhalten hinaus und können in allen Phasen des Lebenszyklus eines Unternehmensnetzwerks eintreten. Relationale Risiken haben ihren Ursprung vorrangig in der Struktur und der Zusammensetzung des Partnerpools.[951] Folgt man wiederum der bereits in Abschnitt 2.1.1.2 herangezogenen Analogie zur Managementlehre, so handelt es sich hierbei um Risiken, die tendenziell strategischer Natur sind. In der Literatur werden derartige Probleme zwischen den Partnerunternehmen als häufigste Ursache für das Scheitern von Kooperationen genannt.[952] Aus einem eher wirkungsorientierten Blickwinkel werden relationale Risiken auch als Verhaltensrisiken bezeichnet, während aus ursachenorientierter Perspektive vorrangig von strukturellen Risiken zu sprechen ist.

---

947 Vgl. Das, T. K., Teng, B.-S. (1996); Ring, P. S., van de Hen, A. H. (1992); Steven, M., Pollmeier, I. (2007), S. 278.

948 Vgl. Das, T. K., Teng, B.-S. (1996); Peck, H., Jüttner, U. (2002), S. 202.

949 Vgl. Nooteboom, B., Berger, H., Noorderhaven, N. G. (1997). Nooteboom et al. konkretisieren die Auswirkungen als Verlust, der einem Partnerunternehmen durch opportunistisches Verhalten eines anderen Partners entsteht. In der Literatur werden Verhaltensrisiken mitunter als zentrales Problem von Kooperationen angesehen. Vgl. Hwang, P., Burgers, W. P. (1997). Vgl. auch Seiter, M. (2006b), S. 576.

950 Beziehungsrisiken können dennoch Auswirkungen auf der Leistungsebene eines Netzwerks zeigen.

951 Reichwald und Erben bezeichnen daher die Gefahr der Auswahl ungeeigneter Kooperationspartner als zentrales Risiko der grenzenlosen Unternehmung. Vgl. Reichwald, R., Erben, R. F. (2005), S. 178. Vgl. ähnlich Galbraith, J. R. (1998), S. 86; Link, P., Marxt, C. (2004), S. 75.

952 Vgl. Das, T. K., Rahman, N. (2001), S. 43 f. Dies belegt auch die empirische Untersuchung von Wertz. Vgl. Wertz, B. (2000), S. 158 f.

Verhaltensrisiken

Die Ursachen von Beziehungsrisiken können rationaler oder irrationaler Natur sein.[953] Rationale Motive beziehen sich auf das Streben der Partner, den eigenen Nutzen zu maximieren im Sinne opportunistischen Verhaltens.[954] Derartige Aktivitäten können zwar individuell rational sein, aber bezogen auf die gesamte Kooperation ein suboptimales Ergebnis provozieren.[955] Der Begriff des Opportunismus bezieht sich dabei auf die unvollständige oder verzerrte Weitergabe von Informationen, insbesondere auf vorsätzliche Versuche, irrezuführen, zu verzerren, verbergen, verschleiern oder sonst wie zu verwirren.[956] Wesentliches Merkmal opportunistischer Verhaltensweisen ist das Streben nach Eigeninteressen mit List.[957] Dies impliziert, dass opportunistische Verhaltensweisen nicht zwangsläufig offen zu Tage treten müssen.

Demgegenüber kann als weitere Ausprägung rationaler Motive konfliktäres Verhalten[958] angesehen werden, das ein offenes Austragen von Meinungsunterschieden darstellt.[959] Diese Meinungsverschiedenheiten basieren auf widerstreitenden Individualzielen der Netzwerkpartner. Konfliktäres Verhalten meint in diesem Zusammenhang, dass die Parteien in einem Prozess des Verhandelns versuchen, ihre eigene Position auf Kosten der Zielerreichung der anderen Partner zu verbessern,[960] in anderen Worten, sich besser zu stellen, als dies in dem der Kooperation zugrunde liegenden relationalen Vertrag explizit oder implizit vorgesehen ist.[961]

---

953 Vgl. Das, T. K., Teng, B.-S. (1996), S. 831.

954 Vgl. Williamson, O. E. (1981); Williamson, O. E. (1993). Joskow postuliert, dass alle Partner einer Kooperation dazu tendieren, ihren eigenen Nutzen auf Kosten des Partnernutzens zu maximieren. Vgl. Joskow, P. (1985). Opportunistisches Verhalten resultiert aus Informationsasymmetrien innerhalb des Netzwerks. Zum Problembereich der asymmetrischen Information vgl. Spremann, K. (1990).

955 Vgl. Parkhe, A. (1993), S. 794.

956 Vgl. Williamson, O. E. (1990b), S. 54.

957 Vgl. Williamson, O. E. (1975), S. 6.

958 Einem weit gefassten Begriffsverständnis folgend kann unter einem Konflikt allgemein eine Situation verstanden werden, in der intraindividuell oder zwischen Einzelpersonen bzw. Personengruppen unterschiedliche Präferenzen aufeinander treffen. Vgl. Mayntz, R. (1975), Sp. 2177. Konflikttheoretische Ansätze differenzieren daher zwischen sozialen und psychologischen Konflikten. Während soziale Konflikte zwischen Personen auftreten, sind psychologische Konflikte solche Konflikte, die Personen mit sich selbst austragen. Realiter treten soziale und psychologische Konflikte stets parallel auf und überlagern sich, auch wenn psychologische Konflikte hierbei häufig unsichtbar bleiben. Die vorgestellte Differenzierung ist somit im Wesentlichen analytischer Natur. Vgl. Heß, A. (1994), S. 55 - 57.

959 Vgl. Das, T. K., Teng, B.-S. (2003), S. 291. Anders Wohlgemuth, für den Konflikte offen wie nicht offen zutage treten können. Vgl. Wohlgemuth, O. (2002), S. 314.

960 Vgl. Seiter, M. (2006a), S. 33.

961 Vgl. Hage, C. (1990), S. 483.

Anreize für opportunistisches oder konfliktäres Verhalten ergeben sich aus einer eventuellen Abhängigkeit eines Partners.[962] Diese ist wiederum durch die Wechselkosten des Unternehmens selbst und den Wert des Partners determiniert. Der Argumentation der Transaktionskostentheorie folgend ergeben sich die Wechselkosten aus spezifischen, außerhalb der Kooperation wertlosen, Investitionen.[963] Der Wert eines Kooperationspartners hingegen ergibt sich als relative Größe im Sinne der Vorteilhaftigkeit gegenüber dem nächst besten potenziellen Partnerunternehmen. Der Wert eines Partners steigt somit in dem Maße, in dem dieser Partner ein alleinstellendes Angebot in die Kooperation einbringen kann und ist somit auch von der Marktstruktur abhängig.[964]

Mit der Abhängigkeit eines Unternehmens steigt der Anreiz für ein Partnerunternehmen zur Defektion durch Ausnutzung dieser Abhängigkeit. Dieser Anreiz besteht jedoch nur bei asymmetrischen Abhängigkeitsverhältnissen, so dass der Anreiz für opportunistisches Verhalten des Partners mit der Abhängigkeit des Partners abnimmt. Zusammen mit der Neigung zu Opportunismus und der Eingrenzung der Spielräume für Opportunismus bestimmen sie Ausmaß und Wahrscheinlichkeit eines Verlustes für die Firma. Abbildung 38 verdeutlicht diese Zusammenhänge.

Im Gegensatz zu den rationalen Ursachen von Verhaltensrisiken gründen sich irrationale Motive nicht unbedingt im ökonomischen Eigeninteresse eines Partnerunternehmens.[965] Irrationale Motive umfassen folglich eine Vielzahl psychologischer Gründe für eine ablehnende Haltung gegenüber der Kooperation. So stellen die Partnerunternehmen beispielsweise häufig stärker auf Fragen der Verteilungsgerechtigkeit als auf Fragen der Effizienz der Kooperation ab.[966] Erwartet ein Partnerunternehmen für die Zukunft eine ungleiche oder unfaire Nutzenverteilung, so kann hieraus ein Beziehungsrisiko für das Netzwerk erwachsen.[967]

---

962 Abhängigkeit besteht, wenn die Handlungsfreiheit zumindest eines Partnerunternehmens Einschränkungen unterliegt. Vgl. Contractor, F. J., Lorange, P. (1988a), S. 8.

963 Vgl. Williamson, O. E. (1975).

964 Vgl. Kogut, B. (1988a).

965 Vgl. Das, T. K., Teng, B.-S. (1996), S. 832.

966 Vgl. Ring, P. S., Van De Ven, A. H. (1994), S. 94.

967 Vgl. Ouchi, W. G. (1980), der in als gerecht wahrgenommenen Verteilungsmechanismen eine Grundvoraussetzung kooperativer Arrangements sieht.

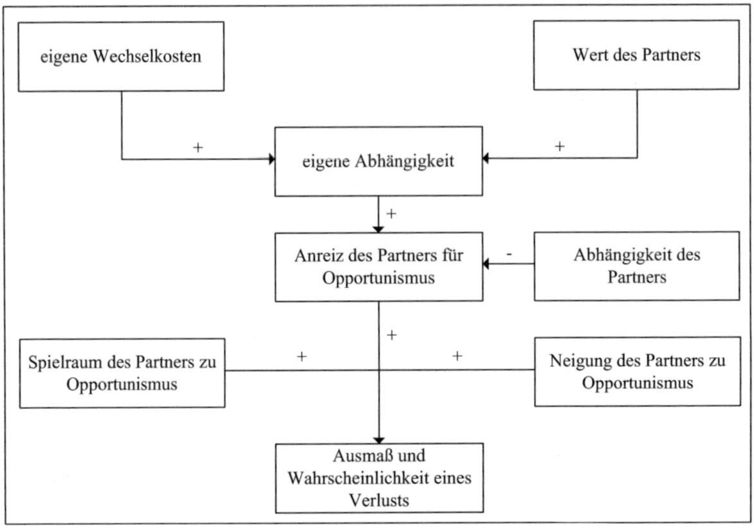

Abbildung 38: Determinanten des Risikos opportunistischen Verhaltens[968]

Zu den Verhaltensrisiken ist zudem die Gefahr des Austritts eines Partnerunternehmens zu rechnen.[969] Negative Konsequenzen für das Netzwerk als Ganzes ergeben sich hieraus insbesondere dann, wenn das Partnerunternehmen als Knotenpunkt zwischen Teilen des Netzwerks gedient hat, so dass lokale Veränderungen im Beziehungsgefüge Auswirkungen auf das gesamte Netzwerk haben können.[970] Abbildung 39 verdeutlicht diesen Zusammenhang durch Darstellung einer Netzwerkkonfiguration vor und nach dem Austritt eines Partnerunternehmens. Das Risiko des Austritts kann dabei als abhängig sowohl von der Zufriedenheit des Partners, aber auch dem Auftreten opportunistischen und konfliktären Verhaltens angesehen werden.[971] Als weiterer Grund können Wachstumsgrenzen gerade in fokalen Netzwerken genannt werden, wenn die nicht-fokalen Partner aufgrund finanzieller Restriktion an Ent-

968 Vgl. Nooteboom, B., Berger, H., Noorderhaven, N. G. (1997), S. 316.

969 In der Literatur findet sich hierfür auch der Begriff des „fudiciary risk“. Vgl. Root, F. R. (1988), S. 74. Seiter sieht das Risiko des Austritts zumindest in weiten Teilen als abhängig vom Auftreten opportunistischen und konfliktären Verhaltens, so dass eine Konzentration auf diese beiden Verhaltensweisen für die meisten Anwendungsfälle ausreichend erscheint.

970 Vgl. Halinen, A., Salmi, A., Havila, V. (1999), S. 782 f.; Peitz, U. (2002), S. 126; Bernecker, T., Präuer, A. (2006), S. 33.

971 Vgl. Seiter, M. (2006a), S. 155. Hierauf weist auch die Equity-Theorie hin. Siehe Abschnitt 3.2.2.3.

wicklungs- oder Wachstumsgrenzen stoßen und sie nicht mit der Wachstumsgeschwindigkeit des restlichen Netzwerks Schritt halten können.[972]

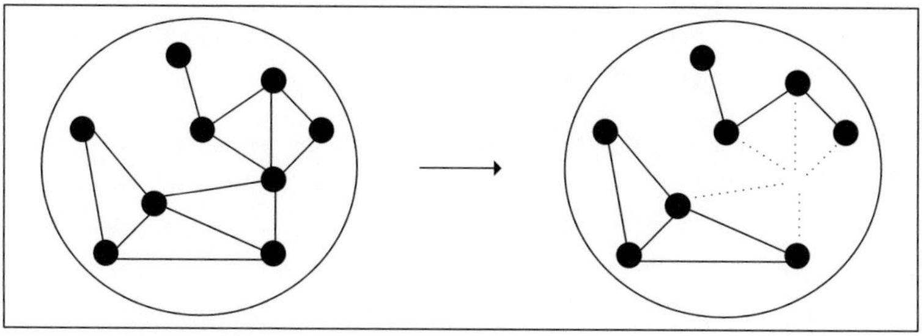

Abbildung 39: Wirkung eines Austritts auf die Beziehungsstruktur eines Netzwerks[973]

Strukturelle Risiken

Neben Verhaltensrisiken umfassen die relationalen Risiken auch solche Risiken, die sich als Konsequenz der Struktur einer Kooperation ergeben. Als Teil dieser strukturellen Risiken resultieren neben den dargestellten direkten negativen Konsequenzen der Gefahr opportunistischen Verhaltens auch eher indirekte Auswirkungen. Diese finden Ausdruck in dem Bemühen, derartiges Streben nach Eigennutzen zu kontrollieren. Hieraus folgt in letzter Konsequenz die Tendenz, möglichst eindeutige und alle Eventualitäten abdeckende Verträge abzuschließen.[974] Bestünde die Gefahr opportunistischen Verhaltens nicht, so könnte jedes Partnerunternehmen davon ausgehen, dass alle anderen Kooperationsteilnehmer im Sinne sowohl der Intention als auch der tatsächlichen Ausformulierung des Kooperationsarrangements handeln werden.[975] Hierdurch entstehen einerseits hohe Kosten, andererseits gehen derartige Vertragsformulierungen auf Kosten der Flexibilität der Kooperation.[976]

Als weiteres relationales Risiko im strukturellen Sinne kann der Verlust eines unternehmensspezifischen Wettbewerbsvorteils angesehen werden.[977] Unternehmen können sich etwa durch ungeeignete Kooperationsarrangements einer Erosion ihrer

972 Vgl. Bernecker, T., Präuer, A. (2006), S. 33.
973 Quelle: In Anlehnung an Halinen, A., Salmi, A., Havila, V. (1999), S. 783.
974 Vgl. Das, T. K., Teng, B.-S. (1996), S. 831.
975 Vgl. Williamson, O. E., Ouchi, W. G. (1981a), S. 352.
976 Vgl. Das, T. K., Teng, B.-S. (1996), S. 831.
977 Vgl. Rugman, A. M. (1982), S. 10; Brouthers, K. D. (1995), S. 12; Reiß, M. (1998), S. 225; Stüllenberg, F. (2005), S. 74.

Kernkompetenzen ausgesetzt sehen.[978] Hintergrund ist die oftmals wahrgenommene Notwendigkeit, in einer Kooperation Kompetenzen zu teilen, um das Kooperationsziel erreichen zu können.[979] So bilden Netzwerkkooperationen gerade im Bereich der Forschung und Entwicklung einen zunehmend wichtigen Baustein,[980] der aber das Risiko wechselseitigen Know-how-Abflusses birgt.[981]

Ebenfalls zu den strukturellen Risiken zählen Risiken, die sich aus identitätsbezogenen Defiziten ergeben. Hierbei sind in Anlehnung an den für strategische Allianzen entwickelten „Fit"-Ansatz[982] mit Zielen, Strategien und Kulturen im Wesentlichen drei Bereiche zu unterscheiden.[983] Innerhalb dieser Dimensionen ist ein Mindestmaß an Übereinstimmung für eine erfolgreiche Kooperation erforderlich.[984]

Grundlage der Zusammenarbeit in Unternehmensnetzwerken ist die gemeinschaftliche Vereinbarung von Netzwerkzielen, die wiederum aufbauend auf den unternehmensindividuellen Zielen der Partnerunternehmen zu entwickeln und gemeinsam festzulegen sind. Je unterschiedlicher die individuellen Ziele sind, desto wahrscheinlicher werden zukünftige Zielkonflikte.[985] Statische Zielkonflikte treten schon zu Beginn der Kooperation offen oder verdeckt, bewusst oder unbewusst zu Tage. Dynamische Zielkonflikte hingegen treten erst im Verlauf der Kooperation aufgrund von Änderungen der unternehmensspezifischen Ziele oder Zielanpassungen an veränderte Rahmenbedingungen zu Tage.[986]

---

978 Hagedoorn verweist in diesem Zusammenhang darauf, das ein Motiv zur Teilnahme an einer Kooperation sein kann, überlegenes Wissen und Technologie eines Partnerunternehmen zu adaptieren. Vgl. Hagedoorn, J. (1983). In ähnlicher Form führen Pisano und Teece aus, dass das größte Risiko einer Transaktion für den Verkäufer darin liegt, dass der Käufer die entsprechende Technologie in einem nicht vertragsgemäßen Sinne nutzt. Vgl. Pisano, G. P., Teece, D. J. (1989), S. 235.

979 Vgl. Delerue, H. (2004), S. 548.

980 Vgl. Rüdiger, M. (1998), S. 26.

981 Vgl. Dimmeler, D. (2002).

982 Vgl. Bleicher, K. (1989); Hermann, R. (1989); Bronder, C., Pritzl, R. (1992b), S. 36 - 40; Schwamborn, S. (1994), S. 151.

983 Darüber hinaus finden sich in der Literatur als weitere Problembereiche stellenweise die Organisation und IuK-Technologien. Beide scheinen jedoch für die Risikoposition von Unternehmensnetzwerken von eher untergeordneter Bedeutung zu sein. Für eine Darstellung vgl. Wohlgemuth, O. (2002), S. 264 - 266. Vgl. auch Bleicher, K., Hermann, R. (1991), S. 27; Bronder, C., Pritzl, R. (1992b), S. 36 - 40; Kronen, J. (1994), S. 178; Richter, F.-J. (1995), S. 530 - 532; Meckl, R. (1996), S. 685; Heck, A. (2000), S. 28.

984 Vgl. Kronen, J. (1994), S. 178. Bei genauerer Betrachtung handelt es sich bei diesem Ansatz um eine kooperationsspezifische Anwendung des in der strategischen Managementlehre etablierten „Stimmigkeits-Paradigmas". Kernaussage ist, dass zwischen Strategie, Kultur und Organisationsstruktur untereinander wie auch im Verhältnis zur Umwelt eine – nur situativ feststellbare – Kompatibilität als Voraussetzung effizienter und effektiver Arbeit bestehen muss. Vgl. Scholz, C. (1997).

985 Vgl. Steven, M., Pollmeier, I. (2007), S. 279.

986 Vgl. Tröndle, D. (1987), S. 137 f.

Die Existenz gemeinsamer Ziele ist darüber hinaus Grundlage für die Entwicklung einer gemeinsamen Netzwerkstrategie, die die Grundlage für die Zusammenarbeit im Netzwerk bildet. Um die langfristig angestrebten Ziele erreichen zu können, ist ein strategischer Fit erforderlich. Dieser zeigt sich in einer Symmetrie der Interessen beim Aufbau und Erhalt gemeinsamer Ziele, Interessen und Werte.[987] Im engeren Sinne wird hierunter die Übereinstimmung der strategischen Grundorientierung zwischen den Partnerunternehmen etwa im Sinne einer Kosten- oder Qualitätsführerschaft[988] verstanden.[989] Im weiteren Sinne umfasst der strategische Fit die dargestellte Kompatibilität der generellen Kooperationsziele.

Neben Zielen und Strategien können strukturelle Risiken auch aus unterschiedlichen Unternehmenskulturen erwachsen. Der kulturelle Fit stellt entsprechend auf die Verträglichkeit der einzelbetrieblichen Werte und Normen ab.[990] Die Beziehungen innerhalb des Netzwerks sind in hohem Maße durch die sozio-kulturellen Umfelder der Akteure und die daraus resultierenden Unterschiede geprägt. Werden derartige kulturelle Differenzen nicht berücksichtigt, so führt dies zur Vernachlässigung potenzieller Konfliktfelder, deren Ausprägungen etwa interpersonelle Kommunikations- und Kooperationsprobleme sein können.[991] Hieraus ergeben sich u. a. erschwerte Verhandlungs- und Konsensfindungsprozesse, eine Behinderung von Lernprozessen sowie ein Anstieg der Komplexität. Zu beachten ist zudem, dass kulturelle Differenzen mit zunehmender Interaktionshäufigkeit, -intensität und -dauer ansteigen. Neuere Untersuchungen deuten jedoch darauf hin, dass nicht Kulturunterschiede an sich einen Misserfolgsfaktor darstellen, sondern vielmehr die Art und Weise, wie mit ihnen im Rahmen der Integration umgegangen wird.[992]

Exogene Risiken der Beziehungsebene

Vergegenwärtigt man sich die definierten Managementaufgaben auf auftragsübergreifender Ebene, so können im Rahmen des Aktionsmanagement als weiteres Risiko Veränderungen der wirtschaftlichen, rechtlichen und sozialen Rahmenbedingungen für das Unternehmensnetzwerk angeführt werden. Als Beispiele hierfür können Änderungen des Wettbewerbsrechts, konjunkturelle Schwankungen oder Entwicklungen staatlicher Investitionen genannt werden.[993]

---

987 Vgl. Krüger, R. (2004), S. 289 ff.
988 Vgl. Steinmann, H., Schreyögg, G. (2000), S. 193 - 203.
989 Vgl. Schickel, H. (1999), S. 245.
990 Vgl. Hermann, R. (1989), S. 70.
991 Vgl. Steven, M., Pollmeier, I. (2007), S. 280.
992 Vgl. Stahl, G. K. (2001), S. 69.
993 Vgl. Bernecker, T., Präuer, A. (2006), S. 32.

3.3.2.2 Leistungsrisiken

Im Gegensatz zu relationalen Risiken wirken Leistungsrisiken in direkter Weise ausschließlich auf der auftragsbezogenen Ebene eines Unternehmensnetzwerks und treten somit nur in der Betriebsphase auf. Es handelt sich hierbei um Risiken eher operativer Natur. Leistungsrisiken können charakterisiert werden als Wahrscheinlichkeit und Auswirkungen verfehlter Kooperationsziele trotz zufrieden stellender Kooperation aller Partnerunternehmen. In diesem Sinne sind Leistungsrisiken kein spezifisches Charakteristikum zwischenbetrieblicher Kooperationen, sondern allen wirtschaftlichen Betätigungen inhärent. In letzter Konsequenz kann insbesondere das Risk Sharing als häufige Zielsetzung von Kooperationen auf die Existenz von Leistungsrisiken zurückgeführt werden.[994] Als Ursachen von Leistungsrisiken können beispielsweise das Wettbewerbsumfeld oder auch fehlende Kompetenzen der Kooperationspartner genannt werden.[995]

Für eine weitere Klassifizierung von Leistungsrisiken liegt es nahe, eine zeitliche Differenzierung vorzunehmen.[996] Im Sinne der Principal-Agent-Theorie entspricht dies der Einteilung unterschiedlicher Formen opportunistischen Verhaltens nach dem Zeitpunkt des – in diesem Falle netzwerkinternen – Vertragsschlusses.[997] Wie bereits dargestellt bietet sich auf auftragsbezogener Ebene eine Unterscheidung in eine Phase der Initialisierung und eine Phase der Realisierung an.[998] Sowohl die bisherigen Ausführung als auch beispielsweise die Phasenmodelle der Transaktionskostentheorie[999] oder des Teamlebenszyklus[1000] legen in unterschiedlichen Zeitabschnitten einer Kooperation die Existenz unterschiedlicher Risiken bzw. Risikoursachen nahe. So erweisen sich in der Anbahnungs- oder Storming-Phase insbesondere fehlende Informationen, in den späteren Phasen hingegen die missbräuchliche Verwendung vorhandener Informationen als problematisch. Dieser Wandel der Risikofaktoren legt die angeregte zeitliche Differenzierung nahe.[1001]

---

994 Vgl. Das, T. K., Teng, B.-S. (2001c), S. 253.
995 Vgl. Das, T. K., Teng, B.-S. (2001c), S. 261.
996 Vgl. Bernecker, T., Präuer, A. (2006), S. 30.
997 Vgl. Alchian, A. A., Woodward, S. (1988).
998 Siehe Abschnitt 2.3.1.4.
999 Siehe Abschnitt 2.1.3.1.
1000 Der Team-Lebenszyklus umfasst mit Forming, Storming, Norming und Performing insgesamt vier Phasen. Vgl. Tuckman, B. W. (1965); Tuckman, B. W., Jensen, M. (1977). Für eine Übertragung in den Kontext von Unternehmensnetzwerken vgl. Reiß, M. (1998), S. 225 f.
1001 Vgl. Bernecker, T., Präuer, A. (2006), S. 30.

Initialisierungsphase

Managementaufgaben im Rahmen der Initialisierung sind die Spezifizierung des Auftrags, die Vergabe der Teilaufgaben sowie die Festlegung des Auftragspreises.[1002] Jeder dieser Aufgaben können idealtypische Risiken zugeordnet werden:

- Im Rahmen der Auftragsspezifizierung können Bedarfsrisiken auftreten. Diese stellen Unsicherheiten bzgl. Menge, Ort, Termin und Qualität einer Leistung dar und implizieren eine unzureichende oder gar keine Spezifikation in der Phase der Vertragsanbahnung.[1003] Mögliche Auswirkungen von Bedarfsrisiken in Folge falsch kalkulierter Mengen, Termine und Qualitätsmerkmale können bis hin zur Undurchführbarkeit der Endmontage reichen.[1004]
- Bei der Vergabe der Teilaufträge sind ggf. Kapazitätsrisiken zu beachten. Dies gilt umso mehr, als nicht für jedes Partnerunternehmen unterstellt werden kann, dass dieses Aufträge des Netzwerks mit höchster Priorität behandelt. Zudem können sich Kapazitätsengpässe eines Partnerunternehmens gleich einem Domino-Effekt auf die anderen Partner übertragen, etwa wenn das für einen nachfolgenden Teilauftrag vorgesehene Partnerunternehmen für den verzögerten Termin kein Kapazitätsfenster reservieren konnte. Neben Kapazitäten sind zudem Finanzierungsrestriktionen der an einem Auftrag beteiligten Partnerunternehmen zu beachten, um kurzfristige Ausfälle aufgrund von Liquiditätsengpässen zu vermeiden.
- Bei der Festlegung des Auftragspreises sind Preisrisiken zu beachten, die sich aus Unsicherheiten hinsichtlich der Preisspanne, innerhalb derer eine Transaktion durchgeführt werden kann, ergeben. Im Sinne der Zielsetzung einer marktadäquaten Leistungserstellung besteht somit das Risiko, keine konkurrenzfähigen Preise anbieten zu können.[1005]

Sämtliche genannten Risiken werden zudem durch eventuell auftretende Informationsasymmetrien verschärft, indem etwa durch Verschleierungstaktiken eines Partnerunternehmens der Eintritt einer Risikosituation nicht mit ausreichendem Vorlauf prognostiziert werden kann, so dass keine ausreichende Reaktionszeit verbleiben kann. Auch können opportunistische Verhaltensweisen im Zuge der

1002 Siehe Abschnitt 2.3.1.4.
1003 Vgl. Melzer-Ridinger, R. (2001), S. 45.
1004 Vgl. Bernecker, T., Präuer, A. (2006), S. 33.
1005 Zur Problematik der netzwerkinternen Preisbildung vgl. Hess, T. (2002), S. 168 - 170.

Preisfestlegung zu unerwünschten Verteilungsergebnissen führen und damit wiederum Auswirkungen auf die Beziehungsebene des Netzwerks haben.

Realisierungsphase

Managementaufgaben im Zuge der Realisierung sind die Abbildung sowie die Kontrolle der Auftragsabwicklung.[1006] Auch hierbei lassen sich idealtypische Risiken unterscheiden:[1007]

- Herstellungsrisiken entstehen durch die arbeitsteilige Durchführung von Aufträgen. Selbst wenn alle Parameter eines Auftrags im Vorfeld richtig bestimmt und vertraglich korrekt fixiert wurden, so besteht dennoch weiterhin die Gefahr, dass die Leistungserstellung nicht in der richtigen Menge, zum richtigen Zeitpunkt, am richtigen Ort und in der geforderten Qualität erfolgen kann.[1008] Ursachen für Herstellungsrisiken können neben der vorsätzlichen individuellen Pflichtverletzung durch Partnerunternehmen auch externe Faktoren wie Ausfälle von Vorlieferanten, Verluste auf dem Transportweg oder nicht identifizierbare Materialfehler sein.[1009]
- Mit Herstellrisiken können Garantierisiken einhergehen, die sich aus den mit einem Produkt oder einer Dienstleistung verbundenen Gewährleistungsansprüchen ergeben.[1010]
- Insbesondere bei kundenauftragsunabhängiger Fertigung, im Einzelfall auch bei Kundenauftragsfertigung beispielsweise durch Rücktritt des Kunden vom Vertrag, eintretende Bonitäts- oder Liquiditätsprobleme des Kunden oder Verweigerung der Abnahme, können Absatzrisiken auftreten.[1011]
- Auch im Rahmen der Auftragsdurchführung sind finanzielle Risiken zu berücksichtigen, die in ihren Auswirkungen den bereits beschriebenen Kapazitätsrisiken der Initialisierungsphase gleichen können.

Anzumerken bleibt, dass die beschriebenen Absatzrisiken in letzter Konsequenz nicht immer eindeutig der Realisierungsphase zugerechnet werden können, sondern ggf. ursächlich bereits der Initialisierungsphase zuzurechnen sein können.

[1006] Siehe Abschnitt 2.3.1.4.
[1007] Für eine alternative Klassifizierung mit Bezug auf Bauprojekte vgl. Oepen, R. P. (2002), S. 67 - 69.
[1008] Vgl. Rogler, S. (2002), S. 40.
[1009] Vgl. Bernecker, T., Präuer, A. (2006), S. 34.
[1010] Vgl. Hess, T. (2002), S. 158.
[1011] Vgl. Rogler, S. (2002), S. 235 - 241.

3.3.3 Weitere Ansätze zur Kategorisierung von Risiken

Über die dargestellte Unterscheidung unternehmensnetzwerkspezifischer Risiken nach der ursächlichen bzw. der von den Auswirkungen eines Risikos betroffenen Netzwerkebene sind weitere Unterscheidungen denkbar.[1012] Für die weiteren Ausführungen können Unterscheidungen nach dem Entstehungsort sowie nach Lebenszyklusphasen eines Unternehmensnetzwerks weitere Anhaltspunkte geben.

3.3.3.1 Risikokategorisierung nach dem Entstehungsort

Nach ihrem Entstehungsort und damit im Zusammenhang mit der Steuerung sind endogene (interne) und exogene (externe) Risiken zu unterscheiden.[1013] Bei ursächlicher Betrachtung entstammen endogene Risiken in Unternehmensnetzwerken zum einen der Struktur des Netzwerks, aber auch den Führungs- und Ausführungsprozessen. Exogene Risiken entspringen der Umwelt des Netzwerks.[1014] Eine alternative Typisierung findet sich bei Haller, der Aktionsrisiken von Bedingungsrisiken unterscheidet. Aktionsrisiken bestehen in der Gefahr, durch eine getroffene Fehlentscheidung oder aufgrund nicht geeigneter Maßnahmen die angestrebten Unternehmensziele nicht zu erreichen. Hierzu können wiederum Risiken der Führung und Ausführung, aber auch der Organisationsstruktur des Netzwerks gerechnet werden. Bedingungsrisiken sind hingegen mit unerwarteten Änderungen der zugrunde gelegten Rahmenbedingungen zu begründen. [1015] Diese können sowohl der Netzwerkumwelt entspringen, aber ggf. auch dem Netzwerk selbst, etwa wenn sich durch den Austritt eines Partnerunternehmens Veränderungen an der Beziehungsstruktur des Netzwerks ergeben.

Aus der Sicht des Unternehmensnetzwerks als Ganzes sind Beziehungsrisiken zunächst als endogen anzusehen, da diese aus den Beziehungen der Partnerunternehmen untereinander sowie der Organisationsstruktur des Unternehmensnetzwerks entstammen. Gleichwohl liegt eine Managementaufgabe der Beziehungsebene im Rahmen des Aktionsmanagements in der langfristigen Planung und Kontrolle des

---

1012 Zu Systematisierungsmöglichkeiten von Risiken siehe Abschnitt 3.1.1.4.

1013 Siehe Abschnitt 3.1.1.4. Vgl. Reichmann, T., Form, S. (2000), S. 192; Burger, A., Buchhard, A. (2002), S. 3.

1014 Vgl. Kupsch, P. (1995), S. 533.

1015 Vgl. Haller, M. (1978), S. 485; Haller, M. (1986b), S. 19 f.; Gutmannsthal-Krizantis, H. (1994), S. 218 ff.

Leistungsprogramms.[1016] Hierbei ist das Unternehmensnetzwerk wiederum exogenen Risiken ausgesetzt.

Auch Leistungsrisiken sind differenziert zu betrachten. So sind Bedarfsrisiken typischerweise endogen, gleiches gilt für Kapazitätsrisiken und Preisrisiken, so dass insgesamt betrachtet die Risiken der Initialisierungsphase als intern anzusehen sind. Hingegen sind im Rahmen der Realisierung Absatzrisiken und teilweise auch Herstellrisiken – sofern diese sich beispielsweise auf Lieferanten beziehen – exogener Natur.

3.3.3.2 Risikokategorisierung nach dem Lebenszyklus eines Unternehmensnetzwerks

Wie bereits dargestellt kann der Lebenszyklus eines Unternehmensnetzwerks in die Phasen der Netzwerkbildung, der Anbahnung und konzeptionellen Vorbereitung, des Betriebs und der Auflösung eingeteilt werden.[1017] Per definitionem treten Leistungsrisiken nur in der Betriebsphase eines Netzwerks auf. Beziehungsrisiken hingegen treten in sämtlichen Phasen des Lebenszyklus auf. In Analogie zur zeitlichen Differenzierung der Leistungsrisiken kann auch hier eine Unterscheidung in Risiken, die vor Vertragsschluss – bezogen auf die Kooperationsvereinbarung – und Risiken, die nach Vertragsschluss relevant sind, erfolgen. In diesem Sinne können Setup-Risiken von Beziehungsrisiken i. e. S. unterschieden werden.

Setup-Risiken treten insbesondere in den Phasen der Netzwerkbildung und der Anbahnung und konzeptionellen Vorbereitung auf, also noch bevor eine verbindliche Rahmenvereinbarung zur Zusammenarbeit zwischen potenziellen Netzwerkpartnern getroffen wurde. Zu nennen sind insbesondere Risiken der Partnerauswahl, ggf. auch aufgrund fehlender Auswahlalternativen.[1018] Im Sinne der bereits getroffenen Unterscheidung handelt es sich hierbei um statische Zielkonflikte.[1019] Darüber hinaus ergeben sich exogene Risiken im Rahmen der Identifikation einer Marktchance. Hierzu zählt auch die Analyse der rechtlichen, wirtschaftlichen und sozialen Rahmenbedingungen, in die das Unternehmensnetzwerk eingebettet wird. Ebenfalls zählen hierzu Risiken, die sich aus ungeeigneten organisatorischen Regelungen, etwa zur Teilauftragsvergabe oder der Auftragskoordination, und den hieraus möglicherweise resultierenden Verhaltenskonsequenzen der Netzwerkpartner ableiten lassen.

1016 Siehe Abschnitt 2.1.2.3.
1017 Siehe Abschnitt 2.1.2.2.
1018 Vgl. Reichwald, R., Erben, R. F. (2005), S. 178.
1019 Siehe Abschnitt 3.3.2.1.

Beziehungsrisiken i. e. S. sollen im Rahmen dieser Arbeit als Risiken verstanden werden, die erst nach Beginn der Kooperation auftreten. Diese sind somit der Phase des Betriebs zuzuordnen. Hierzu zählen sämtliche dargestellten Ausprägungen von Beziehungsrisiken im Sinne von Verhaltens- und Kooperationsrisiken. Auch die im Rahmen der Setup-Risiken dargestellten Risiken werden sich hier wieder finden, da beispielsweise Risiken der Partnerauswahl bei jeder Neuaufnahme eines Partnerunternehmens in das Netzwerk von Neuem auftreten. Auch die Identifikation einer Marktchance und die Gestaltung der Netzwerkstruktur sind realiter eher als fortlaufende Prozesse denn als einmalige Aktivitäten anzusehen.

Abschließend ist anzumerken, dass Risiken der Auflösungsphase im Sinne der hier vertretenen Auffassung von Unternehmensnetzwerken aufgrund der zeitlich unbefristeten Anlage von untergeordneter Bedeutung sind. Zudem finden diese Risiken ihren Ursprung in den gleichen Faktoren, die auch die Risiken der Beziehungsebene begründen, so dass sich aus einer Betrachtung der Auflösungsphase für die weiteren Ausführungen kein substanzieller Erkenntnisgewinn ergibt.

3.3.4 Synthese der Risikoposition von Unternehmensnetzwerken

Fasst man die bisherigen Ausführungen zur Risikoposition von Unternehmensnetzwerken zusammen, so ergibt sich die in Abbildung 40 verdeutlichte Unterscheidung. Eine Differenzierung nach der Netzwerkebene unterscheidet in zeitlicher Hinsicht in operative und strategische Risiken. Strategische Risiken umfassen somit sämtliche Risiken beim Aufbau und der langfristigen Entwicklung eines Unternehmensnetzwerks, während operative Risiken Unsicherheit in Verbindung mit der Durchführung eines konkreten Auftrags in den Mittelpunkt der Betrachtung rücken.[1020] Unterscheidet man weiterhin auf zeitlicher Ebene nach dem Eintrittspunkt eines Risikos, gemessen am Abschluss eines entsprechenden Vertrags, so können ex-ante- und ex-post-Risiken unterschieden werden.

[1020] Vgl. Saitz, B. (1999), S. 77 f.; Härtsch, H.-P. (2005), S. 149 ff.; Jahns, C. (2005), S. 350.

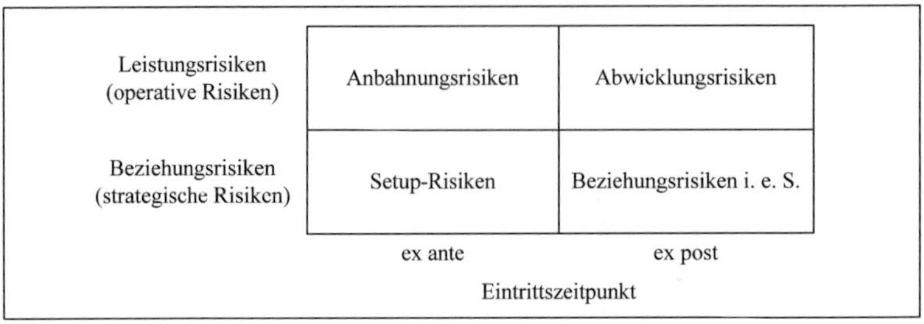

Abbildung 40: Typologisierung von Risiken in Unternehmensnetzwerken[1021]

Für den Bereich der strategischen Risiken bleibt festzuhalten, dass die Differenzierung nach dem Zeitpunkt des Vertragsschlusses im Wesentlichen auf eine Gewichtung der Risikofaktoren hinausläuft, da die Gestaltung der Beziehungsebene als kontinuierliche Aufgabe anzusehen ist. Allenfalls treten ex post weitere Risken hinzu, aus der Sicht eines risikoorientierten Netzwerkcontrolling bleibt jedoch festzuhalten, dass das Instrumentarium für Beziehungsrisiken i. e. S. gleichermaßen zum Management von Setup-Risiken Anwendung finden kann. Abbildung 41 verdeutlicht die Systematisierung von Beziehungsrisiken und zeigt im Sinne der Risikosteuerung auf, ob der jeweilige Ursprung im Einflussbereich des Netzwerks liegt.

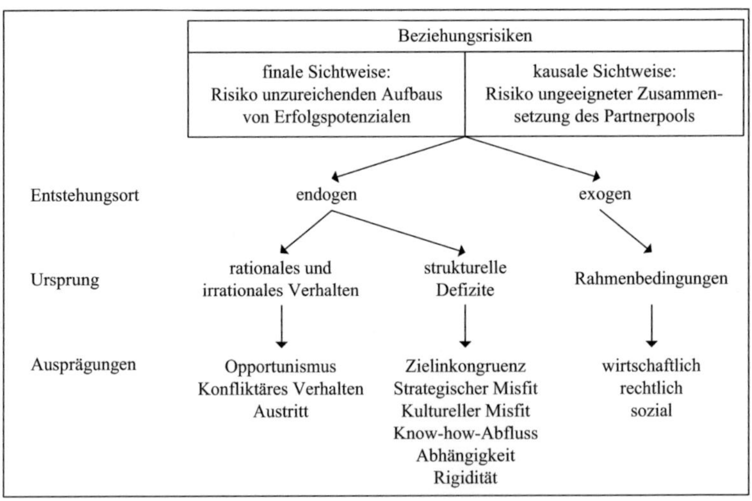

Abbildung 41: Systematisierung von Beziehungsrisiken

1021 Quelle: Eigene Abbildung in Erweiterung von Bernecker, T., Präuer, A. (2006), S. 31.

Für den Bereich der Leistungsrisiken hingegen ist eine Unterscheidung nach dem Zeitpunkt des Vertragsschlusses sinnvoll, da diese zum einen die Phasen der Auftragsabwicklung widerspiegelt und zum anderen in Initialisierung und Realisierung unterschiedliche Risiken auftreten können. Wie bereits dargelegt handelt es sich bei Initialisierungsrisiken durchgängig um endogene Risiken. Abbildung 42 verdeutlicht die entsprechende Systematisierung, indem Bedarfs- und Preisrisiken im Wesentlichen auf fehlende Kompetenzen zurückzuführen sind, während sich Kapazitätsrisiken aus der finanziellen wie auch materiellen Ressourcenausstattung der Partnerunternehmen ableiten.

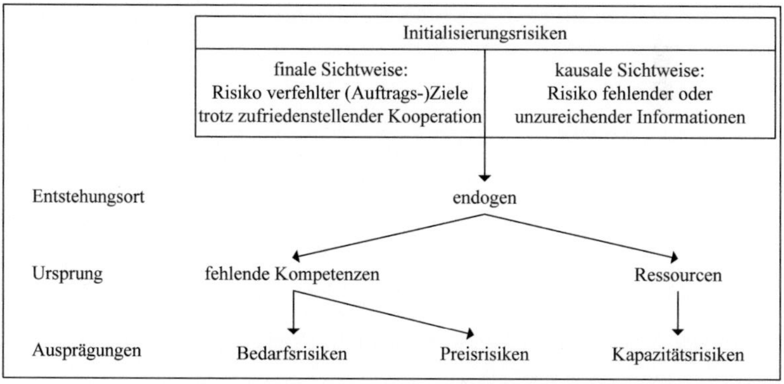

Abbildung 42: Systematisierung von Initialisierungsrisiken

Auch Realisierungsrisiken entstehen als Konsequenz fehlender Kompetenzen oder mangelnder Ressourcenausstattung und Liquidität. Hinzu kommen als Risikofaktoren bei Auftragsfertigung der Kunde, bei auftragsunabhängiger Produktion der Absatzmarkt als Ganzes. Abbildung 43 stellt die entsprechenden Zusammenhänge dar.

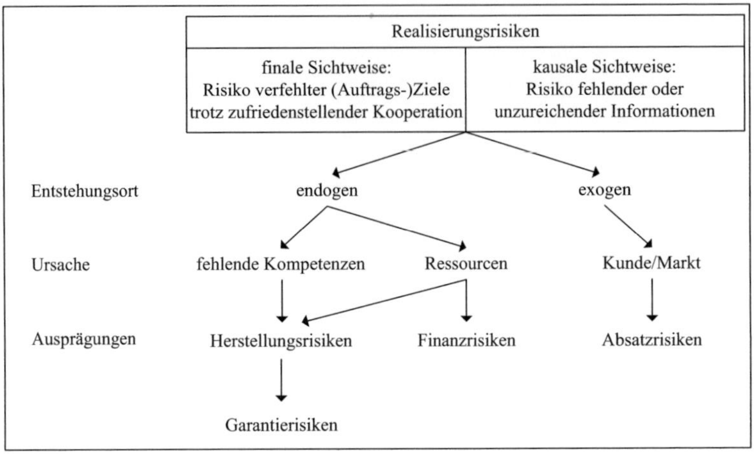

Abbildung 43: Systematisierung von Realisierungsrisiken

3.4 Parameter der Integration des Risikomanagements in das Netzwerkcontrolling

Wesentliche Elemente von Controllingsystemen sind Controllingziele, Controllingfunktionen, Controllingaufgaben, Controllinginstrumente und die Controllingorganisation. Vor dem Hintergrund einer Einbindung des Risikomanagements in ein Controllingsystem sind diese Elemente den zusätzlichen risikobezogenen Aufgaben anzupassen.[1022] Zu diesem Zweck sind die controllingspezifischen Aufgaben im Zusammenhang mit Informations- und Planungsmanagement um Risikoaspekte ergänzen. Dies impliziert die Ergänzung der steuerungsrelevanten Informations-, Planungs- und Budgetierungssysteme um notwendige Informationen zur Sicherstellung der einzelnen Phasen des Risikomanagements. Darüber hinaus ist das Controllinginstrumentarium in geeigneter Weise zu ergänzen.[1023] Auf diesem Wege kann das Risikomanagement funktional und organisatorisch im Controlling verankert werden. Das Controlling hat in diesem Verständnis die Aufgabe, die Unternehmensleitung

[1022] Vgl. Horváth, P., Gleich, R. (2000), S. 109.

[1023] Neben speziell für das Risikomanagement konzipierten Instrumenten werden im Rahmen der Identifikation, Bewertung und Kontrolle von Risiken vielfach auch allgemeine Controlling- und Managementinstrumente genutzt. Vgl. Götze, U., Mikus, B. (2001b); Pfohl, H. C. (2002), S. 13 ff.

maßgeblich im Aufbau und der Anwendung des Risikomanagementsystems durch Übernahme der zentralen Koordination zu unterstützen.

Um die Herleitung von Instrumenten eines risikoorientierten Netzwerkcontrolling zu fundieren, werden im Folgenden zunächst die Ziele und Aufgaben des Risikomanagements in Unternehmensnetzwerken verdeutlicht. Darüber hinaus sind die spezifischen Rahmenbedingungen eines netzwerkbezogenen Risikomanagements insbesondere in Abgrenzung von Einzelunternehmen aufzuzeigen. Es ist nochmals darauf hinzuweisen, dass die Zielsetzung dieser Arbeit nicht in dem Entwurf eines umfassenden Controllingsystems für Unternehmensnetzwerke zu sehen ist, sondern vielmehr in einer Ergänzung des Controllinginstrumentariums um eine Risikoorientierung.

3.4.1 Risikoorientierte Ziele und Aufgaben des Netzwerkcontrolling

Als Zielsetzung des Netzwerkcontrolling kann gemäß Hess in einem direkten Sinne die Unterstützung des Netzwerkmanagements durch Sicherstellung der Rationalität definiert werden. Als indirekte Ziele können hieraus für fokale Netzwerke die Maximierung des Nutzens des fokalen Partners, für polyzentrische Netzwerke die Maximierung des kumulierten Nutzens aller Partner abgeleitet werden.[1024] Aus einer risikoorientierten Perspektive ist als Nebenbedingung dieser Zielsetzung das Erreichen und Sichern einer risikooptimalen Netzwerkposition zu ergänzen. Aus dieser Zieldefinition lassen sich die rationalitätssichernden Aufgaben eines risikoorientierten Netzwerkcontrolling ableiten. Auch hierbei ist zwischen der auftragsspezifischen und der auftragsübergreifenden Ebene zu unterscheiden.

Auf auftragsübergreifender Ebene werden die Potenziale aufgebaut, die auf auftragsbezogener Ebene zu nutzen sind. Das Netzwerkcontrolling hat hierbei die Managementaufgaben des Partnermanagements, des Aktionsmanagements, des Regelmanagements und des Erfolgsmanagements zu unterstützen. Bei Berücksichtigung von Risikoaspekten kann auf die Unterteilung Horváths in systembildende und systemkoppelnde Aufgaben des Controlling zurückgegriffen werden.[1025] So ist systembildend der Aufbau und Betrieb einer Risikomanagementorganisation zu unterstützen. Systemkoppelnd sind geeignete Methoden und Instrumente bereitzustellen, um Risikoaspekte in die Teilbereiche des Netzwerkcontrolling zu integrieren.

[1024] Vgl. Hess, T. (2002), S. 144.
[1025] Vgl. Horváth, P. (2006), S. 108. Siehe Abschnitt 2.2.2.2.

Hierzu sind sämtliche auftragsbezogenen wie auch auftragsübergreifenden Teilbereiche des Netzwerkcontrolling von einem Risikomanagementprozess zu durchdringen. Das Controlling hat daher die Risikoanalyse, -handhabung und –kontrolle zu unterstützen.

Auf auftragsbezogener Ebene existiert darüber hinaus eine duale Aufgabenstellung. Zum einen ist die marktadäquate Abwicklung des Auftrags sicherzustellen. Zu diesem Zweck sind neben den oben beschriebenen Leistungsrisiken auch opportunistische Verhaltensweisen zu unterbinden. Zum anderen ist sicherzustellen, dass alle auftragsbeteiligten Partner in angemessener Weise am Auftragserfolg partizipieren, um keine Beziehungsrisiken auf auftragsübergreifender Ebene zu induzieren.

Wie in Abschnitt 3.3.4 verdeutlicht sind auf auftragsbezogener Ebene insbesondere Risiken in der Initialisierung und in der Realisierung zu unterscheiden. Gleichwohl stehen diese Risikopositionen in engem Zusammenhang, da in der Phase der Initialisierung die Rahmenbedingungen der Realisierung geschaffen werden. Aus diesem Grunde erscheint es sinnvoll, diesen beiden Phasen schwerpunktmäßig Phasen des Risikomanagementprozesses zuzuordnen. Dieser Logik folgend ist in der Phase der Initialisierung die wesentliche Aufgabe eines risikoorientierten Controlling neben den allgemeinen Controllingaufgaben der Spezifizierung des Auftrags, der Vergabe von Teilaufgaben und der Festlegung des Auftragspreises in der Risikoanalyse zu sehen, die jedoch in der Realisation nahtlos weitergeführt werden muss. Die Risikohandhabung hingegen konzentriert sich nach diesem Verständnis auf die Realisierungsphase, und hierbei aus Sicht des Controlling auf die Abbildung und Kontrolle der Auftragsdurchführung. Um für nachfolgende Aufträge Erkenntnisse zu generieren, reicht die Risikokontrolle bis in die Phase des Auftragsabschlusses, um eine geeignete Datenbasis zu schaffen. Abbildung 44 verdeutlicht das beschriebene Ineinandergreifen von auftragsbezogenem Netzwerkcontrolling und Risikomanagementprozess.

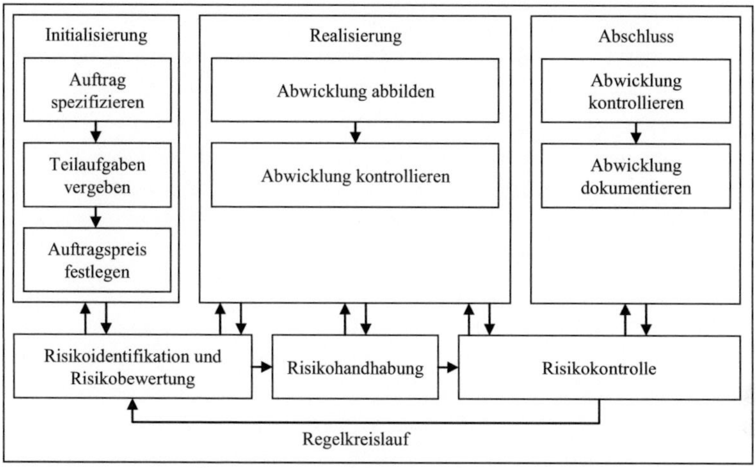

Abbildung 44: Auftragsspezifisches Controlling als Teil des Risikomanagementprozesses

3.4.2 Ansätze zum Risikomanagement in Unternehmensnetzwerken

Ausgangsbasis eines Risikomanagements in Unternehmensnetzwerken ist das Risikomanagement der einzelnen Partnerunternehmen, das um die netzwerkbezogene Ebene erweitert wird. Das Ausmaß, in dem die Unternehmen im Rahmen des Risikomanagements kooperieren, kann dabei unterschiedliche Intensitäten annehmen. Hierbei lassen sich drei idealtypische Ausprägungen unterscheiden:[1026]

- Als Teilbereich des Risikomanagements innerhalb der Partnerunternehmen sind Risiken zu beachten, die sich aus der Kooperation ergeben. Betrachtet wird vorrangig die Risikoposition des eigenen Unternehmens, das Risikomanagement liegt entsprechend allein in der Hand des betreffenden Unternehmens.
- Im Rahmen einer informellen Zusammenarbeit können gemeinschaftliche Risikoanalysen innerhalb des Unternehmensnetzwerks vorgenommen werden. Diese zeichnen sich durch eine gemeinsame Identifikation und Bewertung, ggf. auch Steuerung durch die Partnerunternehmen aus. Fokus ist jedoch weiterhin das einzelne Partnerunternehmen.

1026 Vgl. im Folgenden Kajüter, P. (2003b), S. 326; Kajüter, P. (2003a), S. 116.

– Erst wenn das Risikomanagement als systematischer Ansatz zur kooperativen Analyse, Steuerung und Kontrolle sowie Kommunikation von Risiken innerhalb des gesamten Netzwerks erfolgt, so kann von einem Netzwerk-Risikomanagement gesprochen werden. Hierbei arbeiten die Partnerunternehmen im Risikomanagement eng zusammen und richten einen unternehmensübergreifenden Risikomanagementprozess ein, der integraler Bestandteil der gemeinsamen Planungs- und Kontrollprozesse ist und das Netzwerk als Ganzes in den Mittelpunkt der Betrachtung rückt.

Welcher der dargestellten Ansätze im Einzelfall vorteilhaft ist, hängt von der Art der Geschäftsbeziehungen zwischen den Partnerunternehmen ab. So kann das Management kooperationsspezifischer Risiken etwa in der Anfangsphase der Netzwerkbildung ein effektiver Ansatz sein, um die richtigen Partner für eine intensivierte Zusammenarbeit auszuwählen. Netzwerk-Risikomanagement hingegen setzt eine enge und vertrauensvolle Zusammenarbeit sowie die Existenz gemeinsamer Ziele voraus.

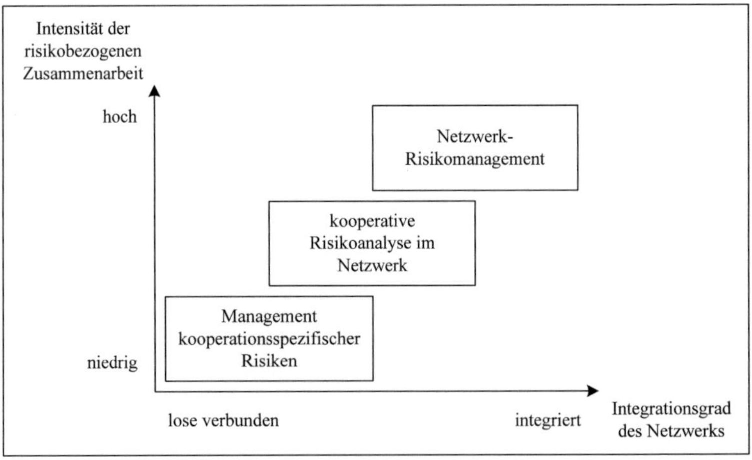

Abbildung 45: Entwicklungsstufen des Risikomanagements in Unternehmensnetzwerken[1027]

Mit zunehmender Kooperationsintensität im Rahmen des Risikomanagements wird typischerweise der Informationsaustausch regelmäßiger erfolgen und spätestens im Netzwerk-Risikomanagement formell erfolgen. Hiermit geht ein Abbau von Infor-

[1027] In Anlehnung an Kajüter, P. (2003b), S. 326.

mationsasymmetrien hinsichtlich der Netzwerkrisiken einher. Die wesentlichen Merkmale dieser Ansätze werden in Tabelle 5 zusammengefasst.

	Management kooperations-spezifischer Risiken	**kooperative Risikoanalyse im Netzwerk**	**Netzwerk-Risikomanagement**
Fokus des Risikomanagements	eigenes Unternehmen	eigenes Unternehmen	gesamtes Netzwerk
Kooperationsintensität im Risikomanagement	gering	mittel	hoch
Austausch von Risiko-informationen	gar nicht	unregelmäßig, informell	regelmäßig, formell
Informationsasymmetrien in Bezug auf Risiken	hoch	mittel	gering
Phase der Netzwerk-bildung	Beziehungsaufbau	Intensivierung der Beziehungen	etablierte Beziehungen
notwendiger Grad des Vertrauens	gering	mittel	hoch

Tabelle 5: Ansätze zum Risikomanagement in Unternehmensnetzwerken[1028]

3.4.3 Rahmenbedingungen des Risikomanagements in Unternehmensnetzwerken

In Abgrenzung vom Risikomanagement in Einzelunternehmen sind in Unternehmensnetzwerken besondere Rahmenbedingungen gegeben, aus denen sich spezifische Anforderungen ableiten lassen. Wie bereits dargestellt erweitert sich zunächst der Handlungsrahmen des Risikomanagements dergestalt, dass Risikomanagement nicht nur auf der Einzelunternehmensebene, sondern auch auf der Ebene des Unternehmensnetzwerks zu praktizieren ist. Dabei ist festzuhalten, dass die mit dem Risikomanagement beauftragte Netzwerkinstanz von der Kooperation der Partnerunternehmen und den von ihnen zur Verfügung gestellten Daten abhängig ist, in anderen Worten bestehen Informationsasymmetrien zwischen den einzelnen Unternehmen und dem Unternehmensnetzwerk. Akteure der Risikobewertung in einem Unternehmensnetzwerk sind somit bei genauerer Betrachtung alle Partnerunternehmen.[1029] Die Partner in Unternehmensnetzwerken weisen häufig unterschiedliche

---

1028 In Anlehnung an Kajüter, P. (2003a), S. 117.

1029 Vgl. Hallikas, J., Virolainen, V. (2004), S. 60 f.

Risikopräferenzen und –tragfähigkeiten auf, so dass ein Netzwerk nicht für alle Partner risikooptimal strukturiert werden kann.[1030]

Im Vergleich zu Einzelunternehmen stellt sich das Risikomanagement in Netzwerken somit deutlich komplexer dar.[1031] Hinzu kommt, dass einer monetären Bewertung von Risiken in Unternehmensnetzwerken häufig enge Grenzen gesetzt sind, insbesondere dann, wenn Risiken nur sporadisch auftreten oder ihr Auftreten aufgrund der geschilderten Komplexität kaum prognostizierbar ist.[1032]

Schließlich ist zu konstatieren, dass es aufgrund der Vielfalt der in Unternehmensnetzwerken relevanten Risiken wohl keine Maßnahme und kein Instrument geben kann, das zur Bewältigung aller Netzwerkrisiken gleichermaßen geeignet ist. Für ein unternehmensübergreifendes Risikomanagement ist vielmehr eine Kombination verschiedener Instrumente erforderlich.[1033] Dabei sollte eine Risikobewertung mindestens immer dann stattfinden, wenn die Strukturmerkmale des Netzwerks verändert werden.[1034]

Ziel der beiden folgenden Kapitel 4 und 5 ist es, aufbauend auf der Unterscheidung in eine Beziehungs- und eine Leistungsebene konkrete Controllinginstrumente zu entwickeln, mit denen Risiken in Unternehmensnetzwerken analysiert und somit einen Risikomanagement zugänglich gemacht werden können.

[1030] Vgl. Das, T. K., Teng, B.-S. (1996), S. 840 m. w. N.; Jones, C., Hesterly, W. S. et al. (1998), S. 400; Kajüter, P. (2007), S. 16; Steven, M., Pollmeier, I. (2007), S. 277.

[1031] Vgl. Kajüter, P. (2003a), S. 111; Steven, M., Pollmeier, I. (2007), S. 277.

[1032] Vgl. Reichwald, R., Erben, R. F. (2005), S. 177.

[1033] Vgl. Kajüter, P. (2003a), S. 113.

[1034] Vgl. Ring, P. S., Van De Ven, A. H. (1994), S. 97 f.

4 Risikoorientierung im auftragsübergreifenden Controlling

Auf auftragsübergreifender Ebene besteht die Aufgabe des Netzwerkmanagements im Aufbau und Erhalt von Erfolgspotenzialen. Das auftragsübergreifende Netzwerkcontrolling hat dabei insbesondere das Partnermanagement, das Aktionsmanagement und das Erfolgsmanagement zu unterstützen.[1035] Erweitert man das Netzwerkcontrolling um Risikoaspekte, so sind auf auftragsübergreifender Ebene insbesondere relationale Risiken zu beachten. Diese entstehen aus der Beziehung zu anderen Unternehmen und haben ihren Ursprung somit in der Struktur und der Zusammensetzung des Partnerpools.[1036] Im Sinne der Zielsetzung der vorliegenden Arbeit ist im Folgenden aufzuzeigen, welche risikobezogenen Ziele und Aufgaben sich aus Sicht des Netzwerkcontrolling ableiten lassen und mit Hilfe welcher Instrumente die einzelnen Phasen des Risikomanagementprozesses unterstützt werden können.

Zu beachten ist, dass eine exakte Quantifizierung der Risikoposition eines Unternehmensnetzwerks allenfalls in Ausnahmefällen möglich sein wird,[1037] und dass sich Unternehmensnetzwerke im Vergleich zu einzelnen Unternehmen durch eine deutlich höhere Komplexität und Dynamik auszeichnen.[1038] Die Ausführungen konzentrieren sich daher im Bereich der Risikoanalyse auf relative Ansätze und deren Unterstützung durch den Analytic Hierarchy Process. Durch die hierarchische Vorgehensweise des AHP wird eine systematische Dekomposition der komplexen Risikosituation unterstützt. Zugleich liefert eine relative Risikoanalyse sämtliche für eine effiziente und effektive Risikosteuerung erforderlichen Informationen, ohne unnötigen Aufwand für letztlich doch willkürbehaftete Quantifizierungen zu verursachen. Der AHP stellt zu diesem Zweck ein geeignetes Instrumentarium dar, da mit seiner Hilfe durch Paarvergleiche mathematisch fundierte Aussagen über die Bedeutung einzelner Risiken im Vergleich zu anderen Risiken und damit eine Priorisierung einzelner Risiken als Input für die Risikosteuerung ermöglicht werden.

1035 Siehe Abschnitt 2.1.2.3 sowie Abschnitt 2.3.1.4.
1036 Siehe Abschnitt 3.3.2.1.
1037 Siehe Abschnitt 3.1.2.3.
1038 Siehe Abschnitt 3.2.2.1.

Im Anschluss an die Risikoanalyse wird untersucht, inwieweit die Balanced Scorecard als Instrument der Risikosteuerung und –kontrolle in Unternehmensnetzwerken eingesetzt werden kann. In der einschlägigen Literatur wird die Balanced Scorecard sowohl als Instrument des Risikomanagements als auch als Bestandteil eines Controllingsystems für Unternehmensnetzwerke intensiv diskutiert. Eine Integration in ein risikoorientiertes Netzwerkcontrolling ermöglicht eine Verknüpfung von Netzwerkstrategie und Risikomanagement und erlaubt es, die Risikoorientierung mittels Ursache-Wirkungsbeziehungen mit über- und nebengeordneten Controllingzielen in Zusammenhang zu bringen.

Die auftragsübergreifende Betrachtung schließt mit der Darstellung ausgesuchter weiterer Instrumente.

4.1 Unterstützung der Risikoanalyse durch den AHP

Ausgangspunkt des Risikomanagementprozesses ist die Risikoanalyse. Aufgrund der Komplexität der Risiken auf der Beziehungsebene werden im Folgenden die Prozesse der Risikoidentifikation und –bewertung nach den Managementaufgaben des Partner-, des Aktions- und des Erfolgsmanagements differenziert dargestellt und hinsichtlich der Unterstützungspotenziale durch das Netzwerkcontrolling untersucht.

Die Vorgehensweise erfolgt einheitlich, indem im Anschluss an eine Explikation der jeweiligen Kernaufgaben der Managementteilaufgaben zunächst etablierte Controllinginstrumente für das jeweilige Aufgabenfeld vorgestellt werden, um die Entscheidungssituation auf instrumenteller Ebene zu verdeutlichen. Anschließend werden Möglichkeiten zur instrumentellen Unterstützung der Risikoanalyse unter Verwendung des Analytic Hierarchy Process verdeutlicht.

4.1.1 Der Analytic Hierarchy Process (AHP)

Der Analytic Hierarchy Process (AHP) stellt eine der Entscheidungstheorie zuzurechnende Methode dar, die in den 1970er Jahren von Thomas L. Saaty entwickelt wurde.[1039] Der AHP ist auf komplexe und unstrukturierte multikriterielle Entscheidungsprobleme ausgerichtet und kann als hierarchisch additives Gewichtungsverfahren eingeordnet werden. Im Bereich multikriterieller Entscheidungsverfahren lassen sich multiobjektive von multiattributiven Verfahren unterscheiden. Multiobjektive Verfahren sind charakterisiert durch eine stetige, meist unendlich große Menge zulässiger Alternativen. Die Ziele sind in Form von Zielfunktionen operationalisiert und sind unter Beachtung gegebener Restriktionen bestmöglich zu erreichen. Multiattributive Verfahren hingegen arbeiten mit einer endlichen, diskreten Alternativenmenge. Die Priorisierung erfolgt durch einen Vergleich der Attribute untereinander sowie durch Bestimmung der Ausprägungen der Alternativen hinsichtlich dieser Attribute.[1040]

Der AHP gehört dabei – wie noch zu zeigen sein wird – zur Gruppe der multiattributiven Verfahren und innerhalb dieser Kategorie zu den nutzwertanalytischen Verfahren.[1041] Nutzwertanalytische Verfahren[1042] finden im betriebswirtschaftlichen Kontext Anwendung zur Bewertung bei mehreren, nicht oder nur ausschnittsweise monetären bzw. nicht ohne weiteres quantifizierbaren Nutzeffekten und nur geringen Informationen über die damit verbundenen Kosten.[1043] Der Gesamtnutzen wird in diesem Verfahren als gewichtete Summe von Teilnutzenwerten bestimmt. Zu diesem Zweck ist zunächst der Betrachtungsgegenstand abzugrenzen, indem die zu berücksichtigenden Ziele formuliert werden. Hierbei ist darauf zu achten, dass die Kriterien weitgehend unabhängig voneinander sind. In einem zweiten Schritt sind die Kriterien

---

1039 Saaty, T. L. (1977). Für einen Vergleich mit anderen Entscheidungsmodellen vgl. Bachu, K. K. (1993), S. 469 f.

1040 Vgl. Weber, K. (1993), S. 11; Prill, M.-A. (2007), S. 141. Für eine Systematisierung und Darstellung multiobjektiver und multiattributiver Entscheidungsverfahren vgl. Weber, K. (1993), S. 15 - 72.

1041 Vgl. Prill, M.-A. (2007), S. 142. Neben nutzwertanalytischen Verfahren zählen nutzwertheoretische Verfahren zu den multiattributiven Verfahren. Für einen Vergleich nutzwertanalytischer und nutzwertheoretischer Verfahren vgl. Schneeweiß, C. (1990), S. 16 - 18; Schneeweiß, C. (1991b), S. 148 - 157; Sommerhäuser, G. (2000), S. 34 - 36.

1042 Synonym finden sich die Begriffe Scoring-Modell, Scoring-Verfahren oder auch Punktbewertungsverfahren. Vgl. Domschke, W., Scholl, A. (2005), S. 61. Die Nutzwertanalyse wurde ursprünglich von Zangemeister zur multidimensionalen Bewertung von Konstruktionsalternativen in der Systemtechnik entwickelt. Vgl. Zangemeister, C. (1976). Vgl. auch Lillich, L. (1992). Erste Ansätze zur Anwendung im Bereich zwischenbetrieblicher Kooperationen finden sich bei Gerth, E. (1971); Herz, C. (1973) sowie Lützig, W.-P. (1982).

1043 Vgl. Rinza, P., Schmitz, H. (1992), S. 8; Domschke, W., Scholl, A. (2005), S. 61.

zu gewichten, wobei meist normierte Gewichte Anwendung finden.[1044] Anschließend sind Transformationsfunktionen für die Bestimmung der Teilnutzenwerte für die einzelnen Kriterien festzulegen, wobei auch diese Funktionen typischerweise normiert werden, um eine Verfälschung der Gewichtungen zu verhindern. Der Gesamtnutzen einer Entscheidungsalternative ergibt sich als Summe der gewichteten Teilnutzenwerte. Da die Nutzwertanalyse in dieser Form auf einen Entscheider ausgerichtet ist, ist im Kontext von Unternehmensnetzwerken eine gemeinsame Festlegung der zu berücksichtigenden Merkmale und der Gewichte vorzusehen.[1045]

4.1.1.1 Vorgehensweise des AHP

Grundidee des Analytic Hierarchy Process ist es, Probleme in kleinere, überschaubare Teilprobleme aufzuspalten, diese in eine hierarchische Struktur zu bringen[1046] und sukzessive zu lösen.[1047] Zu diesem Zweck werden die Entscheidungsalternativen nach Ebenen gegliedert, indem aus dem Oberziel mehrere Unterziele abgeleitet werden, die ihrerseits über beliebig viele Stufen bis zu den am Hierarchieende stehenden Handlungs- und Entscheidungsalternativen dekomponiert werden.[1048] Mittels einer Paarvergleichsmatrix werden anschließend auf jeder Ebene die zugehörigen Bewertungskriterien gegeneinander abgewogen und bewertet.[1049] Tabelle 6 zeigt die von Saaty zu diesem Zweck entwickelte 9-Punkte-Skala.

1044 Vgl. Domschke, W., Scholl, A. (2005), S. 62. Alternativ kann ein Vergleich aller Paare von Kriterien nach relativer Wichtigkeit vorgenommen werden. Als Gewicht wird hierbei der Quotient aus der Anzahl von Fällen, in denen ein Kriterium als wichtiger als ein anderes Kriterium eingeschätzt wird und der Gesamtanzahl der Vergleiche verwendet. Hierbei geht jedoch das Ausmaß der Bedeutungsunterschiede nicht in die Bewertung ein und zugleich führt das Hinzufügen (irrelevanter) Kriterien zu einer Veränderung der Gewichte. Vgl. Adam, D. (1996), S. 416 f.

1045 Vgl. Paschka, R. (1996), S. 68 - 69.

1046 Vgl. Meixner, O., Haas, R. (2002), S. 124.

1047 Vgl. Wind, Y., Saaty, T. L. (1980), S. 641; Zelewski, S., Peters, M. L. (2003), S. 1210.

1048 Vgl. Prill, M.-A. (2007), S. 123.

1049 Vgl. Bhusan, N., Rai, K. (2004), S. 16.

Skalenwert	Definition
1	gleiche Bedeutung
3	etwas größere Bedeutung
5	erhebliche größere Bedeutung
7	sehr viel größere Bedeutung
9	absolut dominierend
2, 4, 6, 8	Zwischenwerte[1050]
1/9, 1/8, … , 1/2	reziproke Werte[1051]

Tabelle 6: 9-Punkte-Urteilsskala nach Saaty[1052]

Ergebnis ist eine Bewertung der relativen Bedeutung der Elemente einer Hierarchiestufe hinsichtlich des übergeordneten Ziels der nächst höheren Ebene, so dass durch Aggregation sämtlicher Bewertungen eine Gewichtung der Alternativen hinsichtlich des Oberziels ermöglicht wird. Bei der Hierarchiebildung ist jedoch zu berücksichtigen, dass mit jedem zusätzlichen Subkriterium und jeder zusätzlichen Subkriterienebene der notwendige Arbeitsaufwand beim weiteren Vorgehen überproportional ansteigt.[1053]

Die Gewichte der Objekte werden aus den Einzelurteilen, die in die Paarvergleichsbewertungsmatrix eingetragen wurden, mittels des Eigenvektors, der die relativen Prioritäten der zur Disposition stehenden Alternativen angibt, berechnet. Die Berechnung des Eigenvektors erfolgt in drei Schritten:[1054]

(1) Abtragen der n (n - 1) / 2 Paarvergleichswerte a_{ij} sowie der zugehörigen reziproken Werte $a_{ji} = 1 / a_{ij}$ in eine Auswertungstabelle.

(2) Spaltenweise Addition aller Vergleichswerte und anschließende Normierung der Koeffizienten.

1050 Hierbei handelt es sich um Kompromissbewertungen zwischen zwei benachbarten Beurteilungen für den Fall, dass eine genauere Abstimmung nötig erscheint.

1051 Wurde dem Element i beim Vergleich mit dem Element j ein ganzzahliger Wert zugeordnet, so nimmt j beim Vergleich mit i den reziproken Wert an. Diese Reziprozitätsbedingung wird nachfolgend näher erläutert.

1052 Vgl. Saaty, T. L. (1977), S. 246; Saaty, T. L. (1980), S. 54.

1053 Aufgrund der begrenzten menschlichen Informationsverarbeitungskapazität findet sich daher in der Literatur die Forderung, die Anzahl der Elemente einer Hierarchieebene auf fünf bis maximal neun zu beschränken. Vgl. Nauck, A. (1983), S. 8, basierend auf Untersuchungsergebnissen von Miller, G. A. (1956). Vgl. auch Saaty, T. L. (1977), S. 272 - 276; Saaty, T. L. (1980), S. 78 - 83.

1054 Vgl. Saaty, T. L. (1980), S. 19; Garuti, C., Castro, C. P., Spencer, I. (2001); Saaty, T. L. (2001a), S. 76 f.; Dey, P. K. (2004), S. 595; Prill, M.-A. (2007), S. 135. Vgl. ähnlich Weber, K. (1993), S. 94.

(3) Zeilenweise Aufsummierung dieser Koeffizienten und anschließende Normierung der Koeffizienten des Spaltenvektors.

Diese Berechnung erfolgt für sämtliche Ebenen des Entscheidungsproblems. Es sei darauf hingewiesen, dass es sich bei diesem Vorgehen lediglich um ein approximatives Verfahren zur Berechnung des Eigenvektors handelt. Jedoch zeichnet sich diese Methode durch ihre vergleichsweise einfache Handhabung bei gleichzeitig guter Näherung aus und hat sich daher in der Literatur als Standardnäherungsverfahren für den AHP etabliert.[1055]

Tabelle 7 verdeutlicht die Erstellung der Bewertungsmatrix und die Berechnung des Eigenvektors.

	Bewertungsmatrix				**normierte Bewertungsmatrix**				**Zeilen-summe**	**normierter Eigenvektor**
i/j	a_1	a_2	...	a_n	a_1	a_2	...	a_n	$r_i = \sum_i a_{ij}/c_j$	$w_i=r_i/n$
a_1	$a_{11}=1$	a_{12}	...	a_{1n}	a_{11}/c_1	a_{12}/c_2	...	a_{1n}/c_n	r_1	w_1
a_2	$a_{21}=1/a_{12}$	1	...	a_{2n}	a_{21}/c_1	a_{22}/c_2	...	a_{2n}/c_n	r_2	w_2
...	...	...	...	...	...	...	...	...	...	...
a_n	a_{n1}		...	$a_{nn}=1$	a_{n1}/c_1	a_{n2}/c_2	...	a_{nn}/c_n	r_n	w_n
Σ	c_1	c_2	...	c_n	1	1	...	1	n	1

Tabelle 7: Bewertungsmatrix und Eigenvektor[1056]

Abschließend kann mit Hilfe eines Konsistenzmaßes die Widerspruchsfreiheit der Angaben überprüft werden. Dabei gelten für eine konsistente Bewertung folgende Prämissen:[1057]

1055 Vgl. Weber, K. (1993), S. 94; Zelewski, S., Peters, M. L. (2003), S. 1212 - 1214. Einschränkend sei darauf hingewiesen, dass das Verfahren nur für hinreichend konsistente Matrizen zu akzeptablen Ergebnissen führt. Für eine Gegenüberstellung alternativer Näherungsverfahren vgl. Saaty, T. L. (1980), S. 19 f. sowie S. 234; Nauck, A. (1983), S. 43. Eine direkte Lösung des Gleichungssystems würde bereits bei Matrizen mit verhältnismäßig geringer Reihenzahl einen umfangreichen Rechenaufwand implizieren. Vgl. Zurmühl, R., Falk, S. (2007), S. 148 - 154. Neben approximativen Verfahren existiert eine Reihe iterativer Verfahren, die durch fortlaufende Iterationsschritte eine beliebige Annährung an den gesuchten Eigenvektor ermöglichen und daher den exakten Methoden zuzurechnen sind. Vgl. Kumar, N. V., Ganesh, L. S. (1996), S. 657 f. Beispielhaft kann hierfür die von-Mises-Iteration genannt werden. Vgl. von Mises, R., Pollaczek-Geiringer, H. (1929).

1056 Vgl. Jonen, A., Lingnau, V., Sagawe, C. (2007), S. 4.

1057 Dabei reduzieren die Prämissen (1) und (2) den Bewertungsaufwand von theoretisch n^2 notwendigen Paarvergleichen auf $\frac{n \cdot (n-1)}{2}$. Zur Herleitung vgl. Weber, K. (1993), S. 84.

(1) Reziprozität:[1058] $a_{ij} = \frac{1}{a_{ji}} \quad \forall \; i,j \in [1,\ldots,n]$

(2) Identität: $a_{ii} = 1 \quad \forall \; i \in [1,\ldots,n]$

(3) Transivität:[1059] $a_{ik} = a_{ij} \cdot a_{jk} \quad \forall \; i,j,k \in [1,\ldots,n]$

Die genannten Prämissen implizieren für die Entscheider die Eigenschaften eines homo oeconomicus im Sinne vollständig rationalen Verhaltens, vollkommener Information und Streben nach Nutzenmaximierung.[1060] Da bei realen Entscheidungsträgern diesbezügliche Einschränkungen existieren,[1061] werden beim AHP die Konsistenzforderungen in reduzierter Form angewendet. Zu diesem Zweck wird eine Konsistenzrate CR errechnet, welche die Wahrscheinlichkeit angibt, dass eine Bewertungsmatrix mit Zufallszahlen gefüllt wurde.

Zur Berechnung der Konsistenzrate CR ist zunächst ein Konsistenzindex CI zu bestimmen, der die Differenz des tatsächlichen Eigenwertes zu dem einer konsistenten Matrix wiedergibt. Zur Berechnung von CI ist zunächst der maximale Eigenwert λ_{max} der Matrix zu ermitteln. Hierzu sind folgende Schritte erforderlich:[1062]

(1) Multiplikation der Paarvergleichsmatrix mit dem normierten Eigenvektor.

(2) Bildung der Eigenwerte durch Division aller Elemente dieses Summenvektors durch die entsprechenden Werte des Eigenvektors.

(3) Bildung des arithmetischen Mittels dieses Ergebnisvektors.

Der so errechnete Eigenwert λ_{max} kann anschließend als Messgröße des Abweichungsgrades der Paarvergleichsmatrix von einer konsistenten Matrix herangezogen werden. Für konsistente Matrizen gilt hierbei $\lambda_{max} = n$, während für inkonsistente

1058 Vgl. Saaty, T. L. (1980), S. 167 - 170; Schneeweiß, C. (1991a), S. 185; Weber, K. (1993), S. 82.

1059 Die Transitivität stellt kein Pflichtkriterium des AHP dar, da sie aufgrund der Skalenkonstruktion nur eingeschränkt ermöglicht wird. Saaty lässt eine bedingte Inkonsistenz zu, um dem realiter nicht immer rationalen Entscheidungsverhalten von Individuen Rechnung zu tragen. Vgl. Forman, E. H., Selly, M. A. (2002), S. 46 f.; Saaty, T. L. (2003), S. 85 f.

1060 Vgl. Kirchgässner, G. (2000), S. 13 ff.; Becker, J. (2003), S. 42; Ruckriegel, K.-H. (2007), S. 199 ff.

1061 Dies gilt insbesondere bei der Bewertung qualitativer Faktoren. Vgl. Wedley, W. C. (1990), S. 61.

1062 Vgl. Saaty, T. L. (1980), S. 21; Weber, K. (1993), S. 96.

Matrizen gilt $\lambda_{max} > n$.[1063] Auf dieser Grundlage berechnet sich CI nach folgender Formel:

$$CI = \frac{\lambda_{max} - n}{n - 1}.$$

Somit herrscht bei $CI = 0$ vollkommene Konsistenz, CI steigt mit zunehmender Abweichung von konsistenten Daten.

Da jedoch λ_{max} mit zunehmender Größe der Paarvergleichsmatrix auf Inkonsistenzen immer geringer reagiert,[1064] wird zur Normalisierung des Index in Bezug auf die Größe der Matrix der Zufallsindex RI herangezogen. Dieser ist ein unter Verwendung der 9-Punkte-Skala aus zufällig generierten reziproken Matrizen gleicher Größe ermittelter durchschnittlicher Konsistenzindex.[1065] Für Zufallsmatrizen bis zu einer Dimension von n = 15 gibt Saaty die in Tabelle 8 aufgeführten Werte für RI an.[1066]

n	RI (n)	n	RI (n)
2	0,00	9	1,45
3	0,52	10	1,49
4	0,89	11	1,51
5	1,11	12	1,54
6	1,25	13	1,56
7	1,35	14	1,57
8	1,40	15	1,58

Tabelle 8: RI-Werte nach Saaty für Zufallsmatrizen bis n=15

Die Konsistenzrate ergibt sich anschließend durch Division des Konsistenzindex durch den Zufallsindex, so dass gilt:[1067]

$$CR = \frac{CI}{RI}.$$

1063 Vgl. Prill, M.-A. (2007), S. 136. Für eine vollständige Darstellung der Berechnung von λ_{max} vgl. Prill, M.-A. (2007), S. 130 - 133.

1064 Vgl. Saaty, T. L. (1977), S. 237.

1065 Vgl. Saaty, T. L. (1996), S. 21; Akomode, J. O., Lees, B., Irgens, C. (1999), S. 37.

1066 Vgl. Saaty, T. L. (1994), S. 42; Saaty, T. L. (2000), S. 65 sowie S. 84; Saaty, T. L. (2001a), S. 83. Die aufgeführten RI-Werte basieren auf neueren Experimenten mit vergleichsweise großer Matrizenzahl und weichen daher von denen früherer Veröffentlichungen Saatys ab. Vgl. Saaty, T. L. (1980), S. 21.

1067 Vgl. Saaty, T. L. (1980), S. 21; Sommerhäuser, G. (2000), S. 66 f.

Als Faustregel gilt, dass Konsistenzraten von unter 5 % für n = 3 als akzeptabel anzusehen sind. Für n = 4 liegt dieser Wert bei 8 %, für n > 4 bei 10 %.[1068]

Neben den einzelnen Matrizen ist auch die Konsistenz der Gesamthierarchie (CRH) zu bewerten. Auf diesem Weg kann geprüft werden, ob einzelne inkonsistente Paarvergleichsmatrizen das Endergebnis derart beeinträchtigen, dass eine Neubewertung der Gesamthierarchie erforderlich ist. Zur Berechnung von CRH sind die einzelnen CI-Werte mit dem zugehörigen Gewichtungsfaktor des übergeordneten Kriteriums zu multiplizieren. Die Summe dieser Werte ist durch die Summe der gleichermaßen gewichteten RI-Werte zu dividieren. Auch für CRH gilt eine Toleranzgrenze von 0,1.[1069]

Um eine endgültige Bewertung der einzelnen Entscheidungsalternativen im Hinblick auf das zentrale Entscheidungsziel vorzunehmen und eine Präferenzrangfolge abzuleiten, werden abschließend die Gewichtungsvektoren sämtlicher Paarvergleichsmatrizen sämtlicher Hierarchiestufen iterativ zu einem Gesamtindex aggregiert. Die Gewichte der Alternativen werden auf jeder Hierarchiestufe als reelle Zahlen zwischen 0 und 1 ausgedrückt und dienen unmittelbar als Grundlage der Priorisierung.[1070] Zur Berechnung des Endgewichts einer Entscheidungsalternative sind die Gewichte sämtlicher zugehöriger hierarchisch übergeordneter Alternativen zu multiplizieren.

Somit ergeben sich in der in Abbildung 46 dargestellten Beispielhierarchie die Gewichte der jeweiligen Subkriterien durch Multiplikation der Gewichte auf Ebene 1 und Ebene 2. Dabei ergibt sich beispielsweise das Gewicht $w(y_{11})$ von Subkriterium 1-1 als Produkt des Gewichts $w(x_1)$ von Kriterium 1 und des bedingten Gewichts $w_{11}(x_1)$ von Subkriterium 1-1. Anders ausgedrückt, ergibt sich das Gewicht $w(x_1)$ von Kriterium 1 als Summe der Subgewichte $w(y_{11})$ bis $w(y_{1k})$, wobei k die Anzahl der Subkriterien von Kriterium 1 ist.[1071] Abbildung 46 verdeutlicht die skizzierte Zusammensetzung der Gewichte. Typischerweise werden abschließend die errechneten Gewichtungen zur Bildung einer Rangfolge der Entscheidungsalternativen herangezogen.

1068 Vgl. Harker, P. T. (1989), S. 6; Noble, E. E. (1990), S. 14; Saaty, T. L. (1994), S. 28; Saaty, T. L. (1996), S. 21; Saaty, T. L. (2000), S. 65 sowie S. 84 f.; Rommelfanger, H., Eickemeier, S. H. (2002), S. 154 f.

1069 Vgl. Saaty, T. L. (1980), S. 83 f.; Saaty, T. L., Vargas, L. G. (1982), S. 36 f.; Nauck, A. (1983), S. 58 - 60; Saaty, T. L. (2000), S. 126 f.

1070 Vgl. Zimmermann, H.-J., Gutsche, L. (1991), S. 72 f.

1071 Vgl. Saaty, T. L. (1987b), S. 168 f.

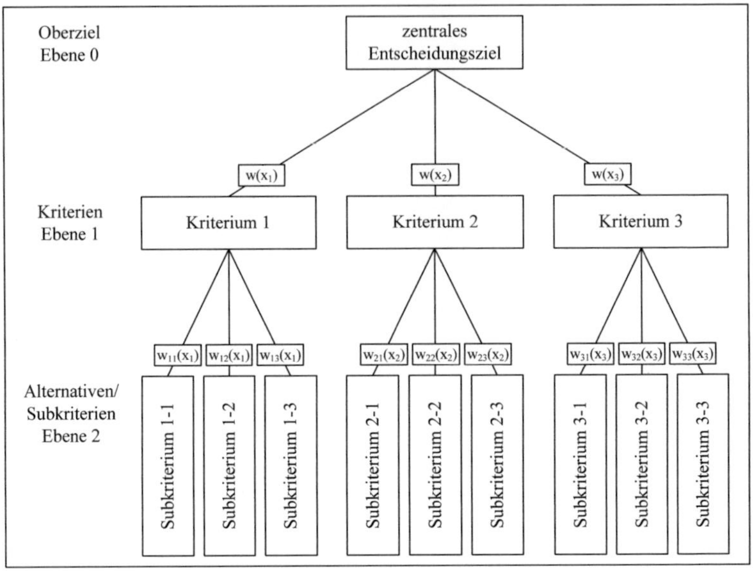

Abbildung 46: Berechnung der Teilgewichte im AHP

Der AHP kann in der Praxis für eine Vielzahl von Entscheidungssituationen eingesetzt werden. Beispielhaft seien die Strategiewahl, die Unterstützung von Investitionsentscheidungen, die Selektion von Bezugsquellen, die Marktforschung, Sortimentsentscheidungen, aber auch der strategische Profilwandel, die Bewertung internationaler Markteintrittstrategien, die Auswahl einer Produktionstechnologie, die Auswahl einer Absatzstrategie oder eines Logistikkonzepts genannt.[1072] Die Vorgehensweise des AHP sei nachfolgend anhand eines einfachen Beispiels verdeutlicht:

> Ein Unternehmen steht vor einer Investitionsentscheidung, für die zwei Alternativen A_1 und A_2 zur Verfügung stehen. Zur Beurteilung der Investitionsalternativen hat die Unternehmensleitung drei Kriterien K_1, K_2 und K_3 erarbeitet. Die Entscheidung soll mit Hilfe des AHP fundiert werden. Die zugehörige Hierarchie stellt sich wie folgt dar:

[1072] Vgl. Ossadnik, W. (1994); Ossadnik, W., Maus, S. (1994); Ossadnik, W. (1998).

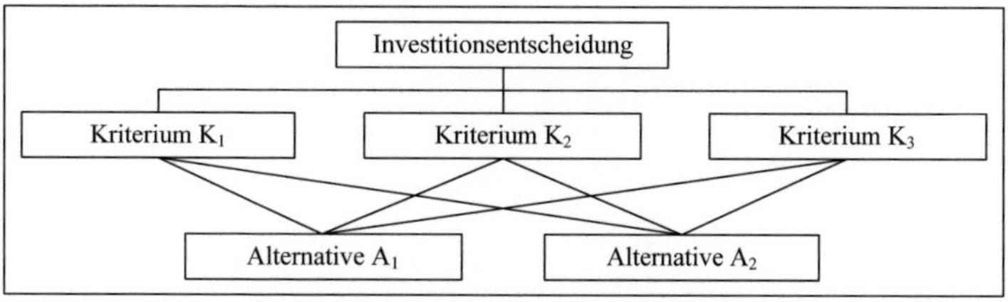

Abbildung 47: Beispielhierarchie zum AHP

Anschließend sind die Kriterien hinsichtlich ihrer Bedeutung für die Investitionsentscheidung durch Paarvergleiche zu gewichten. Tabelle 9 zeigt die zugehörige Bewertungsmatrix und die Berechnung des normierten Eigenvektors.

	Bewertungsmatrix			**normierte Bewertungsmatrix**			**Zeilensumme**	**normierter Eigenvektor**
	K_1	K_2	K_3	K_1	K_2	K_3	r_i	$w_i=r_i/3$
K_1	1	7	4	0,7179	0,6364	0,7500	2,1043	0,7014
K_2	1/7	1	1/3	0,1026	0,0909	0,0625	0,2560	0,0853
K_3	1/4	3	1	0,1795	0,2727	0,1875	0,6397	0,2132
Σ	1,3929	11,0000	5,3333	1,0000	1,0000	1,0000	3,0000	1,0000

Tabelle 9: Bewertungsmatrix und normierter Eigenvektor zum AHP-Beispiel

Somit hat Kriterium K_1, das sehr viel größere Bedeutung als K_2 und eine größere Bedeutung als K_3 hat, ein Gewicht von 0,701. K_2 geht in die Entscheidungsfindung mit einem Gewicht von 0,085, K_3 mit einem Gewicht von 0,213 ein.

Um zu überprüfen, ob diese Gewichte hinreichend konsistent sind, ist die Konsistenzrate CR zu ermitteln. In einem ersten Schritt ist hierfür der Eigenwert λ_{max} zu berechnen. Im Beispiel beträgt dieser 3,033. Der Konsistenzindex CI beträgt entsprechend 0,016. Für Matrizen mit n=3 beträgt der Zufallsindex RI 0,52, so dass sich letztlich eine Konsistenzrate CR von 0,031 errechnet. Diese liegt unter dem maximal zulässigen Wert von 5%, so dass hinreichende Konsistenz gegeben ist.

Zur endgültigen Entscheidungsfindung sind nunmehr die beiden Alternativen hinsichtlich der Kriterien zu vergleichen. Die Unternehmensführung kommt dabei zu dem Ergebnis, dass die Alternative A_1 hinsichtlich Kriterium K_1 einen etwas größeren Nutzenbeitrag, hinsichtlich Kriterium K_2 einen sehr viel geringeren Nutzenbeitrag und hinsichtlich Kriterium K_3 einen erheblich geringeren Nutzenbeitrag aufweist. Die entsprechenden Matrizen und resultierenden Werte finden sich in Abbildung 48.

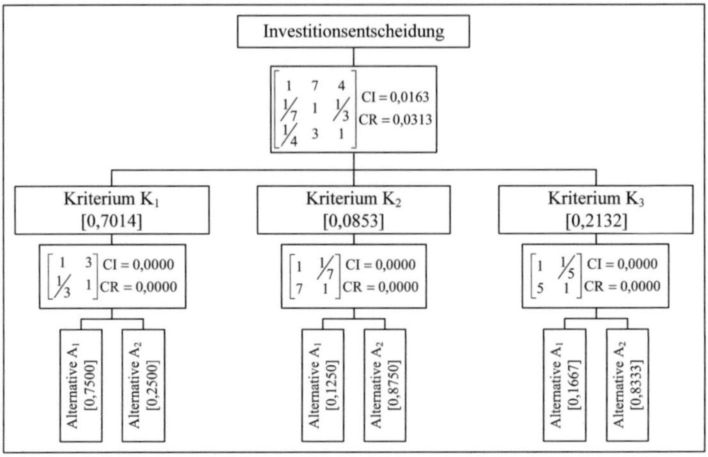

Abbildung 48: Beispielhierarchie zum AHP mit Bewertungsmatrizen und lokalen Gewichten

Zur endgültigen Entscheidungsfindung werden die lokalen Nutzenbeiträge mit der Bedeutung der jeweiligen Kriterien multipliziert. Auf diesem Weg erhält man globale Nutzenbeiträge der Alternativen mit Bezug auf die Kriterien. Tabelle 10 verdeutlicht die Berechnungen. Werden diese globalen Nutzenbeiträge für jede Alternative aufaddiert, so erhält man den Gesamtnutzen der Alternativen. Für A_1 beträgt der Gesamtnutzenwert demnach 0,5720, A_2 hat einen Gesamtnutzenwert von 0,4271. Somit wäre insgesamt betrachtet Alternative A_1 der Alternative A_2 vorzuziehen.

Kriterien		**Alternativen**		
Bezeichnung	Lokales Gewicht	Bezeichnung	lokaler Nutzenbeitrag	globaler Nutzenbeitrag
K_1	0,7014	A_1	0,7500	0,5261
		A_2	0,2500	0,1754
K_2	0,0853	A_1	0,1250	0,0107
		A_2	0,8750	0,0746
K_3	0,2132	A_1	0,1667	0,0355
		A_2	0,8333	0,1777
Summe	1,0000			1,0000

Tabelle 10: Lokale und globale Nutzenbeiträge im AHP-Beispiel

4.1.1.2 Kritische Würdigung des AHP

Der AHP bietet zunächst eine Reihe an Potenzialen. Für den Entscheidungsträger wird die Dekomposition des Entscheidungsproblems möglich, so dass der Entscheidungsraum verkleinert und somit die Menge der jeweils einzubeziehenden Information reduziert wird.[1073] Zudem entspricht der Prozess des paarweisen Vergleichs den natürlichen Begabungen des Menschen und wird tagtäglich durchgeführt.[1074] Darüber hinaus wird der Entscheider gezwungen, einen strukturierten Entscheidungsprozess zu durchlaufen, so dass Unterstützung bei der Abgabe genauerer Urteile gegeben wird.[1075]

Demgegenüber werden in der Literatur diverse Kritikpunkte im Zusammenhang mit dem AHP genannt. So betrachtet der AHP, ebenso wie andere nutzwertanalytische Verfahren, bei der Ermittlung der Zielgewichte nicht die Ausprägungen der Alternativen, sondern betrachtet die Gewichte lediglich als Wichtigkeit eines Ziels im Hinblick auf ein Oberziel. Jedoch wird die Wichtigkeit, die ein Entscheidungsträger einem Ziel beimisst, von der angenommenen Bandbreite der möglichen Zielausprägungen beeinflusst.[1076] Der AHP geht hingegen implizit davon aus, dass der Entscheidungsträger die Bewertungen in Kenntnis der Bandbreite der Ausprägungen vornimmt. Somit sind die unterstellten Ausprägungsintervalle der einzelnen Alternativen im Vorfeld zu ermitteln und transparent zu machen, um die Anwendung der 9 Punkte-Skala zur Bewertung zu ermöglichen.[1077]

Auch können durch Hinzunahme oder Weglassen einer weiteren Entscheidungsalternative so genannte Rank Reversals auftreten, bei denen sich die Gesamtpräferenz zweier Alternativen vertauscht.[1078] Aus diesem Grund werden hohe Anforderungen an die initiale Definition der Alternativen gestellt.[1079] Gleichwohl bleibt festzuhalten, dass selbst bei vollkommener Konsistenz nur solange Rangreversionen ausgeschlossen werden können, wie bei zwei Alternativen die Vergleichsurteile einer Alternative die der anderen Alternative in jeder Paarvergleichsmatrix unter allen Kriterien

1073 Vgl. Kinoshita, E. (2005), S. 5.

1074 Vgl. Saaty, T. L. (2001b), S. 397; Kinoshita, E. (2005), S. 4.

1075 Vgl. Saaty, T. L. (1994), S. 40.

1076 Vgl. von Nitzsch, R. (1993), S. 115.

1077 Vgl. Eisenführ, F., Weber, M. (1999), S. 141; Sommerhäuser, G. (2000), S. 73.

1078 Vgl. Dyer, J. S., Saaty, T. L. et al. (1990), S. 252 ff.; Lillich, L. (1992), S. 81 f.; von Nitzsch, R. (1993), S. 114 f.; Sato, Y. (2001), S. 424; Meixner, O., Haas, R. (2002), S. 125.

1079 Vgl. Nauck, A. (1983), S. 3. Kalika beschreibt ein mathematisches Verfahren zur Auswahl sinnvoller Alternativen. Vgl. Kalika, V. I. (2001). Andere Vorschläge sehen eine Synthese des AHP mit der multi-attributiven Nutzentheorie als Möglichkeit zur Behebung der Rangfolgenumkehrung an. Vgl. Dyer, J. S., Saaty, T. L. et al. (1990), S. 255 ff.

dominieren.[1080] Sobald eine Alternative bezüglich mindestens eines Kriteriums eine zweite Alternative dominiert, von dieser aber zugleich hinsichtlich mindestens eines anderen Kriteriums dominiert wird, besteht unabhängig von der Konsistenz die Möglichkeit von Rangreversionen.[1081]

Ebenso wird die zur Durchführung der Paarvergleiche herangezogene 9-stufige Skala zum einen aufgrund des impliziten Verstoßes gegen die Konsistenzbedingung, zum anderen wegen der unscharfen Abgrenzung der einzelnen Bewertungen kritisiert. Werden auf Basis der 9-Punkte-Skala Paarvergleichsbewertungen vorgenommen, so können diese auch bei streng rationaler Durchführung inkonsistent ausfallen. Resultiert ein Paarvergleich beispielsweise etwa in einem Wert $a_{ij} = 6$ und ein weiterer Paarvergleich in einem Wert $a_{jk} = 3$, so müsste zur Erfüllung der Konsistenzbedingung und aufgrund des Transitivitätskriteriums $a_{ik} = 18$ gelten.[1082] Dieser Wert ist jedoch auf der 9-stufigen Skala nicht vorgesehen.[1083] Auch können Elemente einer Hierarchie so eng beieinander liegen, dass mittels der 9er-Skala keine vollkommen trennscharfe bzw. konsistente Bewertung möglich ist. Ist etwa $a_{ij} = 6$ und $a_{ik} = 9$, dann müsste bei Konsistenz $a_{jk} = 1{,}5$ sein. Nichtsdestotrotz wird der 9-stufigen Skala ein geeigneter Differenzierungsgrad unterstellt. Während Individuen mit umfangreicheren Bewertungsmöglichkeiten überfordert sein können,[1084] gewährleistet die Wahl von neun Ausprägungen, dass sich der Entscheidungsträger aller gegebenen Skalenwerte bewusst ist.[1085] Auch hat sich gezeigt, dass die einzelnen Intervallstufen der 9-Punkte-Skala in den meisten Entscheidungssituationen hinreichend präzise

---

1080 Vgl. Saaty, T. L. (1990), S. 25; Saaty, T. L. (1993), S. 10; Saaty, T. L. (2000), S. 138.

1081 Vgl. Saaty, T. L. (1987b), S. 173; vgl. ausführlich Prill, M.-A. (2007), S. 147 - 152. Beispiele für Rangreversionen finden sich etwa bei Saaty, T. L. (1987b), S. 173 f.; von Nitzsch, R. (1993), S. 114; Weber, K. (1993), S. 110 - 114; Saaty, T. L. (1994), S. 36 f.; Salo, A. A., Hämäläinen, R. P. (1997), S. 316; Saaty, T. L. (2001a), S. 146 f. Eine Verringerung von Rank Reversals kann durch Einsatz des multiplikativen AHP erreicht werden, bei dem nach dem Aufstellen der Paarvergleichsmatrizen eine Transformation mittels eines Skalierungsparameters stattfindet. Vgl. Lootsma, F. A. (1993), S. 105 ff.; Ramanathan, R. (1997), S. 545 ff.; Eickemeier, S. H. (2002), S. 391 f. Einen Anwendungsfall beschreiben Barzilai, J., Lootsma, F. A. (1997), S. 155 ff. Jedoch verstärkt der multiplikative AHP die asymmetrische Präferenzdarstellung, ohne dass dies dem Bewerter bewusst ist. Vgl. Eickemeier, S. H. (2002), S. 392.

1082 Siehe Abschnitt 4.1.1.1.

1083 Vgl. Lillich, L. (1992), S. 77; Murphy, C. K. (1993), S. 138; Ossadnik, W., Maus, S. (1993), S. 6; von Nitzsch, R. (1993), S. 112; Ossadnik, W. (1994), S. 162; Sommerhäuser, G. (2000), S. 74.

1084 Vgl. Saaty, T. L. (1994), S. 35.

1085 Vgl. Schippels, G., Dellmann, K. (1985), S. 12 ff.; Saaty, T. L. (1996), S. 54. In Versuchen hat Saaty festgestellt, dass mit Hilfe der 9-stufigen Skala die realitätsnähesten Ergebnisse erzielt werden konnten. Bei gröberen Skalen war die Konsistenz der Ergebnisse höher. Vgl. Saaty, T. L. (1977), S. 247. Vgl. auch Harker, P. T., Vargas, L. G. (1987), S. 1388 ff.

Aussagen über die Priorität eines Elements im Vergleich zu einem anderen erlauben.[1086]

Auch wird am Skalenniveau des AHP kritisiert, dass die verbale Definition der Präferenz eine gewisse Unschärfe aufweist. Im Vergleich zu den in nutzwerttheoretischen Verfahren herangezogenen numerischen Größen erlaubt Saatys Skala keine scharfe Abgrenzung.[1087] Stattdessen werden unscharfe verbale Äußerungen in numerische Größen transformiert.[1088] Somit legt das Verfahren bei der Ermittlung der Gewichte die implizite Annahme scharfer Bewertungen zugrunde. Gleichwohl liegt die Stärke des AHP darin, sowohl quantitative als auch qualitative Bewertungen verarbeiten zu können, so dass eine gewisse Unschärfe als Conditio sine qua non in Kauf genommen werden muss.[1089] Zudem ermöglicht die Verbalisierung dem Entscheidungsträger, seine Erfahrung und sein Wissen in einer intuitiven und natürlichen Weise einzubringen.[1090]

Bisweilen wird auch das Fehlen eines allgemeingültigen Referenzpunktes kritisiert, der für den Bewertenden notwendig sein kann, um eine Alternative A relativ zu einer Alternative B einschätzen zu können.[1091] Zu erwähnen ist auch der Zeitaufwand, der durch den paarweisen Vergleich aller Alternativen erforderlich wird. Insbesondere zeigt sich dies, wenn Entscheidungssituationen mit leicht veränderten Kriterien bzw. Handlungsalternativen auftreten, in denen dann der gesamte paarweise Vergleich nochmals durchgeführt werden muss. Insgesamt lässt sich jedoch festhalten, dass die wenigsten der genannten Kritikpunkte auf empirischem Wege bestätigt werden konnten.[1092] Gleichwohl findet sich bisweilen die Feststellung, dass die Anwender den AHP als wenig transparent und schwierig zu verstehen einschätzen.[1093]

Aufgrund seiner hierarchischen Vorgehensweise bietet der AHP Ansatzpunkte, um mehrere Personen in den Bewertungsprozess einzubeziehen.[1094] So schlägt Saaty vor, jeden Entscheidungsträger für sich sämtliche Paarvergleiche durchführen zu lassen und diese nach der Bedeutung des jeweiligen Bewerters für das vorliegende Problem zu gewichten. Die Gewichtungen können hergeleitet werden, indem die Hierarchie

---

1086 Vgl. Saaty, T. L. (1980), S. 55; Haedrich, G., Kuß, A., Kreilkamp, E. (1986), S. 123; Sommerhäuser, G. (2000), S. 45.

1087 Vgl. Harker, P. T., Vargas, L. G. (1987), S. 1387 f.

1088 Vgl. Zelewski, S., Peters, M. L. (2003), S. 321 f.

1089 Vgl. Sommerhäuser, G. (2000), S. 74; Peters, M. L., Zelewski, S. (2004), S. 298 f. sowie S. 321 f.

1090 Vgl. Dey, P. K., Tabucanon, M. T., Ogunalana, S. O. (1994), S. 24; Dey, P. K. (2002), S. 16.

1091 Vgl. Dyer, J. S., Saaty, T. L. et al. (1990), S. 250.

1092 Vgl. Meixner, O., Haas, R. (2002), S. 125.

1093 Vgl. Belton, V. (1986), S. 18.

1094 Vgl. Saaty, T. L. (1986), S. 854; Garuti, C., Castro, C. P., Spencer, I. (2001), S. 128.

nach oben um die Entscheider und die zu ihrer Bewertung notwendigen Kriterien erweitert wird.[1095] Alternativ kann das geometrische Mittel herangezogen werden, das als einziger Mittelwert die Generierung konsistenter Matrizen ermöglicht.[1096] Jedoch kann die auf diesem Wege generierte Matrix bei stark voneinander abweichenden Individualbewertungen zu einer verzerrten Darstellung der Entscheidungssituation führen. Prill schlägt aus diesem Grund vor, aus den Bewertungen der einzelnen Entscheidungsträger mit Hilfe des geometrischen Mittels eine neue Paarvergleichsmatrix zu erstellen, zusätzlich aber für jeden Paarvergleich die Spannweite der Bewertungen anzugeben.[1097] Schwankungsintervallen, die mehr als vier Einheiten umfassen, sowie Schwankungsintervallen, die sowohl ganzzahlige als auch reziproke Werte umfassen, ist hierbei besondere Aufmerksamkeit beizumessen.[1098] Alternativ kann für sämtliche Paarvergleiche ein Konsens ermittelt werden. In diesem Falle ermittelt die gesamte Gruppe von Entscheidungsträgern einen einzigen Zahlenwert für jeden Paarvergleich und erstellt auf diesem Wege eine „Konsens-Matrix“. In diesem Falle sind jedoch negative Effekte durch Machtasymmetrien zwischen den Entscheidungsträgern möglich. Beide Verfahren setzen somit einen gewissen Grundkonsens in der Gruppe voraus.[1099]

4.1.1.3 Der AHP als Instrument einer qualitativen Risikoanalyse in Unternehmensnetzwerken

Schwerpunkte der Anwendung des AHP[1100] im betriebswirtschaftlichen Kontext liegen bislang in der strategischen Planung[1101] und vereinzelt im Controlling[1102]. Der

1095 Prinzipiell wäre auch denkbar, die Paarvergleiche durch einen abstimmungsbasierten Aggregationsmechanismus zu erheben. Für Methoden zur Herbeiführung von Gruppenentscheidungen vgl. Schneeweiß, C. (1991b), S. 244 - 248; Eisenführ, F., Weber, M. (1999), S. 336 - 340; Bamberg, G., Coenenberg, A. G. (2002), S. 263 - 269. Allerdings lässt sich anhand des Unmöglichkeitstheorems zeigen, dass sich für Alternativenmengen mit mehr als zwei Alternativen keines dieser Verfahren grundsätzliche Anforderungen der Rationalität und Demokratie von Gruppenentscheidungen ganzheitlich erfüllen kann. Vgl. Arrow, K. J. (1963), S. 48 - 60.

1096 Vgl. Aczél, J., Saaty, T. L. (1983); Saaty, T. L. (1986), S. 854; Saaty, T. L. (1989); Forman, E., Peniwati, K. (1998), S. 167. Anders Ramanathan, R., Ganesh, L. S. (1994).

1097 Vgl. Prill, M.-A. (2007), S. 158 m. w. N.

1098 Vgl. Prill, M.-A. (2007), S. 158 - 161.

1099 Vgl. Bryson, N. (1996), S. 28. Aufgrund der genannten Probleme hat Bryson ein Verfahren entwickelt, das auf Basis eines „Group Strong Agreement Quotient“, eines „Group Strong Disagreement Quotient“ und eines „Group Strong Disagreement Indicator“ den Konsens innerhalb der Gruppe der Entscheidungsträger ermittelt und in mehreren rückgekoppelten Durchgängen mit Feedback für alle Entscheidungsträger eine Konsensfindung unterstützen soll. Vgl. Bryson, N. (1996).

1100 Allgemein beschreiben Saaty und Vargas zwölf Problemtypen, bei denen der AHP angewendet werden kann. Vgl. Saaty, T. L., Vargas, L. G. (1982), S. 16.

AHP bietet sich für den Einsatz in der Risikoanalyse gerade in Unternehmensnetzwerken aus folgenden Überlegungen heraus an.

Wie die bisherigen Ausführungen verdeutlicht haben, können viele der in Unternehmensnetzwerken relevanten Risiken nur vage beschrieben werden, so dass ein besonderer Bedarf an subjektiv orientierten Bewertungsverfahren besteht.[1103] Für eine vollständige Bewertung sind sämtliche relevanten Risiken sowohl hinsichtlich ihrer Eintrittswahrscheinlichkeit als auch ihres Schadenspotenzials, ggf. auch hinsichtlich ihrer relativen Wichtigkeit, zu untersuchen. Zugleich sind diese Risiken nach Risikoklassen und Risikoobjekten zu systematisieren. Die genannten Dimensionen lassen sich im AHP problemlos abbilden. Zudem ermöglicht die Bewertung durch Paarvergleiche es, sowohl quantitativ als auch nur qualitativ bewertbare Risiken einzubeziehen.[1104] Hierbei liegt ein wesentlicher Vorteil des Verfahrens zweifelsohne in der integrierten Konsistenzprüfung.

Zur Unterstützung der Risikoanalyse können mit Hilfe des AHP Aussagen sowohl hinsichtlich der Eintrittswahrscheinlichkeit[1105] als auch hinsichtlich des Schadenpotenzials eines Risikos abgeleitet werden. Häufig findet sich in der Literatur auch die Frage nach der relativen Wichtigkeit als aggregierter Dimension.[1106] Hier ist ein mehrstufiger Bewertungsprozess, wie er in Abbildung 49 dargestellt ist, in Anlehnung an die in Abbildung 27 im Rahmen der Risikoanalyse aufgeführten Schritte zu durchlaufen. Ergebnis sind die bereits dargestellten Rangfolgen, die in diesem

1101 Vgl. Bhusan, N., Rai, K. (2004) sowie Saaty, T. L., Vargas, L. G. (1982) mit über 350 Anwendungsbeispielen aus den Bereichen Militär, Gesundheit, Regierung, Industrie und weiteren. Für die Anwendung bei strategischen Entscheidungen vgl. Madjid, T., Banerjee, S. (1995), S. 119 ff.; Searcy, D. L. (2004), S. 3 ff. Zur Auswahl von Unternehmenszielen vgl. Moutinho, L. (1993), S. 102 ff.

1102 Für die Balanced Scorecard vgl. Searcy, D. L. (2004); Prill, M.-A. (2007). Für das Activity Based Costing vgl. Schniederjans, M. J., Garvin, T. (1997), S. 72 ff. Zur Anwendung im strategischen Controlling vgl. Ossadnik, W., Maus, S. (1994), S. 136 ff.

1103 Vgl. mit Bezug zu Projektrisiken Dey, P. K., Tabucanon, M. T., Ogunalana, S. O. (1994), S. 24. Entsprechend finden sich die bestehenden Ausführungen zur Kombination von AHP und Risikomanagement aufgrund der genannten Charakteristika größtenteils im Bereich des Projektmanagements. Vgl. Mustafa, A., Al-Bahar, J. F. (1991); Dey, P. K., Tabucanon, M. T., Ogunalana, S. O. (1994); Dey, P. K., Gupta, S. S. (2000); Dey, P. K. (2002); Huang, S.-M., Chang, I.-C. et al. (2004).

1104 Zu kombinierter qualitativer und quantitativer Risikoanalyse vgl. bspw. Chapman, R. J. (2001), S. 148.

1105 Vgl. Dey, P. K. (2001), S. 638 – 642; Saaty, T. L., Ozdemir, M. (2003), S. 1064.

1106 Vgl. Bachu, K. K. (1993); Deshmukh, A., Millet, I. (1998), S. 95 ff.; Akomode, J. O., Lees, B., Irgens, C. (1999); Garuti, C., Castro, C. P., Spencer, I. (2001), S. 123; Huang, S.-M., Chang, I.-C. et al. (2004), S. 683.

Zusammenhang bezüglich der Eintrittswahrscheinlichkeit als relative Wahrscheinlichkeitswerte herangezogen werden können.[1107]

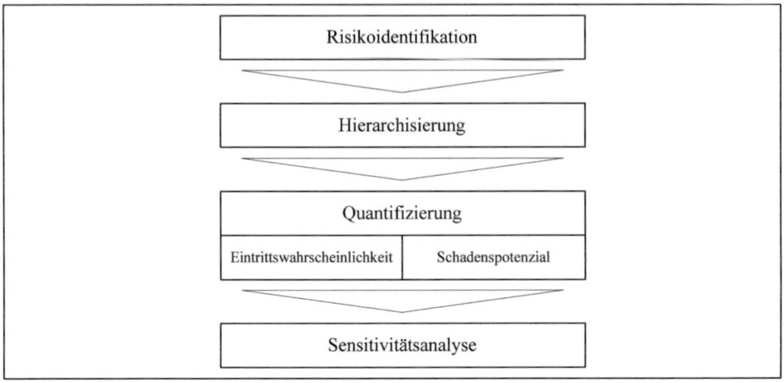

Abbildung 49: Risikobewertung mit dem AHP[1108]

Risikoidentifikation

In der Phase der Risikoidentifikation steht die Erhebung, Selektion und Priorisierung der relevanten Risiken, die Ermittlung ihrer Bemessungsgrundlage im Sinne geeigneter Indikatoren und Einflussfaktoren[1109] sowie die Untersuchung ihrer Quantifizierbarkeit[1110] im Vordergrund.[1111] Die Festlegung von Bemessungsgrundlage und Quantifizierungsgrad dient hierbei der Definition der einzusetzenden Daten und zusätzlich notwendiger quantifizierender Verfahren. Für die Erhebung der relevanten Risiken bietet die Methodik des AHP keine direkte Unterstützung, so dass Saaty zur Generierung und Strukturierung der Hierarchieelemente das Brainstorming-Verfahren vorschlägt.[1112] Denkbar ist auch der Rückgriff auf Checklisten, Experteninterviews, Delphi-Studien und ähnliche in der Literatur zur Risikoidentifikation vorgeschlagene Methoden.

1107 Vgl. Emblemsvåg, J., Kjølstad, L. E. (2006), S. 401.

1108 Vgl. ähnlich Jonen, A., Lingnau, V., Sagawe, C. (2007), S. 17.

1109 Vgl. Lück, W. (1998b), S. 12; Gleißner, W., Meier, G. (1999), S. 927; Burger, A., Buchhard, A. (2002), S. 33.

1110 Dey et al. verwenden hierfür beispielsweise eine 4-stufige Skala. Vgl. Dey, P. K., Tabucanon, M. T., Ogunalana, S. O. (1994), S. 28 f. Wie bereits verdeutlicht ist eine exakte Quantifizierung des Schadensausmaßes jedoch für viele Risiken nicht möglich. Siehe Abschnitt 3.1.2.3.

1111 Vgl. Jonen, A., Lingnau, V., Sagawe, C. (2007), S. 17.

1112 Im Zuge dieses Schrittes bietet die Methodik des AHP keine direkte Unterstützung. So empfiehlt Saaty als Methode zur Generierung und Strukturierung der Hierarchieelemente das Brainstorming. Vgl. Saaty, T. L. (1980), S. 14; Saaty, T. L. (2001a), S. 264. Zum Brainstorming vgl. grundlegend Osborn, A. F. (1963), S. 151 - 196. Für Varianten und Alternativen kreativer Gruppentechniken vgl. Higgins, J. M., Wiese, G. G. (1996), S. 123 - 190; Eisenführ, F., Weber, M. (1999), S. 84 f. Für weitere Möglichkeiten im Rahmen des AHP vgl. Islam, R. (2001).

Erstellung der Hierarchie

Die Erstellung einer Risikohierarchie hat verschiedenen Anforderungen zu genügen.[1113] So müssen die zu einem übergeordneten Kriterium gehörenden Subelemente hinsichtlich der Dimensionen Schadenspotenzial und Eintrittswahrscheinlichkeit so gewählt werden, dass ein Vergleich sinnvoll ist.[1114] Die Forderung nach Disjunktheit geht einher mit der Grundannahme des AHP, dass Elemente einer Ebene voneinander unabhängig sind.[1115] Bei der Bildung der Risikokategorien sollte schließlich die Anzahl der einem übergeordneten Element zugewiesenen Subelemente nicht größer als neun sein, da ansonsten die menschliche Informationsverarbeitungskapazität an ihre Grenzen stoßen kann.[1116]

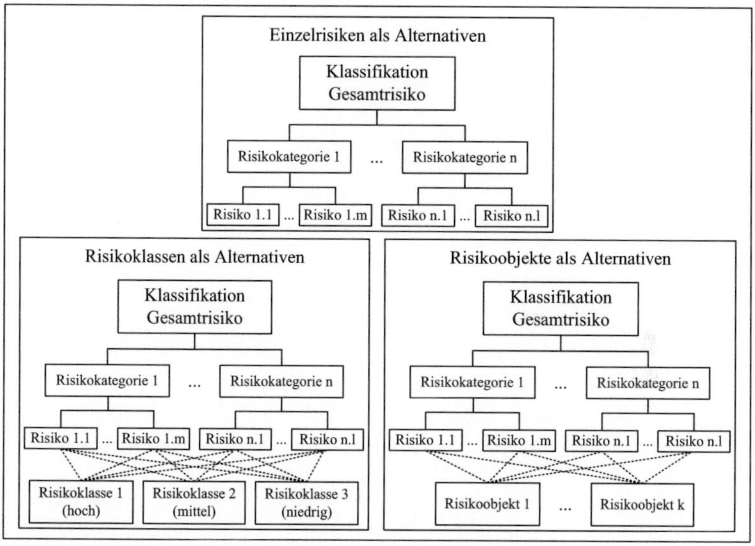

Abbildung 50: Hierarchisierung von Risiken[1117]

Die Hierarchiekonzeption kann sich an wahrscheinlichkeitsbezogenen Risikoklassen, an Risikoobjekten oder Einzelrisiken als Alternativen orientieren.[1118] Gleichwohl ist festzuhalten, dass die Einordnung in Klassen typischerweise erst auf Basis der

---

1113 Vgl. im Folgenden Jonen, A., Lingnau, V., Sagawe, C. (2007), S. 17 m. w. N.

1114 Vgl. Saaty, T. L. (1990), S. 10.

1115 Dies wiederum ist Voraussetzung einer Anwendung der Eigenvektormethode zur Berechnung der Gewichtungsvektoren.

1116 Vgl. Miller, G. A. (1956). Stellenweise findet sich auch die Forderung, nicht mehr als sieben Subelemente zuzulassen. Vgl. Emblemsvåg, J., Kjølstad, L. E. (2006), S. 402.

1117 In Anlehnung an Jonen, A., Lingnau, V., Sagawe, C. (2007), S. 32.

1118 Vgl. Jonen, A., Lingnau, V., Sagawe, C. (2007), S. 12.

vorgenommenen Bewertung erfolgen sollte. Andernfalls werden hohe kognitive Anforderungen an den Bewerter gestellt. Eine Orientierung an Risikoobjekten kann hingegen zu Verzerrungen führen, wenn zwei Alternativen ein ähnliches Risikoprofil aufweisen, so dass die Forderung nach Einzigartigkeit der Alternativen verletzt ist. Aus den genannten Gründen erscheint allein eine Betrachtung von Einzelrisiken als Alternativen zu Zwecken der Risikoanalyse zielführend.

Quantifizierung

Zu Zwecken der Quantifizierung sind zunächst die einzelnen Hierarchieelemente mit Hilfe der 9-stufigen Skala paarweise zu vergleichen.[1119] Je nach Zielsetzung der Analyse können die Elemente sowohl nach Eintrittswahrscheinlichkeit als auch nach Schadenspotenzial verglichen werden. Für eine Bewertung beider Dimensionen sind getrennte Vergleiche unter Verwendung der in Abbildung 51 verdeutlichten Fragestellungen und Skalenausprägungen durchzuführen.

Schadenspotenzial	Eintrittswahrscheinlichkeit
„Für welches der beiden betrachteten Risiken (Risikokategorien etc.) A und B ist im Schadensfall ein höheres Schadensausmaß zu erwarten? Welcher Bewertung entspricht diese Differenz auf der 9-Punkte-Skala?“	„Das Eintreten welches der beiden betrachteten Risiken (Risikokategorien etc.) A und B ist wahrscheinlicher? Welcher Bewertung entspricht diese Differenz auf der 9-Punkte-Skala?“
9er-Skala: 1: gleich hoch 3: etwas niedriger 5: erheblich niedriger 7: sehr viel niedriger 9: absolut niedriger 2, 4, 6, 8: Zwischenwerte 1/2, 1/3, …, 1/9: reziproke Werte	9er-Skala: 1: gleich wahrscheinlich 3: etwas unwahrscheinlicher 5: erheblich unwahrscheinlicher 7: sehr viel unwahrscheinlicher 9: absolut unwahrscheinlicher 2, 4, 6, 8: Zwischenwerte 1/2, 1/3, …, 1/9: reziproke Werte

Abbildung 51: Quantifizierung von Schadenspotenzial und Eintrittswahrscheinlichkeit mit dem AHP

Mit Hilfe der Eigenvektormethode sind anschließend die Paarvergleiche auszuwerten.[1120] Die hierbei generierten Rangfolgen sind als relative Wahrscheinlichkeiten respektive relative Schadenspotenziale zu interpretieren. Die Ermittlung relativer Größen erscheint zu Zwecken der Risikoanalyse in vielen Fällen ausreichend, da die Zielsetzung zumeist darin zu sehen ist, die Aufmerksamkeit der Entscheidungsträger auf kritische Risiken zu lenken.[1121] Tabelle 11 verdeutlicht anhand eines Beispiels mit drei Risikokategorien und insgesamt zehn Einzelrisiken die Ergebnisse einer qualitativen Risikoanalyse mit Hilfe des AHP. Aus dieser Analyse resultieren lokale und globale Gewichte der Einzelrisiken. Die lokalen Gewichte beziehen sich hierbei

1119 Für die indirekte Ermittlung von Risiken kann gezeigt werden, dass Alternativenvergleiche gegenüber direkten Schätzungen Gütevorteile aufweisen. Vgl. Schütt, K.-P. (1981), S. 235 - 240.

1120 Vgl. Emblemsvåg, J., Kjølstad, L. E. (2002), S. 849.

1121 Vgl. Emblemsvåg, J., Kjølstad, L. E. (2006), S. 401.

auf die Bedeutung eines Risikos innerhalb der jeweiligen Risikokategorien, während die globalen Gewichte auf die Bedeutung des Risikos hinsichtlich des Gesamtrisikos abstellen. Die globalen Gewichte ergeben sich somit als Produkt der Gewichte der Risikokategorien und der lokalen Gewichte der Einzelrisiken, jeweils getrennt nach Schadenspotenzial und Eintrittswahrscheinlichkeit betrachtet.

Risikokategorien			**Einzelrisiken**				
Bezeichnung	lokale(s)		Beschreibung	lokale(s)		globale(s)	
	Schadens-potenzial	Eintrittswahr-scheinlichkeit		Schadens-potenzial	Eintrittswahr-scheinlichkeit	Schadens-potenzial	Eintrittswahr-scheinlichkeit
Kategorie A	0,32	0,44	Risiko 1	0,61	0,09	0,1952	0,0396
			Risiko 2	0,19	0,22	0,0608	0,0968
			Risiko 3	0,20	0,69	0,0640	0,3036
Kategorie B	0,23	0,36	Risiko 4	0,21	0,26	0,0483	0,0936
			Risiko 5	0,05	0,66	0,0115	0,2376
			Risiko 6	0,74	0,08	0,1702	0,0288
Kategorie C	0,45	0,20	Risiko 7	0,09	0,31	0,0405	0,0620
			Risiko 8	0,34	0,10	0,1530	0,0200
			Risiko 9	0,53	0,04	0,2385	0,0080
			Risiko 10	0,04	0,55	0,0180	0,1100
Summe	1,00	1,00				1,0000	1,0000

Tabelle 11: Berechnung lokaler und globaler Risikogewichte mit dem AHP[1122]

Gleichwohl können bei Bedarf durch Einbeziehen bekannter absoluter Werte auch insgesamt absolute Werte mit hinreichender Genauigkeit errechnet werden.[1123] Hierfür sind jeweils zwei absolute Eintrittswahrscheinlichkeiten bzw. Schadenspotenziale erforderlich, so dass mit Hilfe des Fixpunktkonzepts Aussagen über die absolute Höhe der Eintrittswahrscheinlichkeiten respektive Schadenspotenziale unter der Annahme weitestgehender Linearität der Ergebnisse des AHP zumindest in Form von Intervallbereichen möglich sind.[1124]

Bisweilen findet sich in der Literatur die Empfehlung, im Rahmen der Risikoanalyse, genauer gesagt schon im Zuge der Risikoidentifikation, eine monetäre Wesentlichkeitsgrenze festzulegen.[1125] Voraussetzung hierfür ist, dass die identifizierten Risiken

1122 Quelle: in Anlehnung an Jonen, A., Lingnau, V., Sagawe, C. (2007), S. 19.

1123 Vgl. Helmke, S., Risse, R. (1999), S. 281; Lischke, T., Kirner, H. (2000), S. 46; Emblemsvåg, J., Kjølstad, L. E. (2006), S. 401.

1124 Gleichwohl ist diese Linearitätsbedingung im strengen Sinne aufgrund der zulässigen Bewertungsinkonsistenz wie auch der Verfahrenssubjektivität nicht gegeben.

1125 Vgl. Stolle, F. (2003), S. 71.

monetär bewertbar sind, was im Rahmen einer qualitativen Risikoanalyse zunächst nicht gegeben und nur mit Hilfe der oben dargestellten Berechnung absoluter Intervalle möglich ist. Um dennoch auch bei Vorliegen nur relativer Schadenspotenziale eine entsprechende Vorauswahl treffen zu können, bietet es sich an, eine relative Wesentlichkeitsgrenze zu definieren. Ausgangspunkt hierzu ist die Annahme einer Gleichverteilung der Gewichtungen in den einzelnen Risikokategorien. In diesem Sinne wäre für jedes Risiko ein Gewicht von 1/n zu erwarten, wobei n für die Anzahl der Risiken innerhalb einer Risikokategorie steht. Im Zuge einer Wesentlichkeitsüberprüfung könnten beispielsweise solche Risiken aus der weiteren Betrachtung ausgeklammert werden, deren Schadenspotenzialwerte den Durchschnittswert um einen bestimmten Prozentsatz unterschreiten.[1126] Jedoch werden auf diesem Wege auch Risiken mit einem geringen relativen Schadenspotenzial bei gleichzeitig hoher Eintrittswahrscheinlichkeit aus der weiteren Betrachtung ausgeklammert. Somit kann es vorteilhaft sein, stattdessen nur solche Risiken zu eliminieren, die sowohl bei Schadenspotenzial als auch Eintrittswahrscheinlichkeit den dargestellten Grenzwert unterschreiten.

Die Gewichtungen der verbleibenden Ziele einer Kategorie sind anschließend zu renormalisieren, indem die Gewichte der einzelnen Risiken einer Kategorie durch ihr aggregiertes Gesamtgewicht dividiert werden.[1127] Wendet man diese Vorgehensweise auf das Beispiel aus Tabelle 11 an, indem man nur solche Risiken betrachtet, deren Schadenspotenzial nicht mehr als 50 % unter dem Schadenspotenzial bei Gleichverteilung liegt, so resultiert die in Tabelle 12 dargestellte bereinigte Risikosituation. In Kategorie A und B müssen die Einzelrisiken dementsprechend ein Schadenspotenzial von mehr als 0,17 aufweisen, so dass Risiko 5 eliminiert wird. In Kategorie C liegt dieser Wert hingegen bei 0,13, so dass Risiko 7 und 10 nicht weiter betrachtet werden.

1126 Vgl. zu diesem Vorgehen im Kontext der Selektion strategischer Ziele für die Balanced Scorecard Prill, M.-A. (2007), S. 161.

1127 Vgl. Liberatore, M. J., Miller, T. (1998), S. 145; Miller, T. (2001), S. 233; Saaty, T. L. (2001a), S. 278.

Risikokategorien			Einzelrisiken				
Bezeichnung	lokale(s)		Beschreibung	lokale(s)		globale(s)	
	Schadenspotenzial	Eintrittswahrscheinlichkeit		Schadenspotenzial	Eintrittswahrscheinlichkeit	Schadenspotenzial	Eintrittswahrscheinlichkeit
Kategorie A	0,32	0,44	Risiko 1	0,61	0,09	0,1952	0,0396
			Risiko 2	0,19	0,22	0,0608	0,0968
			Risiko 3	0,20	0,69	0,0640	0,3036
Kategorie B	0,23	0,36	Risiko 4	0,22	0,76	0,0506	0,2736
			Risiko 6	0,78	0,24	0,1794	0,0864
Kategorie C	0,45	0,20	Risiko 8	0,39	0,71	0,1755	0,1420
			Risiko 9	0,61	0,29	0,2745	0,0580
Summe	1,00	1,00		1,00	1,00	1,0000	1,0000

Tabelle 12: Bereinigte Risikogewichte

Deutlich wird anhand dieses Beispiels, dass die relativen Eintrittswahrscheinlichkeiten der verbleibenden Risiken stark ansteigen können, wenn die aufgrund geringen Schadenspotenzials eliminierten Risiken ihrerseits hohe Eintrittswahrscheinlichkeiten aufgewiesen hatten. Somit empfiehlt es sich, die Ergebnisse einer derartigen Selektion allenfalls als Orientierungshilfe für weitere Diskussionen anzusehen.[1128]

Sensitivitätsanalyse

Im Rahmen einer abschließenden Sensitivitätsanalyse[1129] kann zunächst die Gewichtung der Risikokategorien verändert und analysiert werden, wie stark die Einzelrisiken hierauf reagieren.[1130] Hierdurch kann sich die Reihenfolge der Einzelrisiken insgesamt verändern, wenngleich die Reihenfolge der Einzelrisiken in den einzelnen Kategorien hiervon nicht betroffen sein kann. Zweckmäßig ist zu Analysezwecken eine zweidimensionale Darstellung, in der auf der Abszisse die relative Gewichtung einer Risikokategorie, auf der Ordinate hingegen das globale Schadensausmaß der Einzelrisiken abgetragen ist. Auf diesem Wege können für beliebige Gewichtungen einer Risikokategorie die resultierenden Rangfolgen abgelesen werden. Die Stärke der Abhängigkeit eines Einzelrisikos von der Veränderung der Gewichtung einer Risikokategorie findet in der Steigung der zugehörigen Funktion Ausdruck. Zusätzlich kann auch innerhalb der Risikokategorien untersucht werden, wie sensibel die

1128 Vgl. Prill, M.-A. (2007), S. 161.

1129 Zur Anwendung der Sensitivitätsanalyse im Risikomanagement und der Aussagekraft der Ergebnisse vgl. Götze, U., Mikus, B. (2001a), S. 448 f.

1130 Vgl. Jonen, A., Lingnau, V., Sagawe, C. (2007), S. 19 f.

Rangfolge der zugehörigen Risiken auf eine Variation einzelner Paarvergleiche reagiert.

4.1.2 Risikoanalyse im Partnercontrolling mit dem AHP

Erster Schritt der Bildung eines Unternehmensnetzwerks und zugleich zentrale Aufgabe des Netzwerkmanagements ist die Auswahl geeigneter Partnerfirmen.[1131] Neben der Initialisierung des Netzwerks kann es auch erforderlich sein, zur Erschließung neuer Geschäftsfelder weitere Unternehmen in das Netzwerk aufzunehmen. Das Problem der Partnerselektion wird in der Literatur seit Längerem diskutiert. Dabei wird jedoch typischerweise die Perspektive eines an einer Kooperation interessierten Einzelunternehmens eingenommen.[1132] Zudem beschränken sich die Ausführungen häufig auf allgemein gehaltene Aussagen sowie die Hervorhebung der Sorgfaltspflicht.[1133] Den Blickwinkel eines Unternehmensnetzwerks nehmen insbesondere Hess, Wohlgemuth und Seiter ein, wobei Seiter nicht näher auf Möglichkeiten einer instrumentellen Unterstützung eingeht.[1134]

Aufgabe des Netzwerkcontrolling ist die Rationalitätssicherung hinsichtlich der Aufnahmeentscheidung über einen Beitrittskandidaten. Dabei kann die Aufnahme nur sinnvoll sein, wenn sich durch den neuen Partner zusätzlicher Nettonutzen für die bereits vorhandenen Partner ergibt. Das Partnermanagement stellt in diesem Zuge darauf ab, die physischen und personalen Ressourcen im Netzwerk zieladäquat zu strukturieren.[1135] Im Sinne der mit dieser Arbeit verfolgten Zielsetzung hat das Controlling jedoch nicht nur Informationen über die positiven und negativen Nutzeneffekte bereitzustellen, sondern auch die Implikationen für die Risikoposition des Gesamtnetzwerks aufzuzeigen. Neben der dargestellten Vorbereitung der Aufnahme-

---

1131 Vgl. Beamish, P. W. (1987); Geringer, J. M. (1988); Brouthers, K. D., Brouthers, L. E., Wilkinson, T. J. (1995); Galbraith, J. R. (1998), S. 86; Das, T. K., Teng, B.-S. (1999), S. 56. In der Qualität der Selektion geeigneter Kooperationspartner wird vielfach ein wesentlicher Erfolgsfaktor zwischenbetrieblicher Kooperationen gesehen. Vgl. stellvertretend Naujoks, W., Pausch, R. (1977), S. 77 ff.; Friese, M. (1998), S. 91; Heck, A. (1999), S. 44. In der Literatur findet sich analog der Befund, dass Zufallsbekanntschaften ohne systematische Alternativensuche und -bewertung häufig bereits nach kurzer Kooperationsdauer wieder auseinanderbrechen. Vgl. etwa Lasserre, P. (1984), S. 143 - 145; Hermann, R. (1989), S. 39; Geringer, J. M., Frayne, C. A. (1993), S. 256 - 257; Stüllenberg, F. (2005), S. 182 - 183.

1132 Vgl. stellvertretend Rasche, H. O. (1970), S. 171 - 180; Geringer, J. M., Frayne, C. A. (1993); Fontanari, M. (1996), S. 191 - 204; Kraege, R. (1997), S. 160 - 166; Stüllenberg, F. (2005), S. 181 - 210.

1133 Vgl. stellvertretend Lewis, J. D. (1991), S. 265 - 288.

1134 Vgl. Hess, T. (2002), S. 259 - 274; Wohlgemuth, O. (2002), S. 253 - 288; Seiter, M. (2006a), S. 156 - 158.

1135 Vgl. Ritter, T., Gemünden, H. G. (1998), S. 262.

entscheidung ist auch die partnerpoolbezogene Risikoposition des Netzwerks kontinuierlich zu beobachten.

4.1.2.1 Kernaufgaben des Partnercontrolling

Wie soeben dargestellt, kann die Aufnahme eines neuen Partners in ein Unternehmensnetzwerk nur dann sinnvoll sein, wenn sich hierdurch auch in der langen Frist ein Zusatznutzen für die bereits vorhandenen Partnerunternehmen ergibt. Somit hat das Controlling die mit der Aufnahme verbundenen Vor- und Nachteile aufzuzeigen und zu bewerten.[1136] Ausgangspunkt ist eine Stärken-Schwächen-Analyse des gesamten Unternehmensnetzwerks und eine Analyse der Ressourcen- und Potenzialanforderungen für die anvisierte Strategie.[1137] In diesem Zug ist die Notwendigkeit zur Erweiterung bzw. Ergänzung des Partnerpools festzustellen und inhaltlich zu konkretisieren.[1138] Ein derartiger Bedarf kann in einem Unternehmensnetzwerk sachbezogene oder beziehungsbezogene Faktoren zur Ursache haben, die ihren Ursprung wiederum im Netzwerk selbst oder im Umfeld des Netzwerks haben können. Somit lassen sich in Anlehnung an Wohlgemuth vier idealtypische Bedarfskonstellationen ableiten.

Ursprung / Ebene	intern	extern
sachbezogen	quantitative oder qualitative Ressourcenlücken	Auftragsakquise und Wettbewerbsposition
beziehungsbezogen	unkooperatives Verhalten	Anforderungen externer Gruppen

Abbildung 52: Gründe für die Aufnahme neuer Partner[1139]

Netzwerkintern und sachlich begründet sind qualitative oder quantitative Ressourcenlücken eines Unternehmensnetzwerks.[1140] Werden einzelne Kompetenzen, die für die Leistungserstellung benötigt werden, nur unzureichend von den aktuellen Partnerunternehmen abgedeckt, so liegen qualitative Ressourcenlücken vor. Die Deckung des entsprechenden Fehlbedarfs kann sowohl darauf abzielen, eine Verbes-

1136 Vgl. Hess, T. (2002), S. 260.
1137 Vgl. Kraege, R. (1997), S. 161.
1138 Vgl. Wohlgemuth, O. (2002), S. 254.
1139 In Anlehnung an Wohlgemuth, O. (2002), S. 255.
1140 Vgl. Kraege, R. (1997), S. 93. Für die Unterscheidung in qualitative und quantitative Ressourcenlücken findet sich in der Literatur auch das Begriffspaar des komplementären und des supplementären Fits. Vgl. Das, T. K., Teng, B.-S. (1999), S. 57.

serung der Wettbewerbsposition in einer bereits abgedeckten Wertschöpfungsaktivität zu erreichen, als auch auf die Erschließung neuer Wertschöpfungsaktivitäten.[1141] Ist die Kapazitätsausstattung hinsichtlich der aktuellen oder prognostizierten Auslastung bezogen auf bereits abgedeckte Wertschöpfungsaktivitäten des Netzwerks unzureichend, so liegen hingegen quantitative Ressourcenlücken vor.[1142]

Ebenfalls sachlich begründet, jedoch ursächlich extern induziert sind Erfordernisse des Absatzmarktes. Fehlbedarf für das Unternehmensnetzwerk kann sich in Defiziten in der Auftragsakquise niederschlagen, denen wiederum durch die Aufnahme eines Kandidaten mit entsprechendem Marktzugang und bestehenden Kundenkontakten entgegengewirkt werden kann. Typischerweise werden die Fähigkeiten des potenziellen Partnerunternehmens Redundanzen zu denen bestehender Partnerunternehmen aufweisen. Somit können sich durch die Aufnahme auch Auswirkungen auf die Wettbewerbsposition des Netzwerks ergeben, indem ein netzwerkinterner Wettbewerb initiiert oder intensiviert wird. Wird auf diesem Wege ein netzwerkinternes Monopol aufgelöst, so lassen sich Angebote der entsprechenden Partnerunternehmen für Teilleistungen direkt miteinander vergleichen, so dass Preiswettbewerb entsteht. Darüber hinaus entsteht für die Partnerunternehmen ein Anreiz, ihre eigenen Kompetenzen konsequent und innovativ weiterzuentwickeln, so dass sich auch positive Auswirkungen auf die zukünftige Wettbewerbsposition des Unternehmensnetzwerks ergeben können.[1143]

Wie bereits dargestellt existieren in Unternehmensnetzwerken neben sachlichen Problemstellungen Herausforderungen auf der Ebene der netzwerkinternen Beziehungen. Diese ergeben sich insbesondere aus der Gefahr opportunistischer oder konfliktärer Verhaltensweisen, also aufgrund netzwerkinterner Phänomene. Die Aufnahme neuer Partner kann dem Zweck dienen, derartige Verhaltensweisen zu verhindern oder zu sanktionieren.[1144] Erweitert man die Fokussierung von Beziehungen über die Grenzen des Netzwerks hinaus, so kann die Aufnahme neuer Partner aufgrund von Kundenforderungen erforderlich werden. So ist beispielsweise der Fall denkbar, dass ein Kunde eine Beteiligung eigener Tochterunternehmen an der Auftragsdurchführung erwartet. Ebenfalls denkbar ist, dass die Aufnahme neuer Partner erforderlich wird, um Auflagen öffentlicher Institutionen zu genügen, etwa bei der

1141 Vgl. Hess, T. (2002), S. 260.

1142 Vgl. Wohlgemuth, O. (2002), S. 255.

1143 Vgl. Bellmann, K., Hippe, A. (1996), S. 68-69

1144 Entsprechend klassifiziert Seiter die Partnerselektion als Maßnahme der Risikosteuerung. Vgl. Seiter, M. (2006a), S. 156 - 158. Ähnlich Stüllenberg, F. (2005), S. 182.

Inanspruchnahme von Förderprogrammen oder bei der Teilnahme an öffentlichen Ausschreibungen.[1145]

Die Bewertung eines potenziellen Partnerunternehmens unterteilt sich in die Bereiche der Komplementarität und der Kompatibilität.[1146]

Kriterium der Komplementarität

Im Zuge der Komplementaritätsbeurteilung ist zu prüfen, ob das Partnerunternehmen die identifizierten ressourcen- und strukturbezogenen Anforderungen erfüllt, also inwieweit es dazu beitragen kann, den identifizierten Fehlbedarf zu decken.[1147] Hierbei sind sowohl das Leistungsvermögen als auch die Leistungsbereitschaft eines Kandidaten zu untersuchen.[1148] Mit Leistungsfähigkeit ist gemeint, welche Ressourcen und Kompetenzen ein potenzielles Unternehmen hinsichtlich der Aktivitäten besitzt, die es im Netzwerk übernehmen soll.[1149] Somit ist letztlich die Wettbewerbsfähigkeit der von dem Partnerunternehmen zu erbringenden Teilleistungen abzuschätzen. Im Sinne der bereits dargestellten Zielsetzung einer marktadäquaten Leistungserstellung sind hierbei zunächst Faktoren zu berücksichtigen, die aus Kundensicht relevant sind. Hierzu zählen beispielsweise Preis, Liefergeschwindigkeit oder Qualität der Leistung. Als Indikator kann, sofern ein Markt für die betrachtete Teilleistung existiert, etwa der Marktanteil herangezogen werden, auch können Gedanken des Benchmarking-Konzepts Anwendung finden.[1150]

Für eine Beurteilung der Ressourcen eines Aufnahmekandidaten sind Merkmale erforderlich, die Aussagen über die Quantität und Qualität der Ressourcenausstattung erlauben. Besonderes Augenmerk sollte hierbei – gerade aus einer risikoorientierten Perspektive – auf der finanziellen und wirtschaftlichen Situation liegen, da Zahlungsschwierigkeiten eines Partnerunternehmens die Leistungsfähigkeit des gesamten Netzwerks negativ beeinflussen können.[1151] Denkbar ist etwa, dass sich Terminschwierigkeiten ergeben, wenn Vorlieferanten Leistungen vom Zahlungseingang abhängig machen. Meldet ein Mitgliedsunternehmen sogar Konkurs an, so können

---

1145 Vgl. Wohlgemuth, O. (2002), S. 256.

1146 Vgl. Kraege, R. (1997), S. 160.

1147 Vgl. Linné, H. (1993), S. 185; Helfat, C. E. (1997); Das, T. K., Teng, B.-S. (2000a); Nedeß, C., Friedewald, A., Neumann, L. (2006), S. 214. In der Literatur findet sich entsprechend häufig der Begriff der Ressourcenkomplementarität. Vgl. Niederkofler, M. (1989), S. 86 - 87; Chung, S., Singh, H., Lee, K. (2000), S. 1.

1148 Vgl. Hess, T. (2002), S. 262; Wohlgemuth, O. (2002), S. 260. Vgl. ähnlich Michel, U. (1996), S. 188 f.; Stüllenberg, F. (2005), S. 186.

1149 Vgl. Brouthers, K. D., Brouthers, L. E., Wilkinson, T. J. (1995), S. 19.

1150 Für einen Überblick zum Benchmarking vgl. stellvertretend Horváth, P., Herter, R. (1992).

1151 Vgl. im Folgenden Hess, T. (2002), S. 264; Wohlgemuth, O. (2002), S. 261.

beispielsweise für das Netzwerk bestimmte Zwischenleistungen in die Konkursmasse eingehen. Damit unterliegen diese Zwischenleistungen der Verfügung des Konkursverwalters und können dem Zugriff durch die verbleibenden Partnerunternehmen temporär entzogen sein. Je nach Konstellation des Netzwerks können bei Verzug oder Leistungsausfall entweder die als Generalunternehmer auftretenden Partnerunternehmen oder aber alle am Auftrag beteiligten Partnerunternehmen haftbar sein.

Im einfachsten Falle können zur Bewertung der wirtschaftlichen Situation finanzwirtschaftliche Kennzahlen wie Rentabilitäten, Verschuldungsgrad oder Cash Flows herangezogen werden. Weitere Informationen lassen sich durch Analyse der Jahresabschlüsse vergangener Jahre gewinnen.[1152] Ergänzend sollten branchentypische Kennzahlen als Vergleichsmaßstab herangezogen werden und ggf. durch vorlaufende Größen wie Auftragsbestände vervollständigt werden. Die finanzwirtschaftliche Analyse kann schließlich den Umfang einer Due Diligence, wie sie bei Unternehmensakquisitionen in der Praxis durchgeführt werden, annehmen und damit eine eingehende Analyse von Unternehmensdaten, -chancen und -risiken umfassen.[1153]

Neben den dargestellten qualitativen Kriterien stellt sich die Frage nach der Quantität, in der ein Kandidat seine Ressourcen wirklich in das Netzwerk einbringen wird. Indikatoren können Kapazität und Kapazitätsauslastung sein.[1154] Auch stellt sich die Frage nach der Relevanz des Netzwerkengagements für das potenzielle Partnerunternehmen. Sollen etwa nur Restkapazitäten eingebracht werden, so ist die Nutzenstiftung für das Netzwerk zumindest fraglich.

Hinsichtlich der Leistungsbereitschaft ist das zu erwartende Engagement für die Zusammenarbeit zu prüfen.[1155] Ziel ist es, den grundsätzlichen Willen und gleichzeitig die Selbstverpflichtung zu kooperativem Verhalten der Führungsverantwort-

---

[1152] Kraege fordert beispielsweise eine Analyse der Bilanzen und Gewinn- und Verlust-Rechnungen der vergangenen fünf Jahre. Vgl. Kraege, R. (1997), S. 161. Zu Aufgaben und Instrumenten im Rahmen der Bilanzanalyse vgl. beispielsweise Küting, K., Weber, C.-P. (2006); Peemöller, V. H. (2003); Rehkugler, H. (1998).

[1153] Vgl. Althauser, U., Tonscheidt-Göstl, D. (1999); Botta, V. (2002), S. 326.; Michel, U. (1996), S. 190 - 192; Ries, A. (2001), S. 132 - 159. Gemäß dem Due Diligence-Hexagon sind insbesondere die Organisationsstruktur, die Finanzen, rechtliche und vertragliche Aspekte der potenziellen Kooperation, die dispositiven Unternehmensbereiche, Vision und Strategie sowie Unternehmenskultur und Human Resources zu bewerten. Vgl. Bachmann, C., Weis, O. (2001), S. 270 - 271. Die Due Diligence spielt bei Unternehmensbewertungen gerade in den USA ein große Rolle, da dort bei Unternehmenstransaktionen regelmäßig umfangreiche Vertragswerke erstellt werden, so dass dort Formulierungen, Verklausulierungen und Vertragsinhalte schwerpunktmäßige Objekte der Due Diligence sind. Vgl. Jaensch, G. (1992), S. 386.

[1154] Vgl. Glantsching, E. (1994), S. 69 - 70.

[1155] In der Literatur finden sich hierfür auch die Begriffe des „Commitment“ (vgl. Schwerk, A. (2000), S. 56; Stüllenberg, F. (2005), S. 191) oder der „Kooperationsgesinnung“ (vgl. Rasche, H. O. (1970), S. 175).

lichen einzuschätzen.[1156] Eine direkte Messung des zu erwartenden Engagements erscheint jedoch aufgrund der Unsicherheit der Selbstauskünfte kaum möglich. Eine Beurteilung dieser Selbstauskünfte ist insbesondere problematisch, solange keine einschlägigen Erfahrungen mit einem Aufnahmekandidaten vorliegen.[1157] Als Indikatoren können somit allenfalls das Mitwirken des Kandidaten im Bewertungsprozess oder seine Bereitschaft zu netzwerkspezifischen Investitionen oder Weiterbildungen dienen.[1158] Auch sollte das Netzwerkcontrolling bestrebt sein, die Ziele, Interessen und Gründe eines Kandidaten zu hinterfragen, die ihm die Teilnahme an der Kooperation vorteilhaft erscheinen lassen.[1159] Sind die Ziele und damit das Netzwerkengagement von hoher Relevanz für das potenzielle Partnerunternehmen und besteht zudem keine kurzfristig realisierbare Handlungsalternative, so kann dies ein zu erwartendes adäquates Engagement signalisieren.[1160] Sind diese Rahmenbedingungen nicht erfüllt, so besteht aufgrund der fehlenden Sanktionierungsmöglichkeiten – auch gemäß dem Argumentationsmuster der Spieltheorie – ein hoher Anreiz zu opportunistischem Verhalten.

Kriterium der Kompatibilität

Die Kompatibilitätsbeurteilung prüft, ob die Strategie,[1161] Struktur und Kultur[1162] der Partnerunternehmung eine Aufnahme in das Netzwerk zulassen.[1163] Mit anderen Worten ist der mit Bezug auf relationale Risiken bereits beschriebene Fit zwischen dem Netzwerk und dem Partnerunternehmen sicherzustellen. Anhaltspunkte hierfür können die Harmonie der Businesspläne hinsichtlich strategischer Zielsetzungen,[1164] die Übereinstimmung in Fragen der Konfiguration der Kooperation oder eine Übereinstimmung der zugrunde gelegten Planungshorizonte für die Erreichung der kooperationsbezogenen Zielsetzungen sein.[1165] Gleichwohl ist festzuhalten, dass ein präkooperativer Fit zwischen den Kulturen keine Conditio sine qua non für den Kooperationserfolg darstellt, wenn auch ein hohes Maß an kultureller Verträglichkeit

[1156] Vgl. Schwerk, A. (2000), S. 56;Stüllenberg, F. (2005), S. 191.

[1157] Vgl. Schwamborn, S. (1994), S. 153.

[1158] Vgl. Wohlgemuth, O. (2002), S. 262; Stüllenberg, F. (2005), S. 191.

[1159] Vgl. Wildemann, H. (2000), S. 230.

[1160] Vgl. Stüllenberg, F. (2005), S. 191.

[1161] Das Verständnis des strategischen Fit geht über die Betrachtung der Kooperation hinaus und bezieht auch die übergeordneten Unternehmensziele und –strategien in die Betrachtung ein. Vgl. Schwamborn, S. (1994), S. 152; Friese, M. (1998), S. 92.

[1162] Zur Relevanz kultureller Merkmale einer Netzwerkunternehmung für ihr Verhalten im Netzwerk vgl. Sydow, J. (1992b), S. 300.

[1163] Siehe Abschnitt 3.3.2.1. Vgl. auch Bleicher, K. (1992), S. 276 - 292; Wildemann, H. (2000), S. 230.

[1164] Vgl. Nedeß, C., Friedewald, A., Neumann, L. (2006), S. 214.

[1165] Vgl. Bronder, C., Pritzl, R. (1992b), S. 38.

Anpassungsprobleme vermindert und den Vertrauensbildungsprozess fördert.[1166] Aus risikoorientierter Perspektive ist mit Bezug zum kulturellen Fit anzumerken, dass klare Aussagen darüber, ob eine Netzwerkkultur homogen oder heterogen sein soll, nicht möglich sind.[1167] Denn wenngleich eine ausreichend homogene Netzwerkkultur die Entstehung einer kollektiven Identität, den Aufbau gegenseitigen Vertrauens und damit nicht zuletzt auch die Entscheidungsfindung in komplexen Situationen erleichtert, so kann sie auch zu einem Erstarren der Strukturen führen. Somit würde jede Änderung in einem Teil des Netzwerks Anpassungen im Gesamtsystem erfordern, wodurch die Steuerungsfähigkeit des Netzwerks eingeschränkt wird.[1168]

Ergänzend sei darauf hingewiesen, dass sich gerade in der älteren Kooperationsliteratur der Hinweis findet, dass Kooperationen besonders dann erfolgreich arbeiten, wenn die beteiligten Unternehmen gleich groß und gleich leistungsfähig sind, so dass das kooperative Arrangement für sämtliche Netzwerkpartner von etwa gleicher Wichtigkeit ist.[1169] Anzumerken ist hierzu, dass dies allenfalls für polyzentrische Netzwerke gelten kann. Selbst hier lassen Beispiele erfolgreicher Netzwerke jedoch Zweifel an dieser These aufkommen.[1170] Gleiches gilt für das stellenweise zu findende Kriterium der Kompatibilität der Aufbauorganisation. Schließlich sind auch für die Höchstzahl an Kooperationspartnern nur für den konkreten Einzelfall Aussagen möglich. Zwar ist zu erwarten, dass sich mit steigender Zahl der Partner der netzwerkinterne Koordinationsaufwand erhöht[1171] und gleichzeitig erweiterte Spielräume für opportunistisches Verhalten erwachsen.[1172] Gleichzeitig verbessert sich jedoch die Leistungsposition des Netzwerks. Bislang liegen keine gesicherten Erkenntnisse vor, die eine Abwägung zwischen diesen beiden Effekten erlauben.[1173]

1166 Vgl. Kaufmann, L. (1995), S. 294. Ähnlich Zimmermann, F. O. (1999), S. 47. Zum Begriff der Unternehmenskultur vgl. Schein, E. H. (1995). Zum Management von Kulturunterschieden vgl. Stüdlein, Y. (1997). Für Messgrößen der strukturellen und kulturellen Organisiertheit von Unternehmensnetzwerken vgl. Sydow, J. (1992b), S. 85.

1167 Vgl. Staber, U. (1999), S. 66 ff.

1168 Vgl. Ritsch, K. (2004), S. 97.

1169 Vgl. Bleeke, J., Ernst, D. (1993); Bleeke, J., Ernst, D. (1995); Linné, H. (1993), S. 91 - 93.

1170 Vgl. Hess, T. (2002), S. 266.

1171 Koordinationskosten sind alle Kosten, die durch die arbeitsteilige Abwicklung von Aktivitäten entstehen (vgl. Hess, T. (2002), S. 266). Zwar steht zu erwarten, dass diese Kosten mit der Aufnahme eines neuen Partnerunternehmens steigen, jedoch ist der theoretische Erkenntnisstand über die Entstehung derartiger Kosten noch gering (vgl. Albach, H. (1999), S. 419 - 421). Zudem ist davon auszugehen, dass derartige Zusatzkosten im Verhältnis zum Zusatznutzen von untergeordneter Bedeutung sind (vgl. Hess, T. (2002), S. 266), so dass Koordinationskosten für die Problemstellung der Partnerselektion im Folgenden keine Berücksichtigung finden.

1172 Vgl. Haury, S. (1989), S. 68 - 69; Seiter, M. (2006a), S. 68 - 69.

1173 Vgl. Schäffer, U. (1996), S. 153.

4.1.2.2 Operationalisierung der Partnerselektion durch Instrumente des Partnercontrolling

Wie aus den bisherigen Ausführungen ersichtlich ist erfordert die Partnerselektion die Berücksichtigung inhaltlich stark heterogener Entscheidungskriterien, so dass für die Überprüfung der dargestellten Kriterien auch eine methodisch getrennte Behandlung nahe liegt. Die Bewertung kann als sequenzieller Prozess gestaltet werden, bei dem zunächst die Komplementarität als Ausschlusskriterium separat zu überprüfen ist.[1174] Gleichwohl ergibt sich die Problemstellung, die genannten Bewertungsdimensionen zu operationalisieren und zu einem Gesamturteil zu verdichten.[1175]

Instrumente zur Bewertung der Komplementarität

Zur Bewertung der Komplementarität bietet es sich an, auf Vorarbeiten aus dem Bereich des Beschaffungscontrolling zurückzugreifen. Die dort etablierten Verfahren der Lieferantenbewertung lassen sich in quantitative und qualitative Ansätze unterscheiden.[1176] Quantitative Verfahren, wie etwa die Bilanzanalyse, berücksichtigen allein Kriterien auf einem kardinalen Skalenniveau. Aufgrund ihrer eingeschränkten Anwendbarkeit bei mehrdimensionalen Bewertungen ist ihre Aussagekraft im Rahmen der Partnerselektion jedoch als gering einzuschätzen, so dass sie allenfalls eine unterstützende Funktion, etwa im Rahmen der Bewertung der finanziellen Ressourcenausstattung, wahrnehmen können.[1177] Aus diesem Grunde werden in der Literatur vorrangig qualitative Verfahren vorgeschlagen, insbesondere Checklisten, Profilanalysen, Portfolioanalysen und Nutzwertanalysen.[1178] Qualitative Verfahren können im Gegensatz zu quantitativen Ansätzen auch ordinal oder nominal skalierte Bewertungskriterien verarbeiten.

Grundidee von Checklistenverfahren ist es, Mindestanforderungen im Sinne von Ober- und Untergrenzen für jedes Bewertungskriterium zu definieren und anschließend schrittweise die Erfüllung durch den Kandidaten zu überprüfen.[1179] Im Vorfeld ist abzuklären, ob die strikte Erfüllung aller Kriterien gefordert wird, oder ob und

---

1174 Vgl. Wohlgemuth, O. (2002), S. 269.

1175 Vgl. Hess, T. (2002), S. 267.

1176 Vgl. Glantsching, E. (1994), S. 23.

1177 Vgl. Weber, J., Wertz, B. (1999), S. 11.

1178 Vgl. Wohlgemuth, O. (2002), S. 270. Hess vertritt hingegen die Ansicht, dass Portfolioanalysen aufgrund der Verdichtung auf zwei Bewertungskriterien der Vielfalt an möglichen Vor- und Nachteilen nicht gerecht werden können. Vgl. Hess, T. (2002), S. 267.

1179 Vgl. Arnolds, H., Heede, F., Tussing, W. (1996), S. 382 - 384. Vgl. auch Liestmann, V., Gill, C., Flechtner, E. (1999), S. 133 f.

wenn ja welche kleineren Nicht-Erfüllungen toleriert werden. Abbildung 53 zeigt ein einfaches Beispiel einer Checkliste.

	Kriterium	Mindestanforderung	Ausprägung
	Marktbewertung		
Leistung	Kompetenz im Bereich e-Commerce/Target Costing/ Umweltmanagement	mindestens in zwei Bereichen	erfüllt
Leistung	Fakturierter Tagessatz	höchsten 1.200 €	erfüllt
Leistung	Anzahl Referenzkunden	mindestens 10	erfüllt
Leistung	Quote der Konzeptimplementierung	mindestens 50 %	nicht erfüllt
	Ressourcenbewertung		
Qualität	Berufserfahrung der Berater	durchschnittlich 2 Jahre	erfüllt
Qualität	Anteil Berater mit Hochschulabschluss	mindestens 60 %	erfüllt
Qualität	Einsatz standardisierter Groupware und Präsentationssoftware	vorhanden	erfüllt
Qualität	Umsatzrendite	mindestens 10 %	erfüllt
Qualität	Liquiditätsstatus	mittel	erfüllt
Quantität	Standorte im Ausland	mindestens 1 Dependance	erfüllt
Quantität	Anzahl Berater je Kompetenzbereich	mindestens 4	nicht erfüllt
Quantität	Auslastung	höchstens 80 %	erfüllt

Abbildung 53: Checklistenbewertung am Beispiel eines Beraternetzwerks[1180]

Vorteil derartiger Verfahren ist die einfache Anwendung. Aufgrund der Beschränkung auf diskrete Ausprägungen ist ihre Aussagekraft jedoch eingeschränkt, so dass empfohlen wird, Checklisten nur zur Grobauswahl geeigneter Kandidaten aus einem größeren Bewerberkreis heranzuziehen und für eine nachfolgende Feinanalyse aussagekräftigere Verfahren heranzuziehen.[1181]

Eine differenziertere Darstellung der Ausprägung einzelner Kriterien erlauben Profilanalysen, die jedoch im Vergleich zu Checklisten mit höheren Kosten verbunden sind.[1182] Profilanalysen zeigen auf, in welchem Umfang die Kandidaten den vorgegebenen Kriterien entsprechen, indem für jedes Kriterium auf einer – üblicherweise 5- oder 7-stufigen – Skala die entsprechende Ausprägung abgetragen wird.[1183]

1180 In Anlehnung an Wohlgemuth, O. (2002), S. 271

1181 Vgl. Schwamborn, S. (1994), S. 157; Schickel, H. (1999), S. 241.

1182 Vgl. Harting, D. (1994), S. 34 - 35.

1183 So spricht sich Reichmann für die Verwendung 5- oder 7-stufiger Skalen aus. Vgl. Reichmann, T. (2006), S. 346 f. Harting hingegen schlägt die Verwendung 5-stufiger Skalen vor. Vgl. Harting, D. (1994), S. 51.

Die Kriterien werden untereinander angeordnet und die einzelnen Werte mit einem Linienzug verbunden.[1184] Abbildung 54 zeigt wiederum ein einfaches Beispiel.

Aufgrund der grafischen Anordnung lässt sich mit Hilfe der Profilanalyse schnell ein Gesamteindruck ermitteln. Schneidet die Kurve eines Kandidaten allerdings das Mindestprofil häufig, so kann für die Bildung eines Gesamturteils der Rückgriff auf Distanzmaße erforderlich sein.[1185] Nachteilig ist somit einerseits, dass die Profilanalyse per se die Ableitung eines Gesamturteils nicht erlaubt, und andererseits, dass keine Gewichtung der Kriterien vorgesehen ist.

	Kriterium							
	Marktbewertung	unvorteilhaft ←						→ vorteilhaft
Leistung	Kompetenz im Bereich e-Commerce/ Target Costing/Umweltmanagement	in keinem Feld		in einem Feld		in zwei Feldern		> 2 Felder
Leistung	Fakturierter Tagessatz	> 1.800 €	1.601 - 1.800 €	1.401 - 1.600 €	1.201 - 1.400 €	1.001 - 1.200 €	800 - 1.000 €	< 800 €
Leistung	Anzahl Referenzkunden	< 2	2 - 3	4 - 6	7 - 9	10 - 12	13 - 15	> 15
Leistung	Quote der Konzeptimplementierung	< 30 %	30 - 40 %	41 - 50 %	51 - 60 %	61 - 70 %	71 - 80 %	> 80 %
	Ressourcenbewertung							
Qualität	Berufserfahrung der Berater	< 1,0 Jahre	1,0 - 1,5 Jahre	1,6 - 2,0 Jahre	2,1 - 2,5 Jahre	2,6 - 3,0 Jahre	3,1 - 3,5 Jahre	> 3,5 Jahre
Qualität	Anteil Berater mit Hochschulabschluss	< 30 %	30 - 40 %	41 - 50 %	51 - 60 %	61 - 70 %	71 - 80 %	> 80 %
Qualität	Einsatz standardisierter Groupware und Präsentationssoftware	unbekannt			teilweise eingesetzt			eingesetzt
Qualität	Umsatzrendite	< 6 %	6,1 - 7 %	7,1 - 8 %	8,1 - 9 %	9,1 - 10 %	10,1 - 11 %	> 11 %
Qualität	Liquiditätsstatus	schwach mittel		mittel		schwach gut		gut
Quantität	Standorte im Ausland	0		1		2-3		> 3
Quantität	Anzahl Berater je Kompetenzbereich	1	2 - 3	4	5	6	7 - 8	> 8
Quantität	Auslastung	> 95 %	90 - 95 %	85 - 89 %	80 - 84 %	75 - 79 %	70 - 74 %	< 70 %

○ Mindestanforderungprofil ● Profil des Kandidaten

Abbildung 54: Beispiel einer Profilanalyse[1186]

Die genannten Kritikpunkte an einer Profilanalyse greift die Nutzwertanalyse bzw. darauf aufbauend die Nützlichkeitsanalyse auf.[1187] Im Vergleich zu den zuvor dargestellten Instrumenten hat die Nutzwertanalyse den Vorteil, dass die unterschiedliche Bedeutung der Entscheidungskriterien durch die Gewichte Ausdruck

1184 Pampel entwickelt in ähnlicher Weise auf Basis eines Kriterienkatalogs in mehreren Stufen Lieferantenprofile. Vgl. Pampel, J. (1993b), S. 75 - 76.

1185 Vgl. Schickel, H. (1999), S. 241.

1186 In Anlehnung an Wohlgemuth, O. (2002), S. 272.

1187 Vgl. Hess, T. (2002), S. 269 f.

findet. Dennoch stellt die Nutzwertanalyse ein vergleichsweise einfaches, mit geringem Rechenaufwand durchführbares und nachvollziehbares Verfahren zur Entscheidungsfindung bei Mehrzielproblemen dar. Jedoch ist ihre Durchführung, nicht zuletzt durch den Umfang der erforderlichen Datenermittlung, im Vergleich zu den vorgenannten Verfahren mit höherem Aufwand verbunden und zugleich mit einem hohen Maß an Subjektivität behaftet. Nutzwertbasierte Verfahren sind diesbezüglich dem Vorwurf ausgesetzt, bewusste oder unbewusste Manipulationen bei der Auswahl der Zielkriterien, der Abbildung der Präferenzen sowie der Festlegung der Zielerreichung bei qualitativen Kriterien nicht ausschließen zu können und daher insgesamt vergleichsweise wenig objektive Ergebnisse zu liefern.[1188] Zudem ist die für eine additive Teilnutzenverknüpfung erforderliche Unabhängigkeit der Zielkriterien in der Bewertungspraxis häufig nicht gegeben.[1189] Auch wirkt diese additive Teilnutzenverknüpfung nivellierend, indem bspw. schlechte Ausprägungen einer Zielgröße durch günstige Ausprägungen einer anderen Zielgröße kompensiert werden.[1190] Schließlich ist zu bedenken, dass jedes Bewertungsproblem mit der Bewertung des Nutzens und der Bewertung der Kosten zwei Teile umfasst, von denen die Nutzwertanalyse nur die positiven Zielbeiträge erfasst. Sowohl der monetär bewertbare Ressourceneinsatz als auch lediglich qualitativ abschätzbare Nachteile einer Zusammenarbeit finden keine Beachtung.[1191]

An diesem Schwachpunkt setzt die Nützlichkeitsanalyse an, deren formaler Aufbau dem der Nutzwertanalyse entspricht.[1192] Jedoch sind sowohl kosten- als auch nutzenbezogene Kriterien zu ermitteln und zu gewichten, wobei die Gewichte pro Kriteriengruppe oder insgesamt wiederum normiert sind. Für Kosten- wie auch für Nutzenkriterien sind separate Teilnutzenwerte zu ermitteln. Abschließend wird der Quotient aus der Summe der gewichteten Teilnutzenwerte und der Summe der gewichteten Teilkostenwerte als Kenngröße der Vorteilhaftigkeit einer Aufnahme eines Kandidaten berechnet.

Instrumente zur Bewertung der Kompatibilität

Neben der Komplementarität ist – wie bereits dargestellt – auch die Kompatibilität eines Aufnahmekandidaten mit den Zielen, der Strategie und der Kultur des Netzwerks zu überprüfen. Im Bereich des strategischen Fits existieren erste Vorarbeiten von Wohlgemuth, der die Space-Analyse (Strategic Position and Action Evalua-

[1188] Vgl. Schneeweiß, C. (1990), S. 14.
[1189] Vgl. Götze, U., Bloech, J. (1995), S. 150 - 151.
[1190] Zu weiteren Prämissen der Nutzwertbildung vgl. Fritz, W. (1992), S. 225.
[1191] Vgl. Hess, T. (2002), S. 218 - 219.
[1192] Vgl. im Folgenden Hess, T. (2002), S. 269 - 270.

tion)[1193] heranzieht, um die wettbewerbsstrategische Grundhaltung eines Kooperationspartners zu ermitteln und mit der des Unternehmensnetzwerks zu vergleichen. Wohlgemuth geht davon aus, dass das strategische Verhalten von Unternehmen, welches wiederum durch die Unternehmenskultur beeinflusst wird, durchgängig bestimmten Mustern folgt.[1194] Auf dieser Annahme aufbauend leitet Wohlgemuth mit Hilfe der Variablen „Wettbewerbsverhalten“ und „Leistungsspektrum“ vier typische Grundmuster strategischen Verhaltens für Unternehmensnetzwerke her.

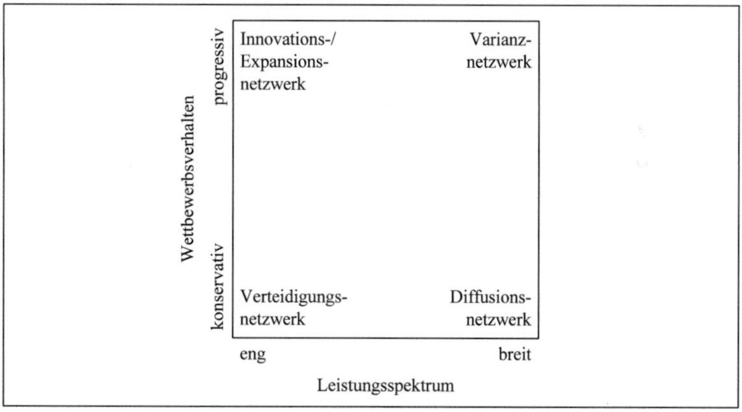

Abbildung 55: Strategische Grundhaltungen von Unternehmensnetzwerken nach Wohlgemuth[1195]

Diese Grundhaltungen werden mit der SPACE-Analyse[1196] verknüpft, die die Unternehmenssituation auf Basis von Wettbewerbsposition und finanzieller Position sowie die Umweltbedingungen auf Basis von Marktattraktivität und Marktstabilität mit Hilfe 6-stufiger Skalen bzw. Scoring-Modellen erhebt.[1197] In einem Koordinatensystem werden anschließend finanzielle Position und Marktstabilität sowie Wettbewerbsposition und Marktattraktivität gegenübergestellt.[1198] Hieraus ergibt sich ein Vektor, dessen Richtung die strategische Grundausrichtung charakterisiert.

1193 Vgl. Rowe, A. J., Mason, R. O. (1994), S. 143 ff.; Macharzina, K., Wolf, J. (2005), S. 332 - 338.

1194 Vgl. Wohlgemuth, O. (2002), S. 276 - 288.

1195 In Anlehnung an Wohlgemuth, O. (2002), S. 280.

1196 Vgl. Macharzina, K., Wolf, J. (2005).

1197 Die Grunddimensionen sind an die Ergebnisse der PIMS-Studie angelehnt. Zur PIMS-Studie vgl. beispielsweise Eschenbach, R., Kunesch, H. (1996), S. 327 - 336; Neubauer, F. F. (1999); Welge, M. K., Al-Laham, A. (2003), S. 149 ff. Für eine kritische Würdigung der Methodik der PIMS-Analyse vgl. stellvertretend Adam, D. (1996), S. 330 - 335.

1198 Für mögliche diesen vier Kategorien zuzuordnende Erfolgsfaktoren vgl. Wohlgemuth, O. (2002), S. 284.

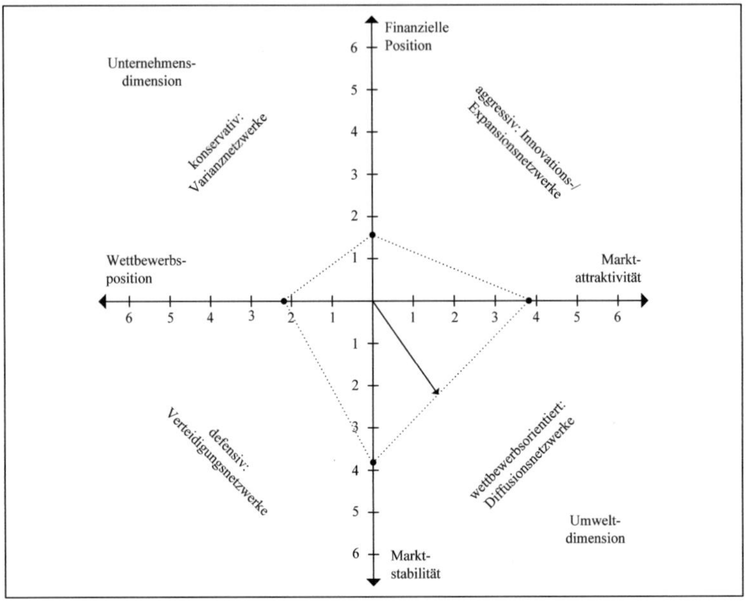

Abbildung 56: Grundkonzeption der SPACE-Analyse[1199]

Für die Bewertung der strategischen Grundhaltung des gesamten Netzwerks schlägt Wohlgemuth die Bildung gewichteter Mittelwerte der Ausprägungen der einzelnen Partnerunternehmen vor. Gleichwohl treten hierdurch Kompensationseffekte auf, die die Aussagekraft einer derartigen SPACE-Analyse auf Netzwerkebene einschränken können. Gerade wenn innerhalb des Netzwerks kein stark ausgeprägter strategischer Fit zwischen den bestehenden Partnern existiert, sind somit wenig aussagekräftige Ergebnisse zu erwarten. Gleichwohl können Aufnahmekandidaten ebenfalls in dem Diagramm abgetragen werden, so dass ihre strategische Grundhaltung der des gesamten Netzwerks respektive der Netzwerkpartner gegenübergestellt werden kann.

Im Bereich des kulturellen Fits existieren als Instrumente bislang im Wesentlichen Profildarstellungen, wie sie auch zur Beschreibung der Kultur eines Einzelunternehmens herangezogen werden können.[1200] Mit Hilfe derartiger Visualisierungen lassen sich die wichtigsten Merkmale einer Unternehmenskultur darstellen und vergleichen. Gleichwohl ist festzuhalten, dass aufgrund ihrer Komplexität bei der Beschreibung und Bewertung von Unternehmenskulturen und der Identifikation relevanter Kultur-

---

1199 In Anlehnung an Wohlgemuth, O. (2002), S. 282.

1200 Vgl. Bleicher, K. (2004), S. 236 - 266. Umfangreiche Ausführungen zur Kulturanalyse finden sich bei Stüdlein, Y. (1997), S. 252 ff.; Sackmann, S. (2002), S. 118 ff.

eigenschaften große Freiheitsgrade bestehen.[1201] Anhaltspunkte können Typologien bieten, die Kulturinhalte über wenige, sehr prägnante Merkmale zu beschreiben versuchen. So finden sich bei Bleicher die Dimensionen Offenheit, Differenziertheit, Rolle der Führung oder auch Rolle der Mitarbeiter.[1202] Deal und Kennedy hingegen unterscheiden vier basale Kulturtypen auf Basis der Dimensionen Risikobereitschaft bei Entscheidungen und Geschwindigkeit des Markt-Feedbacks über den Erfolg einer Maßnahme.[1203] Üblicherweise werden hierauf aufbauend Kulturprofile als Spinnennetzdiagramme oder Profildarstellungen dargestellt.[1204] Letztlich lässt sich die Frage, welche Einteilung zur Bewertung von Kultureigenschaften heranzuziehen ist, jedoch nicht allgemeingültig beantworten, sondern muss sich nach der Zweckmäßigkeit im Einzelfall richten.[1205] Zugleich zeichnen sich die entsprechenden Ergebnisse typischerweise durch hohe Unschärfen aus.[1206] Da zudem neuere Untersuchungen zu dem Ergebnis kommen, dass nicht Kulturunterschiede an sich, sondern die Art, wie mit ihnen im Rahmen der Integration umgegangen wird, als Misserfolgsfaktor anzusehen sind,[1207] erscheint eine Integration in den Bewertungsprozess nur dann angebracht, wenn sich konkrete Anhaltspunkte für unüberbrückbare Kulturdifferenzen ergeben.[1208]

Integration von Risiken durch portfoliogestützte Partnerselektion

Erste Vorarbeiten mit Bezug auf die Risikoposition der Partnerselektion finden sich im Bereich des Beschaffungscontrolling in Form der von Harting vorgeschlagenen dreidimensionalen Lieferantenbewertung,[1209] die mit Bezug auf Unternehmenskooperationen und –netzwerke von Wohlgemuth und Stüllenberg aufgegriffen wurde.[1210] Grundgedanke des Ansatzes von Harting ist es, Lieferrisiken, Lieferfähigkeit und Lieferleistung eines Kandidaten mit Hilfe von Umwelt-, Unternehmens- und Produktinformationen dreidimensional zu bewerten und mit Hilfe einer gestuften Portfolio-Konstruktion zu einem Gesamtbild zu verdichten. Zur Anwendung in Unternehmensnetzwerken interpretiert Wohlgemuth Lieferrisiken als Risiken op-

---

1201 Zu Kulturprofilen Strategischer Netzwerke vgl. Sydow, J. (1992b), S. 85. Zu Kulturprofilen virtueller Unternehmen vgl. Scholz, C. (1994), S. 46 - 53.

1202 Vgl. Bleicher, K. (2004), S. 248 - 261. Für eine Anwendung auf strategische Allianzen vgl. Bleicher, K. (1992), S. 282.

1203 Vgl. Deal, T. E., Kennedy, A. A. (1982), S. 107 - 127.

1204 Für Beispiele von Kulturprofilen vgl. Bleicher, K. (1992), S. 282; Bronder, C., Pritzl, R. (1992a), S. 38; Ritsch, K. (2004), S. 180; Stüllenberg, F. (2005), S. 203.

1205 Vgl. Gabele, E. (1993), S. 123.

1206 Vgl. Meckl, R. (1993), S. 112.

1207 Vgl. Stahl, G. K. (2001), S. 69.

1208 Vgl. Kraege, R. (1997), S. 94; Wohlgemuth, O. (2002), S. 264.

1209 Vgl. Harting, D. (1994), S. 51 - 55.

1210 Vgl. Wohlgemuth, O. (2002), S. 273 - 276; Stüllenberg, F. (2005), S. 197 - 199.

portunistischen Verhaltens und mangelnder Lieferbereitschaft und legt im Bedarfsfalle die Integration exogener Einflussfaktoren wie der politischen Stabilität nahe. Die Lieferfähigkeit entspricht dem Ausmaß, in dem Qualität und Quantität der Ressourcenausstattung dem Netzwerkbedarf entsprechen. Die Lieferleistung entspricht einer marktorientierten Bewertung der für den Kandidaten vorgesehenen Aktivitäten.

Das Verfahren besteht aus zwei Schritten. Im ersten Schritt wird die grundsätzliche Eignung des Kandidaten hinsichtlich des ressourcenbezogenen Soll-Profils bzw. den Anforderungen an die Leistungsbereitschaft ermittelt. Hierzu werden die Einzelkriterien auf 7-stufigen Skalen bewertet, gewichtet und aufaddiert. Anschließend werden die Kandidaten anhand dieser aggregierten Werte in einer Substanzbewertungsmatrix abgetragen. Schlecht positionierte Kandidaten werden im Weiteren nicht mehr berücksichtigt. Im zweiten Schritt wird die abschließende Aufnahmeentscheidung durch Gegenüberstellung der Bewertung des ersten Portfolios mit dem Nutzwert der marktbezogenen Leistungsfähigkeit in einer Partnerauswahlmatrix abgeleitet. Ähnlich dem Vorgehen bei anderen Portfolioanalysen lassen sich aus der Position eines Kandidaten in diesem zweiten Portfolio die drei Standardempfehlungen der Ablehnung, der kritischen Prüfung und der Aufnahme ableiten.

Betrachtet man die von Wohlgemuth modifizierte Methode der Lieferantenauswahl nach Harting, so sind zunächst die im Zusammenhang mit Portfolio- und Nutzwertanalysen genannten Kritikpunkte der kaum sicherzustellenden Datenqualität und -quantität, der Willkür der Gewichtungen, der Kompensationseffekte und der insgesamt resultierenden Unschärfen zu betonen. Dies gilt umso stärker für die Integration von Risiken, deren genauere Spezifizierung unklar ist. Sowohl Harting als auch Wohlgemuth verzichten auf eine genauere Darstellung der entsprechenden Konstrukte.

Somit ist zum Stand der Forschung zu konstatieren, dass sämtliche bislang entwickelten Instrumente zur Partnerselektion in Unternehmensnetzwerken zumindest durch die Gefahr von Unschärfen aufgrund methodischer Defizite gekennzeichnet sind. Meist finden Varianten nutzwertanalytischer Verfahren Einsatz, ohne dass die Autoren auf Möglichkeiten zur methodischen Unterstützung der Quantifizierung etwa der Gewichte als auch eventuell zu integrierender qualitativer Daten näher eingehen. Dies gilt in gleicher Form, wenn nicht noch stärker für den Bereich der Risiken der Partnerselektion, der – wenn überhaupt – bislang allenfalls oberflächlich betrachtet wurde, ohne dass praktikable Instrumente entwickelt wurden. Gleichwohl lassen sich aus den dargestellten Instrumenten wertvolle Rückschlüsse auf die in die

Partnerauswahl einzubeziehenden Einflussfaktoren sowie Möglichkeiten ihrer Systematisierung gewinnen. Auf dieser Basis wird im Folgenden ein Vorschlag für eine risikoorientierte Partnerbewertung auf Basis des Analytic Hierarchy Process entwickelt.

4.1.2.3 Risikoorientierte Bewertung potenzieller Partnerunternehmen

Aus risikoorientierter Perspektive besteht die Aufgabe des Partnercontrolling darin, relationale Risiken durch eine adäquate Selektion positiv zu beeinflussen.[1211] Im Zuge des Partnercontrolling ist somit zum einen der bestehende Partnerpool hinsichtlich seiner Risikoposition darzustellen, zum anderen sind Entscheidungen über die Aufnahme neuer Partnerunternehmen rationalitätssichernd zu unterstützen. Die Partnerselektion kann insbesondere als Maßnahme zur Senkung der Eintrittswahrscheinlichkeit von relationalen Risiken[1212] angesehen werden.[1213] Voraussetzung ist Klarheit über die mit der Aufnahme eines neuen Partners verbundenen Risiken durch eine adäquate Risikoanalyse. Der AHP bietet sich im Rahmen der Partnerselektion aus zwei Gründen an. Zum einen kann mit Hilfe des AHP eine differenzierte Analyse der Risikoposition eines Aufnahmekandidaten sowohl hinsichtlich der Eintrittswahrscheinlichkeiten als auch hinsichtlich des Schadenspotenzials vorgenommen werden. Zum anderen können die bislang dargestellten Verfahren der Partnerselektion mit Hilfe des AHP um die Berücksichtigung von Risiken erweitert werden und den Vorwurf der Willkür der Kriteriengewichtung weitestgehend abstreifen. In beiden Fällen ist der Vorteil des Verfahrens somit insbesondere darin zu sehen, dass die naturgemäßen Ungenauigkeiten der Umwandlung qualitativer in quantitative Größen hinsichtlich ihrer Konsistenz überprüft werden können.[1214]

Determinanten der Risikoposition von Aufnahmekandidaten

Auch wenn bisweilen empfohlen wird, im Zuge der Identifikation von Risiken auf die Anwendung von Risikokategorien zu verzichten, so erscheint im Kontext der Partnerselektion dennoch eine Orientierung an der generellen Unterteilung in struktu-

---

[1211] Vgl. Wathne, K. H., Heide, J. B. (2000), S. 47.

[1212] Wie bereits dargestellt, sind Eintrittswahrscheinlichkeit und Schadensausmaß potenzielle Bewertungsmaßstäbe für Risiken. Vgl. Wall, F. (2001a), S. 214; Burger, A., Buchhard, A. (2002), S. 102. Eine Prognose oder Bewertung des Schadenspotenziales ist in Kontext von Verhaltensrisiken jedoch mit erheblichen Schwierigkeiten verbunden. Vgl. Seiter, M. (2006a), S. 55 - 56.

[1213] Pfohl stellt die Lieferantenselektion als Instrument der Risikosteuerung vor. Vgl. Pfohl, H. C. (2002), S. 44; Wathne, K. H., Heide, J. B. (2000), S. 47.

[1214] Vgl. Emblemsvåg, J., Kjølstad, L. E. (2006), S. 401.

relle Risiken und Verhaltensrisiken ratsam.[1215] Zur Abschätzung der verhaltensbezogenen Risikofaktoren[1216] finden sich in der Literatur erste Ansätze bei Seiter, der Ressourcenähnlichkeit, Interdependenz, Dependenz und Transparenz als unabhängige Einflussvariablen für die zugehörige Eintrittswahrscheinlichkeit aufzählt.[1217] Gleichwohl ist zum Kriterium der Ressourcenähnlichkeit differenziert Stellung zu nehmen. Seiter unterstellt, dass mit zunehmender Ressourcenähnlichkeit die Eintrittswahrscheinlichkeit von Verhaltensrisiken zunimmt, weist jedoch selbst darauf hin, dass für Netzwerke eine hohe Ressourcenähnlichkeit, etwa im Sinne der Ausweitung von Kapazitäten, durchaus sinnvoll sein kann.[1218] Darüber hinaus ist denkbar, dass Netzwerke bewusst Partner mit redundanter Ressourcenausstattung aufnehmen, um netzwerkinterne Monopole zu zerschlagen oder um die Leistungsfähigkeit des Netzwerks durch eine Intensivierung des internen Wettbewerbs langfristig sicherzustellen.[1219]

Mit Interdependenz meint Seiter hingegen den Grad der Abhängigkeit der Unternehmen vom Netzwerk, der wiederum beispielsweise durch den Anteil des Umsatzes, der über das Netzwerk erwirtschaftet wird, oder über die Höhe kooperationsspezifischer Investitionen Ausdruck findet. Unterstellt wird, dass Interdependenz konfliktäres Verhalten fördert, also auf eine geringe Interdependenz zu achten ist. Dependenz stellt hingegen auf Machtasymmetrien, etwa in Folge hoher Finanzkraft oder eines direkten Marktzugangs, ab. Dies deckt sich mit den Aussagen von Nooteboom, der die Wechselkosten[1220] im Zusammenwirken mit dem Wert des Partners[1221] als Determinanten der eigenen Abhängigkeit sieht, die wiederum Anreize für Opportunismus schafft.[1222] Als Indikatoren für die Höhe der Wechselkosten können beispielsweise die Bereitschaft zur Erbringung der erforderlichen Investitionen für das Netzwerkengagement bzw. die Höhe dieser Investitionen herangezogen werden.

1215 Vgl. Wolf, K. (2003), S. 56, der darauf hinweist, dass bei Verwendung von Risikokategorien aufgrund des „Klassendenkens" die Kreativität der Mitwirkenden unnötig eingeschränkt wird. Demgegenüber betont Pfennig, dass durch die Anwendung von Risikokategorien eine verbesserte Systematisierung, Aggregation und ein erhöhtes Verständnis erreicht werden können. Vgl. Pfennig, M. (2000), S. 1310.

1216 Wie bereits dargestellt, sind vor allem opportunistisches und konfliktäres Verhalten als relevante Ausprägungen von Verhaltensrisiken anzusehen.

1217 Vgl. Seiter, M. (2006a), S. 156.

1218 Vgl. Seiter, M. (2006a), S. 156 - 157.

1219 Vgl. Hess, T. (2002), S. 261 - 262.

1220 Wechselkosten können sich beispielsweise aus spezifischen Investitionen ergeben, so dass hier Parallelen zu Seiters Konstrukt der Interdependenz bestehen. Vgl. Nooteboom, B., Berger, H., Noorderhaven, N. G. (1997), S. 317.

1221 Der Wert des Partners ist definiert als Vorsprung vor dem zweitbesten Kandidaten und ergibt sich etwa aus der Einzigartigkeit der angebotenen Leistung. Vgl. Nooteboom, B., Berger, H., Noorderhaven, N. G. (1997), S. 317.

1222 Siehe Abschnitt 3.3.2.1.

Neben Investitionen, beispielsweise in geeignete Informationstechnologie, sind auch Kosten für die Weiterbildung der Mitarbeiter u. ä. zu berücksichtigen.

Das Konstrukt der Transparenz schließlich kann dem Spielraum des Partners für Opportunismus in Nootebooms Modell gleichgesetzt werden. Der Spielraum für opportunistisches Verhalten kann über Hilfskonstrukte, wie die Bereitschaft zur Offenlegung von Kalkulationen, Spezifika der einzubringenden Leistung im Sinne etwa von Vergleichsmöglichkeiten mit konkurrierenden Angeboten,[1223] und der Möglichkeit zur Begrenzung opportunistischer Spielräume, etwa durch Monitoring, abgeschätzt werden. Zur Einschränkung entsprechender Spielräume findet sich in der Literatur wiederholt der Vorschlag, ein Pfand einzubehalten.[1224] Eine Erhebung der Neigung zu opportunistischem Verhalten schließlich setzt voraus, dass zumindest Vorerfahrungen einzelner Netzwerkpartner mit dem Aufnahmekandidaten existieren. Empirische Studien zeigen, dass die Partnersuche in den meisten Fällen im direkten Umfeld der etablierten Netzwerkteilnehmer erfolgt, so dass diese Prämisse erfüllt sein sollte.[1225] Somit können die Netzwerkpartner, die bereits in Geschäftsbeziehungen zu dem Aufnahmekandidaten stehen, eine entsprechende Punktbewertung vornehmen.

Als zweiter Bestandteil der Risikoposition sind die strukturellen Einflussfaktoren zu verdeutlichen. Im Bereich des strategischen Fit kann zu diesem Zweck die Systematik der SPACE-Analyse herangezogen werden, indem zunächst die vier Dimensionen Wettbewerbsposition, finanzielle Position, Marktattraktivität und Marktstabilität betrachtet und entsprechende Bewertungskriterien definiert werden.[1226] Soll der kulturelle Fit in die Betrachtung integriert werden, so kann beispielsweise die Unterteilung von Bleicher als Orientierungspunkt dienen.[1227]

Einführende Gedanken zur Anwendung des AHP in der Partnerselektion

Die bisherigen Ausführungen haben gezeigt, dass für eine umfassende Bewertung eines Aufnahmekandidaten eine simultane Betrachtung von Nutzenpotenzialen, Kosten sowie Risiken erfordert. An dieser Stelle ist darauf hinzuweisen, dass empirische Untersuchungen zu dem Ergebnis kommen, dass der Wert kooperativer Beziehungen vorwiegend durch Nutzen- und weniger durch Kostenaspekte bestimmt

1223 Dies setzt voraus, dass für die zu erbringenden Teilleistungen ein Markt existiert.
1224 Vgl. Nooteboom, B., Berger, H., Noorderhaven, N. G. (1997), S. 317; Hess, T. (2002), S. 272.
1225 Vgl. Hermann, R. (1989), S. 39.
1226 Für eine weitere Aufgliederung der Schlüsselvariablen der SPACE-Analyse vgl. Macharzina, K., Wolf, J. (2005), S. 334.
1227 Siehe Abschnitt 4.1.2.2.

ist.[1228] Aus diesem Grunde sollen im Folgenden Kostenaspekte auch aufgrund der Schwierigkeiten ihrer Operationalisierung und Messung[1229] nicht weiter betrachtet werden, so dass der mit der Aufnahme eines neuen Partners verbundene Nutzen direkt den mit der Aufnahme verbundenen Risiken gegenübergestellt wird.

Gleichwohl stellt sich das Problem, dass Nutzenfaktoren in ihrer Wirkungsrichtung Risikofaktoren diametral entgegengesetzt sind. Somit verbleibt die Frage, wie diese unterschiedlichen Kategorien zu einem Gesamturteil verdichtet werden können. Hierzu sind zunächst für diese übergeordneten Klassen eigene Hierarchien aufzustellen,[1230] da eine der grundlegenden Annahmen des AHP ist, dass die Paarvergleiche jeweils auf der gleichen Skala vorgenommen werden.[1231] Diese Prämisse würde durch die simultane Bewertung von vorteilhaften und nachteiligen Faktoren verletzt.[1232] Prinzipiell können jedoch die zu Risikofaktoren gehörigen Prioritäten in einer eigenen Hierarchie nach der gleichen Systematik beurteilt werden wie positive Faktoren, indem lediglich die Richtung der entsprechenden Fragestellung umgekehrt wird. Dies bedeutet, dass danach gefragt wird, welche Alternative risikobehafteter ist. Auf diesem Wege errechnen sich separate Prioritätswerte B (Nutzen) und R (Risiken) für die beiden betrachteten Kategorien, die jeweils im Intervall von 0 bis 1 liegen und abschließend zu einer Gesamtbeurteilung zu verdichten sind.

Für diese Verdichtung sind zunächst mittels der Berechnungsmethodik des AHP die Gewichte b und r für die beiden Kategorien Nutzen und Risiken zu berechnen. Hierauf aufbauend sind insbesondere folgende Operationen denkbar:[1233]

1228 Vgl. Werani, T. (1999).

1229 Vgl. hierzu insbesondere Hess, T. (2002), S. 263 - 267, der neben Kosten mangelnder Kompatibilität Koordinationskosten als wesentlichen Faktor identifiziert. Während erstere im Rahmen der Nutzenbewertung im Sinne einer Kompatibilitätsmessung abgebildet werden können bzw. zu einem großen Teil in den hier identifizierten Risikopositionen enthalten sind, weist Hess mit Verweis auf Albach, H. (1999), S. 419 – 421, darauf hin, dass das theoretische Wissen über die Entstehung von Koordinationskosten generell noch sehr gering ist und zudem ihre Bedeutung im Vergleich zum Zusatznutzen von untergeordneter Bedeutung sind.

1230 Vgl. Saaty, T. L. (1983), S. 70 ff.; Saaty, T. L. (1987a), S. 163 - 166; Saaty, T. L. (1994), S. 22 ff.; Tummala, V. M. R., Chin, K. S., Ho, S. H. (1997), S. 267 ff.; Saaty, T. L. (2001a), S. 121 ff sowie S. 222 ff.; Zelewski, S., Peters, M. L. (2003), S. 1216 f.; Meixner, O., Haas, R. (2002), S. 211 ff.

1231 Vgl. Saaty, T. L., Ozdemir, M. (2003), S. 1064.

1232 Vgl. Korhonen, P., Topdagi, H. (2003), S. 758. Hintergrund ist, dass negative Faktoren oftmals unvergleichbar schwerer wiegen als positive Faktoren. Saaty nennt als Beispiel Schmerz, der nicht als niedrigere Form des Genusses interpretiert werden könne. „The pain produced by a pin prick to a sensitive part of the body is not a low form of pleasure. It is infinitely better to stroke the sensitive part with a fur than to injure it slightly with the pin." Saaty, T. L., Ozdemir, M. (2003), S. 1064.

1233 Vgl. ähnlich Saaty, T. L., Ozdemir, M. (2003), S. 1070.

$$(1)\ \frac{B}{R}$$

$$(2)\ b \cdot B + r \cdot \frac{1}{R}$$

$$(3)\ b \cdot B + r \cdot (1 - R)$$

$$(4)\ b \cdot B - r \cdot R$$

Alternative (1) verdeutlicht den Trade-Off zwischen Nutzen und unerwünschten Effekten und kann von der Grundanlage her mit Renditekennzahlen verglichen werden. Die Alternativen (2) und (3) hingegen summieren die Vorteile und umgekehrte Werte der Nachteile auf, wobei Alternative (3) als „optimistischer“ als Alternative (2) anzusehen ist. Alternative (4) schließlich subtrahiert die Summe der gewichteten Nachteile von dem ebenfalls gewichteten Vorteil.[1234]

Anwendung des AHP zur risikointegrierten Partnerbewertung

Abschließend stellt sich die Frage nach der konkreten Gestaltung der Hierarchien für die einem Aufnahmekandidaten zuzurechnenden Nutzenbeiträge und Risiken. Im Rahmen der Nutzenbewertung kann sich die Hierarchiebildung an der bereits dargestellten Unterscheidung von Lieferfähigkeit und Lieferbereitschaft sowie marktorientierter Leistungsbewertung orientieren, so dass die im Rahmen von Checklisten und Profilanalysen aufgeführten Beispiele (siehe Abbildung 53 sowie Abbildung 54) auch für Zwecke des AHP Gültigkeit behalten können.[1235] Führt man dieses Beispiel fort, so ergibt sich die in Abbildung 57 dargestellte grundlegende Hierarchiestruktur. Die Ermittlung der konkreten Einflussfaktoren kann sich an dem in Abschnitt 4.1.1.3 skizzierten Vorgehen im Sinne einer Verwendung von Kreativitätstechniken mit anschließender Selektion mittels Wesentlichkeitsgrenzen orientieren.

1234 Bei Anwendung von Alternative (4) können sich somit auch negative Prioritäten ergeben. Es lässt sich jedoch zeigen, dass diese zusammen mit positiven Prioritäten verwendet werden können, ohne dass die Aussagekraft des AHP hierdurch beeinträchtigt würde. Vgl. hierzu Saaty, T. L., Ozdemir, M. (2003).

1235 Ähnliche Bewertungshierarchien finden sich im Bereich der Lieferantenbewertung. Vgl. Bhutta, K. S., Huq, F. (2002); Hwang, H. S., Chuang, C.-L., Kuan, M.-J. (2005); Bayazit, O., Karpak, B. (2005).

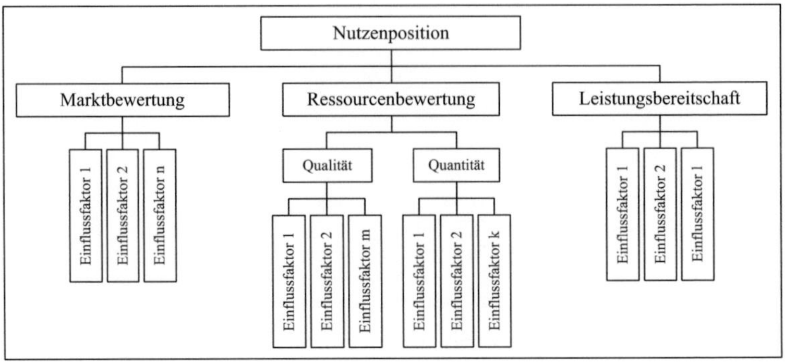

Abbildung 57: Beispiel einer Hierarchiestruktur zur Bewertung der Nutzenposition eines Aufnahmekandidaten

Analog ist aufbauend auf den bisherigen Ausführungen eine Hierarchie für die Risikoposition eines Aufnahmekandidaten in Anlehnung an das in Abschnitt 4.1.1.3 skizzierte Vorgehen zu erstellen. Zu Zwecken der Risikoanalyse erscheint es hierbei ratsam, allein nach der relativen Wichtigkeit der Risiken zu fragen, da eine separate Beurteilung von Eintrittswahrscheinlichkeit und Schadenspotenzial einerseits mit erheblichem Mehraufwand, andererseits trotz der Unterstützung durch den AHP mit kaum überwindbaren Bewertungsproblemen behaftet scheint.[1236] Auch sind im Bereich der Verhaltensrisiken durch eine Unterscheidung von Opportunismus und konfliktärem Verhalten keine weitergehenden Erkenntnisse zu erwarten, da beide im Wesentlichen aus den gleichen Einflussfaktoren resultieren. Abbildung 58 verdeutlicht beispielhaft die Struktur einer entsprechenden Hierarchie zur Bewertung der Risikoposition eines Aufnahmekandidaten. Aus Gründen der Übersichtlichkeit wurde auf eine Darstellung der jeweiligen Einflussfaktoren verzichtet.

[1236] Für eine separate Ermittlung von Gewichtungsfaktoren und Eintrittswahrscheinlichkeiten im Rahmen von Lieferantenbewertungen vgl. Conte, A., Diederichs, M. (2005), S. 750.

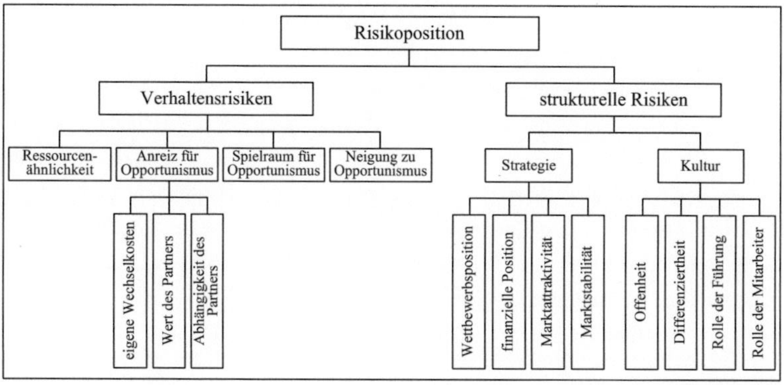

Abbildung 58: Beispiel einer Hierarchiestruktur zur Bewertung der Risikoposition eines Aufnahmekandidaten

Zu unterscheiden ist nunmehr zwischen zwei Grundtypen der Auswahlsituation. Existieren für die Aufnahme in das Unternehmensnetzwerk mehrere Kandidaten, so können die einzelnen Kandidaten als Alternativen auf der untersten Ebene der Hierarchie eingesetzt werden. Auf diesem Wege erhält man relative Nutzen- und Risikopositionen der Aufnahmekandidaten. Steht hingegen nur ein einziges Unternehmen für die Aufnahme in das Unternehmensnetzwerk zur Disposition, so kann dieses mit Hilfe einer absoluten Bewertung beurteilt werden.[1237] Zu diesem Zweck kann eine Beurteilungsskala herangezogen werden, deren Ausprägungen, die sogenannten Intensitäten, der natürlichen Sprache entnommen sind.[1238] Diesen Intensitäten werden numerischen Ausprägungen auf kardinalem Skalenniveau zugeordnet. Die Intensitätswerte werden aus einer Evaluationsmatrix ermittelt. Die Paarvergleichsurteile geben an, wie stark eine natürlichsprachige Intensität einer anderen vorgezogen wird. Als Beispiel derartiger Intensitäten seien Schulnoten genannt.

Zuletzt sind die Nutzen- und Risikoposition zu einem Gesamtwert zu verdichten. In der einschlägigen Literatur findet sich hierzu der Vorschlag der Quotientenbildung,[1239] wie er auch von Saaty vorgeschlagen wird.[1240] Der Vorteil dieses Vorgehens ist darin zu sehen, dass keine zusätzliche Gewichtung von Risiken und Nutzen erforderlich ist, und dennoch ein Verhältnis von Nutzen und Kosten erkenntlich wird. Ein Quotient größer eins legt somit nahe, dass der Nutzen die Risiken übersteigt. Exakt hier liegt jedoch eine Limitation dieses Vorgehens, sobald Nutzen und Risiken

1237 Vgl. Zelewski, S., Peters, M. L. (2003), S. 1216; Zelewski, S., Peters, M. L. (2006), S. 1073 f.
1238 Vgl. Saaty, T. L. (1994), S. 33 ff.; Saaty, T. L. (2001a), S. 136 ff.
1239 Vgl. Hess, T. (2002), S. 270; Zelewski, S., Peters, M. L. (2003), S. 1217 f.; Peters, M. L., Zelewski, S. (2004), S. 302.
1240 Vgl. Saaty, T. L. (1987a), S. 163; Saaty, T. L., Ozdemir, M. (2003), S. 1070.

in unterschiedlichen Größenordnungen vorliegen, in anderen Worten, wenn nicht ersichtlich ist, ob der absolute Nutzen das absolute Risiko überhaupt rechtfertigt. In diesem Falle sind die getätigten Aussagen nicht mehr haltbar.[1241] Alternativ können die Gewichte des Nutzens wie auch des Risikos mittels Paarvergleichs bestimmt werden. Hierauf aufbauend sind auch die übrigen oben genannten Berechnungsverfahren nach Saaty anwendbar. Jedoch erscheint die Quotientenbildung im Sinne der zugrunde liegenden marginalanalytischen Betrachtungsweise der Entscheidungssituation, die durch das in Unternehmensnetzwerken allenfalls begrenzt zur Verfügung stehende Risikokapital gekennzeichnet ist, angemessener.[1242]

Die Vorgehensweise soll nachfolgend anhand eines Beispiels verdeutlicht werden:

> Ein Unternehmensnetzwerk beabsichtigt, für einen spezifischen Teilprozess ein neues Partnerunternehmen aufzunehmen. Zwei Kandidaten konnten identifiziert werden. Diese sind nunmehr hinsichtlich des zu erwartenden Nutzens für das Netzwerk sowie des mit der Aufnahme einzugehenden Risikos zu vergleichen.[1243]
>
> Abbildung 59 zeigt die Ergebnisse des Vergleichs der Nutzenpositionen. Dabei ist aus Sicht des Netzwerks das wichtigste Kriterium die Leistungsbereitschaft gefolgt von den Ressourcen. Insgesamt erhält Kandidat 1 einen relativen Nutzenwert von 0,5367. Kandidaten 2 hingegen hat einen relativen Nutzenwert von 0,4633. Somit wird Kandidat 1 ein größeres Nutzenpotenzial unterstellt als Kandidat 2.
>
> Die anschließende Bewertung der Risikopositionen ist in Abbildung 60 dargestellt. Insgesamt ergibt sich für Kandidat 1 eine relative Risikoposition von 0,5584. Für Kandidat 2 hingegen ergibt sich ein Wert von 0,4416. Somit sind mit der Aufnahme von Kandidat größere Risiken verbunden als mit der Aufnahme von Kandidat 2.

1241 Vgl. Millet, I., Wedley, W. C. (2002), S. 98, die zu dem Schluss kommen, dass die Quotientenbildung allenfalls im Falle der Verteilung knapper Ressourcen mit der Zielsetzung der Nutzenmaximierung zulässig ist.

1242 Vgl. ähnlich Saaty, T. L., Ozdemir, M. (2003), S. 1071.

1243 Aus Gründen der Übersichtlichkeit beschränken sich die nachfolgenden Ausführungen sowohl hinsichtlich Nutzen als auch Risiko auf jeweils eine Hierarchieebene. Eine weitere Untergliederung in Einflussfaktoren etc. soll an dieser Stelle unterbleiben.

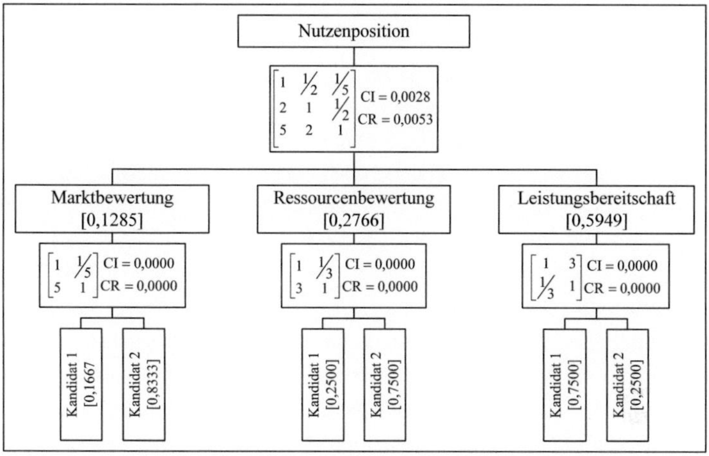

Abbildung 59: Beispielhierarchie zum Vergleich der Nutzenpositionen

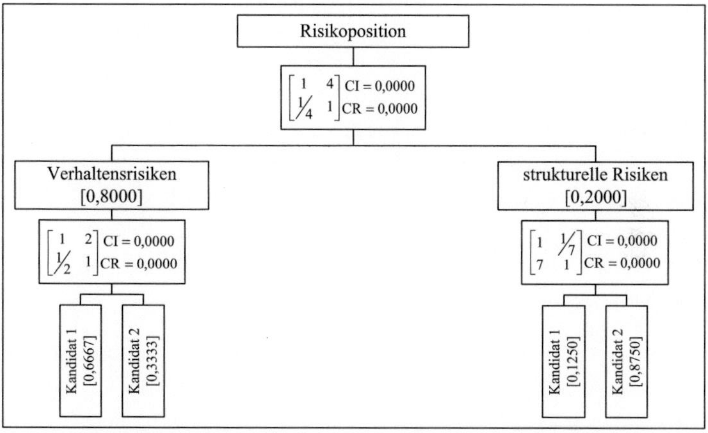

Abbildung 60: Beispielhierarchie zum Vergleich der Risikopositionen

Da aus nutzenorientierter Perspektive Kandidat 1 vorzuziehen ist, aus risikoorientierter Perspektive hingegen Kandidat 2, kann eine abschließende Bewertung erst durch die vorgeschlagene Quotientenbildung erfolgen. Hierbei erhält Kandidat 1 einen Nutzen-Risiko-Quotienten von 0,9611, Kandidat 2 erreicht einen Wert von 1,0491. Somit weist Kandidat 2 ein besseres Verhältnis von Nutzen zu Risiken auf und scheint für eine Aufnahme in das Unternehmensnetzwerk vorziehenswürdig.

Kritische Würdigung

Der vorgestellte Ansatz zur Risikobewertung von Aufnahmekandidaten und hierauf aufbauender Partnerselektion zeichnet sich im Vergleich zu den in der Literatur zu findenden Verfahren durch eine Reihe von Vorteilen aus. Zu nennen ist neben der bislang nicht dokumentierten systematischen Integration von Risiken insbesondere die mathematische Fundierung der Gewichtungen der einzelnen Faktoren mit Hilfe der Methodik des AHP. Lediglich bei Seiter finden sich bislang Aussagen zur Ermittlung entsprechender Gewichte, jedoch beschränkt sich Seiter allein auf die Risikoposition der Partnerselektion. Zudem geht Seiter – wenngleich nicht mit direktem Bezug zur Partnerselektion, jedoch zu Scoring-Modellen zur Bewertung der Eintrittswahrscheinlichkeit von Verhaltensrisiken in Abhängigkeit von der Struktur eines Netzwerks – davon aus, dass sich quasi „generische Gewichte" im Zuge einer entsprechenden empirischen Erhebung ermitteln lassen.[1244] Gleichwohl erscheint es zumindest fraglich, ob sich aus einer Stichprobe ausschließlich großer Unternehmen gesicherte Erkenntnisse ableiten lassen, die auf jegliche Typen von Netzwerken, also auch solche ausschließlich kleiner und mittelgroßer Unternehmen, übertragbar sind. Aufgrund der bereits verdeutlichten Vielfalt der Ausprägungen von Unternehmensnetzwerken erscheint diese Übertragbarkeit weiter eingeschränkt, so dass im Ergebnis die von Seiter errechneten Gewichte für ein konkretes Unternehmensnetzwerk im besten Falle unscharf, im schlimmsten Fall jedoch vollkommen unzutreffend sein können. Demgegenüber zeichnet sich die beschriebene AHP-basierte Vorgehensweise dadurch aus, dass die Willkürlichkeit der Gewichtungsfindung sowohl für Nutzen als auch Risiken eliminiert ist und zudem auf der Ebene eines konkreten Netzwerks vorgegangen wird.

Dem steht der Aufwand gegenüber, der mit der Anwendung des AHP in diesem Zusammenhang verbunden ist. Im Gegensatz zu herkömmlichen Methoden der Partnerselektion ist im Bereich des Nutzens der Aufwand der Erstellung der Hierarchie sowie die Durchführung der Paarvergleiche zu nennen. Gleichwohl sind ähnliche Schritte auch bei Anwendung anderer Verfahren wie Nutzwert- oder Profilanalysen durchzuführen, so dass an dieser Stelle zumindest kein erheblicher Mehraufwand zu erwarten ist. Für den Bereich der Risiken wurde als einziger Ansatz, der entsprechende Kriterien integriert, der nach Wohlgemuth modifizierte Ansatz Hartings identifiziert. Da dieser Risiken jedoch lediglich auf einem relativ hoch aggregierten Niveau erfasst und eine Untersuchung der zugrunde liegenden Einflussfaktoren nicht vorsieht, entsteht an dieser Stelle durch Anwendung der vorgestellten

[1244] Vgl. Seiter, M. (2006a), S. 151.

Methode durchaus Mehraufwand. Dieser kann allerdings durch die hiermit verbundene systematische Aufbereitung der Risikoposition von Aufnahmekandidaten gerechtfertigt sein, zumal die Erstellung der Hierarchie als einmaliger Prozess anzusehen ist. Der Aufwand für die nachfolgende Bewertung mit Paarvergleichen sollte angesichts der Langfristigkeit einer Aufnahmeentscheidung in der Mehrzahl der Fälle gerechtfertigt sein. Schließlich empfiehlt es sich aus Aufwandsaspekten, die Anzahl der Aufnahmekandidaten bereits im Vorfeld der AHP-Anwendung mit Hilfe von einem oder mehreren K.o.-Kriterien zu reduzieren.[1245]

4.1.3 Risikoanalyse im Aktionscontrolling mit dem AHP

Prinzipiell können Unternehmensnetzwerke auch ohne Abstimmung ihrer Aktivitäten Leistungen am Markt erbringen, indem jedes Partnerunternehmen auf Basis seiner spezifischen Vorstellungen Ressourcen anbietet und die Auswahl zwischen mehreren Angeboten über Marktmechanismen erfolgt.[1246] Werden durch ein derartiges Vorgehen die Einbringung von Ressourcen in indirekte Netzwerkbereiche und derartige risikobehafteten Vorleistung durch die Partnerunternehmen vermieden, so kommt hierin eine starke Risikoaversion zum Ausdruck. Sind die Partner jedoch überwiegend nicht risikoavers eingestellt, so können durch entsprechende Aktivitäten zusätzliche Nutzenpotenziale gehoben werden.

Wie in Abschnitt 2.1.2.3 dargestellt, thematisiert das Aktionsmanagement die Planung und Kontrolle des Leistungsprogramms des Netzwerks[1247] sowie abgestimmte, auftragsübergreifende Aktionen zur Generierung zusätzlichen Nutzens für das Netzwerk. Zu unterscheiden sind unternehmensübergreifende Aktivitäten zunächst nach ihrem Marktbezug, so dass sich marktgerichtete und nicht-marktgerichtete Kooperationsfelder unterscheiden lassen. Aktionen in marktgerichteten Kooperationsfeldern lassen sich des Weiteren danach unterscheiden, ob sie sich auf ein einzelnes Kooperationsfeld oder auf die marktgerichteten Aktivitäten des Netzwerks als Ganzes beziehen.[1248] Im Rahmen des Managements marktgerichteter geschäftsfeldbezogener Kooperationsfelder obliegt dem Aktionscontrolling insbesondere die Unterstützung des Netzwerkmanagements bei der Auswahl einzelner Tätigkeitsfelder sowie bei der Analyse der Aktivitäten innerhalb dieser Tätigkeits-

1245 Vgl. Zelewski, S., Peters, M. L. (2003), S. 1214.

1246 Vgl. Hess, T. (2002), S. 232.

1247 Vgl. Ries, A. (2001), S. 177.

1248 Vgl. Hess, T. (2002), S. 232 - 234. Für eine ähnliche Unterteilung mit einer Differenzierung nach der Anzahl der betroffenen Partner und Funktionsbereiche vgl. Wohlgemuth, O. (2002), S. 207.

felder. Geschäftsfeldübergreifende marktgerichtete Kooperationsfelder zielen hingegen auf Funktionsbereiche ab, etwa im Zuge des Aufbaus einer Netzwerkmarke oder bei kollektiven Investitionen beispielsweise in gemeinsame Informations- und Kommunikationstechnologien.

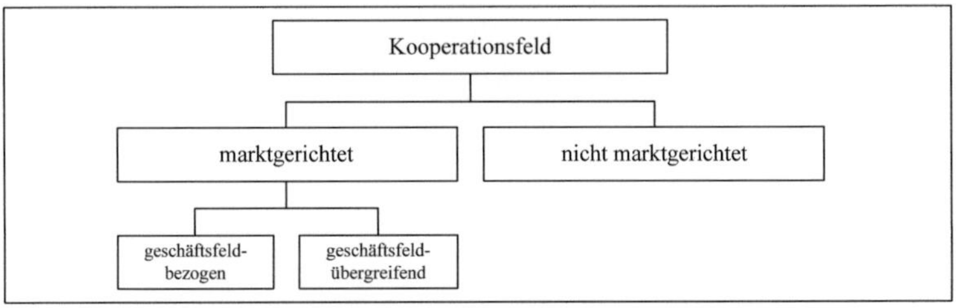

Abbildung 61: Typologie von Kooperationsfeldern[1249]

4.1.3.1 Kernaufgaben des Aktionscontrolling

Innerhalb der dargestellten Systematik besteht die Aufgabe des Aktionscontrolling zunächst darin, die von einem Unternehmensnetzwerk bearbeiteten Kooperationsfelder zu identifizieren und voneinander abzugrenzen. Hierzu wird in Einzelunternehmen typischerweise auf das Konzept der strategischen Geschäftsfelder (SGF) zurückgegriffen. Unter einem strategischen Geschäftsfeld wird eine Planungseinheit verstanden, für die im Rahmen der strategischen Planung eine eigene Strategie entwickelt werden kann.[1250] Zur Abgrenzung von SGFs erweitert Abell die von Ansoff gewählte Sichtweise der Produkt-Markt-Kombinationen[1251] zu einer differenzierten Betrachtung, indem Technologien, Kundengruppen und Kundenprobleme integriert werden.[1252] Bea und Haas hingegen schlagen vor, die Merkmale Technologie, Produkt, Problemlösung, Wettbewerber und Nachfrager anzuwenden.[1253]

Im Anschluss an die Abgrenzung der Kooperationsfelder sind diese zu bewerten und zu selektieren. Hierzu schlagen Wohlgemuth und Hess vor, auf die Methodik der Portfolio-Analyse zurückzugreifen.[1254] Ziel dieser auf der Portfolio Selection The-

---

1249 Vgl. Hess, T. (2002), S. 234.

1250 Vgl. Hahn, D., Hungenberg, H. (2001), S. 269.

1251 Vgl. Ansoff, H. I. (1965).

1252 Vgl. Abell, D. F. (1980).

1253 Vgl. Bea, F. X., Haas, J. (2005), S. 140 - 146.

1254 Vgl. im Folgenden Hess, T. (2002), S. 234 - 242; Wohlgemuth, O. (2002), S. 203 - 221. Für einen Überblick über Ansätze des Portfolio-Managements vgl. Böhler, H. (1989); Kreikebaum, H. (1997), S. 74 - 87; Götze, U., Mikus, B. (1999), S. 92 - 126; Bea, F. X., Haas, J. (2005), S. 136 - 165. Böhler, H., Scigliano, D. (2005), S. 111 - 114.

ory[1255] basierenden Methode ist die Bewertung der Position der betrieblichen Planungseinheiten bzw. SGF im Markt aus der Perspektive der Gesamtunternehmung. Hierauf aufbauend wird das Erfolgspotenzial der einzelnen SGF mit den Finanzierungsrestriktionen des Unternehmens abgestimmt.

Für diese Beurteilung wird ein zweidimensionaler Beurteilungsraum in Form einer Matrix aufgespannt, deren Achsen eine durch das Unternehmen nicht beeinflussbare Umweltdimension sowie eine durch das Unternehmen gestaltbare Unternehmensdimension repräsentieren. Die Umweltdimension steht somit für das externe Chancen-Risiko-Profil eines SGF, die Unternehmensdimension für die zugehörigen Stärken und Schwächen. Oft werden in beiden Dimensionen durch Kombination mehrerer Faktoren ermittelte Scores verwendet. Die SGF werden in beiden Dimensionen bewertet und anschließend als Kreis in der Matrix abgetragen. Hierbei findet die Bedeutung eines SGF, etwa in Form des Umsatzvolumens, ihren Ausdruck in der Größe des eingetragenen Kreises. Ergebnis ist das sogenannte Ist-Portfolio. Auf Basis ihrer Positionierung werden für die SGF Handlungsempfehlungen bzw. Normstrategien vorgeschlagen, auf deren Basis abschließend ein Soll-Portfolio erstellt wird, das für jedes SGF eine angestrebte Positionierung beschreibt.

Die Portfolioanalyse hat sich – nicht zuletzt aufgrund ihrer Anschaulichkeit und einfachen Handhabung[1256] – zu dem wohl populärsten Instrument der strategischen Planung entwickelt.[1257] Neben den beiden bekanntesten Ansätzen des Marktwachstums-Marktanteils-Portfolios (auch BCG-Matrix) und des Marktattraktivitäts-Wettbewerbsvorteils-Portfolios (auch McKinsey-Matrix) finden sich zwischenzeitlich auch technologie- und ressourcenorientierte Ansätze.[1258] Gleichwohl wird an der Portfolio-Analyse beispielsweise die angenommene Kausalität zwischen den einbezogenen Variablen, das schematische Verfahren der Strategiewahl, die implizite Quersubventionierung sowie in Abhängigkeit von dem betrachteten Portfolio auch eine Vergangenheitsorientierung kritisiert.[1259]

Bei der Bewertung von Kooperationsfeldern schlagen Wohlgemuth und Hess vor, weiterhin eine exogene und eine endogene Dimension zu betrachten. Jedoch sollen aufgrund der Komplexität der Bewertung beide Dimensionen zunächst separat in eigenen Portfolios analysiert und anschließend in ein Gesamtportfolio überführt

---

[1255] Die Portfolio Selection Theory geht zurück auf Markowitz. Vgl. Markowitz, H. M. (1952).
[1256] Vgl. Macharzina, K., Wolf, J. (2005), S. 374.
[1257] Vgl. Steinle, C., Lawa, D., Lier, A. (1993).
[1258] Vgl. stellvertretend Albach, H. (1979); Pfeiffer, W., Metze, G. et al. (1991), S. 85 ff.; Wolfrum, B. (1992a); Wolfrum, B. (1992b); Wolfrum, B. (1994).
[1259] Vgl. Bea, F. X., Haas, J. (2005), S. 163 - 165.

werden. Die exogene Perspektive oder auch Marktdimension ist dabei hinsichtlich Marktattraktivität und zukünftiger Entwicklung zu analysieren. Hierzu können bewährte Erfolgsfaktoren wie Marktwachstum, Marktvolumen, Wettbewerbsintensität etc. herangezogen werden. Diese jeweiligen Faktoren sind sowohl nach Ist- als auch nach Soll-Ausprägung zu bewerten. Die endogene oder Kooperationsdimension betrachtet die Wettbewerbsstärke des Unternehmensnetzwerks im Kooperationsfeld sowie die Leistungsfähigkeit der Partnerunternehmen. Die Wettbewerbsstärke integriert marktbezogene Merkmale des Netzwerks wie auch seiner Produkte und Dienstleistungen, als Bewertungskriterien nennen die Autoren beispielsweise Marktanteil, Produktqualität, Preis oder Lieferbereitschaft. Die Leistungsfähigkeit kann anhand von Kriterien wie technisches Know-how, Qualifikation des Personals, Finanzkraft etc. bewertet werden. Alle genannten Faktoren sind relativ zu bewerten, um einen Vergleich mit Wettbewerbern zum Ausdruck zu bringen.

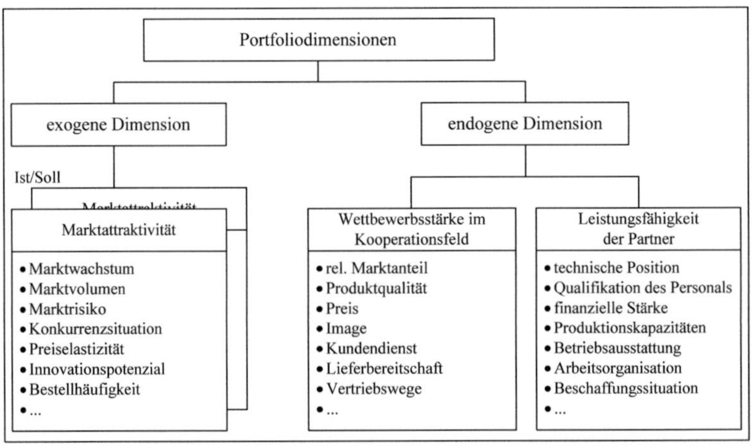

Abbildung 62: Bewertungskriterien für Portfolios in Netzwerken[1260]

Auf dieser Basis sind zunächst die aktuellen Ausprägungen der einzelnen Kriterien zu ermitteln, um isolierte Markt- und Kooperationsportfolios zu erstellen. Zur Verdichtung der einzelnen Dimensionen findet die Nutzwertanalyse Verwendung. Abschließend sind diese Portfolios zu einem kombinierten Markt-Kooperations-Portfolio zu verdichten, das wiederum Grundlage für die Ermittlung der strategischen Stoßrichtung je Kooperationsfeld ist. Abbildung 63 verdeutlicht die Methodik des Markt-Kooperations-Portfolios nach Wohlgemuth und Hess. Die Autoren empfehlen für Kooperationsfelder, die in den Feldern A, B oder D positioniert sind, die Aufgabe

1260 In Anlehnung an Hess, T. (2002), S. 238; Wohlgemuth, O. (2002), S. 213.

der Zusammenarbeit. Für die Felder F, H und I hingegen wird der Erhalt bzw. Ausbau der Zusammenarbeit nahegelegt. Die Felder C, E und G hingegen erfordern ein selektives Vorgehen.[1261]

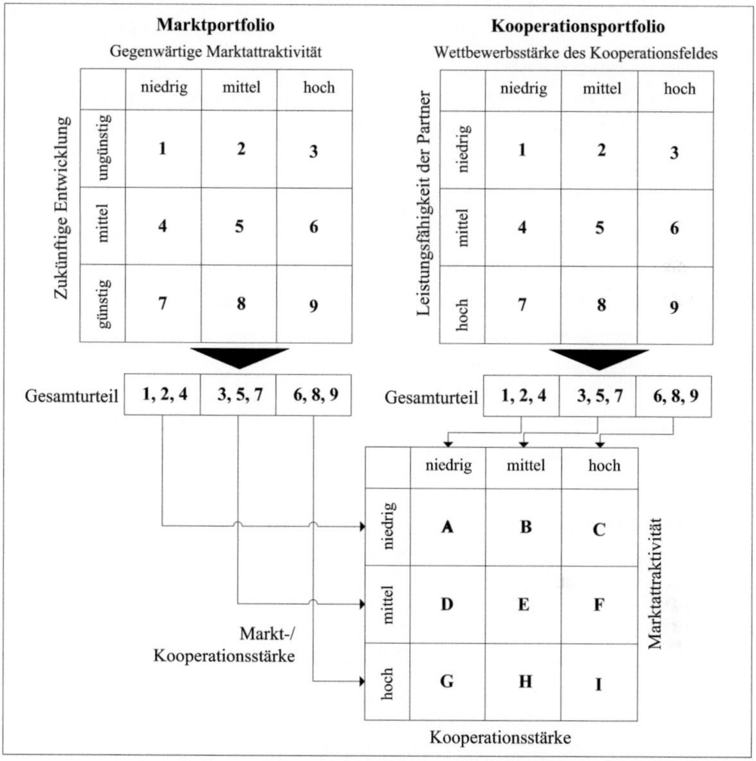

Abbildung 63: Markt-Kooperations-Portfolio nach Wohlgemuth und Hess[1262]

Insgesamt betrachtet bietet das Markt-Kooperations-Portfolio einen kompakten Überblick über die netzwerkinternen Stärken und Schwächen sowie die externen Chancen und Risiken. Darüber hinaus werden die hiermit verbundenen strategischen Implikationen verdeutlicht. Hierauf aufbauend kann die Abstimmung der Partner untereinander verbessert werden, gleichzeitig wird den Netzwerkpartnern ihr Kooperationsbeitrag und ihre Einbettung in die strategische Gesamtentwicklung des Netzwerks verdeutlicht. Da im Zuge der Erstellung des Portfolios Leistungsmerkmale der Partnerressourcen und der Netzwerkprodukte explizit bestimmt werden müssen,

[1261] Vgl. ausführlich Wohlgemuth, O. (2002), S. 217 - 219.
[1262] Vgl. Hess, T. (2002), S. 239; Wohlgemuth, O. (2002), S. 216.

werden Entscheidungen über Ausbau oder Beendigung der Zusammenarbeit in einzelnen Kooperationsfeldern objektiviert. Ähnlich anderen Portfolio-Analysen gilt jedoch auch für das Markt-Kooperations-Portfolio, dass eine schematische Anwendung der Normstrategien zu vermeiden ist. Vielmehr sind diese als Bezugsrahmen für eine anschließende strategische Feinplanung zu interpretieren.[1263] Zu beachten ist zudem, dass auf Netzwerkebene lediglich ein aggregiertes Urteil gebildet werden kann, das zudem stark abhängig ist von den durch die Partnerunternehmen gelieferten Inputdaten. Problematisch kann dies sein, wenn Netzwerkpartner durch Verschweigen oder gar bewusstes Verfälschen von Informationen versuchen, die Analyseergebnisse und Strategieentscheidungen in eine bestimmte Richtung zu lenken.[1264] Schließlich stellt sich die Frage, inwieweit die Aussagen des Markt-Kooperations-Portfolios aufgrund des hohen Aggregationsgrades geeignet sind, um auch auf Ebene des einzelnen Partnerunternehmens operationale Handlungsempfehlungen abzuleiten. Weitere Anregungen können beispielsweise detaillierte Analysen der zugehörigen Wertschöpfungsketten geben.[1265]

Neben der Bewertung von marktgerichteten Kooperationsfeldern hat das Aktionsmanagement auch kollektive Investitionen bzw. strategische Vorhaben des Netzwerks zu beurteilen. Derartige Investitionen stellen auf eine über die reine Auftragsabwicklung hinausgehende zwischenbetriebliche Integration ab, um die für eine effektive Zusammenarbeit erforderlichen infrastrukturellen Rahmenbedingungen zu ermöglichen.[1266] Dies bedingt eine Abstimmung und Zusammenlegung von Leistungspotenzialen,[1267] woraus wiederum Ressourceninterdependenzen resultieren.[1268] Charakteristikum derartiger Interdependenzen ist, dass die Ertragsmöglichkeiten eines Partners auch vom Ressourceneinsatz der anderen Parteien abhängen.[1269] Anders ausgedrückt ist der Rückfluss aus den von den beteiligten Unternehmen zunächst getätigten Ausgaben vom Verhalten der anderen beteiligten Unternehmen

---

1263 Vgl. Böhler, H. (1989), Sp. 1556.

1264 Vgl. Wohlgemuth, O. (2002), S. 219 - 221.

1265 Vgl. Hess, T. (2002), S. 242 - 249; Wohlgemuth, O. (2002), S. 221 - 231.

1266 Vgl. Gerpott, T. J., Böhm, S. (2000), S. 22.

1267 Vgl. Astley, W. G., Fombrun, C. J. (1983), S. 578.

1268 Aus Ressourceninterdependenzen resultierende Steuerungsprobleme werden unter dem Begriff der Poolressourcen in der politischen Ökonomie diskutiert. Diese sind charakterisiert durch die Merkmale Rivalität und Nicht-Ausschließbarkeit. Rivalität bedeutet, dass der Wert des Pools durch die Nutzung des Einzelnen reduziert wird. Nicht-Ausschließbarkeit bedeutet, dass kein Gemeinschaftsmitglied von der Nutzung des Pools ausgeschlossen werden kann. In Kombination ergeben sich Probleme, wenn die Beteiligten kurzfristige Nutzenmaximierung betreiben und die Ressourcen des Pools stärker beanspruchen als dies aus langfristiger bzw. kollektiver Rationalität vertretbar ist. Vgl. Ostrom, E. (1990).

1269 Vgl. Wohlgemuth, O., Hess, T. (2003), S. 205.

und damit vom kollektiven Handeln abhängig.[1270] Derartige Investitionen werden daher als kollektiv bezeichnet.[1271] Nimmt man als wesentliches Charakteristikum einer Investition zudem die Inkaufnahme eines sicheren Nachteils in Erwartung eines unsicheren zukünftigen Vorteils an, so können jegliche zwischenbetrieblichen Projektinitiativen ebenfalls als kollektive Investitionen bezeichnet werden.[1272] Der Rückfluss erfolgt in Unternehmensnetzwerken regelmäßig über die abgewickelten Netzwerkaufträge.[1273]

Kollektive Netzwerkressourcen sind somit einem ständigen Nutzungswettbewerb der Partner ausgesetzt. Da Netzwerkpartner nicht von der Nutzung gemeinsamer Ressourcen ausgeschlossen werden können, entsteht das Problem, dass das einzelne Unternehmen nicht automatisch verhindern kann, dass sich andere Partner weniger oder gar nicht am Aufbau beteiligen und trotzdem von der gemeinsamen Infrastruktur profitieren. Aus diesem Grund zählen eine klare Abgrenzung der Nutzer, eine möglichst genaue Kongruenz zwischen Input und Output, klare Regeln zur Nutzung kollektiver Investitionen sowie Beaufsichtigung und Sanktionierung zu den wesentlichen Rahmenbedingungen und Voraussetzungen, unter denen kollektive Investitionen realisiert werden können.[1274] Aufgabe des Aktionscontrolling ist es in diesem Umfeld, die entsprechenden Vereinbarung und Absprachen überprüfbar zu machen, indem Verteilungslösungen ermittelt und Zusagen abgesichert werden.[1275]

Kollektivinvestition zeichnen sich dadurch aus, dass der Nutzen unabhängig von den tatsächlichen Eigentumsrechten der Netzwerkpartner in gleichem Umfang anfällt.[1276] Sobald den Netzwerkpartnern die Beteiligung am Vorhaben freigestellt ist, existiert folglich eine free rider-Problematik.[1277] Hierdurch entsteht eine Entscheidungssituation, die der des Gefangenendilemmas[1278] ähnlich ist, da jeder Partner versucht ist, gegen eine Beteiligung zu votieren, in der Hoffnung, dass die übrigen Partner das Projekt dennoch realisieren. Die Ermittlung einer Verteilungslösung, die diese Problematik berücksichtigt, ist somit eine zwingende Voraussetzung, um kollektive Investitionen durch das Aktionscontrolling herbeizuführen. Hierfür bieten sich die

---

1270 Vgl. Hess, T. (2002), S. 249 f.
1271 Vgl. Müller-Tengelmann, H. (1994), S. 3 - 5.
1272 Vgl. Müller-Tengelmann, H. (1994), S. 5. Zum modernen Investitionsbegriff vgl. Schmidt, R. H., Terberger, E. (1999), S. 51 - 55.
1273 Vgl. Wohlgemuth, O., Hess, T. (2003), S. 207.
1274 Vgl. Osterloh, M., Weibel, A. (2000).
1275 Vgl. Hess, T. (2002), S. 253; Wohlgemuth, O., Hess, T. (2003), S. 214.
1276 Vgl. Wohlgemuth, O., Hess, T. (2003), S. 214.
1277 Siehe Abschnitt 3.2.2.2. Vgl. auch Rokkan, A. I., Buvik, A. (2003).
1278 Siehe Abschnitt 2.1.3.2.

klassischen Prinzipien der Kostenverrechnung an.[1279] Kann etwa der Nutzen, der einem Partner aus einem Projekt zufällt, sinnvoll bestimmt werden, so kann dieser im Sinne des Verursachungsprinzips als Maßstab für die Aufteilung des Implementierungsaufwands herangezogen werden. Andernfalls bietet sich ein Rückgriff auf das Durchschnitts- oder das Tragfähigkeitsprinzip an.[1280]

Schließlich sind die mit einer kollektiven Investition getätigten Absprachen und Zusagen zu dokumentieren und nachprüfbar zu machen. Nachprüfbarkeit kann über Verpflichtungen hergestellt werden.[1281] Mit Positivverpflichtungen sichern die Partnerunternehmen die Durchführung der Investition verbindlich zu. Negativ-Verpflichtungen[1282] hingegen versichern das Unterlassen von Handlungen, welche die Wirtschaftlichkeit der kollektiven Investition gefährden.

4.1.3.2 Risikoorientierte Bewertung marktorientierter Kooperationsfelder

Für die risikoorientierte Bewertung marktorientierter Kooperationsfelder bietet es sich zunächst an, die Erstellung der Markt-Kooperationsportfolios mit Hilfe des AHP zu unterstützen. Zu diesem Zweck kann zunächst auf eine Erstellung des Kooperationsportfolios verzichtet werden, indem stattdessen eine Gewichtung von Wettbewerbsstärke und Leistungsfähigkeit auf der obersten Hierarchieebene des AHP erfolgt, um auf der nachfolgenden Ebene eine Gewichtung der einzelnen Faktoren mit Hilfe von Paarvergleichen durchzuführen. Somit wird von einer Gleichgewichtung der Kategorien Wettbewerbsstärke und Leistungsfähigkeit, wie diese im Kooperationsportfolio implizit unterstellt wird, abgewichen, um Besonderheiten einzelner Kooperationsfelder besser würdigen zu können. Zudem kann für jeden der untergeordneten Faktoren nunmehr ein Gesamtgewicht ausgewiesen werden, indem das lokale Gewicht eines Faktors mit dem Gewicht der zugehörigen Kategorie multipliziert wird. Hieraus lassen sich weitere Anregungen und Priorisierungen für das strategische Management eines Kooperationsfeldes ableiten. Gleichermaßen kann zur Gewichtung der Faktoren der Marktattraktivität auf die Paarvergleichsmethodik des AHP zurückgegriffen werden.

1279 Vgl. Schweitzer, M., Küpper, H. U. (2003), S. 87 ff.

1280 Vgl. Wohlgemuth, O., Hess, T. (2003), S. 214.

1281 Vgl. Hess, T. (2002), S. 253.

1282 Wildemann bezeichnet derartige Verpflichtungen als Selbstverpflichtung. Vgl. Wildemann, H. (1997), S. 432 f.

Für die risikoorientierte Bewertung marktorientierter Kooperationsfelder bietet es sich an, Methoden der Szenariotechnik in die Analyse zu integrieren. Hierbei handelt es sich um ein Instrument der strategischen Unternehmensführung, das zukünftige Unternehmens- und Umweltentwicklungen in konsistenten Szenarien abbildet.[1283] Somit erfolgt eine expertenbasierte systematische Planung alternativer Entwicklungen.[1284] Für Planungszwecke werden aus allen zu einem bestimmten Prognosezeitpunkt denkbaren Szenarien typischerweise mit dem best case und dem worst case zwei Extremszenarien sowie ein als wahrscheinlich angenommener Zukunftszustand ausgewählt.

Anknüpfend an das bereits dargestellte Markt-Kooperations-Portfolio kann die Szenariotechnik auf die Planung von Kooperationsfeldern übertragen werden, indem zunächst das Marktportfolio modifiziert wird. Durch die Analyse verschiedener Zukunftsszenarien wird eine Möglichkeit zur Berücksichtigung externer Risiken geschaffen, die sich aus der Netzwerkumwelt ergeben und durch die Netzwerkpartner nicht oder nur eingeschränkt beeinflusst werden können. Ansatzpunkt ist die Bewertung der zukünftigen Entwicklung des Marktes, in der sich die externen Risiken eines Kooperationsfeldes niederschlagen. Auch zu derartigen Analysen bietet sich der Einsatz des AHP an.

Um die zukünftige Entwicklung des Marktes abbilden zu können, sind aus den bereits verdeutlichten Faktoren der Bewertung der Marktattraktivität mehrere Szenarien zu bilden. Zur Begrenzung der Anzahl der zu bewertenden Alternativszenarien ist hierbei zu empfehlen, dass nur die strategisch relevantesten Faktoren in die Betrachtung aufgenommen werden. Für diese sind realistische Ausprägungen verbal zu definieren, aus deren Kombination die Szenarien zu konstruieren sind. Beispielsweise könnten für die Bildung der Szenarien das Marktwachstum und die Wettbewerbsintensität herangezogen werden.[1285] Durch Kombination der Merkmalsausprägungen „gering“ und „stark“ erhält man insgesamt vier Umweltszenarien (vgl. Tabelle 13). Denkbar ist aber auch, im Sinne von worst case- und best case-Betrachtungen alle Faktoren zu integrieren und auf diesem Wege insgesamt drei Szenarien unter Einbezug eines als wahrscheinlich angesehenen Szenarios zu erstellen.

[1283] Vgl. grundlegend Geschka, H. (1999), S. 518 ff.

[1284] Vgl. im Folgenden Burger, A., Buchhard, A. (2002), S. 94.

[1285] Vgl. Ossadnik, W., Maus, S. (1994), S. 139; Ossadnik, W. (1998), S. 166.

Szenarien		Wettbewerbsintensität	
		gering	stark
Marktwachstum	gering	I	II
	stark	III	IV

Tabelle 13: Umweltszenarien[1286]

Diese Szenarien sind zunächst für das zu betrachtende Kooperationsfeld hinsichtlich ihrer Eintrittswahrscheinlichkeit zu bewerten. Somit sind die an einem Kooperationsfeld beteiligten Partnerunternehmen für alle Szenarienpaare zu befragen, welches Szenarium im Rahmen der Paarvergleiche als wahrscheinlicher angesehen wird. Die Differenz der Wahrscheinlichkeit ist mit Hilfe der 9-Punkte-Skala zu bewerten.[1287]

Anschließend ist für jedes Szenario getrennt zu untersuchen, wie unter den entsprechenden Prämissen die endogene Dimension des Markt-Kooperationsportfolios zu bewerten ist. Zu diesem Zweck können entweder lediglich die Merkmalsausprägungen der einzelnen Faktoren variiert, oder aber auch die Gewichtungen durch eine neuerliche Anwendung des AHP szenariospezifisch festgelegt werden. Die letztgenannte Alternative ist jedoch mit einem bedeutend höheren Aufwand verbunden.

Abschließend stellt sich die Frage nach einer geeigneten Visualisierung der dargestellten Analysen. Zu diesem Zweck können für jedes Szenario separate Portfolios erstellt werden. Jedoch erschwert dieses Vorgehen die Ableitung eines Gesamteindrucks von der Bewertung eines Kooperationsfeldes. Stattdessen kann für jedes Kooperationsfeld ein Portfolio erstellt werden, in dem alle Szenarien zum Ausdruck kommen. Hierzu ist zunächst der aktuelle Zustand durch einen besonders gekennzeichneten Eintrag im Portfolio ersichtlich zu machen. Die aus den verschiedenen Szenarien resultierenden Positionierungen werden jeweils durch eigene Markierungen abgetragen, wobei die Wahrscheinlichkeit der Szenarien in der Größe der Datenpunkte zum Ausdruck kommen sollte. Hierauf aufbauend lassen sich Aussagen über die weitere strategische Stoßrichtung für ein Kooperationsfeld ableiten.[1288] Abbildung 64 zeigt ein Beispiel eines derart modifizierten Markt-Kooperations-Portfolios.

1286 In Anlehnung an Ossadnik, W. (1998), S. 167.

1287 Vgl. Ossadnik, W. (1998), S. 167.

1288 In Einzelunternehmen verfolgt die Portfolioanalyse typischerweise den Zweck, für ein ausgewogenes Verhältnis zwischen finanzmittelverbrauchenden SGFs und finanzmittelfreisetzenden SGFs zu sorgen und damit das finanzielle Gleichgewicht des Unternehmens zu gewährleisten. Da sich auf Netzwerkebene Finanzierungsfragen nicht stellen und es somit nicht erforderlich ist, dass ein Netzwerk über ein aus der Perspektive der Selbstfinanzierung ausgewogenes Portfolio verfügt (vgl. Hess, T. (2002), S. 241), ist die separate Erstellung eigener Portfolios für jedes Kooperationsfeld unproblematisch.

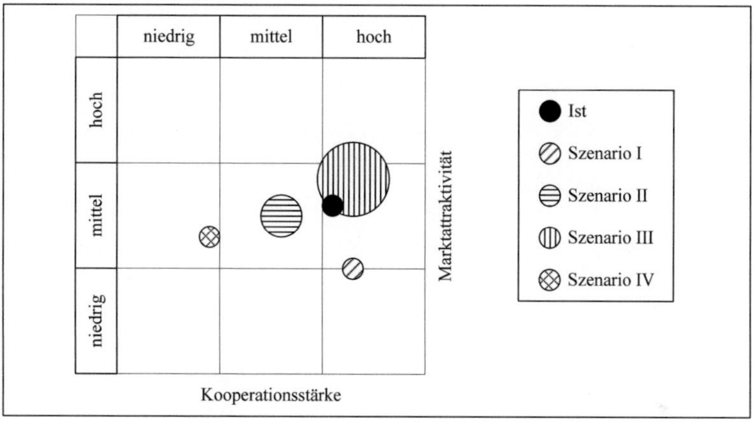

Abbildung 64: Markt-Kooperationsportfolio mit Szenarien

4.1.3.3 Risikoorientierte Bewertung kollektiver Investitionen

Als typisches Beispiel kollektiver Investitionen in Unternehmensnetzwerken findet sich in der Literatur der Aufbau gemeinsamer IT-Infrastrukturen.[1289] Eine risikoorientierte Bewertung derartiger Investitionen muss sowohl den Nutzen als auch Kosten und Risiken einer Investition berücksichtigen.[1290] Für die Bewertung von Kosten ergeben sich erhebliche Probleme aus dem Lebenszyklus einer Investition, insbesondere aufgrund wiederkehrender oder laufender Kosten. Um diesen Kostenanfall dennoch zu berücksichtigen, kann auf den Total Cost of Ownership (TCO)-Ansatz zurückgegriffen werden.[1291] Dieser unterscheidet explizit zwischen direkten und indirekten Kosten einer Investition. Als direkte Kosten werden solche Kosten bezeichnet, die durch die eigentliche Investition entstehen und im Vorfeld der Investition bereits bestimmt und budgetiert werden können. Im Beispiel einer IT-Investition zählen Aufwendungen für Hard- und Software, Unterstützungsleistungen oder Administration zu den direkten Kosten. Indirekte Kosten hingegen entstehen nicht

---

1289 Vgl. beispielsweise Hess, T. (2002), S. 233; Koch, M., Baier, D. (2002b); Koch, M., Baier, D. (2002a); Wolf, R., Loos, C. F. et al. (2004), S. 365; Hirnle, C. (2005); Loos, C. F., Wolf, R., Heinzl, A. (2005); Hirnle, C. (2006); Hirnle, C., Hess, T. (2007). Zu Risiken bei IT-Investitionen vgl. Lingnau, V., Jonen, A., Müller, J. (2006); Jonen, A., Lingnau, V. (2007). Zu Potenzialen im Rahmen zwischenbetrieblicher Kooperationen vgl. Scheer, A.-W., Angeli, R., Herrmann, K. (2003), S. 371 – 373. Vgl. auch Thome, R. (1998). Für einen Überblick über spezifische IT für Netzwerke vgl. Hess, T., Katzy, B., Wittenberg, S. (2003).

1290 Betrachtet man neben der Netzwerkebene auch die Ebene der Partnerunternehmen, so ergeben sich zusätzlich Fragestellungen der Aufteilung von Kosten und Nutzen. Derartige Problemstellungen werden in der Literatur zumeist mit Hilfe der Theorie der Verfügungsrechte untersucht. Vgl. Hirnle, C. (2006), S. 100 - 159; Hirnle, C., Hess, T. (2007), S. 130.

1291 Vgl. Friedmann, J. (2000).

aufgrund der Anschaffung oder der Gewährleistung des Betriebs der Investition, sondern in Folge unproduktiver Nutzung durch den Endanwender. Für IT-Investitionen werden Ausfallzeiten oder Unterstützungsleistungen vom Endanwender als indirekte Kosten genannt.[1292] Somit vernachlässigt der TCO-Ansatz Opportunitätskosten, Komplexitätskosten und Risiken, bietet jedoch eine sinnvolle Strukturierung der Kostenseite von Investitionen.

Hinsichtlich der Nutzeneffekte ist festzuhalten, dass oftmals eine exakte monetäre Bewertung – gerade im Kontext von Unternehmensnetzwerken – nicht ohne weiteres möglich ist.[1293] Für eine fundierte qualitative Bewertung empfiehlt es sich, die mit einer Investition verbundenen Effekte zu kategorisieren. Verbleibt man im Beispiel der IT-Investitionen, so kann als Gliederungsansatz für Nutzenkategorien auf einen Vorschlag von Schumann zurückgegriffen werden.[1294] Dieser unterscheidet allgemeine und integrationsabhängige Nutzeffekte, Wettbewerbsveränderungen durch IV-Systeme sowie sonstige Nutzeffekte. Allgemeine Nutzeffekte, zu denen Änderungen bei Kostenanfall, Produktivität, Qualität, Flexibilität und Leistungsangebot zählen, können beispielsweise mit Hilfe der Wertkettenanalyse erfasst werden; für strategische Nutzeffekte schlägt Schumann hingegen das Konzept der Five Forces vor.[1295] Hirnle passt diese Gliederung an die Bedürfnisse von Unternehmensnetzwerken an und unterscheidet analog die Kategorien Kostensenkung, Beträge zur strategischen Position und Führung des Unternehmens im Netzwerkverbund.[1296]

Schließlich sind – wie bereits dargestellt – die mit einer Investition verbundenen Risiken in die Bewertung aufzunehmen und explizit zu machen.[1297] Bei normaler Risikoneigung und relevanter Investitionshöhe werden die Partnerunternehmen bestrebt sein, das mit einer kollektiven Investition verbundene Risiko so gering als möglich zu halten.[1298] Zu unterscheiden ist zwischen netzwerkinternen Risiken, die

---

1292 Vgl. Müller, A., Lang, J., Hess, T. (2003), S. 62.

1293 Vgl. Jehle, E. (2003), S. 383. Die Ermittlung und Zurechnung der Wirkungen etwa von IT-Investitionen ist umso schwerer, je mehr Unternehmensebenen bzw. –bereiche, im Falle von Unternehmensnetzwerken auch Partnerunternehmen, von einer Anwendung betroffen sind. Vgl. Anselstetter, R. (1984), S. 10. Als mögliche Ansätze einer Monetarisierung können die Wirkungskettenanalyse sowie der Realoptionsansatz genannt werden. Vgl. Hirnle, C. (2006), S. 51 - 54, der jedoch auch darauf hinweist, dass beide Verfahren die Grundanforderung an Bewertungsinstrumente der Verwendung objektiv einschätzbarer Daten nicht erfüllen.

1294 Vgl. Schumann, M. (1992); Schumann, M. (1993). Vgl. grundlegend Anselstetter, R. (1984).

1295 Vgl. grundlegend Porter, M. E. (1980); Porter, M. E. (2000), S. 63 - 96. Mit Bezug auf Strategie und IT vgl. McFarlan, F. W. (1984); Porter, M. E., Millar, V. E. (1985).

1296 Vgl. Hirnle, C. (2006), S. 51.

1297 Für einen Vorschlag zur Anwendung von Simulationen zur risikoorientierten Bewertung von kollektiven Investitionen sowie zur Ermittlung von Kosten-Nutzen-Kalkülen vgl. mit Bezug auf Supply Chains Kajüter, P. (2003a), S. 123 - 125.

1298 Vgl. Hess, T. (2002), S. 250.

sich aus dem Verhalten der Netzwerkpartner ergeben, und netzwerkexternen Risiken, die sich aus der Unsicherheit der Rückflüsse der Investition ergeben.

Zunächst hängt das interne Risiko einer kollektiven Investition von der Spezifität[1299] ab. Eine Investition ist umso spezifischer, je höher der Wertverlust ist, der entsteht, wenn das Investitionsobjekt anderweitig eingesetzt wird. Wie bereits in Abschnitt 3.2.2.2 dargestellt, besteht in Zusammenhang mit kollektiven Investitionen ein Hold-Up-Risiko aufgrund der Spezifität, indem der oder die investierenden Partner auf die Nutzung der Investition durch die übrigen Partner angewiesen sind, um den Gesamtnutzen der Investition zu maximieren. Per definitionem ist die Spezifität einer Investition umso höher, je größer der Wertverlust ist, der mit der Zuführung der Ressource in ihre nächstbeste alternative Verwendungsweise einhergeht.[1300] Übertragen auf kollektive Investitionen stellt sich somit die Frage nach der Minderung des Nutzwerts bei unzureichender kollektiver Nutzung der Investition. Zu bewerten sind hierfür zwei Faktoren: zum einen der Wertverlust an sich, zum anderen die Wahrscheinlichkeit der unzureichenden Nutzung.

Als weiteres internes Risiko einer kollektiven Investition ist die Free-Rider-Problematik im Sinne einer Hidden Action zu nennen. In diesem Kontext bedeutet Hidden Action, dass ein Netzwerkpartner die gemeinsame Investition nutzen kann, ohne dafür die vollen Kosten zu tragen.[1301] So könnte ein Partner die Tatsache, dass die übrigen Netzwerkunternehmen seinen Nutzen an der Investition nicht abschließend beurteilen können, ausnutzen und seinen Nutzen niedriger angeben, als er tatsächlich ausfällt. Selbst wenn die anderen Partner den Nutzen des einen Partners relativ gut abschätzen können, werden sie möglicherweise die mangelnde Beteiligungsbereitschaft hinnehmen, wenn sie trotzdem einen hohen Nutzen aus der Investition ziehen. In eine risikoorientierte Bewertung ist somit aufzunehmen, inwieweit der Nutzen und die Kosten der einzelnen Partner transparent gemacht werden können, und ob sich Möglichkeiten ergeben, defektierende Partner von der Nutzung der Investition auszuschließen.

Aufbauend auf diesen Vorüberlegungen kann mit Hilfe des AHP eine qualitative Bewertung kollektiver Investitionen vorgenommen werden, indem zunächst eine Bewertungshierarchie erstellt wird. Diese enthält auf der obersten Hierarchieebene die drei Hauptkategorien Nutzeneffekte, Kosten und Risiken. Die weiteren Hierar-

---

1299 Siehe Abschnitt 2.1.3.1. Zum Zusammenhang von spezifischen Investitionen und Opportunismus in Marketing-Beziehungen vgl. Rokkan, A. I., Heide, J. B., Wathne, K. H. (2003).

1300 Vgl. Klein, B., Crawford, R., Alchian, A. (1978), S. 298.

1301 Vgl. Hirnle, C. (2006), S. 78.

chisierungen können in Anlehnung an die bereits getätigten Aussagen erfolgen. Anzumerken bleibt, dass die Anwendung des AHP primär als Ergänzung zu weiteren Methoden der Investitionsrechnung anzusehen ist, um sicherzustellen, dass nur solche Investitionsalternativen berücksichtigt werden, die einen positiven Barwert aufweisen.

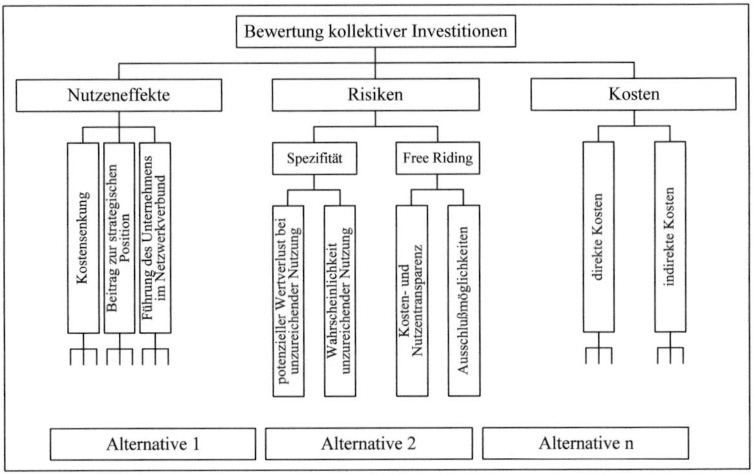

Abbildung 65: Hierarchiestruktur zur Bewertung kollektiver Investitionen

Mit Hilfe der dargestellten Hierarchie sind nunmehr die Investitionsalternativen durch das Paarvergleichsverfahren mit Hilfe der 9-Punkte-Skala gegenüberzustellen. Um Nutzen, Kosten und Risiken zu einem Gesamtwert zu aggregieren, wurden in Abschnitt 4.1.2.3 bereits verschiedene Methoden vorgestellt. Für die vorgeschlagene Hierarchie bietet es sich an, diesen Gesamtwert als gewichteten Nutzen abzüglich gewichteter Kosten und Risiken zu ermitteln. Eine Berechnung von Quotienten, wie sie im Zuge des Partnercontrolling vorgeschlagen wurde, hätte an dieser Stelle den Nachteil, dass durch die multiplikative Verknüpfung von Kosten- und Risikoindex im Nenner des Index der Gesamtwert bereits auf kleine Änderungen dieser Werte stark reagieren würde, da sowohl der Kosten- als auch der Risikoindex auf einer Skala von 0 bis 1 ermittelt werden.

Die Bewertung kollektiver Investitionen sei im Folgenden anhand eines Beispiels verdeutlicht.

Ein Unternehmensnetzwerk steht vor der Entscheidung, ein gemeinsames EDV-System entwickeln zu lassen. Es wurden zwei relevante Anbieter identifiziert. Die entsprechende Hierarchie findet sich in Abbildung 66.

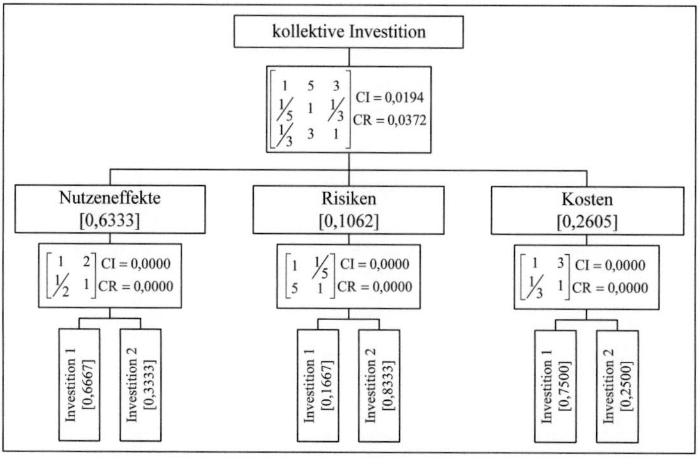

Abbildung 66: Beispielhierarchie zum Vergleich zweier Investitionsalternativen

Aus den Paarvergleichmatrizen kann abgelesen werden, dass Risiken eine relativ geringe Beachtung finden, das Hauptaugenmerk liegt hingegen auf den Nutzenpotenzialen der Systeme. System 1 hat einen relativen Nutzen von 0,4222, relative Kosten von 0,1954 sowie ein relatives Risiko von 0,0177. System 2 hat hingegen einen relativen Nutzen von 0,2111, relative Kosten von 0,0651 sowie ein relatives Risiko von 0,0885. Zieht man jeweils die Risiko- und Kostenwerte von den Nutzenwerten ab, so ergibt sich für Investition 1 ein Wert von 0,2091. Für Investition 2 beträgt dieser Wert 0,0575, so dass Investition 1 vorzuziehen ist.

Ergänzend sei an dieser Stelle auf die Möglichkeit zur Integration quantitativer Daten hingewiesen. Stehen beispielsweise die Kosten der einzelnen Investitionsalternativen fest, so können anstelle der Paarvergleichsmethode diese Kosteninformationen direkt normiert werden. Hierzu sind die Kosten der einzelnen Alternativen durch die Summe der Kosten aller Alternativen zu dividieren. Diese normierten Kosten können direkt in die Hierarchie übernommen werden.

4.1.4 Risikoanalyse im Erfolgscontrolling mit dem AHP

Den Überlegungen aus Abschnitt 2.1.2.3 folgend ist als generische Zielsetzung eines polyzentrischen Netzwerks die Maximierung des aggregierten Nutzens aller Netzwerkteilnehmer, im Falle eines fokalen Netzwerks die Maximierung des Nutzens eines Partners – jeweils betrachtet über den gesamten Zeitraum des Engagements –

anzusehen.[1302] Gleichwohl wird sich ein Unternehmen immer nur dann dauerhaft in einem Netzwerk engagieren, wenn sich ein entsprechender positiver Nutzen ergibt.[1303] In Analogie zur Bewertung eines traditionellen Unternehmens, bei der oftmals zwischen einer Ebene der Anteilseigner und einer Ebene des Gesamtunternehmens zu unterscheiden ist, können in einem Unternehmensnetzwerk die Ebenen des Netzwerks und der individuellen Partnerunternehmen differenziert werden. Somit stellt sich die Frage, wie auf beiden Ebenen Erfolg im Sinne der Erreichung dieser generischen Ziele gemessen werden kann, und wie die Risikoposition eines Netzwerks in diese Erfolgsmessung sinnvoll integriert werden kann.[1304] Gleichwohl soll im Folgenden gemäß der Zielsetzung der vorliegenden Arbeit allein auf die Ebene des gesamten Netzwerks abgestellt werden.[1305]

4.1.4.1 Kernaufgaben des Erfolgscontrolling

Als Aufgabe des Erfolgsmanagement wurde in Abschnitt 2.1.2.3 die Formulierung und Überprüfung langfristiger Ziele sowie die Ermittlung des Erfolgs des Netzwerks dargestellt. Das Erfolgscontrolling hat die hierzu benötigten Informationen bereitzustellen und im Rahmen der systembildenden Koordination geeignete Methoden zu entwickeln. Dem vorgelagert stellt sich die Frage nach einer geeigneten Interpretation des Erfolgsbegriffs im Kontext von Unternehmensnetzwerken.[1306]

Nach dem zugrundeliegenden Forschungsparadigma lassen sich grundsätzlich empirisch-induktive von theoretisch-deduktiven Definitionen unterscheiden. Kennzeichnend für empirisch-induktive Definitionen ist die zumeist retrospektive Ableitung des Erfolgs anhand indirekter Kriterien. Häufig verwenden empirische Arbeiten das Kriterium des Überlebens in den ersten, als kritisch einzuschätzenden Jahren, so dass Erfolg mit der Stabilität der Kooperation gleichzusetzen ist.[1307] Im Umkehrschluss wird von Misserfolg gesprochen, wenn die Zusammenarbeit beendet oder ein Partner von einem anderem übernommen wird.[1308] Da die Beendigung der Koopera-

1302 Vgl. Hess, T. (2002), S. 214.

1303 Vgl. Boettcher, E. (1974), S. 80 - 82. Analog wurde in Abschnitt 3.3.2.1 die Gefahr des Austritts eines Partnerunternehmens als relationales Risiko definiert.

1304 Vgl. Hungenberg, H., Wulf, T., Maack, B. (2002), S. 268.

1305 Zur Beurteilung der Effektivität eines Netzwerks auf Ebene des einzelnen Partnerunternehmens wie auch des Gesamtnetzwerks vgl. Sydow, J., Windeler, A. (1998).

1306 Vgl. im Folgenden Wohlgemuth, O., Hess, T. (1999), S. 30 – 34; Hungenberg, H., Wulf, T., Maack, B. (2002), S. 267 – 281; Kontos, G. (2004), S. 144 - 150. Vgl. auch Strack, J. (2001), S. 159 f.

1307 Vgl. Tröndle, D. (1987), S. 94; Harrigan, K. R. (1988), S. 207; Reiß, M., Heimerl, S. (1998), S. 238.

1308 Vgl. Michel, U. (1996), S. 49 f.

tion auch Ausdruck eines erfolgreichen Projektabschlusses oder veränderter Unternehmensstrategien sein kann, verwenden neuere Ansätze Stabilität typischerweise nur dann als Erfolgskriterium, wenn die Kooperation vorzeitig und zumindest aus Sicht eines Partners ungeplant beendet wird.[1309] Alternativ finden sich Erhebungen der Einschätzung des Managements, operationalisiert beispielsweise im Grad der Bereitschaft zur Wiederholung.[1310]

Theoretisch-deduktive Definitionen hingegen bringen den Kooperationserfolg mit logisch entwickelten und direkten Messgrößen in Verbindung. Zu unterscheiden sind hierbei eindimensionale, rein quantitative und mehrdimensionale, gemischt quantitativ-qualitative Definitionen. Hinsichtlich der Fristigkeit können unter den eindimensionalen Definitionen klassische von neoklassischen[1311] Ansätzen unterschieden werden. Klassische Ansätze orientieren sich an kurzfristig angelegten Erfolgsgrößen wie beispielsweise der Kostenersparnis als Differenz zwischen kooperationsbedingten Kostensenkungen und durch die Kooperation verursachten Kosten,[1312] der langfristigen Gewinnmaximierung[1313] oder dem zusätzlichen Gewinn gegenüber einem isolierten Vorgehen.[1314] Neoklassische Ansätze fassen die Teilnahme an einer Kooperation als spezifisches Investitionsprojekt auf. Erfolgsgröße ist dann der langfristige Zahlungsüberschuss[1315] oder der Beitrag zur Steigerung des Unternehmenswerts.[1316]

Allgemein betrachtet wird sich ein Unternehmen nur dann in einem Netzwerk engagieren, wenn sich hieraus ein positiver Nettonutzen ergibt. Die resultierende Forderung, dass die Anreize, die einem Partnerunternehmen durch die Kooperation geboten werden, die entsprechenden Beiträge übersteigen müssen, basiert auf einer verhaltensorientierten, aus der Anreiz-Beitrags-Theorie abgeleiteten Sichtweise.[1317] Der implizierte Vergleich der kooperationsbedingten Vor- und Nachteile legt eine mehrdimensionale, sowohl quantitative als auch qualitative Faktoren integrierende

1309 Vgl. Beamish, P. W., Inkpen, A. C. (1995), S. 27.
1310 Vgl. Oesterle, M. J. (1995), S. 992.
1311 Vgl. zur neoklassischen Theorie Jansen, H. (2004).
1312 Vgl. Barein, K., Gau, E. et al. (1969), S. 9.
1313 Vgl. Tröndle, D. (1987), S. 39.
1314 Vgl. Knoblich, H. (1969), S. 513.
1315 Vgl. Plaßmann, M. (1977), S. 44.
1316 Vgl. Bronder, C., Pritzl, R. (1992a), S. 26; Michel, U. (1996), S. 65. Vgl. für eine rein monetäre Bewertung auch Altwegg, R. (1995).
1317 Vgl. Boettcher, E. (1974), S. 80 – 82.

Definition nahe.[1318] Dies deckt sich mit der in Abschnitt 3.3.1 hergeleiteten Annahme der Existenz eines gemeinsamen Zielkatalogs, der als Grundlage der Bewertung herangezogen werden kann.[1319] Jedoch bleibt der Kooperationserfolg auf diesem Wege zunächst unbestimmt, da er von der subjektiven Bewertung der Anreize und Beiträge durch die Partnerunternehmen abhängig ist.[1320] Der Kooperationserfolg ergibt sich somit als Grad der bzw. als positiver Beitrag – ggf. als Saldo von Anreizen und Beiträgen – zur Erfüllung der spezifischen Ziele, die ein Unternehmen mit dem Netzwerkengagement verfolgt.[1321]

4.1.4.2 Operationalisierung der Evaluation durch Instrumente des Erfolgscontrolling

Wie dargestellt, kann der Erfolg eines Netzwerks entweder eindimensional und damit rein quantitativ bzw. monetär oder mehrdimensional und somit qualitativ oder gemischt quantitativ-qualitativ ermittelt werden. Verfahren der Erfolgsbestimmung können hierauf aufbauend danach unterschieden werden, ob sie nur Aufwands- oder nur Nutzenkategorien berücksichtigen, und ob sie innerhalb dieser Kategorien rein monetär oder nicht-monetär vorgehen. Abbildung 67 gibt aufbauend auf diesen Differenzierungsmerkmalen einen Überblick über mögliche Verfahren zur Erfolgsbestimmung in Kooperationen.

1318 Vgl. Wohlgemuth, O., Hess, T. (1999), S. 32 – 34; Kontos, G. (2004), S. 151 f. Vgl. auch Merkle, M. (1999), S. 61 ff.; Strack, J. (2001), S. 88. Mit Bezug auf Joint Ventures vgl. Anderson, E. (1990), S. 22 ff. Hungenberg et al. kommen analog zu dem Schluss, „dass Unternehmen mit strategischen Allianzen keineswegs nur finanzielle Ziele verfolgen." Vgl. Hungenberg, H., Wulf, T., Maack, B. (2002), S. 270.

1319 Vgl. Beck, T. C. (1998), S. 71; Veil, T. (2001), S. 97; Hungenberg, H., Wulf, T., Maack, B. (2002), S. 268. Die Verwendung eines Zielkatalogs impliziert eine Interpretation des Erfolgsbegriffs im Sinne des Zielansatzes, der Erfolg dem Grad der Zielerreichung gleichsetzt. Zur Kategorisierung von Zielen vgl. beispielhaft Schmidt, R.-B. (1977), der Leistungs-, Finanz und Erfolgsziele unterscheidet sowie Hungenberg, H., Wulf, T., Maack, B. (2002), S. 270 f., die in Anlehnung an die Systematik der Balanced Scorecard finanzielle, kundenorientierte, prozessorientierte sowie lern- und wachstumsorientierte Ziele unterscheiden. Als weitere Interpretationen des Erfolgsbegriffs sind der Management-Audit-Ansatz, der Systemansatz, der Kontingenzansatz sowie der Stakeholder-Ansatz zu nennen. Vgl. Fritz, W. (1992), S. 218 - 220; Staehle, W. H. (1999), S. 444 - 452.

1320 Vgl. Wohlgemuth, O., Hess, T. (1999), S. 34.

1321 Vgl. Bidlingmeier, J. (1967), S. 358; Herz, C. (1973), S. 47; Lützig, W.-P. (1982), S. 16; Kraege, R. (1997), S. 75.

		Nutzen		
		nicht berücksichtigt	nicht monetär	monetär
Aufwand	nicht berücksichtigt		**Nutzwertanalyse** mehrdimensional Punktwert	**Erlösrechnung** eindimensional Geldgröße
	nicht monetär	**Aufwandswert-schätzung** eindimensional Punktwert	**Nützlichkeits-analyse** mehrdimensional Punktwert/Punktwert	in der Praxis nicht bekannt
	monetär	**Kostenvergleichs-rechnung** eindimensional Geldgröße	**Nutzwert-Kosten-Analyse** mehrdimensional Punktwert/Geldgröße	**Wirtschaftlichkeits-rechnung (Wert-steigerungsanalyse)** eindimensional Geldgröße oder Geldgröße/Geldgröße

Abbildung 67: Mögliche Verfahren der Erfolgsbestimmung in Kooperationen[1322]

Mit der Netzwerkergebnisrechnung, die Nutzen und Aufwand monetär bewertet, der Wertsteigerungsanalyse sowie der Nutzwertanalyse werden nachfolgend in der Literatur intensiv diskutierte Methoden der Erfolgsbestimmung in Netzwerken dargestellt.[1323]

Netzwerkergebnisrechnung

Herkömmliches Instrument einer Erfolgsbestimmung im Einzelunternehmen ist die Kalkulation im Sinne einer periodenbezogenen Ergebnisrechnung. Dieses Prinzip überträgt die Netzwerkergebnisrechnung auf Unternehmensnetzwerke unter der Prämisse, dass Netzwerke eine dem Konzern vergleichbare wirtschaftliche Einheit darstellen und somit eine Konsolidierung von Kosten und Erlösen nach analogen Prinzipien erfolgen muss.[1324] In Form der Nettoergebnisrechnung werden auf Ebene

---

[1322] Vgl. Rinza, P., Schmitz, H. (1992). Die Kombination von monetärer Nutzenbewertung und monetärer Aufwandsbewertung wird auch als Kosten-Nutzen-Analyse bezeichnet.

[1323] Darüber hinaus finden sich in der Literatur Ausführungen beispielsweise zur Nützlichkeitsanalyse oder zur Nutzwert-Kostenanalyse. Vgl. stellvertretend Wohlgemuth, O., Hess, T. (1999); Strack, J. (2001), S. 160.

[1324] Vgl. Veil, T., Hess, T. (2000); Veil, T. (2001), S. 168 - 180.

der Partnerunternehmen Kalkulationen der einzelnen Teilaufträge erstellt. Den Erlösen stehen auftragsbezogene variable und anteilige Fixkosten gegenüber. Das Netzwerkergebnis ergibt sich dann als Summe der Teilauftragsergebnisse. Alternativ kann auf Ebene des Gesamtnetzwerks der Erlös des gesamten Auftrags den aggregierten variablen und fixen Kosten gegenübergestellt werden. In Form der Bruttoergebnisrechnung werden Einzel- und Gemeinkosten unterschieden und in Analogie zur relativen Einzelkostenrechnung nach Riebel[1325] der jeweils niedrigsten Ebene einer Bezugsgrößenhierarchie zugewiesen, auf der sie noch als Einzelkosten ausgewiesen werden können. Für Netzwerke findet sich in der Literatur der Vorschlag, eine Hierarchie mit den Ebenen Netzwerk, Kooperationsfeld, Auftragstyp, Auftrag, Teilauftrag oder mit den Ebenen Netzwerk, Partner, Teilauftrag zu bilden.[1326] Die Ergebnisrechnung erfolgt als mehrstufige Deckungsbeitragsrechnung, als Erfolg wird der Überschuss der Periodenerlöse über die relativen Einzelkosten angesehen.

Wertsteigerungsanalyse

Im Bereich der eindimensionalen Methoden wird in der Literatur zu Unternehmenskooperationen neben der „klassischen" Kalkulation insbesondere die auf der von Rappaport entwickelten Shareholder-Value-Analysis[1327] aufbauende Wertsteigerungsanalyse diskutiert.[1328] Grundgedanke der Übertragung auf Kooperationen ist es, den Wertsteigerungsbeitrag sämtlicher Kooperationsstrategien und -maßnahmen zu quantifizieren und zu überwachen. Hierbei wird unterstellt, dass zwischen spezifischen Quellen von Wertsteigerungspotenzialen, unterschieden in leistungsbezogene, strukturelle sowie wettbewerbsbeschränkende Effekte, sowie den Bestimmungsgrößen von Cash Flow und Kapitalkosten systematische, qualitativ beschreibbare Zusammenhänge bestehen, die durch ein Wertsteigerungsnetzwerk dargestellt werden können.[1329] Diese wiederum sollen die Prognose und Kontrolle von Wertgeneratoren fundieren, indem für gemeinsame Projekte Meilensteine und zugehörige Messgrößen definiert und hinsichtlich ihres Einflusses auf die Quellen der Wertsteigerungspotenziale bewertet werden. Grundannahme ist, dass jedes Projekt Auswirkungen auf bestimmte Potenzialquellen hat, die sich in Veränderungen der Wertgeneratoren und damit des Shareholder Value widerspiegeln. Somit wird der Kooperationserfolg als Abweichung des realisierten vom geplanten Shareholder Value

---

[1325] Vgl. Riebel, P. (1994), insb. S. 177 und S. 706.

[1326] Vgl. Hess, T. (2002), S. 231 f.

[1327] Vgl. Rappaport, A. (1999). Siehe auch Abschnitt 2.2.5.

[1328] Vgl. Bronder, C., Pritzl, R. (1992b); Bronder, C. (1992); Michel, U. (1994); Mirow, M. (1994); Michel, U. (1996).

[1329] Vgl. Michel, U. (1996), S. 91; Riggers, B. (1998), S. 228 - 247.

definiert und wird mit dem Durchführungserfolg strategischer Projekte qualitativ erklärt.

Unabhängig von der allgemeinen Verfahrenskritik an der Shareholder-Value-Analysis, etwa in Bezug auf die gesetzten Prämissen[1330] oder die Methodik zur Ermittlung von Cash Flows, Restwert und Diskontierungsfaktor,[1331] sieht sich die Anwendung in Unternehmensnetzwerken mit zusätzlichen Problemfeldern konfrontiert. Hierzu zählt die höhere Prognoseunsicherheit durch die geringere Stabilität kooperativer Arrangements, die eindimensionale Deutung des Kooperationserfolgs sowie das Fehlen von Kausalzusammenhängen für die Analyse des Kooperationserfolgs.[1332]

Nutzwertanalyse

Um der Forderung nach einer mehrdimensionalen Erfolgsermittlung nachzukommen, wird in der Literatur vielfach die Anwendung der Nutzwertanalyse vorgeschlagen.[1333] Zur Evaluation des Netzwerkerfolgs ist die Anwendung dahingehend zu modifizieren, dass nicht verschiedene Kooperationsalternativen zum gleichen Zeitpunkt zu bewerten sind, sondern vielmehr die Entwicklung der gleichen Kooperation zu verschiedenen Zeitpunkten verglichen wird.

Eine Weiterentwicklung der Nutzwertanalyse für die Bewertung von Unternehmensnetzwerken stellt die Kollektive Netzwerk-Erfolgskalkulation (KONEKT) dar.[1334] Diese sieht vor, nach der Erstellung eines gewichteten Zielkatalogs und der Konkretisierung mit Kennzahlen als Zwischenschritt eine erste Auswertung vorzunehmen, etwa um diejenigen Ziele herauszuarbeiten, die von allen Partnern als wichtig eingestuft werden und somit Kernziele der Kooperation darstellen. Im Anschluss an die Normierung der Merkmale, die Durchführung der Bewertung und die Umrechnung in Erfüllungsgrade erfolgt die Visualisierung der Ergebnisse mit Hilfe eines gewichteten Distanzprofils.[1335] Das Verfahren sieht vor, die beschriebenen Analysen zunächst auf Ebene der einzelnen Partnerunternehmen durchzuführen und anschließend mit Hilfe des arithmetischen Mittels sowohl die Erfüllungsgrade als auch die Gewichtungsfaktoren zu aggregieren. Gleichzeitig empfiehlt Wohlgemuth ergänzend die Untersuchung der zugehörigen Streuungsmaße, um zu starke Ungenauigkeiten in

[1330] Hierzu zählen beispielsweise die alleinige Konzentration auf die Gruppe der Anteilseigner, die Maximierung des Aktionärsvermögens als alleiniges Ziel der Shareholder oder der Bezug auf börsennotierte Unternehmen.

[1331] Vgl. Wohlgemuth, O., Hess, T. (1999), S. 39. Siehe auch Abschnitt 2.2.5.

[1332] Vgl. ausführlich Wohlgemuth, O., Hess, T. (1999), S. 39 f. Vgl. auch Hippe, A. (1997), S. 236 - 240; Hess, T. (2002), S. 216 - 217.

[1333] Für eine Darstellung des grundlegenden Verfahrens siehe Abschnitt 4.1.2.2.

[1334] Vgl. im Folgenden Wohlgemuth, O. (2002), S. 183 - 194.

[1335] Vgl. Lützig, W.-P. (1982), S. 158 - 163. Siehe auch Abschnitt 4.1.4.3.

Folge der Durchschnittsbildung identifizieren zu können.[1336] Abbildung 68 verdeutlicht die Vorgehensweise des KONEKT-Verfahrens.

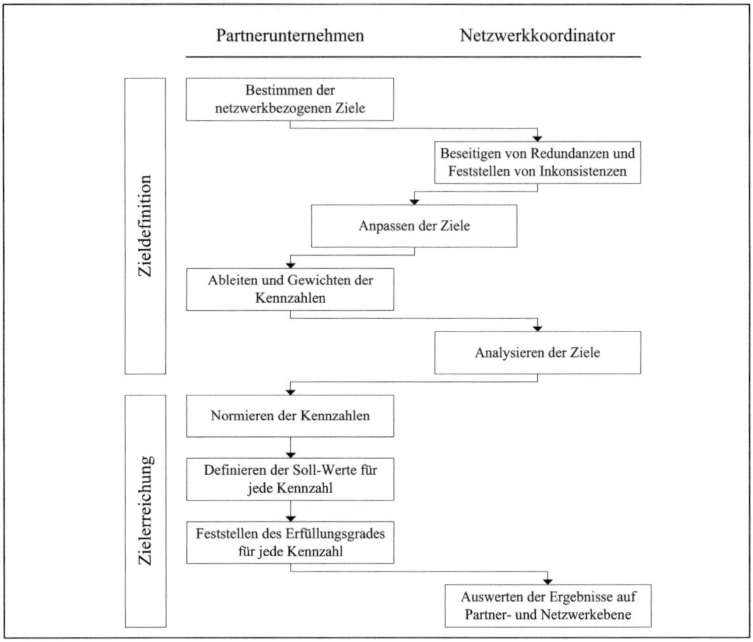

Abbildung 68: Ablauf des KONEKT-Verfahrens[1337]

4.1.4.3 Berücksichtigung von Risiken in der Evaluation

Die bisherigen Ausführungen haben verdeutlicht, dass eine Evaluation der Erfolgsposition eines Unternehmensnetzwerks nach rein monetären Gesichtpunkten nicht zielführend ist. Neben Problemen der Konsolidierung und der nicht per se voraussetzbaren Kompatibilität der Rechnungssysteme der Partnerunternehmen, wie sie etwa Voraussetzung einer Anwendung der Wertsteigerungsanalyse wäre,[1338] ist der Erfolg eines Unternehmensnetzwerks nicht zuletzt in seiner Stabilität zu sehen. Zwar ist diese zweifelsohne dadurch beeinflusst, ob die einzelnen Partnerunternehmen aus ihrem Netzwerkengagement positive Deckungsbeiträge erwirtschaften können. Gleichwohl ist durch das zumindest formale Fehlen von Weisungsstrukturen und die

[1336] Vgl. Wohlgemuth, O. (2002), S. 199.
[1337] In Anlehnung an Hess, T. (2002), S. 229; Wohlgemuth, O. (2002), S. 194.
[1338] Vgl. Wohlgemuth, O., Hess, T. (1999), S. 41.

wirtschaftliche und rechtliche Unabhängigkeit der Partner der Bestand des Netzwerks auch durch andere Faktoren gefährdet, da regelmäßig auch nicht monetär messbare Ziele mit dem Engagement verfolgt werden. All diesen Überlegungen werden nur mehrdimensionale Ansätze gerecht.[1339] Somit ist zunächst festzuhalten, dass unter den dargestellten Verfahren allein die Nutzwertanalyse – unter Inkaufnahme der Beschränkung auf den Bruttonutzen und Vernachlässigung des Aufwands – für eine Erfolgsbewertung in Unternehmensnetzwerken geeignet erscheint. Somit stellt sich die Frage, wie in einen mehrdimensionalen Bewertungsansatz die Risikoposition eines Unternehmensnetzwerks sinnvoll integriert werden kann.

Grundgedanken zur Integration von Risiken in das Erfolgscontrolling

Die dargestellte Forderung nach einer mehrdimensionalen Erfolgsbestimmung für Unternehmensnetzwerke legt im Sinne der bisherigen Ausführungen nahe, anstelle der in der Literatur vorgeschlagenen Verfahren der Nutzwertanalyse auf den AHP zurückzugreifen, um die Ermittlung der Gewichtungsfaktoren der einzelnen Ziele und Zielgruppen zu fundieren. Darüber hinaus kann der AHP wiederum die Entscheidungsfindung in der Gruppe unterstützen. Im Folgenden soll daher aufgezeigt werden, wie das bereits vorgestellte KONEKT-Verfahren mit Hilfe des AHP modifiziert werden kann. Gleichwohl stellt sich die Frage nach einer sinnvollen Berücksichtigung von Risiken im Zuge dieses Verfahrens. Im Vergleich zu den bislang vorgestellten Aufgabenbereichen des Aktions- und Partnercontrolling weist ein derartiges Verfahren der Erfolgsermittlung jedoch eine Besonderheit auf. So werden in diesem Falle nicht unterschiedliche Entscheidungsalternativen bewertet, vielmehr wird der Erfolg des Netzwerks in einer abstrakten Spitzenkennzahl im Sinne eines Gesamtnutzenwertes bzw. Erfolgsindexes ausgedrückt, deren ökonomische Interpretation nicht direkt einsichtig ist.[1340] Der Informationsgewinn ist vielmehr in der Erstellung einer Zeitreihe zu sehen, um feststellen zu können, wie sich die Erfolgsposition des Netzwerks im Zeitablauf entwickelt.

Gilt diese Einschränkung der Aussagekraft schon für eine alleinige Bewertung des Erfolges, so würde die Interpretierbarkeit durch eine Aggregation von Erfolg und Risiken weiter abnehmen, da auch im Zeitablauf nicht direkt ersichtlich ist, ob sich ein veränderter Erfolgsindex auf eine verbesserte Erfolgsposition oder eine optimistischere Einschätzung der Risikoposition zurückführen lässt. Aus diesem Grunde

[1339] Vgl. Oesterle, M. J. (1995), S. 995. Hierfür sprechen auch weitere Befunde in Theorie und Praxis. Vgl. stellvertretend für theoriegeleitete Konzeptionen Child, J., Faulkner, D. (1998), S. 65 - 83, für empirische Befunde Wildemann, H. (1998), S. 24.

[1340] Vgl. Wohlgemuth, O. (2002), S. 181. Zu weiteren methodischen Kritikpunkten siehe Abschnitt 4.1.2.2.

erscheint es sinnvoll, Erfolg und Risiko getrennt zu betrachten, ohne auf eine Integration beider Betrachtungsweisen zu verzichten.

Grundlage einer mehrdimensionalen Erfolgsbewertung in Unternehmensnetzwerken muss ein konkreter, zwischen den Partnerunternehmen vereinbarter Zielkatalog sein, auf dessen Basis Gewichtungen und Bewertungen erfolgen können.[1341] Dies legt für die Zwecke eines risikoorientierten Erfolgscontrolling eine Orientierung an einem wirkungsbezogenen Risikoverständnis nahe. Auf diesem Wege kann die Verbindung zwischen der oben skizzierten separaten Ermittlung von Erfolgs- und Risikoposition geschaffen werden, indem sich die zu betrachtenden Risiken strikt an den verfolgten Zielsetzungen orientieren.

Vorschlag zur Anwendung des AHP für ein risikoorientiertes Erfolgscontrolling

Ein risikoorientiertes Erfolgscontrolling unter Verwendung des AHP lässt sich in vier Phasen unterteilen. Ziel der ersten Phase ist es, ein Bewertungsgerüst im Sinne eines konkreten Messinstruments für die Erfolgsbewertung zu erstellen. Hierfür müssen zunächst alle netzwerkbezogenen Ziele – ggf. gegliedert nach Zielkategorien oder –gruppen – ermittelt werden. Die Bedeutung der einzelnen Ziele ist, nachdem eine entsprechende Hierarchie aufgebaut wurde, mit Hilfe des AHP durch die Partnerunternehmen zu ermitteln.[1342] Darüber hinaus sind den Zielen konkrete Kennzahlen zuzuordnen, um den Erfüllungsgrad der Ziele möglichst einfach und exakt bestimmen zu können.[1343] Sollte ein Ziel nur durch die Kombination mehrerer Kennzahlen zu überwachen sein, so kann die Bedeutung der einzelnen Kennzahlen für das übergeordnete Ziel ebenfalls mit der Methodik des AHP ermittelt werden.

In einer zweiten Phase erfolgt anschließend die Ermittlung und Analyse des Netzwerkerfolgs. Hierzu ist der Erfüllungsgrad je Kennzahl zu erheben, die entsprechenden Ergebnisse sind in interpretierbare Erfolgsgrößen zu transformieren.

Gegenstand der dritten Phase ist die Identifikation von Risiken. Zu diesem Zweck ist die in Phase 1 erstellte Zielhierarchie zu erweitern, indem auf einer Ebene unter den Zielen Risiken integriert werden. Unterhalb dieser Risiken sind anschließend in Analogie zu den Kennzahlen der Erfolgshierarchie operationale Risikofaktoren zu ermitteln und mit Bewertungsvorschriften zu versehen. Die Bedeutung der Risiken und der Risikofaktoren ist wiederum mit Hilfe der Methodik des AHP zu ermitteln. In einer anschließenden vierten Phase sind die Ergebnisse der Erfolgs- und der

---

1341 Vgl. Hess, T. (2002), S. 222.
1342 Zur Problematik von Gruppenentscheidungen im Rahmen des AHP siehe Abschnitt 4.1.1.2.
1343 Vgl. Wohlgemuth, O. (2002), S. 183.

Risikobewertung zusammenzuführen, zu analysieren und zu visualisieren. Abbildung 69 verdeutlicht die skizzierte Vorgehensweise.

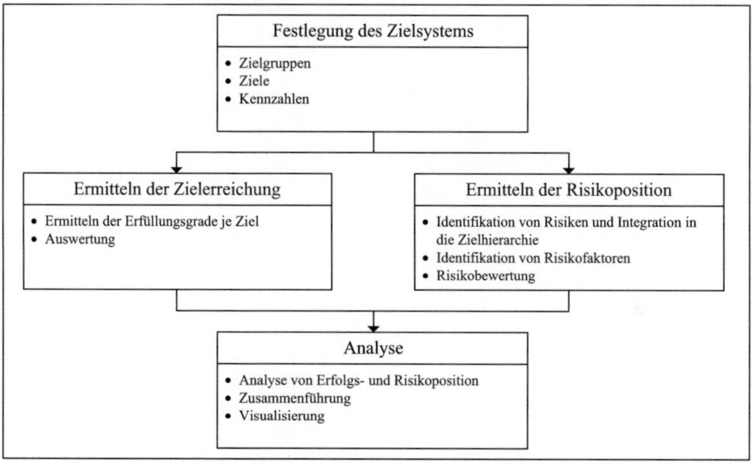

Abbildung 69: Ablauf einer risikoorientierten Erfolgsbewertung

Phase 1: Festlegung des Zielsystems

Die Phase der Festlegung des Zielsystems beginnt mit der partnerspezifischen Identifikation und Erhebung der mit dem Netzwerkengagement verfolgten Zielsetzungen.[1344] Diese sind anschließend zu einem gemeinsamen Zielkatalog zu verdichten. Um den zugehörigen Prozess systematisch zu strukturieren, empfiehlt es sich, zunächst etwa im Rahmen von Experteninterviews oder moderierten Workshops die Gesamtheit der Ziele der Partnerunternehmen zu erheben.[1345] Die ermittelten Zielsetzungen der Partnerunternehmen sind anschließend hinsichtlich ihrer Verträglichkeit zu überprüfen. Hierzu schlägt Hess die Bildung einer Matrix vor, in der alle Kooperationsziele jeweils in den Zeilen und Spalten abgetragen und daraufhin untersucht werden, ob sie sich gegenseitig begünstigen, neutral zueinander verhalten oder unverträglich sind. Im Falle einer Unverträglichkeit besteht die Herausforderung in der Herbeiführung eines Interessenausgleichs zwischen den betroffenen Partnern.[1346]

[1344] Ein Vorschlag für eine teilstandardisierte Vorgehensweise zur kollektiven Zielbildung findet sich bei Wohlgemuth, O. (2002), S. 137 - 148.

[1345] Zur Hierarchieerstellung siehe auch Abschnitt 4.1.1.3.

[1346] Vgl. Hess, T. (2002), S. 222 f.

Durch Gruppierung inhaltlich verwandter Zielsetzungen können in einem zweiten Schritt Zielkategorien festgelegt werden. Als Analogie zur Bildung der Zielkategorien können beispielsweise die Basisperspektiven der Balanced Scorecard herangezogen werden.[1347] Auf diesem Wege ergibt sich eine erste Hierarchie bestehend aus zwei Ebenen. Nachfolgend sind zunächst die Zielkategorien und anschließend innerhalb der Kategorien die Ziele selbst durch die einzelnen Partnerunternehmen im Paarvergleich zu gewichten. Hierfür ist wiederum ein 2-stufiges Frageschema zu durchlaufen, das zunächst abfragt, welche(s) Ziel(kategorie) eines Bewertungspaares als wichtiger eingeschätzt wird, und welcher Intensität der Bedeutungsunterschied auf der 9-Punkte-Skala entspricht. Ergebnis der Bewertung sind somit partnerspezifische Gewichtungen der gemeinschaftlich festgelegten Ziele.

Anschließend ist jedes Ziel in Kennzahlen zu überführen. Diese Kennzahlen bilden somit eine dritte Hierarchieebene unterhalb der Ziele. Für den Fall, dass zur Messung eines Ziels mehrere Kennzahlen zum Einsatz kommen sollen, gilt es, jeweils mittels Paarvergleich und anschließender Mittelwertbildung die Wichtigkeit der Kennzahlen für das jeweils übergeordnete Ziel zu erheben. Auch hier kann eine Bereinigung um nicht relevante Kennzahlen analog der Bereinigung um wenig relevante Zielsetzungen erfolgen. Wichtig ist jedoch, dass der auf diesem Wege aufgestellte Kennzahlenkatalog aus Gründen der Vergleichbarkeit durchgängig von allen Partnerunternehmen in gleicher Weise angewendet wird. Somit ist für jede Kennzahl eine verbindliche Operationalisierung im Sinne von Messkriterium und Messeinheit festzusetzen. Hierzu gehört auch die Normierung der Kennzahlen. Zu diesem Zwecke ist eine Transformationsfunktion zu definieren, die eine eindeutige Relation zwischen der Kennzahl und dem Erfüllungsgrad des Ziels beschreibt.[1348] Denkbar sind hierbei alle Formen von Zuordnungsfunktionen, auch wenn anzunehmen ist, dass aus Gründen der Einfachheit und Nachvollziehbarkeit lineare Funktionen vorherrschen werden.[1349]

Im Zuge einer ersten Zwischenauswertung bietet es sich an, das Zielsystem auf Ansatzpunkte zu einer Bereinigung zu untersuchen. Zu diesem Zweck ist für jedes Partnerunternehmen zu ermitteln, ob und ggf. welche Ziele innerhalb einer Zielkategorie ein Gewicht von weniger als 50 % des Gewichts bei einer Gleichverteilung erhalten haben.[1350] Sollte ein Ziel durchgängig von allen Partnerunternehmen als

---

1347 Vgl. für ein Praxisbeispiel Hess, T., Wohlgemuth, O., Schlembach, H. G. (2001), S. 72 - 74. Zur Grundkonzeption der Balanced Scorecard siehe Abschnitt 4.2.1.

1348 Vgl. Hess, T. (2002), S. 225 f.; Wohlgemuth, O. (2002), S. 188 - 190.

1349 Ein Beispiel einer nichtlinearen Funktion findet sich bei Wohlgemuth, O. (2002), S. 189.

1350 Vgl. zu dieser Vorgehensweise Abschnitt 4.1.1.3. Vgl. Prill, M.-A. (2007), S. 161.

derart unwichtig eingestuft werden, so ist zu überlegen, ob dieses Ziel aus der Hierarchie zu entfernen ist. Im Zuge von Varianzanalysen lässt sich zudem feststellen, ob sich innerhalb des Unternehmensnetzwerks Cluster von Partnerunternehmen signifikant voneinander abgrenzen lassen, so dass immanente Zielkonflikte aufgedeckt werden können.[1351] Abbildung 70 zeigt ein Beispiel der beschriebenen Hierarchie, wobei anzumerken ist, dass auf der Ebene der Partnerunternehmen keine Paarvergleiche durchgeführt werden. Vielmehr ist für die spätere Verdichtung zu einem Netzwerkerfolg eine Gleichverteilung der Partnerunternehmen, also das ungewichtete arithmetische Mittel, anzuwenden. Alternativ wäre denkbar, dass die Partnerunternehmen auch unter Verwendung des geometrischen Mittels analog dem in Abschnitt 4.1.1.2 dargestellten Vorgehen unter Verzicht auf die Partnerebene ein gemeinsames Zielsystem erstellen. Jedoch würde ein derartiges Vorgehen zu einer zusätzlichen Nivellierung führen, indem sich unterschiedliche Präferenzen schon vor der eigentlichen Erhebung der Zielerreichung ausmitteln können. Auch besteht bei einem derartigen Vorgehen keine Möglichkeit zu partnerspezifischen Auswertungen, so dass etwa die Möglichkeit, unzufriedene Partner zu identifizieren, in dieser Form nicht mehr besteht.

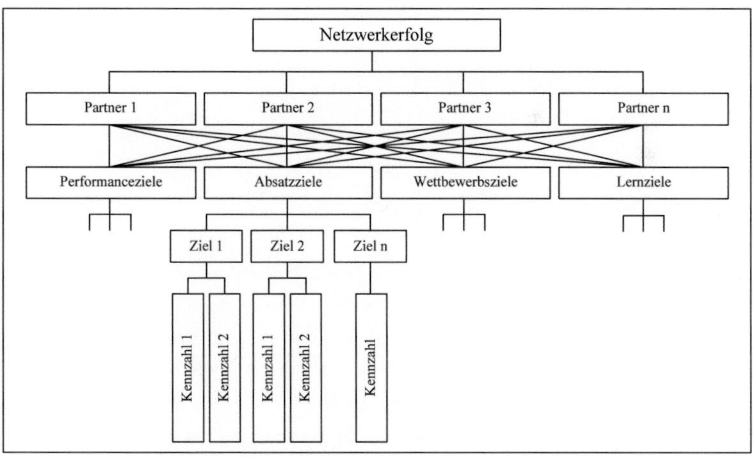

Abbildung 70: Beispiel für eine Hierarchie zur Erfolgsermittlung

Phase 2: Ermitteln der Zielerreichung

Nachdem in der ersten Phase das konkrete Bewertungsgerüst für jedes Partnerunternehmen ermittelt wurde, dient die zweite Phase der Ermittlung des Erfüllungs-

[1351] Vgl. Hess, T., Wohlgemuth, O., Schlembach, H. G. (2001), S. 73.

grades.[1352] Im Zuge einer analytischen Vorgehensweise können die Kennzahlenausprägungen zu Beginn der Bewertungsperiode prospektiv als Soll-Werte vorgegeben werden und am Ende der Bewertungsperiode den Ist-Werten gegenübergestellt werden. Alternativ können die Erfüllungsgrade retrospektiv für einen zurückliegenden Zeitraum ermittelt werden. Hierbei kommt entweder der gesamte Zeitraum, den ein Partnerunternehmen im Netzwerk engagiert ist, oder aber eine fixierte Periode in Betracht.

Resultat ist zunächst eine partnerspezifische Einschätzung des Erfolgs des Netzwerkengagements im Sinne des Zielerreichungsgrades. Hierauf aufbauend sind Auswertungen nach Partnerunternehmen, nach einzelnen Kennzahlen, aber auch für das gesamte Netzwerk möglich. So können, insbesondere bei analytischer, prospektiver Vorgehensweise, für jedes Partnerunternehmen Auswertungen auf Kennzahlenebene erstellt werden. Zur Visualisierung kann das bereits im Rahmen der KONEKT-Methodik vorgestellte gewichtete Distanzprofil herangezogen werden. Auf diesem Wege ist es auch möglich, unzufriedene Partnerunternehmen zu identifizieren und gezielt anzusprechen. Hierbei können auch relative Betrachtungen, also der Vergleich der Zielerreichungsgrade aller Partnerunternehmen, Aufschluss über bestehende Nutzengefälle geben.

Phase 3: Ermitteln der Risikoposition

Zur Ermittlung der Risikoposition eines Unternehmensnetzwerks im Rahmen des Erfolgscontrolling bietet es sich unter Zugrundelegung eines finalen Risikoverständnisses an, die bereits zur Erfolgsevaluation erstellte Hierarchie als Ausgangsbasis heranzuziehen. Ausgangspunkt der Risikoidentifikation ist der bereinigte Zielkatalog. Hierauf aufbauend können analog zur Ermittlung der partnerspezifischen Zielsetzungen in Einzelinterviews oder moderierten Workshops auf Basis des Zielkatalogs Risiken ermittelt werden. Ergebnis ist ein Katalog von Risiken, der für jedes Ziel die relevanten Risikofaktoren beinhaltet. Hierbei wird die Hierarchie zur Erfolgsbewertung dergestalt uminterpretiert, dass auf Ebene der Ziele nicht nach der Wichtigkeit eines Ziels, sondern nach der Risikoposition des Ziels im Sinne der zukünftigen Bedrohung der Zielerreichung gefragt wird. Gleiches gilt für die Ebene der Zielkategorien. Abbildung 71 verdeutlicht die resultierende Hierarchiestruktur.

[1352] Vgl. im Folgenden Hess, T., Wohlgemuth, O., Schlembach, H. G. (2001); Hess, T. (2002), S. 226 - 228; Wohlgemuth, O. (2002), S. 188 - 194.

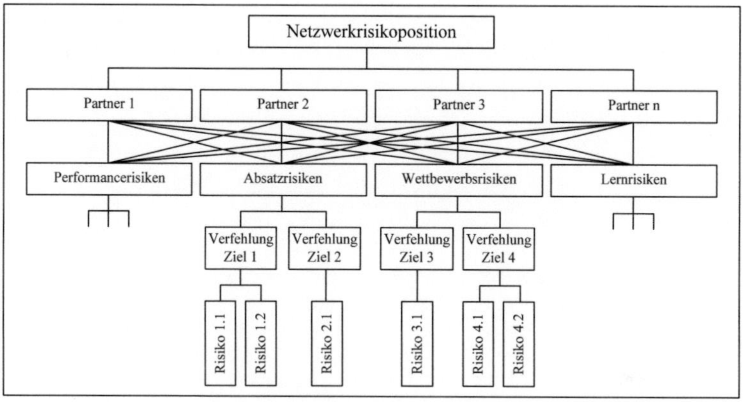

Abbildung 71: Struktur einer Hierarchie zur Risikoevaluation im Erfolgscontrolling

Zur Ermittlung der Risikoposition eines Netzwerks aus Sicht eines Partnerunternehmens sind anschließend für alle Ebenen der Risikohierarchie Paarvergleiche durchzuführen. Zur Bewertung der Relevanz der Risiken ist es zunächst denkbar, wiederum nach Eintrittswahrscheinlichkeit und Schadenspotenzial getrennte Vergleiche durchzuführen. Gleichwohl ist zu hinterfragen, ob der hierdurch entstehende Informationsgewinn die deutliche Aufwandssteigerung durch Einführung der zusätzlichen Paarvergleiche rechtfertigt. Da die zu ermittelnde Risikoposition ohnehin aus relativen Risikoeinschätzungen besteht, sollen die entsprechenden Analysen primär Anhaltspunkte geben, welche Ziele künftig besonders intensiv zu überwachen sind bzw. im Bereich welcher Ziele sich die Notwendigkeit risikosteuernder Maßnahmen ergibt. Hierfür erscheint jedoch eine Einschätzung der Relevanz der einzelnen Risiken ausreichend, um erst anschließend bei besonders relevanten Risiken zusätzliche Analysen durchzuführen.

Die Durchführung der Paarvergleiche zur Bewertung der Hierarchie erfolgt anschließend auf allen Ebenen nach einem einheitlichen Vorgehen, indem zunächst für jedes Paar gefragt wird, welches Risiko bzw. welche Risikokategorie relevanter ist, und anschließend der Unterschied auf der 9-Punkte-Skala beurteilt wird.

Auf dieser Basis kann – zunächst partnerspezifisch – abgeschätzt werden, welche Zielsetzungen als besonders gefährdet einzuschätzen sind, um Anhaltspunkte für weitere Maßnahmen des Risikomanagements ableiten zu können. Um Aussagen über die Risikoposition des gesamten Netzwerks tätigen zu können, liegt wiederum eine Durchschnittsbetrachtung mit Hilfe des ungewichteten arithmetischen Mittels über alle Partnerunternehmen nahe. Auch im Rahmen der Risikobewertung wäre prinzipiell denkbar, eine gemeinsame Bewertungssystematik für alle Partnerunternehmen mit Hilfe des AHP zu ermitteln, wie dies bereits auch im Rahmen der Erfolgsbestimmung diskutiert wurde. Gleichwohl gelten hierbei die gleichen Einwände, etwa der Verzicht auf die Möglichkeit partnerspezifischer Auswertungen. Das dargestellte Vorgehen soll nachfolgend anhand eines einfachen Beispiels verdeutlicht werden, wobei die Ausführungen sich auf die Analyse eines einzelnen Partnerunternehmens beschränken.

Im Rahmen des dargelegten Zielfindungsprozesses habe ein Unternehmensnetzwerk ein Zielsystem bestehend aus insgesamt fünf Zielen, die wiederum zwei Zielkategorien zugeordnet werden können, erarbeitet. Ebenfalls seien bereits Kennzahlen zur Erfolgsmessung festgelegt worden, wobei man sich aus Gründen der Vereinfachung auf genau eine Kennzahl pro Ziel beschränkt habe. Auch habe das Unternehmensnetzwerk sich aus Gründen der Vereinfachung dazu entschlossen, sich für jedes Ziel auf genau einen Risikofaktor zu beschränken. Somit wurden basierend auf dem Zielkatalog genau fünf Risiken identifiziert. Das zu betrachtende Partnerunternehmen habe für dieses Zielsystem mit Hilfe von Paarvergleichen Gewichtungen ermittelt. Tabelle 14 und Abbildung 72 geben das entsprechende Zielsystem wieder. Hinreichende Konsistenz ist nach Überprüfung von CI und CR gegeben.[1353]

Zielkategorien		**Ziele**		
Kategorie	lokale Relevanz	Ziel	lokale Relevanz	globale Relevanz
Kategorie 1	0,2500	Ziel 1.1	0,2500	0,0625
		Ziel 1.2	0,7500	0,1875
Kategorie 2	0,7500	Ziel 2.1	0,1924	0,1443
		Ziel 2.2	0,6327	0,4745
		Ziel 2.3	0,1749	0,1312
Summe	1,0000			1,0000

Tabelle 14: Beispiel eines gewichteten Zielsystems

[1353] Siehe Abschnitt 4.1.1.1.

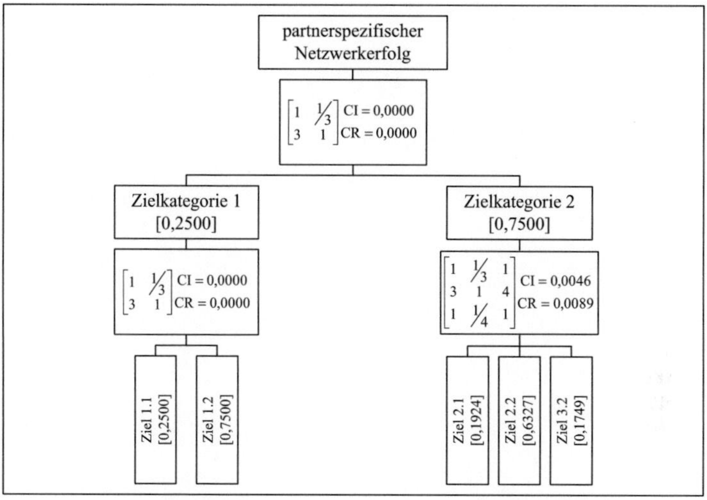

Abbildung 72: Beispiel einer Zielhierarchie mit Paarvergleichsmatrizen

Tabelle 15 und Abbildung 73 zeigen das zugehörige Risikosystem.

Risikokategorien		**Risiken**		
Kategorie	lokale Relevanz	Ziel	lokale Relevanz	globale Relevanz
Kategorie 1	0,8000	Risiko 1.1	0,1250	0,1000
		Risiko 1.2	0,8750	0,7000
Kategorie 2	0,2000	Risiko 2.1	0,6571	0,1314
		Risiko 2.2	0,0683	0,0137
		Risiko 2.3	0,2746	0,0549
Summe	1,0000			1,0000

Tabelle 15: Beispiel eines gewichteten Risikosystems

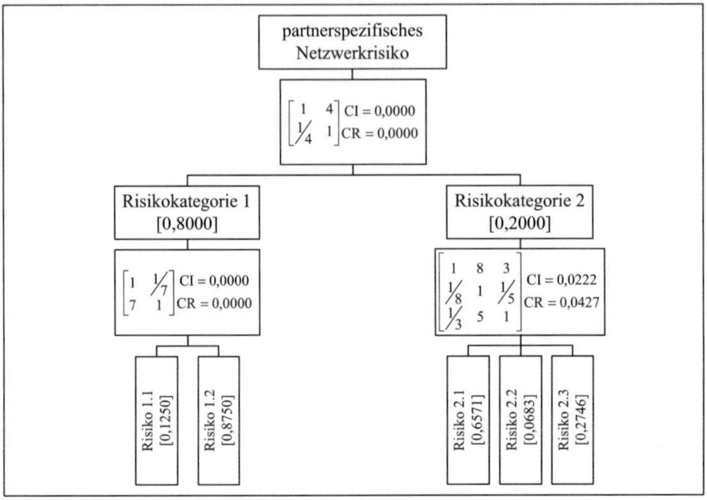

Abbildung 73: Beispiel einer Risikohierarchie mit Paarvergleichsmatrizen

Phase 4: Analyse

Zur weiteren Analyse der Risiko- und Erfolgsposition sowohl einzelner Partnerunternehmen als auch des Gesamtnetzwerks stellt sich die Frage nach geeigneten Auswertungen und Visualisierungen. Wie bereits verdeutlicht, können zunächst partnerspezifisch Zielerreichungsgrade, ggf. aggregiert nach Zielkategorien, errechnet werden. Mit Hilfe der vorgenommenen Gewichtungen kann auch ein partnerspezifischer „Zielerreichungsindex" errechnet werden, der jedoch nur im Rahmen von Zeitreihenanalysen oder im Vergleich von Partnerunternehmen sinnvolle Aussagen erlaubt. Durch Verdichtungen mit Hilfe des arithmetischen Mittels lassen sich auch Aussagen über das Netzwerk als Ganzes treffen.

Die errechneten Risikowerte können aufgrund ihres relativen Charakters zunächst nur als Anhaltspunkt für die Fokussierung risikopolitischer Maßnahmen dienen. Eine absolute Risikoposition des Gesamtnetzwerks ist mit dem dargestellten Instrumentarium nicht sinnvoll zu bestimmen. Auch können Zeitreihenanalysen kaum zu sinnvollen Aussagen führen, da lediglich Verschiebungen in der wahrgenommenen Wichtigkeit der Risiken abgelesen werden können. Jedoch können analog zum Zielerreichungsindex aggregierte Werte sowohl für Risiken als auch Risikokategorien mit Hilfe des arithmetischen Mittels errechnet werden, um zu Aussagen aus Sicht des gesamten Unternehmensnetzwerks zu gelangen.

Mit Hilfe des vorgestellten Instrumentariums werden für jedes Ziel insgesamt drei Werte erhoben: die relative Wichtigkeit des Ziels, der Grad der Zielerreichung und die relative Risikoposition. Mit Hilfe dieser Werte kann zunächst analog dem von Wohlgemuth im Rahmen der KONEKT-Analyse vorgeschlagenen Vorgehen ein gewichtetes Distanzprofil[1354] erstellt werden, um eine nach Kennzahlen differenzierte Analyse durchzuführen.[1355] Eine derartige Visualisierung ordnet jeder Kennzahl eine Strecke zu, deren Länge ihrem Gewichtungsfaktor entspricht, und ordnet diese Strecken so an, dass die Maximalwerte jeweils untereinander liegen. Auf diesen Strecken werden anschließend die Soll- und Ist-Erreichungsgrade abgetragen und miteinander verbunden. Der Abstand zwischen diesen beiden Profilen steht somit für den Grad, in dem die mit der Kooperation verbundenen Erwartungen erfüllt wurden. Abbildung 74 gibt ein Beispiel für ein gewichtetes Distanzprofil.

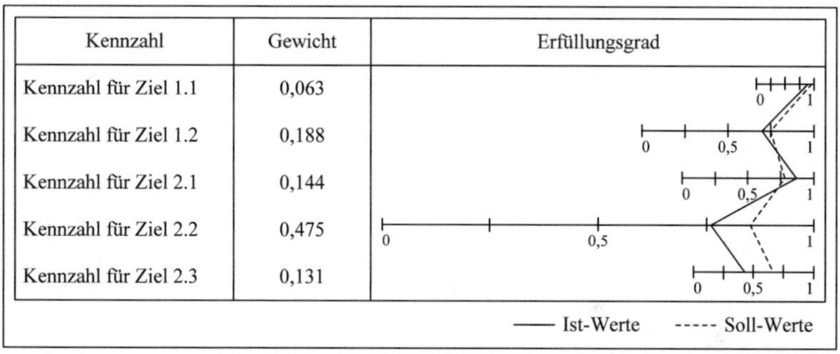

Abbildung 74: Gewichtetes Distanzprofil[1356]

Alternativ kann eine Visualisierung in Form eines „Erfolgsbeitragsportfolios" erfolgen.[1357] Dieses spannt eine zweidimensionale Matrix auf, deren Achsen den Erfüllungsgrad und den Gewichtungsfaktor der Kennzahlen repräsentieren, und die durch die entsprechenden Durchschnittswerte in vier Felder unterteilt wird.[1358] Abbildung 75 gibt ein Beispiel für ein Erfolgsbeitragsportfolio. Ähnlich dem Vorgehen bei Portfolioanalysen lassen sich für jedes dieser vier Felder Standardempfehlungen für Maßnahmen empfehlen. Im Bereich der „Schwachstellen" positionierte Kennzahlen weisen zwar einen unterdurchschnittlichen Erfüllungsgrad auf, können aber aufgrund

1354 Vgl. Lützig, W.-P. (1982), S. 158 - 163.

1355 Vgl. Wohlgemuth, O. (2002), S. 190 f. Vgl. auch Wohlgemuth, O., Hess, T. (1999), S. 63; Hess, T. (2002), S. 228.

1356 In Anlehnung an Wohlgemuth, O., Hess, T. (1999), S. 63.

1357 Vgl. Wohlgemuth, O. (2002), S. 191 f.

1358 Hierbei gilt, dass der durchschnittliche Gewichtungsfaktor $\overline{G}$ aufgrund der Tatsache, dass die Summe aller Gewichtungsfaktoren immer 1 entspricht, dem Kehrwert der Anzahl der Kennzahlen entspricht.

ihres geringen Gewichts nachrangig behandelt werden, sofern die Anzahl der in diesem Feld positionierten Kennzahlen gering ist. „Verlustbringer“ hingegen induzieren aufgrund ihrer Gewichtung akuten Handlungsbedarf. „Flankierungen“ und „Erfolgsträger“ schließlich geben eine positive Ausprägung der Kennzahlen wieder. Insbesondere Erfolgsträgern ist hohe Aufmerksamkeit zu widmen, um durch Erhalt oder Ausbau der Positionierung die Erfolgsposition des Netzwerks zu sichern.

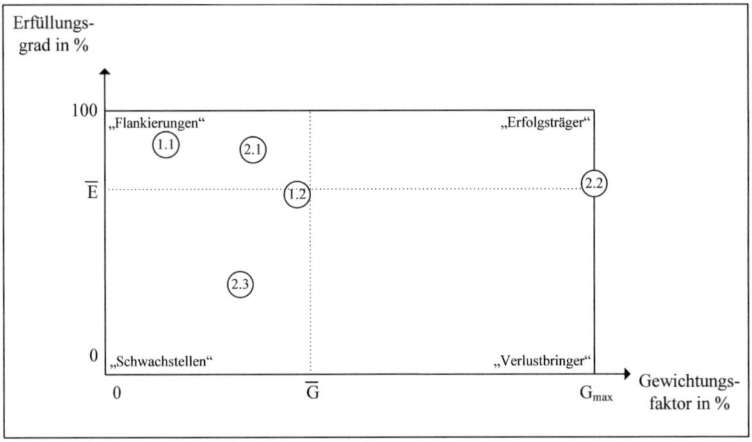

Abbildung 75: Erfolgsbeitragsportfolio[1359]

Die bislang dargestellten Visualisierungen stellen ausschließlich auf die Erreichung der einzelnen Ziele ab, vernachlässigen dabei jedoch die spezifischen Risikopositionen dieser Werte. Aus risikoorientierter Perspektive allerdings erscheint insbesondere eine simultane Betrachtung von Zielerreichung und Risikoposition empfehlenswert. Da diese beiden Werte jedoch auf unterschiedlichen Skalen erhoben werden und somit nicht auf gleichen Einheiten beruhen, führt eine Berechung von Indizes nicht zu interpretierbaren Ergebnissen. Für die mit der Methodik intendierte Steuerung risikopolitischer Maßnahmen sind wiederum grafische Auswertungen empfehlenswert. So kann das Erfolgsbeitragsportfolio risikoorientiert modifiziert werden, indem die Achse des Gewichtungsfaktors durch die Risikoposition ersetzt wird. Um den Gewichtungsfaktor dennoch darzustellen, kann dieser durch die Größe der die Ziele repräsentierenden Kreise verdeutlicht werden. Für die Skalierung der Achse „relative Risikoposition“ sind die Relevanzwerte der einzelnen Risiken zu normieren. Wie bereits im Erfolgsbeitragsportfolio verdeutlicht, kann diese Achse ebenfalls durch die durchschnittliche relative Risikoposition unterteilt werden. Somit ergeben

[1359] In Anlehnung an Wohlgemuth, O. (2002), S. 192.

sich wiederum vier Felder. Der Bereich der Erfolgsgaranten zeichnet sich durch hohe Zielerreichung bei gleichzeitig geringem Risiko aus. Die entsprechenden Ziele können somit als quasi gesichert angesehen werden. Ziele im Bereich der Spekulation hingegen weisen einen hohen Zielerreichungsgrad auf, gehen aber gleichzeitig mit einem hohen Risiko einher. Diese Ziele sind somit genau zu beobachten, um die hohe Erfüllung auch zukünftig sicherzustellen. Potenziale hingegen sind durch eine geringe Erfüllung bei gleichzeitig geringem Risiko charakterisiert. Diese Ziele sind direkt zu bearbeiten, um den Zielerreichungsgrad zu steigern. Die entsprechenden Aktivitäten sind kaum risikobehaftet, dennoch sollten Ergebnisverbesserungen mit vergleichsweise überschaubarem Aufwand möglich sein. Im Bereich der Verlustbringer hingegen besteht akuter Handlungsbedarf, da die entsprechenden Ziele nur unzureichend erfüllt werden und selbst diese schwache Position gefährdet ist. Abbildung 76 gibt ein einfaches Beispiel für ein derartiges risikoorientiertes Erfolgsbeitragsportfolio.

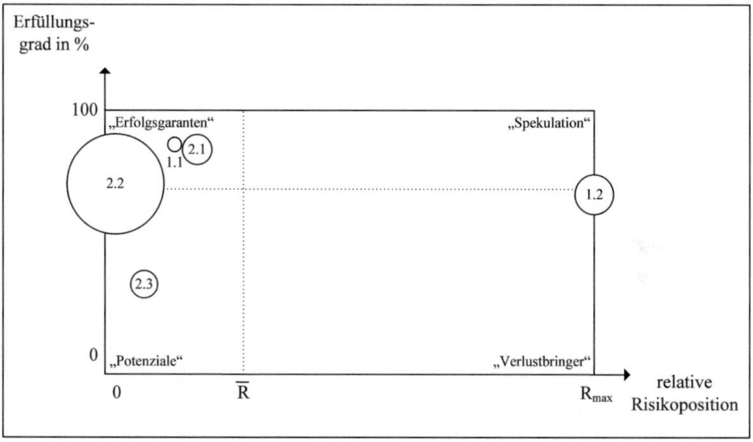

Abbildung 76: Risikoorientiertes Erfolgsbeitragsportfolio

Eine alternative Darstellung bietet das risikoorientierte gewichtete Distanzprofil. Dieses ist zunächst analog dem bereits vorgestellten gewichteten Distanzprofil aufgebaut. Allerdings werden nicht Soll- und Ist-Werte gegenübergestellt, sondern Ist-Werte und „risikokorrigierte“ Ist-Werte. Diese berechnen sich, indem vom Zielerreichungsgrad eines jeden Ziels die relative Risikoposition subtrahiert wird. Die Distanz zwischen den beiden Kurven gibt somit die gewichtete relative Risikoposition wieder. Dahinter steckt die Logik, dass eine hohe relative Risikoposition bei einem vergleichsweise unwichtigen Ziel in Kauf genommen werden kann, wohingegen bei einem wichtigen Ziel schon eine mittlere oder auch eine schwache Risikoposition nicht tolerierbar sein kann. Abbildung 77 zeigt aufbauend auf den Beispieldaten ein risikoorientiertes gewichtetes Distanzprofil.

Kennzahl	Gewicht	Erfüllungsgrad
Kennzahl für Ziel 1.1	0,063	
Kennzahl für Ziel 1.2	0,188	
Kennzahl für Ziel 2.1	0,144	
Kennzahl für Ziel 2.2	0,475	
Kennzahl für Ziel 2.3	0,131	

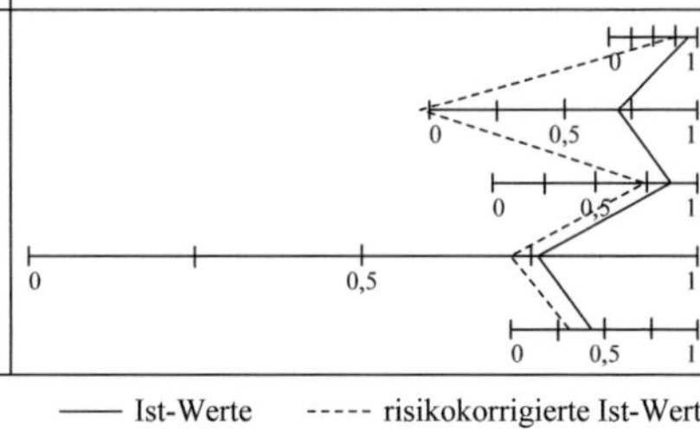

Abbildung 77: Risikoorientiertes gewichtetes Distanzprofil

Berücksichtigung von Kosten

Ergänzend zu den dargestellten Mitteln zur Messung der Zielerreichung können auch die Kosten der Zusammenarbeit analysiert werden. Hierfür schlagen Hess und Wohlgemuth ein 3-stufiges Vorgehen vor.[1360] In einem ersten Schritt ist demnach eine einheitliche Definition der zugrunde gelegten Kostenstruktur zu erarbeiten. Diese stellt auf die bewerteten Ressourcenverbräuche ab, die auf betriebswirtschaftlich-organisatorische Einflüsse der Zusammenarbeit zurückzuführen sind. Hierzu zählen Wohlgemuth und Hess pagatorische Kosten für eine gemeinsame Infrastruktur sowie für die laufende Abstimmung.[1361] Exkludiert sind somit alle Kosten, die keine Nachteile aus der Teilnahme an der Kooperation darstellen, sowie Opportunitätskosten und kalkulatorische Kosten. Des Weiteren schlagen die Autoren vor, zwischen Beschaffungs- und Betriebskosten und hierbei wiederum zwischen fixen und variablen Kosten zu differenzieren.

In einem zweiten Schritt sind anschließend die unternehmensindividuellen Kosten zu prognostizieren, indem zunächst für die ermittelten Aufwandspositionen Bestimmungsgrößen und zugehörige Kostenfunktionen definiert werden. Schließlich sind die Ausprägungen der Bestimmungsgrößen für den Bewertungszeitraum abzuschätzen, so dass in einem dritten Schritt die Kooperationsgesamtkosten als Summe der einzelbetrieblichen Kostenprognosen errechnet werden können.

[1360] Vgl. Wohlgemuth, O., Hess, T. (1999), S. 57 - 59.

[1361] Es handelt sich somit im Wesentlichen um Transaktionskosten, die für Koordination, Kontrolle, Konfliktbewältigung und Vereinbarung im Netzwerk entstehen. Vgl. Pampel, J. (1993a), S. 266.

Aus Sicht eines risikoorientierten Controlling kann – unter Berücksichtigung des Kosten-Nutzen-Verhältnisses – auch die Berechnung der Kooperationskosten modifiziert werden. Zu diesem Zweck können beispielsweise Szenarioanalysen herangezogen werden.[1362] Hierbei werden Kombinationen der Ausprägungen der Kostenfaktoren zu verschiedenen Szenarien zusammengefasst sowie die Eintrittswahrscheinlichkeit dieser Szenarien geschätzt. Zur Abschätzung der Eintrittswahrscheinlichkeiten bietet sich der Einsatz des AHP an, indem Paarvergleiche durchgeführt werden, die zunächst danach fragen, welches Szenario für wahrscheinlicher gehalten wird, und anschließend den Unterschied der Wahrscheinlichkeit mit Hilfe der 9-Punkte-Skala bewerten lassen.[1363] Hierdurch erhält man als Darstellung der Risikoposition anstelle einer stetigen Verteilung diskrete Punkte, wodurch jedoch der Prognoseaufwand erheblich reduziert werden kann. Abbildung 78 zeigt ein Beispiel einer derartigen Szenarioanalyse.

				Szenario 1		Szenario 2		Szenario 3	
	Kostenart	Messgröße	Kalkulationssatz	Menge	Plan-Kosten	Menge	Plan-Kosten	Menge	Plan-Kosten
Infrastrukturkosten	Aufnahmegebühr	€	1.500	-	1.500	-	1.500	-	1.500
	Softwarelizenzen	€/Lizenz	39	10	390	10	390	8	312
	Schulungskosten	€/MA	140	10	1.400	10	1.400	8	1.120
					3.290		3.290		2.932
Abstimmungskosten	Anteil Netzwerkbudget	€/Jahr	2.000	-	2.000	-	2.000	-	2.000
	Reisekosten Koordinationstreffen	€/Treffen	120	12	1.440	15	1.800	9	1.080
	Personalaufwand Koordinationstreffen	€/Treffen	300	12	3.600	15	4.500	9	2.700
	Telefonkosten, Korrespondenz	€/Jahr	300	100 %	300	90 %	270	120 %	360
	Werkverträge pauschal	€/Jahr	800	100 %	800	110 %	880	100 %	800
					8.140		9.450		6.940
	Gesamtkosten				8.140		9.450		6.940
	Wahrscheinlichkeit				75 %		7 %		18 %

$$\begin{bmatrix} 1 & 9 & 5 \\ 1/9 & 1 & 1/3 \\ 1/5 & 3 & 1 \end{bmatrix} \quad CI = 0{,}0146 \quad CR = 0{,}0282$$

Abbildung 78: Szenarioanalyse Kooperationskosten

[1362] Vgl. Burger, A., Buchhard, A. (2002), S. 124 f.

[1363] Vgl. Ossadnik, W., Maus, S. (1994), S. 139; Ossadnik, W. (1998), S. 167.

Anhand der Übersicht kann man in diesem Beispiel erkennen, dass im Vergleich zum wahrscheinlichsten Szenario 1 eine Wahrscheinlichkeit von 7 % besteht, dass zusätzliche Kosten in Höhe von € 1.310 entstehen.[1364] Geht man stattdessen vom Erwartungswert in Höhe von € 7.965,50 aus, so ergibt sich entsprechend ein Betrag von € 1.484,50.

Bewertungsanlässe und periodische Erfolgskontrolle

Abschließend stellt sich die Frage nach Anlässen für die Durchführung einer risikoorientierten Erfolgsbewertung. In der betriebswirtschaftlichen Bewertungslehre findet sich hierfür eine Vielzahl von Systematisierungen, wobei eine Differenzierung in entscheidungsabhängige und entscheidungsunabhängige Anlässe naheliegend ist. Entscheidungsunabhängig meint in diesem Zusammenhang typischerweise den Fall periodischer, stichtagsbezogener Erfolgsbewertungen. In Unternehmensnetzwerken existiert zunächst keine Verpflichtung zur Durchführung der dargestellten Erfolgskontrolle, so dass hinsichtlich der Häufigkeit keine allgemeingültigen Empfehlungen gegeben werden können. Zu berücksichtigen ist jedoch der nicht unerhebliche Zeit- und Kostenaufwand, so dass Wohlgemuth zu der Empfehlung kommt, Erfolgsbewertungen nicht häufiger als zweimal pro Jahr durchzuführen.[1365] Gleichwohl können entscheidungsabhängige Situationen zusätzliche Erfolgsbewertungen erforderlich machen. Genannt werden können beispielsweise Veränderungen des Partnerpools, Neugestaltungen der Netzwerkprozesse oder auch die Akquisition eines Partnerunternehmens durch ein netzwerkexternes Unternehmen.[1366] Im Sinne eines risikoorientierten Erfolgscontrolling können sich zusätzlich Bewertungsnotwendigkeiten durch Veränderungen der Risikolandschaft, entweder im Sinne einer Veränderung bei bereits in die Betrachtung integrierten Risiken oder auch durch das Hinzutreten neuer Risikofaktoren, ergeben.

[1364] Diese Betrachtungsweise entspricht dem im Risikomanagement für Banken weit verbreiteten Value-At-Risk-Ansatz (VaR). Der VaR steht für den Maximalverlust, der während eines bestimmten Zeitraums mit einer vorgegebenen Wahrscheinlichkeit nicht überschritten wird. Vgl. Burger, A., Buchhard, A. (2002), S. 121 - 124; Diederichs, M. (2004b), S. 164 - 178.

[1365] Vgl. Wohlgemuth, O. (2002), S. 170.

[1366] Vgl. Sydow, J., Goebel, H. (2001), S. 79.

4.2 Die Balanced Scorecard als Instrument der Risikosteuerung und -kontrolle

Wie bereits dargestellt, sind relationale Risiken auf der Beziehungsebene eines Unternehmensnetzwerks angesiedelt. Auf dieser Ebene werden analog dem strategischen Management im Einzelunternehmen Erfolgspotenziale aufgebaut. Das Management von Risiken im Allgemeinen und von Beziehungsrisiken im Besonderen ist somit als wichtiger Bestandteil der Netzwerkstrategie anzusehen. Mit der Balanced Scorecard wird in den vergangenen Jahren in der Literatur intensiv ein Instrument diskutiert, das die Strategieimplementierung unterstützen soll. Zwischenzeitlich finden sich zahlreiche Veröffentlichungen, die das Anwendungspotenzial der Balanced Scorecard im Kontext von Unternehmensnetzwerken einerseits und im Rahmen des Risikomanagements andererseits thematisieren. Im Folgenden wird daher untersucht, inwieweit die Balanced Scorecard ein risikoorientiertes Controllinginstrument für Unternehmensnetzwerke darstellen kann.

4.2.1 Grundkonzeption der Balanced Scorecard

Mitte der 80er Jahre wuchs in US-amerikanischen Unternehmen die Unzufriedenheit mit der Aussagekraft etablierter finanzorientierter Kennzahlensysteme[1367] mit dem Return-On-Investment bzw. der Eigenkapitalrendite als Spitzenkennzahl.[1368] Bedingt durch den finanziellen Fokus zeichnen sich konventionelle Kennzahlensysteme durch einen einseitigen, primär operativen und vergangenheitsbezogenen Charakter aus[1369] und besitzen keinen ausreichenden Bezug zum betrieblichen Leistungsprozess und der Unternehmensstrategie.[1370] Jedoch basiert der zukünftige Erfolg eines Unternehmens zu großen Teilen auf immateriellen Faktoren, die hinter den finanziellen Kennzahlen stehen.[1371] Unter dem Begriff des Performance Measurement konzentrierten sich die Überlegungen zur konzeptionellen Weiterentwicklung von Kennzahlensystemen daher auf eine Ergänzung monetärer durch nicht-monetäre

---

1367 Zum Begriff des Kennzahlensystems vgl. Staudt, E., Groeters, U. et al. (1985), S. 30 - 65; Reichmann, T. (2006), S. 22 - 39.

1368 Vgl. Kaplan, R. S., Norton, D. P. (2001), S. VII. Vgl. auch Kaplan, R. S., Norton, D. P. (1992); Fisher, J. (1992); Weber, J., Schäffer, U. (1998a), S. 342; Weber, J., Radtke, B., Schäffer, U. (2001), S. 7.

1369 Vgl. Weber, J. (2000), S. 5.

1370 Vgl. Prill, M.-A. (2007), S. 21.

1371 Vgl. Eccles, R. G. (1991), S. 131 f.; Atkinson, A. A., Waterhouse, J. H., Wells, R. B. (1997), S. 25 f.; Kaplan, R. S., Norton, D. P. (1997), S. 20 - 22; Klingebiel, N. (1997), S. 656-658.

Kennzahlen[1372] und damit auf eine multidimensionale Betrachtung zur Quantifizierung von Effektivität und Effizienz.[1373] Zwischenzeitlich wurde eine Vielzahl von Konzepten des Performance Measurement entwickelt, wobei im Mittelpunkt der aktuellen Diskussion das Konzept der Balanced Scorecard steht.[1374]

Die Balanced Scorecard ist Resultat eines Forschungsprojektes, das Anfang der 1990er Jahre unter der Leitung von Robert S. Kaplan und David P. Norton und unter Beteiligung von 12 US-amerikanischen Unternehmen durchgeführt wurde.[1375] Die grundlegende Idee der Balanced Scorecard ist es, die Umsetzung strategischer Zielsetzungen und Vorhaben auf operativer Ebene mittels Kennzahlen zu überwachen. Die einzelnen Elemente einer Strategie werden zu diesem Zweck in Kennzahlen sowie entsprechend abgestimmte Zielvorgaben, Messgrößen und Maßnahmen überführt.[1376] Der Begriff „Balanced" weist auf die angestrebte Ausgeglichenheit des resultierenden Kennzahlensystems hin.[1377] So sind mit gleichem Gewicht unternehmensexterne und unternehmensinterne Interessen zu berücksichtigen. Gleichzeitig sind sowohl operativ als auch strategisch für die Unternehmensentwicklung relevante Kennzahlen sowie vorlaufende Frühindikatoren bzw. Leistungstreiber und zugleich Spätindikatoren im Sinne von Ergebniskennzahlen einzubeziehen.[1378] Auch sollen gleichermaßen monetäre wie nicht-monetäre sowie quantitative und qualitative Größen repräsentiert sein.

Um diese Ausgewogenheit zu realisieren, schlagen Kaplan und Norton vier Perspektiven als Orientierungsrahmen für die Auswahl der Kennzahlen, Ziele, Vorgaben und Maßnahmen vor. Dabei werden finanzielle Kennzahlen durch eine Kunden-, eine interne Prozess- und eine Lern- und Entwicklungsperspektive ergänzt (vgl. Abbildung 79). Ziel ist eine Scorecard mit bis zu 25, möglichst gleichmäßig auf diese

---

[1372] Vgl. Gleich, R. (1997); Klingebiel, N. (1997), S. 656; Klingebiel, N. (1998), S. 5; Werner, H. (2000a), S. 8; Günther, T., Grüning, M. (2001), S. 283; Gleich, R. (2001), S. 47; Reichmann, T. (2006), S. 601. Grundlegendes Ziel des Performance Measurement ist die Informationsversorgung des Führungssystems über die Leistungsentwicklung der berichtenden Einheit. Vgl. Wiese, J. (2000), S. 63; Klingebiel, N. (1998), S. 5.

[1373] Vgl. Wolf, K. (2003), S. 85. Effektivitätsgrößen zielen auf den Zielerreichungsgrad ab. Sie sind Grundlage von Effizienzkennzahlen, die Input-Output- bzw. Input-Ziel-Relationen verdeutlichen. Vgl. Klingebiel, N. (2000), S. 25.

[1374] Vgl. im Überblick Gleich, R. (1997); Klingebiel, N. (1998).

[1375] Vgl. im Folgenden Kaplan, R. S., Norton, D. P. (1992); Kaplan, R. S., Norton, D. P. (1996b); Kaplan, R. S., Norton, D. P. (1996a); Kaplan, R. S., Norton, D. P. (1997); Kaplan, R. S., Norton, D. P. (2001).

[1376] Vgl. Michel, U. (1997), S. 275; Klingebiel, N. (1999), S. 56.

[1377] Vgl. im Folgenden Kaplan, R. S., Norton, D. P. (1997), S. 8 - 10; Kaufmann, L. (1997), S. 423 f.; Krahe, A. (1999), S. 117; Merkle, M. (1999), S. 78 f.; Wiese, J. (2000), S. 80 - 83; Reichmann, T. (2006), S. 601; Morganski, R. (2003), S. 23 - 25; Prill, M.-A. (2007), S. 22 - 25.

[1378] Vgl. Egli, B., Lüthi, H. P. (1999), S. 9; Friedag, H. R., Schmidt, W. (2001b), S. 62 f.; Schlüchtermann, J., Pointner, M. A. (2004), S. 36; Reichmann, T. (2006), S. 601.

vier Perspektiven verteilten Kennzahlen, so dass insgesamt vier bis sieben Kennzahlen pro Perspektive als angemessen erachtet werden.[1379]

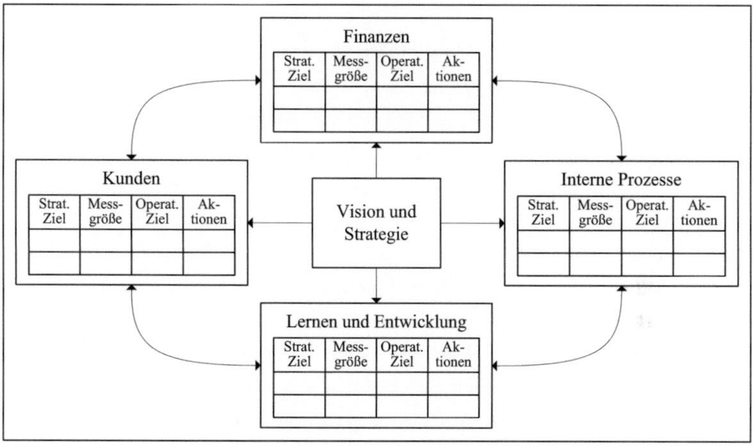

Abbildung 79: Standardperspektiven der Balanced Scorecard[1380]

Die Lern- und Entwicklungsperspektive[1381] zielt auf eine sich kontinuierlich weiterentwickelnde, lernende Organisation ab, die sowohl durch intern gesteuerte kontinuierliche Verbesserungen als auch durch extern angestoßene Veränderungen Vorreiterstatus erreicht und erhält. Hierbei werden drei Hauptkategorien unterschieden: die Qualifizierung von Mitarbeitern, die Leistungsfähigkeit des Informationssystems sowie die Motivation und Zielausrichtung der Mitarbeiter. In der internen Prozessperspektive werden die Effizienz und das Zusammenwirken vornehmlich derjenigen Prozesse verfolgt, die für die Erreichung der marktbezogenen und darauf aufbauend finanziellen Ziele von Bedeutung sind. Hierzu zählen neben den Betriebsprozessen auch der Innovations- und der Serviceprozess. Die Kundenperspektive fokussiert die Zufriedenheit und in der Folge die Rentabilität der Kunden wie auch die Positionierung am Markt. Die finanzielle Perspektive schließlich repräsentiert als primus inter pares die etablierten, finanziell orientierten Kennzahlensysteme, so dass alle üblichen

1379 Vgl. Kaplan, R. S., Norton, D. P. (1997), S. 156.

1380 In Anlehnung an Kaplan, R. S., Norton, D. P. (1997), S. 9.

1381 Neben der von Kaplan und Norton verwendeten Bezeichnung als „Lern- und Entwicklungsperspektive" finden sich in der Literatur auch abweichende Benennungen wie „Innovations-", „Wissens-", „Wachstums-", „Mitarbeiter-" oder „Potenzialperspektive". Vgl. Kaplan, R. S., Norton, D. P. (1997), S. 121; Jöhnk, T., Zimmermann, G. (2001), S. 15 - 23; Kudernatsch, D. (2001), S. 13.

finanziellen Steuerungsgrößen in diese Perspektive integriert werden können.[1382] Für jede Perspektive sind ausgehend von der Strategie Ziele, Kennzahlen, Vorgaben und Maßnahmen festzulegen.

Zwischen diesen vier Perspektiven unterstellt die Balanced Scorecard einen plausiblen Sachzusammenhang. Demnach sind leistungsfähige und sich weiter entwickelnde Mitarbeiter sowie adäquate Informationssysteme die Grundlage für einen effizienten und effektiven Ressourceneinsatz. Auf Basis entsprechender Prozesse können bedarfsgerechte Produkte und Dienstleistungen erstellt werden, die wiederum Grundvoraussetzung für zufriedene und rentable Kunden sind. Schließlich ist mit diesen Kundenbeziehungen die Sicherung des finanziellen Erfolgs des Unternehmens möglich. Mit Bezug auf die konkreten Kennzahlen der einzelnen Perspektiven sind diese Plausibilitätsüberlegungen in Ursache-Wirkungsbeziehungen zu konkretisieren. Diese Verknüpfungen stellen einen zentralen Bestandteil des Konzeptes dar, indem Maßnahmen einer Perspektive Messgrößen anderer Perspektiven beeinflussen.[1383] Die durch eine Maßnahme angestoßene Kausalkette sollte alle Perspektiven durchlaufen[1384] und ihre finale Wirkung in der Finanzperspektive entfalten.[1385] Die Ursache-Wirkungsbeziehungen sind in 3-facher Hinsicht essenziell für die Umsetzung der Strategie. Sachlich-inhaltlich werden die in Kennzahlen formulierten strategischen Ziele in untergeordnete Entscheidungsziele herunter gebrochen. Institutional dient die Balanced Scorecard als Koordinationsinstrument zwischen Organisationseinheiten gleicher oder unterschiedlicher Hierarchiestufen. In personaler Hinsicht ermöglichen die Ursache-Wirkungsbeziehungen die Einbettung in das Anreizsystem zur Verknüpfung der Unternehmensziele mit den individuellen Interessen der Handlungsträger.[1386] Im Gegensatz zu traditionellen Kennzahlensystemen sind die Verknüpfungen gleichwohl nicht rein mathematisch deduktiver Natur. Vielmehr verfolgt die Balanced Scorecard einen Mittelweg zwischen mathematischer deduktiver und empirisch induktiver Herleitung, indem plausible Grundannahmen über die Zusammenhänge zwischen den Kennzahlen hergeleitet werden.[1387]

Nach Kaplan und Norton stellt die Balanced Scorecard nicht nur ein neues Kennzahlensystem dar. Vielmehr soll sie als Managementsystem Bindeglied zwischen der

---

1382 Für einen kompakten Überblick über die vier Perspektiven vgl. Schlüchtermann, J., Pointner, M. A. (2004), S. 35 f.
1383 Vgl. Wall, F. (2001b), S. 66.
1384 Vgl. Kaplan, R. S., Norton, D. P. (1997), S. 28.
1385 Vgl. Weber, J. (2000), S. 9. Wird die Finanzperspektive durch eine Maßnahme nicht beeinflusst, so ist entweder die Kausalkette nicht korrekt entworfen oder es besteht ein zu großer time lag. Vgl. Bontis, N. (1999), S. 396.
1386 Vgl. Wall, F. (2001b), S. 66 f.
1387 Vgl. Reichmann, T. (2006), S. 610 - 612.

Entwicklung einer Strategie und ihrer Umsetzung sein (vgl. Abbildung 80).[1388] Ausgangspunkt einer derartigen Strategieoperationalisierung sind Mission und Vision, die in strategische Ziele umzuwandeln sind.[1389] Die Mission steht für eine kurze, prägnant formulierte, konkrete und einprägsame Aussage über das Image des Unternehmens in der Öffentlichkeit und spiegelt somit die unternehmerische Tätigkeit wider.[1390] Die Vision steht für das Leitbild der Unternehmung, in dem sich Unternehmens- und Führungsgrundsätze konkretisieren.[1391]

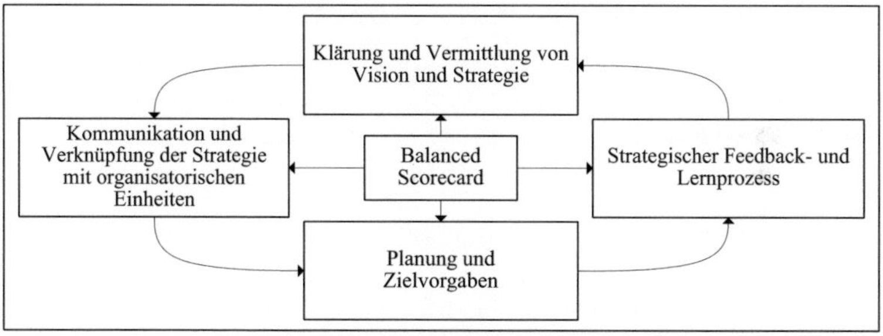

Abbildung 80: Die Balanced Scorecard als strategischer Handlungsrahmen

Durch die Balanced Scorecard und den Einführungsprozess soll eine Reihe an Verbesserungen erreicht werden. So soll durch die Diskussion der Kennzahlen und der Wirkungszusammenhänge Konsens im Hinblick auf die strategischen Ziele geschaffen und die „Logik des Geschäfts" explizit und transparent gemacht werden.[1392] Auch soll durch die Balanced Scorecard ein Bezug zwischen der Strategie und der Arbeit einzelner Einheiten oder Mitarbeiter hergestellt und somit eine einheitliche Zielausrichtung der Handlungsträger im Unternehmen erreicht werden. Der traditionell hierarchische Prozess der Strategieformulierung und –implementierung soll durch eine auf die Ebene von Kennzahlen heruntergebrochene Strategie in einen kontinuierlichen, durch „double-loop-Lernen"[1393] charakterisierten strategischen Lernprozess transformiert werden, der sich insbesondere durch eine wechselseitige Rückkopplung zwischen der operativen und der strategischen Ebene auszeichnet. Schließlich wird vorausgesetzt, dass das zur Entwicklung von Strategien erforderliche Wissen im Unternehmen breit gestreut ist, so dass mit einer auf alle Ebenen

---

1388 Vgl. Kaplan, R. S., Norton, D. P. (1997), S. 11 - 15; Reichmann, T. (2006), S. 601 f.

1389 Vgl. Kaplan, R. S., Norton, D. P. (1997), S. 22; Steinle, C., Thiem, H., Lange, M. (2001), S. 29.

1390 Vgl. Friedag, H. R., Schmidt, W. (2001a), S. 160 - 166; Scheibeler, A. (2002), S. 13.

1391 Vgl. Brown, M. (1997), S. 176; Friedag, H. R., Schmidt, W. (2001a), S. 166 – 169.

1392 Vgl. Harengel, J., Hess, T. (1999), S. 241.

1393 Zum Begriff des double-loop-learning vgl. Argyris, C., Schön, D. A. (1996).

heruntergebrochenen Balanced Scorecard die Strategieentwicklung auf eine breitere Basis gestellt werden kann.[1394]

Die Balanced Scorecard wird in der Literatur auch kritisch betrachtet.[1395] So sind die der Balanced Scorecard zugrundeliegenden Annahmen über den Einfluss einzelner Größen auf den finanziellen Erfolg zu hinterfragen. Zudem steht zu befürchten, dass die vier Perspektiven und die Kausalketten häufig unkritisch übernommen werden, auch wenn Kaplan und Norton ihre fallspezifische Überprüfung vorsehen. Strittig ist darüber hinaus, ob die anvisierten 25 Kennzahlen von einer einzelnen Person gleichzeitig verarbeitet werden können. Aus formaler Sicht ist zudem auf die empirisch-deduktive Entstehung und das Fehlen einer präzisen Begründung der vier Perspektiven als auch der vorgeschlagenen Kennzahlen hinzuweisen.

4.2.2 Risikoorientierte Balanced Scorecards

Die Balanced Scorecard wird aufgrund verschiedener Charakteristika als potenzielles Instrument des Risikomanagements angesehen. Hierzu zählen die Anknüpfung an der Unternehmensstrategie, die integrative Gesamtsicht, die Verknüpfung der Kennzahlen und Perspektiven mittels Ursache-Wirkungsbeziehungen[1396] sowie die Parallelen der Ausgestaltung der Balanced Scorecard zu Frühwarnsystemen.[1397] Ebenso kann mit der Balanced Scorecard eine Verzahnung von Risikoaspekten mit bestehenden Planungs- und Steuerungsinstrumenten erfolgen.[1398] Da im dargestellten Grundkonzept der Balanced Scorecard keine explizite Berücksichtigung von Risiken vorgesehen ist,[1399] finden sich in der Literatur zwischenzeitlich unterschiedliche Vorschläge zu einer entsprechenden Integration.[1400] Diese werden nachfolgend näher betrachtet.

Integration in bestehende Perspektiven

Zur Einbindung von Risiken in die Balanced Scorecard besteht die Möglichkeit einer unmittelbaren Berücksichtigung in den Zielgrößen bestehender Perspektiven. Ent-

---

1394 Vgl. Harengel, J., Hess, T. (1999), S. 241.

1395 Vgl. im Folgenden stellvertretend Weber, J., Schäffer, U. (1998a); Werner, H. (2000c); Bruhn, M. (1998); Harengel, J., Hess, T. (1999). Vgl. im Überblick Ahn, H. (2005), S. 123 f.

1396 Vgl. Pedell, B. (2004), S. 10.

1397 Vgl. Homburg, C., Stephan, J., Haupt, M. (2005), S. 1071. Vgl. ähnlich Broetzmann, F., Oehler, K. (2002), S. 589.

1398 Vgl. Broetzmann, F., Oehler, K. (2002), S. 589; Lingnau, V., Jonen, A. (2007), S. 339.

1399 Vgl. Pedell, B., Schwihel, A. (2004), S. 149.

1400 Für einen Überblick vgl. Wurl, H.-J., Mayer, J. (2001), S. 180 - 231; Lingnau, V., Jonen, A. (2007), S. 339 - 343.

sprechend schlagen Kaplan und Norton vor, Ziele des Risikomanagements in die Finanzperspektive zu integrieren.[1401] Weber, Weißenberger und Liekweg hingegen schlagen in ihrer Balanced Scorecard^{Plus} vor, den einzelnen Zielen neben Messgrößen, Operationalisierungsanweisungen und Maßnahmen zusätzlich korrespondierende Chancen oder Risiken sowie deren Einflussgrößen zuzuordnen.[1402] Darüber hinaus werden in der Balanced Scorecard^{Plus} Grenzwerte angegeben, bei deren Über- oder Unterschreiten Maßnahmen erforderlich werden.

Die dargestellte Vorgehensweise zeichnet sich durch ihre einfache und leicht zugängliche Konzeption aus, so dass sie mit vergleichsweise geringem Zusatzaufwand realisierbar ist.[1403] Auch werden Mitarbeiter für Risiken sensibilisiert. Gleichzeitig findet eine Delegation von Chancen und Risiken statt, so dass die entsprechenden Verantwortlichkeiten eindeutig geregelt sind.[1404] Prämisse ist jedoch, dass Ziele und Chancen/Risiken jeweils im gleichen Verantwortungsbereich liegen. Da sich die Chancen- und Risikoidentifikation auf die Betrachtungsperspektive der Balanced Scorecard beschränkt, ist eine umfassende Erkennung und Abdeckung von Risiken nicht gegeben. Zudem wird eine Integration von Risikowirtschaftsaspekten nicht konkretisiert.[1405] Des weiteren ist die direkte und eindeutige Zuordenbarkeit von Risikofaktoren zu genau einem Ziel zu hinterfragen. Gerade bei externen Risiken wird sich dies eher selten realisieren lassen.[1406]

Integration zusätzlicher Perspektiven

Als weitere Option besteht die Möglichkeit, Risiken durch Bildung einer eigenen Risikoperspektive abzubilden. Entsprechende Vorschläge finden sich in der Literatur vorrangig für Banken als Ausdruck ihres Kerngeschäfts.[1407] Durch die explizite Darstellung einer Risikoperspektive ergibt sich einerseits bei vergleichsweise geringem Aufwand ein ausgewogener, aggregierter Gesamtüberblick,[1408] andererseits die Möglichkeit einer Kommunikation des Gefahrenpotenzials innerhalb der Organisation.

[1401] Vgl. Kaplan, R. S., Norton, D. P. (1997), S. 49 sowie S. 59.

[1402] Vgl. Weber, J., Weißenberger, B. E., Liekweg, A. (1999), S. 31 f. Der dargestellte Ansatz findet sich auch in der – zusätzlich eine Umweltperspektive beinhaltenden - Risk Enhanced BSC (vgl. Broetzmann, F., Oehler, K. (2002), S. 589 ff.) sowie der Risikomanagement-BSC (vgl. Oepping, H., Siemes, A. (2003), S. 229 ff.). Für eine auf der Balanced Scorecard^{Plus} basierende Umsetzung vgl. Pedell, B., Schwihel, A. (2004).

[1403] Vgl. Wolf, K. (2003), S. 100.

[1404] Vgl. Wurl, H.-J., Mayer, J. (2001), S. 204.

[1405] Vgl. Form, S. (2005), S. 140.

[1406] Vgl. Wurl, H.-J., Mayer, J. (2001), S. 204.

[1407] Vgl. Kaum, S. (2000), S. 295; Meyer, C., Köhle, I. (2000), S. 8 ff.; Schwaiger, R. (2002), S. 20. Vgl. auch Wurl, H.-J., Mayer, J. (2001), S. 179 – 213; Teichmann, U., Erkens, N. (2000), S. 31.

[1408] Vgl. Lingnau, V., Jonen, A. (2007), S. 342.

Eine Isolierung des Risikoaspekts bringt zudem eine Aufwertung des Risikomanagements mit sich. Gleichwohl erfordert eine eigenständige Risikoperspektive die Festlegung souveräner Risikoziele und hebt somit die einem finalen Risikoverständnis zugrunde liegende eindeutige Zuordnung von Zielen und Risiken potenziell auf.[1409] Durch die fehlende Zielzuordnung ist eine geringere Transparenz des Gefahrenpotenzials zu konstatieren, durch die sich auch Probleme bei der Zuordnung von Verantwortlichkeiten ergeben.[1410] Zudem können identifizierte Risiken nicht eindeutig einer Perspektive zugeordnet werden. Schließlich wird durch die Integration einer zusätzlichen Perspektive das intuitiv zugängliche Beziehungsgefüge zwischen den Perspektiven zerstört und die Komplexität der Ursache-Wirkungsbeziehungen nimmt zu.[1411]

Konstruktion einer parallelen Risiko-Balanced Scorecard

Die von Reichmann und Form entwickelte Balanced Chance and Risk-Card (BCR)[1412] stellt auf eine ganzheitliche Betrachtung unternehmerischer Entscheidungen ab und vereinigt zu diesem Zweck Elemente des wertorientierten Managements, der Balanced Scorecard und des Risikomanagement. Um die Entwicklung des Wertbeitrags aufzuzeigen, stehen dem Konzept der DCF, der EVA und der MVA als Spitzenkennzahlen voran. Anstelle der Perspektiven der klassischen Balanced Scorecard enthält die BCR strategische Erfolgsfaktoren als Bestimmungsgrößen des Unternehmenswerts. Für diese Erfolgsfaktoren sollen Chancen und Risiken analysiert und gegenübergestellt werden, um hierauf aufbauend Unternehmenseinheiten chancen- und risikoorientiert steuern zu können. Hierzu dienen Kennzahlen, die die Chancen und Risiken der einzelnen Erfolgsfaktoren sowie zusätzlich externe Risiken erfassen. Die Erfolgsfaktoren sind durch Ziele und Kennzahlen zu konkretisieren und in Ursache-Wirkungsketten einzubinden. Innerhalb der BCR werden Chancen und Risiken jeweils in eigenen Scorecards abgebildet. Somit ergibt sich ein aggregierter Gesamtüberblick über Chancen und Risiken über alle Erfolgsfaktoren hinweg.

1409 Vgl. Wolf, K. (2003), S. 100.

1410 Vgl. Lingnau, V., Jonen, A. (2007), S. 342.

1411 Vgl. Wurl, H.-J., Mayer, J. (2001), S. 200 - 204; Pedell, B., Schwihel, A. (2004), S. 152.

1412 Vgl. Reichmann, T., Form, S. (2000); Reichmann, T. (2006), S. 650 - 658. Vgl. auch Diederichs, M. (2004a).

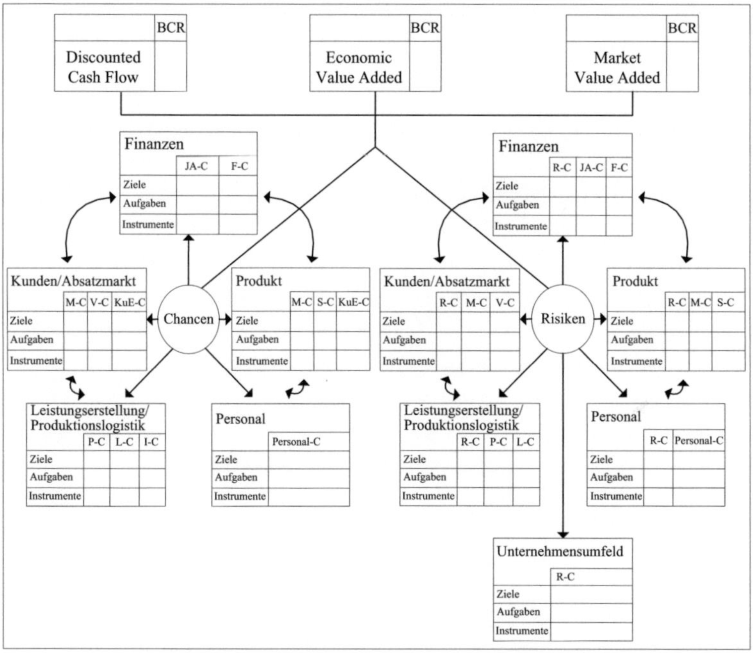

Abbildung 81: Balanced Chance and Risk-Card[1413]

Kritisch zu hinterfragen ist im Konzept der BCR der Anspruch, drei verschiedene Spitzenkennzahlen simultan vorzuhalten und auf nachgelagerte Ebenen herunterzubrechen, zumal in dem Konzept keine Aussagen über das Verhältnis der Spitzenkennzahlen zueinander getätigt werden. Zudem ist eine Überführung von EVA und MVA in das operative Management mit erheblichen, fast schon prohibitiven Problemen verbunden.[1414] Aufgrund der fehlenden Datenbasis bzw. des hohen Erfassungsaufwands von Zahlungsströmen auf sämtlichen Hierarchieebenen ist auch eine Anwendung des DCF in praxi kaum umsetzbar.[1415] Auch tätigen die Autoren keine Aussagen zur Verarbeitung und Aggregation von Chancen und Risiken in den Spitzenkennzahlen. Zudem ist durch die getrennte Darstellung von Chancen und Risiken die Übersichtlichkeit teilweise eingeschränkt. Im Entscheidungsfall sind somit beide Scorecards aufeinander abzustimmen, um eine vollständige Entscheidungsgrundlage liefern zu können. Für den Fall, dass die beiden Scorecards in

1413 Vgl. Reichmann, T. (2006), S. 651.
1414 Vgl. Horváth, P. (1999), S. 314.
1415 Vgl. Becker, G. M. (2000), S. 53; Wolf, K. (2003), S. 102.

unterschiedliche Kompetenzbereiche fallen, sind außerdem Verantwortungskollisionen möglich.[1416]

4.2.3 Balanced Scorecards in Unternehmensnetzwerken

Neben einer fast unüberschaubaren Anzahl von Ausgestaltungen der Balanced Scorecard für verschiedene Branchen und Organisationsformen existieren in der Literatur zwischenzeitlich erste Adaptionen für Unternehmensnetzwerke. Durch die Einbindung der Partnerunternehmen in ein Gesamtzielsystem sollen vorrangig Zielkonflikte verringert werden.[1417] Zumeist wird die Balanced Scorecard zur Koordination von Entscheidungen zwischen den Netzwerkpartnern und zur Abbildung der unternehmensübergreifenden Prozesse verwendet.[1418] Ähnlich den risikoorientierten Balanced Scorecards finden sich sowohl Vorschläge, die das Grundkonzept der Balanced Scorecard nur inhaltlich oder aber strukturell modifizieren.[1419]

Integration in bestehende Perspektiven

Zu nennen sind zunächst die Ansätze von Brewer und Speh,[1420] von Hess,[1421] von Wenninger-Zeman[1422] sowie von Werner,[1423] die sich durch eine enge Anlehnung an die von Kaplan und Norton vorgeschlagene Grundstruktur und eine Beibehaltung der klassischen Perspektiven auszeichnen.[1424] Inhaltliche Änderungen erfolgen lediglich durch eine Integration unternehmensübergreifender Kennzahlen, auf strukturelle Anpassungen zur Berücksichtigung der besonderen Anforderung von Unternehmensnetzwerken im Sinne verteilter Leistungserstellung, flexibler, prozessorientierter Konfiguration und Autonomie der Beteiligten[1425] wird verzichtet. Diese ausschließlich auf Kennzahlenebene vorgenommene Anpassung der Balanced Scorecard bringt es mit sich, dass teilweise übergreifende Aspekte in Perspektiven

---

1416 Vgl. Wolf, K. (2003), S. 102 f.; Homburg, C., Stephan, J., Haupt, M. (2005), S. 1075; Lingnau, V., Jonen, A. (2007), S. 342.

1417 Vgl. mit Bezug auf Supply Chains Zimmermann, K., von Flotow, P., Seuring, S. (2003), S. 556.

1418 Vgl. Weber, J., Bacher, A., Groll, M. (2002), S. 313.

1419 Vgl. Weber, J., Bacher, A., Groll, M. (2002), S. 136.

1420 Vgl. Brewer, P. C., Speh, T. W. (2000); Brewer, P. C., Speh, T. W. (2001).

1421 Vgl. Hess, T. (2002), S. 256 - 259.

1422 Vgl. Wenninger-Zeman, K. (2003), S. 82 - 90.

1423 Vgl. Werner, H. (2000a); Werner, H. (2000b). Anzumerken ist, dass Werner die Kundenperspektive um Lieferantenaspekte ergänzt und diese in Marktperspektive umbenennt. Dies stellt jedoch keine umfassende strukturelle Veränderung der Balanced Scorecard dar. Vgl. Weber, J., Bacher, A., Groll, M. (2002), S. 136.

1424 Auch Hippe scheint eine Integration in bestehende Perspektiven zu favorisieren. Jedoch lassen die entsprechenden Ausführungen nicht eindeutig erkennen, ob auch strukturelle Modifikationen erforderlich sein können. Vgl. Hippe, A. (1997), S. 227 – 229.

1425 Vgl. Hess, T. (2001), S. 93.

integriert werden müssen, die diesen nicht in vollem Umfang gerecht werden. Dies bedingt, dass die Messung der Kooperationsziele eher indirekt und nicht explizit erfolgt, so dass eine Bewertung der Kooperationswirkungen nur erheblich eingeschränkt möglich ist. Auch ist auf diesem Weg keine direkte Ableitung von Handlungsempfehlungen für das Kooperationsmanagement möglich.[1426]

Strukturelle Anpassungen

Um den Anforderungen zwischenbetrieblicher Kooperationen besser gerecht zu werden, werden in anderen Veröffentlichungen inhaltliche und strukturelle Anpassungen an der generischen Balanced Scorecard vorgenommen. So betonen Weber, Bacher und Grohl mit Bezug auf Supply Chains neben finanziellen und prozessbezogenen Aspekten insbesondere die Kooperationsqualität und die Kooperationsintensität, denen jeweils eigene Perspektiven gewidmet werden. Dies deckt sich auch mit den Ergebnissen einer empirischen Untersuchung von Bacher mit Bezug auf Supply Chains, bei der die Prozess-, die Finanz- und die Kooperationsperspektive die höchsten Einstufungen erhalten haben.[1427] Abbildung 82 verdeutlicht den Grundaufbau der Balanced Scorecard nach Weber, Bacher und Grohl. Die Perspektive der Kooperationsintensität wird gewählt, um die Art und Weise sowie die Entwicklung der Zusammenarbeit der Partner in Supply Chains abbilden zu können. Ziel ist es, die harten Faktoren der Zusammenarbeit beispielsweise über die Quantität und Qualität der ausgetauschten Daten zu messen.[1428] Die Perspektive der Kooperationsqualität hingegen steht für die weichen Faktoren der Kooperation, die erfassen soll, wie gut die Kooperation zwischen den Partnern funktioniert. Als Messgrößen können Indizes zur Zufriedenheit, zum Vertrauen der Partner untereinander oder der Anteil unkooperativ gelöster Konflikte genannt werden.[1429]

Drews[1430] geht einen ähnlichen Weg und fasst die Finanz- und die Kundenperspektive zur Kooperationserfolgsperspektive zusammen. Hintergrund ist, dass die genannten Perspektiven der generischen Balanced Scorecard die externe Ausrichtung der Kooperation widerspiegeln und die wesentlichen Anspruchsgruppen repräsentieren. Die Prozess- und die Lern- und Entwicklungsperspektive werden hingegen zur

1426 Vgl. Stüllenberg, F. (2005), S. 296.

1427 Vgl. Bacher, A. (2004), S. 254. Jedoch kommt Bachers Erhebung zu dem Ergebnis, „...dass es aus Praxissicht nicht sinnvoll ist, für die Kooperationsintensität und Kooperationsqualität zwei separate Perspektiven zu bilden. Diese Aspekte sollten eher im Rahmen einer Dimension [...] zusammengefasst werden.“ Vgl. Bacher, A. (2004), S. 284. Einen entsprechenden Vorschlag macht Wente, die die Lern- und Entwicklungsperspektive durch eine Beziehungsperspektive ersetzt. Vgl. Wente, M. (2008), S. 234.

1428 Vgl. Weber, J., Bacher, A., Groll, M. (2002), S. 138.

1429 Vgl. Weber, J. (2002a), S. 312.

1430 Vgl. Drews, H. (2001), S. 162 - 168.

Kooperationsaktivitätenperspektive zusammengefasst, welche die interne Ausrichtung der Kooperation repräsentiert.[1431] Somit findet sich eine klare Trennung in outputbezogene Zielvariablen und inputbezogene Entscheidungsvariablen.[1432]

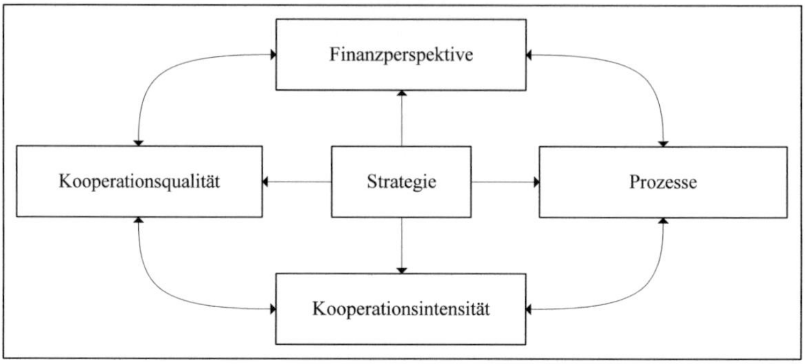

Abbildung 82: Balanced Scorecard für Supply Chains nach Weber, Bacher und Grohl[1433]

Ebenfalls eine Kooperationsperspektive beinhaltet der Ansatz von Stüllenberg, der jedoch zusätzlich an den klassischen vier Perspektiven festhält.[1434] Gleichwohl betrachtet Stüllenberg lediglich ein einzelnes an einer Kooperation teilnehmendes Unternehmen und nimmt nicht die Perspektive des gesamten Netzwerks ein. Im Zuge der Generierung von Kennzahlen schlägt Stüllenberg die Kooperationsintensität, gemessen mittels der Kontaktintensität, der Kooperationstiefe, der Kooperationsexaktheit, der Kooperationsdauer und der Poolingquote, die Kooperationsstabilität, gemessen mittels Kooperationsalter, Akteurszufriedenheit, Austrittsrate und Marktanteil der Kooperation, die Verflechtungstiefe, die Informationsbreite und -intensität sowie kooperationsindividuelle Kennzahlen vor.[1435] Die Kooperationsperspektive sieht Stüllenberg dabei unterhalb der Lern- und Entwicklungsperspektive angesiedelt.

Zusammenfassend ist festzuhalten, dass mit Hilfe einer eigenen Kooperationsperspektive eine direkte Darstellung der erfolgskritischen Kennzahlen einer Kooperation erfolgen kann. Zudem kann ihr Einfluss auf die Kennzahlen der übrigen Perspektiven

1431 Winkler bezeichnet die Zusammenfassung prozess- und ressourcenabhängiger Faktoren als Supply Chain Perspektive. Vgl. Winkler, H. (2005), S. 391.

1432 Vgl. hierzu mit Bezug auf die Erfolgsbeurteilung in Joint Ventures Büchel, B., Prange, C. et al. (1997), S. 191 - 197.

1433 In Anlehnung an Weber, J., Bacher, A., Groll, M. (2002), S. 138.

1434 Vgl. Stüllenberg, F. (2005), S. 288 - 337. Vgl. auch Bornheim, M., Stüllenberg, F. (2002), S. 286 - 289; Stüllenberg, F., Schulze im Hove, A. (2003), S. 18 - 20. Vgl. ähnlich Schweier, H. (2000), S. 145.

1435 Vgl. Stüllenberg, F. (2005), S. 305 - 322.

verdeutlicht werden. Gleichwohl ist die von Weber et al. vorgeschlagene Aufspaltung in zwei kooperationsspezifische Perspektiven kritisch zu hinterfragen, da dies eine kompakte Übersicht über die Kooperationswirkungen verhindert, gleichzeitig jedoch den Kooperationsaspekt überproportional betont. Auch entfernt sich der Vorschlag damit weit von dem etablierten Konzept von Kaplan und Norton. Generell ist zu hinterfragen, inwieweit eine Erweiterung der Balanced Scorecard um eine zusätzliche Perspektive vor dem Hintergrund der begrenzten menschlichen Informationsverarbeitungskapazität die Steuerungswirkung negativ beeinflusst.[1436]

4.2.4 Konzeption einer risikoorientierten Balanced Scorecard für Unternehmensnetzwerke

Für die Konzeption einer risikoorientierten Netzwerk-Balanced Scorecard kann auf die oben dargestellten Vorarbeiten zurückgegriffen werden. Als Anforderungen für eine risikoorientierte Netzwerk-Balanced Scorecard sind folgende Punkte festzuhalten:

(1) In ihrer ursprünglichen Form geht die Balanced Scorecard von kalkulatorischen oder wertorientierten bzw. finanziellen Kennzahlen aus. Der Netzwerkerfolg ist jedoch, wie in Abschnitt 4.1.4 expliziert, nicht als rein finanzielle Größe anzusehen. Vielmehr gilt es, oft nur qualitativ bestimmbare Größen oder aber in Kennzahlen operationalisierte Ersatzziele zu integrieren.[1437]

(2) Wesentliches Erfolgskriterium eines Unternehmensnetzwerks ist die Qualität und Intensität der zwischenbetrieblichen Zusammenarbeit. Diese ist in adäquater Form zu operationalisieren und abzubilden.[1438]

(3) Risiken ergeben sich nicht nur aus der netzwerkinternen Kooperation, vielmehr sind auch externe Entwicklungen umfassend darzustellen.

Insgesamt soll eine derartige risikoorientierte Netzwerk-Balanced Scorecard ein Instrument darstellen, das die Risikopotenziale eines Unternehmensnetzwerks systematisch erfassen kann, das in ein auf das gesamte Netzwerk ausgerichtetes Steuerungskonzept integriert ist und somit eine wesentliche Grundlage für eine effiziente und effektive Steuerung bietet.

1436 Vgl. hierzu Miller, G. A. (1956). Vgl. auch Kaplan, R. S., Norton, D. P. (1997), S. 156.
1437 Vgl. Hess, T. (2002), S. 257.
1438 Vgl. Weber, J. (2002a), S. 312; Weber, J., Bacher, A., Groll, M. (2002), S. 135 - 138.

4.2.4.1 Inhaltlicher und struktureller Anpassungsbedarf

Auf dem dargestellten Anforderungskatalog aufbauend stellt sich die Frage nach erforderlichen inhaltlichen und strukturellen Anpassungen des ursprünglichen Konzepts der Balanced Scorecard. Hierbei ist zunächst die grundlegende Frage nach der Berücksichtigung der Spezifika einer zwischenbetrieblichen Kooperation zu beantworten. Am sinnvollsten erscheint es, dem in der Literatur häufig zu findenden Vorschlag der Integration einer Kooperationsperspektive zu folgen. Auf diesem Wege kann vermieden werden, dass die „klassischen" Perspektiven überfrachtet oder verfremdet werden. Zudem können die Erfolgsgrößen der Kooperation transparent und direkt dargestellt werden, so dass eine direkte Erfolgsbewertung und die Ableitung von Handlungsempfehlungen mit deutlich geringerem Aufwand ermöglicht werden.[1439]

Zu klären ist die Frage, ob die Kooperationsperspektive ergänzend neben die übrigen Perspektiven der klassischen Balanced Scorecard treten soll,[1440] oder ob eine oder mehrere andere Perspektiven zu einer Kooperationsperspektive umdeklariert werden sollen.[1441] Aus Gründen der Übersichtlichkeit und Handhabbarkeit erscheint die Installation einer zusätzlichen Perspektive nicht zielführend, so dass eine grundlegend überarbeitete und den Bedürfnissen eines Unternehmensnetzwerks angepasste Struktur erforderlich ist.

Unter Berücksichtigung der bisherigen Ausführungen sowohl zur Erfolgsbestimmung in Kooperationen als auch zu einer entsprechenden Integration in die Balanced Scorecard mit Hilfe von Ersatzzielen erscheint folgendes Vorgehen ratsam. Da ohnehin finanzielle Kennzahlen in Kooperationen nur eingeschränkt erhoben werden können, kann zunächst die Finanzperspektive zur Disposition gestellt werden. In Kombination mit der Kundenperspektive kann diese zu einer extern orientierten Erfolgsperspektive umdeklariert werden.[1442] Hierin kommt auch zum Ausdruck, dass in einem Unternehmensnetzwerk typischerweise nur ein Netzwerkpartner im direkten Kontakt zum Kunden steht, so dass dieser Partner allein für die Qualität der Kundenbeziehung verantwortlich ist. Kundenbezogene Anforderungen, die sich aus der Strategie des Gesamtnetzwerks ergeben, sind hingegen treffender in der Prozess-

1439 Vgl. Bornheim, M., Stüllenberg, F. (2002), S. 286.

1440 Vgl. hierzu stellvertretend Bornheim, M., Stüllenberg, F. (2002), S. 286 - 288; Stüllenberg, F. (2005), S. 295 - 298.

1441 Vgl. Weber, J., Bacher, A., Groll, M. (2002).

1442 Vgl. hierzu Drews, H. (2001), S. 162 - 168. In der Literatur findet sich mit Bezug auf Supply Chains auch der Vorschlag, die Kundenperspektive um Lieferantenaspekte zu ergänzen und zu einer Kooperationsperspektive umzuwandeln. Vgl. Werner, H. (2000a), S. 10; Lingnau, V., Jonen, A. (2007), S. 345.

perspektive darzustellen.[1443] Zur Definition der Kennzahlen der Erfolgsperspektive kann der im Rahmen des Erfolgscontrolling erarbeitete Zielkatalog herangezogen werden.

In Analogie zur klassischen Balanced Scorecard sind unterhalb dieser Erfolgsperspektive innerhalb der bereits erwähnten Prozessperspektive diejenigen Prozesse auf Netzwerkebene abzubilden, die für die Erreichung der Erfolgsziele von besonderer Bedeutung sind. Die im Rahmen der traditionellen Balanced Scorecard geforderte Abbildung der unternehmensinternen Wertschöpfungskette wird nunmehr auf die Betrachtung des gesamten Unternehmensnetzwerks erweitert. Zu prüfen ist, ob eine effiziente und effektive unternehmensübergreifende Koordination, insbesondere im Rahmen der Abwicklung von Aufträgen, erreicht wird und welche Hindernisse ggf. bei ihrer Realisierung auftreten.[1444]

Unterhalb der Prozessperspektive sieht das klassische Balanced Scorecard-Konzept vor, den Aufbau und die Entwicklung von Potenzialen sowohl auf Ebene der Mitarbeiter als auch der Infrastruktur und Unternehmenskultur abzubilden.[1445] Aus der Perspektive eines Unternehmensnetzwerks bietet es sich an, die entsprechende Perspektive in eine Kooperationsperspektive umzudefinieren. Diese stellt auf den Aufbau von Potenzialen und geeigneten Rahmenbedingungen zur reibungslosen unternehmensübergreifenden Zusammenarbeit ab.

In einer derartigen Perspektive können zunächst der Aufbau und die Weiterentwicklung einer gemeinsamen Infrastruktur abgebildet werden, die eine wesentliche Grundlage für eine dauerhafte und erfolgreiche Zusammenarbeit bildet. Zur Operationalisierung bietet es sich an, die Quantität und Qualität der ausgetauschten Daten heranzuziehen.[1446] Mit Blick auf die im ursprünglichen Balanced Scorecard-Konzept vorgesehene Ausgestaltung einer Lern- und Entwicklungsperspektive liegt die Integration von Zielen zur Verbesserung der Qualifizierung von Mitarbeitern mit Bezug auf die Zusammenarbeit im Unternehmensnetzwerk nahe.[1447] Als Kennzahl kann beispielsweise die Anzahl der unternehmensübergreifenden Seminartage zur Qualifikation von Schnittstellenmitarbeitern herangezogen werden. Gleichzeitig sollte dieser Qualifizierungsgedanke auch von der Mitarbeiterebene auf die Ebene des Partnerunternehmens im Sinne einer kooperationsorientierten Unternehmensentwicklung angehoben werden. Zu diesem Zweck sind Aspekte des Partnercontrolling,

---

[1443] Vgl. Weber, J., Bacher, A., Groll, M. (2002), S. 139.
[1444] Vgl. Weber, J., Bacher, A., Groll, M. (2002), S. 138.
[1445] Siehe Abschnitt 4.2.1.
[1446] Vgl. Weber, J., Bacher, A., Groll, M. (2002), S. 138.
[1447] Vgl. Weber, J., Bacher, A., Groll, M. (2002), S. 139.

insbesondere Komplementaritätskriterien, zu integrieren. Hiermit kann dem Gedanken Rechnung getragen werden, dass die Wettbewerbsstärke des Gesamtnetzwerks nicht zuletzt durch die Wettbewerbsstärke der einzelnen Partnerunternehmen determiniert wird. Denkbar sind aber auch Indizes zur Erhebung der Zufriedenheit der Netzwerkpartner.

Letztlich werden in der Kooperationsperspektive somit die Qualität und Intensität der Zusammenarbeit fokussiert, die ihrerseits im Zusammenwirken mit der Dauer der Kooperation direkte Auswirkungen auf das Vertrauen unter den Netzwerkpartnern haben. Dieses wiederum ist Voraussetzung für eine hohe Stabilität und damit den Erfolg der Kooperation.[1448]

Aufbauend auf der dargestellten strukturellen Ausgestaltung einer Balanced Scorecard für Unternehmensnetzwerke stellt sich die Frage nach einer geeigneten Integration von Risiken. Für das Erfolgscontrolling wurde in Abschnitt 4.1.4 eine duale Sichtweise vorgeschlagen, die für jedes Ziel des Unternehmensnetzwerks die wesentlichen Risikofaktoren erhebt. Dies eröffnet sowohl die Option paralleler Balanced Scorecards, wie dies die Balanced Chance and Risk Card vorsieht, als auch eine Erweiterung im Sinne der BSC^{plus}, also die Integration von Risiken innerhalb der bestehenden Perspektiven. Aus Gründen der Übersichtlichkeit erscheint der letztgenannte Vorschlag vorziehenswürdig, so dass zunächst eine inhaltliche Modifikation der Perspektiven vorliegt.[1449] Eine Integration einer eigenen netzwerkintern orientierten Risikoperspektive hingegen erscheint aus Gründen der Konsistenz des Controllingsystems nicht ratsam, da hiermit der klare Zusammenhang zwischen Netzwerkzielen und zugehörigen Risiken nicht beibehalten wird. Vielmehr bietet es sich an, zu jedem strategischen Ziel neben einer Messgröße, operationalen Zielen und Aktivitäten auch die zugehörigen Risiken und entsprechende Einflussfaktoren aufzuführen.[1450] Sofern die in der Balanced Scorecard aufgeführten strategischen Ziele bereits im Rahmen des risikoorientierten Erfolgscontrolling in den Zielkatalog des Netzwerks integriert und entsprechende Risiken bereits identifiziert wurden, können diese Risiken direkt in die Balanced Scorecard übernommen werden. Andernfalls gilt es wiederum, den Prozess der Risikoidentifikation für die strategischen Ziele anzustoßen.

1448 Siehe Abschnitt 4.3.1.

1449 Vgl. Kajüter, P. (2003a), S. 126 f., der als wesentliches Kriterium der Balanced Scorecard-Gestaltung für Unternehmensnetzwerke die Berücksichtigung von Netzwerkspezifika sowie einfache Handhabung ansieht und hierauf aufbauend für eine Integration von Risiken in strukturell angepasste Perspektiven fordert.

1450 Vgl. Lingnau, V., Jonen, A. (2007), S. 345 f. Vgl. ähnlich Horváth, P., Gleich, R. (2000), S. 116.

Abschließend ist zu überprüfen, ob neben den drei dargestellten Perspektiven eine zusätzliche Ebene zur Berücksichtigung externer Risiken sinnvoll ist. Eine derartige Umweltperspektive kann neben die anderen Perspektiven treten, um strategische Maßnahmen und Ziele hinsichtlich externer Bedrohungen im Sinne eines Frühwarnsystems überwachen zu können.[1451] In der Umweltperspektive werden im Gegensatz zu den anderen Perspektiven unbeeinflussbare Messgrößen im Sinne relevanter Indikatoren des Netzwerkumfelds abgebildet. Aus diesem Grunde werden anstelle strategischer Ziele zu beobachtende, im Sinne der strategischen Ausrichtung des Netzwerks relevante Umweltbereiche im Sinne externer Risiken herausgearbeitet. Gleichwohl sind diese Bereiche gemäß dem Balanced Scorecard-Konzept in die Ursache-Wirkungsbeziehungen der übrigen Ebenen zu integrieren. Für die zu beobachtenden Bereiche sind Messgrößen festzulegen, die jedoch nicht als Zielwerte, sondern vielmehr als - mit Blick auf die Strategie sowie die in den anderen Perspektiven definierten Ziele, Kennzahlen und Maßnahmen - kritische Schwellenwerte zu interpretieren sind. Schließlich sind operative Maßnahmen zur Reaktion auf Über- bzw. Unterschreitungen der Schwellenwerte festzulegen.[1452]

Abbildung 83 verdeutlicht den Aufbau einer derartigen risikoorientierten Netzwerk-Balanced Scorecard.

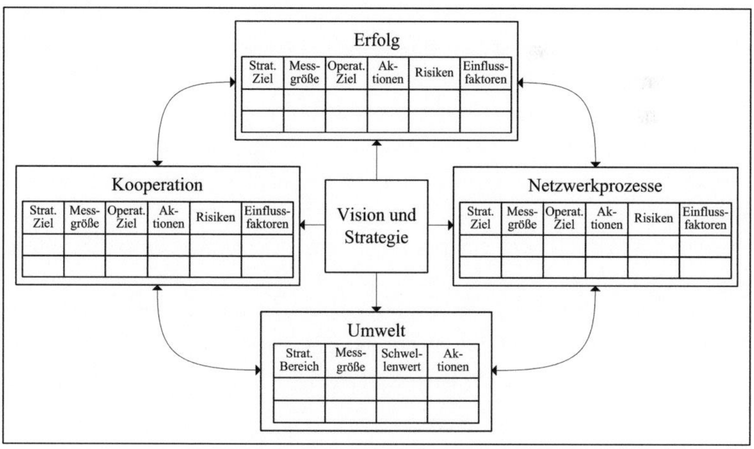

Abbildung 83: Risikoorientierte Netzwerk-Balanced Scorecard

1451 Zur Bedeutung der Frühwarnung im Rahmen eines risikoorientierten Controlling vgl. Krystek, U. (1999).

1452 Vgl. Jossé, G. (2005), S. 235 – 238. Vgl. auch Broetzmann, F., Oehler, K. (2002).

4.2.4.2 Exkurs: Unterstützung der Balanced Scorecard-Erstellung durch den AHP

Innerhalb der dargestellten Struktur einer risikoorientierten Netzwerk-Balanced Scorecard stellt sich abschließend die Frage nach der inhaltlichen Ausgestaltung im Sinne der Auswahl der strategischen und operativen Ziele, der zugehörigen Messgrößen und Risiken sowie der Festlegung der Ursache-Wirkungsbeziehungen. Hierfür schlägt Prill den Einsatz der Analytic Hierarchy Process vor.[1453] Das entsprechende Vorgehen soll an dieser Stelle in groben Zügen dargestellt werden.

Priorisierung und Selektion der strategischen Ziele

Voraussetzung für die Priorisierung und Selektion der strategischen Ziele ist eine abgeschlossene Generierung und perspektivengerechte Zuordnung einer mehr oder weniger großen Anzahl von Balanced Scorecard-Zielen. Ausgangspunkt hierfür kann der im Rahmen des Erfolgscontrolling bereits zu erstellende Zielkatalog des Unternehmensnetzwerks sein, der bei Integration einer Umweltperspektive um externe Risiken zu ergänzen ist. Für diesen Schritt, also die Hierarchisierung der Entscheidungssituation, bietet der AHP keine direkte Unterstützung; ggf. sind spontan-kreative Suchverfahren wie das Brainstorming heranzuziehen.

Aufbauend auf einer entsprechenden Liste potenzieller strategischer Ziele besteht die Aufgabe darin, eine Beurteilung der strategischen Ziele mit Hilfe von Paarvergleichen durchzuführen. Innerhalb einer Perspektive sind somit von jedem Netzwerkpartner jeweils zwei Faktoren gegeneinander abzuwiegen, indem zunächst gefragt wird, welches Ziel als wichtiger im Hinblick auf den Kernauftrag der Perspektive angesehen wird. Anschließend ist der Bedeutungsunterschied mit Hilfe der 9-Punkte-Skala zu bewerten.[1454] Nach erfolgter Verdichtung der Einzelurteile kann wiederum eine Bereinigung um weniger relevante Ziele und Renormalisierung der Gewichte nach der bereits dargestellten Systematik erfolgen.[1455] Ergebnis ist somit für jede Perspektive ein Katalog als relevant eingestufter strategischer Ziele, die zudem hinsichtlich ihrer Bedeutung innerhalb der Perspektive bewertet sind.

1453 Vgl. Prill, M.-A. (2007), S. 155 - 179.

1454 Auch bei einer derartigen Anwendung des AHP stellt sich im Anschluss an die individuelle Konsistenzprüfung die Frage nach einer Verdichtung der Einzelurteile der Netzwerkpartner zu einem Gesamturteil. Vgl. hierzu Abschnitt 4.1.1.2.

1455 Vgl. hierzu Abschnitt 4.1.1.3.

Priorisierung und Selektion der Ursache-Wirkungsbeziehungen

Aufbauend auf der Selektion und Priorisierung strategischer Ziele sind in einem zweiten Schritt die Ursache-Wirkungsbeziehungen zu untersuchen. Erforderlich ist hierfür die Erstellung einer „Ausgangshierarchie“ als Zusammenstellung existierender Beziehungen, die anschließend zu bewerten sind. Das nachfolgend vorgestellte Verfahren sieht dabei lediglich unidirektionale ebenenübergreifende Beziehungen von einer untergeordneten auf einer übergeordnete Perspektive sowie perspektiveninterne Beziehungen vor. Somit ist zunächst eine allgemeine Hierarchie der Perspektiven untereinander festzulegen. In Anlehnung an das klassische Konzept der Balanced Scorecard liegt es nahe, als oberste Perspektive die Erfolgsperspektive festzulegen, gefolgt von der internen Prozessperspektive. Eine Ebene tiefer angesiedelt ist in diesem Verständnis die Kooperationsperspektive, um schließlich auf der untersten Ebene die Umweltperspektive festzulegen. Hintergrund ist, dass externe Risiken auf Zielgrößen aller anderen Ebenen einwirken können, was sich mit Hilfe unidirektionaler Beziehungen nur auf der untersten Ebene umsetzen lässt. Abbildung 84 verdeutlicht die grundlegende Hierarchie der risikoorientierten Netzwerk-Balanced Scorecard.

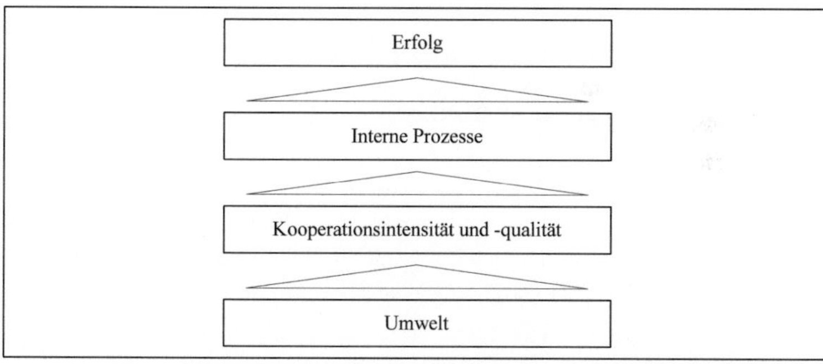

Abbildung 84: Grundlegende Hierarchie der risikoorientierten Netzwerk-Balanced Scorecard

Prinzipiell müssten nunmehr sämtliche strategischen Ziele innerhalb einer Perspektive dahingehend untersucht werden, ob jeweils ein Ziel von einem anderen unterstützt wird. Gleiches gilt für sämtliche Ziele zweier benachbarter Perspektiven. Da dies in einer sehr großen Anzahl erforderlicher Paarvergleiche resultieren würde, schlägt Prill vor, in einem ersten Schritt eine Vorauswahl zu treffen, indem zunächst das prinzipielle Vorliegen einer Beeinflussung bei allen Netzwerkpartnern abgefragt wird. Anschließend sind diese Hierarchien übereinanderzulegen. Für den Fall, dass innerhalb einer Perspektive zwischen zwei Zielen Beziehungen in beiden Richtungen vorkommen, ist Konsens herzustellen, welche Beziehung dominierend ist. Die weniger wichtige Beziehung wird im Weiteren ignoriert. Auf diesem Wege erhält man eine Sammlung aller potenziell strategierelevanten Beziehungen. Nachfolgend sind für jedes strategische Ziel, das von mehreren anderen Zielen beeinflusst wird, die entsprechenden Beziehungen mittels Paarvergleichen zu bewerten. Abschließend kann das resultierende Beziehungsgeflecht wiederum um wenig relevante Verbindungen bereinigt werden.

Priorisierung und Selektion der Messgrößen und Risiken

Die Selektion der Messgrößen kann im Wesentlichen analog dem Vorgehen im Bereich der strategischen Ziele erfolgen. Für jedes strategische Ziel sind jedoch entweder – sofern ein Ziel bereits im Rahmen des Erfolgscontrolling analysiert wurde – bereits existierende Kennzahlen heranzuziehen oder aber geeignete Kennzahlen festzulegen. Gleiches gilt für die zu einem Ziel gehörigen Risiken und deren Einflussfaktoren. Anschließend können die derart gewichteten Kennzahlen, Risiken und Einflussfaktoren wiederum bereinigt und renormalisiert werden.

4.3 Weitere Controllinginstrumente zur Risikosteuerung und -kontrolle

Neben den dargestellten Instrumenten der Risikosteuerung und –kontrolle in Unternehmensnetzwerken, die stark auf die Beherrschung konkreter Risiken abstellen, sind in Unternehmensnetzwerken zusätzliche Maßnahmen denkbar, um sowohl auf der Beziehungsebene auf die Risikokultur einzuwirken als auch bestehende Risiken zu steuern und zu kontrollieren. Zu nennen sind hierbei insbesondere Instrumente zur Unterstützung des Aufbaus von Vertrauen sowie zur Steigerung der Transparenz. Alle genannten Bereiche zielen letztendlich darauf ab, sowohl die Stabilität der Beziehungsebene zu erhöhen als auch auf die Ursachen relationaler Risiken einzuwirken. Es handelt sich hierbei folglich um Maßnahmen der Risikominderung, indem auf eine Minimierung der risikoauslösenden Faktoren abgestellt wird.[1456]

[1456] Vgl. Diederichs, M. (2004b), S. 228.

4.3.1 Controlling des Aufbaus von Vertrauen

Das klassische Instrument zur Regelung kooperativer Tätigkeiten sind insbesondere zur Absicherung etwaiger Vorleistungen Verträge. Jedoch ist es sowohl aus Gründen des Aufwands als auch des Flexibilitätsverlustes weder sinnvoll noch möglich, alle Eventualitäten vertraglich zu regeln. Vielmehr kann es sogar im Interesse der Beteiligten liegen, bestimmte Aspekte offen zu lassen und zu einem späteren Zeitpunkt gemeinsam zu regeln.[1457] Voraussetzung hierfür ist, dass zwischen den Partnerunternehmen ein bestimmtes Mindestmaß an Vertrauen besteht.[1458] Unter Vertrauen sei im Folgenden „die freiwillige Erbringung einer riskanten Vorleistung unter Verzicht auf explizite vertragliche Sicherungs- und Kontrollmaßnahmen gegen opportunistisches Verhalten in der Erwartung, dass sich der andere, trotz Fehlen solcher Schutzmaßnahmen, nicht opportunistisch verhalten wird"[1459] verstanden.[1460]

Vertrauen und Risiko hängen in Unternehmensnetzwerken eng zusammen.[1461] So finden sich in der Literatur Hinweise, dass etwa die Höhe kollektiver Investitionen davon abhängig ist, wie gut sich die beteiligten Unternehmen gegenseitig kennen.[1462] Vertrauen ist somit als wichtige Voraussetzung insbesondere kollektiver Investitionen anzusehen. Gleichzeitig ist festzuhalten, dass durch Vertrauen lediglich das wahrgenommene Risiko kollektiven Handelns gesenkt wird, nicht jedoch unbedingt

1457 Vgl. Weber, J., Hirsch, B. et al. (2004), S. 12 f.

1458 Vgl. Sydow, J. (1996). Zur Bedeutung von Vertrauen für den Kooperationserfolg vgl. für eine empirische Studie Kanter, R. M. (1994). Vgl. auch Das, T. K., Teng, B.-S. (1998a); Stanek, M. B. (2004), S. 189 f. Für den Zusammenhang zwischen Effizienz einer Kooperation und gegenseitigem Vertrauen vgl. Buckley, P. J., Casson, M. (1988), S. 24 – 26. Zum Vertrauen in der ökonomischen Theorie vgl. Albach, H. (1980).

1459 Ripperger, T. (1998), S. 45. Vgl. im Überblick Sjurts, I. (1998), S. 285 f. Vgl. ähnlich Mayer, R. C., Davis, J. H., Schoorman, F. D. (1995), S. 712; Grabowsky, M., Roberts, K. H. (1999), S. 713; Endres, E. (2001), S. 106 f.

1460 Thorelli betont gleichzeitig, dass Vertrauen eng mit Macht und Einfluss zusammenhängt. Die Entstehung von bilateralem Vertrauen kann in diesem Verständnis durch die Erzeugung gegenseitiger Macht und Einflusses, also durch das Schaffen von Abhängigkeit, gefördert werden kann. Vgl. Thorelli, H. B. (1986). Alchain und Williamson weisen darauf hin, dass das Eingehen gegenseitiger Verpflichtungen vor Ausbeutung schützt. Vgl. Alchian, A. A. (1984); Williamson, O. E. (1985b). Masten schließlich stellt fest, dass eine faire Zusammenarbeit umso länger funktioniert, je besser es gelingt, die gegenseitigen Verpflichtungen und damit die Anreize zu opportunistischem Verhalten auf allen Seiten gleich groß zu gestalten. Vgl. Masten, S. E. (1988). Zum Verhältnis von Macht und Vertrauen in strategischen Unternehmensnetzwerken vgl. auch Herzog, J. (2006).

1461 Vgl. Das, T. K., Teng, B.-S. (2001c), S. 251; Möller, K. (2006), S. 1055.

1462 Vgl. Jarillo, J. C. (1988), S. 36; Powell, W. W. (1990), S. 326; Parkhe, A. (1993); Wildemann, H. (1997), S. 433; Weibler, J., Deeg, J. (1998), S. 116; Macharzina, K., Dürrfeld, H. J. (2000). Auf transaktionskostentheoretische und spieltheoretische Überlegung bestätigen diesen Befund. Vgl. auch Bateson, P. (1988); Das, T. K., Teng, B.-S. (1998a).

das tatsächliche bzw. objektive Risiko.[1463] Somit kann Vertrauen im Extremfall sogar dazu führen, dass das objektive Risiko aufgrund der zunehmenden Spielräume für opportunistische Verhaltensweisen zunimmt.[1464] Im Sinne der Principal-Agent-Theorie wird ein Principal das Vertrauen anderen Mechanismen vorziehen, wenn dies zu niedrigeren Agenturkosten führt.[1465] Jedoch wird der Principal auch dann, wenn er dem Agenten vertraut, bemüht sein, sein Risiko zu begrenzen.[1466] Zu diesem Zweck ist es erforderlich, das Handeln des Agenten allgemein und nicht nur in Bezug zu einer aktuell gestellten Aufgabe zu beobachten.

Aus den genannten Gründen ist es angebracht, den Aufbau und ggf. den Missbrauch von Vertrauen systematisch zu unterstützen und zu kontrollieren.[1467] Ansatzpunkte hierfür liegen zum einen in der Verfolgung des Verhaltens der Partnerunternehmen außerhalb des Netzwerks, zum anderen im Schaffen von Transparenz über die Dauer der Zugehörigkeit einzelner Partnerunternehmen zum Netzwerk und deren bisherige Aktivitäten.[1468]

Für die Erhebung bisheriger Aktivitäten im Netzwerk bietet es sich an, dass die an einem konkreten Auftrag beteiligten Partnerunternehmen sich im Anschluss an die Auftragsdurchführung gegenseitig bewerten.[1469] Hiermit geht eine disziplinierende Wirkung einher, sofern alle Partnerunternehmen daran interessiert sind, weitere Aufträge im Netzwerk abzuwickeln. Als Mindestdetailgrad einer derartigen Bewertung sind digitale Aussagen im Sinne von „positiv" und „negativ" anzusehen. Ratsam ist jedoch, auch Faktoren wie Zuverlässigkeit und Kompetenz zu integrieren.[1470] Auch sollte die Bewertung nachvollziehbar und somit nicht anonym erfolgen.[1471] Um zudem die Entwicklung einzelner Partnerunternehmen im Zeitablauf verfolgen zu können, sollte zwingend das Datum der Bewertung erfasst werden. Schlussendlich

---

[1463] Vgl. Das, T. K., Teng, B.-S. (2001c), S. 254. Für den Zusammenhang von Effektivität einer Kooperation und wahrgenommenem Vertrauen vgl. Moore, K. R., Cunningham, W. A. (1999). Vgl. auch Jap, S. D., Anderson, E. (2003), S. 1688 f.

[1464] Vgl. Mayer, R. C., Davis, J. H., Schoorman, F. D. (1995).

[1465] Vgl. Kabel, D., Durst, R., Mühlfelder, M. (1999), S. 98. Zur Bedeutung von Vertrauen bei asymmetrischer Information vgl. Wieland, J. E. (2007), S. 103. Vgl. auch Schumacher, C. (2006).

[1466] Vgl. Sjurts, I. (1998), S. 289 - 291.

[1467] Vgl. Hess, T. (2002), S. 251. Vgl. auch Doz, Y. L. (1996), S. 78; Helm, R., Janzer, T. M. (2000); Pieper, J. (2000); Büssing, A., Moranz, C. (2003); Büssing, A., Moranz, C. (2004).

[1468] Vgl. Hess, T. (2002), S. 252.

[1469] Vgl. im Folgenden Hess, T. (2002), S. 201 f.

[1470] Vgl. Weber, J., Hirsch, B. et al. (2004), S. 17.

[1471] Vgl. Koch, M., Möslein, K., Wagner, M. (2000), S. 79.

zielen derartige Bewertungen darauf ab, die Reputation der Partnerunternehmen als spezifisches Pfand zu verwenden.[1472]

Im Rahmen einer auftragsunabhängigen Partnerbeurteilung können weitere Faktoren bewertet werden. Neben den bereits erwähnten Faktoren Zuverlässigkeit und Kompetenz, die auch auftragsunabhängig relevant sind, zählen hierzu Loyalität und Verletzbarkeit. Loyalität meint in diesem Zusammenhang beispielsweise, dass ein Partner bei eigenen Entscheidungen, die auch Auswirkungen auf das Netzwerk als Ganzes haben, die betroffenen Partner im Vorfeld rechtzeitig über den Entscheidungstatbestand informiert. Als Maßgrößen der Verletzbarkeit können Indizes für das Ausmaß offen gelegter vertraulicher Informationen oder die Beteiligung an spezifischen Investitionen, in anderen Worten für die in Kauf genommene Abhängigkeit, herangezogen werden. Auch für derartige Bewertungen bietet sich das Gegenseitigkeitsprinzip an.[1473]

4.3.2 Kostenrechnungssysteme

Kostenrechnungssysteme zielen darauf ab, die „Höhe des faktisch angefallenen bzw. geplanten sachzielbezogenen bewerteten Güterverbrauchs festzustellen“[1474] und dienen somit der Informationsversorgung von Planung, Steuerung und Kontrolle.[1475] Die Einführung eines unternehmensübergreifenden Kostenrechnungssystems und damit die Generierung von netzwerkbezogenen Kostendaten versetzen die Partnerunternehmen in die Lage, die Leistungen der anderen Partner etwa im Zuge von Soll-Ist-Vergleichen oder Abweichungsanalysen zu beurteilen.[1476] Ein netzwerkbezogenes Kostenrechnungssystem ist somit einerseits als Instrument der Vertrauensbildung anzusehen, andererseits kann durch eine netzwerkweite Analyse der Kostenstrukturen die Risikoposition einzelner Aufträge verdeutlicht werden. Auf Basis entsprechender Kosteninformation kann beispielsweise die Entscheidung über die Annahme eines Auftrags fundiert werden, gleichzeitig kann die Teilauftragsvergabe unterstützt werden oder auch Preisuntergrenzen ermittelt werden.[1477] Im Folgenden seien zwei Ansätze zu einer netzwerkweiten Kostenrechnung skizziert.

1472 Vgl. Wolter, H. J., Wolff, K., Freund, W. (1998), S. 36 - 38; Sallaba, G. (1999), S. 237 - 239; Büschken, J. (1999), S. 785 - 786; Zimmermann, F. O. (1999), S. 122 - 124.

1473 Vgl. Weber, J., Hirsch, B. et al. (2004), S. 17 - 25.

1474 Schweitzer, M., Küpper, H. U. (2003), S. 12.

1475 Vgl. Horváth, P. (2006), S. 4.

1476 Vgl. Seiter, M. (2006a), S. 158.

1477 Vgl. Veil, T. (2001), S. 111.

Ein netzwerkbezogenes Kostenrechnungssystem kann auf den bereits in den Partnerunternehmen existierenden Kostenrechnungssystemen aufbauen. Ähnlich einem Konzern entstehen somit zwei Ebenen der Kostenrechnung: Die Ebene der Partnerunternehmen und die Ebene des Netzwerks.[1478] Aufbauend auf der Kostenarten-, Kostenstellen- und Kostenträgerrechnung der Partnerunternehmen können dem Gesamtnetzwerk Informationen über Teilauftragskosten bereitgestellt werden. Somit übernehmen die Partnerunternehmen die Aufgaben der Erfassung und Verteilung der Kosten auf die Teilaufträge. Die Kostenartenrechnungen der Partnerunternehmen sollten zu diesem Zweck auf vergleichbaren Kontenrahmen und Kostenkategorien basieren.[1479] Auf Ebene des Unternehmensnetzwerks bedarf es nunmehr der Einrichtung eines Instruments der Kostenrechnung, das die gesamten Auftragskosten für auftragsbezogene und auftragsübergreifende Managementaufgaben abbildet. Eine derartige Netzwerk-Kostenträgerrechnung aggregiert mit dem Auftrag als Bezugsobjekt die Informationen der Kostenrechnungssysteme der Partnerunternehmen. Abbildung 85 verdeutlicht die Grundkonzeption einer derartigen Netzwerkkostenrechnung.

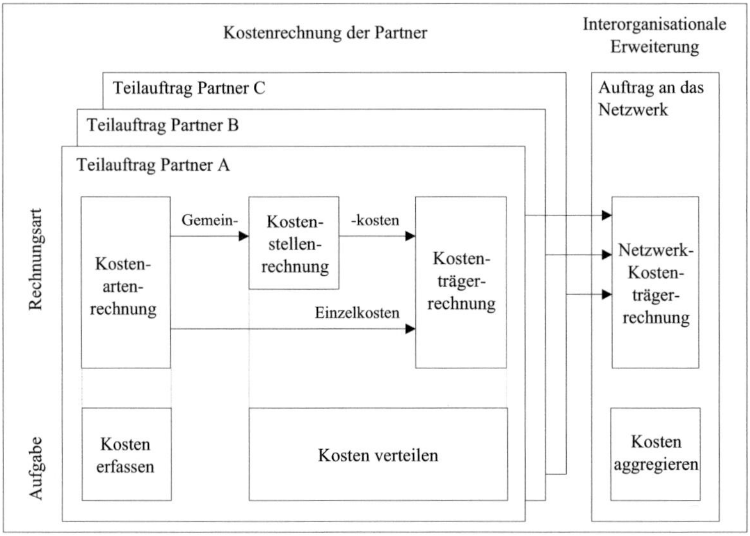

Abbildung 85: Netzwerkkostenrechnung nach Veil[1480]

1478 Vgl. im Folgenden Veil, T. (2001), S. 114 - 116. Zur Gestaltung der Konzernkostenrechnung vgl. stellvertretend Müller, E. (1980); Rein, M. (1993); Wullenkord, A. (1995).

1479 Vgl. Küpper, H. U. (1989).

1480 In Anlehnung an Veil, T. (2001), S. 115.

Darüber hinaus existieren prozessorientierte Ansätze für eine Kostenrechnung in Unternehmensnetzwerken.[1481] Ausgangspunkt ist hierbei die Identifikation der Prozesse, die die einzelnen Partner im Netzwerk durchführen. Diese können beispielsweise mit Hilfe der Wertkette nach Porter[1482] oder einer ähnlichen Systematik aufgenommen werden. Nachfolgend ist eine Verfeinerung mit dem Ziel, sachliche und zeitliche Beziehungen von Teilprozessen zu ermitteln, erforderlich. Durch Aggregation der Teilprozesse erhält man anschließend ein Prozessmodell des Unternehmensnetzwerks. Um dem Problem überbetrieblich vergleichbarer Prozesse und einer gemeinsamen Nomenklatur gerecht zu werden, kann auf organisationszentrierte und prozessorientierte Referenzmodelle wie beispielsweise das SCOR-Modell zurückgegriffen werden.[1483] Für jeden Teilprozess sind zudem Kostentreiber zu ermitteln. Auf Grundlage der Kostenrechnungssysteme der einzelnen Partner werden den Teilprozessen Kosten zugewiesen. Somit kann aus den Kosten pro Teilprozess und den zugehörigen Kostentreibermengen für jeden Teilprozess ein Prozesskostensatz ermittelt werden, der die Grundlage für die Kalkulation von Leistungseinheiten des Unternehmensnetzwerks bildet.

1481 Vgl. im Folgenden Brinkmann, R. (1996), S. 86 ff.; Drews, H. (2001), S. 92 - 110; Schoppmann, R. (2005), S. 230 - 234. Mit Bezug auf Supply Chains vgl. Schlüchtermann, J., Völkl, S. (2004), die zudem auf die bislang in der Praxis geringe Verbreitung der Prozesskostenrechnung in Unternehmen hinweisen. Die Autoren schlagen daher für die Einführung einer unternehmensübergreifenden Prozesskostenrechnung einen dreistufigen Entwicklungspfad vor. In einem ersten Schritt erfolgt eine einfache Mengenbetrachtung über Kostentreiber. In einem zweiten Schritt kann eine fallweise Prozesskostenrechnung erfolgen. Ziel ist in einem dritten Schritt eine vollausgebaute und laufend durchgeführte Prozesskostenrechnung in allen beteiligten Unternehmen. Vgl. Schlüchtermann, J., Völkl, S. (2004), S. 386. Vgl. auch Weber, J. (2002b), S. 212 ff.

1482 Vgl. Porter, M. E. (2000), S. 67 - 86.

1483 Vgl. Schlüchtermann, J., Völkl, S. (2004), S. 386.

5 Risikoorientierung im auftragsspezifischen Controlling

Die Abwicklung eines Auftrags gliedert sich in die Phasen der Initialisierung, der Realisierung und des Abschlusses. Wie in Abschnitt 3.4.1 verdeutlicht verfolgt das auftragsspezifische Netzwerkcontrolling die Zielsetzung, sowohl eine marktadäquate Abwicklung eines Auftrags als auch eine angemessene Verteilung des Auftragserfolgs sicherzustellen. Aus risikoorientierter Perspektive sind auftragsbezogen vorrangig Leistungsrisiken zu berücksichtigen, also solche Risiken, die trotz zufriedenstellender Kooperation aller Auftragsbeteiligten bestehen und folglich aus der wirtschaftlichen Betätigung an sich und nicht aus dem Vorliegen einer zwischenbetrieblichen Kooperation entstehen. Leistungsrisiken haben ihren Ursprung somit zunächst in den spezifischen Umständen eines Auftrags sowie den Charakteristika der an einem Auftrag beteiligten Partnerunternehmen. Derartige Risiken entfalten folglich ihre Wirkung in einem ersten Schritt auf der Ebene des einzelnen Partnerunternehmens und wirken von dort ausgehend auf das gesamte aktivierte Netzwerk. Für das auftragsbezogene risikoorientierte Netzwerkcontrolling folgt hieraus, dass eine Gesamtbetrachtung des aktivierten Netzwerks sinnvollerweise nur aufbauend auf einer einzelbetrieblichen Risikoanalyse der an einem Auftrag beteiligten Partnerunternehmen möglich ist. Gleichermaßen müssen Maßnahmen des auftragsspezifischen Risikomanagements – wenngleich auch aufbauend auf Betrachtungen, die das gesamte aktivierte Netzwerk einschließen – regelmäßig auf der Ebene des einzelnen Partnerunternehmens ansetzen.

Innerhalb dieses Bezugsrahmens gilt es im Folgenden in Analogie zu Abschnitt 4 aufzuzeigen, welche risikobezogenen Ziele und Aufgaben für das Netzwerkcontrolling in den einzelnen Phasen der Auftragsabwicklung hergeleitet und mit Hilfe welcher Instrumente diese unterstützt werden können. Von besonderem Interesse sind hierbei die Vergabe von Teilaufträgen, die kooperative Analyse der Risikoposition eines Auftrags, die Verrechnung von Teilleistungen innerhalb des Netzwerks sowie die Berücksichtigung von Risiken im Rahmen der Terminierung. Für weiterführende Aspekte, etwa der Preisfindung und Kalkulation, sei auf die Literatur verwiesen.[1484]

5.1 Controllinginstrumente in der Initialisierungsphase

Als zentrale Managementaufgaben der Initialisierung wurden in Abschnitt 2.3.1.4 die Spezifizierung des Auftrags, die Vergabe der Teilaufgaben und die Festlegung des Auftragspreises identifiziert. Das Spezifizieren des Auftrags geschieht typischerweise über die Zerlegung des Gesamtauftrags in Teilaufträge. Da dieser Vorgang aus risikoorientierter Perspektive von untergeordneter Bedeutung ist, sei an dieser Stelle auf die Literatur verwiesen.[1485] Wie in Abschnitt 3.3.4 verdeutlicht, sind Risiken in der Initialisierungsphase typischerweise entweder auf fehlende Kompetenzen der auftragsbeteiligten Partnerunternehmen oder Limitationen der eingebrachten Ressourcen zurückzuführen und lassen sich somit in Bedarfs-, Preis- und Kapazitätsrisiken unterscheiden. Aufgabe eines risikoorientierten Netzwerkcontrolling in dieser Phase ist es, die genannten Aufgaben der Initialisierung durch die Identifikation und Bewertung der mit einem Auftrag einhergehenden Risiken zu ergänzen (vgl. Abbildung 44).

5.1.1 Vergabe von Teilaufträgen unter Risikoaspekten

Hat ein Netzwerk einen Auftrag akquiriert und in Teilaufträge zerlegt, so ist zur Abwicklung des Auftrags zunächst ein aktiviertes Netzwerk zu bilden. Hierzu sind, da das Netzwerk per definitionem über keinerlei eigene Produktionsressourcen verfügt, die Teilaufträge an einzelne Partnerunternehmen zu vergeben. In kleineren Netzwerken stellt sich die Frage der Auftragsvergabe oftmals nicht im engeren Sinne, da für jeden Teilauftragstypus häufig nur ein Partner im Netzwerk bereitsteht. Sobald für eine Teilaufgabe unter Berücksichtigung der partnerindividuellen Kompetenzen und Kapazitäten jedoch mehrere Partner in Frage kommen, stellt sich für den Auftragskoordinator die Aufgabe, den unter Kapazitäts-, Preis- und Qualitätsgesichtspunkten günstigsten Anbieter auszuwählen, um die Wettbewerbsfähigkeit

---

[1484] Vgl. stellvertretend Hess, T. (2002), S. 182 - 203.

[1485] Vgl. Hess, T. (2002), S. 152 - 158.

des Netzwerks nicht zu gefährden.[1486] Gerade in dynamischen und großen Netzwerken mit relativ losen Beziehungen, die zudem großvolumige Aufträge abwickeln, stellt sich für den Auftragskoordinator aus risikoorientierter Perspektive die Frage nach einer geeigneten Bewertungsmethodik für die auftragsspezifische Partnerselektion. Als Beispiel seien Netzwerke der Bauwirtschaft genannt, in denen ein Generalunternehmer eine Vielzahl potenzieller Nachunternehmer in sein Netzwerk integriert hat.[1487] Da Bauprojekte in Deutschland typischerweise baubegleitend geplant werden, sich also die Planung erst im Zuge der Ausführung fortschreitend konkretisiert, ergeben sich aus dem Auftrag selbst bereits eine Reihe von Risiken. Da zudem regelmäßig umfangreiche terminliche und qualitative Gewährleistungsvereinbarungen getroffen werden, stellt in diesem Bereich insbesondere der Ausfall einzelner Nachunternehmer etwa aufgrund von Insolvenz, aber auch die zeitliche Verzögerung des gesamten Projekts aufgrund von Kapazitätsbeschränkungen eine wesentliche Risikoposition dar.

5.1.1.1 Zentrale vs. dezentrale Verfahren der Teilauftragsvergabe

Als alternative Organisationsformen der Planung lassen sich zentrale und dezentrale Ansätze unterscheiden.[1488] Bei zentraler Planung existiert eine zentrale Instanz, die simultan über alle Teilprobleme entscheidet, während bei dezentraler Planung einzelne Akteure Teilprobleme eigenständig lösen.[1489] Zentrale Planung setzt detaillierte Informationen über operative Details, eindeutige Maßstäbe zur Bewertung von Alternativen sowie ein hohes Maß an Entscheidungszentralisation voraus.[1490] In Folge des vielzitierten Marktwandels,[1491] der mit zunehmender Diversifikation, gestiegener Kundenorientierung,[1492] stärkerer Segmentierung der Märkte sowie kürzeren Produkt- und Technologielebenszyklen[1493] bei gestiegener Produktkom-

---

1486 Dies setzt voraus, dass das Netzwerk insbesondere im Bereich der Qualität und der Kapazität entsprechende Spielräume hat und nicht sämtliche relevanten Details vom Auftraggeber vorherbestimmt wurden. Für einen Ansatz zur Teilauftragsvergabe unter Benutzung einer multikriteriellen Zielfunktion vgl. Teich, T., Fischer, M., Jähn, H. (2002).

1487 Vgl. hierzu und im Folgenden Eccles, R. G. (1981); Bergdoll, R. E. (1993); Rösel, W. (1994); Sommer, H. (1994); Brandenberger, J., Ruosch, E. (1996); Diederichs, C. J. (1996); Heine, S. (1996); Ebers, M., Hermesch, M. et al. (2000); Kochendörfer, B., Liebchen, J. (2001); Bauer, H. (2007).

1488 Zu den Begriffen der „Zentralisation" und „Dezentralisation" aus Sicht der Organisationslehre vgl. Bleicher, K. (1966), S. 42; Albach, H. (1967), S. 342; Kosiol, E. (1976), S. 83.

1489 Vgl. Mannmeusel, T. (1997), S. 24 - 27.

1490 Vgl. Zelewski, S. (1997), S. 232 f.

1491 Detailliertere Darstellungen und Wirkungsanalysen des Marktwandels finden sich u. a. bei Adam, D. (2001), S. 25 ff. Siehe auch Mentzel, K. (1997), S. 30 ff.; Adam, D., Johannville, U. (1998), S. 5 f.; Sibbel, R. (1998), S. 1 f.; Picot, A., Reichwald, R., Wigand, R. T. (2003), S. 2 ff.

1492 Vgl. Fieten, R., Friedrich, W., Lageman, B. (1997), S. 10 f.

1493 Vgl. Eversheim, W., Schenke, F.-B., Warnke, L. (1998), S. 30.

plexität einherging, sind diese Voraussetzungen in immer weniger Unternehmen gegeben, so dass in den letzten Jahren als Alternative verstärkt dezentrale Planungsansätze diskutiert werden.[1494] Gleichermaßen lässt sich für Unternehmensnetzwerke festhalten, dass die genannten Einsatzbedingungen, insbesondere die hohen Anforderungen an die bereitgestellten Informationen, zentraler Ansätze oftmals nicht gegeben sind, sofern die Partnerunternehmen keine Einschränkung ihrer Autonomie akzeptieren und komplexe, nicht rein finanziell orientierte Zielsysteme vorliegen.[1495]

Um bei dezentraler Planung die Ausrichtung der zu treffenden Entscheidungen an den übergeordneten Zielsetzungen sicherzustellen, stehen aus organisatorischer Sicht die beiden grundlegenden Gestaltungsparameter der Differenzierung und der Koordination zur Verfügung.[1496] Die Differenzierung oder auch Zuordnung legt fest, wie die Planungsaufgaben auf die organisatorischen Einheiten verteilt werden.[1497] Als Optionen dieser Verteilung stehen die horizontale und die vertikale Dekomposition zur Verfügung. Das entstehende arbeitsteilige System[1498] erfordert die horizontale bzw. vertikale Koordination der Teilaufgaben der Organisationseinheiten in Richtung auf ein Gesamtoptimum an Stelle lokaler Teiloptima. [1499] Allgemein kann festgestellt werden, dass der Koordinationsbedarf mit dem Grad der Dezentralisierung[1500] eines Systems zunimmt, die Koordination also überproportional an Stellenwert gewinnt.[1501]

Verfahren zentraler Planung

Im Bereich zentraler Planungsverfahren werden für Netzwerke insbesondere Optimierungskalküle und das Matching diskutiert.[1502] Optimierungskalküle bauen auf den klassischen simultanen oder sukzessiven Termin- und Kapazitätsplanungsmodellen für den innerbetrieblichen Bereich auf.[1503] In der Praxis finden derartige Verfahren vor allem in Supply-Chain-Netzwerken Anwendung.[1504] Aufgrund der hohen Anforderungen an die Verfügbarkeit und Prognosesicherheit der Inputdaten und

---

1494 Vgl. Frese, E. (1998), S. 218 f.

1495 Vgl. Dudenhausen, H.-M., Halmosi, H., Lickefett, M. (1996); Hess, T. (2002), S. 159 - 161.

1496 Vgl. Adam, D. (1996), S. 358 - 360.

1497 Vgl. Zäpfel, G. (1998), S. 30 f.

1498 Zum Begriff der Arbeitsteilung vgl. Reiß, M. (1992).

1499 Vgl. Steven, M. (2001), S. 969.

1500 Zur Problematik der Operationalisierung des Dezentralisierungsgrades eines Systems vgl. Frese, E. (1998), S. 88 - 93.

1501 Vgl. Ulrich, P., Fluri, E. (1995), S. 171.

1502 Vgl. im Folgenden Hess, T., Schumann, M. (2000b), S. 416 - 419; Hess, T. (2001), S. 95; Hess, T. (2002), S. 161 - 163.

1503 Vgl. Domschke, W., Drexl, A. (2005), S. 120 - 122; Drexl, A., Kolisch, R. (2000); Bloech, J., Bogaschewsky, R. et al. (2008), S. 115 - 334.

1504 Vgl. Grünauer, K. M., Fleisch, E., Österle, H. (2000), S. 190 - 194.

Stabilität der Prozesse erscheinen derartige Ansätze jedoch nur für langfristig konfigurierte, stabile und damit strategische Netzwerke geeignet. Zudem erscheint die Anwendung in praxi aufgrund der Einschnitte in der Entscheidungsautonomie der nicht-fokalen Partner nur in strategischen Netzwerken mit hoher Dominanz des fokalen Partners bzw. starker Abhängigkeit der nicht-fokalen Partner, wie dies in beispielsweise hierarchisch-pyramidalen Netzwerken der Automobilindustrie gegeben ist, möglich.

Das Matching[1505] als weitere zentrale Planungsvariante ist eine Methode, bei der auf zentraler Ebene aufgrund dort hinterlegter Merkmale der bestmögliche Anbieter bestimmt wird. Als Beispiele für in Netzwerken relevante Merkmale können Kompetenzen, Kapazitäten und sonstige Anforderungen genannt werden. Im Bereich der Kompetenzen ist darauf zu achten, dass eine zentrale Tabelle mit den Kompetenzen der Partnerunternehmen gepflegt wird, die insbesondere eine Harmonisierung von Bezeichnungsvarianten leisten muss. Bei Kapazitätsdaten hingegen stellt sich die Herausforderung der jederzeitigen Verfügbarkeit aktueller Informationen. Als Lösungsansatz bietet es sich an, auf zentraler Ebene nur relativ grobe Kapazitätsinformationen bereitzuhalten, um nach einer entsprechenden Grobselektion Details und aktuelle Werte durch Rückfragen bei den in Frage kommenden Partnern klären zu können.[1506] Als Beispiele sonstiger Anforderungen können Standorte oder auch Zertifizierungen genannt werden. Ausreichende Stabilität der Informationen vorausgesetzt können entsprechende Daten relativ einfach zentral vorgehalten werden.

Verfahren dezentraler Planung

Als Varianten dezentraler Planung lassen sich freie Verhandlungen, Auktionen und Börsen unterscheiden.[1507] Freie Verhandlungen, die bilateral zwischen einem Nachfrager und mehreren Anbietern des internen Marktes stattfinden, sind vorteilhaft, sofern die auszutauschende Leistung wenig standardisiert und schlecht beschreibbar ist und – aus Gründen der Handhabbarkeit – nur einer oder wenige Anbieter in Frage kommen. Gerade in dynamischen Netzwerken finden sich diese Bedingungen recht häufig.[1508]

1505 Vgl. im Folgenden Hess, T. (2002), S. 162 f. Vgl. auch Fischer, J., Müller, P. et al. (1996); Alt, R. (1997), S. 99 - 121.

1506 In der Literatur findet sich auch der Vorschlag, Kapazitätsdatenbanken jederzeit aktuell vorzuhalten. Vgl. Schlonski, A., Schmidt, K. (1991); Wildemann, H. (1997), S. 432.

1507 Vgl. Mannmeusel, T. (1997), S. 76 - 88.

1508 Vgl. Hess, T., Schumann, M. (2000b), S. 417.

Im Gegensatz zu freien Verhandlungen treten bei Auktionen mehrere Nachfrager zueinander um die Leistung eines Anbieters oder aber mehrere Anbieter und den Zuschlag eines Nachfragers (sogenannte reverse auctions) in Wettbewerb.[1509] Hierbei kommt ein Mittler zum Einsatz, dessen Aufgabe es ist, Angebot und Nachfrage nach explizit formulierten Regeln effizient zusammenzubringen.[1510] Als Varianten von Auktionen können die Englische Auktion, die Holländische Auktion, die First Price Sealed Bid-Auktion sowie die Second Price Sealed Bid-Auktion oder auch Vickrey-Auktion[1511] genannt werden. Auktionen liegen die Annahmen zugrunde, dass die Bieter rational handeln und das zu versteigernde Gut als Ganzes versteigert wird.[1512] Bei der Englischen und der Holländischen Auktion erhält jener Bieter bzw. Nachfrager nach einer bestimmten Anzahl von Runden den Zuschlag, der das höchste bzw. niedrigste Angebot vorgelegt hat. Die Angebote jeder Runde werden offengelegt. Eine Englische Auktion geht solange in eine neue Runde, bis kein verbessertes Angebot mehr vorgelegt wird. Eine Holländische Auktion hingegen geht solange in eine neue Runde, bis ein Anbieter den vorgeschlagenen Preis akzeptiert hat. Bei der First Price Sealed Bid- und der Second Price Sealed Bid-Auktion gibt jeder Anbieter genau ein Gebot verdeckt ab. Im ersten Fall erhält der Anbieter mit dem attraktivsten Angebot zu dem von ihm gebotenen Preis den Zuschlag. Im zweiten Fall erhält auch dieser Anbieter den Zuschlag, jedoch zum Preis des zweitbesten Anbieters. Spieltheoretisch lässt sich zeigen, dass mit Hilfe der Vickrey-Auktion strategisches Verhalten der Beteiligten unterbunden werden kann, diese also ihre Selbstkosten offenlegen werden.[1513] Gleiches gilt zwar auch für die Englische Auktion, diese ist jedoch ungleich transaktionskostenintensiver. Vorteil der Holländischen Auktion und der First Price Sealed Bid-Auktion ist hingegen, dass Informationen über die Preisbereitschaft anderer Anbieter gewonnen werden können.

Stehen sich im Rahmen einer Auktion eine Vielzahl von Anbietern und eine Vielzahl von Nachfragern gegenüber, so spricht man von einer Börse.[1514] Bei der klassischen Double Auction geben Anbieter und Nachfrager zunächst ihre Gebote ab. Nach Ende der Abgabephase werden die Kaufgebote absteigend und die Verkaufsgebote aufsteigend sortiert, so dass ein einheitlicher Marktpreis ermittelt werden kann, zu dem eine möglichst große Anzahl von Transaktionen und somit ein möglichst hoher Umsatz

---

1509 Vgl. im Folgenden Hess, T. (2002), S. 164 f.; Picot, A., Reichwald, R., Wigand, R. T. (2003), S. 345 - 347. Zur Anwendung von Auktionen in Beschaffungsnetzwerken vgl. Jochen, M., Resch, M. (2007).

1510 Vgl. McAfee, R. P., McMillan, J. (1987); Ströbel, M. (2000); Steven, M., Otterpohl, L. (2000).

1511 Vgl. Vickrey, W. (1961).

1512 Vgl. Hess, T. (2002), S. 164.

1513 Vgl. Kräkel, M. (1992), S. 162 - 172; Weinhardt, C., Gomber, P. (1996), S. 12 f.

1514 Vgl. im Folgenden Hess, T. (2002), S. 166 f.; Picot, A., Reichwald, R., Wigand, R. T. (2003), S. 347 f.

abgewickelt werden kann. Börsen setzen voraus, das regelmäßig eine große Anzahl an Anbietern und Nachfragern für ein homogenes Gut am Markt agieren. Da diese Voraussetzung auf internen Märkten in Unternehmensnetzwerken in der Regel nicht erfüllt sind, spielen Börsen in diesem Kontext keine nennenswerte Rolle.

5.1.1.2 Integration von Risikoaspekten in die Teilauftragsvergabe

Für eine Integration von Risikoaspekten in die Teilauftragsvergabe bietet sich insbesondere der Einsatz des Matching an, da Optimierungskalküle häufig die Komplexität der Planungssituation nicht ausreichend abbilden können und dezentrale Verfahren allein den Preis und somit keine Risikokalküle als Auswahlkriterium zulassen. Um dennoch einen preislichen Wettbewerb zwischen den Teilleistungsanbietern zu initiieren, finden sich in der Praxis häufig gemischt zentrale-dezentrale Planungsansätze. Bei diesen wird zunächst der Kreis potenzieller Anbieter mit Hilfe des Matching eingeschränkt. Mit den verbleibenden Anbietern kann nachfolgend frei verhandelt oder aber eine Reverse Auction durchgeführt werden. Oft haben die Anbieter gerade bei schlecht standardisierbaren Leistungen zudem die Möglichkeit, komplette Angebote mit eigener Leistungskonfiguration auf Basis der durch den Nachfrager festgelegten Mindestspezifikationen vorzulegen.

In der Literatur findet sich der Vorschlag, bei gemischt zentral-dezentralen Ansätzen zunächst ein Matching auf Basis der hinterlegten Kompetenzen durchzuführen. Aus risikoorientierter Perspektive ist diese Vorgehensweise dahingehend zu modifizieren, dass zusätzlich Informationen über die Kapazitätssituation sowie finanzielle Charakteristika aufgenommen werden. Hintergrund ist, dass gerade bei kundenauftragsbezogener Produktion oftmals Liefertermine fest zugesagt werden, wobei für den Fall des Verzugs Vertragsstrafen vereinbart werden. Somit ist für den Auftragskoordinator von Interesse, inwiefern ein Partnerunternehmen aus kapazitätsbezogenen Aspekten eine pünktliche Fertigstellung seines Teilauftrags zusichern kann. Entsprechende Informationen sind durch das Partnerunternehmen offenzulegen. Gleiches gilt für die finanzielle Lage eines Partnerunternehmens. Geht ein Partnerunternehmen beispielsweise während der Abwicklung des Auftrags insolvent, so kann dies die fristgerechte Fertigstellung des gesamten Auftrags gefährden. Auch hier sind entsprechende Informationen, beispielsweise Liquiditätsgrade, durch den Auftragskoordinator systematisch und kontinuierlich zu verfolgen. Darüber hinaus können Informationen aus bisher gemeinschaftlich durchgeführten Aufträgen, die beispielsweise im Rahmen gegenseitiger Bewertungen erhoben werden, einbezogen werden.[1515] So können etwa Informationen zur Qualität als auch der Zuverlässigkeit integriert werden. Im Rahmen eines entsprechenden Matching stellt sich für den Auftragskoordinator abschließend die Frage nach geeigneten Mindestausprägungen der dargestellten Kriterien.

In der Praxis finden sich ähnliche Vorgehensweisen in den bereits erwähnten Netzwerken der Bauindustrie, in denen Generalunternehmer umfangreiche Informationen über Subunternehmer ihres Netzwerks vorhalten.[1516] Oftmals werden bei der Aufforderung zur Angebotsabgabe bereits spezifische Fragebögen versandt, die auch risikoorientierte Informationen abfragen. Auch werden insbesondere bei vergleichsweise großen Teilaufträgen Bonitätsnachweise gefordert. Im Anschluss an die Auftragsdurchführung werden die beteiligten Subunternehmen detailliert bewertet und die entsprechenden Informationen in Datenbanken vorgehalten. Diese Informationen gehen bei nachfolgenden Aufträgen in ein Matching ein, um eine Vorauswahl geeigneter Subunternehmer zu treffen.

5.1.2 Kooperative Analyse des Auftragsrisikos

Wie bereits dargestellt, muss die auftragsspezifische Risikoanalyse zunächst auf den einzelbetrieblichen Analysen der an einem Auftrag beteiligten Partnerunternehmen aufbauen.[1517] Somit stellt sich die Frage, inwieweit etablierte Instrumente des einzelbetrieblichen Risikomanagements auch im Kontext von Unternehmensnetzwerken angewendet werden können.

Im Bereich der Risikoidentifikation haben sich beispielsweise Risikochecklisten etabliert. Hierbei handelt es sich um einfach zu handhabende, individuell gestaltbare Erhebungs- und Prüfraster, die eine einheitliche Vorgehensweise sicherstellen.[1518] Eine Anwendung in Unternehmensnetzwerken ist – notwendige inhaltliche Anpassungen vorausgesetzt – unproblematisch möglich.[1519] Gleichwohl bergen Checklisten die Gefahr, dass bei einer unreflektierten Abarbeitung der Fragen nur bereits bekannte Risiken hinterfragt werden und Veränderungen im Umfeld unberücksichtigt bleiben. Zudem stellen Checklisten ein eher statisches und vergangenheitsorien-

---

1515 Siehe Abschnitt 4.3.1.

1516 Vgl. Beardsworth, A. D., Keil, E. T. et al. (1988). Burtonshaw-Gunn weist auf mögliche negative Konsequenzen einer rein monetär orientierten Teilauftragsvergabe hin. Vgl. Burtonshaw-Gunn, S. A. (2004), S. 108 – 111.

1517 Vgl. Kajüter, P. (2003b), S. 330.

1518 Vgl. Burger, A., Buchhard, A. (2002), S. 82 - 89; Wolf, K., Runzheimer, B. (2003), S. 44; Schorcht, H. (2004), S. 112 - 114.

1519 Vgl. Hallikas, J., Karvonen, I. et al. (2002).

tiertes Instrument dar, so dass nur bekannte Risiken identifiziert werden können und sich bei einer dynamischen Risikosituation ein Vollständigkeitsproblem ergibt.[1520] Im Zuge des auftragsspezifischen Controlling kann jedoch mit Hilfe von Checklisten auf einfachem Wege eine Standardisierung für einen ersten Schritt der Risikoidentifikation erreicht werden, so dass eine spätere Aggregation der Einzelbewertungen der Partnerunternehmen vereinfacht wird. Gleichwohl ist die Kombination mit weiteren Instrumenten, wie etwa dem Brainstorming oder wertkettenorientierten Analysen[1521], anzuraten, um die dargestellten Kritikpunkte zu überwinden.[1522]

Im Rahmen der Bewertung von Risiken werden in Einzelunternehmen häufig sogenannte Risk Maps oder auch Risikoportfolios eingesetzt.[1523] Diese visualisieren das Portfolio an Einzelrisiken im Hinblick auf Eintrittswahrscheinlichkeit und potenziellen Schaden, wobei beide Dimension sowohl ordinal als auch metrisch skaliert sein können. Gerade bei selten oder unregelmäßig auftretenden Risiken sind regelmäßig subjektive Einschätzungen unumgänglich. Sofern diese nicht mit angemessener Genauigkeit quantifiziert werden können, kann auf verbale Klassifikationen im Sinne der bereits in Abschnitt 4.1.2.3 eingeführten Intensitäten – etwa mit den Ausprägungen hohe, mittlere und niedrige Wahrscheinlichkeit bzw. Schadenspotenzial – zurückgegriffen werden. Die Risk Map bietet somit einen Überblick über die einzelnen Risiken, denen ein Unternehmen ausgesetzt ist, und ermöglicht es, diese Risiken in Gruppen unterschiedlicher Priorität zu klassifizieren. Im Zuge eines auftragsspezifischen Controlling ist das Bezugsobjekt einer derartigen Risk Map jedoch nicht das gesamte Partnerunternehmen, sondern allein der durch das Partnerunternehmen abzuwickelnde Teilauftrag. Abbildung 86 zeigt ein Beispiel einer Risk Map für ein Partnerunternehmen.

Eine direkte Übertragung der Risk Map auf das gesamte Unternehmensnetzwerk scheitert in der Praxis daran, dass die individuelle Risikotragfähigkeit der Netzwerkunternehmen unterschiedlich ist, so dass für das Gesamtnetzwerk keine einheitliche Wesentlichkeitsgrenze definiert werden kann. Aufbauend auf den einzelnen Risk Maps der Partnerunternehmen kann jedoch ein Risikoportfolio für das Gesamtnetz-

---

1520 Vgl. Burger, A., Buchhard, A. (2002), S. 89.

1521 Zu wertkettenorientierten Risikoanalysen vgl. Diederichs, M. (2004b), S. 108 f. Zur Anwendung des Wertkettenkonzepts in Unternehmensnetzwerken vgl. Männel, B. (1996), S. 152 - 154; Wildemann, H. (1997), S. 423 - 425; Hess, T. (2002), S. 244 - 247 m. w. N.

1522 Für eine Übersicht über weitere Instrumente der Risikoidentifikation vgl. stellvertretend Wolf, K., Runzheimer, B. (2003), S. 41 - 57; Diederichs, M. (2004b), S. 106 - 139; Schorcht, H. (2004), S. 110 – 116; Vanini, U. (2005).

1523 Vgl. Kajüter, P. (2003a), S. 120; Kajüter, P. (2003b), S. 329. Vgl. im Folgenden stellvertretend Burger, A., Buchhard, A. (2002), S. 162 - 168; Wolf, K., Runzheimer, B. (2003), S. 81 f. Diederichs, M. (2004b), S. 143 - 146.

werk bzw. einen Gesamtauftrag erstellt werden, mit dessen Hilfe die Relevanz der auf Partnerebene ermittelten Risiken aus Sicht des Netzwerks bewertet werden kann. Hierzu ist zunächst zu eruieren, welche der einzelunternehmensspezifischen Risiken auch mindestens einen der Netzwerkpartner beeinflussen können. Diese Risiken sind dem Auftragskoordinator anzuzeigen.

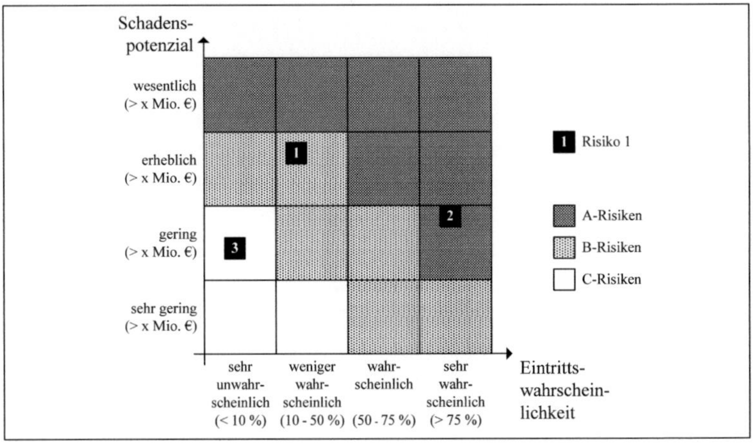

Abbildung 86: Einzelunternehmensbezogene Risk Map[1524]

Anschließend sind diese Risiken von den Partnerunternehmen gemeinsam hinsichtlich ihrer Relevanz für das gesamte Unternehmensnetzwerk bzw. den Gesamtauftrag zu analysieren.[1525] Instrumentell kann diese Analyse durch Scoring-Modelle oder auch den Einsatz des AHP unterstützt werden. Zur Klassifikation können wiederum Intensitäten herangezogen werden, beispielsweise eine Unterteilung in hohe, mittlere und geringe Relevanz. Die Partnerunternehmen erhalten auf diesem Wege ggf. Informationen über aus Unternehmenssicht zusätzliche externe Risiken, so dass sich die Möglichkeit zur Verifizierung ihrer Risikokataloge ergibt.[1526]

Schließlich sind die dargstellten Informationen in einem Auftragsrisikoportfolio zusammenzuführen. Die erste Dimension bilden die partnerspezifischen Risiken unter Beibehaltung der Klassifikation in A-, B- und C-Risiken aus den partnerindividuellen Risk Maps. Die zweite Dimension stellt die beschriebene Relevanz für den

1524 In Anlehnung an Kajüter, P. (2003b), S. 329.

1525 Ähnlich fordert Wolf für die Integration assoziierter Unternehmen in das Risikomanagement des beteiligten Unternehmens die Erstellung einer internen und einer externen Risk Map durch das assoziierte Unternehmen, die an den Anforderungen des beteiligten Unternehmens auszurichten ist. Vgl. Wolf, K. (2002), S. 802 – 805.

1526 Vgl. Kajüter, P. (2003b), S. 330.

Gesamtauftrag dar. Abbildung 87 zeigt ein Beispiel für ein derartiges gesamtauftragsbezogenes Risikoportfolio. Das aufgeführte Risiko 1 von Partner 1 wurde von diesem beispielsweise als B-Risiko klassifiziert, besitzt jedoch eine hohe Relevanz für den Gesamtauftrag.

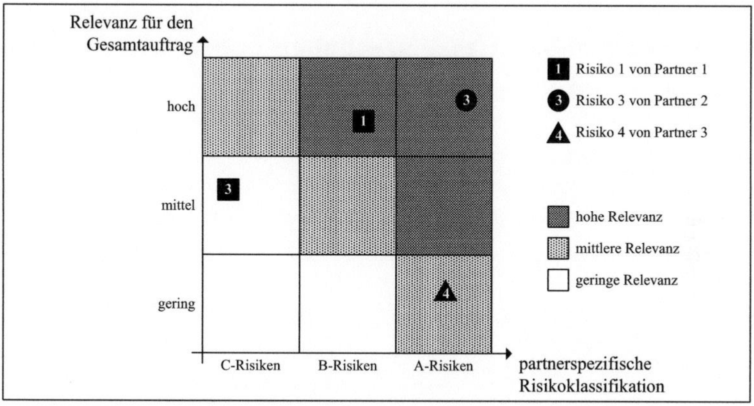

Abbildung 87: Gesamtauftragsbezogenes Risiko-Portfolio[1527]

Das gesamtauftragsbezogene Risiko-Portfolio dient somit der Visualisierung der kumulativen Effekte der mit einem Auftrag verbundenen Risiken über die Grenzen des einzelnen Partnerunternehmens hinaus. Durch die erhöhte Transparenz der Risikosituation des aktivierten Netzwerks wird eine Grundlage zur kooperativen Planung risikosteuernder Maßnahmen geschaffen. Wie dargestellt baut das Portfolio auf der einzelbetrieblichen Identifikation und Bewertung von Risiken auf, die zusammengeführt und aggregiert bewertet werden. Als Einsatzvoraussetzung ist somit eine weitgehende Standardisierung der Risikobewertung auf Ebene der Partnerunternehmen hervorzuheben.

Gleichzeitig stellt das gesamtauftragsbezogene Risiko-Portfolio eine statische Betrachtung dar. Bei Veränderungen der Risikosituation ist somit eine erneute Erstellung anzuraten. Gleichermaßen kann es sinnvoll sein, beim Erreichen von auftragsspezifischen Meilensteinen eine Überprüfung des Portfolios durchzuführen. Ähnlich den unternehmensspezifischen Risk Maps werden durch das gesamtauftragsbezogene Risiko-Portfolio keine Interdependenzen zwischen den Einzelrisiken aufgezeigt. Hierzu wären weitergehende Analysen, etwa in Form von kognitiven

1527 In Anlehnung an Kajüter, P. (2003b), S. 331.

Karten, erforderlich.[1528] Schließlich ist auf einen Informationsverlust aufgrund der vorgenommenen Verdichtungen hinzuweisen. So ist für ein A-Risiko eines Partnerunternehmens nicht direkt nachvollziehbar, ob es sich durch eine besonders hohe Eintrittswahrscheinlichkeit oder durch ein hohes Schadenspotenzial auszeichnet.[1529]

5.1.3 Risikoadjustierte Verrechnungspreise zur Abrechnung ausgetauschter Leistungen

Die Leistungserstellung in einem Unternehmensnetzwerk erfolgt durch die an einem Auftrag beteiligten Partnerunternehmen und anschließenden Leistungsaustausch. Die interne Verrechnung von Leistungen zwischen den Netzwerkpartnern und die Festlegung entsprechender Preise stellt somit eine zentrale Aufgabe des Netzwerkcontrolling dar.[1530]

5.1.3.1 Verrechnungspreise

Verrechnungspreise[1531] sind Wertansätze für innerbetrieblich erstellte Leistungen.[1532] Preise stellen aus betriebswirtschaftlicher Sicht eine Bewertung von Leistungen dar und werden in natürliche Preise und Verrechnungspreise unterteilt. Während sich natürliche Preise auf Märkten durch das Zusammenspiel von Angebot und Nachfrage bilden, besitzen Verrechnungspreise einen zweckorientierten, instrumentellen Charakter.[1533] Ein Verrechnungspreis stellt einen Wert dar, der „bei der internen Erfassung für den Transfer von Gütern oder Dienstleistungen beziehungsweise die Nutzung gemeinsamer Ressourcen und Märkte zwischen selbständigen Bereichen innerhalb eines Unternehmens angesetzt wird.“[1534] Verrechnungspreise finden

---

1528 Zum Instrument der kognitiven Karten vgl. Lingnau, V., Jonen, A. (2007), S. 346 - 349 m. w. N.

1529 Vgl. Kajüter, P. (2003a), S. 122.

1530 Vgl. Ries, A. (2001), S. 192.

1531 Die Diskussion von Verrechnungspreisen geht zurück auf Schmalenbach, der die Problematik innerbetrieblicher Lenkpreise in seiner Habilitationsschrift „Die Verrechnungspreise in großindustriellen Betrieben“ erstmalig aufgriff. Vgl. Albach, H. (1974), S. 216. Da Schmalenbach seine Habilitationsschrift nicht veröffentlichte, sind als erste Diskussionsbeiträge eine Veröffentlichung in der Zeitschrift für handelswissenschaftliche Forschung (vgl. Schmalenbach, E. (1908)) sowie ein Vortrag Schmalenbachs zu diesem Thema aus dem Jahre 1909 (vgl. Neuss, W. (1997), S. 38) zu nennen.

1532 Vgl. Pfaff, D., Pfeiffer, T. (2004), S. 297 m. w. N..

1533 Vgl. Baumhoff, H. (1986), S. 13.

1534 Coenenberg, A. G. (2003), S. 516. Vgl. auch Pfeiffer, T. (2002), S. 1270 m. w. N.; Ewert, R., Wagenhofer, A. (2005), S. 577. Synonym finden sich die Bezeichnungen Bereichsabgabepreise, Knappheitspreise, Lenkpreise, Lenkungspreise, Transferpreise oder Verrechnungswerte. Vgl. Kreuter, A. (1997), S. 14.

Anwendung bei der Abbildung von Leistungsbeziehungen zwischen Kostenstellen, Geschäftsbereichen oder rechtlich selbständigen Konzernunternehmen.[1535]

Verrechnungspreise können unterschiedliche, teilweise auch konträre Funktionen erfüllen, unter denen insbesondere die Erfolgsermittlung und die Koordination zu nennen sind.[1536] Im Rahmen der Erfolgsermittlung dienen Verrechnungspreise als Wertansatz für innerbetriebliche Leistungen, um eine gerechte und nachvollziehbare Ergebniszuweisung an organisatorische Einheiten zu ermöglichen.[1537] Auf diesem Weg kann eine Aufspaltung des Unternehmenserfolgs in Teilergebnisse erfolgen, so dass die Analyse der Wirtschaftlichkeit und der Ergebnisbeiträge einzelner Organisationseinheiten möglich ist.[1538] Im Rahmen der Koordinationsfunktion sollen durch eine geeignete Festlegung von Verrechnungspreisen Entscheidungen eigenständiger Bereiche so aufeinander abgestimmt werden, dass das Gesamtziel des Unternehmens und individuelle Einzelziele verfolgt werden.[1539] Hintergrund ist, dass die Summe der Einzelzielmaxima nicht gleich dem Gesamtmaximum ist. Das Gesamtergebnis wird vielmehr steigen, sobald ein Unternehmensteil von seinem individuellen Optimum zugunsten eines anderen Unternehmensteils abweicht, sofern der Grenznutzen eines Unternehmensteils die Grenzkosten eines anderen Unternehmensteils übersteigt.[1540] Im Vordergrund steht somit die effiziente Allokation von Ressourcen.[1541]

Neben der Erfolgsermittlung und der Koordination dienen Verrechnungspreise in Verbindung mit Handels- und Steuerbilanzen der Bestandsbewertung im Rahmen der Inventur sowie der Gewinnverlagerung in Länder mit niedrigerer Steuerbelastung.

5.1.3.2 Typen von Verrechnungspreisen

Um den vielfältigen Funktionen von Verrechnungspreisen gerecht zu werden, kann ihre Höhe mittels verschiedener Methoden bestimmt werden.[1542] Diese lassen sich

---

1535 Vgl. Coenenberg, A. G. (2003), S. 516.

1536 Vgl. Ewert, R., Wagenhofer, A. (2005), S. 579 - 585; Gschwend, W. (1987), S. 69; Ossadnik, W., Carstens, S., Müller, H. (1997), S. 2; Scherz, E. (1998), S. 125. Zur Gewichtung dieser Funktionen in Unternehmensnetzwerken vgl. Sallaba, G. (1999), S. 243 - 246.

1537 Vgl. Kreuter, A. (1997), S. 768.

1538 Vgl. Coenenberg, A. G. (2003), S. 517.

1539 Vgl. Pfeiffer, T. (1997), S. 6 f.; Ossadnik, W. (1998), S. 232; Küpper, H. U. (2005), S. 396.

1540 Vgl. Ewert, R., Wagenhofer, A. (2005), S. 581 f.; Scherz, E. (1998), S. 118.

1541 Albers weist darauf hin, dass innerhalb eines Unternehmens durch Maximierung des Nutzens der dezentralen Einheiten der Gesamtunternehmenserlös maximiert werden soll, während in Kooperationen durch Maximierung des Kooperationsnutzens der Nutzen der einzelnen Partnerunternehmen erhöht werden soll. Vgl. Albers, S. (2000), S. 69.

1542 Hierbei sind ggf. handels- und steuerrechtliche Aspekte zu beachten. Vgl. Hackmann, W. (1984), S. 14 ff.; Baumhoff, H. (1986); Kuebart, J. (1995), S. 80 ff.; Buscher, U. (1997), S. 8; Ewert, R., Wagenhofer, A. (2005), S. 585.

nach den zugrunde liegenden Bestimmungsgrößen in marktorientierte und kostenorientierte Verfahren[1543] sowie Aushandlung unterscheiden.[1544]

Bei marktorientierter Festlegung wird das auszutauschende Gut mit einem Preis bewertet, der dem Marktpreis entspricht. Der resultierende Preis wird somit von externen Kräften bestimmt und ist kaum manipulierbar, so dass er als objektive Größe angenommen werden kann.[1545] Jedoch können Marktpreise streng genommen nur herangezogen werden, wenn ein externer Markt für das intern auszutauschende Gut existiert, wenn auf diesem Markt ein Preis eindeutig festgestellt werden kann und wenn die Unternehmensbereiche keinen unmittelbaren Einfluss auf den Marktpreis haben.[1546] Da diese Bedingungen in praxi regelmäßig nicht erfüllt sind, wird häufig versucht, einen Marktpreis anzunähern oder auch zu ermitteln. Letzteres erfolgt beispielsweise, indem eine Marge für den Vertriebsbereich angesetzt wird (Marktpreis-minus-Methode).[1547] Anzumerken bleibt, dass bei einer marktpreisorientierten Verrechnungspreisbildung zum einen das Risiko vollständig auf den Anbieter der Leistung übergeht und zum anderen auch bei Verwendung eines realen Marktpreises das Koordinationsproblem nicht vollständig gelöst wird, da Integrationsvorteile des Unternehmen unbeachtet bleiben.[1548]

Bei kostenorientierter Festlegung von Verrechnungspreisen sind nach dem zeitlichen Bezug, dem Umfang der einzubeziehenden Kosten sowie der Berücksichtigung von Gewinnansprüchen mehrere Verfahrensvarianten zu unterscheiden.[1549] Hinsichtlich des zeitlichen Bezugs können sich Verrechnungspreise an Ist-Kosten, Plan-Kosten oder Normal-Kosten orientieren. Ist-Kosten gewährleisten zumindest theoretisch die exakte Verrechnung der tatsächlich angefallenen Kosten des leistenden Bereichs, lassen sich jedoch nur ex post feststellen. Hiermit geht das Risiko von Kostenabweichungen bzw. unerwünschter Schwankungen des Verrechnungspreises einher, das in voller Höhe auf den abnehmenden Bereich entfällt. Zudem ist in praxi eine verursachungsgerechte Verrechnung von Kostenabweichungen kaum möglich. Schließlich besteht für den liefernden Bereich kein Anreiz zu möglichst wirtschaft-

---

[1543] Zu empirischen Untersuchungen bzgl. der Verbreitung markt- und kostenorientierter Verrechnungspreise in der Praxis vgl. Drumm, J. (1973), S. 95 ff.; Vancil, R. F. (1979); Hax, H. (1981), Sp. 1692 ff.; Atkinson, A. A. (1987); Weilenmann, P. (1989); Ewert, R., Wagenhofer, A. (2005), S. 586.

[1544] Vgl. Ewert, R., Wagenhofer, A. (2005), S. 585.

[1545] Vgl. Buscher, U. (1997), S. 39; Ewert, R., Wagenhofer, A. (2005), S. 589.

[1546] Vgl. Ewert, R., Wagenhofer, A. (2005), S. 588 f. Es können durchaus unterschiedliche Marktpreise existieren, etwa unter der Annahme unterschiedlicher Konditionen oder bei liefermengenabhängigen Preisen. Vgl. Scherz, E. (1998), S. 134 f.

[1547] Vgl. Ewert, R., Wagenhofer, A. (2005), S. 594 - 596.

[1548] Vgl. Neuss, W. (1997), S. 44.

[1549] Vgl. Ewert, R., Wagenhofer, A. (2005), S. 596 - 618.

lichem Ressourceneinsatz, so dass die Koordinationsfunktion nur unzureichend erfüllt wird. Aus den genannten Gründen orientiert sich die Kostenverrechnung häufig an Standardkosten, die genau die Plankosten abdecken. Hiermit wird das Risiko von Kostenschwankungen vom liefernden Bereich getragen, und es entsteht ein Anreiz zu wirtschaftlicher Produktion. Normalkosten stellen schließlich einen Kompromiss hinsichtlich Kostenschwankungen dar, indem Hoch- und Tiefwerte mit durchschnittlichen Periodenwerten ausgeglichen werden.

Nach dem Umfang der einzubeziehenden Kosten können voll- und grenzkostenorientierte Verrechnungspreise unterschieden werden.[1550] Ein Verrechnungspreis auf Vollkostenbasis enthält neben den variablen Kosten auch Fixkostenanteile des leistenden Bereichs und versetzt den Abnehmer in die Situation, als würde er die Leistung in Eigenfertigung erstellen.[1551] Der Gewinn fällt in voller Höhe bei dem beziehenden Bereich an. Die enthaltenen Fixkostenanteile werden aus Sicht des abnehmenden Bereichs zu variablen Kosten, was hinsichtlich des Gesamtoptimums zu Fehlentscheidungen führen kann. In der Literatur findet sich daher der Hinweis, dass grenzkostenorientierte Verrechnungspreise der Koordinationsfunktion am besten gerecht werden.[1552] Jedoch können grenzkostenorientierte Verrechnungspreise nur in Verbindung mit der optimalen Ausbringungsmenge und damit in Kenntnis der Kostenfunktion der beteiligten Bereiche ermittelt werden. Hieraus ergibt sich ein Problem asymmetrischer Information, da für die einzelnen Bereiche ein Anreiz besteht, ihre genauere Kenntnis ihrer Kostenstruktur zu nutzen und den Verlauf der Kostenfunktion zu Gunsten ihres Bereichsgewinns verzerrt anzugeben. Auch muss die übergeordnete Einheit erst das ihr obliegende Entscheidungsproblem der übergreifenden Ressourcenallokation lösen, um den mengenabhängigen Grenzpreis zu ermitteln und könnte den Bereichen somit die jeweiligen Mengen auch zentral vorgeben.[1553] Da sich zudem für den Leistungsanbieter das Problem der Fixkostendeckung ergibt und eine grenzkostenorientierte Gewinnverteilung nur willkürlich erfolgen kann, ergeben sich für grenzkostenorientierte Verrechnungspreise realiter Anwendungsdefizite. Schließlich ist anzumerken, dass grenzkostenorientierte Verrechnungspreise die Existenz von Grenzkosten in entscheidungsrelevanter Größen-

---

1550 Besteht Konkurrenz aufgrund beschränkter Verfügbarkeit der internen Leistung, so können auch sogenannte „Knappheitswerte" herangezogen werden. Diese entsprechen den Grenzkosten der Leistung zzgl. der Grenzopportunitätskosten als Deckungsbeitrag der besten nicht gewählten Alternative. Vgl. Coenenberg, A. G. (1973), S. 380.

1551 Vgl. Buscher, U. (1997), S. 36.

1552 Vgl. hierzu insbesondere Hirshleifer, J. (1956).

1553 Dieser Sachverhalt findet sich in der Literatur auch unter dem Stichwort „Dilemma der pretialen Lenkung". Vgl. Pfaff, D., Pfeiffer, T. (2004), S. 299. Auch besteht eine Analogie zum „Dilemma der wertmäßigen Kosten", die ebenfalls erst nach vollzogener Simultanplanung über alle Verwendungsrichtungen bekannt sind. Vgl. Adam, D. (2001), S. 271.

ordnung voraussetzen, was gerade bei fixkostenintensiven Branchen wie etwa dem Dienstleistungssektor nicht immer gegeben ist.[1554]

Mit der Berücksichtigung von Gewinnzuschlägen (sog. Kosten-Plus-Methode) soll der Erfolgsermittlungsfunktion entsprochen werden, die sonst bei kostenorientierter Verrechnung im Wesentlichen unterbleibt. Hierbei liegt das Problem in der Bestimmung einer angemessenen Zuschlagshöhe. In der Literatur findet sich etwa der Vorschlag eines prozentualen Zuschlags auf die Vollkosten oder auf das eingesetzte Kapital. Letzten Endes kann jedoch auch auf diesem Wege keine Begründung der Höhe des Zuschlags erfolgen.

Alternativ zu marktorientierten oder kostenorientierten Verrechnungspreisen besteht zudem die Möglichkeit des Aushandelns.[1555] Hierbei treten die Verantwortlichen der betroffenen Einheiten ohne vorgegebene Regeln in Verhandlung, so dass man auch von einem „laissez-faire"-System sprechen kann.[1556] Voraussetzung ist, dass die beteiligten Bereiche sich weigern können, intern Geschäfte zu machen.[1557]

Von theoretischer Seite besteht bislang keine abschließende Klarheit darüber, welche Verfahren der Verrechnungspreisbildung in welchen Situationen besser geeignet sind als andere.[1558] Weitgehend übereinstimmend wird jedoch empfohlen, bei Existenz eines Marktes auf den Marktpreis zurückzugreifen und andernfalls die Vollkosten zuzüglich eines Gewinnaufschlags anzusetzen.[1559]

5.1.3.3 Bildung und Anwendungsgebiete netzwerkinterner Verrechnungspreise

Die Bildung von Verrechnungspreisen kann frei – also allein nach den Gesetzen von Angebot und Nachfrage – oder durch das Netzwerk reguliert erfolgen.[1560] Freie Preisbildung ist aus wettbewerbstheoretischer Sicht sinnvoll, wenn sich auf einem

1554 Vgl. Hess, T. (2002), S. 173.

1555 Vgl. Ossadnik, W. (1996), S. 132 ff.; Baldenius, T., Reichelstein, S. (1998), S. 236 f.; Pfeiffer, T. (2002). Die genannten Autoren kommen zu dem Schluss, dass verhandlungsbasierte Verrechnungspreise gefunden werden können, die kostenorientierte Ansätze dominieren. Anders Göx, R. F. (1999), S. 19.

1556 Vgl. Baldenius, T., Reichelstein, S. (1998), S. 236.

1557 Vgl. Ewert, R., Wagenhofer, A. (2005), S. 618.

1558 Vgl. Holmström, B. R., Tirole, J. (1991), S. 201 ff.; Baldenius, T., Reichelstein, S. (1998), S. 67 sowie S. 82; Vaysman, I. (1998), S. 350; Baldenius, T., Reichelstein, S., Sahay, S. A. (1999); Pfeiffer, T. (2002).

1559 Vgl. Ewert, R., Wagenhofer, A. (2005), S. 639 f.

1560 Vgl. im Folgenden Hess, T. (2002), S. 168 f. Zur Problematik der Verrechnungspreisbestimmung bei asymmetrischer Information vgl. Wagenhofer, A. (1992); Wagenhofer, A. (1994).

Markt eine Vielzahl von Anbietern und Nachfragern gegenüberstehen.[1561] Da im Zuge der internen Auftragsvergabe das Netzwerk als einziger Nachfrager auftritt, ist die dargestellte vollständige Konkurrenz nicht zu erreichen. Steht diesem Nachfrager zudem nur ein Anbieter gegenüber, so treten in dem resultierenden bilateralen Monopol kurz- und langfristige Marktmechanismen außer Kraft, woraufhin regulierende Eingriffe erforderlich werden. Existieren mehrere Anbieter, so bestehen in fokalen Netzwerken für den Nachfrager aufgrund seiner Machtposition dennoch vielfältige Spielräume für opportunistische Verhaltensweisen offen, so dass wiederum regulierende Eingriffe erforderlich werden. In polyzentrischen Netzwerken hingegen besteht die Zielfunktion des Nachfragers in der Maximierung des Nutzens aller Kooperationsteilnehmer, so dass eine freie Preisbildung sinnvoll sein kann. Abbildung 88 stellt diese vier Konstellationen im Überblick dar.

Steuerungsform / Nachfrager : Anbieter	fokal	polyzentrisch
1:1	reguliert	reguliert
1:n	reguliert	frei

Abbildung 88: Preisbildung in Netzwerken[1562]

Um die skizzierten Spielräume opportunistischen Verhaltens bei der Festlegung netzwerkinterner Verrechnungspreise zu schließen, bieten sich im Wesentlichen zwei Maßnahmen an:[1563]

- Die Festsetzung von Mindest- und Höchstpreisen ist in einem bilateralen Monopol wie auch einem Nachfragemonopol nicht sinnhaft, geeigneter erscheint das Festlegen von Regeln für die Bildung von Verrechnungspreisen.
- Opportunistisches Verhalten kann auch durch die Offenlegung der Kalkulation gegenüber den Netzwerkpartnern zumindest erschwert werden. Zudem können auf diesem Wege die Partnerunternehmen ihre spezifische Risikoposition verdeutlichen.

1561 Vgl. Schumann, J., Meyer, U., Ströbele, W. (1999), S. 207 - 234.

1562 Quelle: Hess, T. (2002), S. 169.

1563 Vgl. Hess, T. (2002), S. 169.

In Unternehmensnetzwerken besteht bedingt durch den hohen Grad an dezentraler Aufgabenverteilung ein erheblicher Abstimmungs- und Koordinationsbedarf.[1564] Verrechnungspreise können unter diesen Rahmenbedingungen auf normativer, strategischer und operativer Ebene als effizientes und praktikables Instrument zur Unterstützung der Geschäftsprozesse eingesetzt werden.[1565] Verrechnungspreise dienen auf normativer Ebene einer als fair wahrgenommenen Leistungsbewertung der Netzwerkpartner, symbolisieren ein einheitliches Abrechnungsverfahren und haben somit einen vertrauensbildenden Charakter. Auf strategischer Ebene können Verrechnungspreise im Sinne von Make-or-Buy-Entscheidungen gerade bei Schlüsseltechnologien Hinweise auf die Vorteilhaftigkeit der Aufnahme neuer Partnerunternehmen geben.[1566] Darüber hinaus können Verrechnungspreise Hinweise auf die Vorteilhaftigkeit spezifischer Investitionen geben.[1567] Auf operativer Ebene schließlich dienen Verrechnungspreise der Auftragsplanung im Zuge der Kalkulation wie auch der Teilauftragsvergabe, der Unterstützung von Durchführungskontrollen, der Steuerung der Partnerunternehmen im Sinne des gesamten Netzwerks oder auch der Abrechnung der Inanspruchnahme gemeinschaftlicher Investitionen.[1568]

5.1.3.4 Risikoadjustierung netzwerkinterner Verrechnungspreise

Wie bereits dargestellt kann die Gestaltung netzwerkinterner Verrechnungspreise verschiedenen Funktionen dienen. Neben den bereits dargestellten Funktionen der Koordination und Erfolgsermittlung ist in Unternehmensnetzwerken auch denkbar, Verrechnungspreise als Instrument der Risikoaufteilung heranzuziehen.[1569] Zu diesem Zweck können Verfahren der Risikosimulation eingesetzt werden, wie dies in Unternehmen etwa im Rahmen von Investitionsentscheidungen üblich ist.[1570] Im Zuge von Simulationsverfahren kann der Tatsache Rechnung getragen werden, dass sich ein Gesamtrisiko häufig aus verschiedenen Einflussgrößen im Sinne von Teilrisiken zusammensetzt.[1571] Der Schaden des übergeordneten Risikos kann über mathematische Funktionen aus den Teilrisiken berechnet werden. Hierbei stellt sich jedoch die Frage, welche Gesamtschadenshöhe die wahrscheinlichste ist und in

1564 Vgl. Klein, S. (1994), S. 311.
1565 Vgl. Ries, A. (2001), S. 198.
1566 Zur Anwendung von Verrechnungspreisen im Rahmen strategischer Entscheidungen der vertikalen Integration und Diversifikation vgl. Buscher, U. (1997), S. 52.
1567 Vgl. Pfeiffer, T. (2002).
1568 Vgl. Ries, A. (2001), S. 200 - 209.
1569 Zur Forderung nach einem gerechten „Risk- and Reward-Sharing" vgl. Link, P. (1999); Nedeß, C., Friedewald, A., Neumann, L. (2006), S. 215.
1570 Vgl. Linnhoff, U., Pellens, B. (2002), S. 165 ff.
1571 Vgl. Schnorrenberg, U., Göbels, G. (1997), S. 60.

welcher Bandbreite sich der Schaden des Gesamtrisikos mit welcher Wahrscheinlichkeit bewegen kann. Diese Aussagen können jedoch nicht etwa durch Expertenschätzungen ermittelt werden, da die zufallsabhängige Kombination der Schäden der Teilrisiken eine realistische Schätzung unmöglich macht. Zudem hat gerade in instabilen Netzwerken jeder Auftrag einen einmaligen Charakter, so dass für eine Analyse der Risikoposition eines Auftrags auch kein geeignetes empirisches Datenmaterial zur Verfügung stehen wird.

Somit liegt es nahe, die zur Bestimmung der Gesamtrisikoposition benötigten Daten mit Hilfe von Zufallszahlen künstlich – etwa auf Grundlage von Expertenschätzungen – zu erzeugen. Hierzu wird regelmäßig auf das Verfahren der Monte-Carlo-Simulation zurückgegriffen.[1572] Voraussetzung für die Anwendung von Simulationsverfahren ist, dass Wahrscheinlichkeitsverteilungen für die unsicheren Größen (z. B. Absatzpreis oder Absatzmenge) vorliegen, aus denen sich wiederum eine Wahrscheinlichkeitsverteilung der Zielgröße (z. B. Rendite) ableiten lässt.

Bei einer Monte-Carlo-Simulation werden, beispielsweise auf der Basis von Expertenschätzungen zu den Teilrisiken, in einer Vielzahl von Simulationsläufen durch einen Zufallsgenerator aus dem Wertebereich der Wahrscheinlichkeitsverteilungen jeweils ein Wert für jede unsichere Einflussgröße ermittelt und die resultierende Zielgröße berechnet. Nach einer hinreichend großen Anzahl von Simulationsläufen entsteht eine Häufigkeitsverteilung der Zielgröße. Diese kann als kumulative Wahrscheinlichkeitsverteilung in Form eines Risikoprofils dargestellt werden, so dass die Wahrscheinlichkeit erkennbar wird, dass ein bestimmter Wert der Zielgröße erreicht wird. Darüber hinaus können Erwartungswert, Minimum und Maximum sowie Quantile der Zielgröße ermittelt werden. Somit kann den Entscheidungsträgern das mit dem Auftrag verbundene Gesamtrisiko transparent gemacht werden.

Da in einem Unternehmensnetzwerk typischerweise mehrere Unternehmen in unterschiedlicher Weise an der Durchführung eines Auftrags beteiligt sind, liegt es nahe, die Methodik der Risikosimulation auch im unternehmensübergreifenden Kontext anzuwenden. Im Zuge einer solchen netzwerkbezogenen Risikosimulation können sowohl die Risiken der Teilaufträge für die auftragsbeteiligten Partnerunternehmen als auch das Gesamtrisiko des Auftrags für den Auftragskoordinator sichtbar gemacht werden. Auf diesem Wege kann nicht nur Risikotransparenz auf Ebene des Netzwerks geschaffen werden, vielmehr werden auch Unterschiede in der Risikoposition der involvierten Partnerunternehmen ersichtlich und können im Rahmen der

[1572] Die Monte-Carlo-Simulation geht zurück auf Hertz, D. B. (1964). Vgl. auch Krüger, S. (1974), S. 101 - 106.

Verrechnungspreisgestaltung berücksichtigt werden. Geht man zu diesem Zweck davon aus, dass innerhalb des Netzwerks vollkostenorientierte Verrechnungspreise zuzüglich eines Gewinnaufschlags verwendet werden, so stellt sich die Frage nach der Höhe dieses Zuschlags. Im Sinne einer fairen Gewinnverteilung kann beispielsweise eine gleiche Auftragsrendite für alle Partnerunternehmen, gemessen etwa am Teilauftragsvolumen, oder ein gleicher absoluter Ertrag angestrebt werden. Gerade bei stark unsicherheitsbehafteten Aufträgen wäre auch denkbar, als Zielgröße risikobezogene Werte, wie etwa die gleiche Wahrscheinlichkeit einer positiven Rendite oder die gleiche Höhe von at-Risk-Werten heranzuziehen.[1573] Das entsprechende Vorgehen soll nachfolgend anhand eines einfachen Beispiels verdeutlicht werden.

Ein Unternehmensnetzwerk hat einen Auftrag zu einem festgelegten Absatzpreis von 100.000 € akquiriert. Gleichwohl besteht Unsicherheit hinsichtlich des Preises insofern, als dass durch Nachträge oder auch Mängelrügen sowohl positive als auch negative Abweichungen möglich sind. Am Auftrag beteiligt sind zwei Unternehmen des Netzwerks, von denen Partner 1 Vorleistungen für Partner 2 erbringt. Partner 2 hingegen erstellt die Endleistung und fungiert als Vertragspartner des Kunden. Die Leistungen beider Partner erfordern Vorleistungen in Höhe von jeweils 45.000 € auf Vollkostenbasis. Partner 1 steht aufgrund einer netzwerkinternen Absprache für die Auftragsakquise und zur Vergütung der Auftragskoordination eine Provision in Höhe von 1 % der Auftragssumme, also 1.000 €, zu.

Gesamtauftrag	
vereinbarter Preis	100.000 €
./. Provision	1.000 €
Auftragssumme	99.000 €
Vorleistungen	
Vorleistungen Partner 1	45.000 €
Vorleistungen Partner 2	45.000 €
Summe Vorleistungen	90.000 €
Deckungsbeitrag Netzwerk	9.000 €
Gesamtauftragsrendite Netzwerk	10 %

Abbildung 89: Berechnung des Gewinnaufschlags bei Cost-Plus-Verrechnungspreisen

Aufgrund dieser Daten ergibt sich für den Gesamtauftrag eine erwartete Rendite von 10 %. Die beiden Partnerunternehmen einigen sich daher auf einen Verrechnungspreis nach der Cost-Plus-Methode in Höhe der Vollkosten zuzüglich eines Gewinnaufschlags in Höhe von 10 %. Beide Partner erhalten somit einen Rückfluss in Höhe von 49.500 € aus dem Auftrag bei gleicher Rendite. Der entsprechende Wert des Teilauftrags wird im Vorfeld fixiert, eine

[1573] Vgl. hierzu mit Bezug auf kooperative Investitionen auch Tomkins, C. (2001), S. 187 ff.; Kajüter, P. (2003a), S. 123 - 125.

nachträgliche Anpassung bei etwaigen Kostenabweichungen von Partner 1 sehen die Netzwerkgepflogenheiten im Sinne einer Risikoteilung nicht vor. Abbildung 89 verdeutlicht die Berechnung des Gewinnaufschlags.

In einer Welt ohne Risiken ist diese Aufteilung als fair zu bezeichnen. Im Folgenden wird jedoch die Annahme der Risikofreiheit aufgegeben. Wie bereits dargestellt, ist denkbar, dass der Auftragspreis sich auch nach Vertragsschluss mit dem Kunden noch ändern kann. Auf Basis von Erfahrungen aus früheren Aufträgen geht Partner 2 nunmehr davon aus, dass für den endgültigen Absatzpreis eine Normalverteilung mit einer Standardabweichung von 5 %, im Beispiel also in Höhe von 5.000 €, angenommen werden kann; als Mittelwert fungiert die vereinbarte Auftragssumme. Zudem geht Partner 2 davon aus, dass seine Kapazitäten aufgrund der guten Auftragslage knapp werden können. Partner 2 unterstellt, dass mit einer Wahrscheinlichkeit von 25 % Überstunden erforderlich werden. Für seinen Personaleinsatz in Höhe von 30.000 € unterstellt er daher in diesem Bereich einen linearen Anstieg bis zu einem Maximum von 32.000 € bei gleichverteilter Wahrscheinlichkeit. Partner 1 hingegen geht davon aus, dass für die Preise der von ihm benötigten Rohmaterialien ebenfalls eine Normalverteilung angenommen werden kann, die Standardabweichung beträgt jedoch 2 %. Partner 1 benötigt Rohmaterialien im Wert von 20.000 €. Alle anderen Werte seien als sicher angenommen. Tabelle 16 zeigt die Ergebnisse einer Risikosimulation für diese Daten.[1574] Hierbei zeigt sich, dass Partner 2 lediglich eine erwartete Rendite von 9,63 % erreicht, was sich durch den möglichen Einsatz von Überstunden erklärt. Zudem kann Partner 2 nur mit einer Wahrscheinlichkeit von 80,5 % mit einem positiven Ergebnis aus dem Auftrag rechnen, wohingegen Partner 1 einen sicheren Überschuss erwirtschaftet. Die erwartete Rendite von Partner 2 liegt somit 0,4 % unter der von Partner 1. Zudem streut der Ertrag bei Partner 2 wesentlich stärker, so dass auch deutliche Verluste möglich sind.

	Gesamtauftrag	**Partner 1**	**Partner 2**
Verrechnungspreis		49.500,00 €	
Mittelwert Ertrag	8.845,91 €	4.495,34 €	4.350,57 €
Minimum Ertrag	- 11.155,57 €	3.062,00 €	- 15.202,80 €
Maximum Ertrag	27.604,97 €	6.043,26 €	22.644,93 €
erwartete Rendite	9,8 %	10,0 %	9,6 %
Wahrscheinlichkeit Rendite ≥ 0	96,2 %	100,0 %	80,5 %

Tabelle 16: Risikosimulation mit Ausgangsdaten

Um diesen unterschiedlichen Risikopositionen gerecht zu werden, können sich die Partner auf unterschiedliche Vorgehensweisen einigen. Naheliegend wäre zunächst, den Verrechnungspreis so zu gestalten, dass beide Partner eine gleiche Rendite erwarten können. Zu diesem Zweck wird der Verrechnungspreis auf 49.415 € gesenkt (siehe Tabelle 17). Im Beispiel hat Partner 2 dennoch ein

1574 Die Werte wurden durch eine Simulation mit 10.000 Simulationsläufen ermittelt.

sicheres positives Ergebnis aus dem Auftrag, auch wenn sein erwarteter Ertrag leicht sinkt. Weiterhin trägt Partner 2 das weitaus höhere Risiko.

	Gesamtauftrag	Partner 1	Partner 2
Verrechnungspreis		49.415,00 €	
Mittelwert Ertrag	8.845,91 €	4.410,34 €	4.435,57 €
Minimum Ertrag	- 11.155,57 €	2.977,00 €	- 15.117,80 €
Maximum Ertrag	27.604,97 €	5.958,26 €	22.729,93 €
erwartete Rendite	9,8 %	9,8 %	9,8 %
Wahrscheinlichkeit Rendite ≥ 0	96,1 %	100,0 %	81,0 %

Tabelle 17: Risikosimulation mit gleicher Renditeerwartung

Um das Risiko noch gleichmäßiger zu verteilen, können die Partner einen Verrechnungspreis vereinbaren, der beiden die gleiche Chance auf ein positives Auftragsergebnis gibt. Der Verrechnungspreis ist hierfür auf 45.662 € abzusenken. Die stark unterschiedlichen Risikopositionen finden jetzt Niederschlag in ebenfalls stark unterschiedlichen Renditeerwartungen der Netzwerkpartner (siehe Tabelle 18).

	Gesamtauftrag	Partner 1	Partner 2
Verrechnungspreis		45.662,00 €	
Mittelwert Ertrag	8.845,91 €	657,34 €	8.188,57 €
Minimum Ertrag	- 11.155,57 €	- 776,00 €	- 11.364,80 €
Maximum Ertrag	27.604,97 €	2.205,26 €	26.482,93 €
erwartete Rendite	9,8 %	1,5 %	18,1 %
Wahrscheinlichkeit Rendite ≥ 0	96,1 %	94,9 %	94,9 %

Tabelle 18: Risikosimulation bei gleicher Wahrscheinlichkeit positiver Rendite

Anstelle der Wahrscheinlichkeit einer positiven Rendite können die Partner auch eine mit hoher Wahrscheinlichkeit einhaltbare Untergrenze des Auftragsergebnisses in Analogie zu at-Risk-Kennzahlen vereinheitlichen.[1575] Tabelle 19 zeigt einen Verrechnungspreis in Höhe von 45.646 €, bei dem die Netzwerkpartner ein annähernd gleiches 5 %-Quantil bezüglich ihrer Teilauftragsergebnisse haben. In anderen Worten besteht für beide Partner eine Wahrscheinlichkeit von 95 %, ein besseres Ergebnis zu erwirtschaften. Auch bei diesem Vorgehen werden die stark unterschiedlichen Risikopositionen der Partnerunternehmen durch die erwartete Rendite honoriert (siehe Tabelle 19).

1575 Vgl. Homburg, C. (2004), S. 256.

	Gesamtauftrag	Partner 1	Partner 2
Verrechnungspreis		45.646,00 €	
Mittelwert Ertrag	8.845,91 €	641,34 €	8.204,57 €
Minimum Ertrag	-11.155,57 €	-792,00 €	-11.348,80 €
5 %-Quantil	623,45 €	-19,72 €	-19,28 €
Maximum Ertrag	27.604,97 €	2.189,26 €	26.498,93 €
erwartete Rendite	9,8 %	1,4 %	18,1 %
Wahrscheinlichkeit Rendite ≥ 0	96,1 %	94,5 %	95,0 %

Tabelle 19: Risikosimulation bei gleichem 5 %-Quantil

Zusammenfassend ermöglicht eine Festlegung von Verrechnungspreisen mit Hilfe von Risikosimulationen eine aggregierte Bewertung des Gesamtrisikos eines Auftrags. Dabei verdeutlicht die Simulation die ökonomischen Konsequenzen eines Auftrags, ohne eine eindeutige Aussage über die Vorteilhaftigkeit der Auftragsannahme zu machen. Für diese Entscheidung ist vielmehr zusätzlich eine Betrachtung der individuellen Risikoneigung der Netzwerkpartner erforderlich. Insgesamt kann die Risikosimulation jedoch helfen, ein faires Ergebnis bei Teilauftragsvergabeverhandlungen zu erreichen.[1576] Hinsichtlich der Erfolgsverteilungsfunktion führen risikoadjustierte Verrechnungspreise entsprechend dazu, dass Partner mit einer ungünstigen Risikoposition eine höhere Rendite erwarten können. Mit Blick auf die Lenkungsfunktion von Verrechnungspreisen können Aussagen nur in Verbindung mit der Risikoneigung der beteiligten Partnerunternehmen erfolgen.

Unabdingbare Voraussetzung für die Ermittlung risikoadjustierter Verrechnungspreise ist jedoch eine konkrete Vorstellung der jeweiligen Partnerunternehmen hinsichtlich ihrer Risikoposition. In vielen Fällen werden auf Ebene der Partnerunternehmen Ist-Daten früherer Aufträge eine konkrete Vorstellung von der Schwankungsbreite der risikobehafteten Größen ermöglichen. Gleichwohl müssen die Partnerunternehmen die entsprechenden Informationen für eine integrierte Betrachtung aller auftragsbeteiligten Unternehmen offenlegen.

5.1.4 Terminierung der Teilaufträge

Mit der Zerlegung eines Auftrags in Teilaufträge und deren Vergabe an Partnerunternehmen ist der inhaltliche Aspekt der auftragsbezogenen Planung abgeschlossen. Zu Zwecken der zeitlichen Fixierung und als Basis für die nachfolgende Kon-

[1576] Vgl. ähnlich Kajüter, P. (2003a), S. 125.

trolle der Auftragsdurchführung bietet es sich insbesondere bei großvolumigen und komplexen Aufträgen an, einen auftragsbezogenen Netzplan zu erstellen.[1577]

Ein Netzplan besteht in der ereignisorientierten Form aus drei Arten von Elementen.[1578] Knoten repräsentieren Ereignisse, die den Abschluss eines isoliert durch ein Partnerunternehmen durchführbaren Teilauftrags kennzeichnen. Diese Knoten sind durch gerichtete Kanten bzw. Pfeile verbunden, die die eigentlichen Teilaufträge darstellen. Die Verbindung zweier Knoten durch einen Pfeil gibt die sachliche Verknüpfung der Zustände der Auftragsabwicklung an, die Pfeilrichtung verdeutlicht die zeitliche Abfolge. Sind zusätzliche Reihenfolgebedingungen aufzunehmen, so geschieht dies über Scheinaktivitäten. Diese werden als unterbrochene Pfeile dargestellt und haben die Zeitdauer 0. Das resultierende Netz verfügt über einen Anfangs- und einen Endknoten, die den Beginn bzw. den Abschluss des Auftrags anzeigen. Auf Basis eines derartigen Netzplans können der Fertigstellungstermin des Gesamtauftrags bei definiertem Starttermin oder der Starttermin bei definiertem Fertigstellungstermin sowie die frühesten und spätesten Anfangs- und Endzeitpunkte für jeden Teilauftrag bestimmt werden. Besonders hervorzuheben sind jene Teilaufträge, bei denen eine Nicht-Einhaltung des Zeitplans zwangsläufig zu einer Verschiebung des Fertigstellungstermins des Gesamtauftrags führt. Derartige Teilaufträge werden als kritisch bezeichnet. Die Gesamtheit der kritischen Teilaufträge definiert den sogenannten kritischen Pfad. Hierauf aufbauend können mit Hilfe der Critical Path Method (CPM) zudem Pufferzeiten der nichtkritischen Teilaufträge ermittelt werden.[1579] Dabei geht CPM jedoch immer von deterministischen Bearbeitungszeiten der einzelnen Teilaufträge aus.

Um das Risiko eines zeitlichen Verzugs eines Auftrags abzuschätzen, kann die Program Evaluation and Review Technique (PERT) herangezogen werden.[1580] Diese geht davon aus, dass die Bearbeitungsdauer eines Teilauftrags eine zufällige Größe ist, die im Intervall zwischen t_{min} und t_{max} bei einem wahrscheinlichsten Wert t liegt. Diese Werte sind durch die Partnerunternehmen nach bestem Wissen zu schätzen. Aus diesen Angaben wird die erwartete Tätigkeitsdauer d nach folgender Formel berechnet:

1577 Zur Integration von Kapazitätsaspekten in die Netzplantechnik vgl. Domschke, W., Drexl, A. (1991).

1578 Vgl. im Folgenden Wille, H., Gewald, K., Weber, H. D. (1972), S. 35 ff.; Adam, D. (2001), S. 576 f.

1579 Zu CPM vgl. Adam, D. (2001), S. 580 - 587.

1580 Zu Terminrisiken vgl. Scherpner, C., Form, S. (2003), S. 548.

$$d = \frac{t_{min} + 4 \cdot t + t_{max}}{6}$$

Die zugehörige Standardabweichung σ bzw. die Varianz σ^2 werden in PERT wie folgt berechnet:

$$\sigma = \frac{t_{max} - t_{min}}{6}; \ \sigma^2 = \frac{(t_{max} - t_{min})^2}{36}$$

Für die weitere Auswertung des Netzplans verwendet PERT allein den Mittelwert d und die Varianzen σ^2. An die Stelle der deterministischen Bearbeitungszeiten nach CPM treten die Erwartungswerte d, die sich entlang des kritischen Pfades zur erwarteten Gesamtbearbeitungszeit addieren. Diese ist aufgrund der zufallsbestimmten Bearbeitungszeiten der einzelnen Teilaufträge ebenfalls eine Zufallsvariable. Ebenso addieren sich die Varianzen zu einer Gesamtvarianz.[1581] Unter Verwendung des zentralen Grenzwertsatzes der Statistik[1582] wird für weitere Analysen angenommen, dass die Gesamtbearbeitungszeit normalverteilt mit der Standardabweichung σ ist. Aufbauend auf diesen Informationen ist es möglich, für verschiedene Sicherheitsgrade die zugehörigen maximalen Bearbeitungszeiten zu bestimmen, mit anderen Worten, die Wahrscheinlichkeit eines Verzugs zu ermitteln. Die entsprechende Vorgehensweise sei anhand eines einfachen Beispiels verdeutlicht.

In einem Netzwerk wird ein Auftrag initialisiert, der sich aus insgesamt 7 Teilaufträgen zusammensetzt.

Teilauftrag	**Vorgänger**	t_{min}	**t**	t_{max}	**d**	σ^2
A	-	3	5	5	4,67	0,1111
B	-	2	2	8	3,00	1,0000
C	-	5	6	9	6,33	0,4444
D	A, B	2	2	3	2,17	0,0278
E	C, D	2	4	5	3,83	0,2500
F	C, D	2	2	4	2,33	0,1111
G	F	2	2	3	2,17	0,0278
Summe		**18**	**23**	**37**	**24,5**	

Tabelle 20: Beispieldaten zur Terminierung von Teilaufträgen mit PERT

1581 Eine Addition der erwarteten Bearbeitungszeiten impliziert die Annahme statistisch unabhängiger Verteilungsfunktionen für die Bearbeitungszeiten der einzelnen Teilaufträge. Vgl. Adam, D. (2001), S. 592.

1582 Vgl. Bortz, J., Döring, N. (2002), S. 414.

Tabelle 20 gibt sowohl die Vorgänger-Nachfolger-Beziehungen sämtlicher Teilaufträge als auch die jeweiligen minimalen, erwarteten und maximalen Bearbeitungszeiten an. Ebenfalls aufgeführt sind die aus diesen Angaben zu errechnenden erwarteten Bearbeitungszeiten sowie die zugehörigen Varianzen.

Abbildung 90 zeigt den zugehörigen Netzplan nach CPM auf Grundlage der t-Werte der Teilaufträge. Der kritische Pfad ist mit stärkeren Pfeilen verdeutlicht. Da sämtliche Ereignisse auf dem kritischen Pfad liegen, stimmen frühester und spätester Zeitpunkt jeweils überein. Gleichwohl haben einzelne Teilaufträge durchaus zeitlichen Puffer. So hat beispielsweise der Teilauftrag B eine freie Pufferzeit von 3 Zeiteinheiten.[1583]

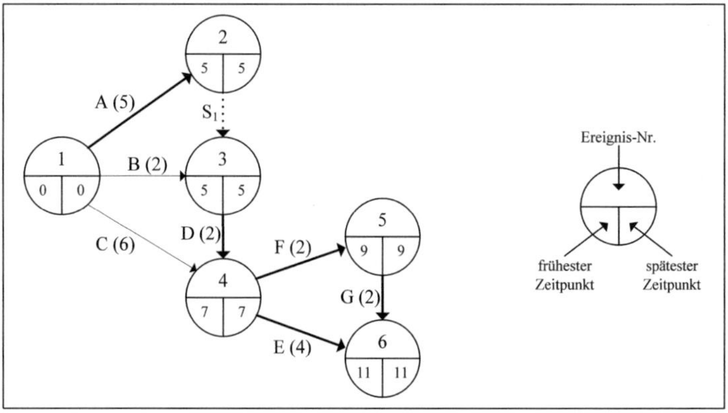

Abbildung 90: Beispiel für einen auftragsbezogenen Netzplan nach CPM

Führt man die entsprechenden Analysen nach PERT durch, so ergibt sich der in Abbildung 91 dargestellte Netzplan. Im Vergleich zu CPM fällt auf, dass der Teilauftrag E nicht mehr auf dem kritischen Pfad liegt. Grund hierfür ist, dass E bei günstigen Bedingungen deutlich schneller fertig gestellt werden kann, während die Teilaufträge F und G keinesfalls schneller, im ungünstigsten Falle aber deutlicher später abgearbeitet sein werden. Für die Abwicklung des gesamten Auftrags ergibt sich eine Varianz von 0,2778 als Summe der Varianzen der Teilaufträge A, D, F und G.

Aufbauend auf diesen Informationen kann der Auftragskoordinator beispielsweise berechnen, bis zu welchem Termin der Gesamtauftrag mit einer Wahrscheinlichkeit von 95 % fertig gestellt werden kann. Mit anderen Worten wird der Termin gesucht, der dem Kunden bei einem Verzugsrisiko von 5 % zugesichert werden kann. Bei Verwendung einer standardisierten Normalverteilung[1584] entspricht dies einer Überschreitung des erwarteten Fertigstellungster-

---

1583 Zu den verschiedenen Pufferzeiten, die nach CPM berechnet werden können, vgl. stellvertretend Adam, D. (2001), S. 582 - 585.

1584 Im Zuge einer Risikoanalyse können Risikoprofile prinzipiell auch auf Basis beliebiger anderer Verteilungsfunktionen als der Normalverteilung erstellt werden. Vgl. Schlüchtermann, J. (1996), S. 44 f.

min um 1,64 σ. Hieraus errechnet sich für den Sicherheitsgrad von 95 % eine Gesamtbearbeitungszeit von 12,19 Zeiteinheiten.

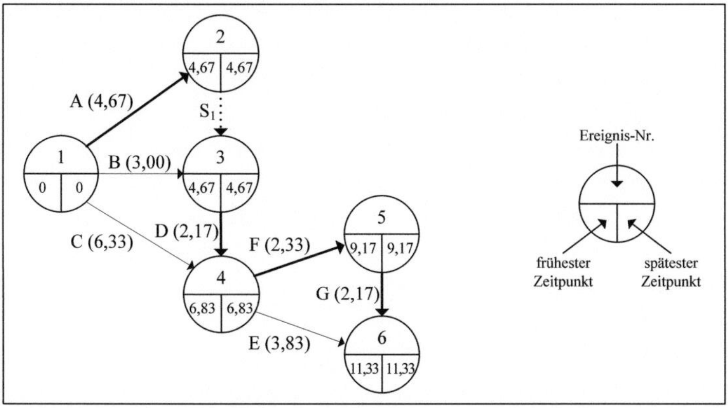

Abbildung 91: Beispiel für einen auftragsbezogenen Netzplan nach PERT

Ebenso kann der Auftragskoordinator für eine etwa durch Kundenforderungen vorgegebene Bearbeitungszeit die Wahrscheinlichkeit berechnen, dass der Auftrag fristgerecht fertig gestellt werden kann. Beträgt die Kundenforderung beispielsweise 12 Zeiteinheiten, so ist dieser Wert zunächst in Standardabweichungen umzurechnen. Der entsprechende Wert beträgt in diesem Falle 1,27, so dass sich eine Wahrscheinlichkeit von 89,8 % für eine termingerechte Fertigstellung ergibt.

Auf Basis derartiger Betrachtungen können auch Erwartungswerte für etwaige Vertragsstrafen berechnet werden, indem die Verzugswahrscheinlichkeit eines Auftrags mit der Höhe der vereinbarten Vertragsstrafe multipliziert wird. Auf diesem Wege ist es auch möglich, die terminspezifische Risikoposition mehrerer Projekte zu vergleichen bzw. auf einfachem Wege ein Projektportfolio zu analysieren.

Hervorzuheben ist, dass die Güte der Analyse direkt abhängig ist von der Güte der Prognosen der Partnerunternehmen hinsichtlich optimistischer, erwarteter und pessimistischer Bearbeitungszeit der jeweils übernommenen Teilaufträge. Aus dieser Perspektive ist zu empfehlen, dass durch den Auftragskoordinator die Soll-Werte nach Abschluss des Gesamtauftrags mit den Ist-Werten verglichen werden. Werden auf diesem Wege systematische Fehleinschätzungen durch ein Mitgliedsunternehmen festgestellt, so können diese entweder in zukünftigen Analysen durch Korrekturfaktoren berücksichtigt werden oder aber dem Partnerunternehmen verdeutlicht werden, um auf mittelfristig präzisere Prognosen hinzuarbeiten.

Aus methodischer Sicht ist schließlich darauf hinzuweisen, dass bei Einsatz der PERT-Methodik der kritische Pfad je nach Datenlage nur unter der Annahme erwarteter Bearbeitungszeiten der einzelnen Teilaufträge bestimmt werden kann. So sind im Beispiel die Teilaufträge F und G als kritisch identifiziert worden. Können diese jedoch innerhalb ihrer erwarteten Bearbeitungszeit von jeweils 2 Zeiteinheiten fertig gestellt werden und verzögert sich zudem Teilauftrag E auf den pessimistischen Wert von 5 Zeiteinheiten, so würde der kritische Pfad nicht mehr über die Teilaufträge F und G, sondern nunmehr über Teilauftrag E führen. Hiermit würde sich jedoch wiederum die erwartete Gesamtbearbeitungszeit und deren Varianz ändern. Um die Problematik wechselnder kritischer Wege handhaben zu können, bietet sich der Einsatz von Simulationsverfahren an.[1585] Hierbei können die Ausführungszeiten der Teilaufträge als stochastische Größen modelliert werden, so dass bei ausreichend großer Anzahl von Ziehungen eine Verteilungsfunktion der Ausführungsdauer des Gesamtauftrags abgeleitet werden kann. Die auf diesem Weg bestimmte Verteilungsfunktion weicht bei wechselnden kritischen Pfaden typischerweise erheblich von der Verteilungsfunktion nach PERT ab. Somit ist festzuhalten, dass PERT bei Vorliegen der Möglichkeit zufallsbedingt stark wechselnder kritischer Pfade von unrealistischen Prämissen ausgeht und daher die Gefahr einer Fehleinschätzung des Risikos vorliegt.[1586]

5.2 Controllinginstrumente in der Realisierungsphase

In der Realisierungsphase besteht die Aufgabe des auftragsbezogenen Controlling in der Abbildung und Kontrolle der Auftragsabwicklung. Hinsichtlich der Abbildung der Auftragsdurchführung stellen sich insbesondere die Fragen nach den einzubeziehenden Informationen, nach der Periodizität des Informationsbedarfs und nach der Aufgabenverteilung im Rahmen der Informationsbereitstellung.[1587] Zum größten Teil wird die Bereitstellung der Informationen durch die Partnerunternehmen erfolgen müssen, wohingegen der Auftragskoordinator für die Sammlung und Aufbereitung zuständig ist. Hinsichtlich der Periodizität erscheint es aus Aufwandsaspekten nur bei größeren und lang andauernden Teilaufträgen sinnvoll, Informationen periodisch zu

[1585] Siehe Abschnitt 5.1.3. Vgl. zu Einsatz von Szenario-Analysen Pollack-Johnson, B., Liberatore, M. J. (2005).

[1586] Vgl. Adam, D. (2001), S. 596.

[1587] Vgl. Hess, T. (2002), S. 200 - 203.

erheben. Für kleinere Teilaufträge sollte eine Datenbereitstellung nach Fertigstellung ausreichend sein. Schließlich sind neben den in der Planung verwendeten Informationen auch Informationen über Störgrößen, die auf die Abwicklung der Teilaufträge einwirken können, zu erfassen. Auf diesen Informationen aufbauend kann anschließend die Kontrolle der Auftragsabwicklung durchgeführt werden. Aus Sicht eines risikoorientierten Netzwerkcontrolling treten zudem – aufbauend auf der in der Initialisierungsphase durchgeführten und nunmehr weiterzuführenden Risikoanalyse – die Aufgaben der Unterstützung der Risikohandhabung und der Risikokontrolle in den Vordergrund (siehe Abschnitt 3.4.1). Zu bedenken ist jedoch, dass ein Unternehmensnetzwerk an sich im Gegensatz zum klassischen Einzelunternehmen kaum Möglichkeiten hat, die Risikohandhabung auf Teilauftragsebene zu beeinflussen. Diese liegt vielmehr im Verantwortungsbereich des ausführenden Partnerunternehmens. Nachfolgend sei dieser Aspekt gemäß der Zielsetzung der vorliegenden Arbeit nicht näher betrachtet, vielmehr fokussieren die weiteren Ausführungen allein die auftragsbezogene Risikokontrolle.

5.2.1 Grundgedanken zur auftragsbezogenen Risikokontrolle

Die Informationen aus Planung und Abbildung fließen in der Kontrolle zusammen, so dass Impulse für korrigierende Maßnahmen abgeleitet werden können.[1588] Dabei können aus betriebswirtschaftlicher Sicht drei Grundformen der Kontrolle unterschieden werden.[1589] Realisierungskontrollen überprüfen Endergebnisse nach Abschluss einer Aufgabe, so dass keine Eingriffe mehr möglich sind. Gerade bei lang andauernden Vorhaben werden sie daher durch Fortschrittskontrollen ergänzt, welche die Überprüfung der Umsetzung einzelner Planungsbestandteile vorsehen. Fortschrittskontrollen können sich sowohl auf die Ergebnisse einzelner Teilschritte im Sinne einer Effektivitätsbetrachtung als auch auf das Vorgehen bei der Umsetzung der Planung im Sinne einer Effizienzbetrachtung beziehen. Ist zudem davon auszugehen, dass auch die Prämissen der Planung veränderlich sind, so sind diese im Zuge von Prämissenkontrollen zu überprüfen. Aufgrund der Vielzahl von Schnittstellen zwischen den Partnerunternehmen und der ohnehin vorzunehmenden Zerlegung des Gesamtauftrags in Teilaufträge stellen Fortschrittskontrollen in Unternehmensnetzwerken das zentrale Kontrollkonzept auf auftragsbezogener Ebene dar. Demgegenüber sind Realisierungskontrollen als ergänzende Maßnahmen einzustu-

[1588] Vgl. Hess, T. (2002), S. 204.
[1589] Vgl. Pfohl, H. C., Stölzle, W. (1997), S. 101 - 102; Küpper, H. U. (2005), S. 191 - 194.

fen, die eigenständige Bedeutung im Wesentlichen bei der Bestimmung und Verteilung ungeplanter Erträge oder Verluste erlangen.[1590] Prämissenkontrollen schließlich werden in den meisten Fällen von untergeordneter Bedeutung sein, sofern davon ausgegangen werden kann, dass ein Auftrag soweit fixiert werden kann, dass etwaige Veränderungen der Umwelt keinen Einfluss auf die Abwicklung mehr haben können. Gleichwohl sind gerade bei lang laufenden, großvolumigen Aufträgen oder auch bei Aufträgen, die in risikobehafteten Gebieten durchgeführt werden, Prämissenkontrollen zu empfehlen.

Übereinstimmend wird als wesensbestimmendes Merkmal von Kontrollen der Vergleich angesehen.[1591] Jedoch besteht keine Einigkeit hinsichtlich der einzubeziehenden Größen.[1592] Generell können sowohl realisierte Größen (Ist-Größen), angestrebte Größen (Soll-Größen) sowie prognostizierte Größen (Wird-Größen) einbezogen werden.[1593] Während Planung stets zukunftsbezogen ist, hängt der Zeitbezug der Kontrolle somit von den in den Vergleich einbezogenen Größen ab.[1594] Ex-post-Kontrollen können als Ist-Ist-Vergleich zweier realisierter Größen, als Soll-Ist-Vergleich einer gewünschten und einer realisierten Größen sowie als Wird-Ist-Vergleich einer prognostizierten und einer realisierten Größe (also als Prämissenkontrolle) ausgestaltet werden. Um ex-ante-Kontrollen handelt es sich bei Soll-Soll-Vergleichen zweier Zielgrößen, bei Soll-Wird-Vergleichen als Gegenüberstellung der gewünschten und der prognostizierten Ausprägung einer Zielgröße sowie bei Wird-Wird-Vergleichen zweier prognostizierter Werte.[1595] Übereinstimmend findet sich in der Literatur der Hinweis, dass sowohl für ein risikoorientiertes Projektcontrolling als auch für das auftragsspezifische Controlling in Unternehmensnetzwerken

---

1590 Vgl. Hess, T. (2002), S. 204 f.

1591 Vgl. stellvertretend Küpper, H. U. (2005), S. 187.

1592 Weber und Schäffer verstehen unter Kontrolle beispielsweise den „Vergleich des eingetretenen Ist mit einem vorgegebenen Soll". Vgl. Weber, J., Schäffer, U. (2006), S. 232. Vgl. ähnlich Horváth, P., Weber, J. (1997), S. 361 – 364; Ewert, R., Wagenhofer, A. (2005), S. 316. Dieses Verständnis ist nach Küpper jedoch „… zu eng, da Kontrollen nicht in allen Fällen eine Planung (und einen daraus abgeleiteten Soll-Wert) voraussetzen und man auch andere als Ist-Werte prüfen kann." Vgl. Küpper, H. U. (2005), S. 187.

1593 Vgl. Dellmann, K. (1992), S. 136 - 138.

1594 Vgl. Wall, F. (1999), S. 20 m. w. N.

1595 Vgl. Wall, F. (1999), S. 20 f.

Soll-Ist-Vergleiche wie auch Soll-Wird-Vergleiche von besonderer Relevanz sind.[1596]

5.2.2 Gestaltungsoptionen einer auftragsspezifischen Risikokontrolle

Im Rahmen von Soll-Ist-Vergleichen sind aus risikoorientierter Perspektive insbesondere Terminabweichungsanalysen von besonderem Interesse. Zwar existiert für Einzelunternehmen ebenfalls eine Vielzahl unterschiedlicher Instrumente der Kostenabweichungsanalyse,[1597] gleichwohl gilt zu bedenken, dass in Unternehmensnetzwerken Kostenrisiken typischerweise durch die an einem Auftrag beteiligten Partnerunternehmen getragen werden. Hintergrund ist, dass bei der Teilauftragsvergabe typischerweise zur Verrechnung der Leistungen entsprechende Preise fest vereinbart werden. Gleichwohl seien der Vollständigkeit halber zunächst Grundlagen der Kostenabweichungsanalyse und Möglichkeiten der Anwendung in Unternehmensnetzwerken dargestellt.

Die Notwendigkeit einer Analyse von Kostenabweichungen als Soll-Ist-Vergleich ergibt sich nicht zuletzt daraus, dass alleinige Ist-Ist-Vergleiche, bei denen Ist-Werte der Vergangenheit als Soll-Werte herangezogen werden, die Gefahr bergen, dass „Schlendrian mit Schlendrian“[1598] verglichen wird. Im Bereich der Kostenabweichungsanalysen existiert zwischenzeitlich eine Vielzahl etablierter Methoden. Allgemein verfolgen derartige Analysen unter dem Oberbegriff der Plankostenrechnung das Ziel, die für eine Kostenabweichung verantwortlichen Einflussfaktoren zu identifizieren. Je nach Umfang und Differenzierung der einbezogenen Kosten können entsprechende Rechnungen starr oder flexibel, im letzteren Fall zudem auf Vollkosten- oder auf Teilkostenbasis durchgeführt werden. Bei Anwendung der starren Plankostenrechnung werden die Sollkosten unter der Annahme einer fixierten Produktionsmenge (Planbeschäftigung) errechnet. Bei Beschäftigungsabweichungen sind derartige Berechnungen daher wenig aussagekräftig. Flexible Plankostenrechnungen beheben diesen Mangel, indem Sollkosten für unterschiedliche Beschäfti-

---

[1596] Vgl. Schön, D., Diederichs, M., Busch, V. (2001), S. 380; Hess, T. (2002), S. 206. Aus kybernetischer Sicht stellen Soll-Ist-Vergleiche Instrumente der Rückkopplung, Soll-Wird-Vergleiche Instrumente der Vorwärtskopplung dar. Siehe Abschnitt 3.2.2.1. Soll-Wird-Vergleiche werden auch als Frühwarninstrumente der ersten Generation bezeichnet. Vgl. Krystek, U., Zur, E. (1991), S. 308 - 310. Zu Früherkennungssystemen vgl. Böhler, H. (1993). Zur Bedeutung einer konsequenten auftragsbegleitenden Risikosteuerung vgl. Troßmann, E., Baumeister, A. (2004), S. 75 f.

[1597] Vgl. im Überblick Wall, F. (1999), S. 216 - 223.

[1598] Dieses Zitat geht auf Schmalenbach zurück.

gungsgrade auf Basis meist linearer Kostenfunktionen errechnet werden. Somit können differenzierte Analysen durchgeführt werden, die eventuelle Kostenabweichungen in Beschäftigungsabweichungen und Verbrauchsabweichungen, die beispielsweise durch Abweichungen im Faktorverbrauch oder den Faktorpreisen entstehen, aufspalten. Geht man von einem konstanten Fixkostenblock – also einer Grenzplankostenrechnung – aus, so berechnet sich die Kostenabweichung ΔK wie folgt:

$$\Delta K = K^I - K^S = K_F^I + q^I \cdot r^I \cdot x^I - \left(K_F^S + q^S \cdot r^S \cdot x^S\right).$$

Hierbei steht K_F^I und K_F^S für die tatsächlichen bzw. geplanten Fixkosten, q^I und q^S für die tatsächlichen bzw. geplanten Faktorpreise, r^I und r^S für die tatsächlichen bzw. geplanten Einsatzmengen der Faktoren sowie x^I und x^S für die tatsächlichen bzw. geplanten Ausbringungsmengen. In einem Unternehmensnetzwerk übernehmen die Partnerunternehmen mit der Fixierung des Teilauftragspreises das Herstellungsrisiko und tragen damit Schwankungen der Einflussfaktoren K_F, p und q. Nur für den Fall, dass Stückpreise anstelle eines Gesamtpreises vereinbart wurden, können somit überhaupt Kostenabweichungen in Höhe von

$$\Delta K = K^I - K^S = p \cdot x^I - p \cdot x^S$$

auftreten, wobei p den vereinbart Stückpreis repräsentiert.[1599]

Von deutlich höherer Relevanz sind in Unternehmensnetzwerken aus risikoorientierter Sicht Terminabweichungsanalysen, sobald mit dem Kunden feste Liefertermine und ggf. Vertragsstrafen bei Verzug vereinbart sind. Hieraus können sich im Verlauf der Auftragsdurchführung Veränderungen der Risikoposition zumindest für den Auftragskoordinator, ggf. aber auch für sämtliche an einem Auftrag beteiligten Partnerunternehmen ergeben, sofern ein gemeinschaftliches Tragen derartiger Strafen vorgesehen ist.

Im Rahmen von Soll-Ist-Vergleichen können zu diesem Zweck zunächst im Rahmen einer Planfortschrittskontrolle Terminabweichungen einzelner Teilaufträge relativ einfach überprüft werden. Auch kann der Fertigstellungsgrad des Gesamtauftrags mit Methoden des Projektcontrolling[1600] bestimmt werden, indem beispielsweise bisher realisierte Arbeitsvolumina zum geplanten Gesamtauftragsvolumen ins Verhältnis

---

1599 Vgl. Hess, T. (2002), S. 206 f.

1600 Vgl. im Überblick Burghardt, M. (1999), S. 174 - 179. Vgl. auch Kor, A. (2003).

gesetzt werden. Hieraus können erste Rückschlüsse über die Realisierbarkeit eines vereinbarten Liefertermins gezogen werden.

Im Rahmen von Soll-Wird-Vergleichen kann der Auftragskoordinator überprüfen, inwieweit sich die Risikoposition des Gesamtauftrags nach Abschluss einzelner Teilaufträge verändert hat und somit analysieren, inwieweit das Erreichen des Soll-Werts wahrscheinlich ist.[1601] Auch eine Prämissenkontrolle im Sinne einer Überprüfung der bislang angenommenen optimistischen, wahrscheinlichen und pessimistischen Zeitschätzungen ist aufbauend auf einem auftragsbezogenen PERT-Netzplan[1602] möglich. Zu diesem Zwecke sind nach Abschluss eines Teilauftrags dieser und sämtliche sachlogischen Vorgänger mit den realisierten Fertigstellungszeitpunkten in den Netzplan zu übernehmen. Hierauf aufbauend können im Sinne von Wird-Berechnungen sowohl ein neuer wahrscheinlicher Fertigstellungstermin als auch eine aktualisierte Wahrscheinlichkeit einer termingerechten Fertigstellung errechnet werden. Ebenso ist die Berechnung eines aktualisierten Erwartungswerts eventueller Vertragsstrafen möglich.

Soll in einem Unternehmensnetzwerk die Gesamtheit der aktuell bearbeiteten Aufträge hinsichtlich einer derartigen Risikoposition überwacht werden, so bietet sich, aufbauend auf entsprechenden Analysen für jeden Auftrag, eine Visualisierung mit Hilfe der Risikotrendanalyse an.[1603] Diese dokumentiert grafisch die Risikoentwicklung der einzelnen Aufträge im Zeitablauf und gibt somit einen aggregierten Überblick über eventuelle Trends und die Wirksamkeit risikosteuernder Maßnahmen. Abbildung 92 zeigt ein Beispiel einer derartigen Visualisierung. Unter der Annahme der Unabhängigkeit der einzelnen Aufträge kann der Netzwerkkoordinator zudem eine gesamtnetzwerkbezogene Risikosumme durch Addition der Risikoerwartungswerte der aktuell bearbeiteten Teilaufträge errechnen.

Ebenso können Terminrisiken für separate Aufträge auf Basis der einzelnen Teilaufträge überwacht werden. Hierbei stellt sich zunächst das Problem der Ermittlung der Wird-Werte. Im Falle einer zentralisierten Totalplanung könnten diese durch Aktualisierung der aus der ursprünglichen Planung vorliegenden Informationen über die Zusammenhänge zwischen Auftragszielen und Aufgaben und über die Durchführung der einzelnen Teilaufträge ermittelt werden. Da dies jedoch – wie bereits dargestellt – nur in stabilen Netzwerken mit dominantem fokalen Partner denkbar ist, sind Wird-

---

1601 Soll-Wird-Vergleiche sind in der Praxis etwa unter dem Stichwort der mitlaufenden Auftragskalkulation verbreitet. Vgl. Guserl, R. (1999), S. 428.

1602 Siehe Abschnitt 5.1.4.

1603 Vgl. Schott, E., Campana, C., Wick, M. (2002), S. 439; Gareis, R. (2006), S. 97.

Größen in anders konfigurierten Netzwerken durch Rückfrage bei den Partnerunternehmen zu ermitteln. Als Wird-Wird-Vergleich können die Partnerunternehmen an ihren eigenen Planungen gemessen werden, indem geplante Fertigstellungstermine der Teilaufträge zu verschiedenen Planungszeitpunkten erhoben werden.[1604] Diese können in Termintrendanalysen dargestellt werden.[1605] Anders als Risikotrendanalysen stellen diese den unterschiedlichen Berichtszeiträumen geplante Fertigstellungstermine gegenüber. Auch auf Basis dieser Informationen kann der Auftragskoordinator nach der bereits dargestellten Vorgehensweise aktualisierte Verzugswahrscheinlichkeiten ermitteln.

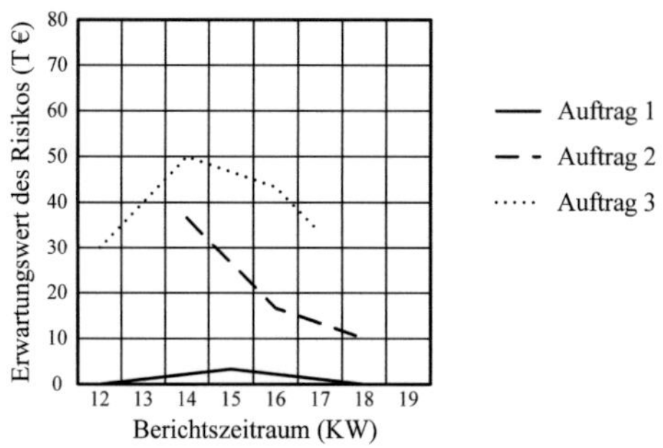

Abbildung 92: Beispiel einer Risikotrendanalyse[1606]

1604 Vgl. Hess, T. (2002), S. 207 f.

1605 Vgl. Burghardt, M. (1999), S. 157.

1606 In Anlehnung an Gareis, R. (2006), S. 97. Vgl. in Kombination mit einer Soll-Ist-Vergleichstabelle Kabel, D., Stecher, U. et al. (1999), S. 77.

6 Zusammenfassung und Ausblick

Unternehmensnetzwerke als Ausprägung zwischenbetrieblicher Kooperation finden seit den 1990er Jahren sowohl in der wissenschaftlichen Diskussion als auch in der Praxis große Aufmerksamkeit. Ungeachtet der dem Konzept innewohnenden Potenziale sind Unternehmensnetzwerke mit spezifischen Risiken konfrontiert. Mit der vorliegenden Arbeit wurde das Ziel verfolgt, die für Unternehmensnetzwerke relevanten Risiken zu identifizieren und einem risikoorientierten Netzwerkcontrolling zugänglich zu machen. Der Schwerpunkt der Ausführungen lag auf der Herleitung von Gestaltungsempfehlungen für entsprechende Controllinginstrumente, wobei durchgängig aus der Perspektive des Gesamtnetzwerks und nicht aus der einzelner Partnerunternehmen argumentiert wurde. Mit Hilfe der entwickelten Controllinginstrumente kann die Risikoposition eines Unternehmensnetzwerks einer Quantifizierung zugänglich gemacht werden, um hierauf aufbauend die Umsetzung eines Risikomanagements in Unternehmensnetzwerken zu ermöglichen.

In Anschluss an eine Einführung in die Thematik mit Explikation sowohl der Problemstellung als auch der Zielsetzung der Arbeit finden sich im zweiten Abschnitt die Grundlagen für die weiteren Ausführungen. Im ersten Unterkapitel wurden Unternehmensnetzwerke als Ausprägung der zwischenbetrieblichen Kooperation vorgestellt und von anderen Kooperationsformen abgegrenzt. Wesentlich für die weiteren Ausführungen war die gedankliche Unterteilung in eine auftragsübergreifende und eine auftragsbezogene Ebene, die den scheinbaren Widerspruch zwischen langfristiger Anlage und auftragsspezifischer Konfiguration auflöst. Anschließend wurde im zweiten Unterkapitel das Controlling als Unterstützungsfunktion der Unternehmensführung vorgestellt. Im Zuge einer Gegenüberstellung etablierter Controllingkonzeptionen konnte die rationalitätsorientierte Konzeption nach Weber und Schäffer als geeignete Grundlage der weiteren Ausführungen identifiziert werden, um hierauf aufbauend die Bestandteile von Controllingsystemen zu erläutern und das wertorientierte Controlling als aktuelle Entwicklungstendenz vorzustellen. Das dritte Unterkapitel schließlich führte die genannten Themenbereiche zusammen und verdeutlichte den Stand der Forschung zum Controlling in Unternehmensnetzwerken. Hierbei kristallisierte sich die Konzeption von Hess als einziger geschlossener und gleichzeitig durchgehend anwendungsorientierter Vorschlag heraus, so dass dieser Ansatz Grundlage der weiteren Ausführungen war.

Der Beantwortung der erstgenannten Forschungsfrage nach den in Unternehmensnetzwerken existierenden Risiken und damit dem ersten Teil der Hauptuntersuchung war das dritte Hauptkapitel gewidmet. Im ersten Unterkapitel wurden Risiken als zukünftige Entwicklungen und Ereignisse, die eine Nicht-Erreichung der Ziele auf Unternehmens- oder Netzwerkebene bewirken können, definiert und systematisiert. Anschließend erfolgte eine Einführung in das Risikomanagement, wobei besonderes Augenmerk auf entsprechenden Zielen und Aufgaben, auf dem Risikomanagementprozess sowie auf dem Verhältnis von Risikomanagement und Controlling lag. Um die Herleitung einer Typologisierung von Risiken vorzubereiten, erfolgte im zweiten Unterkapitel die Konstruktion eines Bezugsrahmens. Hierzu wurden Ansatzpunkte aus theoretischen Erklärungsmustern, aus gestaltungsorientierten Beiträgen sowie aus empirischen Erhebungen dargestellt und diskutiert. Hierauf aufbauend konnte eine Kategorisierung von Risiken in Unternehmensnetzwerken in Analogie zur Unterscheidung in eine auftragsübergreifende und auftragsbezogene Ebene vorgenommen werden. Entsprechend wurden relationale bzw. Beziehungs- und Leistungsrisiken als wesentlich identifiziert. Ausprägungen von Beziehungsrisiken sind dabei endogene Verhaltensrisiken und strukturelle Risiken sowie exogene Risiken aufgrund der wirtschaftlichen, rechtlichen und sozialen Rahmenbedingungen. Leistungsrisiken hingegen unterscheiden sich in Initialisierungs- und Realisierungsrisiken. Initialisierungsrisiken wurden als durchgehend endogen charakterisiert, wobei als wesentliche Ursachen fehlende Kompetenzen und Ressourcendefizite angesehen wurden. Realisierungsrisiken können ebenfalls endogen verursacht sein, hinzutreten jedoch exogene Risiken, die sich aus Spezifika der Kunden bzw. des Absatzmarktes ergeben.

Der Frage nach der Integration von Risikoaspekten in das Controllingsystem eines Unternehmensnetzwerks sowie nach der Ausgestaltung geeigneter Instrumente waren die beiden nachfolgenden Hauptkapitel gewidmet, wobei der vierte Abschnitt das auftragsübergreifende Controlling fokussierte. Im Rahmen der Risikoanalyse wurde aufgrund der kaum überwindbaren Probleme eines quantitativen Vorgehens der Analytic Hierarchy Process als Instrument einer qualitativen Analyse vorgestellt und kritisch gewürdigt. Der Controllingkonzeption von Hess folgend ließen sich anschließend Anwendungspotenziale des AHP im Partner-, Aktions- und Erfolgscontrolling aufzeigen. Im Rahmen des Partnercontrolling konnten mit der Komplementarität und der Kompatibilität zwei zentrale Beurteilungskriterien identifiziert werden. Aus risikoorientierter Perspektive erfolgte eine Erweiterung um strukturelle und verhaltensorientierte Aspekte. Hierauf aufbauend wurde eine separate Bewertung von Nutzen- und Risikoposition eines Aufnahmekandidaten vorgeschlagen; darüber hinaus standen Möglichkeiten der Ableitung eines aggregierten Gesamtwerts zur Partnerbewertung im Blickfeld der Ausführungen. Im Bereich des Aktionscontrolling wurden zunächst Möglichkeiten einer risikoorientierten Bewertung marktorientierter Kooperationsfelder aufgezeigt. Hierzu erfolgte eine Kombination des AHP mit der Szenariotechnik, um verschiedene zukünftige Entwicklungen der Netzwerkumwelt in die Analyse integrieren zu können. Die risikoorientierte Bewertung kollektiver Investitionen eines Netzwerks konnte wiederum allein auf Basis des AHP vorgenommen werden, ohne auch in diesem Bereich die Integration von Szenarioanalysen ausschließen zu wollen. Zur risikoorientierten Bewertung des Netzwerkerfolgs schließlich wurde die wirkungsorientierte Interpretation des Risikobegriffs betont, um eindeutige Zusammenhänge zwischen Netzwerkzielen und Risiken herleiten zu können. Neben den eigentlichen AHP-basierten Analysen erfolgte insbesondere eine Herleitung von Möglichkeiten der Visualisierung und Auswertung.

Aufbauend auf diesen Methoden der Risikoanalyse wurde die Balanced Scorecard als Instrument der Risikosteuerung und –kontrolle in Unternehmensnetzwerken diskutiert. Hierbei konnte aufgezeigt werden, wie durch inhaltliche und strukturelle Anpassungen, insbesondere die Integration einer Kooperations- und einer Umweltperspektive sowie die perspektiveninterne Betrachtung von Risiken und deren Einflussfaktoren, den Bedürfnissen eines risikoorientierten Netzwerkcontrolling entsprochen werden kann.

Die auftragsbezogene Perspektive stand im Interesse des fünften Abschnitts, in dem zunächst Controllinginstrumente für die Phase der Initialisierung diskutiert wurden. Im Zuge der netzwerkinternen Vergabe von Teilaufträgen war durch Kombination zentraler und dezentraler Ansätze eine Berücksichtigung von Risiken, die sich aus Spezifika der potenziellen Teilauftragsnehmer ergeben, möglich. Anschließend wurde mit dem gesamtauftragsbezogenen Risikoportfolio ein Instrument vorgestellt, das eine kooperative Risikoanalyse bei bestehender Konfiguration des auftragsspezifischen aktivierten Netzwerks ermöglicht. Die Diskussion risikoadjustierter Verrechnungspreise zeigte Ansatzpunkte auf, um die mit der Übernahme von Teilaufträgen einhergehenden Risiken zwischen den Partnerunternehmen angemessen zu verteilen. Schließlich wurde aufgezeigt, wie mit Hilfe der Netzplantechnik, insbesondere der PERT-Methodik, Aussagen über die terminbezogene Risikoposition eines Auftrags hergeleitet werden können. Mit Bezug auf die Realisierungsphase eines Auftrags standen verschiedene Methoden der Kontrolle im Mittelpunkt der Betrachtung, um die Entwicklung der Risikopositionen verfolgen zu können und ggf. frühzeitig die Grundlage für risikosteuernde Maßnahmen zu schaffen.

Aufbauend auf den Ergebnissen der vorliegenden Arbeit können Aussagen über weitergehenden Forschungsbedarf getroffen werden. Zu nennen ist hierbei zunächst die empirische Überprüfung der getätigten Gestaltungsvorschläge für ein risikoorientiertes Netzwerkcontrolling. Darüber hinaus existieren auch Anhaltspunkte für eine konzeptionelle Weiterentwicklung. So haben die Ausführungen implizit die Annahme getroffen, dass die an einem Netzwerk teilnehmenden Unternehmen zumindest aus einem vergleichbaren Kulturkreis stammen. Erweitert man den Betrachtungshorizont in Richtung transnationaler Netzwerke, so ist diese Prämisse zu hinterfragen. Insbesondere im Bereich der relationalen Risiken ist Anpassungsbedarf für die vorgeschlagenen Instrumente zu erwarten.[1607] Auch zeichnen sich die Ausführungen dadurch aus, dass kein spezieller Typus von Unternehmensnetzwerken und auch keine spezifische Branche fokussiert wurden. Somit erscheint auch eine weiterführende Ausdifferenzierung der Vorschläge auf konkreter gefasste Untersuchungsobjekte lohnend. Schließlich wurde von der konkreten Umsetzung der Instrumente abstrahiert. Hierzu zählen beispielsweise Fragen der EDV-technischen Umsetzung, aber auch der Anforderungen an die von den Partnerunternehmen vorzuhaltenden Daten und entsprechende Modifikationen der unternehmensinternen Rechnungen und des Reportings.

Abschließend sei nochmals darauf hingewiesen, dass im Mittelpunkt der Betrachtung allein das risikoorientierte Controlling stand. Wie dargestellt kann Controlling funktional in einer weiten und pragmatischen Begriffsauffassung als „Beschaffung, Aufbereitung und Analyse von Daten zur Vorbereitung zielsetzungsgerechter Entscheidungen“ umschrieben werden.[1608] In der praktischen Anwendung stellt sich auf dieser Arbeit aufbauend beispielsweise die Frage nach adäquaten Möglichkeiten der aktiven und passiven Risikosteuerung, etwa durch Versicherungen, Hedging oder Überwälzung. Hierfür bilden die vorgestellten Instrumente zur Quantifizierung der Risikoposition eines Netzwerks eine wesentliche Grundlage und Grundvoraussetzung.

1607 Zur Problematik interkultureller Netzwerke vgl. Dyer, J. H., Singh, H. (1998); Spekman, R. E., Isabella, L. A., MacAvoy, R. C. (2000); Kühlmann, T. M. (2003); von der Oelsnitz, D., Graf, A. (2006); von der Oelsnitz, D. (2007).

1608 Rieper, B., Witte, T., Berens, W. (1996), S. V. Siehe auch Abschnitt 2.2.1.

Literaturverzeichnis

Abell, D. F.: Defining the Business: The Starting Point of Strategic Planning, Englewood Cliffs 1980.

Achrol, R. S.; Gundlach, G. T.: Legal and Social Safeguards Against Opportunism in Exchange. In: Journal of Retailing, 75. Jg. (1999) 1, S. 107 - 124.

Ackermann, K.-F.: Anreizsysteme. In: Grochla, E.; Wittmann, W. (Hrsg.): Handwörterbuch der Betriebswirtschaft, 4. Aufl., Stuttgart 1974, S. 156 - 163.

Ackermann, M.: Rechtliche Aspekte virtueller Unternehmen. In: HMD - Praxis der Wirtschaftsinformatik, 35. Jg. (1998) 200, S. 40 - 53.

Aczél, J.; Saaty, T. L.: Procedures for synthesizing ratio judgements. In: Journal of Mathematical Psychology, 27. Jg. (1983) 1, S. 93 - 102.

Adam, D.: Investitionscontrolling, 2. Aufl., München, Wien 1997.

Adam, D.: Planung und Entscheidung: Modelle - Ziele - Methoden; mit Fallstudien und Lösungen, 4. Aufl., Wiesbaden 1996.

Adam, D.: Produktions-Management, 9.Aufl., Wiesbaden 2001.

Adam, D.; Johannville, U.: Die Komplexitätsfalle. In: Adam, D. (Hrsg.): Komplexitätsmanagement. Schriften zur Unternehmensführung, Band 61, Wiesbaden 1998, S. 5 - 28.

Adams, J. S.: Inequity in Social Exchange. In: Berkowitz, L. (Hrsg.): Advances in Experimental Social Psychology, 2. Aufl., New York 1965, S. 267 - 299.

Aders, C.; Hebertinger, M.: Shareholder Value Konzepte - Eine Untersuchung der DAX 100 Unternehmen. In: Wesner, P.; Ballwieser, W. (Hrsg.): Shareholder Value Konzepte - Eine Untersuchung der DAX 100 Unternehmen, Frankfurt am Main 2003,

Afra, S.; Aders, C.: Shareholder Value Konzepte - Eine Untersuchung der DAX 100 Unternehmen. In: KPMG Consulting (Hrsg.): Shareholder Value Konzepte - Eine Untersuchung der DAX 100 Unternehmen, Frankfurt am Main 2000,

Ahn, H.: Möglichkeiten und Grenzen der Balanced Scorecard. In: Wirtschaftswissenschaftliches Studium, 34. Jg. (2005) 3, S. 122 - 127.

Akomode, J. O.; Lees, B.; Irgens, C.: Evaluation risks in new product developement and assessing the satisfaction of customers through information technology. In: Production Planning & Control, 10. Jg. (1999) 1, S. 35 - 47.

Albach, H.: Eine allgemeine Theorie der Unternehmung. In: Zeitschrift für Betriebswirtschaft, 69. Jg. (1999) 4, S. 411 - 427.

Albach, H.: Vertrauen in der ökonomischen Theorie. In: Zeitschrift für die gesamte Staatswissenschaft, 136. Jg. (1980) 1, S. 2 - 11.

Albach, H.: Strategische Unternehmensplanung bei erhöhter Unsicherheit. In: Zeitschrift für Betriebswirtschaft, 48. Jg. (1979) 9, S. 702 - 715.

Albach, H.: Innerbetriebliche Lenkpreise als Instrument dezentraler Unternehmensführung. In: Zeitschrift für betriebswirtschaftliche Forschung, 26. Jg. (1974) 3, S. 216 - 242.

Albach, H.: Die Koordination der Planung in Großunternehmen. In: Schneider, E. (Hrsg.): Rationale Wirtschaftspolitik und Planung in der Wirtschaft von heute, Schriften des Vereins für Sozialpolitik, Neue Folge, Bd. 45, Berlin 1967, S. 322 - 438.

Albach, H.: Kosten, Transaktionen und externe Effekte im betrieblichen Rechnungswesen. In: Zeitschrift für Betriebswirtschaft, 58. Jg. (1988) 11, S. 1143 - 1170.

Albanese, R.; van Fleet, D. D.: Rational Behaviour in Groups - The Free-Riding Tendency. In: Academy of Management Review, 10. Jg. (1985) 2, S. 244 - 255.

Albe, F.: Total Dynamic Controlling zwischenbetrieblicher Kooperation, Northeim 1996.

Albers, S.: Nutzenallokation in Strategischen Allianzen von Luftlinienfrachtgesellschaften, Arbeitsbericht Nr. 101 des Seminars für Allgemeine Betriebswirtschaftslehre, Betriebswirtschaftliche Planung und Logistik der Universität zu Köln, Köln 2000.

Alchian, A. A.: Specifity, Specialisation, and Coalitions. In: Journal of Institutional and Theoretical Economics, 140. Jg. (1984) 1, S. 34 - 49.

Alchian, A. A.; Demsetz, H.: Production, Information Costs, and Economic Organization. In: American Economic Review, 62. Jg. (1972) 12, S. 777 - 795.

Alchian, A. A.; Woodward, S.: The Firm is Dead; Long Live the Firm: A Review of Oliver E. Williamson's 'The Economic Institutions of Capitalism'. In: Journal of Economic Literature, 26. Jg. (1988) 3, S. 65 - 79.

Alt, R.: Interorganisationssysteme in der Logistik, Wiesbaden 1997.

Althauser, U.; Tonscheidt-Göstl, D.: Kultur Due Diligence: Erfolgsfaktor bei Fusionen und Akquisitionen. In: Personalwirtschaft, 26. Jg. (1999) 8, S. 40 - 46.

Altwegg, R.: Strategiebewertung und Ermittlung des Synergiewertes bei Kooperationen, Basel 1995.

Amason, A. C.; Sapienza, H. J.: The Effects of Top Management Team Size and Interaction Norms on Cognitive and Affective Conflict. In: Journal of Management, 23. Jg. (1997) 4, S. 495 - 516.

Amit, R.; Schoemaker, P. J. H.: Resources, Capabilities and Organizational Rent Creation, Working Paper, University of British Columbia, University of Chicago 1992.

Amshoff, B.: Controlling in deutschen Unternehmen, 2. Aufl, Wiesbaden 1993.

Anderson, E.: Two Forms, one Frontier: On Assessing Joint Venture Performance. In: Sloan Management Review, (1990) Winter, S. 19 - 30.

Anderson, J. C.; Narus, J. A.: A Model of Distributor Firm and Manufacturer Firm Working Partnerships. In: Journal of Marketing, 54. Jg. (1990) 1, S. 42 - 58.

Anselstetter, R.: Betriebswirtschaftliche Nutzeffekte der Datenverarbeitung. Anhaltspunkte für Nutzen-Kosten-Schätzung, Berlin u. a. 1984.

Ansoff, H. I.: Managing Surprise and Discontinuity - Strategic Response to weak Signals. In: Zeitschrift für betriebswirtschaftliche Forschung, 28. Jg. (1976), S. 129 - 152.

Ansoff, H. I.: Corporate Strategy: an Analytic Approach to Business Policy for Growth and Expansion, New York u. a. 1965.

Anthony, R. N.: Planning and Control Systems, Boston 1965.

Applegate, L. M.; Cash, J. I.; Mills, D. Q.: Information Technology and Tomorrow's Manager. In: Harvard Business Review, (1988) 3, S. 128 - 136.

Argyris, C.; Schön, D. A.: Organizational Learning II, Reading 1996.

Arnold, O.; Faisst, W.; Härtling, M.; Sieber, P.: Virtuelle Unternehmen als Unternehmenstyp der Zukunft? In: HMD - Theorie und Praxis der Wirtschaftsinformatik, 32. Jg. (1995) 185, S. 8 - 23.

Arnold, V.: Vorteile der Verbundproduktion. In: Wirtschaftswissenschaftliches Studium, 14. Jg. (1985) 6, S. 269 - 273.

Arnolds, H.; Heede, F.; Tussing, W.: Materialwirtschaft und Einkauf, 9. Aufl., Wiesbaden 1996.

Arrow, K. J.: Essays in the Theory of Risk-Bargaining, Chicago 1971.

Arrow, K. J.: The Economics of Agency. In: Pratt, J. W.; Zeckhauser, R. J. (Hrsg.): Principals and Agents – The Structure of Business, Boston 1985, S. 37 - 51.

Arrow, K. J.: Social choice and individual values, 2. Aufl., New Haven, London 1963.

Ashby, W. R.: An Introduction to Cybernetics, London 1970.

Astley, W. G.; Fombrun, C. J.: Collective strategy: Social ecology of organizational environments. In: Academy of Management Review, 8. Jg. (1983) 4, S. 576 - 587.

Athenstaedt, U.; Freudenthaler, H. H.; Mikula, G.: Die Theorie sozialer Interdependenzen. In: Frey, D.; Irle, M. (Hrsg.): Theorien der Sozialpsychologie - Band II: Gruppen-, Interaktions- und Lerntheorien, 2. Aufl., Bern u. a. 2002, S. 62 - 91.

Atkinson, A. A.: Intra-Firm Cost and Resource Allocation: Theory and Practice, Toronto 1987.

Atkinson, A. A.; Waterhouse, J. H.; Wells, R. B.: A stakeholder approach to strategic performance measurement. In: Sloan Management Review, 38. Jg. (1997) 3, S. 25 - 37.

Aumann, R. J.: Game Theory. In: Eatwell, J.; Milgate, M.; Newman, P. (Hrsg.): The New Palagrave, Band 2, London 1987, S. 460 - 482.

Axelrod, R.: The evolution of cooperation, New York 1984.

Bacher, A.: Instrumente des Supply Chain Controlling - Theoretische Herleitung und Überprüfung der Anwendbarkeit in der Unternehmenspraxis, Wiesbaden 2004.

Bachmann, C.; Weis, O.: Due Diligence: Kritische Aspekte im Vorfeld von Unternehmenszusammenschlüssen. In: Bilanz und Buchhaltung, 47. Jg. (2001) 7/8, S. 268 - 275.

Bachu, K. K.: Risk Assessment in the Acquisition Process Using Analytic Hierarchy Process (AHP) Model. In: o. Hrsg.: 38th Annual Air Traffic Control Association Convention Proceedings, Nashville 1993, S. 467 - 478.

Baetge, J.: Betriebswirtschaftliche Systemtheorie. Regelungstheoretische Planungs-Überwachungsmodelle für Produktion, Lagerung und Absatz, Opladen 1974.

Baetge, J.; Jerschensky, A.: Frühwarnsysteme als Instrumente eines effizienten Risikomanagement und -controlling. In: Controlling, 11. Jg. (1999) 4/5, S. 171 - 176.

Bain, J.: Barriers to New Competition, Cambridge 1956.

Baldenius, T.; Reichelstein, S.: Alternative Verfahren zur Bestimmung innerbetrieblicher Verrechnungspreise. In: Zeitschrift für betriebswirtschaftliche Forschung, 50. Jg. (1998) 3, S. 236 - 259.

Baldenius, T.; Reichelstein, S.; Sahay, S. A.: Negotiated versus Cost-Based Transfer-Pricing. In: Review of Accounting Studies, 4. Jg. (1999), S. 67 - 91.

Balke, N.; Küpper, H. U.: Controlling in Netzwerken: Struktur und Systeme. In: Zentes, J.; Swoboda, B.; Morschett, D. (Hrsg.): Kooperationen, Allianzen und Netzwerke: Grundlagen – Ansätze – Perspektiven, Wiesbaden 2003, S. 941 - 964.

Balling, R.: Kooperation - Strategische Allianzen, Netzwerke, Joint Ventures und andere Organisationsformen zwischenbetrieblicher Zusammenarbeit in Theorie und Praxis, 2. Aufl., Frankfurt am Main u. a. 1998.

Ballwieser, W.: Wertorientierte Unternehmensführung: Grundlagen. In: Zeitschrift für betriebswirtschaftliche Forschung, 52. Jg. (2000) 2, S. 160 - 166.

Bamberg, G.; Coenenberg, A. G.: Betriebswirtschaftliche Entscheidungslehre, 9. Aufl., München 1996.

Bamberg, G.; Coenenberg, A. G.: Betriebswirtschaftliche Entscheidungslehre, 10. Aufl., München 2000.

Bamberg, G.; Coenenberg, A. G.: Betriebswirtschaftliche Entscheidungslehre, 11. Aufl., München 2002.

Bamberger, I.; Wrona, T.: Der Ressourcenansatz und seine Bedeutung für die strategische Unternehmensführung. In: Zeitschrift für betriebswirtschaftliche Forschung, 48. Jg. (1996) 2, S. 130 - 153.

Barein, K.; Gau, E.; von Kortzfleisch, H.; Poeche, J.: Praktische Wege zur Kooperation, Bad Wörrishofen 1969.

Barringer, B. R.; Harrison, J. S.: Walking a Tightrope - Creating Value Through Interorganizational Relationships. In: Journal of Management, 26. Jg. (2000) 3, S. 367 - 403.

Bärtl, O.: Wertorientierte Unternehmenssteuerung - Zum Zusammenhang von Kapitalmarkt, externer und interner Rechnungslegung, Frankfurt am Main u. a. 2001.

Barzilai, J.; Lootsma, F. A.: Power Relations and Group Aggregation in the Multiplicative AHP and SMART. In: Journal of Multi-Criteria Decision Analysis, 6. Jg. (1997) 3, S. 155 - 165.

Bateson, P.: The Biological Evolution of Cooperation and Trust. In: Gambetta, D. (Hrsg.): Trust: Making and Breaking Cooperative Relations, New York, Oxford 1988, S. 14 - 30.

Batzner, L.: Über den Controller in den USA. In: Fettel, J.; Linhardt, H. (Hrsg.): Der Betrieb in der Unternehmung, Stuttgart 1963, S. 175 - 186.

Bauer, H.: Baubetrieb, 3. Aufl., Berlin u. a. 2007.

Bauer, M.: "Lotse in schwerer See": Was Controller in Deutschland zum Unternehmenserfolg beitragen. In: Zeitschrift für Controlling & Management, 47. Jg. (2003) 2, S. 117 - 122.

Bauer, S.; Stickel, E.: Auswirkungen der Informationstechnologie auf die Entstehung kooperativer Netzwerkorganisationen. In: Wirtschaftsinformatik, 40. Jg. (1998) 5, S. 434 - 442.

Baum, H. G.; Coenenberg, A. G.; Günther, T.: Strategisches Controlling, 2. Aufl, Stuttgart 1992.

Baumgartner, B.: Die Controller-Konzeption: Theoretische Darstellung und praktische Anwendung, Bern, Stuttgart 1980.

Baumhoff, H.: Verrechnungspreise für Dienstleistungen, Köln u. a. 1986.

Baur, C.: Make-or-Buy-Entscheidungen in einem Unternehmen der Automobilindustrie - Empirische Analyse und Gestaltung der Fertigungstiefe aus transaktionskostentheoretischer Sicht, München 1990.

Bausch, A.; Kaufmann, L.: Innovationen im Controlling - am Beispiel der Entwicklung monetärer Kennzahlensysteme. In: Controlling, 12. Jg. (2000) 3, S. 121 - 128.

Bayazit, O.; Karpak, B.: An AHP Application in Vendor Selection. In: Levy, J.; Saaty, R. (Hrsg.): Proceedings of the 8th International Symposium on the Analytic Hierarchy Process: Multi-criteria Decision Making, July 8 - 10, 2005, University of Hawaii, Honolulu, Hawaii, USA, Online Proceedings, http://www.superdecisions.com/saaty/~ISAHP2005/, Abruf am 30.04.2007.

Bea, F. X.; Haas, J.: Strategisches Management, 4. Aufl., Stuttgart 2005.

Beamish, P. W.: Joint ventures in LDCs: Partner selection and performance. In: Management International Review, 27. Jg. (1987), S. 23 - 37.

Beamish, P. W.; Inkpen, A. C.: Keeping International Joint Ventures Stable and Profitable. In: Long Range Planning, 28. Jg. (1995) 3, S. 26 - 36.

Beardsworth, A. D.; Keil, E. T.; Bresnen, M.; Bryman, A.: Management, Transcience and Subcontracting: The Case of the Construction Site. In: Journal of Management Studies, 25. Jg. (1988) 6, S. 603 - 625.

Beck, T. C.: Kosteneffiziente Netzwerkkooperation: Optimierung komplexer Partnerschaften zwischen Unternehmen, Wiesbaden 1998.

Becker, F. G.: Anreizsysteme für Führungskräfte: Möglichkeiten zur strategischorientierte Steuerung des Managements, Stuttgart 1990.

Becker, G. M.: Marktwertorientiertes Rechnungswesen, Shareholder Value Management und Controlling. In: Das Wirtschaftsstudium, 29. Jg. (2000) 1, S. 53 - 55.

Becker, J.: Die Entscheidungsanomalien des homo oeconomicus. In: Beckenbach, F. (Hrsg.): Psychologie und Umweltökonomik - Jahrbuch Ökologisch Ökonomik, Bd. 3, Marburg 2003, S. 41 - 83.

Becker, N.: Regelungsfelder für Unternehmensnetzwerke, Wiesbaden 1999.

Becker, T.; Dammer, I.; Howaldt, J.; Killich, S.; Loose, A.: Netzwerke - praktikabel und zukunftsfähig. In: Becker, T.; Dammer, I.; Howaldt, J.; Killich, S.; Loose, A. (Hrsg.): Netzwerkmanagement: Mit Kooperation zum Unternehmenserfolg, Stuttgart 2004, S. 3 - 11.

Becker, W.: Funktionsprinzipien des Controlling. In: Zeitschrift für Betriebswirtschaft, 60. Jg. (1990) 3, S. 295 - 318.

Beer, S.: Kybernetik und Management, Frankfurt am Main 1967.

Beer, S.: The Heart of Enterprise, Chichester 1979.

Behme, W.: Virtuelle Unternehmen. In: Zeitschrift für Planung, 6. Jg. (1995) 3, S. 297 - 300.

Behre, W.; Nöcker, G.: Risikomanagement nach KonTraG. In: Buchführung, Bilanz, Kostenrechnung, 46. Jg. (2000) 11, S. 531 - 534.

Bellmann, K.: Produktionsnetzwerke: ein theoretischer Bezugsrahmen. In: Wildemann, H. (Hrsg.): Produktions- und Zuliefernetzwerke, München 1996, S. 47 - 64.

Bellmann, K.; Hippe, A.: Netzwerkansatz als Forschungsparadigma im rahmen der Untersuchung interorganisationaler Unternehmensbeziehungen. In: Bellmann, K.; Hippe, A. (Hrsg.): Management von Unternehmensnetzwerken: Interorganisationale Konzepte und praktische Umsetzung, Wiesbaden 1996, S. 3 - 18.

Belton, V.: A comparison of the analytic hierarchy process and a simple multiattribute value function. In: European Journal of Operational Research, 26. Jg. (1986) 1, S. 7 - 21.

Benisch, W.: Kooperationsfibel, 4. Aufl., Bergisch Gladbach 1973.

Berens, W.; Bertelsmann, R.: Stichwort „Controlling“. In: Küpper, H. U.; Wagenhofer, A. (Hrsg.): Handwörterbuch Unternehmensrechnung und Controlling,

4. Aufl., Enzyklopädie der Betriebswirtschaftslehre, Band III, Stuttgart 2002, Sp.280 - 288.

Berens, W.; Schmitting, W.: Zum Verhältnis von Controlling, Interner Revision und Früherkennung vor dem Hintergrund der Corporate Governance. In: Zeitschrift für Planung & Unternehmenssteuerung, 14. Jg. (2003) 4, S. 353 - 377.

Berg, P.: Der Controller als Coach. In: Controller Magazin, 25. Jg. (2000) 5, S. 399 - 402.

Bergdoll, R. E.: Kooperationen in der Bauwirtschaft: Ein Leitfaden für alle Baugewerke, Eschborn 1993.

Bergen, M.; Dutta, S.; Walker, O. C.: Agency Relationship in Marketing - A Review of the Implications and Applications of Agency and Related Theories. In: Journal of Marketing, 56. Jg. (1992) 3, S. 1 - 24.

Bergstrom, T. C.: Evolution of Social Behaviour: Individual and Group Selection. In: Journal of Economic Perspectives, 16. Jg. (2002) 2, S. 67 - 88.

Berkel, K.: Konfliktforschung und Konfliktbewältigung - Ein organisationspsychologischer Ansatz, Berlin 1984.

Bernecker, T.: Entwicklungsdynamik organisatorischer Netzwerke: Konzeption, Muster und Gestaltung, Wiesbaden 2005.

Bernecker, T.; Präuer, A.: Risiken und Risikomanagement in Zuliefernetzwerken. In: Die Unternehmung, 60. Jg. (2006) 1, S. 27 - 43.

Bhattacharyya, S.; Lafontaine, F.: Double-sided moral hazard and the nature of share contracts. In: RAND Journal of Economics, 26. Jg. (1995) 4, S. 761 - 781.

Bhusan, N.; Rai, K.: Strategic Decision Making - Applying the Analytic Hierarchy Process, London 2004.

Bhutta, K. S.; Huq, F.: Supplier selection problem: a comparison of the total cost of ownership and analytic hierarchy process approaches. In: Supply Chain Management, 7. Jg. (2002) 3/4, S. 126 - 135.

Bidlingmaier, J.: Begriff und Formen der Kooperation im Handel. In: Bidlingmaier, J.; Jacobi, H.; Uhereck, E. W. (Hrsg.): Absatzpolitik und Distribution. Festschrift zum 60. Geburtstag von Karl Christian Behrens, Wiesbaden 1967, S. 353 - 395.

Bidlingmeier, J.: Begriff und Formen der Kooperation im Handel. In: Bidlingmeier, J.; Jacobi, H.; Uhereck, E. W. (Hrsg.): Absatzpolitik und Distribution. Festschrift zum 60. Geburtstag von Karl Christian Behrens, Wiesbaden 1967, S. 353 - 395.

Bieber, D.: Systemische Rationalisierung und Produktionsnetzwerke. In: Malsch, T.; Mill, U. (Hrsg.): Arbyte: Modernisierung der Industriesoziologie, Berlin 1992, S. 271 - 293.

Biermann, B.: Modernes Risikomanagement in Banken. In: Eller, R. (Hrsg.): Handbuch des Risikomanagements: Analyse, Quantifizierung und Steuerung von Marktrisiken in Banken und Sparkassen, Stuttgart 1998, S. 3 - 26.

Binder, C.; Schäffer, U.: Die Entwicklung des Controllings von 1970 bis 2003 im Spiegel von Publikationen in deutschsprachigen Zeitschriften. In: Die Betriebswirtschaft, 65. Jg. (2005) 6, S. 603 - 626.

Binmore, K.: Fun and Games - A Text on Game Theory, Lexington u. a. 1992.

Bischoff, J.: Das Shareholder-Value-Konzept - Darstellung, Probleme, Handhabungsmöglichkeiten, Wiesbaden 1994.

Bitz, H.: Risikomanagement nach KonTraG: Einrichtung von Frühwarnsystemen zur Effizienzsteigerung und zur Vermeidung persönlicher Haftung, Stuttgart 2000.

Bitz, M.: Entscheidungstheorie, München 1981.

Blankenburg, J.: Risiko-Management. In: Müller-Merbach, H. (Hrsg.): Management-Enzyklopädie: das Managementwissen unserer Zeit, Bd. 8, Frankfurt am Main 1975, S. 2851 - 2853.

Blecker, T.: Unternehmung ohne Grenzen: Konzepte, Strategien und Gestaltungsempfehlungen für das Strategische Management, Wiesbaden 1999.

Bleeke, J.; Ernst, D.: Is your strategic alliance really a sale? In: Harvard Business Review, 73. Jg. (1995) 1, S. 97 - 105.

Bleeke, J.; Ernst, D.: The way to win in cross-border alliances. In: Bleeke, J.; Ernst, D. (Hrsg.): Collaborating to compete: Using strategic alliances and acquisitions in the global marketplace, New York 1993, S. 17 - 34.

Bleicher, K.: Der Strategie-, Struktur- und Kulturfit Strategischer Allianzen als Erfolgsfaktor. In: Bronder, C.; Pritzl, R. (Hrsg.): Wegweiser für Strategische Allianzen: Meilen- und Stolpersteine bei Kooperationen, Frankfurt am Main, Wiesbaden 1992, S. 266 - 292.

Bleicher, K.: Kritische Aspekte des Managements zwischenbetrieblicher Kooperation. In: Thexis, 6. Jg. (1989) 3, S. 4 - 8.

Bleicher, K.: Das Konzept integriertes Management, 7. Aufl, Frankfurt am Main, New York 2004.

Bleicher, K.: Zentralisation und Dezentralisation von Aufgaben in der Organisation der Unternehmung, Berlin 1966.

Bleicher, K.; Hermann, R.: Joint-Venture-Management. Erweiterung des eigenen strategischen Aktionsradius, Stuttgart, Zürich 1991.

Block, B.: Gestaltung und Steuerung einer Hersteller-Händler-Kooperation in der Lebensmittelbranche, Köln 2001.

Block, Z.; MacMillan, I. C.: Corporate venturing, Boston 1993.

Bloech, J.; Bogaschewsky, R.; Buscher, U.; Daub, A.; Götze, U.; Roland, F.: Einführung in die Produktion, 6. Aufl., Berlin u. a. 2008.

Blohm, H.: Kooperation. In: Grochla, E. (Hrsg.): Handwörterbuch der Organisation, 2. Aufl., Stuttgart 1980, Sp. 1111 - 1117.

Böcker, F.: Strategisches Controlling als Mittel der Planung. In: Das Wirtschaftsstudium, 14. Jg. (1985) 3, S. 137 - 142.

Böcking, H.-J.; Nowak, K.: Das Konzept des Economic Value Added. In: Finanz Betrieb, 1. Jg. (1999) 10, S. 281 - 288.

Boehme, J.: Innovationsförderung durch Kooperation, Berlin 1986.

Boettcher, E.: Theorie und Praxis der Kooperation, Tübingen 1972.

Boettcher, E.: Kooperation und Demokratie in der Wirtschaft, Tübingen 1974.

Bogaschewsky, R.: Vertikale Kooperationen - Erklärungsansätze der Transaktionskostentheorie und des Beziehungsmarketing. In: Kaas, K.-P. (Hrsg.): Kontrakte, Geschäftsbeziehungen, Netzwerke: Marketing und neue Institutionenökonomik, Düsseldorf u. a. 1995, S. 159 - 177.

Böhler, H.: Früherkennungssysteme. In: Grochla, E.; Wittmann, W. (Hrsg.): Handwörterbuch der Betriebswirtschaft, Stuttgart 1993, Sp. 1257 - 1270.

Böhler, H.: Portfolio-Analysetechniken. In: Szyperski, N. (Hrsg.): Handwörterbuch der Planung, Stuttgart 1989, Sp. 1548 - 1559.

Böhler, H.; Scigliano, D.: Marketing-Management, Stuttgart 2005.

Böhme, A.: Die Ausgestaltung von Abnehmer-Zulieferer-Beziehungen - eine theoretische und empirische Untersuchung unter besonderer Berücksichtigung der Opportunismusneigung des Abnehmers, Lohmar, Köln 1999.

Bontis, N.: The Knowledge Toolbox: A Review of the Tools Available to Measure and Manage Intangible Resources. In: European Management Journal, 17. Jg. (1999) 4, S. 391 - 402.

Bornheim, M.; Stüllenberg, F.: Effizienz- und Effektivitätssteuerung von Kooperationen mit Hilfe der Balanced Scorecard. In: Controlling, 14. Jg. (2002) 4/5, S. 283 - 289.

Bortz, J.; Döring, N.: Forschungsmethoden und Evaluation für Human- und Sozialwissenschaftler, 3. Aufl., Berlin u. a. 2002.

Bosch, H.: Entscheidung und Unschärfe: eine entscheidungstheoretische Analyse der Fuzzy-Set-Theorie, Bergisch Gladbach, Köln 1993.

Bosetzky, H.: Zur Erzeugung von Eigenkomplexität in Großorganisationen. In: Zeitschrift für Organisation, 45. Jg. (1976) 5, S. 279 - 285.

Botta, V.: Rechnungswesen und Controlling: Bausteine des Rechnungswesens und ihre Verknüpfung, 2. Aufl., Berlin 2002.

Boutellier, R.; Girschik, S.: Trilaterale Beziehungskonstellationen in der Automobilindustrie, Tier-One-Supplier in der Zange zwischen Original Equipment Manufacturer und Vorlieferant. In: io Management, 70. Jg. (2001) 7/8, S. 27 - 33.

Bradach, J. L.; Eccles, R. G.: Price, Authority and Trust - From Ideal Types to Plural Forms. In: Annual Review of Sociology, 15. Jg. (1989), S. 97 - 118.

Brandenberger, J.; Ruosch, E.: Projektmanagement im Bauwesen, 4. Aufl., Zürich 1996.

Brandenburger, A.; Nalebuff, B.: Co-opetition, New York 1996.

Braun, H.: Risikomanagement: eine spezifische Controllingaufgabe, Darmstadt 1984.

Braun, H.: Risikomanagement: Eine spezifische Controllingaufgabe in der Unternehmung. Controlling-Forschungsbericht 79/2 der Technischen Hochschule Darmstadt, Darmstadt 1979.

Brede, H.: Prozessorientiertes Controlling: Ansatz zu einem neuen Controllingverständnis im Rahmen wandelbarer Prozeßstrukturen, München 1998.

Breid, V.: Aussagefähigkeit agencytheoretischer Ansätze im Hinblick auf die Verhaltenssteuerung von Entscheidungsträgern. In: Zeitschrift für betriebswirtschaftliche Forschung, 47. Jg. (1995) 9, S. 821 - 854.

Breilmann, U.: Dimensionen der Organisationsstruktur. In: Das Wirtschaftsstudium, 23. Jg. (1994) 1, S. 31 - 35.

Brewer, P. C.; Speh, T. W.: Using the Balanced Scorecard to Measure Supply Chain Performance. In: Journal of Business Logistics, 21. Jg. (2000) 1, S. 75 - 93.

Brewer, P. C.; Speh, T. W.: Adapting the Balanced Scorecard to Supply Chain Performance. In: Supply Chain Management Review, 5. Jg. (2001) 2, S. 48 - 56.

Brinkmann, G.: Analytische Wissenschaftstheorie - Einführung sowie Anwendung auf einige Stücke der Volkswirtschaftslehre, 3. Aufl., München, Wien 1997.

Brinkmann, R.: Entwicklung eines Controlling- und Informationsmodells für industrielle Kooperationssysteme, Clausthal 1996.

Brockhoff, K.: Aufgaben für die Controlling-Forschung - Versuch einer Außensicht. In: Zeitschrift für Controlling & Management, 47. Jg. (2003) 1, S. 33 - 40.

Brockhoff, K.: Aufgaben für die Controlling-Forschung - Versuch einer Außensicht. In: Weber, J.; Hirsch, B. (Hrsg.): Controlling als akademische Disziplin: Eine Bestandsaufnahme, Wiesbaden 2002, S. 449 - 465.

Broetzmann, F.; Oehler, K.: Risk Enhanced Balanced Scorecard (REBS) - ein Instrument für ein strategisch orientiertes Risikomanagement. In: Controller Magazin, 27. Jg. (2002) 6, S. 588 - 594.

Broll, U.; Milde, H.: Risikomanagement im Vergleich: Versicherung, Diversifikation und Hedging (Teil 1). In: Wirtschaftswissenschaftliches Studium, 26. Jg. (1999) 10, S. 516 - 520.

Bronder, C.: Unternehmensdynamisierung durch Strategische Allianzen: Ein konzeptioneller Ansatz zum Kooperationsmanagement, Hallstadt 1992.

Bronder, C.; Pritzl, R.: Wegweiser für strategische Allianzen, Wiesbaden 1992b.

Bronder, C.; Pritzl, R.: Ein konzeptioneller Ansatz zur Gestaltung und Entwicklung Strategischer Allianzen. In: Bronder, C.; Pritzl, R. (Hrsg.): Wegweiser für Strategische Allianzen: Meilen- und Stolpersteine bei Kooperationen, Frankfurt am Main, Wiesbaden 1992a, S. 17 - 44.

Bronder, C.; Pritzl, R.: Strategische Allianzen zur Steigerung der Wettbewerbsfähigkeit. In: io Management, 61. Jg. (1991) 5, S. 27 - 30.

Brouthers, K. D.: The influence of international risk on entry mode strategy in the computer software industry. In: Management International Review, 35. Jg. (1995) 1, S. 7 - 28.

Brouthers, K. D.; Brouthers, L. E.; Wilkinson, T. J.: Strategic alliances: Choose your partners. In: Long Range Planning, 28. Jg. (1995) 3, S. 18 - 25.

Brown, J. R.; Dev, C. S.; Lee, D.-J.: Managing Marketing Channel Opportunism: The Efficacy of Alternative Governance Mechanisms. In: Journal of Marketing, 64. Jg. (2000) 2, S. 51 - 65.

Brown, M.: Kennzahlen: Harte und weiche Faktoren erkennen, messen und bewerten, Wien 1997.

Bruhn, M.: Balanced Scorecard: Ein ganzheitliches Konzept der Wertorientierten Unternehmensführung? In: Bruhn, M.; Lusti, M.; Müller, W. R.; Schierenbeck, H.; Studer, M. (Hrsg.): Wertorientierte Unternehmensführung, Perspektiven und Handlungsfelder für die Wertsteigerung, Wiesbaden 1998, S. 145 - 167.

Brühwiler, B.: Internationale Industrieversicherung: Risk-Management, Unternehmensführung, Erfolgsstrategien, Karlsruhe 1994.

Brühwiler, B.: Methoden der Risikoanalyse. In: io Management, 52. Jg. (1983) 6, S. 257 - 261.

Brussig, M.; Dreher, C.: Wie erfolgreich sind Kooperationen? Neue Ergebnisse zur Kooperationspraxis in Ostdeutschland. In: WSI Mitteilungen, (2001) 9, S. 566 - 572.

Brütsch, D.: Virtuelle Unternehmen, Zürich 1999.

Brütsch, D.; Frigo-Mosca, F.: Virtuelle Organisation in der Praxis. In: io Management, 65. Jg. (1996) 9, S. 33 - 35.

Bryson, N.: Group decision-making and the analytic hierarchy process: Exploring the consensus-relevant information content. In: Computers & Operations Research, 23. Jg. (1996) 1, S. 27 - 35.

Büchel, B.; Prange, C.; Probst, G.; Rüling, C.-C.: Joint Venture-Management: aus Kooperationen lernen, Bern u. a. 1997.

Buchner, M.: Controlling, ein Schlagwort? Eine kritische Analyse der betriebswirtschaftlichen Diskussion um die Controlling-Konzeption, Frankfurt am Main, Bern 1981.

Büchs, M.: Zwischen Markt und Hierarchie - Kooperationen als alternative Koordinationsform. In: Zeitschrift für Betriebswirtschaft, 61. Jg. (1991) Ergänzungsheft 1, S. 1 - 38.

Buckley, P. J.; Casson, M.: A Theory of Co-Operation in International Business. In: Management International Review, Special Issue: Cooperative Strategies in International Business, (1988), S. 19 - 38.

Bühler, A.: Risk Management in Schiffbau und Schiffahrt, Wiesbaden 1995.

Bullinger, H.-J.; Brettreich-Teichmann, W.; Fröschle, H.-P.: Koordination zwischen Markt und Hierarchie. In: Office Management, (1995) 12, S. 18 - 22.

Bullinger, H.-J.; Ohlhausen, P.; Hoffmann, M.: Kooperationen von mittelständischen Unternehmen. Gemeinsame Umfrage des Fraunhofer-Instituts für Arbeitswirtschaft und Organisation IAO und der VDI-Nachrichten, Stuttgart 1997.

Bullinger, H.-J.; Thaler, K.: Zwischenbetriebliche Zusammenarbeit im virtual enterprise. In: Management & Computer, 2. Jg. (1994) 1, S. 19 - 24.

Bülow, S.: Netzwerkorganisation für Allfinanzanbieter: Ein organisationstheoretischer Vorschlag auf Grundlage der Neuen Institutionenökonomie, Wiesbaden 1995.

Bürgel, H. D.: F&E-Kooperationen. In: Die Betriebswirtschaft, 55. Jg. (1995) 1, S. 120 - 122.

Burger, A.; Buchhard, A.: Risiko-Controlling, München, Wien 2002.

Burghardt, M.: Einführung in das Projektmanagement, 2. Aufl, München 1999.

Burtonshaw-Gunn, S. A.: Examining Risk and Supply Chain Collaborative Working in the UK Construction Industry. In: Brindley, C. (Hrsg.): Supply Chain Risk, Hampshire, Burlington 2004, S. 99 - 116.

Buscher, U.: Verrechnungspreise aus organisations- und agencytheoretischer Sicht, Wiesbaden 1997.

Büschken, J.: Virtuelle Unternehmen - die Zukunft? In: Die Betriebswirtschaft, 59. Jg. (1999) 6, S. 778 - 791.

Buse, H. P.: Wandelbarkeit von Produktionsnetzen - Auswirkungen auf die Gestaltung des interorganisatorischen Logistiksystems. In: Dangelmaier, W. (Hrsg.): Vision Logistik: Logistik wandelbarer Produktionsnetze, Paderborn 1997b, S. 71 - 139.

Buse, H. P.: Kooperationen. In: Pfohl, H. C. (Hrsg.): Betriebswirtschaftslehre der Mittel- und Kleinbetriebe: größenspezifische Probleme und Möglichkeiten zu ihrer Lösung, 3. Aufl., Berlin 1997a, S. 441 - 477.

Busse von Colbe, W.: Was ist und was bedeutet Shareholder Value aus betriebswirtschaftlicher Sicht? In: Zeitschrift für Unternehmens- und Gesellschaftsrecht, 26. Jg. (1997) S. 271 - 290

Büssing, A.; Moranz, C.: Initiales Vertrauen in virtualisierten Geschäftsbeziehungen. In: Zeitschrift für Arbeits- und Organisationspsychologie, 47. Jg. (2003) 2, S. 95 - 103.

Büssing, A.; Moranz, C.: Untersuchung der Vertrauensbildung in telekooperativen Geschäftsbeziehungen. In: Zeitschrift Führung + Organisation, 73. Jg. (2004) 4, S. 184 - 189.

Butler, R.: A Transactional Approach to Organizing Efficiency. Perspectives from Markets, Hierarchies, and Collectives. In: Administration & Society, 15. Jg. (1983) S. 323 - 362

Buxmann, P.; König, W.: Zwischenbetriebliche Kooperation auf der Basis von SAP-Systemen, Berlin u. a. 2000.

Casamatta, C.: Financing and advising: optimal financial contracts with venture capitalists. In: Journal of Finance, 58. Jg. (2003) 5, S. 2059 - 2085.

Castells, M.: The rise of the network society, 2. Aufl., Oxford 2000.

Cescutti, M.; Koch, E.; Pfister, P.; Egli, A.: Virtuelle Unternehmen: Herausforderung an Management und Controlling. In: Controller Magazin, 23. Jg. (1998) 3, S. 222 - 226.

Chapman, R. J.: The controlling influences on effective risk identification and assessment for construction design management. In: International Journal of Project Management, 19. Jg. (2001), S. 147 - 160.

Child, J.; Faulkner, D.: Strategies of Cooperation. Managing Alliances, Networks and Joint Ventures, Oxford u. a. 1998.

Ching, C.: Network Organizations and Information Technology: Introduction to the special issue on network Organizations. In: Journal of Organizational Computing and Electronic Commerce, 7. Jg. (1997) 2/3, S. 79 - 81.

Chmielewicz, K.: Forschungskonzeptionen der Wirtschaftswissenschaft, 3. Aufl., Stuttgart 1994.

Chmielewicz, K.: Theorienbildung in der Betriebswirtschaftslehre. In: Albers, W. (Hrsg.): Handwörterbuch der Wirtschaftswissenschaften, Tübingen 1982, S. 446 - 469.

Chopra, S.; Sodhi, M. S.: Managing Risk to Avoid Supply-Chain-Breakdown. In: MIT Sloan Management Review, 46. Jg. (2004) 3, S. 53 - 61.

Chrobok, R.: Netzwerk. In: Zeitschrift Führung + Organisation, 67. Jg. (1998) 4, S. 242 - 243.

Chung, S.; Singh, H.; Lee, K.: Complementarity, Status Similarity and Social Capital as Drivers of Alliance Formation. In: Strategic Management Journal, 21. Jg. (2000) 1, S. 1 - 22.

Cichon, W.; Hinterhuber, H. H.: Globalisierung und Kooperation im Wettbewerb. In: Journal für Betriebswirtschaft, 39. Jg. (1989) 3, S. 139 - 154.

Clemens, R.: Die Bedeutung der Franchising in der Bundesrepublik Deutschland, Stuttgart 1988.

Coase, R. H.: The Nature of the Firm. In: Economica, (1937) 4, S. 386 - 405.

Coase, R. H.: The New Institutional Economics. In: The American Review, 88. Jg. (1998) 2, S. 72 - 74.

Coase, R. H.: The New Institutional Economics. In: Zeitschrift für die gesamte Staatswissenschaft, 140. Jg. (1984), S. 229 - 231.

Coenenberg, A. G.: Kostenrechnung und Kostenanalyse, 5. Aufl., Landsberg am Lech 2003.

Coenenberg, A. G.: Verrechnungspreise zur Steuerung divisionalisierter Unternehmen. In: Wirtschaftswissenschaftliches Studium, 2. Jg. (1973) 8/9, S. 373 - 382.

Coenenberg, A. G.; Baum, H. G.: Strategisches Controlling, Stuttgart 1987.

Coleman, A. M.; Stirk, J. A.: Stackelberg reasoning in mixed-motive games: An experimental investigation. In: Journal of Economic Psychology, 19. Jg. (1998) 2, S. 279 - 293.

Commons, J. R.: Institutional Economics. In: American Economic Review, 21. Jg. (1931), S. 648 - 657.

Conte, A.; Diederichs, M.: Supplier Risk-Management. Chancen- und risikoorientierte Lieferantenanalyse bei der T-Mobile Deutschland. In: Controlling, 17. Jg. (2005) 12, S. 745 - 756.

Contractor, F. J.; Lorange, P.: Competition vs. Cooperation: A Benefit/Cost Framework for Choosing Between Fully Owned Investments and Cooperative Relationships. In: Management International Review, Special Issue: Cooperative Strategies in International Business, (1988a) S. 5 - 17

Contractor, F. J.; Lorange, P.: Why should firms cooperate? The strategy and economic basis for cooperative venture. In: Contractor, F. J.; Lorange, P. (Hrsg.): Cooperative strategies in international business, Lexington 1988b, S. 1 - 28.

Cook, K. S.: Exchange an power in networks of interorganizational relations. In: Sociological Quarterly, 18. Jg. (1977), S. 62 - 82.

Copeland, T.; Koller, T.; Murrin, J.: Valuation - Measuring and Managing the Value of Companies, 3. Aufl., New York u. a. 2000.

Corsten, H.: Ansatzpunkte für die Koordination in heterarchischen und hierarchischen Unternehmensnetzwerken. Schriften zum Produktionsmanagement des Lehrstuhls für Produktionsmanagement der Universität Kaiserslautern Nr. 37, Kaiserslautern 2000.

Corsten, H.; Gössinger, R.: Ansatzpunkte zur Gestaltung der Produktionsplanung und -steuerung in virtuellen Produktionsnetzwerken unter der Voraussetzung dauerhafter Netzwerkstrukturen als Plattform, Kaiserslautern 1999.

Coser, L. A.: The Functions of Social Conflict, London 1956.

Cousins, P. D.; Spekman, R.: Strategic Supply and the Management of Inter- and Intra-Organisational Relationships. In: Journal of Purchasing & Supply Management, 9. Jg. (2003) 1, S. 19 - 29.

Crasselt, N.; Gassen, J.: Spieltheorie. Ein Lösungsansatz für betriebswirtschaftliche Probleme mit interdependenten Akteuren. In: Wirtschaftswissenschaftliches Studium, 33. Jg. (2004) 11, S. 634 - 639.

Dahrendorf, R.: Toward a Theory of Social Conflict. In: Journal of Conflict Resolution, 2. Jg. (1958) 2, S. 170 - 183.

Das, T. K.; Boje, D. M.: Interorganizational Networks: A Meaning-Based Perspective. In: International Journal of Organizational Analysis, 1. Jg. (1993) 2, S. 161 - 183.

Das, T. K.; Rahman, N.: Partner misbehaviour in strategic alliances: Guidelines for effective deterrence. In: Journal of General Management, 26. Jg. (2001), S. 43 - 70.

Das, T. K.; Rahman, N.: Opportunism Dynamics in Strategic Alliances. In: Contractor, F. J.; Lorange, P. (Hrsg.): Cooperative Strategies and Alliances, Oxford 2002, S. 89 - 118.

Das, T. K.; Teng, B.-S.: The Dynamics of Alliance Conditions in the Alliance Developement Process. In: Journal of Management Studies, 39. Jg. (2002b) 5, S. 725 - 746.

Das, T. K.; Teng, B.-S.: Alliance constellations: A social exchange perspective. In: Academy of Management Review, 27. Jg. (2002a), S. 445 - 456.

Das, T. K.; Teng, B.-S.: Instabilities of Strategic Alliances: An Internal Tensions Perspective. In: Organization Science, 11. Jg. (2000b) 1, S. 77 - 101.

Das, T. K.; Teng, B.-S.: A Risk Perception Model of Alliance Structuring. In: Journal of International Management, 7. Jg. (2001a) 1, S. 1 - 29.

Das, T. K.; Teng, B.-S.: Relational Risk and its Personal Correlates in Strategic Alliances. In: Journal of Business and Psychology, 15. Jg. (2001b) 2, S. 445 - 461.

Das, T. K.; Teng, B.-S.: Trust, Control, and Risk in Strategic Alliances: An Integrated Framework. In: Organization Studies, 22. Jg. (2001c) 2, S. 251 - 283.

Das, T. K.; Teng, B.-S.: A Resource-Based Theory of Strategic Alliances. In: Journal of Management, 26. Jg. (2000a) 1, S. 31 - 61.

Das, T. K.; Teng, B.-S.: Managing Risks in Strategic Alliances. In: Academy of Management Executive, 13. Jg. (1999) 4, S. 50 - 62.

Das, T. K.; Teng, B.-S.: Between Trust and Control: Developing Confidence in Partner Cooperation in Alliances. In: Academy of Management Review, 23. Jg. (1998a) 3, S. 491 - 512.

Das, T. K.; Teng, B.-S.: Resource and Risk Management in the Strategic Alliance Making Process. In: Journal of Management, 24. Jg. (1998b) 1, S. 21 - 42.

Das, T. K.; Teng, B.-S.: Partner analysis and alliance performance. In: Scandinavian Journal of Management, 19. Jg. (2003) 3, S. 279 - 308.

Das, T. K.; Teng, B.-S.: Risk Types and Inter-Firm Alliance Structures. In: Journal of Management Studies, 33. Jg. (1996) 6, S. 827 - 843.

Daum, A.: Unternehmensübergreifendes Projektmanagement. In: Steinle, C.; Bruch, H.; Lawa, D. (Hrsg.): Projektmanagement: Instrument effizienter Innovation, Frankfurt am Main 2001, S. 370 - 396.

Davidow, W. H.; Malone, M. S.: Das Virtuelle Unternehmen: Der Kunde als Co-Produzent, Frankfurt am Main u. a. 1993.

Dawes, R. M.: Social Dilemma. In: Annual Review of Psychology, 31. Jg. (1980), S. 169 - 193.

de Pay, D.: Die Organisation von Innovationen. Ein transaktionskostentheoretischer Ansatz, Wiesbaden 1989.

Deal, T. E.; Kennedy, A. A.: Corporate Cultures. The Rites and Rituals of Corporate Life, Reading u. a. 1982.

Deams, H.: The Rise of the Modern Industrial Enterprise. In: Chandler, A. D. Jr.; Deams, H. (Hrsg.): Managerial Hierarchies. Comparative Perspectives on the rise of the Modern Industrial Enterprise, Cambridge, Mass. 1980, S. 203 - 223.

Deigendesch, T.: Management in strategischen Netzwerken. Eine empirische Untersuchung, Bern 2004.

Delerue, H.: Relational Risk Perception in European Biotechnology Alliances: The Effect of Contextual Factors. In: European Management Journal, 22. Jg. (2004) 5, S. 546 - 556.

Dellmann, K.: Eine Systematisierung der Grundlagen des Controlling. In: Spremann, K.; Zur, E. (Hrsg.): Controlling: Grundlagen – Informationssysteme – Anwendungen, Wiesbaden 1992, S. 113 - 140.

Deloach, J. W.: Enterprise-wide Risk Management - Strategies for linking risk and opportunity, London 2000.

Deshmukh, A.; Millet, I.: An Analytic Hierarchy Process Approach to Assessing the Risk of Management Fraud. In: Journal of Applied Business Research, 15. Jg. (1998) 1, S. 87 - 102.

Dey, P. K.: Analytic Hierarchy Process helps evaluate project in Indian oil pipelines industry. In: International Journal of Production Management, 24. Jg. (2004) S. 588 - 604

Dey, P. K.: Decision support system for risk management: a case study. In: Management Decision, 39. Jg. (2001) 8, S. 634 - 649.

Dey, P. K.: Project Risk Management: A Combined Analytic Hierarchy Process and Decision Tree Approach. In: Cost Engineering, 44. Jg. (2002) 3, S. 13 - 26.

Dey, P. K.; Gupta, S. S.: Analytical hierarchy process boosts risk analysis objectivity - Decision making technique employed in India helps operators create rational basis on which to build line. In: Pipe Line & Gas Industry, 83. Jg. (2000) S. 69 - 72

Dey, P. K.; Tabucanon, M. T.; Ogunalana, S. O.: Planning for Project Control through Risk Analysis - A petroleum pipeline-laying project. In: International Journal of Project Management, 12. Jg. (1994) 1, S. 23 - 33.

Dibbern, F. F.: Mittelstand im Wandel des Wettbewerbs: Möglichkeiten und Grenzen kooperativer Unternehmensnetzwerke als strategische Option, Freiburg im Breisgau 2002.

Diederichs, C. J.: Handbuch der strategischen und taktischen Bauunternehmensführung, Wiesbaden, Berlin 1996.

Diederichs, M.: Risikomanagement und Risikocontrolling - ein integrierter Bestandteil einer modernen Risikomanagement-Konzeption, München 2004b.

Diederichs, M.: Balanced Chance- & Risk-Card. In: Controlling, 16. Jg. (2004a) 12, S. 703 - 705.

Dietl, H.: Institutionelle Koordination spezialisierungsbedingter wirtschaftlicher Abhängigkeit. In: Zeitschrift für Betriebswirtschaft, 65. Jg. (1995) 6, S. 569 - 585.

Dimmeler, D.: Management wissensbezogener Risiken von Innovationskooperationen: Ein Konzept zum Risikomanagement unter besonderer Berücksichtigung des interorganisationalen Wissenstransfers, Zürich 2002.

Dollinger, M. J.: The evolution of collective strategies in fragmented industries. In: Academy of Management Review, 15. Jg. (1990) 2, S. 266 - 285.

Domschke, W.; Drexl, A.: Kapazitätsplanung in Netzwerken. Ein Überblick über neuere Modelle und Verfahren. In: OR Spektrum, 13. Jg. (1991), S. 63 - 76.

Domschke, W.; Drexl, A.: Einführung in Operations Research, 5. Aufl., Berlin u. a. 2005.

Domschke, W.; Scholl, A.: Grundlagen der Betriebswirtschaftslehre. Eine Einführung aus entscheidungsorientierter Sicht, 3. Aufl., Berlin u. a. 2005.

Dörner, D.; Doleczik, G.: Prüfung des Risikomanagements. In: Dörner, D.; Horváth, P.; Kagermann, H. (Hrsg.): Praxis des Risikomanagements: Grundlagen, Kategorien, branchenspezifische und strukturelle Aspekte, Stuttgart 2000, S. 193 - 222.

Dörsam, P.; Icks, A.: Vom Einzelunternehmen zum regionalen Netzwerk: Eine Option für mittelständische Unternehmen, Stuttgart 1997.

Dowling, G. R.: Perceived risk: The concept and its measurement. In: Psychology and Marketing, 3. Jg. (1986) 3, S. 183 - 209.

Dowling, M.: Im Spannungsfeld zwischen Wettbewerb und Kooperation: auf der Suche nach Begriffsabgrenzungen; Replik zu Sjurts: "Kooperation und Konkurrenz bei kollektivem strategischen Handeln. In: Die Betriebswirtschaft, 59. Jg. (1999) 5, S. 712 - 717.

Dowling, M.; Lechner, C.; Bau, F.: Kooperative Wettbewerbsbeziehungen: Eine empirische Untersuchung. In: Franke, N.; von Braun, C.-F. (Hrsg.): Innovationsforschung und Technologiemanagement: Konzepte, Strategien, Fallbeispiele, Berlin u. a. 1998, S. 165 - 174.

Doz, Y. L.: The Evolution of cooperation in strategic alliances: Initial conditions or learning processes? In: Strategic Management Journal, 17. Jg. (1996) 3, S. 55 - 83.

Doz, Y. L.: Empirische Relevanz von Strategischen Allianzen in Europa. In: Bronder, C. (Hrsg.): Wegweiser für Strategische Allianzen: Meilen- und Stolpersteine bei Kooperationen, Frankfurt am Main, Wiesbaden 1992, S. 47 - 62.

Draulans, J.; deMan, A.-P.; Volberda, H. W.: Building Alliance Capability: Management Techniques for Superior Alliance Performance. In: Long Range Planning, 36. Jg. (2003) 2, S. 151 - 166.

Drews, H.: Instrumente des Kooperationscontrollings: Anpassung bedeutender Controllinginstrumente an die Anforderungen des Managements von Unternehmenskooperationen, Wiesbaden 2001.

Drexl, A.; Kolisch, R.: Produktionsplanung bei Kundenauftragsfertigung. In: Zeitschrift für Betriebswirtschaft, 70. Jg. (2000) 4, S. 433 - 452.

Drukarczyk, J.: Unternehmensbewertung, 3. Aufl., München 2001.

Drukarczyk, J.: Wertorientierte Unternehmenssteuerung. In: Zeitschrift für Bankrecht und Bankwirtschaft, 9. Jg. (1997) 3, S. 217 - 226.

Drumm, J.: Zu Stand und Problematik der Verrechnungspreisbildung in deutschen Industrieunternehmungen. In: Zeitschrift für betriebswirtschaftliche Forschung, 25. Jg. (1973) Sonderheft 2, S. 91 - 107.

Dudenhausen, H.-M.; Halmosi, H.; Lickefett, M.: Auftragsmanagement in virtuellen Unternehmen. In: Industrie Management, 12. Jg. (1996) 6, S. 18 - 22.

Düttmann, B.: Forschungs- und Entwicklungskooperationen und ihre Auswirkungen auf den Wettbewerb, Bergisch Gladbach, Köln 1989.

Dyckhoff, H.; Ahn, H.: Sicherstellung der Effektivität und Effizienz der Führung als Kernfunktion des Controlling. In: krp - Kostenrechnungspraxis, 45. Jg. (2001) 2, S. 111 - 121.

Dyer, J. H.; Singh, H.: The Relational View. Cooperative Strategy and Sources of Interorganizational Competitive Advantage. In: Academy of Management Review, 23. Jg. (1998) 4, S. 660 - 679.

Dyer, J. S.; Saaty, T. L.; Harker, P. T.; Vargas, L. G.: Remarks on the analytic hierarchy process. In: Management Science, 36. Jg. (1990) 3, S. 249 - 258.

Ebers, M.: Interorganisationale Informationssysteme - eine transaktionskostentheoretische Betrachtung. In: Sydow, J.; Windeler, A. (Hrsg.): Management interorganisationaler Beziehungen, Opladen 1994, S. 22 - 48.

Ebers, M.; Gotsch, W.: Institutionenökonomische Theorien der Organisation. In: Kieser, A. (Hrsg.): Organisationstheorien, 5. Aufl., Stuttgart u. a. 2002, S. 199 - 252.

Ebers, M.; Hermesch, M.; Matzke, M.; Mehlhorn, A.: Strukturwandel und Steuerungsformen in der deutschen Bauindustrie. In: Sydow, J.; Windeler, A. (Hrsg.): Steuerung von Netzwerken - Konzepte und Praktiken, Wiesbaden 2000, S. 251 - 279.

Ebert, M.: Evaluation von Synergien bei Unternehmenszusammenschlüssen, Hamburg 1998.

Eccles, R. G.: The quasi-firm in the construction industry. In: Journal of Economic Behaviour and Organization, (1981) 2, S. 335 - 357.

Eccles, R. G.: The performance measurement manifesto. In: Harvard Business Review, 69. Jg. (1991) 1, S. 131 - 137.

Eckert, D.: Risikostrukturen industrieller Forschung und Entwicklung, Berlin 1985.

Egli, B.; Lüthi, H. P.: Strategische Kommunikation als Perspektive der Balanced Scorecard, Bern 1999.

Eichenseher, E.: Dezentralisierung des Controlling, Frankfurt am Main 1997.

Eickemeier, S. H.: Bestimmung der Gewichte bei Mehrzielentscheidungen. Eine vergleichende Analyse ausgewählter Verfahren. In: Chamoni, P. (Hrsg.): International Conference on Operations Research 2001, Berlin u. a. 2002, S. 389 - 396.

Eickhoff, M.: Controlling in der "grenzenlosen" Unternehmung. In: Steinle, C.; Eggers, B.; Lawa, D. (Hrsg.): Zukunftsgerichtetes Controlling: Unterstützungs- und Steuerungssystem für das Management, 3. Aufl., Wiesbaden 1998,

Eigeldinger, A.: Aufbau von virtuellen Unternehmen für die kooperative Abwicklung von Großprojekten, Düsseldorf 2001.

Eisenführ, F.; Weber, M.: Rationales Entscheiden, 3. Aufl., Berlin u. a. 1999.

Eisenhardt, K. M.: Agency Theory: An Assessment and Review. In: Academy of Management Review, 14. Jg. (1989) 1, S. 57 - 74.

Elschen, R.: Gegenstand und Anwendungsmöglichkeiten der Agency-Theorie. In: Zeitschrift für betriebswirtschaftliche Forschung, 43. Jg. (1991a) 11, S. 1002 - 1012.

Elschen, R.: Shareholder Value und Agency-Theorie – Anreiz- und Kontrollsysteme für Zielsetzungen der Anteilseigner. In: Betriebswirtschaftliche Forschung und Praxis, 43. Jg. (1991b) 3, S. 209 - 220.

Emblemsvåg, J.; Kjølstad, L. E.: Strategic risk analysis - a field version. In: Management Decision, 40. Jg. (2002) 9, S. 842 - 852.

Emblemsvåg, J.; Kjølstad, L. E.: Qualitative risk analysis: some problems and remedies. In: Management Decision, 44. Jg. (2006) 3, S. 395 - 408.

Endemann, T.: Rechtliche Rahmenbedingungen der Unternehmenskooperation. In: Luczak, H.; Schenk, M. (Hrsg.): Kooperationen in Theorie und Praxis: Personale, organisatorische und juristische Aspekte bei Kooperationen industrieller Dienstleistung im Mittelstand, Düsseldorf 1999, S. 155 - 207.

Endres, E.: Erfolgsfaktoren des Managements von Netzwerken. In: Howaldt, J.; Kopp, R.; Flocken, P. (Hrsg.): Kooperationsverbünde und regionale Modernisierung: Theorie und Praxis der Netzwerkarbeit, Wiesbaden 2001, S. 103 - 117.

Endress, R.: Strategie und Taktik der Kooperation - Grundlagen der zwischen- und innerbetrieblichen Zusammenarbeit, Berlin 1991.

Englert, J.: Internetbasierte Unternehmenskooperationen als Wettbewerbsfaktor für den deutschen Mittelstand, Freiburg im Breisgau 2000.

Epstein, R.: Risikomanagement im Export mittelständischer Unternehmen: ein interkultureller Vergleich, Berlin 1999.

Erkes, J. W.; Kenny, K. B.; Lewis, J. W.; Sarachan, B. D.: Implementing shared manufacturing services on the World-Wide Web. In: ACM, Communications of the ACM, 39. Jg. (1996) 2, S. 34 - 42.

Erlei, M.; Leschke, M.; Sauerland, D.: Neue Institutionenökonomik, Stuttgart 1999.

Ertl, M.: Der Aufbau eines Risikomanagement-Systems im Industrieunternehmen. In: Datenverarbeitung - Steuer - Wirtschaft - Recht, 29. Jg. (2000) 1/2, S. 3 - 6.

Eschenbach, R.; Kunesch, H.: Strategische Konzepte. Management-Ansätze von Ansoff bis Ulrich, 3. Aufl., Stuttgart 1996.

Eschenbach, R.; Niedermayr, R.: Die Konzeption des Controlling. In: Eschenbach, R. (Hrsg.): Controlling, Stuttgart 1995, S. 49 - 65.

Eversheim, W.; Schellberg, O.; Terhaag, O.: Gestaltung und Betrieb von Produktionsnetzwerken. In: Kaluza, B.; Blecker, T. (Hrsg.): Produktions- und Logistikmanagement in Virtuellen Unternehmen und Unternehmensnetzwerken, Berlin u. a. 2000, S. 35 - 59.

Eversheim, W.; Schenke, F.-B.; Warnke, L.: Komplexität im Unternehmen verringern – Optimale Gestaltung von Produkten und Produktionssystemen. In: Adam, D. (Hrsg.): Komplexitätsmanagement. Schriften zur Unternehmensführung, Band 61, Wiesbaden 1998, S. 29 - 46.

Ewert, R.; Wagenhofer, A.: Interne Unternehmensrechnung, 6. Aufl., Berlin u. a. 2005.

Ewert, R.; Wagenhofer, A.: Rechnungslegung und Kennzahlen für das wertorientierte Management. In: Wagenhofer, A.; Hrebicek, G. (Hrsg.): Wertorientiertes Management - Konzepte und Umsetzungen zur Unternehmenswertsteigerung, Stuttgart 2000, S. 3 - 64.

Faisst, W.: Die Unterstützung Virtueller Unternehmen durch Informations- und Kommunikationssysteme - eine lebenszyklusorientierte Analyse, Erlangen 1998.

Fama, E. F.: Agency Problems and the Theory of the Firm. In: Journal of Political Economy, 88. Jg. (1980) 2, S. 288 - 307.

Farny, D.: Grundfragen des Risk Management. In: Goetzke, W.; Sieben, G. (Hrsg.): Risk Management - Strategien zur Risikobeherrschung, Köln 1979, S. 11 - 37.

Farny, D.: Risk Management und Planung. In: Szyperski, N.; Winand, U. (Hrsg.): Handwörterbuch der Planung, Stuttgart 1989, Sp. 1749 - 1758.

Farny, D.: Risikomanagement in der Produktion. In: Kern, W. (Hrsg.): Handwörterbuch der Produktion, 2. Aufl., Stuttgart 1996, Sp. 1798 - 1806.

Fasse, F.-W.: Risk-Management im strategischen internationalen Management, Hamburg 1995.

Ferstl, O. K.; Sinz, E. J.: Grundlagen der Wirtschaftsinformatik/1, 4. Aufl., München 2001.

Fiege, S.: Risikomanagement- und Überwachungssystem nach dem KonTraG. Prozess, Instrumente, Träger, Wiesbaden 2006.

Fieten, R.; Friedrich, W.; Lageman, B.: Globalisierung der Märkte, Stuttgart 1997.

Fink, A.: Corporate-Venturing-Kooperationen: Praxisbefunde, Anreizprobleme und Gestaltungsmöglichkeiten, Bad Soden 2002.

Fischer, J.; Müller, P.; Heimig, I.; Kocian, C.: Intelligente Agenten für das Management virtueller Unternehmen. In: Information Management, 11. Jg. (1996) 1, S. 38 - 45.

Fischer, M.: Controlling im Wandel der Zeit - Zukünftige Herausforderungen aus der Sicht des Unternehmensberaters. In: krp - Kostenrechnungspraxis, 40. Jg. (1996) 4, S. 193 - 196.

Fischer, P.: Virtuelle Unternehmen brauchen einen Fixpunkt. In: Gablers Magazin, 11. Jg. (1997) 3, S. 16 - 19.

Fischhoff, B.: Managing risk perceptions. In: Issues in Science and Technology, (1985) 2, S. 83 - 96.

Fisher, J.: Use of Nonfinancial Performance Measures. In: Journal of Cost Management, 6. Jg. (1992) 1, S. 31 - 38.

Flechtner, H. J.: Grundbegriffe der Kybernetik: eine Einführung, Stuttgart 1966.

Fontanari, M.: Kooperationsgestaltungsprozesse in Theorie und Praxis. Betriebswirtschaftliche Schriften, Heft 138, Berlin 1996.

Form, S.: Chancen- und Risiko-Controlling. Erklärungsansatz zur Wirkungsweise von Chancen und Risiken im Controlling sowie dem unternehmensspezifischen Aufbau seiner Instrumente, Frankfurt am Main u. a. 2005.

Forman, E.; Peniwati, K.: Aggregating individual judgements and priorities with the Analytic Hierarchy Process. In: European Journal of Operational Research, 108. Jg. (1998), S. 165 - 169.

Forman, E. H.; Selly, M. A.: Decision by Objectives - How to convince others that you are right, New Jersey u. a. 2002.

Fox, J.; Guyer, M.: Group Size and Other's Strategy in an N-Person Game. In: Journal of Conflict Resolution, 21. Jg. (1977) 2, S. 323 - 338.

Frank, C.: Strategische Partnerschaften in mittelständischen Unternehmen, Wiesbaden 1994.

Franke, G.; Hax, H.: Finanzwirtschaft des Unternehmens und Kapitalmarkt, 5. Aufl., Berlin u. a. 2004.

Franz, K.-P.; Kajüter, P.: Zum Kern des Controlling. In: Weber, J.; Hirsch, B. (Hrsg.): Controlling als akademische Disziplin: Eine Bestandsaufnahme, Wiesbaden 2002, S. 123 - 130.

Franz, M.: F&E-Kooperationen aus wettbewerbspolitischer Sicht, Baden Baden 1995.

Freidank, C.-C.: Die Risiken in Produktion, Logistik und F&E. In: Dörner, D.; Horváth, P.; Kagermann, H. (Hrsg.): Praxis des Risikomanagements - Grundlagen, Kategorien branchenspezifische und strukturelle Aspekte, Stuttgart 2000, S. 345 - 378.

Freiling, J.: Resource-based View und ökonomische Theorie: Grundlagen und Positionierung des Ressourcenansatzes, Wiesbaden 2001.

Frese, E.: Grundlagen der Organisation: Konzept – Prinzipien – Strukturen, 7. Aufl., Wiesbaden 1998.

Friedag, H. R.; Schmidt, W.: My balanced scorecard: das Praxishandbuch für Ihre individuelle Lösung. Fallstudien, Checklisten, Präsentationsvorlagen, Freiburg im Breisgau u. a. 2001a.

Friedag, H. R.; Schmidt, W.: Balanced Scorecard. Mehr als ein Kennzahlensystem, 3. Aufl., Freiburg u. a. 2001b.

Friedl, B.: Controlling, Stuttgart 2003.

Friedman, J. W.: Game Theory with Applications to Economics, 2. Aufl., New York, Oxford 1991.

Friedmann, J.: Total Cost of Ownership. In: Dobschütz, L.; Barth, M.; Jäger Goy, H.; Kütz, M.; Möller, H. (Hrsg.): IV-Controlling, Wiesbaden 2000, S. 453 - 507.

Friese, M.: Kooperation als Wettbewerbsstrategie für Dienstleistungsunternehmen, Wiesbaden 1998.

Frigo-Mosca, F.; Brütsch, D.; Tettamanti, S.: Vorwärts zur virtuellen Organisation. In: Office Management, (1996) 9, S. 46 - 50.

Fritz, M. B.; Manheim, M. L.: Managing Virtual Work: A Framework for Managerial Action. In: Sieber, P.; Griese, J. (Hrsg.): Organizational Virtualness, Bern 1998, S. 123 - 135.

Fritz, W.: Marktorientierte Unternehmensführung und Unternehmenserfolg. Grundlagen und Ergebnisse einer empirischen Untersuchung, Stuttgart 1992.

Fröhling, O.: KonTraG und Controlling: Eckpfeiler eines entscheidungsrelevanten und transparenten Segmentcontrolling und -reporting, München 2000.

Fromen, B.: Faire Aufteilung in Unternehmensnetzwerken - Lösungsvorschläge auf Basis der kooperativen Spieltheorie, Wiesbaden 2004.

Fuchs, J.: Risikomanagement als Instrument der strategischen Unternehmensführung. In: Management Berater, (1999) 8, S. 33 - 36.

Fürer, G.: Risk Management im internationalen Bankgeschäft, Bern, Stuttgart 1990.

Furobotn, E. G.; Pejovich, S.: Property Rights and Economic Theory: A Survey of Recent Literature. In: Journal of Economic Literature, 10. Jg. (1972), S. 1137 - 1162.

Füser, K.; Gleißner, W.; Meier, G.: Risikomanagement (KonTraG)-Erfahrungen aus der Praxis. In: Der Betrieb, 52. Jg. (1999) 15, S. 753 - 758.

Gabele, E.: Unternehmenskultur. In: Hauschildt, J.; Grün, J. (Hrsg.): Ergebnisse empirischer betriebswirtschaftlicher Forschung: Zu einer Realtheorie der Unternehmung, Suttgart 1993, S. 115 - 134.

Gabisch, G.: Spieltheorie: Einige Grundlagen. In: Das Wirtschaftsstudium, 28. Jg. (1999) 8 - 9, S. 1137 - 1142.

Gäfgen, G.: Entwicklung und Stand der Theorie der Property Rights. Eine kritische Bestandsaufnahme. In: Neumann, M. (Hrsg.): Ansprüche, Eigentums- und Verfügungsrechte, Berlin 1984, S. 43 - 62.

Gaitanides, M.: Prozessorganisation. Entwicklung, Ansätze und Programm prozessorientierter Organisationsgestaltung, München 1983.

Galbraith, J. R.: Designing the networked organization. In: Mohrmann, S. A.; Galbraith, J. R.; Lawler, E. E. (Hrsg.): Tomorrow's organization - Crafting winning capabilities in a dynamic world, San Francisco 1998, S. 76 - 102.

Gälweiler, A.: Strategische Unternehmensführung, 2. Aufl., Frankfurt am Main, New York 1990.

Gamson, W. A.: A Theory of Coalition Formation. In: American Sociology Review, 26. Jg. (1961) 3, S. 373 - 382.

Gareis, R.: Risikomanagement in Projekten. In: Wirtschaft und Management, 3. Jg. (2006) 4, S. 89 - 100.

Garuti, C.; Castro, C. P.; Spencer, I.: Analytic Hierarchy Process - An Application of Risk Priorization Assessment for Towns und Natural Risks in Aysen Region - Chile. In: Dellmann, K. (Hrsg.): Proceedings of the Sixth International Symposium on the Analytic Hierarchy Process, Bern 2001, S. 119 - 128.

Gassmann, O.; Fuchs, M.: Führung von multilateralen Kooperationen. In: Zeitschrift Führung + Organisation, 70. Jg. (2001) 6, S. 346 - 353.

Gaugler, T.: Interorganisatorische Informationssysteme, Wiesbaden 2000.

Gaydoul, P.: Controlling in der Unternehmenspraxis, Darmstadt 1980.

Gerhardt, T.; Nippa, M.; Picot, A.: Die Optimierung der Leistungstiefe. In: Harvard Manager, 14. Jg. (1992) 3, S. 136 - 142.

Geringer, J. M.: Joint Venture partner selection: Strategies for developed countries, New York 1988.

Geringer, J. M.; Frayne, C. A.: The Joint Venture Partner Selection Process. In: Lorange, P.; Van De Ven, A. H.; Chakravarthy, B. (Hrsg.): Implementing Strategic Processes: Change, Learning and Co-operation, Oxford, Cambridge 1993, S. 253 - 272.

Gerpott, T. J.; Böhm, S.: Strategisches Management in virtuellen Unternehmen: Besonderheiten der strategischen Planung in dynamischen Netzwerken von Unternehmen. In: Zeitschrift für Betriebswirtschaft, 70. Jg. (2000) Sonderheft 2, S. 13 - 35.

Gerth, E.: Strukturzusammenhänge der zwischenbetrieblichen Kooperation, Erster Teil. In: Betriebswirtschaftliche Forschung und Praxis, 18. Jg. (1966), S. 8 - 18.

Gerth, E.: Zwischenbetriebliche Kooperation, Stuttgart 1971.

Gerybadze, A.: Strategic Alliances and Process Redesign: Effective Management and Restructuring of Cooperative Projects and Networks, Berlin, New York 1995.

Geschka, H.: Die Szenariotechnik in der strategischen Unternehmensplanung. In: Hahn, D.; Taylor, B. (Hrsg.): Strategische Unternehmensplanung. Strategische Unternehmensführung, Heidelberg 1999, S. 518 - 545.

Giddens, A.: The Consequences of Modernity, Stanford 1990.

Gierl, H.: Welche Abnehmer verhalten sich gegenüber ihren Zulieferern opportunistisch? In: Die Unternehmung, 58. Jg. (2004) 1, S. 27 - 51.

Gill, C.; Liestmann, V.; Bleck, S.: Strategisches Management von Unternehmenskooperationen. In: Luczak, H.; Schenk, M. (Hrsg.): Kooperationen in Theorie und Praxis: Personale, organisatorische und juristische Aspekte bei Kooperationen industrieller Dienstleistung im Mittelstand, Düsseldorf 1999, S. 257 - 270.

Glantsching, E.: Merkmalsgestützte Lieferantenbewertung, Köln 1994.

Gleich, R.: Performance Measurement als Controllinginstrument. In: krp - Kostenrechnungspraxis, 45. Jg. (2001) Sonderheft 3, S. 47 - 49.

Gleich, R.: Balanced Scorecard. In: Die Betriebswirtschaft, 57. Jg. (1997) 3, S. 432 - 435.

Gleich, R.; Kogler, S.: Überlegungen für ein Risikomanagement-System: Hat Ihr Controlling die Risiken im Griff? In: is report, 3. Jg. (1999) 9, S. 10 - 15.

Gleissner, U.: Konzernmanagement: Ansätze zur Steuerung diversifizierter internationaler Unternehmungen, München 1994.

Gleißner, W.: Risikopolitik und Strategische Unternehmensführung. In: Der Betrieb, 53. Jg. (2000) 33, S. 1625 - 1629.

Gleißner, W.; Meier, G.: Risikoaggregation mittels Monte-Carlo-Simulation. In: Versicherungswirtschaft, 54. Jg. (1999) 13, S. 926 - 929.

Göbel, E.: Neue Institutionenökonomik - Konzeption und betriebswirtschaftliche Anwendungen, Stuttgart 2002.

Goldman, S.; Nagel, R.; Preiss, K.; Warnecke, H.-J.: Agil im Wettbewerb: Die Strategie der virtuellen Organisation zum Nutzen des Kunden, Berlin 1996.

Göransson, A.; Schuh, G.: Das Netzwerkmanagement in der virtuellen Fabrik. In: Müller-Stewens, G. (Hrsg.): Virtualisierung von Organisationen, Stuttgart, Zürich 1997, S. 61 - 81.

Götze, U.; Bloech, J.: Investitionsrechnung. Modelle und Analysen zur Beurteilung von Investitionsobjekten, 2. Aufl., Berlin u. a. 1995.

Götze, U.; Glaser, K.; Hinkel, D.: Risikocontrolling aus funktionaler Perspektive - Konzeptionsspezifische Darstellung des Aufgabenspektrums. In: Götze, U.; Henselmann, K.; Mikus, B. (Hrsg.): Risikomanagement, Heidelberg 2001, S. 95 - 126.

Götze, U.; Mikus, B.: Entscheidungsmodelle als Instrumente des Risikomanagements - Möglichkeiten und Grenzen. In: Götze, U.; Henselmann, K.; Mikus, B. (Hrsg.): Risikomanagement, Heidelberg 2001a, S. 443 - 474.

Götze, U.; Mikus, B.: Strategisches Management, Chemnitz 1999.

Götze, U.; Mikus, B.: Risikomanagement mit Instrumenten der strategischen Unternehmensführung. In: Götze, U.; Henselmann, K.; Mikus, B. (Hrsg.): Risikomanagement, Heidelberg 2001b, S. 385 - 412.

Göx, R. F.: Strategische Transferpreispolitik im Dyopol, Wiesbaden 1999.

Grabowsky, M.; Roberts, K. H.: Risk Mitigation in Virtual Organizations. In: Organization Science, 10. Jg. (1999) 6, S. 704 - 721.

Grandori, A.: Interfirm networks: organizational mechanisms and economic outcomes. In: Grandori, A. (Hrsg.): Interfirm networks - organization and industrial competitiveness, London 1999, S. 1 - 14.

Granovetter, M.: Economic Action and Social Structure - The Problem of Embeddedness. In: American Journal of Sociology, 91. Jg. (1985) 3, S. 481 - 510.

Grant, R.: The Resource-Based Theory of Competitive Advantage: Implications for Strategy Formulation. In: California Management Review, 33. Jg. (1991), S. 114 - 135.

Greenberg, J.: Organizational Justice - Yesterday, Today and Tomorrow. In: Journal of Management, 16. Jg. (1990) 2, S. 399 - 432.

Grenier, R.; Metes, G.: Going Virtual - Moving your organization into the 21st century, Upper Saddle River 1995.

Gretzinger, S.; Matiaske, W.; Weber, W.: Kooperation und Konflikt in strategischen Netzwerken am Beispiel eines Entwicklungsverbundes von klein- und mittelständischen Unternehmen. In: Zeitschrift Führung + Organisation, 71. Jg. (2002) 1, S. 22 - 25.

Griese, J.: Auswirkungen globaler Informations- und Kommunikationssysteme auf die Organisation weltweit tätiger Unternehmen. In: Staehle, W. H.; Conrad, P. (Hrsg.): Managementforschung, Berlin u. a. 1992, S. 164 - 179.

Griese, J.; Sieber, P.: Virtualität bei Beratungs- und Softwarehäusern. In: Winand, U.; Nathusius, U. (Hrsg.): Unternehmensnetzwerke und virtuelle Organisationen, Stuttgart 1998, S. 155 - 254.

Grochla, E.: Betriebsverbindungen, Berlin 1969.

Grochla, E.: Betriebsverband und Verbandsbetrieb, Berlin 1959.

Grochla, E.: Die Kooperation von Unternehmungen aus organisationstheoretischer Sicht. In: Boettcher, E. (Hrsg.): Theorie und Praxis der Kooperation, Tübingen 1972,

Grochla, E.: Systemtheorie und Organisationstheorie. In: Grochla, E. (Hrsg.): Organisationstheorie, zweiter Teilband, Stuttgart 1976, S. 554 - 566.

Grothe, B.: Ausnutzung von Synergiepotentialen durch verschiedene Koordinationsformen ökonomischer Aktivitäten. Zur Eignung der Transaktionskosten als Entscheidungskriterium, Siegen 1990.

Grüb, A.: Die Arbeitsgemeinschaft im Baugewerbe, München 1958.

Grünauer, K. M.; Fleisch, E.; Österle, H.: Information Systems for Supply Chain Management: An Overview. In: Österle, H.; Fleisch, E.; Alt, R. (Hrsg.): Business networking: shaping enterprise relationships on the Internet, Berlin u. a. 2000, S. 185 - 200.

Gschwend, W.: Das Zielproblem der Verrechnungspreise, St. Gallen 1987.

Gulati, R.: Does familiarity breed trust? The implications of repeated ties for contractual choice in alliances. In: Academy of Management Journal, 38. Jg. (1995) 1, S. 85 - 112.

Gulati, R.; Nohria, N.; Zaheer, A.: Strategic Networks. In: Strategic Management Journal, 21. Jg. (2000) 3, S. 203 - 215.

Günter, B.: Unternehmenskooperation im Investitionsgüter-Marketing. Überlegungen zu einer unterschätzten Strategie. In: Zeitschrift für betriebswirtschaftliche Forschung, 44. Jg. (1992) 9, S. 793 - 809.

Günther, T.: Unternehmenswertorientiertes Controlling, München 1997.

Günther, T.: Theoretische Einbettung des Controlling in die Methodologie der Unternehmensüberwachung und –steuerung. In: Zeitschrift für Planung & Unternehmenssteuerung, 14. Jg. (2003) 4, S. 327 - 352.

Günther, T.; Grüning, M.: Performance Measurement-Systeme - ein Konzeptvergleich. In: Zeitschrift für Planung, 12. Jg. (2001) 3, S. 283 - 306.

Gunzenhäuser, R.: Spieltheorie und Planungsrechnung, Quickborn 1965.

Guserl, R.: Controllingsystem und Risikomanagement bei projektorientierten Unternehmen. In: Controlling, 11. Jg. (1999) 8/9, S. 425 - 430.

Gutenberg, E.: Grundlagen der Betriebswirtschaftslehre - Band 1: Die Produktion, 24. Aufl, Berlin u. a. 1983.

Gutenberg, E.: Die Unternehmung als Gegenstand betriebswirtschaftlicher Theorie, unveränderter Nachdruck, Vaduz 1988.

Gutenberg, E.: Zur Theorie der Unternehmung. In: Albach, H. (Hrsg.): Schriften und Reden aus dem Nachlaß von Erich Gutenberg, Berlin u. a. 1989,

Güth, W.: Kooperation in der Marktwirtschaft – Eine spieltheoretische Analyse der Kooperationsproblematik, Tübingen 1974.

Guthof, P.: Strategische Anreizsysteme: Gestaltungsoptionen im Rahmen der Unternehmensentwicklung, Wiesbaden 1995.

Gutmannsthal-Krizantis, H.: Risikomanagement von Anlageprojekten: Analyse, Gestaltung und Controlling aus Contractor-Sicht, Wiesbaden 1994.

Habenicht, W.: Spieltheoretische Lösungen für Beschaffungsentscheidungen. In: Beschaffung aktuell, 36. Jg. (1980) 8, S. 48 - 50.

Häberle, S. G.: Risiko als zielbezogenes Phänomen. Eine Untersuchung über Kriterien für eine systematische Erfassung des betrieblichen Risiko-Komplexes unter besonderer Berücksichtigung des Risikos von Bankbetrieben, Tübingen 1979.

Habermas, J.: Theorie des kommunikativen Handelns, Band 1: Handlungsrationalität und gesellschaftliche Rationalisierung, Frankfurt am Main 1981a.

Habermas, J.: Theorie des kommunikativen Handelns, Band 2: Zur Kritik der funktionalistischen Vernunft, Frankfurt am Main 1981b.

Hacker, T.: Vernetzung und Modularisierung: (Re-)Organisation von Medienunternehmen. In: Schumann, M.; Hess, T. (Hrsg.): Medienunternehmen im digitalen Zeitalter, Wiesbaden 1999, S. 155 - 175.

Hackmann, W.: Verrechnungspreise für Sachleistungen im internationalen Konzern, Wiesbaden 1984.

Haedrich, G.; Kuß, A.; Kreilkamp, E.: Der Analytic Hierarchy Process. Ein neues Hilfsmittel zur Analyse und Entwicklung von Unternehmens- und Marketingstrategien. In: Wirtschaftswissenschaftliches Studium, 15. Jg. (1986) 3, S. 120 - 126.

Hage, C.: An Exploratory Study of Conflict and Coordination in Interorganizational Service Delivery Systems. In: Academy of Management Journal, 33. Jg. (1990) 3, S. 478 - 502.

Hagedoorn, J.: Understanding the rationale of strategic technology partnering: interorganizational modes of cooperation and sectoral differences. In: Strategic Management Journal, 14. Jg. (1983), S. 371 - 385.

Hagenloch, T.: Informationsstand und Lösungsansätze bei Agency-Problemen. In: Das Wirtschaftsstudium, 34. Jg. (2005) 4, S. 484 - 494.

Hahn, D.: Konzepte strategischer Führung. In: Zeitschrift für Betriebswirtschaft, 68. Jg. (1998) 6, S. 563 - 579.

Hahn, D.: Planung und Kontrolle - Controllingsysteme, 1. Aufl, Wiesbaden 1974.

Hahn, D.: Strategische Führung und strategisches Controlling. In: Horváth, P.; Gassert, H.; Solaro, D. (Hrsg.): Controlling-Konzeptionen für die Zukunft: Trends und Visionen, Stuttgart 1991, S. 1 - 27.

Hahn, D.: Controlling in Deutschland – State of the Art. In: Gleich, R.; Seidenschwarz, W. (Hrsg.): Die Kunst des Controlling, München 1997, S. 13 - 46.

Hahn, D.: Organisation des Controlling. In: Horváth, P.; Reichmann, T. (Hrsg.): Vahlens großes Controlling-Lexikon, München 1993, S. 467.

Hahn, D.: Risiko-Management. Stand und Entwicklungstendenzen. In: Zeitschrift für Organisation, 56. Jg. (1987), S. 137 - 150.

Hahn, D.; Hungenberg, H.: PuK: Planung und Kontrolle, Planungs- und Kontrollsysteme, Planungs- und Kontrollrechnung ; wertorientierte Controllingkonzepte, 6. Aufl, Wiesbaden 2001.

Hahn, D.; Krystek, U.: Risk-Management. In: o. V. (Hrsg.): Gablers Wirtschaftslexikon, 14. Aufl., Wiesbaden 1997, S. 3279 ff.

Haindl, A.: Risk-Management von Lieferrisiken, Karlsruhe 1996.

Halinen, A.; Salmi, A.; Havila, V.: From Dyadic Change to Changing Business Networks - An Analytical Framework. In: Journal of Management Studies, 36. Jg. (1999) 6, S. 779 - 794.

Hall, R.: The Strategic Analysis of Intangible Resources. In: Strategic Management Journal, 13. Jg. (1992) 2, S. 135 ff.

Hall, R.: A Framework linking Intangible Resources and Capabilities to Sustainable Competitive Advantage. In: Strategic Management Journal, 14. Jg. (1993), S. 607 - 618.

Haller, M.: Risiko-Management: neues Element in der Führung. In: io Management, 47. Jg. (1978) 11, S. 483 - 487.

Haller, M.: Risiko-Management - Eckpunkte eines integrierten Konzepts. In: Jacob, H. (Hrsg.): Risiko-Management, Schriften zur Unternehmensführung 33, Wiesbaden 1986b, S. 7 - 43.

Haller, M.: Die künftige Entwicklung im Risiko-Management. In: Jacob, M.; Müller, W. (Hrsg.): Risiko-Management, Wiesbaden 1986a, S. 117 - 117.

Hallikas, J.; Karvonen, I.; Pulkkinen, U.; Virolainen, V.; Tuominen, M.: Risk Management Processes in Supplier Networks. In: International Journal of Production Economics, 90. Jg. (2004), S. 45 - 55.

Hallikas, J.; Karvonen, I.; Pulkkinen, U.; Virolainen, V.; Tuominen, M.: Risk Management Processes in Network Environment. In: o. V. (Hrsg.): Proceedings of 12th International Working Seminar on Production Economics, Igls, Austria, Igls 2002, S. 171 - 184.

Hallikas, J.; Virolainen, V.: Risk Management in Supplier Relationships and Networks. In: Brindley, C. (Hrsg.): Supply Chain Risk, Hampshire, Burlington 2004, S. 43 - 65.

Hallikas, J.; Virolainen, V.; Tuominen, M.: Understanding Uncertainty and Risk in Supplier Networks - A Transaction Cost Approach. In: International Journal of Production Research, 40. Jg. (2002b) 15, S. 3519 - 3531.

Hallikas, J.; Virolainen, V.; Tuominen, M.: Risk analysis and assessment in network environment: A dyadic case study. In: International Journal of Production Economics, 78. Jg. (2002a) 1, S. 45 - 55.

Hamel, G.: Competition for Competence and Interpartner Learning within International Strategic Alliances. In: Strategic Management Journal, 12. Jg. (1991), S. 83 - 103.

Hamel, G.; Doz, Y. L.; Prahalad, C. K.: Mit Marktrivalen zusammenarbeiten und dabei gewinnen. In: Harvard Manager, 11. Jg. (1989) 3, S. 87 - 94.

Hammes, W.: Strategische Allianzen als Instrument der strategischen Unternehmensführung, Wiesbaden 1994.

Hammes, W.: Der Zusammenhang zwischen strategischen Allianzen und Industriestrukturen. In: Schertler, W. (Hrsg.): Management von Unternehmenskooperationen, Wien 1995, S. 5 - 114.

Han, K.; Kauffman, R. J.; Nault, B. R.: Information exploitation and interorganizational systems ownership. In: Journal of Management Information Systems, 21. Jg. (2004) 2, S. 109 - 136.

Handlbauer, G.; Hinterhuber, H. H.; Matzler, K.: Kernkompetenzen. In: Das Wirtschaftsstudium, 27. Jg. (1998) 8 - 9, S. 911 - 916.

Hänggi, R.: Risikomanagement und Simultaneous Engineering, St. Gallen 1996.

Hansmann, K.-W.; Ringle, C. M.: Das Kooperationskonzept des virtuellen Unternehmens. In: Das Wirtschaftsstudium, 33. Jg. (2004) 10, S. 1222 - 1230.

Harbert, L.: Controlling-Begriffe und Controlling-Konzeptionen, Bochum 1982.

Harders, J.: Innovative Industriezweige: Pharmazeutische Industrie. In: Schenk, K. E. (Hrsg.): Vergleichende System- und Industriestudien - Ein "Institutional Choice"-Ansatz, Stuttgart 1983, S. 176 - 203.

Harengel, J.; Hess, T.: Entwicklung einer Balanced Scorecard - untersucht am Beispiel des Retailgeschäfts einer Bank. In: krp - Kostenrechnungspraxis, 43. Jg. (1999) 4, S. 239 - 245.

Harker, P. T.: The Art of Science of Decision Making: The Analytic Hierarchy Process. In: Golden, B. L.; Wasil., E.A.; Harker, P. T. (Hrsg.): The Analytic Hierarchy Process, Berlin u. a. 1989, S. 3 - 36.

Harker, P. T.; Vargas, L. G.: The Theory of Ratio Scale Estimation - Saaty's Analytic Hierarchy Process. In: Management Science, 33. Jg. (1987) 11, S. 1383 - 1403.

Harland, C.; Brenchley, R.; Walker, H.: Risk in supply networks. In: Journal of Purchasing & Supply Management, 9. Jg. (2003) 2, S. 51 - 62.

Harms, V.: Interessenlagen und Interessenkonflikte bei der zwischenbetrieblichen Kooperation, Würzburg 1973.

Harrigan, K. R.: Strategic Alliances and Partner Asymmetries. In: Management International Review, Special Issue: Cooperative Strategies in International Business, (1988), S. 53 - 72.

Harrigan, K. R.: Strategies for Joint Venture Success, New York 1986.

Hart, M.; Garone, S. J.: Making International Strategic Alliances Work, New York 1994.

Härterich, S.: Risk Management von industriellen Produktions- und Produktrisiken, Karlsruhe 1987.

Harting, D.: Lieferanten-Wertanalyse, 2. Aufl., Stuttgart 1994.

Härtsch, H.-P.: Risikopolitik und Risikomanagement bei einem Schweizer KMU. In: Boutellier, R.; Wagner, S. M. (Hrsg.): Chancen nutzen, Risiken managen: Herausforderungen für die Beschaffung und das Supply Chain Management, Aarau 2005, S. 145 - 165.

Haury, S.: Laterale Kooperationen zwischen Unternehmen, St. Gallen 1989.

Hax, H.: Verrechnungspreise. In: Kosiol, E. (Hrsg.): Handwörterbuch des Rechnungswesens, 2. Aufl., Stuttgart 1981, Sp. 1688 - 1699.

Heck, A.: Strategische Partnerschaften zum Erfolg führen. Über die häufigsten Fehler und entscheidenden Erfolgsfaktoren strategischer Allianzen. In: io Management, 69. Jg. (2000) 4, S. 24 - 31.

Heck, A.: Strategische Allianzen: Erfolg durch professionelle Umsetzung, Berlin u. a. 1999.

Heide, J. B.; John, G.: Alliances in Industrial Purchasing: The Determinants of Joint Actions in Buyer-Supplier Relationships. In: Journal of Marketing Research, 27. Jg. (1990) 1, S. 24 - 36.

Heigl, A.: Controlling - Interne Revision, 2. Aufl, Stuttgart, New York 1989.

Heilmann, W.-R.: Versicherungsmathematische Methoden des Risikomanagement. Letter der Deutschen Gesellschaft für Versicherungsmathematik 141, Karlsruhe 1989.

Heine, S.: Controlling bei Generalunternehmereinsatz. In: Diederichs, C. J. (Hrsg.): Handbuch der strategischen und taktischen Bauunternehmensführung, Wiesbaden, Berlin 1996, S. 287 - 308.

Heinen, E.: Zielanalyse als Grundlage rationaler Unternehmenspolitik, Wiesbaden 1970.

Heinzl, A.; Sinß, M.: Die zwischenbetriebliche Kooperation auf dem Gebiet der Datenverarbeitung. In: Heinzl, A.; Weber, J. (Hrsg.): Alternative Organisationskonzepte der betrieblichen Datenverarbeitung, Stuttgart 1993, S. 96 - 134.

Helfat, C. E.: Know-how and asset complementarity and dynamic capability accumulation: The case of R&D. In: Strategic Management Journal, 18. Jg. (1997), S. 339 - 360.

Helm, R.; Janzer, T. M.: Vertrauen aufbauen und erfolgreich kooperieren - Professionalisierung durch Institutionalisierung der Beziehung in Netzwerken. In: io Management, 69. Jg. (2000) 12, S. 24 - 31.

Helmke, S.; Risse, R.: Chancen- und Risikomanagement im Konzern Deutsche Post AG. In: krp - Kostenrechnungspraxis, 43. Jg. (1999) 5, S. 277 - 283.

Helten, E.: Der Risikobegriff unter kalkulatorischen-objektivem Aspekt. In: Gesellschaft für Sicherheitswissenschaften (Hrsg.): 1. GfS-Sommer-Symposium `79, Wuppertal 1979, S. 71 - 81.

Helten, E.: Ist Risiko ein Konstrukt? - Zur Quantifizierung des Risikobegriffes. In: Hesberg, D.; Nell, M.; Schott, W. (Hrsg.): Risiko, Versicherung, Markt: Festschrift für Walter Karten zur Vollendung des 60. Lebensjahres, Karlsruhe 1994, S. 19 - 25.

Henn, R.: Strategische Spiele und unternehmerische Entscheidung. In: Zeitschrift für Betriebswirtschaft, 28. Jg. (1958) 5, S. 277 - 286.

Henzler, H.: Der Januskopf muß weg. In: Wirtschaftswoche, (1974) 38, S. 60 - 63.

Hergert, M.; Morris, D.: Trends in International Collaborative Agreements. In: Contractor, F. J. (Hrsg.): Cooperative Strategies in International Business, Lexington 1988, S. 99 - 109.

Hermann, D. C.: Strategisches Risikomanagement kleiner und mittlerer Unternehmen, Berlin 1996.

Hermann, R.: Joint-Venture-Management: Strategien, Strukturen, Systeme und Kulturen, Gießen 1989.

Hertz, D. B.: Risk Analysis in Capital Investment. In: Harvard Business Review, 42. Jg. (1964) 1, S. 95 - 106.

Herz, C.: Der Kooperationserfolg - Probleme seiner Bestimmung und Ermittlung - Ein Beitrag zur Theorie der zwischenbetriebliche Kooperation, Berlin 1973.

Herzog, J.: Das Verhältnis von Vertrauen und Macht in strategischen Unternehmensnetzwerken: Eine strukturationstheoretische Perspektive, Sternenfels 2006.

Heß, A.: Konflikte in Vertraglichen Vertriebssystemen der Automobilwirtschaft, Ottobrunn 1994.

Hess, T.: Die Agency-Theorie als Gestaltungshilfe für Führungsinformationssysteme. In: Das Wirtschaftsstudium, 28. Jg. (1999b) 11, S. 1503 - 1509.

Hess, T.: Entwurf betrieblicher Prozesse, Wiesbaden 1996.

Hess, T.: ZP-Stichwort: Unternehmensnetzwerke. In: Zeitschrift für Planung, 10. Jg. (1999a) 2, S. 225 - 230.

Hess, T.: Anwendungsmöglichkeiten des Konzerncontrolling in Unternehmensnetzwerken. In: Sydow, J.; Windeler, A. (Hrsg.): Steuerung von Netzwerken - Konzepte und Praktiken, Wiesbaden 2000, S. 156 - 177.

Hess, T.: Controlling eines virtuellen Unternehmens - ein Zwischenbericht. In: krp - Kostenrechnungspraxis, 45. Jg. (2001) Sonderheft 2, S. 92 - 100.

Hess, T.: Netzwerkcontrolling: Instrumente und ihre Werkzeugunterstützung, Wiesbaden 2002.

Hess, T.; Katzy, B.; Wittenberg, S.: Kooperationstools - Werkzeug oder Spielzeug? In: io new management, (2003) 12, S. 16 - 21.

Hess, T.; Schumann, M.: Auftragscontrolling in Unternehmensnetzwerken. In: Zeitschrift für Planung, 11. Jg. (2000b) 4, S. 411 - 432.

Hess, T.; Schumann, M.: Controlling in virtuellen Unternehmen: Eine Analyse aus Sicht der Kybernetik. In: Scholz, C. (Hrsg.): Systemdenken und Virtualisierung: Unternehmensstrategien zur Vitalisierung und Virtualisierung auf der Grundlage von Systemtheorie und Kybernetik. Wissenschaftliche Jahrestagung der Gesellschaft für Wirtschafts- und Sozialkybernetik vom 1. und 2. Oktober 1999 in Saarbrücken, Berlin 2002, S. 163 - 172.

Hess, T.; Schumann, M.: Netzwerkkoordinator - ein attraktives Geschäftsmodell? In: io Management, 69. Jg. (2000a) 5, S. 80 - 83.

Hess, T.; Schumann, M.: Erste Überlegungen zum Controlling in Unternehmensnetzwerken. In: Engelhard, J.; Sinz, E. (Hrsg.): Kooperation im Wettbewerb, Wiesbaden 1999, S. 347 - 370.

Hess, T.; Veil, T.: Controlling in Unternehmensnetzwerken - erste Erfahrungen der Praxis. In: Controller Magazin, 24. Jg. (1999) 6, S. 446 - 449.

Hess, T.; Wittenberg, S.: IT-gestütztes Netzwerkcontrolling. In: HMD - Theorie und Praxis der Wirtschaftsinformatik, 42. Jg. (2005) 242, S. 52 - 62.

Hess, T.; Wohlgemuth, O.; Schlembach, H. G.: Bewertung von Unternehmensnetzwerken - Methodik und erste Erfahrungen aus einem Pilotprojekt. In: Zeitschrift Führung + Organisation, 70. Jg. (2001) 2, S. 68 - 74.

Heyd, R.: Führungsorientierte Entscheidungskriterien beim Outsourcing. In: Das Wirtschaftsstudium, 27. Jg. (1998) 8/9, S. 904 - 910.

Higgins, J. M.; Wiese, G. G.: Innovationsmanagement. Kreativitätstechniken für den unternehmerischen Erfolg, Berlin u. a. 1996.

Hippe, A.: Betrachtungsebenen und Erkenntnisziele in strategischen Unternehmensnetzwerken. In: Bellmann, K.; Hippe, A. (Hrsg.): Management von Unternehmensnetzwerken - Interorganisationale Konzepte und praktische Umsetzung, Wiesbaden 1996, S. 21 - 53.

Hippe, A.: Interdependenzen von Strategie und Controlling in Unternehmensnetzwerken, Wiesbaden 1997.

Hirnle, C.: Assessing the risk for opportunism in collective IT investment: a Principal-Agent based framework for use in inter-firm networks, University of Munich, Institute for Information Systems and New Media, Working paper no. 1 2005.

Hirnle, C.: Bewertung unternehmensübergreifender IT-Investitionen. Ein organisationsökonomischer Zugang, Wiesbaden 2006.

Hirnle, C.; Hess, T.: Investing into IT infrastructures for inter-firm networks: Star Alliance's move to the common platform. In: Electronic Journal for Virtual Organizations and Networks, 8. Jg. (2007), S. 124 - 143.

Hirshleifer, J.: On the Economics of Transfer Pricing. In: Journal of Business, 29. Jg. (1956) 3, S. 172 - 184.

Hodgson, G. M.: Economics and institutions, Cambridge 1988.

Hoeve, P.; Schweizer, M.: Vom strategischen Controlling zum integrierten Risikomanagement - alter Wein in neuen Schläuchen? In: Allenspach, M. (Hrsg.): Integriertes Risiko-Management. Perspektiven einer chancenorientierten Unternehmensführung, St. Gallen 2001, S. 103 - 117.

Hofer, C.; Schendel, D.: Strategy Formulation: Analytic Concepts, St. Paul 1978.

Höfer, S.: Strategische Allianzen und Spieltheorie. Analyse des Bildungsprozesses strategischer Allianzen und planungsunterstützender Einsatzmöglichkeiten der Theorie der strategischen Spiele, Lohmar, Köln 1997.

Hoffmann, K.: Riskmanagement - neue Wege der betrieblichen Risikopolitik, Karlsruhe 1985.

Hoffmann, W.; Hanebeck, C.: Das virtuelle Unternehmen. In: Management & Computer, (1995) 1, S. 69 - 71.

Hoffmann, W.; Hanebeck, C.; Scheer, A.-W.: Kooperationsbörse - Der Weg zum virtuellen Unternehmen. In: Management & Computer, (1996) 1, S. 35 - 41.

Hoffmann, W.; Klien, W.; Unger, M.: Strategieplanung. In: Eschenbach, R. (Hrsg.): Controlling, 2. Aufl., Stuttgart 1996, S. 211 - 313.

Hoffmann, W.; Scheer, A.-W.; Hanebeck, C.: Geschäftsprozeßmanagement in virtuellen Unternehmen, Arbeitsbericht Nr. 119 des Instituts für Wirtschaftsinformatik des Universität des Saarlandes, Saabrücken 1995.

Hoffmann, W.; Wüest, G.: Die Shareholder Value Analyse als Controlling-Instrument. In: krp - Kostenrechnungspraxis, 42. Jg. (1998) 4, S. 187 - 195.

Hofmann, C.: Anreizorientierte Controllingsysteme: Budgetierungs-, Ziel- und Verrechnungspreissysteme, Stuttgart 2001.

Hofmann, C.; Homburg, C.: Controlling durch Kombination von Koordinationsinstrumenten. In: Zeitschrift für Betriebswirtschaft, 74. Jg. (2004) 6, S. 563 - 583.

Hohberger, S.: Operationalisierung der Transaktionskostentheorie im Controlling, Wiesbaden 2001.

Holler, M. J.; Illing, G.: Einführung in die Spieltheorie, Berlin u. a. 1993.

Holmström, B.: Moral Hazard in teams. In: Bell Journal of Economics, 13. Jg. (1982) 2, S. 324 - 340.

Holmström, B.: Moral Hazard and Observability. In: Bell Journal of Economics, 10. Jg. (1979) 1, S. 74 - 91.

Holmström, B. R.; Tirole, J.: Transfer Pricing and Organizational Form. In: Journal of Law, Economics and Organization, 7. Jg. (1991), S. 201 - 228.

Hölscher, R.: Die Praxis des Risiko- und Versicherungsmanagements in der deutschen Industrie. In: Schierenbeck, H. (Hrsg.): Risk-Controlling in der Praxis, Stuttgart 2000a, S. 413 - 455.

Hölscher, R.: Gestaltungsformen und Instrumente des industriellen Risikomanagements. In: Schierenbeck, H. (Hrsg.): Risk-Controlling in der Praxis, Stuttgart 2000b, S. 297 - 363.

Homburg, C.: Controlling als Instrument des Risikomanagements - Aktuelle und zukünftige Herausforderungen bei dynamischem Unternehmensumfeld. In: Bearing Point (Hrsg.): Financial Excellence, Lohmar, Köln 2004, S. 237 - 267.

Homburg, C.: Hierarchische Controllingkonzeption: Theoretische Fundierung eines koordinationsorientierten Controlling, Heidelberg 2001.

Homburg, C.; Stephan, J.; Haupt, M.: Risikomanagement unter Nutzung der Balanced Scorecard. In: Der Betrieb, 58. Jg. (2005) 20, S. 1069 - 1075.

Homburg, C.; Toksal, A.; Gödde, D.: Corporate Governance und Value Based Management - Eine empirische Untersuchung der DAX-, MDAX- und TecDAX Unternehmen. Executive Summary, Frankfurt am Main 2004.

Hornung, K.: Risk Management auf der Basis von Risk-Reward-Ratios. In: Lachnit, L. (Hrsg.): Zukunftsfähiges Controlling: Konzeption, Umsetzungen, Praxiserfahrungen, München 1998, S. 273 - 293.

Hornung, K.; Reichmann, T.; Diederichs, M.: Risikomanagement - Teil I: Konzeptionelle Ansätze zur pragmatischen Realisierung gesetzlicher Anforderungen. In: Controlling, 11. Jg. (1999) 7, S. 317 - 325.

Horváth, P.: Neuere Entwicklungen im Controlling. In: Lachnit, L.; Lange, C.; Palloks, M. (Hrsg.): Zukunftsfähiges Controlling: Konzeptionen, Umsetzungen, Praxiserfahrungen. Festschrift zum 60. Geburtstag von Prof. Dr. Thomas Reichmann, München 1998, S. 3 - 18.

Horváth, P.: Die Balanced Scorecard ist der strategische Kompass für das Rechnungswesen. In: krp - Kostenrechnungspraxis, 45. Jg. (2001) Sonderheft 3, S. 50 - 53.

Horváth, P.: Das Balanced-Scorecard-Managementsystem - das Ausgangproblem, der Lösungsansatz und die Umsetzungserfahrungen. In: Die Unternehmung, 53. Jg. (1999) 5, S. 303 - 319.

Horváth, P.: Aufgaben und Stellung des Controllers. In: Betriebswirtschaftliche Forschung und Praxis, 30. Jg. (1978a), S. 129 - 141.

Horváth, P.: Controlling – Entwicklung und Stand einer Konzeption zur Lösung der Adaptions- und Koordinationsprobleme der Führung. In: Zeitschrift für Betriebswirtschaft, 48. Jg. (1978b) 3, S. 194 - 208.

Horváth, P.: Entwicklungstendenzen des Controlling: Strategisches Controlling. In: Rühli, E.; Thommen, J. P. (Hrsg.): Unternehmensführung aus finanz- und bankwirtschaftlicher Sicht, Stuttgart 1981, S. 397 - 415.

Horváth, P.: Controllinginstrumente. In: Wittmann, W.; Kern, W.; Köhler, R.; Küpper, H. U.; Wysocki, K. (Hrsg.): Handwörterbuch der Betriebswirtschaft, Band 1, 5. Aufl., Stuttgart 1993, Sp. 669 - 680.

Horváth, P.: Controlling, 10. Aufl, München 2006.

Horváth, P.; Cassack, I.; Czichowsky, A.: Management und Controlling von F&E-Netzwerken. In: Spath, D. (Hrsg.): München u. a. 2004, S. 19 - 26.

Horváth, P.; Gleich, R.: Controlling als Teil des Risikomanagements. In: Dörner, D.; Horváth, P.; Kagermann, H. (Hrsg.): Praxis des Risikomanagements. Grundlagen, Kategorien, branchenspezifische und strukturelle Aspekte, Stuttgart 2000, S. 99 - 126.

Horváth, P.; Herter, R.: Benchmarking - Vergleich mit den Besten der Besten. In: Controlling, 4. Jg. (1992) 1, S. 4 - 11.

Horváth, P.; Weber, J.: Controlling. In: Pfohl, H. C. (Hrsg.): Betriebswirtschaftslehre der Mittel- und Kleinbetriebe: größenspezifische Probleme und Möglichkeiten zu ihrer Lösung, 3. Aufl., Berlin 1997, S. 335 - 376.

Hostettler, S.: Economic Value Added (EVA) - Darstellung und Anwendung auf Schweizer Aktiengesellschaften, 3. Aufl., Bern u. a. 1998.

Howaldt, J.; Ellerkmann, F.: Entwicklungsphasen von Netzwerken und Unternehmenskooperationen. In: Becker, T.; Dammer, I.; Howaldt, J.; Killich, S.; Loose, A. (Hrsg.): Netzwerkmanagement: Mit Kooperation zum Unternehmenserfolg, Stuttgart 2004, S. 23 - 36.

Huang, S.-M.; Chang, I.-C.; Li, S.-H.; Lin, M.-T.: Assessing risk in ERP projects: identify and prioritize the factors. In: Industrial Management + Data Systems, 104. Jg. (2004) 8/9, S. 681 - 688.

Huber, C.; Schoch, R.; Plüss, A.: Auftragsmanagement im virtuellen Netzwerk: IT-Voraussetzungen am Beispiel der virtuellen Fabrik. In: New Management, (2002) 12, S. 63 - 69.

Hummel, T. R.: Controlling: Grundlagen und Instrumente, Heidelberg 1995.

Hungenberg, H.: Bildung und Entwicklung von strategischen Allianzen – theoretische Erklärung, illustriert am Beispiel der Telekommunikationsbranche. In: Engelhard, J.; Sinz, E. (Hrsg.): Kooperation im Wettbewerb, Wiesbaden 1999, S. 3 - 29.

Hungenberg, H.; Wulf, T.; Maack, B.: Erfolgsmessung in strategischen Allianzen: Ein Ansatz zur aktivitätsbasierten Erfolgsmessung illustriert am Beispiel einer Luftverkehrsallianz. In: Zeitschrift für Planung, 13. Jg. (2002) 3, S. 263 - 283.

Hwang, H. S.; Chuang, C.-L.; Kuan, M.-J.: Supplier Selection and Planning Model Using AHP. In: Levy, J.; Saaty, R. (Hrsg.): Proceedings of the 8th International Symposium on the Analytic Hierarchy Process: Multi-criteria Decision Making, July 8 - 10, 2005, University of Hawaii, Honolulu, Hawaii, USA, Online Proceedings, http://www.superdecisions.com/saaty/_~ISAHP2005/, Abruf am 30.04.2007.

Hwang, P.; Burgers, W. P.: The Many Faces of Multi-Firm Alliances - Lessons for Managers. In: California Management Review, 39. Jg. (1997) 3, S. 101 - 117.

Illing, G.: Spieltheorie in den Wirtschaftswissenschaften. In: Wirtschaftswissenschaftliches Studium, 24. Jg. (1995) 10, S. 509 - 516.

Imboden, C.: Risikohandhabung: ein entscheidungsbezogenes Verfahren, Bern, Stuttgart 1983.

Irrek, W.: Controlling als Rationalitätssicherung der Unternehmensführung? Denkanstösse zur jüngsten Entwicklung der Controllingdiskussion. In: krp - Kostenrechnungspraxis, 46. Jg. (2002) 1, S. 46 - 51.

Islam, R.: Modification of the nominal group technique by using the Analytic Hierarchy Process. In: Köksalan, M.; Zionts, S. (Hrsg.): Multiple Criteria Decision Making in the New Millenium. Proceedings of the Fifteenth International Conference on Multiple Criteria Decision Making (MCDM), Ankara, Turkey, July 10 - 14, 2000, Berlin u. a. 2001, S. 294 - 303.

Jackson, J. H.: The Comptroller: His Functions and Organization, 2nd Ed, Cambridge/Massachusetts 1949.

Jacobs, D.: Dependence and vulnerability: An exchange approach to the control of organizations. In: Administrative Science Quarterly, 19. Jg. (1974), S. 45 - 59.

Jaensch, G.: Unternehmensbewertung bei Akquisitionen in den USA. In: Busse von Colbe, W.; Coenenberg, A. G. (Hrsg.): Unternehmensakquisition und Unternehmensbewertung, Stuttgart 1992, S. 377 - 387.

Jagoda, F.: Strategische Allianzen: Die Wahl des Partners ist entscheidend. In: Gablers Magazin, 4. Jg. (1990) 9, S. 10 - 14.

Jahns, C.: Supply Controlling. Diskussionen über den Zustand einer 'Disziplin'. In: Controlling, 17. Jg. (2005) 6, S. 349 - 358.

Jansen, H.: Neoklassische Theorie und Betriebswirtschaftslehre. In: Wirtschaftswissenschaftliches Studium, 33. Jg. (2004) 7, S. 406 - 411.

Janzen, H.: Das Controlling-Konzept: Annäherung an ein Phantom, Schmalkalden 1998.

Jap, S. D.; Anderson, E.: Safeguarding Interorganizational Performance and Continuity Under Ex Post Opportunism. In: Management Science, 49. Jg. (2003) 12, S. 1684 - 1701.

Jarillo, J. C.: Strategic Networks: Creating the Borderless Organization, 2. Aufl., Oxford 1995.

Jarillo, J. C.: On Strategic Networks. In: Strategic Management Journal, 9. Jg. (1988) 1, S. 31 - 41.

Jarillo, J. C.; Ricart, J. E.: Sustaining Networks. In: Interfaces, 17. Jg. (1987) 5, S. 82 - 91.

Jehle, E.: Probleme und Lösungsmöglichkeiten bei der Steuerung von Unternehmensnetzwerken durch das strategische Controlling. In: Controlling, 15. Jg. (2003) 7/8, S. 379 - 386.

Jehle, E.; Stüllenberg, F.: Kooperationscontrolling am Beispiel eines Logistikdienstleisters. In: Bellmann, K. (Hrsg.): Kooperations- und Netzwerkmanagement. Festgabe für Gert v. Kortzfleisch zum 80. Geburtstag, Berlin 2001, S. 209 - 230.

Jenner, T.: Aufbau und Umsetzung strategischer Erfolgspotentiale als Kernaufgabe des strategischen Managements. In: Die Unternehmung, 52. Jg. (1998) 3, S. 145 - 159.

Jensen, M. C.; Meckling, W. H.: Theory of the Firm: Managerial Behaviour, Agency Costs and Ownership Structure. In: Journal of Financial Economics, 3. Jg. (1976), S. 305 - 360.

Jochen, M.; Resch, M.: Koordination der Auftragsvergabe über Einkaufsauktionen in strategischen Beschaffungsnetzwerken. In: Controlling, 19. Jg. (2007) 6, S. 309 - 315.

John, G.: An Empirical Investigation of Some Antecedents of Opportunism in a Marketing Channel. In: Journal of Marketing Research, 21. Jg. (1984) 8, S. 278 - 289.

Jöhnk, T.; Zimmermann, G.: Balanced Scorecard in öffentlich-rechtlichen Kreditinstituten, Stuttgart 2001.

Johnston, W. J.; Lewin, J. E.; Spekman, R. E.: International Industrial Marketing Interactions: Dyadic and Network Perspectives. In: Journal of Business Research, 46. Jg. (1999) 3, S. 259 - 271.

Jonen, A.; Lingnau, V.: Bewertung von IT-Investitionen - Einbezug von Werttreibern und Risiken. In: Zeitschrift für Controlling & Management, 51. Jg. (2007) 4, S. 246 - 250.

Jonen, A.; Lingnau, V.; Sagawe, C.: Aufbau eines kognitionsorientierten Risikocontrollinginstrumentes: Unterstützung der Risikobewertung mittels des Analytic Hierarchy Process, Beiträge zur Controlling-Forschung Nr. 12, herausgegeben von Univ.-Prof. Dr. Volker Lingnau, Kaiserslautern 2007.

Jones, C.: Careers in project networks: the case of the film industry. In: Arthur, M. B.; Rousseau, D. M. (Hrsg.): The boundaryless career, Oxford 1996, S. 58 - 75.

Jones, C.; Hesterly, W. S.; Borgatti, S. P.: A General Theory of Network Governance - Exchange Conditions and Social Mechanisms. In: Academy of Management Review, 22. Jg. (1997) 4, S. 911 - 945.

Jones, C.; Hesterly, W. S.; Fladmoe-Lindquist, K.; Borgatti, S. P.: Professional Service Constellations - How Strategies and Capabilities Influence Collaborative Stability and Change. In: Organization Science, 9. Jg. (1998) 3, S. 396 - 410.

Jones, G. R.; Hill, C. W. L.: Transaction Cost Analysis of Strategic-Structure Choice. In: Strategic Management Journal, 9. Jg. (1988), S. 159 - 172.

Joskow, P.: Contract duration and relationship-specific investments: empirical evidence from coal markets. In: American Economic Review, 77. Jg. (1985), S. 168 - 185.

Jossé, G.: Management von Chance und Risiko. In: Gerberich, C. W. (Hrsg.): Praxishandbuch Controlling. Trend, Konzepte, Instrumente, Wiesbaden 2005, S. 225 - 250.

Jost, P.-J.: Theoretische Grundlagen der Spieltheorie. In: Jost, P.-J. (Hrsg.): Die Spieltheorie in der Betriebswirtschaftslehre, Stuttgart 2001b, S. 43 - 78.

Jost, P.-J.: Die Prinzipal-Agenten-Theorie im Unternehmenskontext. In: Jost, P.-J. (Hrsg.): Die Prinzipal-Agenten-Theorie in der Betriebswirtschaftslehre, Stuttgart 2001a, S. 11 - 43.

Jost, P.-J.: Die Spieltheorie im Unternehmenskontext. In: Jost, P.-J. (Hrsg.): Die Spieltheorie in der Betriebswirtschaftslehre, Stuttgart 2001c, S. 9 - 41.

Jüttler, H.: Untersuchungen zu Fragen der Operationsforschung und ihrer Anwendungsmöglichkeiten, Berlin 1966.

Kaas, K. P.; Fischer, M.: Der Transaktionskostenansatz. In: Das Wirtschaftsstudium, 22. Jg. (1993) 8 - 9, S. 686 - 693.

Kaas, K.-P.: Marketing als Bewältigung von Informations- und Unsicherheitsproblemen im Markt. In: Die Betriebswirtschaft, 50. Jg. (1990) 4, S. 539 - 548.

Kaas, K.-P.: Marktinformationen: Screening und Signaling unter Partnern und Rivalen. In: Zeitschrift für Betriebswirtschaft, 61. Jg. (1991) 3, S. 357 - 370.

Kabel, D.; Durst, R.; Mühlfelder, M.: Voraussetzungen für unternehmensübergreifende Kooperationen. In: Luczak, H.; Schenk, M. (Hrsg.): Kooperationen in Theorie und Praxis: Personale, organisatorische und juristische Aspekte bei Kooperationen industrieller Dienstleistung im Mittelstand, Düsseldorf 1999, S. 92 - 105.

Kabel, D.; Stecher, U.; Sallaba, G.; Durst, R.: Projektmanagement in Kooperationsprojekten. In: Luczak, H.; Schenk, M. (Hrsg.): Kooperationen in Theorie und Praxis: Personale, organisatorische und juristische Aspekte bei Kooperationen industrieller Dienstleistung im Mittelstand, Düsseldorf 1999, S. 44 - 91.

Kah, A.: Profitcenter-Steuerung, Stuttgart 1994.

Kahle, E.; Bouncken, R. B.: Entwicklung von Netzwerken - von der Vorgründung bis zum frühen Wachstum. In: Füglistaller, U.; Pleitner, H. J.; Volery, T.; Weber, W. (Hrsg.): Umbruch der Welt - KMU vor Höhenflug oder Absturz?, St. Gallen 2002, S. 397 - 409.

Kajüter, P.: Risk Management in Supply Chains. In: Seuring, S.; Müller, M.; Goldbach, M.; Schneidewind, U. (Hrsg.): Strategy and Organization in Supply Chains, Heidelberg, New York 2003b, S. 321 - 336.

Kajüter, P.: Instrumente zum Risikomanagement in der Supply Chain. In: Stölzle, W.; Otto, A. (Hrsg.): Supply Chain Controlling in Theorie und Praxis. Aktuelle Konzepte und Unternehmensbeispiele, Wiesbaden 2003a, S. 107 - 135.

Kajüter, P.: Risikomanagement in der Supply Chain: Ökonomische, regulatorische und konzeptionelle Grundlagen. In: Vahrenkamp, R.; Siepermann, C. (Hrsg.):

Risikomanagement in Supply Chains. Gefahren abwehren, Chancen nutzen, Erfolg generieren, Berlin 2007, S. 13 - 27.

Kale, P.; Singh, H.; Perlmutter, H.: Learning and Protection of Proprietary Assets in Strategic Alliances - Building Relational Capital. In: Strategic Management Journal, 21. Jg. (2000) 3, S. 217 - 237.

Kalika, V. I.: Multi-Level hierarchical system to take into account uncertainty in multi-criteria decision making process. In: Dellmann, K. (Hrsg.): Proceedings of the Sixth International Symposium on the Analytic Hierarchy Process, Bern 2001, S. 173 - 180.

Kaluza, B.; Blecker, T.: Strategische Optionen in der Unternehmung ohne Grenzen. In: Kaluza, B.; Blecker, T. (Hrsg.): Produktions- und Logistikmanagement in Virtuellen Unternehmen und Unternehmensnetzwerken, Berlin u. a. 2000a, S. 533 - 567.

Kaluza, B.; Blecker, T.: Technologiemanagement in Produktionsnetzwerken und Virtuellen Unternehmen. In: Zeitschrift für Betriebswirtschaft, 70. Jg. (2000b) Ergänzungsheft 2, S. 137 - 156.

Kanter, R. M.: Collaborate Advantage: the art of alliances. In: Harvard Business Review, 72. Jg. (1994), S. 96 - 108.

Kanter, R. M.: Unternehmenspartnerschaften: Langsam zueinander finden. In: Harvard Business Manager, 17. Jg. (1995) 2, S. 33 - 43.

Kaplan, R. S.; Norton, D. P.: Balanced Scorecard: Strategien erfolgreich umsetzen, Stuttgart 1997.

Kaplan, R. S.; Norton, D. P.: The strategy-focused organization: how balanced scorecard companies thrive in the new business environment, Boston 2001.

Kaplan, R. S.; Norton, D. P.: The Balanced Scorecard - Measures That Drive Performance. In: Harvard Business Review, (1992) January-February, S. 71 - 79.

Kaplan, R. S.; Norton, D. P.: Linking the Balanced Scorecard to Strategy. In: California Management Review, 39. Jg. (1996b) 1, S. 53 - 79.

Kaplan, R. S.; Norton, D. P.: Using the Balanced Scorecard as a Strategic Management System. In: Harvard Business Review, (1996a) January-February, S. 75 - 85.

Kappich, L.: Theorie der internationalen Unternehmenstätigkeit: Betrachtung der Grundformen des internationalen Engagements aus koordinationskostenorientierter Perspektive, München 1989.

Karten, W.: Risk Management. In: Wittmann, W. (Hrsg.): Enzyklopädie der Betriebswirtschaftslehre, Bd. 3, 5. Aufl., Stuttgart 1993, Sp. 3825 - 3836.

Karten, W.: Die Unsicherheit des Risikobegriffs. In: Braess, D.; Farny, D.; Schmidt, R. (Hrsg.): Praxis und Theorie der Versicherungsbetriebslehre. Festgabe für H.-L. Müller-Lutz zum 60. Geburtstag, Karlsruhe 1972, S. 147 - 169.

Karten, W.: Aspekte des Risk Managements. In: Betriebswirtschaftliche Forschung und Praxis, 30. Jg. (1978) 4, S. 308 - 323.

Kasperzak, R.: Der Konzern – eine Organisationsform zwischen Markt und Hierarchie? In: Wirtschaftswissenschaftliches Studium, 29. Jg. (2000) 3, S. 151 - 157.

Katzy, B.; Schuh, G.; Millarg, K.: Die virtuelle Fabrik - Produzieren im Netzwerk. In: Technische Rundschau, (1996) 43, S. 30 - 34.

Kaufmann, F.: Internationalisierung durch Kooperation - Strategien für mittelständische Unternehmen, 2. Aufl., Iserlohn 1996.

Kaufmann, F.: Internationale Kooperationen als Strategie zur Sicherung der Unternehmenskontinuität des Mittelstandes. In: Betriebswirtschaftliche Forschung und Praxis, 45. Jg. (1993) 3, S. 278 - 287.

Kaufmann, F.; Kokalj, L.; May-Strobl, E.: EG-Binnenmarkt. Die grenzüberschreitende Kooperation mittelständischer Unternehmen, Stuttgart 1990.

Kaufmann, L.: Balanced Scorecard. In: Zeitschrift für Planung, 8. Jg. (1997) 4, S. 421 - 428.

Kaufmann, L.: Strategisches Sourcing. In: Zeitschrift für betriebswirtschaftliche Forschung, 47. Jg. (1995) 3, S. 275 - 296.

Kaum, S.: Umsetzung der marktorientierten Unternehmenssteuerung in Banken durch die Balanced Scorecard. In: Finanz Betrieb, 2. Jg. (2000) 5, S. 293 - 295.

Keck, O.: The Information Dilemma: Private Information as a Cause of Transaction Failure in Markets, Regulations, Hierarchy and Politics. In: Journal of Conflict Resolution, 31. Jg. (1987), S. 139 - 163.

Kemmner, G. A.; Gillessen, A.: Virtuelle Unternehmen: Ein Leitfaden zum Aufbau und zur Organisation einer mittelständischen Unternehmenskooperation, Heidelberg 2000.

Khanna, T.; Gulati, R.; Nohria, N.: The dynamics of learning alliances: Competition, cooperation and relative scope. In: Strategic Management Journal, 19. Jg. (1998) 3, S. 193 - 210.

Kieser, A.: Erklären die Theorie der Verfügungsrechte und der Transaktionskostenansatz historischen Wandel von Organisationen? In: Badäus, D.; Gerum, E.; Zimmermann, G. (Hrsg.): Betriebswirtschaftslehre und Theorie der Verfügungsrechte, Wiesbaden 1988, S. 299 - 323.

Kieser, A.; Kubicek, H.: Organisation, 3. Aufl., Berlin, New York 1992.

Kilian, W.: Rechtliche Rahmenbedingungen für die Telekooperation von Unternehmen. In: Betriebs-Berater, 52. Jg. (1997) 20, S. 1004 - 1008.

Killich, S.: Kooperationsformen. In: Becker, T.; Dammer, I.; Howaldt, J.; Killich, S.; Loose, A. (Hrsg.): Netzwerkmanagement: Mit Kooperation zum Unternehmenserfolg, Stuttgart 2004, S. 13 - 22.

Kimmig, J. M.: Risiko-Controlling in der Unternehmung: Unsicherheit im Warentermingeschäft, Wiesbaden 2001.

Kinoshita, E.: Why we need AHP/ANP instead of Utility Theory in today's complex World - AHP from the Perspective of Bounded Rationality. In: Levy, J.;

Saaty, R. (Hrsg.): Proceedings of the 8th International Symposium on the Analytic Hierarchy Process: Multi-criteria Decision Making, July 8 - 10, 2005, University of Hawaii, Honolulu, Hawaii, USA, Online Proceedings, http://www.superdecisions.com/saaty/ISAHP2005/, Abruf am 30.04.2007.

Kirchgässner, G.: Homo oeconomicus - Das ökonomische Modell individuellen Verhaltens und seine Anwendung in den Wirtschafts- und Sozialwissenschaften, 2. Aufl., Tübingen 2000.

Kirchner, C.; Picot, A.: Transaction Cost Analysis of Structural Changes in the Distribution System: Reflections on Institutional Developements in the Federal Republic of Germany. In: Zeitschrift für die gesamte Staatswissenschaft, 143. Jg. (1987), S. 62 - 81.

Kirsch, W.: Einführung in die Theorie der Entscheidungsprozesse, Bd. III, Wiesbaden 1971.

Kirsch, W.: Unternehmenspolitik und strategische Unternehmensführung, 2. Aufl, München 1991.

Kirsch, W.: Einführung in die Theorie der Entscheidungsprozesse, 2. Aufl., Wiesbaden 1977.

Kirsch, W.: Die Führung von Unternehmen, München 2001.

Kirsch, W.; Mayer, G.: Die Handhabung komplexer Probleme. In: Kirsch, W. (Hrsg.): Entscheidungsverhalten und Handhabung von Problemen, München 1976, S. 99 - 219.

Klein, B.; Crawford, R.; Alchian, A.: Vertical Integration, Appropriable Rents, and the Competitive Contracting Process. In: Journal of Law and Economics, 22. Jg. (1978) 21, S. 297 - 326.

Klein, S.: Virtuelle Organisation. In: Wirtschaftswissenschaftliches Studium, 23. Jg. (1994) 6, S. 309 - 311.

Klein, S.: Interorganisationssysteme und Unternehmensnetzwerke: Wechselwirkungen zwischen organisatorischer und informationstechnischer Entwicklung, Wiesbaden 1996.

Kleinschnittger, U.: Beteiligungs-Controlling, München 1993.

Kless, T.: Beherrschung der Unternehmensrisiken: Aufgaben und Prozesse eines Risikomanagements. In: Deutsches Steuerrecht, 36. Jg. (1998) 3, S. 93 - 96.

Klingebiel, N.: Integriertes Performance Measurement, Wiesbaden 2000.

Klingebiel, N.: Performance Measurement: Grundlagen - Ansätze - Fallstudien, Wiesbaden 1999.

Klingebiel, N.: Performance Measurement-Systeme. In: Das Wirtschaftsstudium, 26. Jg. (1997) 7, S. 655 - 663.

Klingebiel, N.: Performance Management - Performance Measurement. In: Zeitschrift für Planung, 9. Jg. (1998) 1, S. 1 - 15.

Knight, F. H.: Risk, Uncertainty and Profit, Boston u. a. 1921, 9. Wiederabdruck, New York 1964.

Knoblich, H.: Zwischenbetriebliche Kooperation. Wesen, Formen, Ziele. In: Zeitschrift für Betriebswirtschaft, 39. Jg. (1969) 8, S. 497 - 514.

Knorren, N.; Weber, J.: Implementierung des Shareholder Value, Vallendar 1997.

Knuppertz, T.; Ahlrichs, F.: Prozessorientiertes Risikomanagement. In: Controlling, 19. Jg. (2007) 8/9, S. 491 - 499.

Knyphausen-Aufseß, D. z.: Theoretische Perspektiven der Entwicklung von Regionalnetzwerken. In: Zeitschrift für Betriebswirtschaft, 69. Jg. (1999) 5/6, S. 593 - 616.

Knyphausen-Aufseß, D. z.: Organisation als Erfolgspotential - Ansätze zu einem "Organisationscontrolling". In: Zeitschrift für Planung, 8. Jg. (1997) 4, S. 375 - 394.

Koch, H. D.: Techniken zur Handhabung von Unsicherheit. In: Szyperski, N. (Hrsg.): Enzyklopädie der Betriebswirtschaftslehre, Bd. 9: Handwörterbuch der Planung, Stuttgart 1989, Sp. 2060 - 2073.

Koch, H. D.: Informations- und Controllingstrukturen in dezentralisierten Unternehmen. In: Picot, A. (Hrsg.): Information als Wettbewerbsfaktor, Stuttgart 1997, S. 303 - 314.

Koch, M.; Baier, D.: Anwendungsstand und Nutzenpotenziale des eCommerce für KMU in der Bauwirtschaft: Eine theoretische und empirische Bestandsaufnahme. In: Meyer, J. A. (Hrsg.): New Economy in kleinen und mittleren Unternehmen, Jahrbuch der KMU-Forschung2002, 2002b, S. 63 - 83.

Koch, M.; Baier, D.: E-Commerce in der Bauwirtschaft. In: Baumarkt + Bauwirtschaft, (2002a) 1, S. 42 - 44.

Koch, M.; Möslein, K.; Wagner, M.: Vertrauen und Reputation in Online-Anwendungen und virtuellen Gemeinschaften. In: Engelien, M.; Neumann, D. (Hrsg.): Virtuelle Organisation und Neue Medien 2000, Lohmar, Köln 2000, S. 188 - 197.

Kochendörfer, B.; Liebchen, J.: Bau-Projekt-Management: Grundlagen und Vorgehensweisen, Stuttgart u. a. 2001.

Kocian, C.: Virtuelle Kooperationen im Mittelstand, Wiesbaden 1999.

Kocian, C.; Corrèca, G. N.; Scheer, A.-W.: Das Virtuelle Zentrum: Rahmenkonzept für Entstehung und Management virtueller Unternehmen. In: Information Management, 12. Jg. (1997) 3, S. 59 - 64.

Koenig, C.; Van Wilk, G.: Alliances interentreprises: le rôle de la confiance. In: Noël, A. (Hrsg.): Perspectives en Management Stratégique, Paris 1992,

Kogut, B.: Joint ventures: Theoretical and empirical perspectives. In: Strategic Management Journal, 9. Jg. (1988b) 4, S. 319 - 332.

Kogut, B.: The Stability of Joint Ventures: Reciprocity and Competitive Rivalry. In: Journal of Industrial Economics, 38. Jg. (1989), S. 183 - 198.

Kogut, B.: A Study of the Life Cycle of Joint Ventures. In: Management International Review, Special Issue: Cooperative Strategies in International Business, (1988a), S. 39 - 51.

Köhler, H.-D.: Auf dem Weg zum Netzwerkunternehmen? Anmerkungen zu einem problematischen Konzept am Beispiel der deutschen Automobilkonzerne. In: Sydow, J.; Wirth, C. (Hrsg.): Arbeit, Personal und Mitbestimmung in Unternehmensnetzwerken, München 1999, S. 365 - 381.

Kontos, G.: Bewertung des Erfolgs von Unternehmensnetzwerken in der F&E, Aachen 2004.

Kor, A.: Grundlagen des Projektmanagements. In: Das Wirtschaftsstudium, 32. Jg. (2003) 2, S. 185 - 187.

Koreimann, D.: Die betrieblichen Störgrößen. Ein Beitrag zu einer Systematik. In: Betriebswirtschaftliche Forschung und Praxis, 16. Jg. (1964) 2, S. 97 - 105.

Korhonen, P.; Topdagi, H.: Performance of the AHP in Comparison of Gains and Losses. In: Mathematical and Computer Modelling, 37. Jg. (2003) 7 - 8, S. 757 - 766.

Kosiol, E.: Organisation der Unternehmung, 2. Aufl, Wiesbaden 1976.

Kossbiel, H.: Überlegungen zur Effizienz betrieblicher Anreizsysteme. In: Die Betriebswirtschaft, 54. Jg. (1994) 1, S. 75 - 93.

KPMG: Integriertes Risikomanagement, Berlin 1998.

Kraege, R.: Controlling strategischer Unternehmungskooperationen: Aufgaben, Instrumente und Gestaltungsempfehlungen, München, Mering 1997.

Kraft, A.; Kreutz, P.: Gesellschaftsrecht, 11. Aufl., Frankfurt am Main 2000.

Krahe, A.: Balanced Scorecard - Baustein zu einem prozessorientierten Controlling? In: Controller Magazin, 24. Jg. (1999) 2, S. 116 - 122.

Kräkel, M.: Auktionstheorie und interne Organisation, Wiesbaden 1992.

Kratzheller, J. B.: Risiko und Risk Management aus organisationswissenschaftlicher Perspektive, Wiesbaden 1997.

Kraus, H.: Operatives Controlling. In: Mayer, E.; Weber, J. (Hrsg.): Handbuch Controlling, Stuttgart 1990, S. 119 - 172.

Krebs, M.; Rock, R.: Unternehmensnetzwerke - eine intermediäre oder eigenständige Organisationsform. In: Sydow, J.; Windeler, A. (Hrsg.): Management interorganisationaler Beziehungen, Opladen 1994, S. 322 - 345.

Kreikebaum, H.: Strategische Unternehmensplanung, 6. Aufl., Stuttgart u. a. 1997.

Krelle, W.: Unsicherheit und Risiko in der Preisbildung. In: Zeitschrift für die gesamte Staatswissenschaft, 113. Jg. (1957), S. 632 - 677.

Kreuter, A.: Verrechungspreise in Profit-Center-Organisationen, München 1997.

Krieg, W.: Risikobewältigung. In: io Management, 47. Jg. (1978) 12, S. 533 - 536.

Krieger, D. J.: Einführung in die allgemeine Systemtheorie, München 1996.

Kröckel, H. G.: Zur Funktion des Controller im Industriebetrieb der USA, Berlin 1965.

Kromschröder, B.; Lück, W.: Grundsätze risikoorientierter Unternehmensüberwachung. In: Der Betrieb, 51. Jg. (1998) 32, S. 1573 - 1576.

Kronen, J.: Computergestützte Unternehmenskooperationen: Potentiale - Strategien - Planungsmodelle, Wiesbaden 1994.

Krüger, R.: Das Just-in-Time-Konzept für globale Logistikprozesse, Wiesbaden 2004.

Krüger, S.: Simulation - Grundlagen, Techniken, Anwendungen, Berlin, New York 1974.

Krystek, U.: Neue Controlling-Aufgaben durch neue Gesetze? KonTraG und InsO als Herausforderung für das Controlling. In: krp - Kostenrechnungspraxis, 43. Jg. (1999) 3, S. 145 - 151.

Krystek, U.; Müller-Stewens, G.: Grundzüge einer strategischen Frühaufklärung. In: Hahn, D.; Taylor, B. (Hrsg.): Strategische Unternehmensplanung - Strategische Unternehmensführung, Heidelberg 1990, S. 337 - 364.

Krystek, U.; Redel, W.; Reppegather, S.: Erfolgsfaktoren und Elemente der Virtualität. In: Gablers Magazin, 11. Jg. (1997a) 3, S. 12 - 15.

Krystek, U.; Redel, W.; Reppegather, S.: Grundzüge virtueller Organisationen: Elemente und Erfolgsfaktoren, Chancen und Risiken, Wiesbaden 1997b.

Krystek, U.; Zur, E.: Projektcontrolling: Frühaufklärung von projektbezogenen Chancen und Risiken. In: Controlling, 3. Jg. (1991) 9, S. 304 - 311.

Kudernatsch, D.: Operationalisierung und empirische Überprüfung der Balanced Scorecard, Wiesbaden 2001.

Kuebart, J.: Verrechnungspreise im internationalen Lizenzgeschäft, Bielefeld 1995.

Kühlmann, K.: Erfolgreiches Risk Management in der Tagungs-, Kongreß- und Messewirtschaft, Karlsruhe 1996.

Kühlmann, T. M.: Selbstorganisation im Dschungel der Weltmärkte. Der Mittelstand spinnt Unternehmensnetzwerke. In: Arbeitsgemeinschaft der Bayerischen Forschungsverbände (Hrsg.): Zukunft im Brennpunkt, Bd. 2, München 2003, S. 17 - 22.

Kuhn, T. S.: Die Struktur wissenschaftlicher Revolutionen, 2. Aufl., Frankfurt am Main 1976.

Kumar, N. V.; Ganesh, L. S.: A simulation-based evaluation of the approximate and the exact eigenvector methods employed in AHP. In: European Journal of Operational Research, 95. Jg. (1996) 3, S. 656 - 662.

Küpper, H. U.: Kostenplanung und Kostensteuerung. In: Macharzina, K.; Welge, M. K. (Hrsg.): Handwörterbuch Export und Internationale Unternehmung, Stuttgart 1989, Sp. 1191 - 1199.

Küpper, H. U.: Koordination und Interdependenz als Bausteine einer konzeptionellen und theoretischen Fundierung des Controlling. In: Lücke, W. (Hrsg.): Betriebswirtschaftliche Steuerungs- und Kontrollprobleme, Wiesbaden 1988, S. 163 - 183.

Küpper, H. U.: Controlling: Konzeption, Aufgaben und Instrumente, 4. Aufl., Stuttgart 2005.

Küpper, H. U.; Weber, J.; Zünd, A.: Zum Verständnis und Selbstverständnis des Controlling: Thesen zur Konsensbildung. In: Zeitschrift für Betriebswirtschaft, 60. Jg. (1990) 3, S. 281 - 293.

Küpper, H. U.; Winckler, B.; Zhang, S.: Planungsverfahren und Planungsinformationen als Instrumente des Controlling. In: Die Betriebswirtschaft, 50. Jg. (1990) 4, S. 435 - 458.

Küpper, W.; Ortmann, G.: Mikropolitik - Rationalität, Macht und Spiele in Organisationen, Opladen 1988.

Kupsch, P.: Risikomanagement. In: Corsten, H.; Reiß, M. (Hrsg.): Handbuch Unternehmensführung: Konzept - Instrumente - Schnittstellen, Wiesbaden 1995, S. 529 - 548.

Kupsch, P.: Risiko und Entscheidung, München 1971.

Kupsch, P.: Risiken als Gegenstand der Unternehmungspolitik. In: Wirtschaftswissenschaftliches Studium, 4. Jg. (1975), S. 153 - 159.

Kupsch, P. U.: Das Risiko im Entscheidungsprozess, Wiesbaden 1973.

Küting, K.; Eidel, U.: Performance-Messung und Unternehmensbewertung auf Basis des EVA. In: Die Wirtschaftsprüfung, 52. Jg. (1999) 21, S. 829 - 838.

Küting, K.; Weber, C.-P.: Die Bilanzanalyse. Beurteilung von Abschlüssen nach HGB und IFRS, 8. Aufl., Stuttgart 2006.

Kyläheiko, K.: Coping with Technologies: A Study on Economic Methodology and Strategic Management of Technology, Lappeenranta 1995.

Lange, C.; Schaefer, S.: Perspektiven der Controllingforschung: Weiterentwicklung des informationsorientierten Controllingansatzes. In: Controlling, 15. Jg. (2003) 7/8, S. 399 - 404.

Lange, C.; Schaefer, S.; Daldrup, H.: Integriertes Controlling in strategischen Unternehmensnetzwerken. In: Controlling, 13. Jg. (2001) 2, S. 75 - 83.

Langerfeldt, M.: Das Gefangenendilemma: Der Beißknochen der Spieltheorie. In: Wirtschaftswissenschaftliches Studium, 32. Jg. (2003) 4, S. 226 - 230.

Langerfeldt, M.: Spieltheorie. In: Das Wirtschaftsstudium, 30. Jg. (2001) 12, S. 1619 - 1621.

Langerfeldt, M.: Transaktionskostentheorie. In: Das Wirtschaftsstudium, 31. Jg. (2002) 5, S. 653 - 655.

Lasserre, P.: Selecting a Foreign Partner for Technology Transfer. In: Long Range Planning, 17. Jg. (1984) 12, S. 43 - 49.

Laux, H.: Risiko, Anreiz und Kontrolle, Berlin u. a. 1990.

Laux, H.; Liermann, F.: Grundlagen der Organisation, 2. Aufl., Heidelberg u. a. 1990.

Legenhausen, C.: Controllinginstrumente für den Mittelstand, Wiesbaden 1998.

Leonhard-Barton, D.: Core Capabilities and Core Rigidities: A Paradox in Managing New Product Development. In: Strategic Management Journal, 13. Jg. (1992) Sonderausgabe, S. 111 - 125.

Letmathe, P.: Operative Netzwerke aus der Sicht der Theorie der Unternehmung. In: Zeitschrift für Betriebswirtschaft, 71. Jg. (2001) 5, S. 551 - 570.

Levine, S.; White, P. E.: Exchange as a Conceptual Framework for the Study of Interorganizational Relationships. In: Administrative Science Quarterly, 5. Jg. (1961) 4, S. 583 - 601.

Lewis, J. D.: Strategische Allianzen, Frankfurt am Main, New York 1991.

Liberatore, M. J.; Miller, T.: A framework for integrating activity-based costing and the Balanced Scorecard into the logistics strategy developement and monitoring process. In: Journal of Business Logistics, 19. Jg. (1998) 2, S. 131 - 154.

Liebhart, U. E.: Strategische Kooperationsnetzwerke: Entwicklung, Gestaltung und Steuerung, Wiesbaden 2002.

Liebl, F.: Auf dem Weg zu einem strategischen Risiko-Management. In: Lange, K. W.; Wall, F. (Hrsg.): Risikomanagement nach dem KonTraG - Aufgaben und Chancen aus betriebswirtschaftlicher und juristischer Sicht, München 2001, S. 504 - 528.

Liedtke, U.: Controlling und Informationstechnologie: Auswirkungen auf die organisatorische Gestaltung, München 1991.

Liekweg, A.: Risikomanagement und Rationalität. Präskriptive Theorie und praktische Ausgestaltung von Risikomanagement, Wiesbaden 2003.

Liestmann, V.; Gill, C.; Flechtner, E.: Analyse, Identifikation und Bewertung von überbetrieblichen Kooperationspotentialen. In: Luczak, H.; Schenk, M. (Hrsg.): Kooperationen in Theorie und Praxis: Personale, organisatorische und juristische Aspekte bei Kooperationen industrieller Dienstleistung im Mittelstand, Düsseldorf 1999, S. 130 - 154.

Lillich, L.: Nutzwertverfahren, Heidelberg 1992.

Linde, F.: Virtualisierung von Unternehmen. Wettbewerbspolitische Implikationen, Wiesbaden 1997.

Lingnau, V.; Jonen, A.: Kognitionsorientiertes Risikocontrolling in der Supply Chain: Balanced Supply Chain Risk Map. In: Vahrenkamp, R.; Siepermann, C. (Hrsg.): Risikomanagement in Supply Chains. Gefahren abwehren, Chancen nutzen, Erfolg generieren, Berlin 2007, S. 337 - 353.

Lingnau, V.; Jonen, A.; Müller, J.: Risiken bei IT-Investitionen: Ein Vorgehensmodell. In: Das Wirtschaftsstudium, 35. Jg. (2006) 10, S. 1274 - 1285.

Link, P.: Risikomanagement in Innovationskooperationen: Ein Ansatz zur fairen Aufteilung von Chancen und Risiken, Zürich 2001.

Link, P.: Risikomanagement in Kooperationsprojekten: Partnerschaftliche Innovationsvorhaben verlangen nach neuen Lösungsansätzen. In: io Management, 68. Jg. (1999) 12, S. 42 - 45.

Link, P.; Marxt, C.: Integration of risk- and chance management in the co-operation process. In: International Journal of Production Economics, 90. Jg. (2004) 1, S. 71 - 78.

Linn, N.: Die Implementierung vertikaler Kooperation: theoretische Konzeption und erste empirische Ergebnisse zum Prozeß der Ausgliederung logistischer Teilaufgaben, Frankfurt am Main u. a. 1989.

Linn, N.: Die Implementierung vertikaler Kooperationen: Theoretische Konzeption und erste empirische Betrachtung, Frankfurt am Main u. a. 1988.

Linné, H.: Wahl geeigneter Kooperationspartner, Frankfurt am Main u. a. 1993.

Linnhoff, U.; Pellens, B.: Investitionsrechnung. In: Busse von Colbe, W.; Coenenberg, A. G.; Kajüter, P.; Linnhoff, U. (Hrsg.): Betriebswirtschaft für Führungskräfte, 2. Aufl., Stuttgart 2002, S. 139 - 174.

Lischke, T.; Kirner, H.: Einführung und Organisation eines Risikomanagementsystems. In: CM Controller Magazin, 25. Jg. (2000) 1, S. 44 - 49.

Lissmann, K.: Joint Venture erfolgreich organisieren und managen: Neue Märkte durch strategische Kooperationen, München 1990.

Littig, P.: Coopetition: die Klugen vergrößern den Kuchen. Marktstudie zur Kooperation zwischen Wettbewerbern, Bielefeld 1999.

Lode, R.: Formen der Unternehmenskooperation, Münster 1974.

Lohmann, C.: Organisation dauerhafter Kooperationen, Mering 2000.

Lohtia, R.; Brooks, C. M.; Krapfel, R. E.: What Constitutes a Transaction-Specific Asset? An Examination of the Dimensions and Types. In: Journal of Business Research, 30. Jg. (1994) 7, S. 261 - 270.

Loos, C. F.; Wolf, R.; Heinzl, A.: Collaborative Customer Relationship Management in Handwerkerverbünden. In: HMD - Praxis der Wirtschaftsinformatik, 42. Jg. (2005) 243, S. 103 - 111.

Loose, A.: Kooperationsverbünde und Unternehmensnetzwerke im Bau- und Ausbauhandwerk: Auf dem Weg zum "virtuellen" Unternehmen? In: Howaldt, J.; Kopp, R.; Flocken, P. (Hrsg.): Kooperationsverbünde und regionale Modernisierung: Theorie und Praxis der Netzwerkarbeit, Wiesbaden 2001,

Loose, M.; Schröder, S.; Schünemann, G.: Sicherung von Projektqualität durch Telekooperation. In: Zeitschrift für Betriebswirtschaft, 71. Jg. (2001) Sonderheft 3, S. 91 - 110.

Lootsma, F. A.: Scale sensitivity in the multiplicative AHP and SMART. In: Journal of Multi-Criteria Decision Analysis, 2. Jg. (1993) 2, S. 87 - 110.

Lorson, P.: Auswirkungen von Shareholder-Value-Konzepten auf die Bewertung und Steuerung ganzer Unternehmen, Herne, Berlin 2004.

Lorth, M.: Optimale Risikoallokation in Zulieferer-Abnehmer-Systemen, Wiesbaden 2000.

Löser, B.: Internationalisierung mittelständischer Produktionsunternehmen durch strategische Netzwerke, Aachen 2000.

Luce, R. D.; Raiffa, H.: Games and Decisions, London u. a. 1957.

Lück, W.: Elemente eines Risiko-Managementsystems. Die Notwendigkeit eines Risiko-Managementsystems durch den Entwurf eines Gesetzes zur Kontrolle und Transparenz im Unternehmensbereich (KonTraG). In: Der Betrieb, 51. Jg. (1998b) 1/2, S. 8 - 14.

Lück, W.: Managementrisiken im Risikomanagementsystem. In: Der Betrieb, 53. Jg. (2000) 30, S. 1473 - 1477.

Lück, W.: Der Umgang mit unternehmerischen Risiken durch ein Risikomanagementsystem und durch ein Überwachungssystem. In: Der Betrieb, 51. Jg. (1998a) 39, S. 1925 - 1930.

Luhmann, N.: Komplexität. In: Grochla, E. (Hrsg.): Handwörterbuch der Organisation, 2. Aufl., Stuttgart 1980, Sp. 1064 - 1070.

Luhmann, N.: Soziale Systeme: Grundriss einer allgemeinen Theorie, Frankfurt a. M. 1984.

Luhmann, N.: Risiko und Gefahr, St. Gallen 1990.

Luhmer, A.: Kontrolltheorie und Betriebswirtschaftslehre. In: Wittmann, W. (Hrsg.): Handwörterbuch der Betriebswirtschaftslehre, Teilband 2, Stuttgart 1993, Sp. 2261 - 2273.

Lung, M.: Kommunikation und Kooperation im Unternehmen. In: Mandl, H.; Reinmann-Rothmeier, G. (Hrsg.): Wissensmanagement: Informationszuwachs - Wissensschwund? Die strategische Bedeutung des Wissensmanagements, München, Wien 2000, S. 93 - 98.

Lutz, V.: Horizontale strategische Allianzen, Hamburg 1993.

Lützig, W.-P.: Die vieldimensionale Kalkulation der Kooperation, Berlin 1982.

Macharzina, K.: Unternehmensführung: Das internationale Managementwissen, Wiesbaden 1993.

Macharzina, K.; Dürrfeld, H. J.: Anspruch und Wirklichkeit virtueller Unternehmen. Eine betriebswirtschaftliche Analyse. In: Macharzina, K. (Hrsg.): Empirische Organisations- und Entscheidungsforschung: Ansätze, Befunde, Methoden, Heidelberg 2000, S. 26 - 51.

Macharzina, K.; Wolf, J.: Unternehmensführung: das internationale Managementwissen. Konzepte - Methoden - Praxis, 5. Aufl., Wiesbaden 2005.

Mack, O.: Konfiguration und Koordination von Unternehmungsnetzwerken, Wiesbaden 2003.

MacNeil, I. R.: Contracts: Adjustment of Long-Term Economic Relations and Classical, Neoclassical, and Relational Contract Law. In: Northwestern University Law Review, 72. Jg. (1978) S. 854 - 905

MacNeil, I. R.: The New Social Contract - An Inquiry in Modern Contractual Relations, New Haven, London 1980.

Madjid, T.; Banerjee, S.: Strategic Assessment Model (SAM) - A Multiple Criteria Decision Support System for Evaluation of Strategic Alternatives. In: Decision Science, 6. Jg. (1995) S. 119 - 143

Mag, W.: Risiko und Ungewißheit. In: Albers, W. (Hrsg.): Handwörterbuch der Wirtschaftswissenschaft, 6, Stuttgart u. a. 1981,

Magin, V.; Schunk, H. a. H.; Fürst, R.: Kooperation und Coopetition: Erklärungsperspektive der Spieltheorie. In: Zentes, J.; Swoboda, B.; Morschett, D. (Hrsg.): Kooperationen, Allianzen und Netzwerke: Grundlagen – Ansätze – Perspektiven, Wiesbaden 2003, S. 121 - 140.

Maier, H. D.: Marketingorientierte Kooperationsmodelle für kleine und mittlere Unternehmen der Bauwirtschaft, Bamberg 2002.

Malik, F.: Controlling und vernetztes Denken, strategische Früherkennung. In: Risak, J.; Deyhle, A. (Hrsg.): Controlling: State of the Art und Entwicklungstendenzen, Wiesbaden 1992, S. 197 - 230.

Malik, F.: Strategie des Managements komplexer Systeme: Ein Beitrag zur Management-Kybernetik evolutionärer Systeme, 7. Aufl., Bern u. a. 2002.

Malone, T. W.; Rockart, J. F.: Computers, Networks and the Corporation. In: Scientific American, (1991) 3, S. 128 - 136.

Mann, R.: Kündigungsgrund für Buchhalter. In: MM, 6. Jg. (1976) 5, S. 70 - 76.

Mann, R.: Vom operativen zum strategischen Controlling - die Anpassung des Controlling an eine sich schneller verändernde Umwelt. In: CM Controller Magazin, 3. Jg. (1978) 1, S. 1 - 4.

Mann, R.: Die Verzahnung von operativem und strategischem Controlling. In: CM Controller Magazin, 4. Jg. (1979) 5, S. 218 - 220.

Mann, R.: Anforderungen an ein strategisches Controlling. In: Töpfer, A.; Afheldt, H. (Hrsg.): Praxis der strategischen Unternehmensplanung, Frankfurt am Main 1983, S. 465 - 491.

Mann, R.: Strategisches Controlling. In: Mayer, E.; Weber, J. (Hrsg.): Handbuch Controlling, Stuttgart 1990, S. 93 - 116.

Männel, B.: Netzwerke in der Zulieferindustrie, Wiesbaden 1996.

Mannmeusel, T.: Dezentrale Produktionslenkung unter Nutzung verhandlungsbasierter Koordinationsformen, Wiesbaden 1997.

Manteuffel, K.; Stumpe, D.: Spieltheorie, 3. AUfl., Leipzig 1990.

Markowitz, H. M.: Portfolio Selection. In: Journal of Finance, (1952) 7, S. 77 - 92.

Marr, R.; Schuh, S.: Systemtheorie. In: o. V. (Hrsg.): Management Enzyklopädie, Bd. 8, 2. Aufl., Landsberg am Lech 1984, S. 982 - 988.

Marrett, C. B.: On the specification of interorganization dimensions. In: Sociology and Social Research, 61. Jg. (1971), S. 83 - 99.

Marwell, G.; Ames, R. E.: Experiments on the Provision of Public Goods - Resources, Interest, Group Size, and the Free-Rider Problem. In: The American Journal of Sociology, 84. Jg. (1979) 6, S. 1335 - 1360.

Masten, S. E.: Equity, Opportunism, and the Design of Contractual Relations. In: Journal of Institutional and Theoretical Economics, 144. Jg. (1988) 1, S. 180 - 195.

Matschke, M. J.; Kolf, J.: Historische Entwicklung, Begriff und organisatorische Probleme des Controlling. In: Der Betrieb, 33. Jg. (1980), S. 601 - 607.

Mayer, R. C.; Davis, J. H.; Schoorman, F. D.: An integrative model of organizational trust. In: Academy of Management Review, 20. Jg. (1995), S. 709 - 734.

Mayntz, R.: Konflikte und Konfliktregelung im Betrieb. In: Grochla, E.; Wittmann, W. (Hrsg.): Handwörterbuch der Betriebswirtschaft, 4. Aufl., Stuttgart 1975, Sp. 2176 - 2182.

McAfee, R. P.; McMillan, J.: Auctions and Bidding. In: Journal of Economic Literature, 25. Jg. (1987) 2, S. 699 - 738.

McAllister, D.: Affect and cognition-based trust as foundations for interpersonal cooperation in organizations. In: Academy of Management Journal, 18. Jg. (1995) 1, S. 24 - 59.

McDonald, J.: Strategien und Taktiken für große Geschäfte und Anschlüsse, Zürich 1977.

McFarlan, F. W.: Information technology changes the way you compete. In: Harvard Business Review, 62. Jg. (1984) 3, S. 98 - 103.

Meckl, R.: Konzeption einer unternehmungsübergreifenden Zusammenarbeit. In: Betriebswirtschaftliche Forschung und Praxis, 48. Jg. (1996) 6, S. 679 - 697.

Meckl, R.: Unternehmenskooperationen im EG-Binnenmarkt, Wiesbaden 1993.

Meier, R.: Reelle Produkte aus der imaginären Fabrik. In: Technica, (2000) 11, S. 20 - 23.

Meinecke, H.: Integriertes Risikomanagement für Unternehmens-Eigentümer, Bamberg 1997.

Meixner, O.; Haas, R.: Computergestützte Entscheidungsfindung: expert choice und AHP - innovative Werkzeuge zur Lösung komplexer Probleme, Frankfurt am Main u. a. 2002.

Melzer-Ridinger, R.: Risikomanagement als Aufgabe des Supply Chain Management, Risikoarten richtig gewichten. In: Beschaffung aktuell, 57. Jg. (2001) 1, S. 45 - 46.

Mensch, G.: Risiko und Unternehmensführung: eine systemorientierte Konzeption zum Risikomanagement, Frankfurt am Main u. a. 1991.

Mentzel, K.: Unternehmensführung im Wandel. In: Hansmann, K.-W. (Hrsg.): Management des Wandels. Schriften zur Unternehmensführung, Band 60, Wiesbaden 1997, S. 29 - 53.

Merkle, M.: Bewertung von Unternehmensnetzwerken. Eine empirische Bestandsaufnahme mit der Balanced Scorecard, Bamberg 1999.

Mertens, P.: Einflüsse der EDV auf die Weiterentwicklung des betrieblichen Rechnungswesen. In: krp - Kostenrechnungspraxis, 28. Jg. (1984) 3, S. 87 - 93.

Mertens, P.: Virtuelle Unternehmen. In: Wirtschaftsinformatik, 36. Jg. (1994) 2, S. 169 - 172.

Mertens, P.; Faisst, W.: Virtuelle Unternehmen: Eine Strukturvariante für das nächste Jahrtausend? In: Schachtschneider, K. A. (Hrsg.): Wirtschaft, Gesellschaft und Staat im Umbruch, Berlin 1995, S. 150 - 168.

Mertens, P.; Faisst, W.: Virtuelle Unternehmen: Eine Organisationsstruktur für die Zukunft? In: Wirtschaftswissenschaftliches Studium, 25. Jg. (1996) 6, S. 280 - 285.

Mertens, P.; Faisst, W.: Virtuelle Unternehmen: Idee, Informationsverarbeitung, Illusion. In: Scheer, A. W. (Hrsg.): 18. Saarbrücker Arbeitstagung für Industrie, Dienstleistung und Verwaltung1997, Heidelberg 1997, S. 101 - 135.

Mertens, P.; Griese, J.; Ehrenberg, D.: Virtuelle Unternehmen und Informationsverarbeitung, Berlin u. a. 1998.

Mews, M.: Virtuelle Unternehmen zwischen Anspruch und Wirklichkeit. In: it Management, 4. Jg. (1997) 3, S. 12 - 17.

Meyer, C.; Köhle, I.: Balanced Scorecard - ein Führungsinstrument für Banken? Ein wertorientiertes Steuerungs- und Kommunikationsinstrument. In: Der Schweizer Treuhänder, 74. Jg. (2000) 1/2, S. 7 - 18.

Meyer, M.: Ökonomische Organisation und Industrie: Netzwerkarrangements zwischen Markt und Unternehmung, Wiesbaden 1995.

Michaelis, E.: Organisation unternehmerischer Aufgaben - Transaktionskosten als Beurteilungskriterium, Frankfurt am Main 1985.

Michel, U.: Wertorientiertes Management strategischer Allianzen, München 1996.

Michel, U.: Strategien zur Wertsteigerung erfolgreich umsetzen - Wie die Balanced Scorecard ein wirkungsvolles Shareholder Value Management unterstützt. In: Horváth, P. (Hrsg.): Das neue Steuerungssystem des Controllers: von Balanced Scorecard bis US-GAAP, Stuttgart 1997, S. 273 - 287.

Michel, U.: Kooperation mit Konzept: Wertsteigerung durch strategische Allianzen. In: Controlling, 6. Jg. (1994) 1, S. 20 - 28.

Miklis, M.: Coopetitive Unternehmensnetzwerke, Marburg 2004.

Mikus, B.: Risiken und Risikomanagement - ein Überblick. In: Götze, U.; Henselmann, K.; Mikus, B. (Hrsg.): Risikomanagement, Heidelberg 2001, S. 3 - 28.

Mikus, B.: Zur Integration des Risikomanagements in den Führungsprozeß. In: Zeitschrift für Planung, 10. Jg. (1999) 1, S. 85 - 110.

Mildenberger, U.: Selbstorganisation von Produktionsnetzwerken. Erklärungsansatz auf Basis der neueren Systemtheorie, Wiesbaden 1998.

Miles, R. E.; Snow, C. C.: Organization: New Concepts for New Forms. In: California Management Review, 28. Jg. (1986) 3, S. 62 - 73.

Miles, R. E.; Snow, C. C.: Fit, failure and the hall of fame. In: California Management Review, 26. Jg. (1984) 3, S. 10 - 28.

Miles, R. E.; Snow, C. C.: Causes of Failure in Network Organizations. In: California Management Review, 34. Jg. (1992) 4, S. 53 - 72.

Millarg, K.: Virtuelle Fabrik: Gestaltungsansätze für eine Organisationsform in der produzierenden Industrie, Regensburg 1998.

Miller, G. A.: The magical number seven, plus or minus two: some limits on our capacity for processing information. In: Psychological Review, 63. Jg. (1956), S. 81 - 97.

Miller, T.: Hierarchical operations and supply chain planning, London u. a. 2001.

Millet, I.; Wedley, W. C.: Modelling risk and uncertainty with the analytic hierarchy process. In: Journal of Multi-Criteria Decision Analysis, 11. Jg. (2002) 2, S. 97 - 107.

Mills, D. Q.: Rebirth of the Corporation, New York 1991.

Mirow, M.: Shareholder Value als Instrument zur Bewertung von Strategischen Allianzen. In: Schule, C. (Hrsg.): Beteiligungscontrolling. Grundlagen - Strategische Allianzen - Erfahrungsberichte, Wiesbaden 1994, S. 43 - 59.

Mohr, J.; Nevin, J. R.: Communication Strategies in Marketing Channels - A Theoretical Perspective. In: Journal of Marketing, 54. Jg. (1990) 4, S. 36 - 51.

Mohr, J. J.; Fisher, R. J.; Nevin, J. R.: Collaborative Communication in Interfirm Relationships - Moderating Effects of Integration and Control. In: Journal of Marketing, 60. Jg. (1996) 3, S. 103 - 115.

Möller, K.: Gestaltungsbeitrag der Neuen Institutionenökonomik für das Controlling. In: Gleich, R.; Möller, K.; Seidenschwarz, W.; Stoi, R. (Hrsg.): Controllingfortschritte: Festschrift zum 65. Geburtstag von Prof. Dr. Péter Horváth, München 2002, S. 95 - 120.

Möller, K.: Unternehmensnetzwerke und Erfolg - Eine empirische Analyse von Einfluss- und Gestaltungsfaktoren. In: Zeitschrift für betriebswirtschaftliche Forschung, 58. Jg. (2006) 12, S. 1051 - 1076.

Moore, K. R.; Cunningham, W. A.: Social exchange behaviour in logistics relationships: a shipper perspective. In: International Journal of Physical Distribution & Logistics Management, 29. Jg. (1999) 2, S. 103 - 121.

Morganski, R.: Balanced Scorecard. Auf dem Weg zum Klassiker, 2. Aufl., München 2003.

Morschett, D.: Formen von Kooperationen, Allianzen und Netzwerken. In: Zentes, J.; Swoboda, B.; Morschett, D. (Hrsg.): Kooperationen, Allianzen und Netzwerke: Grundlagen – Ansätze – Perspektiven, Wiesbaden 2003, S. 387 - 414.

Mörsdorf, M.: Konzeption und Aufgaben des Projektcontrolling, Wiesbaden 1998.

Moutinho, L.: The Use of the Analytic Hierarchy Process (AHP) in Goal Setting and Goal Assessment - The Case of Professional Services Companies. In: Journal of Services Marketing, 8. Jg. (1993) 2, S. 97 - 115.

Mugler, J.: Risk Management in der Unternehmung, Wien 1979.

Müller, A.: Grundzüge eines ganzheitlichen Controllings, München 1996a.

Müller, A.: Kann die koordinationsbezogene Konzeption eine theoretische Fundierung des Controlling hervorbringen? In: krp - Kostenrechnungspraxis, 40. Jg. (1996b) 3, S. 139 - 147.

Müller, A.; Lang, J.; Hess, T.: Wirtschaftlichkeit von Controlling-Anwendungssystemen: Konzeption und Erprobung eines Multiperspektiven-Ansatzes. In:

Zeitschrift für Controlling & Management, 47. Jg. (2003) Sonderheft 2, S. 58 - 66.

Müller, E.: Entscheidungsorientiertes Konzernrechnungswesen, Neuwied 1980.

Müller, W.: Die Koordination von Informationsbedarf und Informationsbeschaffung als zentrale Aufgabe des Controlling. In: Zeitschrift für betriebswirtschaftliche Forschung, 26. Jg. (1974), S. 683 - 693.

Müller, W.: Instrumente des Risk Management - Gestaltungsformen und Konsequenzen. In: Goetzke, W.; Sieben, G. (Hrsg.): Risk Management - Strategien zur Risikobeherrschung, Köln 1979, S. 69 - 81.

Müller, W.; Seifert, W. G.: Organisation des Risk Management. In: Journal für Betriebswirtschaft, 28. Jg. (1978), S. 15 - 27.

Müller-Merbach, H.: Vier Arten von Systemansätzen, dargestellt in Lehrgesprächen. In: Zeitschrift für Betriebswirtschaft, 62. Jg. (1992) 8, S. 853 - 876.

Müller-Stewens, G.: Strategische Partnerschaften. In: Wittmann, W. (Hrsg.): Handwörterbuch der Betriebswirtschaftslehre, 5. Aufl., Stuttgart 1993, Sp. 4063 - 4075.

Müller-Tengelmann, H.: Kollektive Investitionsstrategien: der elektronische Datenaustausch als überbetriebliche Infrastruktur, Frankfurt am Main 1994.

Murphy, C. K.: Limits on the Analytic Hierarchy Process from its consistency index. In: European Journal of Operational Research, 65. Jg. (1993) 1, S. 138 - 139.

Murry, J. P.; Heide, J. B.: Managing promotion program participation within manufacturer-retailer relationships. In: Journal of Marketing, 62. Jg. (1998) 1, S. 58 - 69.

Mustafa, A.; Al-Bahar, J. F.: Project Risk Assessment Using the Analytic Hierarchy Process. In: IEEE Transport Engineering Management, 38. Jg. (1991) 1, S. 46 - 52.

Naegeli, P.: Organisationstheoretische Grundlagen des Risikomanagements von Unternehmungen, St. Gallen 1978.

Nagel, R.; Dove, R.: 21st Century Manufacturing Enterprise Strategy - An Industry Led View, Bethlehem 1991.

Nalebuff, B. J.; Brandenburger, A. M.: Coopetition - kooperativ konkurrieren: mit der Spieltheorie zum Unternehmenserfolg, Frankfurt am Main, New York 1996.

Nash, J. F.: The Bargaining Problem. In: Econometrica, 18. Jg. (1950) 2, S. 155 - 162.

Nash, J. F.: Two Person Cooperative Games. In: Annals of Mathematics, 54. Jg. (1951) 2, S. 286 - 295.

Nauck, A.: Der Analytic Hierarchy Process - Ein Entscheidungshilfsmittel für die Praxis, Berlin 1983.

Naujoks, W.; Pausch, R.: Kooperationsverhalten in der Wirtschaft. Eine empirische Untersuchung unter besonderer Berücksichtigung der grenzüberschreitenden Kooperation, Göttingen 1977.

Naumann, C.: Strategische Steuerung und integrierte Unternehmensplanung - Ein Problem des strategischen Managements, Herrsching 1982.

Nedeß, C.; Friedewald, A.; Neumann, L.: Management von Kooperationsrisiken in der Investitionsgüterindustrie - Analyse und Konzept am Beispiel des deutschen Schiffbaus. In: Wojda, F.; Barth, A. (Hrsg.): Innovative Kooperationsnetzwerke, Wiesbaden 2006, S. 205 - 231.

Neidhardt, F.: Soziale und sozio-technische Systeme. In: Grochla, E. (Hrsg.): Handwörterbuch der Organisation, Stuttgart 1980, Sp. 2077 - 2087.

Netzer, F.: Strategische Allianzen im Luftverkehr: nachfrageorientierte Problemfelder ihrer Gestaltung, Frankfurt am Main 1999.

Neubauer, F. F.: Das PIMS-Programm und Portfolio-Management. In: Hahn, D.; Taylor, B. (Hrsg.): Strategische Unternehmensplanung. Strategische Unternehmensführung. Stand und Entwicklungstendenzen, 8. Aufl., Heidelberg 1999, S. 469 - 496.

Neubürger, K. W.: Chancen- und Risikobeurteilung im strategischen Management: die informatorische Lücke, Stuttgart 1989.

Neubürger, K. W.: Risikobeurteilung bei Strategischen Unternehmungsentscheidungen, Stuttgart 1980.

Neubürger, K. W.: Risiko-Chancen-Kalkül: Hilfsmittel für Unternehmensentscheidungen bei Unsicherheit. In: Die Betriebswirtschaft, 41. Jg. (1981) 3, S. 447 - 456.

Neuss, W.: Verrechnungspreise - Rekonstruktion des Marktes innerhalb der Unternehmung? In: Die Betriebswirtschaft, 57. Jg. (1997) 1, S. 38 - 47.

Niederkofler, M.: External Corporate Venturing: Strategic Partnerships for Competitive Advantage, St. Gallen 1989.

Nielsen, R. P.: Cooperative strategy. In: Strategic Management Journal, 9. Jg. (1988) 5, S. 475 - 492.

Noble, E. E.: Consistency in the Analytic Hierarchy Process, Michigan 1990.

Nooteboom, B.: Trust, opportunism and governance: a process and control model. In: Organization Studies, 17. Jg. (1996) 6, S. 985 - 1010.

Nooteboom, B.; Berger, H.; Noorderhaven, N. G.: Effects of trust and governance on relational risk. In: Academy of Management Journal, 40. Jg. (1997) 2, S. 308 - 338.

Norrman, A.; Lindroth, R.: Categorization of Supply Chain Risk and Risk Management. In: Brindley, C. (Hrsg.): Supply Chain Risk, Hampshire, Burlington 2004, S. 14 - 27.

Obring, K.: Strategische Unternehmensführung und polyzentrische Strukturen, München 1992.

Oehler, A.; Unser, M.: Finanzwirtschaftliches Risikomanagement, 2. Aufl., Berlin u. a. 2002.

Oepen, R. P.: Phasenorientiertes Bauprojekt-Controlling in bauausführenden Unternehmen unter besonderer Berücksichtigung einer zweigliedrigen Arbeitskalkulation, Freiberg 2002.

Oepping, H.; Siemes, A.: Strategisches Risikomanagement mit der Balanced Scorecard. In: Controller Magazin, 28. Jg. (2003) 3, S. 229 - 238.

Oesterle, M. J.: Probleme und Methoden der Joint Venture-Erfolgsbewertung. In: Zeitschrift für Betriebswirtschaft, 65. Jg. (1995) 9, S. 987 - 1004.

Ojala, M.; Hallikas, J.: Investment decision-making in supplier networks: Management of risk. In: International Journal of Production Economics, 104. Jg. (2006) 1, 201 - 213.

Ojala, M.; Hallikas, J.: Investment Risks in Supplier Networks, Working paper for the ISPERA 2003 conference, 2003.

Olbrich, T.: Das Modell der "virtuellen Unternehmung" als unternehmensinterne Organisations- und unternehmensexterne Kooperationsform. In: Information Management, 9. Jg. (1994) 4, S. 28 - 36.

Olk, P.; Young, C.: Why Members Stay in or Leave an R&D Consortium - Performance and Conditions of Membership as Determinants of Continuity. In: Strategic Management Journal, 18. Jg. (1997) 11, S. 855 - 877.

Olson, M.: The Logic of Collective Action, Cambridge 1965.

Ortmann, G.; Sydow, J.: Grenzmanagement in Unternehmungsnetzwerken: Theoretische Zugänge. In: Die Betriebswirtschaft, 59. Jg. (1999) 2, S. 205 - 220.

Osborn, A. F.: Applied Imagination. Principles and procedures of creative problemsolving, 3. Aufl., New York 1963.

Ossadnik, W.: Mehrzielorientiertes strategisches Controlling: Methodische Grundlagen und Fallstudien zum führungsunterstützenden Einsatz des Analytischen Hierarchie-Prozesses, Heidelberg 1998.

Ossadnik, W.: Strategiewahl mittels AHP. In: Die Unternehmung, 48. Jg. (1994) 3, S. 159 - 169.

Ossadnik, W.: Koordination internationaler Konzerne über Verrechnungspreise. In: Betriebswirtschaftliche Forschung und Praxis, 48. Jg. (1996) 1, S. 123 - 135.

Ossadnik, W.; Carstens, S.; Müller, H.: Agencytheoretische Verrechnungspreise, Osnabrück 1997.

Ossadnik, W.; Maus, S.: AHP als Instrument des strategischen Controlling, Diskussionsbeitrag Nr. 39 der Wirtschaftswissenschaftlichen Fakultät Ingolstadt der Katholischen Universität Eichstätt, Ingolstadt 1993.

Ossadnik, W.; Maus, S.: Strategisches Controlling mittels Analytischen Hierarchie Prozesses. In: krp - Kostenrechnungspraxis, 38. Jg. (1994) 2, S. 135 - 143.

Osterloh, M.; Weibel, A.: Ressourcensteuerung in Netzwerken: Eine Tragödie der Allmende? In: Sydow, J.; Windeler, A. (Hrsg.): Steuerung von Netzwerken, Wiesbaden 2000, S. 88 - 106.

Ostrom, E.: A Behavioral Approach to the Rational Choice Theory of Collective Action. In: The American Political Science Review, 92. Jg. (1998) 1, S. 1 - 22.

Ostrom, E.: Governing the commons. The evolution of institutions for collective action, Cambridge 1990.

Otto, A.: Management und Controlling von Supply Chains. Ein Modell auf Basis der Netzwerktheorie, Wiesbaden 2002.

Ouchi, W. G.: Markets, Bureaucracies and Clans. In: Administrative Science Quarterly, 25. Jg. (1980) 3, S. 129 - 141.

Ouchi, W. G.: The Relationship between Organizational Structure and Organizational Control. In: Administrative Science Quarterly, 22. Jg. (1977) 2, S. 95 - 113.

Pampel, J.: Controlling von Zuliefererbeziehungen als Beitrag zum strategischen Beschaffungscontrolling. In: krp - Kostenrechnungspraxis, 37. Jg. (1993b) Sonderheft1, S. 71 - 81.

Pampel, J.: Kooperation mit Zulieferern: Theorie und Management, Wiesbaden 1993a.

Papenheim-Trockhorn, H.: Der Aufbau von Kooperationsbeziehungen als strategisches Instrument. Eine Längsschnittuntersuchung zur Kooptationspolitik deutscher Unternehmen, Heidelberg 1995.

Parkhe, A.: Strategic alliance structuring: A game theoretic and transaction cost examination of interfirm cooperation. In: Academy of Management Journal, 36. Jg. (1993) 4, S. 794 - 829.

Paschka, R.: Multipersonalität bei Mehrfachzielentscheidungen, Wiesbaden 1996.

Paulsson, U.: Supply Chain Risk Management. In: Brindley, C. (Hrsg.): Supply Chain Risk, Hampshire, Burlington 2004, S. 79 - 96.

Peck, H.; Jüttner, U.: Risk Management in the Supply Chain. In: Logistics ans Transport Focus, 4. Jg. (2002) 11, S. S. 17 - 22.

Pedell, B.: Risikointerdependenzen als Ansatzpunkt für Aufgaben und Instrumente des Risikocontrolling. In: Zeitschrift für Management und Controlling, 47. Jg. (2004) Sonderheft 3, S. 4 - 11.

Pedell, B.; Schwihel, A.: Integriertes Strategie- und Risikomanagement mit der Balanced Scorecard - Dargestellt am Beispiel eines Energieversorgungsunternehmens. In: Controlling, 16. Jg. (2004) 3, S. 149 - 156.

Peemöller, V. H.: Bilanzanalyse und Bilanzpolitik. Einführung in die Grundlagen, 3. Aufl., Wiesbaden 2003.

Peemöller, V. H.: Controlling: Grundlagen und Einsatzgebiete, 5. Aufl, Herne u. a. 2005.

Peitz, U.: Struktur und Entwicklung von Beziehungen in Unternehmensnetzwerken, Wiesbaden 2002.

Pekar, P.; Allio, R.: Making Alliances Work: Guidelines for Success. In: Long Range Planning, 27. Jg. (1994) 4, S. 54 - 65.

Penrose, E.: The Theory of the Growth of the Firm, Oxford 1959.

Perridon, L.; Steiner, M.: Finanzwirtschaft der Unternehmung, 9. Aufl., München 1997.

Perridon, L.; Steiner, M.: Finanzwirtschaft der Unternehmung, 13. Aufl., München 2004.

Perry, M. K.: Vertical integration: determination and effects. In: Schmalensee, R.; Willig, R. D. (Hrsg.): Handbook of industrial organization, Vol. 1, Amsterdam 1989, S. 183 - 255.

Peters, M. L.; Zelewski, S.: Möglichkeiten und Grenzen des "Analytic Hierarchy Process" (AHP) als Verfahren zur Wirtschaftlichkeitsanalyse. In: Zeitschrift für Planung & Unternehmenssteuerung, 15. Jg. (2004) 3, S. 295 - 324.

Pfaff, D.; Bärtl, O.: Wertorientierte Unternehmenssteuerung - ein kritischer Vergleich ausgewählter Konzepte. In: Zeitschrift für betriebswirtschaftliche Forschung, 51. Jg. (1999) Sonderheft 1, S. 85 - 115.

Pfaff, D.; Pfeiffer, T.: Verrechnungspreise und ihre formaltheoretische Analyse: Zum State of the Art. In: Die Betriebswirtschaft, 64. Jg. (2004) 3, S. 296 - 319.

Pfaffmann, E.: Die vertragstheoretische Perspektive in der Neuen Institutionenökonomik. Von der klassischen Theorie der Unternehmung zum Transaktionskostenansatz. In: Wirtschaftswissenschaftliches Studium, 25. Jg. (1996) 12, S. 646 - 648.

Pfeiffer, T.: Innerbetriebliche Verrechnungspreisbildung bei dezentralen Entscheidungsstrukturen, Heidelberg 1997.

Pfeiffer, T.: Kostenbasierte oder verhandlungsorientierte Verrechnungspreise? Weiterführende Überlegungen zur Leistungsfähigkeit der Verfahren. In: Zeitschrift für Betriebswirtschaft, 72. Jg. (2002) 12, S. 1269 - 1296.

Pfeiffer, W.; Metze, G.; Schneider, W.; Amler, R. W.: Technologie-Portfolio zum Management strategischer Zukunftsgeschäftsfelder, 6. Aufl., Göttingen 1991.

Pfennig, M.: Shareholder Value durch unternehmensweites Risikomanagement. In: Johanning, L.; Rudolph, B. (Hrsg.): Handbuch Risikomanagement, Bd. 2: Risikomanagement in Banken, Asset-Management-Gesellschaften, Versicherungs- und Industrieunternehmen, Bad Soden 2000, S. 1295 - 1332.

Pfirrmann, O.; Hornschildt, K.: Neuere Erkenntnisse zur Bedeutung von FuE-Kooperationen industrieller Unternehmen. Ein Literaturüberblick. In: Konjunkturpolitik, 45. Jg. (1999) 1, S. 40 - 78.

Pfohl, H. C.: Problemorientierte Entscheidungsfindung in Organisationen, Berlin u. a. 1977.

Pfohl, H. C.: Risiken und Chancen: Strategische Analyse in der Supply Chain. In: Pfohl, H. C. (Hrsg.): Risiko- und Chancenmanagement in der Supply Chain, Berlin 2002, S. 1 - 56.

Pfohl, H. C.; Boldt, O.; Frunzke, H.; Gomm, M.; Hofmann, E.; Trumpheller, M.: Erfolgsfaktoren der Netzkompetenz in Supply Chains - Ergebnisse einer empirischen Untersuchung. In: Pfohl, H. C. (Hrsg.): Netzkompetenz in Supply Chains - Grundlagen und Umsetzung, Wiesbaden 2004, S. 139 - 173.

Pfohl, H. C.; Buse, H. P.: Marketing-Logistik in Unternehmensnetzwerken. In: Thexis, 15. Jg. (1998) 1, S. 50 - 56.

Pfohl, H. C.; Stölzle, W.: Planung und Kontrolle, 2. Aufl, München 1997.

Pfohl, H. C.; Zettelmeyer, B.: Strategisches Controlling? In: Zeitschrift für Betriebswirtschaft, 49. Jg. (1987) 2, S. 145 - 175.

Philipp, F.: Risiko und Risikopolitik, Stuttgart 1967.

Picot, A.: Transaktionskostenansatz in der Organisationstheorie. In: Die Betriebswirtschaft, 42. Jg. (1982) 2, S. 267 - 284.

Picot, A.: Ökonomische Theorien der Organisation. Ein Überblick über neuere Ansätze und deren betriebswirtschaftliches Anwendungspotential. In: Ordelheide, D.; Rudolph, B.; Brüsselmann, E. (Hrsg.): Betriebswirtschaftslehre und Ökonomische Theorie, Stuttgart 1991, S. 143 - 170.

Picot, A.: Zur Bedeutung allgemeiner Theorieansätze für die betriebswirtschaftliche Information und Kommunikation. In: Kirsch, W.; Picot, A. (Hrsg.): Die Betriebswirtschaftslehre im Spannungsfeld zwischen Generalisierung und Spezialisierung, Wiesbaden 1989, S. 361 - 379.

Picot, A.: Contingencies for the Emergence of Efficient Symbiotic Arrangements. In: Journal of Institutional and Theoretical Economics, 149. Jg. (1993) 4, S. 731 - 740.

Picot, A.; Dietl, H.: Transaktionskostentheorie. In: Wirtschaftswissenschaftliches Studium, 19. Jg. (1990) 4, S. 174 - 184.

Picot, A.; Dietl, H.; Franck, E.: Organisation: Eine ökonomische Perspektive, 3. Aufl., Stuttgart 2002.

Picot, A.; Reichwald, R.: Auflösung der Unternehmung? Vom Einfluß der IuK-Technik auf Organisationsstrukturen und Kooperationsformen. In: Zeitschrift für Betriebswirtschaft, 64. Jg. (1994) 5, S. 547 - 570.

Picot, A.; Reichwald, R.; Wigand, R. T.: Die grenzenlose Unternehmung: Information, Organisation und Management, 5. Aufl, Wiesbaden 2003.

Picot, A.; Schuller, S.: Vertragstheoretische Interpretation des Risk-Management. In: Lange, K. W.; Wall, F. (Hrsg.): Risikomanagement nach dem KonTraG - Aufgaben und Chancen aus betriebswirtschaftlicher und juristischer Sicht, München 2001, S. 236 - 257.

Picot, G.: Überblick über die Kontrollmechanismen im Unternehmen nach KonTraG. In: Lange, K. W.; Wall, F. (Hrsg.): Risikomanagement nach dem KonTraG - Aufgaben und Chancen aus betriebswirtschaftlicher und juristischer Sicht, München 2001, S. 5 - 37.

Pieper, J.: Vertrauen in Wertschöpfungspartnerschaften. Eine Analyse aus Sicht der Neuen Institutionenökonomie, Wiesbaden 2000.

Pietsch, G.; Scherm, E.: Die Präzisierung des Controlling als Führungs- und Führungsunterstützungsfunktion. In: Die Unternehmung, 54. Jg. (2000) 5, S. 395 - 412.

Pietsch, G.; Scherm, E.: Die Reflexionsaufgabe im Zentrum des Controlling. In: krp - Kostenrechnungspraxis, 45. Jg. (2001) 5, S. 307 - 313.

Pietsch, G.; Scherm, E.: Gemeinsamkeiten und Forschungsperspektiven in der konzeptionell orientierten Controllingforschung - acht Thesen. In: Weber, J.; Hirsch, B. (Hrsg.): Controlling als akademische Disziplin: eine Bestandsaufnahme, Wiesbaden 2002, S. 191 - 204.

Pisano, G. P.; Teece, D. J.: Collaborative arrangements and global technology strategy: some evidence from the telecommunications equipment industry. In: Research on Technological Innovation, Management and Policy, 4. Jg. (1989), S. 227 - 256.

Plaßmann, M.: Die Kooperationsentscheidung des Unternehmens, Münster 1977.

Pohlmann, M.; Apelt, M.; Buroh, K.; Martens, H.: Industrielle Netzwerke: antagonistische Kooperationen an der Schnittstelle Beschaffung-Zulieferung, München, Mering 1995.

Pollack-Johnson, B.; Liberatore, M. J.: Project planning under uncertainty using scenario analysis. In: Project Management Journal, 36. Jg. (2005) 1, S. 15 - 26.

Pollanz, M.: Konzeptionelle Überlegungen zur Einrichtung und Prüfung eines Risikomanagementsystems - Droht eine Mega-Erwartungslücke? In: Der Betrieb, 52. Jg. (1999) 8, S. 393 - 399.

Pollanz, M.: Replik. In: Der Betrieb, (2000), S. 163 - 164.

Porter, M. E.: Competitive Advantage: Creating and sustaining superior performance, New York 1985.

Porter, M. E.: Competitive Strategy: Techniques for analyzing industries and competitors, New York 1980.

Porter, M. E.: Wettbewerbsvorteile: Spitzenleistungen erreichen und behaupten, 6. Aufl., Frankfurt am Main, New York 2000.

Porter, M. E.; Millar, V. E.: How information gives you competitive advantage. In: Harvard Business Review, 63. Jg. (1985) 4, S. 149 - 160.

Powell, W. W.: Hybrid Organizational Arrangements - New Form or Transitional Developement? In: California Management Review, 30. Jg. (1987) 1, S. 67 - 87.

Powell, W. W.: Neither market nor hierarchy - network forms of organization. In: Research In Organizational Behaviour, 12. Jg. (1990), S. 295 - 336.

Prahalad, C. K.; Hamel, G.: The Core Competencies of the Corporation. In: Harvard Business Review, 68. Jg. (1990) 3, S. 79 - 91.

Pratt, J. W.; Zeckhauser, R. J.: Principals and Agents: An Overview. In: Pratt, J. W.; Zeckhauser, R. J. (Hrsg.): Principals and Agents: The Structure of Business, Boston 1985, S. 1 - 35.

Preißler, P.: Controlling, München, Wien 1985.

Prill, M.-A.: Balanced-Scorecard-Gestaltung für Krankenhäuser, Melsungen 2007.

Probst, G. J. B.: Selbstorganisation. In: Frese, E. (Hrsg.): Handwörterbuch der Organisation, 3. Aufl., Stuttgart 1992, Sp. 2255 - 2269.

Probst, G. J. B.: Selbst-Organisation: Organisationsprozesse in sozialen Systemen aus ganzheitlicher Sicht, Berlin, Hamburg 1987.

Probst, G. J. B.: Kybernetische Gesetzeshypothesen als Basis für Gestaltungs- und Lenkungsregeln im Management, Bern u. a. 1981.

Quinn, J.; Mintzberg, H.; James, R.: The Strategy Process, Englewood Cliffs 1988.

Ramanathan, R.: Stochastic decision making using multiplicative AHP. In: European Journal of Operational Research, 97. Jg. (1997) 3, S. 543 - 549.

Ramanathan, R.; Ganesh, L. S.: Group Preference Aggregations Employed in AHP: An Evaluation and Intrinsic Process for Deriving Members Weightages. In: European Journal of Operational Research, 79. Jg. (1994), S. 249 - 265.

Rappaport, A.: Selecting Strategies that Create Shareholder Value. In: Harvard Business Review, 59. Jg. (1983) 3, S. 139 - 149.

Rappaport, A.: Creating Shareholder Value - The New Standard for Business Performance, 1. Aufl., New York u. a. 1986.

Rappaport, A.: Shareholder Value - Ein Handbuch für Manager und Investoren, 2. Aufl., Stuttgart 1999.

Rappaport, A. S.; Halevi, S.: The Computerless Company. In: Harvard Business Review, 69. Jg. (1991) 7/8, S. 69 - 80.

Rasche, C.: Kernkompetenzen. In: Die Betriebswirtschaft, 53. Jg. (1993) 3, S. 425 - 427.

Rasche, C.; Wolfrum, B.: Ressourcenorientierte Unternehmensführung. In: Die Betriebswirtschaft, 54. Jg. (1994) 4, S. 501 - 518.

Rasche, H. O.: Kooperation: Chance und Gewinn, Heidelberg 1970.

Rasmusen, E.: Games and Information: An Introduction to Game Theory, Cambridge 1989.

Rautenstrauch, T.; Müller, C.: Verständnis und Organisation des Controlling in kleinen und mittleren Unternehmen. In: Zeitschrift für Planung, 16. Jg. (2005) 2, S. 189 - 209.

Reber, G.: Spieltheoretische Ansätze in wissenschaftstheoretischer Sicht. In: Dlugos, G. (Hrsg.): Unternehmensbezogene Konfliktforschung, Stuttgart 1979, S. 273 - 307.

Rehkugler, H.: Bilanzanalyse, 4. Aufl., München 1998.

Reichert, A.: Neue Aufgaben für den Qualitätsmanager: Umfassendes Risikomanagement im Unternehmen gesetzlich verankert. In: Qualität und Zuverlässigkeit, 45. Jg. (2000) 4, S. 424 - 428.

Reichmann, T.: Controlling mit Kennzahlen: Grundlagen einer systemgestützten Controlling-Konzeption, 1. Aufl, München 1985.

Reichmann, T.: Neuere Entwicklungen in der Führungsunterstützung. In: Reichmann, T. (Hrsg.): Handbuch Kosten- und Erfolgs-Controlling, München 1995, S. 3 - 24.

Reichmann, T.: Controlling mit Kennzahlen und Management-Tools. Die systemgestützte Controlling-Konzeption, 7. Aufl, München 2006.

Reichmann, T.; Form, S.: Balanced Chance- and Risk-Management. In: Controlling, 12. Jg. (2000) 4/5, S. 189 - 198.

Reichwald, R.: Organisationsgrenzen. In: Schreyögg, G.; Werder, A. (Hrsg.): Handwörterbuch Unternehmensführung und Organisation, Stuttgart 2004, S. 997 - 1008.

Reichwald, R.; Erben, R. F.: Chancen- und Risikomanagement in der grenzenlosen Unternehmung. In: Keuper, F.; Roesing, D.; Schomann, M. (Hrsg.): Integriertes Risiko- und Ertragsmanagement. Kunden- und Unternehmenswert zwischen Risiko und Ertrag, Wiesbaden 2005, S. 163 - 193.

Reichwald, R.; Möslein, K.; Sachenbacher, H.; Englberger, H.; Oldenburg, S.: Telekooperation: Verteilte Arbeits- und Organisationsformen, Berlin u. a. 1998.

Reichwald, R.; Wagner, M.: Interaktive Anbahnung in Unternehmensnetzwerken - Auswirkungen intermediärer Webplattformen auf den Prozess der Kooperationsanbahnung. In: Information Management & Consulting, 19. Jg. (2004) Sonderausgabe, S. 56 - 63.

Reid, J. D. J.: Sharecropping as an understandable market response: the post-bellum south. In: Journal of Economic History, 33. Jg. (1973) 1, S. 106 - 130.

Rein, M.: Konsolidierte Grenzplankostenrechnung. Instrument der Konzernplanung und -steuerung, Wiesbaden 1993.

Reiners, F.: Integration von externem und internem Rechnungswesen. In: krp - Kostenrechnungspraxis, 45. Jg. (2001) Sonderheft 3, S. 22 - 24.

Reinhart, G.; Schliffenbacher, K.: Unternehmensnetzwerke. In: Wildemann, H. (Hrsg.): Virtuelle Fabrik: Wandlungsfähigkeit durch dynamische Unternehmenskooperationen, München 2000, S. 11 - 18.

Reiß, M.: Koordinatoren in Unternehmensnetzwerken. In: o. V. (Hrsg.): 2000, S. 217 - 248.

Reiß, M.: Personelle und organisatorische Grenzen der virtuellen Unternehmung. In: Zeitschrift für wirtschaftlichen Fabrikbetrieb, 91. Jg. (1996b) 6, S. 268 - 272.

Reiß, M.: Der Assoziationsstern: Ein Wegweiser durch die Kooperationslandschaft, Arbeitspapier, Universität Stuttgart, Stuttgart 1990.

Reiß, M.: Arbeitsteilung. In: Frese, E. (Hrsg.): Handwörterbuch der Organisation, 3. Aufl., Stuttgart 1992, S. 167 - 178.

Reiß, M.: Grenzen der grenzenlosen Unternehmung. Perspektiven der Implementierung von Netzwerkorganisationen. In: Die Unternehmung, 50. Jg. (1996a) 3, S. 195 - 206.

Reiß, M.: Mythos Netzwerkorganisation. In: Zeitschrift Führung + Organisation, 67. Jg. (1998) 4, S. 224 - 229.

Reiß, M.; Beck, T. C.: Kernkompetenzen in virtuellen Unternehmen - der ideale Strategie-Struktur-Fit für wettbewerbsfähige Wertschöpfungssysteme? In: Corsten, H.; Will, T. (Hrsg.): Unternehmensführung im Wandel - Strategien zur Sicherung des Erfolgspotenzials, Stuttgart 1995, S. 33 - 60.

Reiß, M.; Bernecker, T.: Conjoint Controlling: Organisationsgerechte Controllingsysteme zwischen Better Budgeting und komplex-hybrider Steuerung. In: Zeitschrift für Planung & Unternehmenssteuerung, 17. Jg. (2006) 1, S. 5 - 26.

Reiß, M.; Heimerl, S.: Start Ups in Netzwerken. In: Zeitschrift Führung + Organisation, 67. Jg. (1998) 4, S. 237 - 241.

Reuter, B.: Flexible Kooperationen steuern: Ein Controllingsystem für Netzwerke, Lohmar, Köln 2004.

Richardson, G. B.: The Organization of Industry. In: Economic Journal, 82. Jg. (1972), S. 883 - 896.

Richter, F.-J.: Erfolg durch Kooperation: Dynamik von Allianznetzwerken als Herausforderung der 90er Jahre. In: Betriebswirtschaftliche Forschung und Praxis, 47. Jg. (1995) 5, S. 523 - 539.

Richter, R.: Institutionenökonomische Aspekte der Theorie der Unternehmung. In: Ordelheide, D.; Rudolph, B.; Büsselmann, E. (Hrsg.): Betriebswirtschaftslehre und ökonomische Theorie, Stuttgart 1991, S. 395 - 429.

Richter, R.: Sichtweise und Fragestellungen der Neuen Institutionenökonomik. In: Zeitschrift für Wirtschafts- und Sozialwissenschaften, 110. Jg. (1990), S. 571 - 591.

Riebel, P.: Einzelkosten- und Deckungsbeitragsrechnung. Grundfragen einer markt- und entscheidungsorientierten Unternehmensrechnung, 7. Aufl., Wiesbaden 1994.

Rieck, C.: Spieltheorie, Wiesbaden 1993.

Rieper, B.; Witte, T.; Berens, W.: Vorwort. In: Rieper, B.; Witte, T.; Berens, W. (Hrsg.): Betriebswirtschaftliches Controlling: Planung – Entscheidung – Organisation, Festschrift für Univ.-Prof. Dr. Dietrich Adam zum 60. Geburtstag, Wiesbaden 1996, S. V-VI.

Ries, A.: Controlling in Virtuellen Netzwerken: Managementunterstützung in dynamischen Kooperationen, Wiesbaden 2001.

Riggers, B.: Value System Design. Unternehmenswertsteigerung durch strategische Unternehmensnetzwerke, Wiesbaden 1998.

Ring, P. S.: Fragile and resilient trust and their role in economic exchange. In: Business & Society, 35. Jg. (1996) 2, S. 148 - 175.

Ring, P. S.; van de Hen, A. H.: Structuring cooperative relationships between organizations. In: Strategic Management Journal, 13. Jg. (1992) 7, S. 483 - 498.

Ring, P. S.; Van De Ven, A. H.: Developmental processes of cooperative interorganizational relationships. In: Academy of Management Review, 19. Jg. (1994) 1, S. 90 - 118.

Ringle, C. M.; Hansmann, K.-W.; Boysen, N.: Erfolgswirkung einer Partizipation an Virtuellen Unternehmungen. In: Zeitschrift für Planung & Unternehmenssteuerung, 16. Jg. (2005) 2, S. 147 - 166.

Ringlstetter, M. J.: Strategische Allianzen. In: Corsten, H.; Reiß, M. (Hrsg.): Handbuch Unternehmensführung. Konzepte - Instrumente - Schnittstellen, Wiesbaden 1995, S. 695 - 704.

Rinza, P.; Schmitz, H.: Nutzwert-Kosten-Analyse. Eine Entscheidungshilfe, 2. Aufl., Düsseldorf 1992.

Riordan, M. H.; Williamson, O. E.: Asset Specifity and Economic Organization. In: International Journal of Industrial Organization, 3. Jg. (1985) S. 365 - 378

Ripperger, T.: Ökonomik des Vertrauens: Analyse eines Organisationsprinzips, Tübingen 1998.

Ritchie, B.; Brindley, C.: Risk Characteristics of the Supply Chain - A Contingency Framework. In: Brindley, C. (Hrsg.): Supply Chain Risk, Hampshire, Burlington 2004, S. 28 - 42.

Ritsch, K.: Wissensorientierte Gestaltung von Wertschöpfungsnetzwerken, Graz 2004.

Ritter, T.; Gemünden, H. G.: Die netzwerkende Unternehmung: Organisationale Voraussetzungen netzwerk-kompetenter Unternehmen. In: Zeitschrift Führung + Organisation, 67. Jg. (1998) 5, S. 260 - 265.

Rogler, S.: Risikomanagement im Industriebetrieb. Analyse von Beschaffungs-, Produktions- und Absatzrisiken, Wiesbaden 2002.

Röhrle, B.: Soziale Netzwerke und soziale Unterstützung, Weinheim 1994.

Rokkan, A. I.; Buvik, A.: Inter-firm cooperation and the problem of free riding behaviour: an empirical study of voluntary retail chains. In: Journal of Purchasing & Supply Management, 9. Jg. (2003) 5 - 6, S. 247 - 256.

Rokkan, A. I.; Heide, J. B.; Wathne, K. H.: Specific Investments in Marketing Relationships: Expropriation and Bonding Effects. In: Journal of Marketing Research, 40. Jg. (2003) 5, S. 210 - 224.

Rommelfanger, H.; Eickemeier, S. H.: Entscheidungstheorie: klassische Konzepte und Fuzzy-Erweiterungen, Berlin 2002.

Root, F. R.: Some Taxonomies of International Cooperative Agreements. In: Contractor, F. J.; Lorange, P. (Hrsg.): Cooperative Strategies in International Business, New York 1988, S. 69 - 80.

Rösel, W.: Stichwort: AVA. Ausschreibung - Vergabe - Abrechnung, 4. Aufl., Wiesbaden u. a. 1994.

Ross, S. A.: The Economic Theory of Agency: The Principal's Problem. In: American Economic Review, 63. Jg. (1973) 2, S. 134 - 139.

Rößl, D.: Kooperation, zwischenbetriebliche. In: Meyer, J. A.; Schwering, M. G. (Hrsg.): Lexikon für kleine und mittlere Unternehmen, München 2000a, S. 175 - 177.

Rößl, D.: Netzwerke. In: Meyer, J. A.; Schwering, M. G. (Hrsg.): Lexikon für kleine und mittlere Unternehmen, München 2000b, S. 210 - 211.

Rößl, D.; Fink, M.; Kraus, S.: Zwischenbetriebliche Kooperation und Netzwerk: Eine Begriffexplikation. In: Wirtschaftswissenschaftliches Studium, 36. Jg. (2007) 2, S. 99 - 101.

Rotering, C.: Forschungs- und Entwicklungskooperationen zwischen Unternehmen: eine empirische Analyse, Stuttgart 1990.

Rotering, C.; Burger, C.: Strategische Allianzen zur Stärkung der Wettbewerbsposition in der Liberalisierung. In: Booz, A. &. H. (Hrsg.): Gewinnen im Wettbewerb: erfolgreiche Unternehmensführung in Zeiten der Liberalisierung, Stuttgart 1994, S. 103 - 124.

Rotering, J.: Zwischenbetriebliche Kooperation als alternative Organisationsform: Ein transaktionskostentheoretischer Erklärungsansatz, Stuttgart 1993.

Roth, S.: Interaktionen im Dienstleistungsmanagement - Eine informationsökonomische Analyse. In: Bruhn, M.; Stauss, B. (Hrsg.): Jahrbuch Dienstleistungsmanagement 2001, Wiesbaden 2001b, S. 35 - 66.

Roth, S.: Screening- und Signaling-Modelle - Vergleich der Modellstrukturen. In: Wirtschaftswissenschaftliches Studium, 30. Jg. (2001a) 7, S. 372 - 378.

Rowe, A. J.; Mason, R. O.: Strategic Management - A Methodological Approach, 4. Aufl., Reading u. a. 1994.

Rubin, P. H.: The theory of the firm and the structure of the franchise contract. In: Journal of Law and Economics, 21. Jg. (1978) 1, S. 223 - 233.

Ruckriegel, K.-H.: Quo vadis, Homo oeconomicus. In: Das Wirtschaftsstudium, 36. Jg. (2007) 2, S. 198 - 201.

Rüdiger, M.: Theoretische Grundmodelle zur Erklärung von FuE-Kooperationen. In: Zeitschrift für Betriebswirtschaft, 68. Jg. (1998) 1, S. 25 - 48.

Rugman, A. M.: Internalization and non-equity forms of international involvement. In: Rugman, A. M. (Hrsg.): New Theories of the Multinational Enterprise, New York 1982, S. 9 - 23.

Rühle von Lilienstern, H.: Planung und Organisation der Kooperation. In: Boettcher, E. (Hrsg.): Theorie und Praxis der Kooperation, Tübingen 1972, S. 19 - 33.

Rühle von Lilienstern, H.: Kooperation, zwischenbetriebliche. In: Kern, H. (Hrsg.): Handwörterbuch der Produktion, Stuttgart 1979, Sp. 928 - 938.

Rupprecht-Däullary, M.: Zwischenbetriebliche Kooperation: Möglichkeiten und Grenzen durch neue Informations- und Kommunikationstechnologien, Wiesbaden 1994.

Ryf, B.: Die atomisierte Organisation: ein Konzept zur Ausschöpfung von Humanpotential, Wiesbaden 1993.

Saaty, T. L.: Deriving the AHP 1 - 9 scale from first principles. In: Dellmann, K. (Hrsg.): Proceedings of the Sixth International Symposium on the Analytic Hierarchy Process, Bern 2001b, S. 421 - 430.

Saaty, T. L.: A Scaling Method for Priorities in hierarchical Structures. In: Journal of Mathematical Psychology, 15. Jg. (1977) 3, S. 234 - 281.

Saaty, T. L.: The Analytic Hierarchy Process - Planning, Priority Setting, Resource Allocation, 2. Aufl., Pittsburgh 1996.

Saaty, T. L.: Conflict Resolution and the Falkland Islands Invasions. In: Interfaces, 13. Jg. (1983) 6, S. 68 - 83.

Saaty, T. L.: Risk - Its Priority and Probability: The Analytic Hierarchy Process. In: Risk Analysis, 7. Jg. (1987a) 2, S. 159 - 172.

Saaty, T. L.: How to Make a Decision: The Analytic Hierarchy Process. In: Interfaces, 24. Jg. (1994) 6, S. 19 - 43.

Saaty, T. L.: Axiomatic Foundation of the Analytic Hierarchy Process. In: Management Science, 32. Jg. (1986) 7, S. 841 - 855.

Saaty, T. L.: What is relative measurement? The ration scale phantom. In: Mathematical and Computer Modelling, 17. Jg. (1993) 4/5, S. 1 - 12.

Saaty, T. L.: The Analytic Hierarchy Process - what it is and how it is used. In: Mathematical Modelling, 9. Jg. (1987b) 3 - 5, S. 161 - 176.

Saaty, T. L.: How to make a decision: The Analytic Hierarchy Process. In: European Journal of Operational Research, 48. Jg. (1990) 1, S. 9 - 26.

Saaty, T. L.: Fundamentals of decision making and priority theory with the Analytic Hierarchy Process, 2. Aufl., Pittsburgh 2000.

Saaty, T. L.: Decision making for leaders. The Analytic Hierarchy Process for decisions in a complex world, 3. Aufl., Pittsburgh 2001a.

Saaty, T. L.: Group decision making and the AHP. In: Golden, B. L.; Wasil, E. A.; Harker, P. T. (Hrsg.): The Analytic Hierarchy Process: Application and Studies, Berlin u. a. 1989, S. 59 - 67.

Saaty, T. L.: The Analytic Hierarchy Process. Planning, priority setting, resource allocation, New York 1980.

Saaty, T. L.: Decision-making with the AHP: Why is the principal eigenvector necessary. In: European Journal of Operational Research, 145. Jg. (2003) 1, S. 85 - 91.

Saaty, T. L.; Ozdemir, M.: Negative Priorities in the Analytic Hierarchy Process. In: Mathematical and Computer Modelling, 37. Jg. (2003) 9 - 10, S. 1063 - 1075.

Saaty, T. L.; Vargas, L. G.: The Logic of Priorities - Applications in Business, Energy, Health and transportation, Boston u. a. 1982.

Sachenbacher, C.: Controlling in telekooperativen Strukturen, Wiesbaden 2000.

Sachenbacher, H.: „Controlling auf Distanz“: Die Koordination telekooperativer Strukturen. In: Controlling, 12. Jg. (2000) 8 - 9, S. 439 - 443.

Sackmann, S.: Unternehmenskultur, Neuwied 2002.

Saitz, B.: Risikomanagement als umfassende Aufgabe der Unternehmensleitung. In: Saitz, B.; Braun, F. (Hrsg.): Das Kontroll- und Transparenzgesetz. Herausforderungen und Chancen für das Risikomanagement, Wiesbaden 1999, S. 69 - 98.

Salje, P.: Die mittelständische Kooperation zwischen Wettbewerbspolitik und Kartellrecht - Theorie und Praxis des § 5 b GWB, Tübingen 1981.

Sallaba, G.: Unternehmensnetzwerke. In: Luczak, H.; Schenk, M. (Hrsg.): Kooperationen in Theorie und Praxis: Personale, organisatorische und juristische Aspekte bei Kooperationen industrieller Dienstleistung im Mittelstand, Düsseldorf 1999, S. 228 - 256.

Salo, A. A.; Hämäläinen, R. P.: On the measurement of preferences in the Analytic Hierarchy Process. In: Journal of Multi-Criteria Decision Analysis, 6. Jg. (1997) 6, S. 309 - 319.

Sandholzer, U.: Informationstechnik und innerbetriebliche Kooperation: Anforderungen an Informationstechniken aus der Perspektive organisierter innerbetrieblicher Kooperation, Hummeltal 1990.

Sato, Y.: The impact of scaling on the pair-wise comparison of the analytical hierarchy process. In: Dellmann, K. (Hrsg.): Proceedings of the Sixth International Symposium on the Analytic Hierarchy Process, Bern 2001, S. 421 - 430.

Sauerwein, E.; Thurner, M.: Der Risiko-Management-Prozess im Überblick. In: Hinterhuber, H. H.; Sauerwein, E.; Fohler-Norek, C. (Hrsg.): Betriebliches Risikomanagement, Wien 1998, S. 19 - 42.

Saxton, T.: The Effects of Partner and Relationship Characteristics on Alliance Outcomes. In: Academy of Management Journal, 40. Jg. (1997) 2, S. 443 - 461.

Schäffer, U.: Controlling für selbstabstimmende Gruppen?, Wiesbaden 1996.

Schäffer, U.; Steiners, D.: ZP-Stichwort: Controllinginstrumente. In: Zeitschrift für Planung & Unternehmenssteuerung, 16. Jg. (2005) 1, S. 115 - 120.

Schäffer, U.; Weber, J.: Thesen zum Controlling. In: Weber, J.; Hirsch, B. (Hrsg.): Controlling als akademische Disziplin: Eine Bestandsaufnahme, Wiesbaden 2002, S. 91 - 97.

Schäper, C.: Entstehung und Erfolg zwischenbetrieblicher Kooperation: Möglichkeiten öffentlicher Förderung, Wiesbaden 1996.

Scharpf, P.; Luz, G.: Risikomanagement, Bilanzierung und Aufsicht von Finanzderivaten, Stuttgart 1996.

Schauenberg, B.: Organisationsprobleme bei dauerhaften Kooperationen. In: Ordelheide, D.; Rudolph, B.; Büsselmann, E. (Hrsg.): Betriebswirtschaftslehre und ökonomische Theorie, Stuttgart 1991, S. 329 - 356.

Scheer, A.-W.; Angeli, R.; Herrmann, K.: Moderne Informations- und Kommunikationstechnologien - Treiber neuer Kooperations- und Kollaborationsformen. In: Zentes, J.; Swoboda, B.; Morschett, D. (Hrsg.): Kooperationen, Allianzen und Netzwerke: Grundlagen – Ansätze – Perspektiven, Wiesbaden 2003, S. 359 - 384.

Scheibeler, A.: Balanced Scorecard für KMU - Kennzahlenermittlung nach ISO 9001:2000 leicht gemacht, Berlin 2002.

Schein, E. H.: Unternehmenskultur - Ein Handbuch für Führungskräfte, Frankfurt, New York 1995.

Scherm, E.; Süß, S.: Brauchen virtuelle Unternehmen Planung? In: Zeitschrift für Planung, 11. Jg. (2000a) 4, S. 457 - 462.

Scherm, E.; Süß, S.: Virtuelle Unternehmen. In: Das Wirtschaftsstudium, 29. Jg. (2000b) 3, S. 311 - 313.

Scherpner, C.; Form, S.: Projektorientiertes Chancen- und Risiko-Controlling. In: Controlling, 15. Jg. (2003) 10, S. 543 - 553.

Scherz, E.: Verrechnungspreise für unternehmensinterne Dienstleistungen, Wiesbaden 1998.

Schickel, H.: Controlling internationaler strategischer Allianzen, Wiesbaden 1999.

Schiemenz, B.: Betriebswirtschaftliche Systemtheorie. In: Wittmann, W. (Hrsg.): Handwörterbuch der Betriebswirtschaft, Teilband 3, 5. Aufl., Stuttgart 1993, Sp. 4127 - 4140.

Schildbach, T.: Begriff und Grundproblem des Controlling aus betriebswirtschaftlicher Sicht. In: Spremann, K.; Zur, E. (Hrsg.): Controlling: Grundlagen – Informationssysteme – Anwendungen, Wiesbaden 1992, S. 21 - 36.

Schildbach, T.: Entscheidungen. In: Bitz, M.; Dellmann, K.; Domsch, M.; Wagner, F. W. (Hrsg.): Vahlens Kompendium der Betriebswirtschaftslehre, Band 2, 4. Aufl, München 1999, S. 65 - 105.

Schinle, M.: Risiko-Management der mittelgroßen Unternehmung: ein Überlebenskonzept, St. Gallen 1987.

Schippels, G.; Dellmann, K.: AHP - Ein Verfahren zur computergestützten Entscheidungsvorbereitung. Manuskripte aus dem Institut für Betriebswirtschaftslehre der Universität Kiel, Kiel 1985.

Schliffenbacher, K.: Konfiguration virtueller Wertschöpfungsketten in dynamischen, heterarchischen Kompetenznetzwerken, München 1999.

Schliffenbacher, K.; Rudorfer, W.; Reinhart, G.: Configuration of Virtual Value Chains. In: Mertins, K. (Hrsg.): Global Production Management, Boston 1999, S. 399 - 407.

Schlonski, A.; Schmidt, K.: Internationaler Produktionsverbund als Wettbewerbsfaktor. In: VDI-Z, 133. Jg. (1991) 5, S. 58 - 64.

Schlüchtermann, J.: Planung in zeitlich offenen Entscheidungsfeldern, Wiesbaden 1996.

Schlüchtermann, J.; Pointner, M. A.: Unternehmensplanung und Mittelstand - Strategieumsetzung mit Hilfe der Balanced Scorecard. In: Schlüchtermann, J.; Tebroke, H.-J. (Hrsg.): Mittelstand im Fokus: 25 Jahre BF/M-Bayreuth, Wiesbaden 2004, S. 19 - 44.

Schlüchtermann, J.; Völkl, S.: Rekonfiguration der Logistikaktivitäten in einer Supply Chain mit Hilfe der Prozesskostenrechnung: Konzept und Beispielfall. In: Controlling, 16. Jg. (2004) 7, S. 385 - 392.

Schmalenbach, E.: Über Verrechnungspreise. In: Zeitschrift für handelswissenschaftliche Forschung, (1908) 3, S. 165 - 185.

Schmid, S.: Markteintritts- und Marktbearbeitungsstrategien internationaler Unternehmen. In: Das Wirtschaftsstudium, 31. Jg. (2002) 5, S. 669 - 676.

Schmidt, A.: Das Controlling als Instrument zur Koordination der Unternehmensführung - Eine Analyse der Koordinationsfunktion des Controlling unter entscheidungsorientierten Gesichtspunkten, Frankfurt am Main u. a. 1986.

Schmidt, A.; Kiefer, C.: Kooperationen zwischen mittelständischen Unternehmen. In: Zentes, J.; Swoboda, B.; Morschett, D. (Hrsg.): Kooperationen, Allianzen und Netzwerke: Grundlagen - Ansätze - Perspektiven, Wiesbaden 2003, S. 1259 - 1281.

Schmidt, R.: Grundfunktionen des Controlling: Eine Analyse der betriebswirtschaftlichen Literatur zum Stand der aufgabenorientierten Controlling-Diskussion, Frankfurt am Main u. a. 1995.

Schmidt, R. H.; Terberger, E.: Grundzüge der Investitions- und Finanzierungstheorie, 4. Aufl., Wiesbaden 1999.

Schmidt, R.-B.: Wirtschaftslehre der Unternehmung, Band 1: Grundlagen und Zielsetzung, 2. Aufl., Stuttgart 1977.

Schmidtchen, D.: Wettbewerb und Kooperation (Co-opetition): Neues Paradigma für Wettbewerbstheorie und Wettbewerbspolitik. In: Zentes, J.; Swoboda, B.; Morschett, D. (Hrsg.): Kooperationen, Allianzen und Netzwerke: Grundlagen - Ansätze - Perspektiven, Wiesbaden 2003, S. 65 - 92.

Schneeweiß, C.: Der Analytic Hierarchy Process als spezielle Nutzwertanalyse. In: Fandel, G.; Gehring, H. (Hrsg.): Operations Research. Beiträge zur quantitativen Wirtschaftsforschung, Berlin u. a. 1991a, S. 183 - 195.

Schneeweiß, C.: Planung 1 - Systemanalytische und entscheidungstheoretische Grundlagen, Berlin u. a. 1991b.

Schneeweiß, C.: Kostenwirksamkeitsanalyse, Nutzwertanalyse und Multi-Attributive Nutzentheorie. In: Wirtschaftswissenschaftliches Studium, 19. Jg. (1990) 1, S. 13 - 18.

Schneider, D.: Versagen des Controlling durch eine überholte Kostenrechnung, zugleich ein Beitrag zur innerbetrieblichen Verrechnung von Dienstleistungen. In: Der Betrieb, 44. Jg. (1991) 15, S. 765 - 772.

Schneider, D.: Risk Management als betriebswirtschaftliches Entscheidungsproblem? In: Lange, K. W.; Wall, F. (Hrsg.): Risikomanagement nach dem KonTraG. Aufgaben und Chancen aus betriebswirtschaftlicher und juristischer Sicht, München 2001, S. 181 - 206.

Schneider, D. J. G.: Zur Problematik der Zielbestimmung in Marketingkooperationen. In: Bidlingmaier, J. (Hrsg.): Modernes Marketing - Moderner Handel, Wiesbaden 1972, S. 89 - 98.

Schneider, H.-D.: Kleingruppenforschung, 2. Aufl., Stuttgart 1985.

Schneider, T.: Aufgaben des Controlling im Rahmen des Risikomanagement. In: Controller Magazin, 24. Jg. (1999) 2, S. 113 - 115.

Schniederjans, M. J.; Garvin, T.: Using the Analytic Hierarchy Process and multi-objective programming for the selection of cost drivers in activity-based costing. In: European Journal of Operational Research, 100. Jg. (1997) 1, S. 72 - 80.

Schnorrenberg, U.; Göbels, G.: Risikomanagement in Projekten. Methoden und ihre praktische Anwendung, Braunschweig, Wiesbaden 1997.

Schöb, O.: Gestaltung von Anreizsystemen bei dezentralen Organisationsstrukturen – Dargestellt am Beispiel eines Revenue Centers., Frankfurt am Main u. a. 1998.

Schockenhoff, J.: Lean-Controlling - Theorie und Praxis. In: krp - Kostenrechnungspraxis, 42. Jg. (1998) 4, S. 243 - 245.

Scholz, C.: Controlling in Virtuellen Unternehmen. In: Scheer, A. W. (Hrsg.): Rechnungswesen und EDV - 16. Saarbrücker Arbeitstagung 1995 - Aus Turbulenzen zum gestärkten Konzept?, Heidelberg 1995, S. 171 - 192.

Scholz, C.: Virtuelle Organisation: Konzeption und Realisation. In: Zeitschrift Führung + Organisation, 65. Jg. (1996) 4, S. 204 - 210.

Scholz, C.: Die virtuelle Organisation als Strukturkonzept der Zukunft? Diskussionsbeitrag Nr. 30 des Lehrstuhls für Betriebswirtschaftslehre, insbesondere Organisation, Personal- und Informationsmanagement, Universität des Saarlandes, Saarbrücken 1994.

Scholz, C.: Strategische Organisation: Prinzipien zur Vitalisierung und Virtualisierung, Landsberg am Lech 1997.

Schön, D.; Diederichs, M.; Busch, V.: Chancen- und Risikomanagement im Projektgeschäft: Transparenz durch ein DV-gestütztes Frühwarninformationssystem. In: Controlling, 13. Jg. (2001) 7, S. 379 - 387.

Schoppmann, R.: Interorganisationales Kostencontrolling. Kostenmanagement, Kostenrechnung und Open-Book-Accounting für Kooperationen und Netzwerke, München 2005.

Schorcht, H.: Risikomanagement und Risikocontrolling junger Unternehmen in Wachstumsbranchen - Konzeption eines theoriegeleiteten Handlungsrahmens für die praxisinduzierte Unternehmenssteuerung, Berlin 2004.

Schorcht, H.; Brösel, G.: Risiko, Risikomanagement und Risikocontrolling im Lichte des Ertragsmanagements. In: Keuper, F.; Roesing, D.; Schomann, M. (Hrsg.): Integriertes Risiko- und Ertragsmanagement. Kunden- und Unternehmenswert zwischen Risiko und Ertrag, Wiesbaden 2005, S. 3 - 33.

Schott, E.; Campana, C.; Wick, M.: Risiken in Projekten. In: Pastors, P. (Hrsg.): Risiken des Unternehmens, München u. a. 2002,

Schräder, A.: Management virtueller Unternehmen - Organisatorische Konzeption und informationstechnische Unterstützung flexibler Allianzen, München 1996.

Schrader, S.: Kooperation. In: Hauschildt, J.; Grün, O. (Hrsg.): Ergebnisse empirischer betriebswirtschaftlicher Forschung: Zu einer Realtheorie der Unternehmung. Festschrift für Eberhard Witte, Stuttgart 1993, S. 221 - 254.

Schubert, W.; Küting, K.: Unternehmungszusammenschlüsse, München 1981.

Schuh, G.; Millarg, K.; Göransson, A.: Virtuelle Fabrik: Neue Marktchancen durch dynamische Netzwerke, München, Wien 1998.

Schuh, G.; Strack, J.; Tockenbürger, L.: Controlling in der Virtuellen Fabrik. In: krp - Kostenrechnungspraxis, 42. Jg. (1998) Sonderheft 2, S. 23 - 26.

Schüler, A.: Performance-Messung und Eigentümerorientierung - Eine theoretische und empirische Untersuchung, Frankfurt am Main u. a. 1997.

Schulte, M.: Bank-Controlling, 2. Aufl., Frankfurt am Main 1997.

Schumacher, C.: Trust - A Source of Success in Strategic Alliances? In: Schmalenbach Business Review, 58. Jg. (2006) 3, S. 259 - 278.

Schumann, J.; Meyer, U.; Ströbele, W.: Grundzüge der mikroökonomischen Theorie, 7. Aufl., Berlin u. a. 1999.

Schumann, M.: Wirtschaftlichkeitsbeurteilung für IV-Systeme. In: Wirtschaftsinformatik, 35. Jg. (1993) 2, S. 167 - 178.

Schumann, M.: Betriebliche Nutzeffekte und Strategiebeiträge der großintegrierten Informationsverarbeitung, Berlin 1992.

Schütt, K.-P.: Wahrscheinlichkeitseinschätzung im Computer-Dialog, Stuttgart 1981.

Schuy, A.: Risikomanagement: Eine theoretische Analyse zum Risiko und Risikowirkungsprozeß als Grundlage für ein risikoorientiertes Management unter besonderer Berücksichtigung des Marketing, Frankfurt am Main 1989.

Schwaiger, R.: Balanced Scorecard als Instrument zur Steuerung der Gesamtbankstrategie. ADG-Schriften, Montabaur 2002.

Schwamborn, S.: Strategische Allianzen im internationalen Marketing: Planung und portfolioanalytische Beurteilung, Wiesbaden 1994.

Schwaninger, M.: Managementsysteme: St. Galler Management-Konzept, Frankfurt a. M. 1994.

Schwarz, P.: Morphologie von Kooperationen und Verbänden, Tübingen 1979.

Schwarz, R.: Entwicklungslinien der Controlling-Forschung. In: Weber, J.; Hirsch, B. (Hrsg.): Controlling als akademische Disziplin: Eine Bestandsaufnahme, Wiesbaden 2002, S. 3 - 19.

Schweier, H.: Erfolgsorientierte Steuerung logistischer Netzwerke. Betriebswirtschaftliche Instrumente aus Sicht eines Ressourcen-, Prozess- und Erfolgs-Controlling. In: Hossner, R. (Hrsg.): Jahrbuch der Logistik 2000, Düsseldorf 2000, S. 141 - 145.

Schweier, H.; Jehle, E.: Controlling logistischer Netzwerke – konzeptionelle Anforderungen und Ansätze zur instrumentellen Ausgestaltung. In: Industrie Management, 15. Jg. (1999) 5, S. 83 - 87.

Schweier, H.; Stüllenberg, F.: Netzwerk-Controlling. In: Controlling, 12. Jg. (2000) 4/5, S. 259 - 260.

Schweitzer, M.: Gegenstand und Methoden der Betriebswirtschaftslehre. In: Bea, F. X.; Dichtl, E.; Schweitzer, M. (Hrsg.): Allgemeine Betriebswirtschaftslehre, Band 1: Grundfragen, 8. Aufl., Stuttgart 2000, S. 23 - 79.

Schweitzer, M.; Friedl, B.: Beitrag zu einer umfassenden Controlling-Konzeption. In: Spremann, K.; Zur, E. (Hrsg.): Controlling: Grundlagen – Informationssysteme – Anwendungen, Wiesbaden 1992, S. 141 - 167.

Schweitzer, M.; Küpper, H. U.: Systeme der Kosten- und Erlösrechnung, 8. Aufl., München 2003.

Schwerk, A.: Dynamik von Unternehmenskooperationen, Berlin 2000.

Searcy, D. L.: Aligning the Balanced Scorecard and a Firm's Strategy Using the Analytic Hierarchy Process. In: Management Accounting, 5. Jg. (2004) 4, S. 1 - 10.

Seidenschwarz, W.: Target Costing - marktorientiertes Zielkostenmanagement, München 1993.

Seifert, W. G.: Risk Management - die Zukunft hat noch kaum begonnen. In: Versicherungswirtschaft, 36. Jg. (1981), S. 746 - 759.

Seiter, M.: Risikomanagement in komplexen Unternehmenskooperationen. In: Controlling, 18. Jg. (2006b) 11, S. 575 - 581.

Seiter, M.: Management von kooperationsspezifischen Risiken in Unternehmensnetzwerken, München 2006a.

Selten, R.: Bounded Rationality. In: Journal of Institutional and Theoretical Economics, 146. Jg. (1990) S. 649 - 658

Semlinger, K.: Effizienz und Autonomie in der Zulieferindustrie - Zum strategischen Gehalt von Kooperationen. In: Staehle, W. H.; Sydow, J. (Hrsg.): Managementforschung 3, Berlin, New York 1993, S. 309 - 354.

Serfling, K.: Controlling, Stuttgart 1992.

Servatius, H.-G.: Methodik des strategischen Technologie-Management, Berlin 1985.

Shannon, C. E.; Weaver, W.: The Mathematical Theory of Communication, Urbana 1949.

Shermach, K.: Outsourcing seen as a way to cut costs, retain service. In: Marketing News, 29. Jg. (1995) 13, S. 5 - 7.

Sibbel, R.: Fuzzy-Logik in der Fertigungssteuerung am Beispiel der Retrograden Terminierung, Münster 1998.

Sieber, P.: Die Internet-Unterstützung Virtueller Unternehmen. In: Sydow, J. (Hrsg.): Management von Netzwerkorganisationen, 4. Aufl., Wiesbaden 2006, S. 215 - 250.

Sieber, P.: Virtuelle Unternehmen in der IT-Branche. Die Wechselwirkungen zwischen Internet-Nutzung, Strategie und Organisation, Bern u. a. 1998.

Siebert, H.: Ökonomische Analyse von Unternehmensnetzwerken. In: Sydow, J. (Hrsg.): Management von Netzwerkorganisationen, 4. Aufl., Wiesbaden 2006, S. 7 - 27.

Siegwart, H.; Menzl, I.: Kontrolle als Führungsaufgabe, Bern, Stuttgart 1978.

Silvestre, J.: Economies and Diseconomies of Scale. In: Eatwell, J.; Milgate, M.; Newman, P. (Hrsg.): The New Palgrave - A Dictionary of Economics, London 1987, S. 80 - 84.

Simon, H. A.: Entscheidungsverhalten in Organisationen, Landsberg 1981.

Sitkin, S.; Pablo, A.: Reconceptualizing the determinants of risk behaviour. In: Academy of Management Review, 17. Jg. (1992) 1, S. 9 - 38.

Sjurts, I.: Kontrolle ist gut, Vertrauen ist besser? In: Die Betriebswirtschaft, 58. Jg. (1998) 3, S. 283 - 296.

Snow, C. C.; Miles, R. E.; Coleman, H. J.: Managing 21st Century Network Organizations. In: Organizational Dynamics, (1992) 4, S. 5 - 20.

Snow, C. C.; Thomas, J. B.: Building Networks: Broker Roles and Behaviours. In: Lorange, P. (Hrsg.): Implementing Strategic Process: Change, Learning and Co-operation, Oxford, Cambridge (MA) 1993, S. 217 - 238.

Sommer, H.: Projektmanagement im Hochbau, Berlin u. a. 1994.

Sommerhäuser, G.: Unterstützung bankbetrieblicher Entscheidungen mit dem Analytic Hierarchy Process. Unter besonderer Berücksichtigung der Vertriebsformenwahl bei Kreditinstituten, Berlin 2000.

Specht, D.; Kahmann, J.: Regelung kooperativer Tätigkeiten in virtuellen Unternehmen. In: Zeitschrift für Betriebswirtschaft, 70. Jg. (2000b) Sonderheft 2, S. 55 - 73.

Specht, D.; Kahmann, J.: Virtuelle Organisation: Wege zur Anwendung und Gestaltung virtueller Unternehmen, München 2000a.

Spekman, R. E.; Forbes, T. M.; Isabella, L. A.; MacAvoy, T. C.: Alliance Management - A View from the Past and a Look to the Future. In: Journal of Management Studies, 35. Jg. (1998) 6, S. 747 - 772.

Spekman, R. E.; Isabella, L. A.; MacAvoy, R. C.: Alliance Competence. Maximizing the Value of your Partnerships, New York 2000.

Spekman, R. E.; Strauss, D.: An Exploratory Investigation of Strategic Vulnerability and its Impact on Buyer-Seller-Relationships. In: Backhaus, K.; Wilson, D. T. (Hrsg.): Industrial Marketing - A German-American Perspective, Berlin u. a. 1986, S. 115 - 133.

Spence, M.; Zeckhauser, R. J.: Insurance, information and individual action. In: American Economic Review, 61. Jg. (1971) 2, S. 380 - 387.

Spremann, K.: Reputation, Garantie, Information. In: Zeitschrift für Betriebswirtschaft, 58. Jg. (1988) 5/6, S. 613 - 629.

Spremann, K.: Wirtschaft, Investition und Finanzierung. 5. Aufl., München u. a. 1996.

Spremann, K.: Asymmetrische Information. In: Zeitschrift für Betriebswirtschaft, 60. Jg. (1990) 5/6, S. 561 - 586.

Staber, U.: Steuerung von Unternehmensnetzwerken: Organisationstheoretische Perspektiven und soziale Mechanismen. In: Sydow, J.; Windeler, A. (Hrsg.): Steuerung von Unternehmensnetzwerken, Opladen 1999, S. 58 - 87.

Staehle, W. H.: Management: Eine verhaltenswissenschaftliche Perspektive, 8. Aufl., München 1999.

Stahl, G. K.: Management der sozio-kulturellen Integration bei Unternehmenszusammenschlüssen und -übernahmen. In: Die Betriebswirtschaft, 61. Jg. (2001) 1, S. 61 - 80.

Stahl, H. W.: Modernes Kostenmanagement und Controlling in 70 Fällen, München 1999.

Stanek, M. B.: Measuring alliance value and risk. A model approach to prioritizing alliance projects. In: Management Decision, 42. Jg. (2004) 2, S. 182 - 204.

Statistisches Bundesamt: Ad Hoc Befragung über Unternehmenskooperationen - Eine Pilotstudie im Auftrag von Eurostat, Wiesbaden 2004.

Staudt, E.: Joint Ventures. In: Corsten, H.; Reiß, M. (Hrsg.): Handbuch Unternehmensführung: Konzepte - Instrumente - Schnittstellen, Wiesbaden 1995, S. 719 - 731.

Staudt, E.: Kooperationshandbuch: Ein Leitfaden für die Unternehmenspraxis, Stuttgart 1992.

Staudt, E.; Groeters, U.; Hafkesbrink, J.; Treichel, H.-R.: Kennzahlen und Kennzahlensysteme. Grundlagen zur Entwicklung und Anwendung. Bibliographie deutschsprachiger Veröffentlichungen - Praxisorientierte Literaturauswertung, Berlin 1985.

Staudt, E.; Kriegesmann, B.; Behrendt, S.: Kooperation, zwischenbetriebliche. In: Kern, W. (Hrsg.): Handwörterbuch der Produktion, 2. Aufl., Stuttgart 1996,

Stein, C. W.: Transaktionskostenorientiertes Controlling der Organisation und Personalführung, Wiesbaden 1998.

Steinle, C.; Bruch, H.: Einführung: Begriffliches Grundverständnis, Ziele und Organisation des Controlling. In: Steinle, C.; Bruch, H. (Hrsg.): Controlling. Kompendium für Ausbildung und Praxis, 3. Aufl., Stuttgart 2003, S. 6 - 61.

Steinle, C.; Kirschbaum, J.; Kirschbaum, V.: Was zeichnet erfolgreiche Unternehmungen aus. In: Der Betriebswirt, 35. Jg. (1994) 3, S. 14 - 17.

Steinle, C.; Kraege, R.: Kooperationscontrolling: Eine zukunftsorientierte und phasenbezogene Konzeption der Aufgaben und Instrumente des Controllings strategischer Kooperationen. In: Steinle, C.; Eggers, B.; Lawa, D. (Hrsg.): Zukunftsgerichtetes Controlling: Unterstützungs- und Steuerungssystem für das Management, Wiesbaden 1998, S. 407 - 428.

Steinle, C.; Lawa, D.; Lier, A.: Methoden der strategischen Planung und ihre Bedeutung in der Unternehmenspraxis. In: Wirtschaftswissenschaftliches Studium, 22. Jg. (1993) 10, S. 809 - 821.

Steinle, C.; Thiem, H.; Lange, M.: Die Balanced Scorecard als Instrument zur Umsetzung von Strategien - Praxiserfahrungen und Gestaltungshinweise. In: Controller Magazin, 26. Jg. (2001) 1, S. 29 - 37.

Steinmann, H.; Schreyögg, G.: Management: Grundlagen der Unternehmensführung. Konzepte, Funktionen, Fallstudien, 5. Aufl., Wiesbaden 2000.

Stelter, D.: Wertorientierte Anreizsysteme. In: Bühler, W.; Siegert, T. (Hrsg.): Unternehmenssteuerung und Anreizsysteme, Stuttgart 1999, S. 207 - 241.

Steven, M.: Die Koordination im Unternehmen. In: Das Wirtschaftsstudium, 30. Jg. (2001) 7, S. 965 - 970.

Steven, M.; Otterpohl, L.: Virtuelle Unternehmen aus spieltheoretischer Sicht. In: Albach, H.; Specht, D.; Wildemann, H. (Hrsg.): Virtuelle Unternehmen. Ergänzungsheft 2/2000 der Zeitschrift für Betriebswirtschaft, Wiesbaden 2000, S. 177 - 200.

Steven, M.; Pollmeier, I.: Management von Kooperationsrisiken in Supply Chains. In: Vahrenkamp, R.; Siepermann, C. (Hrsg.): Risikomanagement in Supply Chains. Gefahren abwehren, Chancen nutzen, Erfolg generieren, Berlin 2007, S. 273 - 286.

Stewart, B.: The Quest for Value, New York 1991.

Stolle, F.: Risikomanagement - praktische Durchführung und Integration in Controlling und Unternehmensplanung. In: CM Controller Magazin, 28. Jg. (2003) 1, S. 69 - 72.

Stölzle, W.: Industrial Relationships, München, Wien 1999.

Strack, J.: Controlling virtueller Unternehmen: Konzept zur Flexibilisierung und Steuerung dezentraler Netzwerkstrukturen, Aachen 2001.

Straube, M.: Zwischenbetriebliche Kooperation, Wiesbaden 1972.

Strebel, H.: Unternehmenskooperation bei Innovationen. In: Wirtschaftswissenschaftliches Studium, 12. Jg. (1983) 2, S. 59 - 65.

Streitferdt, L.: Grundlagen und Probleme der betriebswirtschaftlichen Risikotheorie, Wiesbaden 1973.

Ströbel, M.: On Auctions as the Negotiation Paradigm of Electronic Markets. In: Electronic Markets, 10. Jg. (2000) 1, S. 39 - 44.

Strobel, W.: Controlling und Unternehmensführung. In: Jakob, H. (Hrsg.): Controlling und Finanzplanung, Wiesbaden 1979, S. 5 - 40.

Struthoff, R.: Führung und Organisation von Unternehmensnetzwerken: ein Konzeptentwurf am Beispiel intraorganisatorischer Netzwerke in der Automobilzulieferindustrie, Göttingen 1999.

Stüdlein, Y.: Kulturelle Perspektive internationaler strategischer Allianzen - Phasenkonzept zum Management von Kulturunterschieden, Wiesbaden 1997.

Stuhldreier, F.; Ellerkmann, F.: Cooperate to compete: Ein Kooperationsgestaltungsleitfaden für den Großhandel im Produktionsverbindungshandel, Dortmund 2000.

Stuke, G. W.: Zwischenbetriebliche Kooperation im Absatzbereich von Industriebetrieben, Mannheim 1974.

Stüllenberg, F.: Konzeption eines modularen Kooperationscontrolling, Berlin 2005.

Stüllenberg, F.; Schulze im Hove, A.: Die Netzwerk-Balanced Scorecard als Instrument des Netzwerkcontrolling, Technical Report Nr. 03002 des SFB 559 "Modellierung großer Netze in der Logistik", Dortmund 2003.

Stünzner, L.: Systemtheorie und betriebswirtschaftliche Organisationsforschung: eine Nutzenanalyse der Theorien autopoietischer und selbstreferentieller Systeme, Berlin 1996.

Sullivan, J.; Peterson, R. B.: Factors Associated with Trust in Japanese-American Joint-Ventures. In: Management International Review, 22. Jg. (1982), S. 30 - 40.

Sullivan, J.; Peterson, R. B.; Kameda, N.; Shimada, J.: The Relationship Between Conflict Resolution Approaches and Trust - A Cross Cultural Study. In: Academy of Management Journal, 24. Jg. (1981) 4, S. 803 - 815.

Swoboda, B.: Kooperation: Erklärungsperspektiven grundlegender Theorien, Ansätze und Konzepte im Überblick. In: Zentes, J.; Swoboda, B.; Morschett, D. (Hrsg.): Kooperation: Erklärungsperspektiven grundlegender Theorien, Ansätze und Konzepte im Überblick, Wiesbaden 2003, S. 35 - 64.

Sydow, J.: Strategische Netzwerke in Japan. In: Zeitschrift für betriebswirtschaftliche Forschung, 64. Jg. (1991) 1, S. 95 - 113.

Sydow, J.: Zwischenbetriebliche Kooperationen. In: Jost, P.-J. (Hrsg.): Der Transaktionskostenansatz in der Betriebswirtschaftslehre, Stuttgart 2001, S. 241 - 271.

Sydow, J.: Strategische Netzwerke: Evolution und Organisation, Wiesbaden 1992b.

Sydow, J.: Die virtuelle Unternehmung - Erfolg durch Vertrauensorganisation? In: Office Management, 44. Jg. (1996) 7/8, S. 10 - 13.

Sydow, J.: Konzerne als Netzwerke – Netzwerke als Konzerne? In: Wirtschaftswissenschaftliches Studium, 31. Jg. (2002) 12, S. 693 - 698.

Sydow, J.: Editorial - Über Netzwerke, Allianzsysteme, Verbünde, Kooperationen und Konstellationen. In: Sydow, J. (Hrsg.): Management von Netzwerkorganisationen, 4. Aufl., Wiesbaden 2006a, S. 1 - 5.

Sydow, J.: Management von Netzwerkorganisationen - zum Stand der Forschung. In: Sydow, J. (Hrsg.): Management von Netzwerkorganisationen, 4. Aufl., Wiesbaden 2006b, S. 387 - 472.

Sydow, J.: Netzwerkorganisation: Interne und externe Restrukturierung von Unternehmungen. In: Wirtschaftswissenschaftliches Studium, 24. Jg. (1995) 12, S. 629 - 634.

Sydow, J.: Strategische Netzwerke und Transaktionskosten. In: Staehle, W. H.; Conrad, P. (Hrsg.): Managementforschung 2, Berlin, New York 1992a, S. 239 - 311.

Sydow, J.; Goebel, H.: Ein Netzwerk von Versicherungsmaklern: Entwicklung durch Evaluation? In: Zeitschrift Führung + Organisation, 70. Jg. (2001) 2, S. 77 - 85.

Sydow, J.; Winand, U.: Unternehmensvernetzung und -virtualisierung: Die Zukunft der unternehmerischen Partnerschaft. In: Winand, U.; Nathusius, U. (Hrsg.): Unternehmensnetzwerke und virtuelle Organisationen, Stuttgart 1998, S. 11 - 31.

Sydow, J.; Windeler, A.: Über Netzwerke, virtuelle Integration und Interorganisationsbeziehungen. In: Sydow, J.; Windeler, A. (Hrsg.): Management interorganisationaler Beziehungen, Opladen 1994, S. 1 - 21.

Sydow, J.; Windeler, A.: Projektnetzwerke: Management von (mehr als) temporären Systemen. In: Engelhard, J.; Sinz, E. (Hrsg.): Kooperation im Wettbewerb: Neue Formen und Gestaltungskonzepte im Zeichen von Globalisierung und Informationstechnologie, Wiesbaden 1999, S. 211 - 235.

Sydow, J.; Windeler, A.: Organizing and evaluating interfirm networks: A structurationist perspective on network processes and effectiveness. In: Organization Science, 9. Jg. (1998) 3, S. 265 - 284.

Sydow, J.; Windeler, A.; Krebs, M.; Loose, A.; van Well, B.: Organisation von Netzwerken: strukturationstheoretische Analyse der Vermittlungspraxis in Versicherungsnetzwerken, Opladen 1995.

Szyperski, N.; Klein, S.: Informationslogistik und virtuelle Organisationen. In: Die Betriebswirtschaft, 53. Jg. (1993) 2, S. 187 - 208.

Szyperski, N.; Winand, U.: Spieltheorie – Eine Einführung zwecks Anregung: Ausgangslage, Elemente und Grundbegriffe. In: Das Wirtschaftsstudium, 4. Jg. (1975) 9, S. 476 - 478.

Teece, D. J.: Profiting from technological innovation: Implications for integration, collaboration, licensing and public policy. In: Research Policy, 15. Jg. (1986) 6, S. 285 - 305.

Teece, D. J.: Capturing value from knowledge assets. In: California Management Review, 40. Jg. (1988) 3, S. 55 - 79.

Teich, T.; Fischer, M.; Jähn, H.: Auftragsbezogene Partnerselektion in Unternehmensnetzwerken unter Benutzung einer multikriteriellen Zielfunktion innerhalb einer Ant Colony Optimization. In: Engelien, M.; Homann, J. (Hrsg.): Virtuelle Organisation und Neue Medien 2002. Workshop GeNeMe2002, Gemeinschaften in Neuen Medien, Lohmar, Köln 2002, S. 133 - 159.

Teichmann, U.; Erkens, N.: Controllingintegriertes Risikomanagement nach KonTraG mit der Balanced Scorecard. Am Beispiel der Wohnungswirtschaft. Dortmunder Diskussionsbeiträge zur Wirtschaftspolitik Nr. 101, Dortmund 2000.

Theis, G.: Neue Konzernstrategien und einheitliche Leistung im faktischen Konzern, Stuttgart 1972.

Theling, T.; Loos, P.: Klassifizierung von Methoden des Managements und Controllings dynamischer Netzwerke. Working Paper 23 of the Research Group

Information Systems & Management, Johannes Gutenberg-University, Mainz 2005.

Theurl, T.: Die Kooperation von Unternehmen: Facetten der Dynamik. In: Ahlert, D. (Hrsg.): Handbuch Franchising & Cooperation - Das Management kooperativer Unternehmensnetzwerke, Neuwied 2001, S. 73 - 91.

Thibaut, J. W.; Kelley, H. H.: The Social Psychology of Groups, New York u. a. 1959.

Thielemann, F.: Die Gestaltung von Kooperationen kleiner und mittlerer Unternehmen, Bochum 1996.

Thiemann, J.: Die Bewertung von Unternehmensnetzwerken auf Basis vertraglicher Kooperation, Berlin 2004.

Thome, R.: Informationsverarbeitung als Basis einer zwischenbetrieblichen Firmenkultur. In: Das Wirtschaftsstudium, 27. Jg. (1998) 8/9, S. 964 - 970.

Thorelli, H. B.: Networks: Between markets and hierarchies. In: Strategic Management Journal, 7. Jg. (1986), S. 37 - 51.

Todeva, E.; Knoke, D.: Strategische Allianzen und Sozialkapital von Unternehmen. In: Allmendinger, J.; Hinz, T. (Hrsg.): Organisationssoziologie. Sonderheft der Kölner Zeitschrift für Soziologie und Sozialpsychologie 42, Wiesbaden 2002, S. 345 - 380.

Tomkins, C.: Interdependencies, Trust and Information in Relationships, Alliances and Networks. In: Accounting, Organizations and Society, 26. Jg. (2001) 2, S. 161 - 191.

Traudt, H. G.: Zuliefermanagement unter Kostenaspekten. In: Franz, K.-P.; Kajüter, P. (Hrsg.): Kostenmanagement: Wettbewerbsvorteile durch systematische Kostensteuerung, Stuttgart 1997, S. 309 - 325.

Tröndle, D.: Kooperationsmanagement: Steuerung interaktioneller Prozesse bei Unternehmenskooperationen, Bergisch Gladbach, Köln 1987.

Troßmann, E.; Baumeister, A.: Risikocontrolling in kleinen und mittleren Unternehmungen mit Auftragsfertigung. In: Zeitschrift für Controlling & Management, 48. Jg. (2004) Sonderheft 3, S. 74 - 85.

Tuckman, B. W.: Developmental Sequences in Small Groups. In: Psychological Bulletin, 63. Jg. (1965) 6, S. 384 - 399.

Tuckman, B. W.; Jensen, M.: Stages of Small Group Developement. In: Group and Organizational Studies, 2. Jg. (1977) 4, S. 419 - 427.

Tummala, V. M. R.; Chin, K. S.; Ho, S. H.: Assessing success factors for implementing CE - A case study in Hong Kong electronics industry by AHP. In: International Journal of Production Economics, 49. Jg. (1997) 3, S. 265 - 283.

Tümpen, M. M.: Strategische Frühwarnsysteme für politische Auslandsrisiken, Wiesbaden 1987.

Tuominen, R.: Die Koordination in den Unternehmungen. In: Kloidt, H. (Hrsg.): Betriebswirtschaftliche Forschung, Berlin 1969, S. 207 - 224.

Turner, J. H.: The Structure of Sociological Theory, 6. Aufl., London u. a. 2001.

Tyler, B. B.; Steensma, H. K.: The effects of executives' experiences and perceptions on their assessment of potential technological alliances. In: Strategic Management Journal, 19. Jg. (1998), S. 939 - 965.

Uekermann, H.: Risikopolitik bei Projektfinanzierungen, Wiesbaden 1993.

Ulrich, H.: Die Unternehmung als produktives soziales System: Grundlagen der allgemeinen Unternehmungslehre, 2. Aufl, Bern, Stuttgart 1970.

Ulrich, H.: Management, Bern 1984.

Ulrich, H.: Controlling als Managementaufgabe. In: Probst, G.; Schmitz-Dräger, R. (Hrsg.): Controlling und Unternehmensführung, Bern 1985,

Ulrich, H.; Hill, W.: Wissenschaftstheoretische Grundlagen der Betriebswirtschaftslehre. In: Raffee, H.; Abel, B. (Hrsg.): Wissenschaftstheoretische Grundfragen der Wirtschaftswissenschaften, München 1979, S. 161 - 190.

Ulrich, H.; Probst, G. J. B.: Anleitung zum ganzheitlichen Denken: Ein Brevier für Führungskräfte, 4. Aufl, Bern 1995.

Ulrich, P.; Fluri, E.: Management: Eine konzentrierte Einführung, 7. Aufl., Bern u. a. 1995.

Uphus, P.: Möglichkeiten zur Koordination von Teilplanungen des Unternehmens unter besonderer Berücksichtigung kybernetischer Aspekte, München 1972.

van Damme, E.: Refinements of the Nash Equilibrium Concept, Berlin u. a. 1983.

van Gils, M. R.: Interorganizational relations and networks. In: Drenth, P. J. D.; Thierry, H.; Willems, P. J.; de Wolff, C. J. (Hrsg.): Handbook of work and organizational psychology, Chichester u. a. 1984, S. 1073 - 1100.

van Well, B.: Ressourcenmanagement in strategischen Netzwerken. In: Hinterhuber, H. H.; Al-Ani, A.; Handlbauer, G. (Hrsg.): Das Neue Strategische Management, Wiesbaden 1996, S. 159 - 185.

Vancil, R. F.: Decentralization: Managerial Ambiguity by Design, Homewood 1979.

Vanini, U.: Methoden der Risikomessung. In: Das Wirtschaftsstudium, 35. Jg. (2006) 6, S. 785 - 790.

Vanini, U.: Methoden der Risikoidentifikation. In: Das Wirtschaftsstudium, 34. Jg. (2005) 8/9, S. 1028 - 1032.

Vanini, U.: Controlling und dysfunktionale Verhaltensweisen. In: Das Wirtschaftsstudium, 36. Jg. (2007) 6, S. 802 - 807.

Vaysman, I.: A Model of Negotiated Transfer-Pricing. In: Journal of Accounting and Economics, 25. Jg. (1998), S. 349 - 384.

Veil, T.: Internes Rechnungswesen zur Unterstützung der Führung in Unternehmensnetzwerken, Göttingen 2001.

Veil, T.; Hess, T.: Fallstudien zum Controlling in Unternehmensnetzwerken, Arbeitsbericht Nr. 3/1998 der Abteilung Wirtschaftsinformatik II der Universität Göttingen, Göttingen 1998.

Veil, T.; Hess, T.: Ergebnisrechnung für Unternehmensnetzwerke. Arbeitsbericht Nr. 8/2000 der Abteilung Wirtschaftsinformatik II der Universität Göttingen, Göttingen 2000.

Vickrey, W.: Counterspeculation, Auctions and Competitive Sealed Tenders. In: Journal of Finance, 16. Jg. (1961) 1, S. 8 - 37.

Vogler, M.; Gundert, M.: Einführung von Risikomanagementsystemen. In: Der Betrieb, 51. Jg. (1998) 48, S. 2377 ff.

Vogt Baatiche, G.: Das virtuelle Unternehmen - Anforderungen an die Human Ressources, Wiesbaden 1997.

Volkart, R.: Shareholder Value & Corporate Valuation - Finanzielle Wertorientierung im Wandel, Zürich 1998.

Völkl, S.: Zwischenbetriebliche Koordination von Losgrößen in Supply Chains, Lohmar, Köln 2006.

von Bertalanffy, L.: Zu einer allgemeinen Systemlehre. In: Bleicher, K. (Hrsg.): Organisation als System, Wiesbaden 1972, S. 31 - 45.

von Bertalanffy, L.: Biophysik des Fliessgewichts, Braunschweig 1953.

von Bertalanffy, L.: General system theory, New York 1979.

von der Oelsnitz, D.: Die Matrix-Organisation als Mittel der Kooperationssteuerung. In: Wirtschaftswissenschaftliches Studium, 36. Jg. (2007) 7, S. 363 - 366.

von der Oelsnitz, D.: Strategische Allianzen als Lernarena. In: Wirtschaftswissenschaftliches Studium, 32. Jg. (2003b) 9, S. 516.

von der Oelsnitz, D.: Kooperation: Entwicklung und Verknüpfung von Kernkompetenzen. In: Zentes, J.; Swoboda, B.; Morschett, D. (Hrsg.): Kooperation: Erklärungsperspektiven grundlegender Theorien, Ansätze und Konzepte im Überblick, Wiesbaden 2003a, S. 183 - 210.

von der Oelsnitz, D.; Graf, A.: Inhalt und Aufbau interorganisationaler Kooperationskompetenz - eine Konstruktbestimmung. In: Schreyögg, G.; Conrad, P. (Hrsg.): Managementforschung 16: Management von Kompetenz, Wiesbaden 2006, S. 83 - 120.

von Hippel, E.: Cooperation between rivals: Informal know-how trading. In: Research Policy, 16. Jg. (1987), S. 291 - 302.

von Mises, R.; Pollaczek-Geiringer, H.: Praktische Verfahren der Gleichungsauflösung. In: Zeitschrift für angewandte Mathematik und Mechanik, 9. Jg. (1929) 1/2, S. 58 - 77.

von Neumann, J.; Morgenstern, O.: Spieltheorie und wirtschaftliches Verhalten, 3. Aufl., Würzburg 1961.

von Nitzsch, R.: Analytical Hierarchy Process und multiattributive Werttheorie im Vergleich. In: Wirtschaftswissenschaftliches Studium, 22. Jg. (1993) 3, S. 111 - 116.

von Stengel, R.: Gestaltung von Wertschöpfungsnetzwerken, Wiesbaden 1999.

Vornhusen, K.: Die Organisation von Unternehmenskooperationen: Joint Ventures und strategische Allianzen in der Chemie- und Elektroindustrie, Frankfurt am Main 1994.

Voß, W.: Ganzheitliche Bewertung von Unternehmensnetzwerken: Konzeption eines Bewertungsmodells, Frankfurt am Main u. a. 2002.

Wagenhofer, A.: Verrechnungspreise zur Koordination bei Informationsasymmetrie. In: Spremann, K.; Zur, E. (Hrsg.): Controlling: Grundlagen – Informationssysteme – Anwendungen, Wiesbaden 1992, S. 637 - 656.

Wagenhofer, A.: Transfer Pricing under Asymmetric Information: An Evaluation of Alternative Methods. In: European Accounting Review, 3. Jg. (1994) 1, S. 71 - 104.

Wagner, M.: Rahmenbedingungen zur dezentralen Koordination logistischer Netzwerke, Lohmar, Köln 2005.

Wagner, R.: Die Grenzen der Unternehmung – Beiträge zur ökonomischen Theorie der Unternehmung, Heidelberg 1994.

Wälchi, H.: Investieren ohne Risiko?, Zürich 1975.

Wall, F.: Betriebswirtschaftliches Risikomanagement im Lichte des KonTraG. In: Lange, K. W.; Wall, F. (Hrsg.): Risikomanagement nach dem KonTraG - Aufgaben und Chancen aus betriebswirtschaftlicher und juristischer Sicht, München 2001a, S. 207 - 235.

Wall, F.: Betriebswirtschaftliches Risikomanagement und gesetzliche Anforderungen an das Risikomanagement. In: Zeitschrift für Planung, 13. Jg. (2002a) 4, S. 373 - 400.

Wall, F.: Ursache-Wirkungsbeziehungen als ein zentraler Bestandteil der Balanced Scorecard: Möglichkeiten und Grenzen ihrer Gewinnung. In: Controlling, 13. Jg. (2001b) 2, S. 65 - 74.

Wall, F.: Eine agency-theoretische Untersuchung der Nutzung von Controllinginformationssystemen in dezentralen Organisationen, Wittener Diskussionspapiere Nr. 70, Witten 2000b.

Wall, F.: Planung in virtuellen Unternehmen. In: Zeitschrift für Planung, 11. Jg. (2000a) 2, S. 117 - 139.

Wall, F.: Koordination virtueller Unternehmen durch Pläne. In: Scholz, C. (Hrsg.): Systemdenken und Virtualisierung: Unternehmensstrategien zur Vitalisierung und Virtualisierung auf der Grundlage von Systemtheorie und Kybernetik. Wissenschaftliche Jahrestagung der Gesellschaft für Wirtschafts- und Sozialkybernetik vom 1. und 2. Oktober 1999 in Saarbrücken, Berlin 2002b, S. 137 - 152.

Wall, F.: Planungs- und Kontrollsysteme: Informationstechnische Perspektiven für das Controlling, Wiesbaden 1999.

Wall, F.: Koordinationsfunktion des Controlling und Organisation, Überlegungen zur Eigenständigkeit eines koordinationsorientierten Controlling. In: krp - Kostenrechnungspraxis, 44. Jg. (2000c) 5, S. 295 - 303.

Wall, F.: Die normative Prinzipal-Agenten-Theorie als Untersuchungsansatz für Management-Support Systeme. In: Wirtschaftsinformatik, 45. Jg. (2003) 5, S. 521 - 526.

Walster, E. G.; Walster, W.; Berscheid, E.: New Directions in Equity Research. In: Journal of Personality and Social Psychology, 25. Jg. (1973) 2, S. 151 - 176.

Wathne, K. H.; Heide, J. B.: Opportunism in Interfirm Relationships - Forms, Outcomes, and Solutions. In: Journal of Marketing, 64. Jg. (2000) 4, S. 36 - 51.

Weber, B.: Die fluide Organisation: Konzeptionelle Überlegungen für die Gestaltung und das Management von Unternehmen in hochdynamischen Umfeldern, Bern u. a. 1996.

Weber, J.: Die Koordinationssicht des Controlling. In: Spremann, K.; Zur, E. (Hrsg.): Controlling: Grundlagen – Informationssysteme – Anwendungen, Wiesbaden 1992, S. 169 - 182.

Weber, J.: Controlling – Entwicklungstendenzen und Zukunftsperspektiven. In: Die Unternehmung, 51. Jg. (1999) 6, S. 465 - 480.

Weber, J.: Ursprünge, Begriff und Ausprägungen des Controlling. In: Mayer, E.; Weber, J. (Hrsg.): Handbuch Controlling, Stuttgart 1990, S. 3 - 32.

Weber, J.: Versagen der Controlling? Ein Beitrag zur Theoriefindung, Erwiderung zu dem Beitrag von D. Schneider. In: Der Betrieb, 44. Jg. (1991) 35, S. 1785 - 1788.

Weber, J.: Balanced Scorecard - Management-Innovation oder alter Wein in neuen Schläuchen? In: krp - Kostenrechnungspraxis, 44. Jg. (2000) Sonderheft 2, S. 5 - 15.

Weber, J.: Logistikkostenrechnung, 2. Aufl., Stuttgart 2002a.

Weber, J.: Logistik- und Supply Chain Controlling, 5. Aufl., Stuttgart 2002b.

Weber, J.; Bacher, A.; Groll, M.: Konzeption einer Balanced Scorecard für das Controlling von unternehmensübergreifenden Supply Chains. In: krp - Kostenrechnungspraxis, 46. Jg. (2002) 3, S. 133 - 141.

Weber, J.; Bramsemann, U.; Heineke, C.; Hirsch, B.: Value Based Management erfolgreich umsetzen. Schriftenreihe Advanced Controlling, Band 25, Vallendar 2002.

Weber, J.; Franken, M.; Göbel, V.; Maier, A.: Netzwerkfähigkeit im Management durch Kennzahlen herstellen. In: Industrie Management, 14. Jg. (1998) 6, S. 25 - 28.

Weber, J.; Hirsch, B.; Matthes, A.; Meyer, M.: Kooperationscontrolling: Beziehungsqualität als Erfolgsfaktor unternehmensübergreifender Zusammenarbeit, Vallendar 2004.

Weber, J.; Kosmider, A.: Controlling-Entwicklung in der Bundesrepublik Deutschland im Spiegel von Stellenanzeigen. In: Zeitschrift für Betriebswirtschaft, 27. Jg. (1991) Ergänzungsheft 3, S. 17 - 35.

Weber, J.; Radtke, B.; Schäffer, U.: Erfahrungen mit der Balanced Scorecard, Vallendar 2001.

Weber, J.; Schäffer, U.: Balanced Scorecard - Gedanken zur Einordnung des Konzepts in das bisherige Controlling-Instrumentarium. In: Zeitschrift für Planung, 9. Jg. (1998a) 4, S. 341 - 365.

Weber, J.; Schäffer, U.: Controlling-Entwicklung im Spiegel von Stellenanzeigen. In: krp - Kostenrechnungspraxis, 42. Jg. (1998b) 4, S. 227 - 233.

Weber, J.; Schäffer, U.: Reinventing Controlling: Aufgaben und Perspektiven für Controller, Vallendar 1999a.

Weber, J.; Schäffer, U.: Sicherstellung der Rationalität von Führung als Aufgabe des Controlling? In: Die Betriebswirtschaft, 59. Jg. (1999b) 6, S. 731 - 747.

Weber, J.; Schäffer, U.: Sicherung der Rationalität in der Willensbildung durch die Nutzung des fruchtbaren Spannungsverhältnisses von Reflexion und Intuition. In: Zeitschrift für Planung, 10. Jg. (1999c) 2, S. 225 - 230.

Weber, J.; Schäffer, U.: Controlling als Koordinationsfunktion? In: krp - Kostenrechnungspraxis, 44. Jg. (2000) 2, S. 109 - 118.

Weber, J.; Schäffer, U.: Controlling als Rationalitätssicherung der Führung. In: Die Unternehmung, 55. Jg. (2001a) 1, S. 75 - 79.

Weber, J.; Schäffer, U.: Rationalitätssicherung der Führung: Beiträge zu einer Theorie des Controlling, Wiesbaden 2001b.

Weber, J.; Schäffer, U.: Einführung in das Controlling, 11. Aufl, Stuttgart 2006.

Weber, J.; Schäffer, U.; Langenbach, W.: Gedanken zur Rationalitätskonzeption des Controlling. In: Weber, J.; Schäffer, U. (Hrsg.): Rationalitätssicherung der Führung: Beiträge zu einer Theorie des Controlling, Wiesbaden 2001, S. 46 - 75.

Weber, J.; Weißenberger, B. E.; Liekweg, A.: Risk Tracking and Reporting. Unternehmerisches Chancen- und Risikomanagement nach dem KonTraG, Vallendar 1999.

Weber, J.; Wertz, B.: Controlling in netzwerkartigen Unternehmen: Neue Handlungsfelder für das Controlling. In: Gablers Magazin, 13. Jg. (1999) 3, S. 11 - 13.

Weber, K.: Mehrkriterielle Entscheidungen, München, Wien 1993.

Weber, M.: Wirtschaft und Gesellschaft: Grundriss der verstehenden Soziologie, 5. Aufl., Tübingen 1980.

Weder, R.: Joint Venture, Grüsch 1989.

Wedley, W. C.: Combining Qualitative and Quantitative Factors - An Analytic Hierarchy Approach. In: Socio-Economic Planning Sciences, 24. Jg. (1990) 1, S. 57 - 64.

Weibler, J.; Deeg, J.: Virtuelle Unternehmen - Eine kritische Analyse aus strategischer, struktureller und kultureller Perspektiv. In: Zeitschrift für Planung, 9. Jg. (1998) 2, S. 107 - 124.

Weilenmann, P.: Dezentrale Führung: Leistungsbeurteilung und Verrechnungspreise. In: Zeitschrift für Betriebswirtschaft, 59. Jg. (1989) 9, S. 932 - 956.

Weimer, T.: Das Substitutionsgesetz der Organisation. Eine theoretische Fundierung, Wiesbaden 1988.

Weinhardt, C.; Gomber, P.: Domänenunabhängige Koordinationsmechanismen für die dezentrale betriebliche Planung. In: Information Management, 11. Jg. (1996) 1, S. 6 - 16.

Weiß, E.; Struthoff, R.: Ansatzpunkte für die Gestaltung von Unternehmensnetzwerken. In: Weiß, E. (Hrsg.): Innovative Unternehmensführung, Nürnberg 1998, S. 239 - 261.

Weisser, L.: Controlling in kybernetischer Sicht. In: Controller Magazin, 23. Jg. (1998) 2, S. 94 - 103.

Welge, M. K.; Al-Laham, A.: Strategisches Management: Grundlagen, Prozesse, Implementierung, 4. Aufl., Wiesbaden 2003.

Wengler, F.: Spieltheoretische Ansätze zur Lösung multikriterieller Entscheidungsprobleme, Frankfurt am Main 1989.

Wenninger-Zeman, K.: Controlling in Unternehmensnetzwerken: Eine organisationstheoretische Betrachtung, Wiesbaden 2003.

Wente, M.: Controlling von Unternehmensnetzwerken in der Automobilindustrie. In: Controlling, 20. Jg. (2008) 4/5, S. 227 - 235.

Wente, M.; Walther, J.: Globales Netzwerkmanagement: Die Herausforderung der Zukunft? In: Supply Chain Management, 7. Jg. (2007) 2, S. 7 - 16.

Wentzel, J. S.: Elemente der Spieltheorie, Zürich, Frankfurt am Main 1964.

Werani, T.: Die Stabilität kooperativer Geschäftsbeziehungen in industriellen Märkten. In: Engelhard, J.; Sinz, E. (Hrsg.): Kooperation im Wettbewerb, Wiesbaden 1999, S. 325 - 345.

Werner, H.: Die Balanced Scorecard im Supply Chain Management, Teil I. In: Distribution, 31. Jg. (2000a) 4, S. 8 - 11.

Werner, H.: Die Balanced Scorecard im Supply Chain Management, Teil II. In: Distribution, 31. Jg. (2000b) 4, S. 14 - 15.

Werner, H.: Die Balanced Scorecard: Hintergründe, Ziele und kritische Würdigung. In: Wirtschaftswissenschaftliches Studium, 29. Jg. (2000c) 8, S. 455 - 457.

Wernerfelt, B.: A Resource-based View of the Firm. In: Strategic Management Journal, 5. Jg. (1984) 2, S. 171 - 180.

Wertz, B.: Management von Lieferanten-Produzenten Beziehungen: eine Analyse von Unternehmensnetzwerken in der deutschen Automobilindustrie, Wiesbaden 2000.

White, P. E.; Levine, S.; Vlasak, G. J.: Exchange as a conceptual framework for understanding interorganizational relationships. In: Negandhi, A. R. (Hrsg.): Interorganization theory, Kent 1975,

Wieland, J. E.: Anforderungen an ein gesamthaftes Controllingkonzept - eine empirische Perspektive. In: Zeitschrift für Controlling & Management, 51. Jg. (2007) Sonderheft 3, S. 101 - 104.

Wiese, J.: Implementierung der Balanced Scorecard: Grundlagen und Fachkonzept, Wiesbaden 2000.

Wild, J.: Organisation und Hierarchie. In: Zeitschrift Führung + Organisation, 42. Jg. (1973), S. 45 - 54.

Wildemann, H.: Entwicklungs-, Produktions- und Vertriebsnetzwerke in der Zulieferindustrie: Ergebnisse einer Delphi-Studie, München 1998.

Wildemann, H.: Netzwerkstrukturen als neue Form der Unternehmensorganisation. In: Zeitschrift für wirtschaftlichen Fabrikbetrieb, 91. Jg. (1996) 1/2, S. 12 - 16.

Wildemann, H.: Koordination von Unternehmensnetzwerken. In: Zeitschrift für Betriebswirtschaft, 67. Jg. (1997) 4, S. 417 - 439.

Wildemann, H.: Organisation der Gründungs- und Betriebsphase von Unternehmensnetzwerken. In: Zeitschrift für Betriebswirtschaft, 70. Jg. (2000) Sonderheft 2, S. 223 - 240.

Wille, H.; Gewald, K.; Weber, H. D.: Netzplantechnik, Bd. 1: Zeitplanung, 3. Aufl., München, Wien 1972.

Williamson, O. E.: Strategizing, Economizing and Economic Organization. In: Strategic Management Journal, 12. Jg. (1991b) Winter Special Issue, S. 75 - 94.

Williamson, O. E.: Transaction Cost Economics. The Governance of Contractual Relations. In: Journal of Law and Economics, 22. Jg. (1979) S. 233 - 261

Williamson, O. E.: The economics of organization: the transaction cost approach. In: American Journal of Sociology, 87. Jg. (1981), S. 548 - 577.

Williamson, O. E.: Opportunism and its critics. In: Managerial and Decision Economics, 14. Jg. (1993), S. 97 - 107.

Williamson, O. E.: Assessing Contract. In: Journal of Law, Economics and Organization, (1985a) 1, S. 177 - 208.

Williamson, O. E.: The Economic Institutions of Capitalism. Firms, Markets, Relational Contracting, New York 1985b.

Williamson, O. E.: Transaction Cost Economics. In: Schmalensee, R.; Willig, R. D. (Hrsg.): Handbook of Industrial Organization, Vol. I, Amsterdam 1989, S. 135 - 182.

Williamson, O. E.: Die ökonomischen Institutionen des Kapitalismus: Unternehmen, Märkte, Kooperationen, Tübingen 1990b.

Williamson, O. E.: The Firm as a Nexus of Treaties: An Introduction. In: Aoki, M.; Gustafsson, B.; Williamson, O. E. (Hrsg.): The Firm as a Nexus of Treaties, London 1990c, S. 1 - 25.

Williamson, O. E.: A Comparison of Alternative Approaches to Economic Organisation. In: Journal of Institutional and Theoretical Economics, 146. Jg. (1990a), S. 61 - 71.

Williamson, O. E.: Comparative Economic Organization: The Analysis of Discrete Structural Alternatives. In: Administrative Science Quarterly, 36. Jg. (1991a) 2, S. 269 - 296.

Williamson, O. E.: Markets and hierarchies: Analysis and antitrust implication, New York, London 1975.

Williamson, O. E.; Ouchi, W. G.: A Rejoinder. In: Van De Ven, A. H.; Joyce, W. F. (Hrsg.): Perspectives on Organization Design and Behaviour, New York 1981b, S. 387 - 390.

Williamson, O. E.; Ouchi, W. G.: The markets and hierarchies program of research: origins, implications, prospects. In: Van De Ven, A. H.; Joyce, W. F. (Hrsg.): Perspectives on Organization Design and Behaviour, New York 1981a, S. 347 - 370.

Winand, U.: Spieltheorie und Unternehmensplanung, Berlin 1978.

Wind, Y.; Saaty, T. L.: Marketing applications of the Analytic Hierarchy Process. In: Management Science, 26. Jg. (1980) 7, S. 641 - 658.

Windeler, A.; Lutz, A.; Wirth, C.: Netzwerksteuerung durch Selektion: Die Produktion von Fernsehserien in Projektnetzwerken. In: Sydow, J.; Windeler, A. (Hrsg.): Steuerung von Netzwerken - Konzepte und Praktiken, Opladen 2000, S. 178 - 205.

Winkler, H.: Konzept und Einsatzmöglichkeiten des Supply Chain Controlling - Am Beispiel einer virtuellen Supply-Chain-Organisation (VISCO), Wiesbaden 2005.

Winter, S.: Prinzipien der Gestaltung von Managementanreizsystemen, Wiesbaden 1996.

Wiswede, G.: Sozialpsychologie-Lexikon, München, Wien 2004.

Witt, P.: Corporate Governance. In: Jost, P.-J. (Hrsg.): Die Prinzipal-Agenten-Theorie in der Betriebswirtschaftslehre, Stuttgart 2001, S. 85 - 115.

Wittmann, E.: Organisatorische Einbindung des Risikomanagements. In: Saitz, B.; Braun, F. (Hrsg.): Das Kontroll- und Transparenzgesetz: Herausforderungen und Chancen für das Risikomanagement, Wiesbaden 1999, S. 129 - 143.

Wöhe, G.: Einführung in die Allgemeine Betriebswirtschaftslehre, 16. Aufl., München 1990.

Wohlgemuth, O.: Management netzwerkartiger Kooperationen: Instrumente für die unternehmensübergreifende Steuerung, Wiesbaden 2002.

Wohlgemuth, O.; Hess, T.: Strategische Projekte als Objekte kollektiver Investitionsentscheidungen in Unternehmensnetzwerken. In: Schreyögg, G.; Sydow, J. (Hrsg.): Managementforschung, Band 13, Berlin 2003, S. 195 - 223.

Wohlgemuth, O.; Hess, T.: Erfolgsbestimmung in Kooperationen: Entwicklungsstand und Perspektiven. Arbeitsbericht Nr. 6/1999 der Abteilung Wirtschaftsinformatik II der Universität Göttingen, Göttingen 1999.

Wolf, K.: Risikomanagement im Kontext der wertorientierten Unternehmensführung, Wiesbaden 2003.

Wolf, K.: Möglichkeiten der Integration assoziierter Unternehmen in das Risikomanagement des beteiligten Unternehmens. In: Die Wirtschaftsprüfung, 55. Jg. (2002) 15, S. 799 - 806.

Wolf, K.: Implementierung und Anwendung von Risikomanagement. In: Schlüchtermann, J.; Tebroke, H.-J. (Hrsg.): Mittelstand im Fokus: 25 Jahre BF/M-Bayreuth, Wiesbaden 2004, S. 177 - 197.

Wolf, K.; Runzheimer, B.: Risikomanagement und KonTraG: Konzeption und Implementierung, 4. Aufl., Wiesbaden 2003.

Wolf, R.; Loos, C. F.; Heinzl, A.; Schlüchtermann, J.: Mobile Informations- und Kommunikationstechnologien in der Bauwirtschaft. In: Schlüchtermann, J.; Tebroke, H.-J. (Hrsg.): Mittelstand im Fokus: 25 Jahre BF/M-Bayreuth, Wiesbaden 2004, S. 357 - 381.

Wolfrum, B.: Grundgedanke, Formen und Aussagewert von Technologieportfolios (I). In: Das Wirtschaftsstudium, 21. Jg. (1992a) 4, S. 312 - 320.

Wolfrum, B.: Grundgedanke, Formen und Aussagewert von Technologieportfolios (II). In: Das Wirtschaftsstudium, 21. Jg. (1992b) 5, S. 403 - 407.

Wolfrum, B.: Strategisches Technologiemanagement, 2. Aufl., Wiesbaden 1994.

Wolfrum, B.; Rasche, C.: Kompetenzorientierte Unternehmensführung. In: Thexis, 10. Jg. (1993) 5/6, S. 65 - 70.

Wollnik, M.: Systemtheoretische Ansätze. In: Kieser, A.; Kubicek, H. (Hrsg.): Organisationstheorien: wissenschaftstheoretische Anforderungen und kritische Analyse klassischer Ansätze, Stuttgart u. a. 1978, S. 77 - 104.

Wolter, H. J.; Wolff, K.; Freund, W.: Das virtuelle Unternehmen: Eine Organisationsform für den Mittelstand, Wiesbaden 1998.

Woratschek, H.; Roth, S.: Kooperation: Erklärungsperspektive der Neuen Institutionenökonomik. In: Zentes, J.; Swoboda, B.; Morschett, D. (Hrsg.): Kooperationen, Allianzen und Netzwerke: Grundlagen – Ansätze – Perspektiven, Wiesbaden 2003, S. 141 - 166.

Wullenkord, A.: Kosten- und Erfolgscontrolling im Konzern, München 1995.

Wurche, S.: Strategische Kooperation, Wiesbaden 1994.

Wurl, H.-J.; Mayer, J.: Balanced Scorecards und industrielles Risikomanagement - Möglichkeiten der Integration. In: Klingebiel, N. (Hrsg.): Performance Measurement & Balanced Scorecard, München 2001, S. 179 - 213.

Wüthrich, H. A.; Philipp, A. F.: Virtuelle Unternehmensnetzwerke. Agilität als Alternative zur "Unternehmensgröße"? In: io Management, 67. Jg. (1998) 11, S. 38 - 42.

Zaheer, A.; Venkatraman, N.: Relational Governance as an Interorganizational Strategy - An Empirical Test of the Role of Trust in Economic Exchange. In: Strategic Management Journal, 16. Jg. (1995) 5, S. 373 - 392.

Zahn, E.; Foschiani, S.: Wertgenerierung in Netzwerken. In: Albach, H.; Kaluza, B.; Kersten, W. (Hrsg.): Wertschöpfungsmanagement als Kernkompetenz, Wiesbaden 2002, S. 265 - 276.

Zangemeister, C.: Nutzwertanalyse in der Systemtechnik. Eine Methode zur multidimensionalen Bewertung und Auswahl von Projektalternativen, 4. Aufl., München 1976.

Zanger, C.: Kompetenzen in KMU-Netzwerken. In: Füglistaller, U.; Pleitner, H. J.; Volery, T.; Weber, W. (Hrsg.): Umbruch der Welt - KMU vor Höhenflug oder Absturz?, St. Gallen 2002, S. 427 - 443.

Zäpfel, G.: Grundlagen und Möglichkeiten der Gestaltung dezentraler PPS-Systeme. In: Corsten, H.; Gössinger, R. (Hrsg.): Dezentrale Produktionsplanungs- und -steuerungs-Systeme, Stuttgart u. a. 1998, S. 11 - 54.

Zelewski, S.: Elektronische Märkte zur Prozesskoordination in Produktionsnetzwerken. In: Wirtschaftsinformatik, 39. Jg. (1997) 3, S. 231 - 243.

Zelewski, S.; Peters, M. L.: Lösung multikriterieller Entscheidungsprobleme mit Hilfe das Analytic Hierarchy Process. In: Das Wirtschaftsstudium, 32. Jg. (2003) 10, S. 1210 - 1218.

Zelewski, S.; Peters, M. L.: Multikriterielle Wirtschaftlichkeitsanalysen mithilfe des Analytic Hierarchy Process. In: Das Wirtschaftsstudium, 35. Jg. (2006) 8 - 9, S. 1069 - 1075.

Zeng, M.; Chen, X.-P.: Achieving Cooperation in Multipart Alliances - A Social Dilemma Approach to Partnership Management. In: Academy of Management Review, 28. Jg. (2003) 4, S. 587 - 605.

Zentes, J.; Swoboda, B.; Morschett, D.: Kooperationen, Allianzen und Netzwerke – Grundlagen, „Metaanalyse“ und Kurzabriss. In: Zentes, J.; Swoboda, B.; Morschett, D. (Hrsg.): Kooperationen, Allianzen und Netzwerke: Grundlagen – Ansätze – Perspektiven, Wiesbaden 2003b, S. 3 - 32.

Zentes, J.; Swoboda, B.; Morschett, D.: Perspektiven der Führung kooperativer Systeme. In: Zentes, J.; Swoboda, B.; Morschett, D. (Hrsg.): Kooperationen, Allianzen und Netzwerke: Grundlagen – Ansätze – Perspektiven, Wiesbaden 2003a, S. 821 - 847.

Zenz, A.: Controlling - Bestandsaufnahme und konstruktive Kritik theoretischer Ansätze. In: Dyckhoff, H.; Ahn, H. (Hrsg.): Produktentwicklung, Controlling und Umweltschutz, Heidelberg 1998,

Zenz, A.: Strategisches Qualitätscontrolling. Konzeption als Metaführungsfunktion, Wiesbaden 1999.

Ziegenbein, K.: Controlling, 8. Aufl., Ludwigshafen 2004.

Ziener, M.: Controlling in multinationalen Unternehmen, Landsberg am Lech 1985.

Zimmermann, F. O.: Betriebliche Informationssysteme in virtuellen Organisationen, Wiesbaden 1999.

Zimmermann, H.-J.; Gutsche, L.: Multi-Criteria Analyse. Einführung in die Theorie der Entscheidungen bei Mehrfachzielsetzungen, Berlin u. a. 1991.

Zimmermann, K.; von Flotow, P.; Seuring, S.: Supply Chain Balanced Scorecard: Eine Fallstudie zum Management von Wertschöpfungsketten mit der Balanced Scorecard. In: Controlling, 15. Jg. (2003) 10, S. 555 - 563.

Zörgiebel, W.: Technologie in der Wettbewerbsstrategie, Berlin 1983.

Zünd, A.: Zum Begriff des Controlling - Ein umweltbezogener Erklärungsversuch. In: Goetzke, W.; Sieben, G. (Hrsg.): Controlling - Integration von Planung und Kontrolle, Bericht der 4. Kölner BFuP-Tagung am 22. und 23. Mai 1978 in Köln, Köln 1979, S. 15 - 26.

Zünd, A.: Der Controller-Bereich (Controllership). In: Probst, G.; Schmitz-Dräger, R. (Hrsg.): Controlling und Unternehmensführung, Bern 1985, S. 28 - 40.

Zurmühl, R.; Falk, S.: Matrizen und ihre Anwendung für angewandte Mathematiker, Physiker und Ingenieure. Teil 1: Grundlagen, 5. Aufl., Berlin u. a. 2007.